贺兰山植物图谱

◎胡永宁　段志鸿　徐建国　主编

中国农业科学技术出版社

图书在版编目（CIP）数据

贺兰山植物图谱 / 胡永宁，段志鸿，徐建国主编 . -- 北京：中国农业科学技术出版社，2021.6
ISBN 978 – 7 – 5116 – 5330 – 7

Ⅰ . ①贺… Ⅱ . ①胡… ②段… ③徐… Ⅲ . ①贺兰山—植物—图谱 Ⅳ . ① Q948.524.3-64

中国版本图书馆 CIP 数据核字 (2021) 第 098996 号

责任编辑 马维玲 李冠桥
责任校对 马广洋
责任印制 姜义伟 王思文

出 版 者 中国农业科学技术出版社
北京市中关村南大街 12 号 邮编：100081
电　　话（010）82109194（编辑室）（010）82109702（发行部）
（010）82109702（读者服务部）
网　　址 http: // www.castp.cn
经 销 者 各地新华书店
印 刷 者 北京地大彩印有限公司
开　　本 210 mm×297 mm 1/16
印　　张 38.25
字　　数 1267 千字
版　　次 2021 年 6 月第 1 版 2021 年 6 月第 1 次印刷
定　　价 268.00 元

《贺兰山植物图谱》
编委会

序

贺兰山一名，初见于公元636年《隋书》74卷《赵仲卿传》，距今有1 400多年的历史。唐代地理名著《元和郡县图志》中记载："贺兰山，在县西九十三里。山有树木青白，望如驳马，北人呼驳为贺兰。"

贺兰山不仅有闻名遐迩的贺兰山岩画，而且有历经风雨的明长城。这座亚洲中部荒漠区东缘的高山，是防御腾格里、乌兰布和、巴丹吉林三大沙漠及西伯利亚寒流侵袭的强大屏障。山上森林植被茂密，形成了完整的植被生态类型的垂直分布。贺兰山为改善阿拉善地区的区域生态环境、水源涵养和水土保持，发挥着重要作用，是中国西北地区的重要生态保护屏障。

贺兰山特殊的地理位置、复杂的地形组合、山地外围的干旱气候条件及山体的优越环境等自然因素对贺兰山植物区系和植被演化产生了深刻影响，成就了贺兰山以青海云杉天然林为主的植物资源库。贺兰山区成为中国八大生物多样性中心之一的"阿拉善—鄂尔多斯中心（南蒙古中心）"的核心区。这里的植物资源不仅种类丰富多样，而且具有显著的过渡性，既是中国草原带和荒漠带植被的分界处，也是中国西北干旱区的重要植物资源宝库和生物多样性演化中心，是青藏高原与蒙古高原之间植物区系传播的桥梁。由此可见，贺兰山的森林植被与生物资源具有重要的科学研究价值，特别是对珍稀和濒危植物的拯救与保护，具有非凡的意义。

《贺兰山植物图谱》主要以彩色图片和文字描述的形式，收录了800多种植物。植物种类约占中国植物种类（约3万种）的3 %，约占世界植物种类（约40万种）的0.2 %。该图谱内容全面翔实、图片清晰直观、文字描述准确，每种植物均由图片（植株及局部特征图2～5张）和文字（形态特征、生境分布及药用价值）2个部分组成。图谱中图片清晰，局部图精准细致，形态描述文字精练，生境分布简明扼要，药用价值的介绍通俗易懂，书后中文名索引和学名（拉丁名）索引简洁实用，植物种类的增补和科、属、种名称的修订依据准确。该图谱可以为广大植物学专家、植物爱好者、科研和农林工作者提供专业的参考依据和理论指导。

《贺兰山植物图谱》是内蒙古贺兰山国家级自然保护区首部以图文并茂的形式，反映贺兰山森林植物资源的科普图书。该图谱的出版发行，填补了贺兰山西坡森林植物资源缺少专业图谱资料的空白，为进一步探索和挖掘贺兰山地区森林植物资源及植物群落形成、植物生长及未来发展提供了重要的知识储备，同时对合理开发贺兰山地区林草产业、促进区域经济发展、有效改善生态环境、抢救和保护珍稀濒危植物提供可靠的第一手实用资料。

在《贺兰山植物图谱》即将出版之际，我向所有参与组织、编撰本书的学者和专业技术人员表示衷心的祝贺！希望该图谱的出版发行能给从事贺兰山保护工作的技术人员及热心研究贺兰山植物的科技工作者们带去更多的工作便利和实际帮助。该图谱具有非常高的应用价值，读者从前言、图片、规范的分类及特征描述中均可得到科学的指导。

最后，衷心希望：美丽的贺兰山为内蒙古西部地区的生态环境保护和可持续发展增添更多助力！只有坚决贯彻习近平总书记生态文明思想，坚持“绿水青山就是金山银山”的发展理念，统筹“山水林田湖草沙”系统治理，努力守护好祖国北疆和西北地区的生态红线，才能实现人与自然和谐发展的美好前景。

内蒙古大学著名生物学家 刘钟龄

2021年6月

前　言

贺兰山地处内蒙古自治区和宁夏回族自治区交界，沿东北至西南走向将阿拉善高原和银川平原分隔开来，是中国北方重要的生态屏障和自然地理分界线。由于身居内陆加之山体高大，冬春来自西北的寒流和夏秋东南季风带来的暖湿气流在此被阻隔；草原和荒漠植被在此分界；青藏高原、蒙古高原与华北平原植物区系在此交汇。特殊的地理位置、复杂的地形、气候、土壤等自然因素共同作用下，造就了贺兰山特殊、丰富的生物种类，复杂的植物区系组成和以过渡性为特征的动物地理区划，以及较完整的山地垂直植被带结构和丰富的生物多样性，成为中国八大生物多样性中心之一的“阿拉善—鄂尔多斯中心（南蒙古中心）”的核心区，具有非常重要的科研保护价值。

自 1992 年位于贺兰山西麓的内蒙古贺兰山国家级自然保护区成立以来，自然保护区管理局与内蒙古自治区林业监测规划院等相关单位合作，多次组织开展了森林资源调查监测工作，并以此为基础积极落实国家自然保护区建设、封山育林及公益林生态效益补偿等林业生态恢复政策和生态治理措施，森林覆盖率、植被覆盖度及野生动植物种群数量均呈恢复增长，生物多样性得到有效保护。通过与北京林业大学、东北林业大学、西北农林科技大学、内蒙古大学、内蒙古农业大学、内蒙古师范大学等高校和内蒙古自治区相关科研院所开展科学综合考察与长期科研合作，对贺兰山地区的植物生物多样性、野生动物、昆虫、大型真菌、苔藓植物等生物资源进行了科学、系统的考察，出版了内蒙古贺兰山国家级自然保护区第一次综合科学考察系列图书，为摸清保护区本底、科学保护当地各类生物资源奠定了坚实的基础。但随着国家公园建设的进一步推进和科学保护贺兰山植物资源的需要，亟须一本图文并茂、集科学性与实用性为一体的植物图谱类科普工具书，用来满足基层技术人员日常工作的需要，弥补第一次综合科学考察系列图书未出版植物图谱的缺憾。编写组各位专业技术人员，将数十年在贺兰山西坡及山前保护带采集的 5 000 余张野生植物图片和 1 000 多份标本，根据自身学习积累的专业知识，经初步识别鉴定并参考借鉴了大量图书资料后，归纳整理成《贺兰山植物图谱》初稿（89 科 356 属 833 种），经中国科学院植物学专家认真甄别鉴定，最终审核通过了89科343属812种，形成约1 267千字篇幅的文稿。

《贺兰山植物图谱》的编辑与出版，是内蒙古贺兰山国家级自然保护区从事生态环境保护工作的专业技术人员共同努力的结果，是中国科学院植物学专家悉心指导和认真鉴定审核的结果，也是关注内蒙古贺兰山国家级自然保护区的各级各界学者、领导和友人共同支持的结果！虽然我们以《中国植物志》（2020年电子版）、《内蒙古植物志》（2020年版）等植物专业书籍为分类依据，在多位植物学专家的指导下，集思广益，尽力完善该书的图文资料，但由于水平有限、时间仓促，难免存在许多不足、错误和遗漏，希望各位专家和读者提出宝贵的意见和建议。

编　者

2021年6月

目 录

蕨类植物门

Pteridophyta

卷柏科　Selaginellaceae

卷柏属　*Selaginella* P. Beauv.

红枝卷柏　*Selaginella sanguinolenta* (L.) Spring　　别称　圆枝卷柏

形态特征　【植株】高 10 ～ 25 cm，密生，灰绿色。【茎】圆柱形，细而坚实，斜升，下部分枝少，鲜红色，上部分枝密。【叶】紧贴茎上，覆瓦状排列，长卵形，长 1.4 ～ 1.6 mm，宽 0.6 ～ 0.8 mm，基部稍下延而抱茎，具狭膜质白色边缘和微锯齿，背部呈龙骨状突起，先端具钝突尖。【孢子】孢子囊穗单生枝顶端，四棱形；孢子叶卵状三角形，背部龙骨状突起，边缘干膜质，具微齿，先端急尖。

生境分布　多年生中生草本。生于海拔 1 600 ～ 2 500 m 的山崖、石缝。贺兰山西坡和东坡均有分布。我国分布于北方、西南地区。世界分布于喜马拉雅山区及俄罗斯、蒙古国、阿富汗等。

药用价值　全草入药，可舒筋活血、健脾止泻。

植株

叶

中华卷柏　*Selaginella sinensis* (Desv.) Spring　　别称　地柏枝

形态特征　【植株】平铺地面。【茎】禾秆色，圆柱形，坚硬，二叉分枝。【叶】主茎和分枝下部叶疏生，螺旋状排列，鳞片状椭圆形，黄绿色，贴茎，长 1.4 ～ 2 mm，宽 0.7 ～ 0.9 mm，具厚膜质白色边缘，一侧具长纤毛，另一侧具短纤毛或全缘，先端钝尖；分枝上部叶 4 行排列，背面 2 列，矩圆状椭圆形，先端圆，具厚膜质白色边缘，内侧边缘下方具长纤毛，外侧纤毛短；腹叶 2 列，矩圆状卵形，缘同侧叶，先端钝尖，基部宽楔形。【孢子】孢子囊穗四棱形，无梗，单生枝顶端；孢子叶卵状三角形或宽卵状三角形，具厚膜质白色边缘和纤毛状锯齿，背部龙骨状突起，先端长渐尖，大孢子叶稍大于小孢子叶；孢子囊单生叶腋，大孢子囊少数，着生穗下部。

生境分布　多年生中生草本。生于海拔 1 600 ～ 2 300 m 的阴面石质山坡。贺兰山西坡和东坡均有分布。我国分布于东北、西北、华东、华中、华北地区。

药用价值　全草入药，可清热化痰、凉血止血；也可做蒙药。

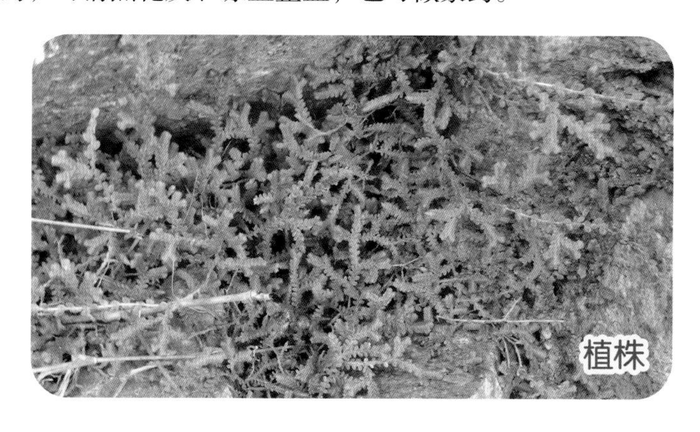
植株

木贼科　Equisetaceae

木贼属　*Equisetum* Linn

问荆　*Equisetum arvense* Linn　　别称　土麻黄、接骨草

形态特征　【植株】高 8 ～ 25 cm。【根状茎】匍匐，具球茎、地上茎。【茎】二型，生殖茎早春生出，无叶绿素，淡黄褐色，不分枝，具 10 ～ 14 条浅肋棱。【叶鞘】叶鞘筒漏斗形，鞘齿 3 ～ 5，棕褐色，质厚，每齿由 2 ～ 3 小齿连合而成。【孢子】孢子叶球具柄，长椭圆形，钝头，长 13 ～ 30 mm，径 4 ～ 6 mm；孢子叶六角盾形，下生 6 ～ 8 个孢子囊；孢子成熟后，生殖茎枯萎，营养茎由同一根状茎生出，绿色，具肋棱 6 ～ 12，沿棱具小瘤状突起，槽内气孔 2 纵列，每列具 2 行气孔；分枝轮生，具 3 ～ 4 棱，斜升，挺直，不再分枝；叶鞘鞘齿条状披针形，黑褐色，具膜质白色边缘，背部具 1 浅沟。

生境分布　多年生中生草本。生于森林区或草原区岩石草地、河边沙地。贺兰山西坡和东坡均有分布。我国分布于北方、西南、华中及新疆*等地。世界分布于北半球寒温带地区。

药用价值　全草入药，可清热利尿、止血止咳；也可做蒙药。

草问荆　*Equisetum pratense* Ehrh.

形态特征　【植株】高 10 ～ 30 cm。【根状茎】棕褐色，无块茎，自上部生出地上主茎。【茎】直立或横走，节和根疏生黄棕色长毛或光滑；无叶绿素。【枝】地上枝当年枯萎；二型，能育枝与不育枝同期萌发；能育枝禾秆色，能形成分枝，脊光滑，10 ～ 14 条；侧枝扁平状，纤细，具脊 3 ～ 4 条，脊背光滑。【叶鞘】鞘筒灰绿色；鞘齿 10 ～ 14 枚，淡棕色，披针形，膜质，背面具浅纵沟；孢子散后能育枝存活；不育枝禾秆色或灰绿色，轮生分枝多，主枝中部以下无分枝，脊 14 ～ 22 条，脊背弧形，每脊具小瘤；鞘筒狭长，下部灰绿色，除上部一圈为淡棕色外，其余为灰绿色，鞘背具 2 棱；鞘齿膜质，14 ～ 22 枚，披针形，淡棕色，宿存。【孢子】孢子囊穗椭圆柱状，顶端钝，成熟时柄伸长。

生境分布　多年生中生草本。生于海拔 1 700 ～ 2 400 m 的森林区或草原区林下草地、林间灌丛。贺兰山西坡哈拉乌有分布。我国分布于东北、西北及山东、山西、河南、湖北、湖南等地。世界分布于亚洲中部地区及蒙古国、俄罗斯、日本。

---

* 新疆维吾尔自治区简称新疆。全书中出现的自治区均用简称。

节节草　*Equisetum ramosissimum* Desf.　别称　木贼草、多枝木贼

形态特征　【植株】高 20 ～ 60 cm。【根状茎】黑褐色。【茎】地上茎灰绿色，粗糙；节上轮生侧枝 1 ～ 7，或基部分枝，侧枝斜展；主茎具肋棱 6 ～ 16，沿棱脊具 1 列疣状突起，槽内气孔 2 列，每列具 2 ～ 3 行气孔。【叶鞘】鞘齿 6 ～ 16，披针形或狭三角形，背部具浅沟，先端棕褐色，具长尾，易脱落。【孢子】叶球顶生，矩圆形或长椭圆形，顶端具小凸尖，无柄。【成熟期】花果期 6 — 8 月。

生境分布　多年生中生草本。生于海拔 1 600 ～ 1 800 m 的山间沟谷、灌木林下、河边湿地。贺兰山西坡和东坡均有分布。我国广布于各地。世界分布于非洲北部地区、亚洲、欧洲、北美洲。

药用价值　全草入药，可清热利湿、祛痰止咳、平肝散结。

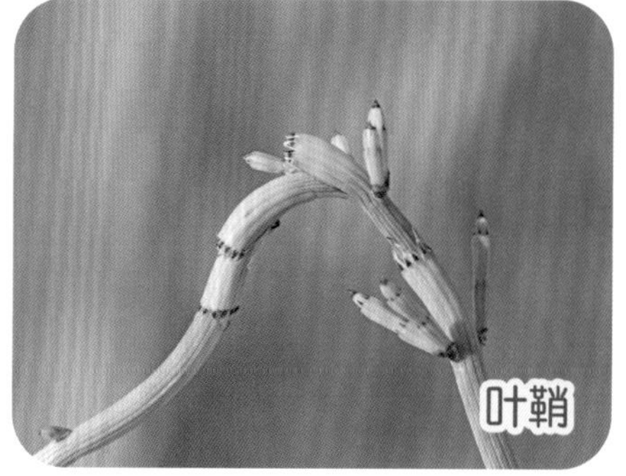

凤尾蕨科 Pteridaceae

粉背蕨属 *Aleuritopteris* Fée

银粉背蕨 *Aleuritopteris argentea* (S. G. Gmel.) Fée　　别称　通经草

形态特征 【植株】高 15 ～ 25 cm。【根状茎】直立或斜升，被亮黑色披针形鳞片，边缘红棕色。【叶】簇生，厚纸质，上面暗绿色，下面被乳白色或淡黄色粉粒；叶片五角形，长、宽约相等，5 ～ 6 cm，三出；叶柄栗棕色，具光泽，基部疏被鳞片；向上光滑；基部 1 对羽片最大，无柄，近三角形，羽状；小羽片 3 ～ 5 对，条状披针形或披针形，羽轴下侧小羽片较上侧大，基部下侧 1 片特大，浅裂，基余向上渐小，具齿或全缘；羽片近菱形，先端羽裂，渐尖，基部楔形下延具柄或无柄；小羽片羽状，羽片条形，基部以狭翅彼此相连，基部 1 对最大，两侧或仅下侧有几个短裂片；叶脉羽状，侧脉 2 叉，不明显。【孢子】孢子囊群生小脉顶端，成熟时合生成条形；囊群盖条形，连续，厚膜质，全缘或具细圆齿；孢子圆形，周壁表面具颗粒状纹饰。

生境分布　多年生旱中生草本。生于海拔 1 600 ～ 2 500 m 的森林区或草原区沟谷、岩缝。贺兰山西坡和东坡均有分布。我国广布于各地。世界分布于日本、朝鲜、蒙古国、俄罗斯等。

药用价值　全草入药，可活血调经、补温止咳；也可做蒙药。

植株

叶

冷蕨科 Cystopteridaceae

冷蕨属 *Cystopteris* Bernh.

冷蕨 *Cystopteris fragilis* (L.) Bernh.

形态特征 【植株】高 13 ～ 30 cm。【根状茎】短而横卧，密被宽披针形鳞片。【叶】近生或簇生，薄草质；叶片披针形、矩圆状披针形或卵状披针形，长 8 ～ 30 cm，宽 3 ～ 8 cm，二回羽状或三回羽裂；叶柄禾秆色或红棕色，光滑无毛，基部被少数鳞片；羽片 8 ～ 12 对，远离，基部 1 对稍缩，披针形或卵状披针形，中部羽片先端渐尖，基部短柄具狭翅，一至二回羽状；小羽片 4 ～ 6 对，卵形或矩圆形，先端钝，基部不对称，下延，彼此相连，羽状深裂或全裂；末回小裂片矩圆形，边缘粗锯齿；叶脉羽状，每齿具小脉 1 条。【孢子】孢子囊群小，圆形，着生小脉中部；囊群盖卵圆形，膜质，基部着生，幼时覆盖孢子囊群，成熟时被压在下面；孢子具周壁，表面具刺状纹饰。

生境分布　多年生中生草本。生于海拔 2 200 ～ 2 900 m 的森林区或草原区山林地、阴湿地、岩石缝、沟谷阴坡岩石地。贺兰山西坡和东坡均有分布。我国分布于北方、西南地区。世界分布于欧洲、美洲、亚洲。

药用价值　全草入药，可和胃解毒。

欧洲冷蕨 *Cystopteris sudetica* A. Br. & Milde 别称 山冷蕨

形态特征 【植株】高 15 ～ 30 cm。【根状茎】细长而横走，被黑色短柔毛及灰褐色膜质卵状披针形鳞片。【叶】远生；叶片三角形，长 8 ～ 16 cm，宽 6 ～ 13 cm，三回深羽裂；叶柄禾秆色或淡绿色，下部疏被淡棕色鳞片；羽片 6 ～ 10 对，矩圆状披针形，基部 1 对最大，具柄，二回羽裂；小羽片披针形，羽状深裂；裂片矩圆形，先端钝，边缘有细锯齿；叶脉羽状，每裂齿具 1 小脉，侧脉达齿的凹陷处。【孢子】孢子囊群小，圆形，灰棕色，着生侧小脉中下部，背面，每裂片有 1 ～ 2 枚；囊群盖近圆形，背上疏生腺体；孢子表面具长短不一的刺状突起。

生境分布 多年生喜阴中生草本。生于海拔 2 400 ～ 2 900 m 的针叶或针阔混交林地、溪边岩石、滴水岩缝。贺兰山西坡和东坡均有分布。我国分布于东北、西南及河北等地。世界分布于欧洲东部地区及俄罗斯、朝鲜、日本等。

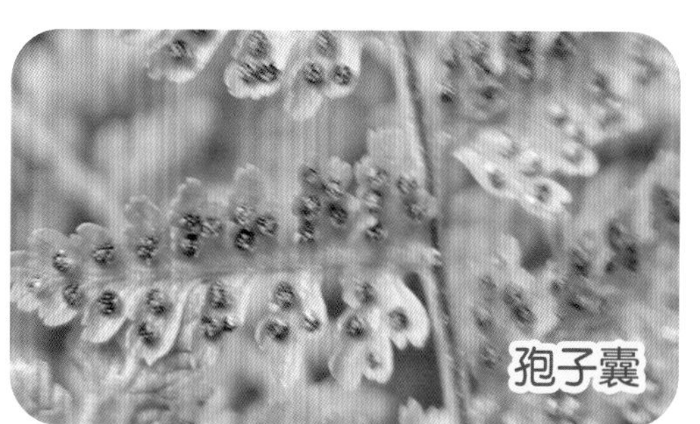

高山冷蕨　*Cystopteris montana* (Lam.) Bernh. ex Desv.

形态特征　【植株】高 20 ～ 30 cm。【根状茎】细长横走，黑褐色，无毛，疏生淡棕色的卵形鳞片。【叶】远生，叶片近五角形，长 8 ～ 12 cm，宽与长相等或稍短，先端渐尖，四回羽状或羽裂；叶柄疏生淡棕色鳞片，上部禾秆色；羽片 8 ～ 10 对，下部近对生，向上互生，基部 1 对羽片最大，三角形，基部偏斜；小羽片 6 ～ 8 对，羽轴下侧小羽片较上侧长；基部下侧第 1 小羽片最大，长为上侧羽片 2 ～ 3 倍，两侧不对称，近直角，向下开展，二回小羽片卵形，基部下延，与小羽轴合生，末回裂片卵形，先端圆钝，近对生，斜展，以狭翅相连，羽裂；羽脉网状，主脉稍曲折，小脉单一，稀二叉，伸向裂齿末端微凹处，羽轴及羽脉疏被毛或短腺毛。【孢子】孢子囊群圆形，黄棕色，着生小脉中部，裂片 3 ～ 7 枚，各具齿 1 枚；囊群盖近圆形，孢子表面具短刺状或疣状突起。

生境分布　多年生耐寒中生草本。生于海拔 2 900 m 左右的阴湿岩缝、云杉林地、高山灌丛。贺兰山主峰两侧有分布。我国分布于西北、西南及河北、山西等地。世界分布于欧洲、亚洲、北美洲等亚热带高山区、寒温带山区。

植株

孢子囊

羽节蕨属　*Gymnocarpium* Newm.

羽节蕨　*Gymnocarpium jessoense* (Koidz.) Koidz.

形态特征　【植株】高 20 ～ 50 cm。【根状茎】细长而横走，幼时被卵状披针形棕色鳞片，老时脱落。【叶】远生，草质，光滑；羽片和叶轴连接处密生灰白色腺体；叶片卵状三角形，长、宽近相等，长 15 ～ 33 cm，先端渐尖，三回羽状；叶柄禾秆色，基部被鳞片，向上光滑；羽片 7 ～ 9 对，对生，斜上，基部 1 对最大，长三角形，具短柄，二回羽状；一回小羽片 7 ～ 9 对，斜上，羽轴下侧小羽片较上侧大，基部 1 对最大，三角状披针形或矩圆状披针形，先端尖，基部圆截形，羽状深裂；裂片矩圆形，先端圆钝，边缘具浅圆齿或全缘；叶脉羽状，侧脉分叉。【孢子】孢子囊群小，圆形，背着生侧脉上部叶边，沿脉两侧各成 1 行；无囊群盖；孢子具半透明周壁，具褶皱，表面具小穴状纹饰。

生境分布　多年生中生草本。生于海拔 2 400 ～ 2 600 m 的森林或草原地带山林湿地、山沟石缝。贺兰山西坡和东坡均有分布。我国分布于东北、西北、西南及山西等地。世界分布于北美洲及日本、朝鲜、俄罗斯、巴基斯坦。

铁角蕨科　**Aspleniaceae**

铁角蕨属　*Asplenium* Linn

北京铁角蕨　*Asplenium pekinense* Hance　　别称　小风尾草

形态特征　【植株】高 7 ～ 15 cm。【根状茎】短而直立，顶端密被黑褐色狭披针形鳞片，鳞片粗筛孔，基部着生处具棕色长毛。【叶】簇生，叶片披针形，长 5 ～ 9 cm，宽 1.5 ～ 2 cm，二回羽状；叶柄绿色，基部被与根状茎相同鳞片，向上到叶轴疏生黑褐色纤维状小鳞片；羽片 8 ～ 10 对，互生或近对生，具短柄，基部羽片稍短，中部羽片三角状或菱状卵形，基部楔形，不对称，一回羽裂；裂片 2 ～ 3 对，基部上侧 1 片最大，与叶轴平行，先端具 5 尖锯齿，基部楔形，其余浅裂，裂片先端均具锐尖锯齿，叶脉羽状分枝，每裂片具 1 小脉，伸达齿顶端。【孢子】孢子囊群矩圆形，每裂片 1 ～ 3 枚；囊群盖条形，灰白色、膜质，全缘。

生境分布　多年生中生草本。生于海拔 1 600 ～ 2 100 m 的森林区或草原区山沟石缝。贺兰山西坡和东坡均有分布。我国分布于华北、西北、长江地区。世界分布于朝鲜、日本、俄罗斯、巴基斯坦。

西北铁角蕨 *Asplenium nesii* Christ

形态特征 【植株】高 5 ～ 15 cm。【根状茎】短，直立，顶端连同叶柄基部被墨褐色披针形的全缘鳞片。【叶】簇生，坚草质，两面无毛；叶片披针形，长 3 ～ 8 cm，宽 1 ～ 2 cm，先端渐尖，二回深羽裂至全裂；叶柄绿色，近基部呈褐色或栗黑色，疏生褐色条状披针形鳞片；羽片 8 ～ 12 对，下部几对不缩短，互生或近对生，斜三角状矩圆形或三角状卵形，中部钝头，基部斜楔形，不对称，羽状全裂或深裂；小羽片或裂片 3 ～ 4 对，基部上侧 1 片较大，向上渐小，倒卵形，顶端具 3 ～ 5 粗钝齿，两侧全缘；叶脉羽状，侧脉 2 ～ 3 叉，每裂片具 1 条小脉。【孢子】孢子囊群矩圆形，每裂片 1 ～ 3 枚，靠近主脉或羽轴；囊群盖半月形，灰白色，膜质，全缘；孢子周壁较密褶皱。

生境分布 多年生中生草本。生于海拔 2 000 ～ 2 500 m 的草原区或荒漠区山地林间、干旱石缝。贺兰山西坡哈拉乌、水磨沟有分布。我国分布于西北及河北、山西、西藏等地。世界分布于巴基斯坦、阿富汗、伊朗等。

植株

孢子囊

水龙骨科 Polypodiaceae

瓦韦属 *Lepisorus* (J. Sm.) Ching

小五台瓦韦 *Lepisorus crassipes* Ching & Y X Lin in Act. Bot. 别称 粗柄瓦韦

形态特征 【植株】高 5 ～ 18 cm。【根状茎】横走，密被鳞片，鳞片深棕色，卵状披针形，先端渐尖，具长毛发状长尾，边缘具长刺状突起，筛孔大而透明。【叶】近生；叶片宽条状披针形，长 3 ～ 13 cm，宽 4 ～ 13 mm，圆头（少为钝尖头），基部变狭，楔形下延，干后薄纸质，灰绿色；叶脉网状，内藏小脉单一或分叉，不明显；叶柄禾秆色，基部被鳞片，向上光滑。【孢子】孢子囊群圆形，着生主脉和叶边之间，幼时被黑褐色盾状隔丝覆盖。

生境分布 多年生中生草本。生于海拔 1 800 ～ 2 400 m 的草原区林地岩石、山坡湿岩缝。贺兰山西坡和东坡均有分布。我国分布于河北、山西、陕西、甘肃、青海、四川、湖北等地。

药用价值 全草入药，可清热解毒、止血消肿；也可做蒙药。

有边瓦韦 *Lepisorus marginatus* Ching 别称 乌苏里瓦韦、青根大石韦

形态特征 【植株】高 9 ～ 20 cm。【根状茎】细长而横走，丝状密被鳞片，鳞片近黑色，卵状狭披针形，先端渐尖为长发状，质地厚，不透明，边缘具不整齐小齿，网眼密。【叶】疏生，革质，草绿色，基部密被鳞片，向上稀少或无；叶片长披针形，两端渐变狭，基部呈狭楔形，先端渐尖头，长 8 ～ 18 cm，中部宽 4 ～ 10 mm，主脉两面凸出，小脉不明显；具叶柄。【孢子】孢子囊群圆形或短椭圆形，锈褐色，着生主脉与叶边之间，各排成 1 行，分离，囊群内密生多数孢子囊，幼时被盾状隔丝覆盖。

生境分布 多年生中生草本。生于海拔 1 800 ～ 3 000 m 的草原区林地树干、沟谷岩石。贺兰山西坡和东坡均有分布。我国分布于东北及山东、湖北、河南、河北、山西、陕西、甘肃等地。世界分布于俄罗斯、日本、朝鲜等。

裸子植物门

Anglospermae

松科　Pinaceae

云杉属　*Picea* A. Dietr.

青海云杉　*Picea crassifolia* Kom.　别称　扦树

形态特征　【植株】高达 23 m。【茎】树冠塔形；一年生枝淡绿黄色，后变淡粉红色或粉红褐色；二年生或三年生枝粉红色或褐黄色，无毛或疏被毛，具白粉或无白粉；冬芽圆锥形，淡褐色，无树脂，小枝基部芽鳞宿存，先端向外反曲。【叶】四棱状锥形，长 0.8 ～ 2 cm，宽 0.9 ～ 2.2 mm，先端钝或钝尖，横断面四棱形，上面每侧具气孔线 5 ～ 7 条，下面每侧具气孔线 4 ～ 6 条；小枝上面叶向上伸展，下面和两侧的叶向上弯伸。【果】球果圆锥状圆柱形或矩圆状圆柱形；幼球果紫红色，直立，成熟前种鳞背部绿色，上部边缘仍呈紫红色，成熟时褐色；中部种鳞倒卵形，先端圆形，边缘呈波状或全缘；苞鳞三角状匙形。【种子】三角状倒卵形，褐色。【成熟期】花期 5 月，球果期 9 月。

生境分布　寒温性中生乔木。生于海拔 1 950 ～ 3 100 m 的山地阴坡、半阴坡、潮湿沟谷地。贺兰山西坡和东坡均有分布。我国分布于甘肃、青海、宁夏等地。

落叶松属　*Larix* Mill.

华北落叶松　*Larix gmelinii* var. *principis-rupprechtii* (Mayr) Pilg.

形态特征　【植株】高达 30 m。【茎】树冠圆锥形，树皮灰褐色或棕褐色，纵裂成不规则小块片状脱落；一年生长枝淡褐色或淡褐黄色，幼时被毛，后脱落，被白粉；二年生或三年生枝灰褐色或暗灰褐色；短枝灰褐色或暗灰色，顶端叶枕之间被黄褐色柔毛。【叶】窄条形，先端尖或钝，长 1.5 ～ 3 cm，宽 1 mm，上面平，稀每边 1 ～ 2 条气孔线，下面中肋隆起，每边具 2 ～ 4 条气孔线。【果】球果卵圆形或矩圆状卵形，成熟时淡褐色，具光泽；种鳞 26 ～ 45 枚，背面光滑无毛，不反曲，中部种鳞近五角状卵形，先端截形或微凹，边缘具不规则细齿；苞鳞暗紫色，条状矩圆形，不露出，长为种鳞的 1/2 ～ 2/3。【种子】斜倒卵状椭圆形，灰白色。【成熟期】花期 4 — 5 月，球果期 9 — 10 月。

生境分布　中生乔木。生于海拔 1 600 ～ 1 800 m 的山地阴坡、阳坡沟谷。贺兰山西坡哈拉乌有分布。我国分布于河北、山西、河南等地。

松属 *Pinus* Linn

油松 *Pinus tabuliformis* Carrière

别称 红皮松、短叶松

形态特征 【植株】高达 25 m。【茎】树皮深灰褐色或褐灰色，裂成不规则较厚的鳞状块片，裂缝及上部树皮红褐色；一年生枝较粗，淡灰黄色或淡红褐色，无毛，幼时微被白粉。【冬芽】圆柱形，顶端尖，红褐色，微具树脂，芽鳞边缘丝状缺裂。【叶】针叶 2 针 1 束，长 6.5 ~ 15 cm，直径约 1.5 mm，粗硬，不扭曲，边缘细锯齿，两面具气孔线，横断面半圆形；叶鞘淡褐色或淡黑褐色，宿存，具环纹。【花】雄球花圆柱形，在新枝下部聚生呈穗状。【果】球果卵球形或圆卵形，成熟前绿色，成熟时淡橙褐色或灰褐色，留存树上数年不落；鳞盾多呈扁菱形或菱状多角形，肥厚隆起或微隆起，横脊显著，鳞脐具刺，不脱落。【种子】褐色，卵圆形或长卵圆形。【成熟期】花期 5 月，球果期翌年 9 — 10 月。

生境分布 中生乔木。生于海拔 1 950 ~ 2 300 m 的山地阴坡、半阴坡。贺兰山西坡和东坡均有分布。我国分布于东北、西北、西南及山西等地。

药用价值 叶、松油、花和果入药，可祛风散寒、止血燥湿、平喘止咳；也可做蒙药。

柏科　Cupressaceae

刺柏属　*Juniperus* Linn

圆柏　*Juniperus chinensis* Linn　别称　桧柏、柏树

形态特征　【植株】高达 20 m。【茎】树冠塔形；树皮灰褐色，纵裂条片脱落。【叶】二型；刺叶 3 叶交叉轮生，长 6 ～ 12 mm，先端渐尖，基部下延，上面微凹，被 2 条白粉带，下面拱圆；鳞叶交叉对生或 3 叶轮生，菱状卵形，排列紧密，先端钝或微尖，下面近中部具椭圆形腺体。【花】雌雄异株，稀同株；雄球花黄色，椭圆形，雄蕊 5 ～ 7 对，各具花药 3 ～ 4。【果】球果近圆球形，成熟前淡紫褐色，成熟时暗褐色，被白粉，微具光泽，具种子 2 ～ 4 粒，稀 1 粒。【种子】卵圆形，黄褐色，微具光泽，具棱脊及少数树脂槽。【熟期成】花期 5 月，球果期翌年 10 月。

生境分布　中生乔木。生于海拔 1 900 ～ 2 400 m 的草原区或荒漠区山地半阳坡、山坡丛林。贺兰山西坡有分布。我国广布于各地。世界分布于日本、朝鲜、缅甸。

药用价值　枝和叶入药，可祛风散寒、活血解毒；也可做蒙药。

叉子圆柏　*Juniperus sabina* Linn　别称　臭柏、沙地柏

形态特征　【植株】高不足 1 m。【茎】树皮灰褐色，裂成不规则薄片脱落。【叶】二型；刺叶仅出现在幼龄植株上，交互对生或 3 叶轮生，披针形，长 3 ～ 7 mm，先端刺尖，上面凹，下面拱圆，叶背中部具长椭圆形或条状腺体；壮龄树上多为鳞叶，交互对生，斜方形或菱状卵形，先端微钝或急尖，叶背中部具椭圆形或卵形腺体。【花】雌雄异株，稀同株；雄球花椭圆形或矩圆形，雄蕊 5 ～ 7 对，各具花药 2 ～ 4；雌球花和球果着生向下弯曲的小枝顶端。【果】球果倒三角状球形或叉状球形，成熟前蓝绿色，成熟时褐色、紫蓝色或黑色，被白粉；具种子 1 ～ 5 粒。【种子】微扁，卵圆形，顶端钝或微尖，具纵脊和树脂槽。【成熟期】花期 5 月，球果期翌年 10 月。

生境分布　旱中生匍匐灌木，稀直立灌木或小乔木。生于海拔 1 900 ～ 2 600 m 的针叶林或针阔叶混交林林地沟谷、沙丘、多石山坡。贺兰山西坡和东坡均有分布。我国分布于西北地区。世界分布于亚洲中部地区、欧洲。

药用价值　枝和叶入药，可祛风湿、活血止痛；也可做蒙药。

杜松　　*Juniperus rigida* Siebold & Zucc.　　别称　刚松、崩松

形态特征　【植株】高达 11 m。【茎】树冠塔形或圆柱形；树皮褐灰色，纵裂呈条片状脱落；小枝下垂或直立，幼枝三棱形，无毛。【叶】刺叶质厚，3 叶轮生，条状刺形，挺直，长 12 ～ 22 mm，宽 1.2 mm，顶端渐窄，先端锐尖，白粉带位于上面凹陷深槽中，较窄，下面纵脊的横断面呈“V”字形。【花】雌雄异株；雄球花着生一年生枝的叶腋，椭圆形，黄褐色；雌球花着生一年生枝的叶腋，球形，绿色或褐色。【果】球果圆球形，成熟前紫褐色，成熟时淡褐黑色或蓝黑色，被白粉，具种子 2 ～ 3 粒。【种子】卵圆形，顶端尖，4 条钝棱，具树脂槽。【成熟期】花期 5 月，球果期翌年 10 月。

生境分布　旱中生常绿灌木或小乔木。生于海拔 1 600 ～ 2 500 m 的阔叶林区或草原区山地阳坡、半阳坡、干燥岩石、裸露山顶石缝。贺兰山西坡和东坡均有分布。我国分布于东北、西北、华北地区。世界分布于朝鲜、俄罗斯、日本。

药用价值　果入药，可镇痛、利尿、发汗；也可做蒙药。

麻黄科　Ephedraceae

麻黄属　*Ephedra* Linn

草麻黄　*Ephedra sinica* Stapf　　别称　麻黄

形态特征　【植株】高达 30 cm，基部多分枝，丛生。【茎】木质，短小，匍匐状；小枝直立或稍弯曲，具细纵槽纹，具粗糙感，节间长。【叶】叶鞘 2 裂，为叶长的 1/3 ～ 2/3；裂片长 0.5 ～ 0.7 mm，先端钻形或狭三角形，上部膜质薄，围绕基部的变厚，褐色，略带白色。【花】雄球花复穗状，具总花梗；苞片 4 对，淡黄绿色；雄蕊 7 ～ 10，花丝合生或顶端分离；雌球花单生，顶生当年枝，腋生老枝，具短花梗，幼花卵圆形或矩圆状卵圆形；雌花苞片 3 对，中下部苞片卵形，先端锐尖或近锐尖，下部苞片基部合生，中间苞片宽，合生部分占 1/4 ～ 1/3，边缘膜质，暗黄绿色，最上 1 对合生部分达 1/2 以上；雌花 2；珠被管直立或顶稍弯，管口裂缝窄长，占全长的 1/4 ～ 1/2，疏被毛；雌球花成熟时苞片肉质，红色，矩状卵形或近圆球形。【种子】2 粒，包于红色肉质苞片内，与苞片等长，长卵形，深褐色，一侧扁平或凹，另一侧凸起，具 2 条槽纹，较光滑。【成熟期】花期 5 — 6 月，果期 8 — 9 月。

生境分布　旱生草本状灌木。生于草原区丘陵坡地、平原沙地。贺兰山西坡哈拉乌有分布。我国分布于东北、西北及山西、山东等地。世界分布于蒙古国。

药用价值　茎入药，可发汗散寒、平喘利尿；也可做蒙药。

大麻黄　*Ephedra major* Host　　别称　木贼麻黄、山麻黄

形态特征　【植株】高达 1 m。【茎】木质粗长，直立或部分匍匐状；灰褐色，不规则纵裂，中部枝粗为小枝的 3 ～ 4 倍，直立，具不明显纵槽纹，稍被白粉，光滑，节间长。【叶】2 裂，裂片短三角形，长 0.5 mm，先端钝或稍尖，鞘长 1.8 ～ 2 mm。【花】雄球花穗状，1 ～ 4 集生节上，近无花梗，卵圆形，苞片 3 ～ 4 对，基部 1/3 合生，雄蕊 6 ～ 8，花丝合生，稍露出；雌球花 2 对生节上，长卵圆形，苞片 3 对，最下 1 对卵状菱形，先端钝，中间 1 对长卵形，最上 1 对椭圆形，近 1/3 或稍高处合生，先端稍尖，边缘膜质，其余为淡褐色；雌花 1 ～ 2，珠被管直立，稍弯曲；雌球花成熟时苞片肉质，红色，近无花梗。【种子】1 粒，棕褐色，长卵状矩圆形，顶部压扁似鸭嘴状，两面突起，基部具 4 条槽纹。【成熟期】花期 5 — 6 月，果期 8 — 9 月。

生境分布　旱生直立小灌木。生于海拔 1 600 ～ 2 400 m 的山脊、干燥阳坡、沟谷石缝。贺兰山西坡和东坡均有分布。我国分布于西北及河北、山西等地。世界分布于亚洲中部地区及蒙古国、俄罗斯。

药用价值　地上部分入药，可镇咳、止喘、发汗；也可做蒙药。

斑子麻黄　*Ephedra rhytidosperma* Pachom.　　别称　斑籽麻黄

形态特征　【植株】高 10 ～ 20 cm。【茎】灰褐色，木质明显，弯曲向上；小枝短，绿色，密集于节上呈假轮生状，具粗纵槽纹，节间长。【叶】叶鞘 2 裂，裂片为短而宽的三角形，长 0.5 mm，先端微钝或钝尖，鞘褐色，仅裂片边缘为白色膜质。【花】雄球花对生节上，无花梗，具 2 ～ 3 对苞片，假花被片倒卵圆形，雄蕊 5 ～ 8，花丝全部合生，近 1/2 露出花被外；雌球花单生，苞片 2 ～ 3 对，下部 1 对较小，深褐色，具膜质边缘，上部 1 对矩圆形，深褐色具较宽膜质边缘，上部近 1/2 裂开；雌花 2，胚珠外围的假花被粗糙，具横列碎片状细密突起，花被管先端斜直，稍弯曲。【种子】2 粒，较苞片长，约 1/3 外露，棕褐色，椭圆状卵圆形、卵圆形，背部中央及两侧边缘具突起的黄色纵棱，棱间及腹面具锈黄色横列碎片状细密突起。【成熟期】花期 5 — 6 月，果期 7 — 8 月。

生境分布　超旱生矮小垫状灌木。生于海拔 1 900 m 以下的半荒漠区山麓、山前坡地。贺兰山西坡和东坡均有分布。我国分布于内蒙古、宁夏、甘肃等地。世界分布于朝鲜、日本。国家二级重点保护植物。

药用价值　地上部分入药，可镇咳、止喘；也可做蒙药。

中麻黄 *Ephedra intermedia* Schrenk ex C. A. Mey. 别称 麻黄草

形态特征 【植株】高 0.2 ～ 1 m。【茎】直立或匍匐，斜上，木质短粗，灰黄褐色，基部多分枝，茎皮干裂后呈细纵纤维状；小枝直立或稍曲，灰绿色或灰淡绿色，细浅纵槽纹具白色小瘤状突起，粗糙，节间长。【叶】3 裂与 2 裂混生，裂片钝三角形或先端尖三角形，长 1 ～ 2 mm，中部淡褐色，具膜质边缘，鞘围绕基部的变厚部分为深褐色，其余白色。【花】雄球花多数密集节上呈团状，无花梗，苞片 5 ～ 7 对，轮生（每轮 3 片）或交叉对生，雄蕊 5 ～ 8，花丝合生；雌球花 2 ～ 3 着生节上，短花梗，由 3 ～ 5 对轮生（每轮 3 片）或交叉对生的苞片组成，基部合生，具窄膜质边缘，最上 1 轮或 1 对苞片含雌花 2 ～ 3；珠被管螺旋状弯曲；雌球花成熟时苞片肉质，红色，椭圆形、卵圆形或矩圆状卵圆形。【种子】2 ～ 3 粒，包于红色肉质苞片内，不外露，卵圆形或长卵圆形。【成熟期】花期 5 — 6 月，果期 7 — 8 月。

生境分布 旱生灌木。生于海拔 1 600 m 左右的干旱或半干旱山地干河谷、山麓。贺兰山西坡黄渠口和东坡麻黄沟、汝箕沟有分布。我国分布于东北、华北、西北地区。世界分布于蒙古国。

药用价值 根和茎入药，可发汗解表、宣肺平喘、利水消肿；也可做蒙药。

植株

果

茎

被子植物门

Angiospermae

杨柳科　Salicaceae

杨属　*Populus* Linn

山杨　*Populus davidiana* Dode　　别称　火杨、麻嘎勒

形态特征　【植株】高达 20 m。【茎】树冠圆形或近圆形；树皮光滑，淡绿色或淡灰色；老树基部暗灰色；小枝无毛，光滑，赤褐色；叶芽顶生，卵圆形，光滑，微具胶质。【叶】短枝叶卵圆形、圆形或三角状圆形，长 2.5 ～ 8 cm，宽 25 ～ 75 mm，基部圆形、宽圆形或截形，边缘具波状浅齿，初被疏柔毛，后变光滑；萌发枝叶片大，叶柄扁平较长。【花】雄花序轴被疏柔毛；苞片深裂，褐色，被疏柔毛；雄蕊 5 ～ 12，花药带红色；雌花苞片淡褐色，被长柔毛；花盘杯状，边缘波形；柱头 2 裂，各又 2 深裂，呈红色，近无柄。【果】蒴果椭圆状纺锤形，2 裂。【成熟期】花期 4 — 5 月，果期 5 — 6 月。

生境分布　中生乔木。生于海拔 1 600 ～ 2 600 m 的森林区或森林草原区山地沟谷、阴坡、半阴坡。贺兰山西坡和东坡均有分布。我国分布于西北地区。世界分布于亚洲中部地区及蒙古国、巴基斯坦、埃及等。

药用价值　树皮入药，可排脓止浊；也可做蒙药。

植株

花

叶

青杨　*Populus cathayana* Rehder　　别称　河杨、大叶白杨

形态特征　【植株】高达 30 m。【茎】幼树皮灰绿色，光滑，老树皮暗灰色，具沟裂；树冠宽卵形，当年生枝圆柱形，幼时橄榄绿，后变橙黄色至灰黄色，无毛；冬芽圆锥形，无毛，多胶质，略呈红色。【叶】长枝叶与短枝叶同形，狭卵形或卵形，长 5.5 ～ 10 cm，宽 2.5 ～ 5 cm，先端渐尖，基部圆形、近心形或宽楔形，上面绿色，下面带白色，边缘具细密锯齿；叶柄近圆柱形；萌发枝叶菱状长椭圆形、宽披针形或宽倒披针形；叶柄长。【花】雄花序长，每花具雄蕊 30 ～ 35；雌花序稍短，光滑无毛；子房卵圆形，柱头 2 ～ 4 裂。【果】朔果具短梗或无梗，卵球形，急尖，2 ～ 4 瓣裂，先端反曲。【成熟期】花期 4 月，果期 5 — 6 月。

生境分布　中生乔木。生于海拔 1 900 ～ 2 400 m 的草原区阴坡、山地沟谷、杂林。贺兰山西坡哈拉乌和东坡大水沟有分布。我国分布于华北、西北、西南及辽宁等地。

植株

果

叶

青甘杨 *Populus przewalskii* Maxim.

形态特征 【植株】高达 20 m。【茎】树干挺直；树皮灰白色，光滑；下部色暗，沟裂。【叶】菱状卵形，长 4.5 ～ 7 cm，宽 2 ～ 3.5 cm，先端短渐尖至渐尖，基部楔形，边缘具细锯齿，近基部全缘，上面绿色，下面泛白色，两面脉上被毛；叶柄被柔毛。【花】雌花序细，花序轴被毛；子房卵形，被密毛；柱头 2 裂，再分裂；花盘微具波状缺刻。【果】果序轴及蒴果被柔毛；蒴果卵形，2 瓣裂。【成熟期】花期 4 月，果期 5 月。

生境分布 中生乔木。生于荒漠区或草原区山麓、溪岸、路边。贺兰山西坡大西沟有分布。我国分布于甘肃、青海、四川等地。

植株

叶

果

柳属 *Salix* Linn

密齿柳 *Salix characta* C. K. Schneid. in Sargent

形态特征 【植株】高 2 ～ 3 m。【茎】幼枝被疏柔毛，后脱落，二至三年生枝黄褐或紫褐色；芽卵形，黄褐色；无毛。【叶】长椭圆状披针形，长 15 ～ 45 mm，宽 5 ～ 10 mm（长枝叶及萌发枝叶长 7 cm），先端渐尖，基部楔形，边缘具细密锯齿，上面深绿色，下面色淡，两面无毛或仅下面沿脉疏被毛；叶柄被短柔毛。【花】花序具短梗，花序轴被柔毛；雄花具雄蕊 2，离生，花丝无毛；苞片圆形，褐色，两面被柔毛；腹腺 1；子房矩圆形，近无毛，具柄；花柱明显，柱头短，矩圆形；苞片卵形，先端尖；腹腺 1。【果】蒴果矩圆形。【成熟期】花期 5 月，果期 6 — 7 月。

生境分布 中生灌木或小乔木。生于海拔 1 600 ～ 2 600 m 的山地沟谷、林缘林地。贺兰山西坡和东坡均有分布。我国分布于河北、山西、陕西、甘肃、青海等地。

山生柳 *Salix takasagoalpina* Koid. 别称 高山柳、毛蕊杯腺柳

形态特征 【植株】高 0.8 ～ 1 m。【茎】老枝灰褐色或深灰色，多分枝，幼枝紫红色或紫褐色，光滑无毛；芽矩圆状卵形。【叶】互生或簇生短枝，倒卵状圆形、宽椭圆形或卵圆形，长 1 ～ 3 cm，宽 8 ～ 15 mm，先端钝圆或微尖，基部圆形，少宽楔形，上面绿色，光滑无毛，下面苍白色，被白粉，全缘；叶柄托叶小，卵圆形。【花】花序苞片褐色，椭圆形，被长柔毛；雄花具雄蕊 2，分离，花丝中下部具长柔毛；苞片长为花丝的 1/2；背腹腺各 1，腹腺先端有时分裂；雌花序具花序梗，着生小形叶；苞片倒卵圆形，黄褐色，边缘被白色长柔毛；子房密被短茸毛；花柱柱头 2，先端分裂；背腹腺各 1，腹腺 2 ～ 4 裂，基部连合呈杯状。【果】蒴果密被灰白色短茸毛，具短果梗。【成熟期】花期 6 月，果期 8 — 9 月。

生境分布 中生灌木。生于海拔 2 800 ～ 3 300 m 的高寒山坡、亚高山灌丛。贺兰山西坡和东坡山脊平缓处有分布。我国分布于宁夏、甘肃、青海、四川、云南、西藏等地。

中国黄花柳　*Salix sinica* (K. S. Hao ex C. F. Fang & A. K. Skvortsov) G. H. Zhu

形态特征　【植株】高达 4 m。【茎】幼枝灰绿色或灰褐色，被灰色柔毛，后渐脱落，二年生或三年生枝较粗壮，黄褐或黄绿色，光滑；芽卵圆形或卵形，黄褐色。【叶】多变化，质薄，椭圆形、卵状披针形或倒卵形，长 3 ～ 7 cm，宽 1.5 ～ 3 cm，先端渐尖、急尖或稍钝，基部钝圆或宽楔形，全缘或疏具细齿，上面深绿色，下面苍白色，幼时被柔毛，脱落；叶柄无毛或被疏毛；托叶被疏齿，卵形，早落。【花】先叶开放，雄花序椭圆形，近无花序梗；雄蕊 2，离生，花丝比苞片长约 2 倍；腹腺 1；雌花序果期后伸长，无花序梗；子房卵状圆锥形，被柔毛；花序梗长为子房的 1/3；苞片椭圆状卵形，先端黑褐色，被长柔毛；腹腺 1。【果】蒴果被柔毛。【成熟期】花期 5 月，果期 6 月。

生境分布　中生灌木或小乔木。生于海拔 2 000 ～ 2 600 m 的沟谷、林缘。贺兰山西坡和东坡均有分布。我国分布于河北、甘肃、宁夏、青海。

小穗柳（变种）　*Salix microstachya* var. *bordensis* (Nakai) C. F. Fang　　别称　小红柳

形态特征　【植株】高 1 ～ 2 m。【茎】小枝红褐色，当年生枝细长，弯曲或下垂，无毛或疏被短柔毛；芽卵形，钝头，被丝状毛。【叶】条形或条状披针形，长 15 ～ 45 mm，宽 2 ～ 5 mm，先端渐尖，基部楔形，全缘或疏具齿，幼时两面密被绢毛，后渐脱落；叶柄无托叶。【花】花序与叶同时开放，细圆柱形，具短花序梗，其上着生小型叶，花序轴被柔毛；雄蕊 2，完全合生，花药红色，球形，花丝光滑无毛；子房卵状圆锥形，无毛；花柱明显，柱头 2 裂；苞片淡黄色或褐色，倒卵形或卵状椭圆形，先端近截形，具不规则齿，基部被长柔毛；腺体 1，腹生。【果】蒴果无毛。【成熟期】花期 5 月，果期 6 月。

生境分布　湿中生灌木。生于海拔 2 000 ～ 2 600 m 的森林区或草原区低地沟谷、林缘。贺兰山西坡和东坡均有分布。我国分布于东北及河北、甘肃、宁夏等地。

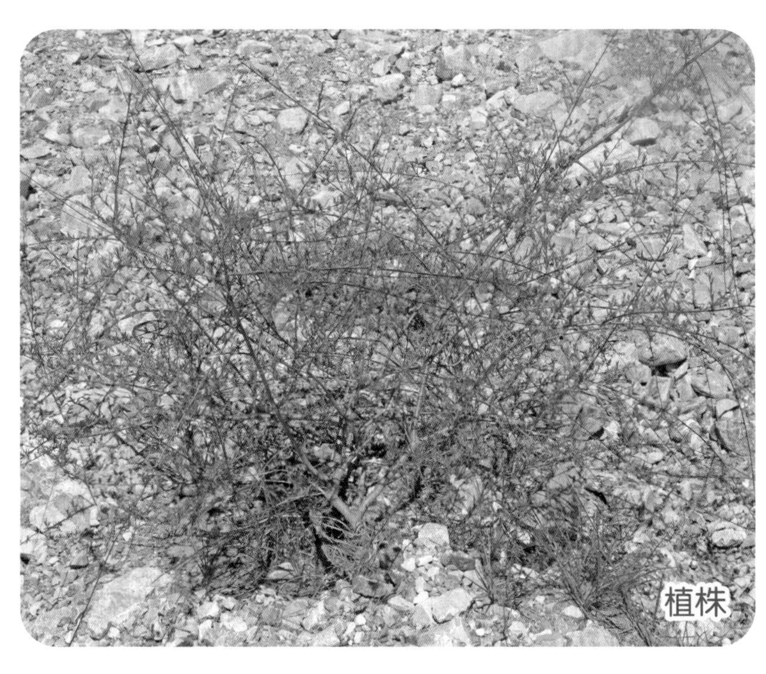

皂柳　*Salix wallichiana* Andersson

形态特征　【植株】高达 7 m。【茎】小枝褐色、紫褐色或黄褐色，幼时被柔毛，后脱落；芽矩圆状卵形，褐色，无毛。【叶】矩圆形、卵状矩圆形或矩圆状披针形，长 3 ～ 6 cm，宽 1 ～ 2 cm，先端渐尖或急尖，基部楔形至圆形，全缘或疏具锯齿，上面深绿色，下面苍白色，无毛或被短柔毛；叶柄被柔毛或近无毛；托叶肾形，边缘具齿。【花】花序先叶开放，无花序梗或几无花序梗，花序轴密被柔毛；苞片长椭圆形，被柔毛；腹腺 1；雄花序细圆柱形；雄蕊 2，离生，花丝无毛或疏被柔毛；雌花序圆柱形；子房狭圆锥形，具短柄，密被毛；花柱短，直立柱头 2 ～ 4 裂。【果】蒴果疏被柔毛或近无毛，无果梗。【成熟期】花期 4 — 5 月，果期 5 — 6 月。

生境分布　中生灌木或小乔木。生于海拔 2 000 ～ 2 300 m 的森林区或草原区山地、河岸。贺兰山西坡和东坡均有分布。我国分布于华北、西北、西南及湖北、湖南等地。世界分布于尼泊尔、印度、不丹。

药用价值　根入药，可驱风、解热、除湿。

狭叶柳 *Salix eriostachya* var. *angustifolia* (C. F. Fang) N. Chao

形态特征 【植株】高 5 ～ 8 m。【茎】树皮褐色或黄色；小枝褐色，被灰白色长柔毛或近无毛；芽卵圆形，褐色，被白色柔毛。【叶】阔披针形、倒披针形、长椭圆状披针形、倒卵状披针形，长 5 ～ 20 cm，宽 2 ～ 3.5 cm，最宽处一般在中部以上，先端短渐尖，基部楔形，侧脉 10 ～ 12 对，上面污绿色，短柔毛少或近无毛，下面灰色，被绢质短柔毛，全缘或具腺锯齿，反卷；托叶较大，针形，边缘具锯齿。【花】花序先叶开放，较大，几无花序梗；雄花序较长；雄蕊 2，花丝离生，花药黄色；苞片 2 色，先端黑色，被长毛；腺体 1，腹生；雌花序较长，粗圆柱形；子房卵状圆锥形，具短柄，被长柔毛；花柱长，柱头 2 裂，外曲；腺体 1，腹生，长为子房柄的 2 倍。【果】蒴果淡褐色，被毛或无毛。【成熟期】花期 4 月，果期 5—6 月。

生境分布 中生灌木或小乔木。生于海拔 2 800 ～ 3 000 m 的亚高山沟谷、灌丛。贺兰山西坡和东坡中段山脊附近有分布。我国分布于宁夏、甘肃、青海、四川、云南、西藏、贵州等地。

植株

叶

乌柳 *Salix cheilophila* C. K. Schneid. in Sargent 别称 筐柳、沙柳

形态特征 【植株】高达 4 m。【茎】枝细长，幼时为紫色，被绢毛，后脱落，具光泽。【叶】条形、条状披针形或条状倒披针形，长 1.5 ～ 5 cm，宽 3 ～ 7 mm，先端尖或渐尖，基部楔形，边缘反卷，中上部具细腺齿，基部近于全缘，上面幼时被绢状柔毛，后脱落，下面被绢毛；具叶柄。【花】花序先叶开放，几无花序梗，圆柱形，花序轴被柔毛；苞片倒卵状椭圆形，淡褐色或黄褐色，先端钝或微凹，基部被柔毛；雄蕊 2，完全合生，花丝无毛，花药球形，黄色；腹腺 1，狭圆柱形；子房几无柄，卵形或卵状椭圆形，密被短柔毛，花柱极短。【果】蒴果密被短毛。【成熟期】花期 4—5 月，果期 5—6 月。

生境分布 湿中生灌木或小乔木。生于海拔 2 000 ～ 2 300 m 的山地沟谷、河溪岸边、沙丘低湿地。贺兰山西坡哈拉乌和东坡插旗沟有分布。我国分布于华北、西北及河南、四川、云南、西藏等地。

药用价值 根入药，可清热泻火、解表祛风。

胡桃科　Juglandaceae

胡桃属　*Juglans* Linn

胡桃　*Juglans regia* Linn　　别称　核桃

形态特征　【植株】高达 30 m。【茎】树皮灰色，浅纵沟裂；冬芽球形，具数枚鳞片，幼时两面皆被淡黄色茸毛；小枝光滑，髓心片状。【叶】单数羽状复叶，长 20 ～ 30 cm；小叶单数 5 ～ 9 片，长椭圆形或圆状卵形，长 6 ～ 13 cm，宽 3 ～ 8.5 cm，先端钝或短尖，基部圆形或歪形，全缘，上面暗绿色，下面淡绿色，幼时仅脉腋被簇毛。【花】花序与叶同时开放；雄柔荑花序密生，具苞片及小苞片；花被 6 裂，腹面具雄蕊 6 ～ 30，花药黄色；雌花序穗状，直立于枝顶端，具花 1 ～ 4 朵；花被 5 裂；子房与苞片合生；花柱短，柱头 2 裂，绿色。【果】核果近球形或椭圆形，外果皮绿色，光滑；果核卵球形，稀椭圆形，先端微短尖，具褶皱，表面具 2 条棱。【种子】呈脑状，富含油脂。【果】花期 5 月上旬，果期 10 月。

生境分布　中生乔木。生于海拔 1 600 ～ 1 800 m 的浅山荒漠区沟谷土层肥沃之处。贺兰山东坡苏峪口有分布。我国分布于新疆、甘肃、宁夏等地。世界分布于亚洲。

药用价值　种仁入药，可温肺定喘、补肾固精；也可做蒙药。

桦木科　Betulaceae

桦木属　*Betula* Linn

白桦　*Betula platyphylla* Sukaczev　别称　桦树、粉桦

形态特征　【植株】高 10 ～ 30 m。【茎】树皮白色，层状剥裂，内皮红褐色；枝密生黄腺体；小枝红褐色，密生黄腺体；冬芽卵形，先端尖，具 3 对黏性芽；鳞片褐色，边缘被纤毛。【叶】幼时均被短柔毛和腺点，后渐脱落；厚纸质，三角状卵形、菱状卵形或宽卵形，长 3 ～ 7 cm，宽 2 ～ 5 cm，先端渐尖，基部截形、宽楔形或楔形，边缘具不规则粗重锯齿；上面绿色，叶脉凸起，下面淡绿色，密生腺点，侧脉 5 ～ 8 对；叶柄细，被毛。【果序】单生，圆柱形，下垂或斜展；散生黄色树脂状腺体；果苞边缘具短纤毛，上部具 3 裂片。【果】小坚果宽椭圆形或椭圆形，背面疏被短柔毛；膜质翅比果长 1/3，与果等宽。【成熟期】花期 5 — 6 月，果期 8 — 9 月。

生境分布　中生落叶乔木。生于海拔 1 800 ～ 2 300 m 的山地阴坡、沟谷。贺兰山西坡和东坡均有分布。我国分布于东北、华北、西北、西南地区。世界分布于俄罗斯、蒙古国、朝鲜、日本。

药用价值　树皮入药，可清热利湿、祛痰止咳、解毒消肿。

虎榛子属　*Ostryopsis* Decne.

虎榛子　*Ostryopsis davidiana* Decne.　别称　棱榆

形态特征　【植株】高 1 ～ 5 m。【茎】淡灰色，基部密集多分枝；枝暗灰褐色，具细裂纹、黄褐色皮孔；小枝同色，密被黄柔毛，近基部腺体褐色刺毛状，具圆形凸起纵裂皮孔；冬芽卵球形，芽鳞膜质，红褐色，覆瓦状，背面被黄短柔毛，边缘密。【叶】宽卵形、椭圆状卵形，长 1.5 ～ 7 cm，宽 1.3 ～ 5 cm，先端尖，基部心形，边缘粗锯齿，中部以上浅裂；叶片两面均被短柔毛，沿脉密；上面绿色，下面淡绿色，脉突，脉腋间被簇毛，侧脉 7 ～ 9 对；叶柄长，被柔毛。【花】雌雄同株；雄花序单生叶腋，下垂，矩圆状圆柱形，不裸露；花序梗短；苞鳞宽卵形，外被疏柔毛，每苞片雄蕊 4 ～ 6。【果序】4 ～ 10 个果组成总状果序，下垂，着生枝顶端；果梗短；果序梗细，密被柔毛；果苞厚纸质，外具紫红色细条棱，密被短柔毛，上部延伸成管，顶端 4 浅裂；裂片披针形，被柔毛，下部紧包果，熟后侧裂。【果】小坚果卵圆形或近球形，褐色，光亮，疏被短柔毛，具细条纹；顶部初时具白色膜质长嘴，后脱落。【成熟期】花期 4 — 5 月，果期 7 — 8 月。

形态特征　中生灌木。生于海拔 1 800 ～ 2 500 m 的森林区或草原区山地阴坡、半阴坡。贺兰山西坡和东坡均有分布。我国分布于河北、山西、陕西、甘肃、四川等地。

榆科　Ulmaceae

榆属　*Ulmus* Linn

榆树　*Ulmus pumila* Linn

别称　白榆、家榆

形态特征　【植株】高达 20 m，树冠卵圆形。【茎】树皮暗灰色，不规则纵裂，粗糙；小枝褐色或紫色，光滑或被柔毛。【叶】矩圆状卵形或矩圆状披针形，长 2 ～ 7 cm，宽 1.2 ～ 3 cm，先端尖，基部近对称或稍斜，圆形、微心形或宽楔形；上面光滑，下面幼时被柔毛，后脱落或仅在脉腋被柔毛，边缘具不规则的重锯齿或单锯齿；具叶柄。【花】先叶开放，两性，簇生去年生枝上；花萼 4 裂，紫红色，宿存；雄蕊 4，花药紫色。【果】翅果近圆形或卵圆形，仅顶端缺口处被毛；果核位于翅果中部或微偏上，与果翅颜色相同，为黄白色；具果梗。【成熟期】花期 4 月，果期 5 月。

生境分布　旱生乔木。生于海拔 1 600 ～ 2 000 m 的干河床两侧、岩缝。贺兰山西坡和东坡均有分布。我国广布于各地。世界分布于朝鲜、俄罗斯、蒙古国、日本。

旱榆　　*Ulmus glaucescens* Franch.　　别称　灰榆、山榆

形态特征　【植株】高达 18 m，树冠形状多变。【茎】当年生枝紫褐色或紫色，疏被毛，后光滑；二年生枝深灰色或灰褐色。【叶】卵形或菱状卵形，长 2 ～ 5 cm，宽 1 ～ 2.5 cm，先端渐尖或骤尖，基部圆形或宽楔形，近对称或偏斜；两面光滑，稀下面被短柔毛及上面较粗糙，边缘具钝而整齐的单锯齿。【花】出自混合芽或花芽，散生当年生枝基部，或花 5 ～ 9 朵簇生去年生枝；花萼钟形，先端 4 浅裂，宿存。【果】翅果宽椭圆形、椭圆形或近圆形；果核多位于翅果中上部，上端接近缺口，缺口处被柔毛，其余光滑，翅近于革质；果梗与宿存花被近等长，被柔毛。【成熟期】花期 4 月，果期 5 月。

生境分布　旱生乔木或灌木。生于海拔 1 600 ～ 2 800 m 的干燥石质阳坡、沟谷。贺兰山西坡和东坡均有分布。我国分布于东北、华北、西北、华东、华中、西南地区。世界分布于俄罗斯、蒙古国、朝鲜、日本。

植株

叶

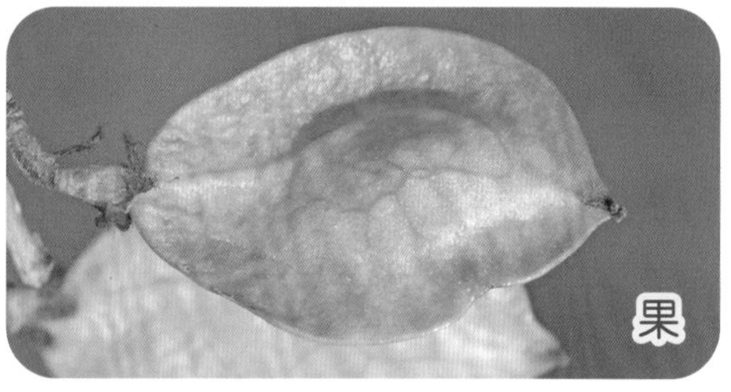
果

大麻科　Cannabaceae

葎草属　*Humulus* Linn

葎草　　*Humulus scandens* (Lour.) Merr.　　别称　拉拉秧、勒草

形态特征　【茎】强韧，数米长，淡黄绿色，具 6 条纵棱，棱生倒刺，棱间被短柔毛。【叶】纸质，对生，肾状五角形，长宽约 7 ～ 10 cm，掌状深裂，裂片 3 ～ 7，先端急尖或渐尖，具粗锯齿，齿缘被刚毛；上面深绿色，被散刚毛，下面绿色，具黄色小腺点，被散刚毛，沿主脉密，两面均糙涩；叶柄具细棱，密生倒刺。【花】单性，雌雄异株，花序腋生；雄花穗为圆锥花序，总花梗长；花多数，淡黄绿色；萼片 5；雄蕊 5；苞片披针形，外侧具茸毛及细油点；花药大，矩圆形；花丝短丝状；雌花短穗状，具花 10 余朵，下垂，每 2 朵花外具 1 枚卵形、具白色刺毛和黄色腺点的苞片；花被退化为全缘膜质；子房 1；花柱 2，褐红色突出，早落。【果】果穗团集，绿色，苞片在花后长成圆形，先端骤尖呈短尾状，被白色长毛；瘦果卵圆形，淡黄色，两面凸，密被茸毛，成熟后毛逐渐脱落且为栗色，坚硬。【成熟期】花果期 7—9 月。

生境分布　一年生缠绕草本。生于山麓沟边、路旁湿地。贺兰山西坡和东坡山麓有分布。我国广布于除新疆、青海以外的各地。世界分布于俄罗斯、朝鲜、日本。

药用价值　全草入药，可清热解毒。

檀香科 Santalaceae

百蕊草属 *Thesium* Linn

急折百蕊草 *Thesium refractum* C. A. Mey.

别称 九龙草、九仙草

形态特征 【植株】高 20 ～ 45 cm，具明显纵棱。【根】粗壮直生，顶部多分枝，稍肥厚。【茎】数条至多条丛生。【叶】互生，条形或条状披针形，长 2.5 ～ 5 cm，宽 2 ～ 2.5 cm，先端钝或微尖，顶端浅黄色，基部收狭不下延，全缘，两面微粗糙，主脉 1 条，基部偶具 3 条脉。【花】茎枝上部集成总状花序或圆锥花序；总花梗呈“之”字形曲折，果期更明显；花梗具纵棱，花后外倾并渐反折；苞片 1，叶状开展，先端尖，全缘；小苞片 2，条形，花被白色或浅绿白色，筒状或宽漏斗状，下部与子房合生，上部 5 深裂；裂片条状披针形，先端钝尖而内曲，背面具 1 条纵棱，中部两侧具小型耳状突起，筒部具脉棱；雄蕊 5，内藏；子房椭圆形，无毛，花柱圆柱形，比花被裂片短。【果】坚果椭圆形或卵形，黄绿色，顶端具宿存花被及花柱，果实表面具 4 ～ 10 条不明显纵脉棱和少数分叉侧脉棱；果梗熟时反折。【种子】1 粒，椭圆形或球形，黄色。【成熟期】花期 6 — 7 月，果期 7 — 9 月。

生境分布 多年生旱中生草本。生于林下灌丛、石质坡地、草甸砂砾地。贺兰山西坡哈拉乌和东坡插旗口有分布。我国分布于东北、西北、华北、华中、西南地区。世界分布于蒙古国、俄罗斯、朝鲜。

药用价值 全草入药，可清热解毒、利湿消肿。

桑科 Moraceae

桑属 *Morus* Linn

蒙桑 *Morus mongolica* (Bureau) C. K. Schneid. in Sarg. 别称 崖桑、刺叶桑

形态特征 【植株】高 3 ～ 8 m。【茎】树皮灰褐色，不规则纵裂；当年生枝由暗绿褐色渐变褐色，光滑小枝浅褐色；冬芽暗褐色，矩圆状卵形。【叶】互生，卵形至椭圆状卵形，长 4 ～ 16 cm，宽 3.5 ～ 9 cm，先端长渐尖、尾状渐尖或钝尖，基部心形，边缘具粗锯齿，齿端具刺尖，不裂或 3 ～ 5 裂；上面深绿色，下面淡绿色；叶柄无毛，托叶早落。【花】单性，雌雄异株，腋生穗状花序，下垂，总花序梗纤细；雄花序早落；花被片 4，暗黄绿色；雄蕊 4，花丝内曲（开花时伸直），具不育雄蕊；雌花序短，花被片 4；花柱明显，高出子房，柱头 2 裂。【果】聚花果圆柱形，成熟时红紫色至紫黑色。【成熟期】花期 5 月，果期 6—7 月。

生境分布 中生小乔木或灌木。生于海拔 1 600 ～ 1 800 m 的森林区或草原区山地、林地。贺兰山西坡和东坡山麓有分布。我国分布于东北、西北、西南、华中及山西、山东等地。世界分布于蒙古国、朝鲜等。

荨麻科 Urticaceae

荨麻属 *Urtica* Linn

麻叶荨麻 *Urtica cannabina* Linn 别称 焮麻

形态特征 【植株】高 1 ～ 2 m，全株被柔毛和螫毛。【根状茎】匍匐丛生，具纵棱和槽。【叶】五角形，长 4 ～ 13 cm，宽 3.5 ～ 13 cm，掌状 3 深裂或全裂，裂片再深裂或缺刻；上面深绿色，叶脉凹入，疏被短伏毛或近无毛，密生小颗粒状钟乳体；下面淡绿色，叶脉稍隆，被短伏毛和疏螫毛；托叶披针形或宽条形，离生。【花】单性，雌雄同株或异株，同株者雄花序着生下方；雌花序呈穗状聚伞花序着生茎上部叶腋，分枝，具密生花簇；苞片膜质透明，卵圆形；雄花花被 4 深裂，裂片先端尖呈盔状；雄蕊 4，花丝扁，长于花被裂片，花药椭圆形，黄色；退化子房杯状，浅黄色；雌花被 4 中裂，裂片较长，背生 2 枚裂片花后增大，宽椭圆形，包覆瘦果；侧生 2 枚裂片小。【果】瘦果宽椭圆状卵形或宽卵形，光滑稍扁，具褐色斑点。【成熟期】花果期 7—9 月。

生境分布 多年生中生草本。生于海拔 1 600 ～ 2 300 m 的干燥山口、丘陵沟谷、居民区。贺兰山西坡和东坡均有分布。我国分布于东北、华北、西北地区。世界分布于亚洲中部地区、欧洲及蒙古国、俄罗斯。

药用价值 全草入药，可祛湿化痞、解毒温胃；也可做蒙药。

宽叶荨麻　*Urtica laetevirens* Maxim.

形态特征　【植株】高 30 ～ 90 cm。【根状茎】匍匐，腋生短枝，具纵钝棱，疏被短柔毛和透明螫毛。【叶】卵形或宽椭圆状卵形，长 4 ～ 9 cm，宽 2 ～ 5.5 cm，先端锐尖或尾状尖，基部近截形或浅心形，边缘具大型粗锯齿和缘毛，两面密被细短毛，密布短棒状钟乳体和散被螫毛，主脉 3 ～ 5 条，下面稍隆起；叶柄疏被螫毛和柔毛；托叶离生，条状披针形，渐尖，膜质。【花】单性，雌雄同株或异株；同株时，雄花序对生茎上部叶腋，总状聚伞状，花轴被柔毛；雌花序对生茎下部叶腋，短聚伞状，簇生花不连续，花轴被柔毛；小苞片圆形或条形；雄花被 4 深裂，裂片椭圆形或椭圆状卵形，内凹，背面被伏柔毛；雄蕊 4，花丝比花被裂片长，花药黄色，近圆形，退化雌蕊半透明杯状；雌花被 4 深裂，侧生 2 枚较小，椭圆状卵形，背生 2 枚花后增大，宽卵形，背部和边缘被长柔毛，包覆瘦果。【果】瘦果卵形或宽卵形，光滑稍扁。【成熟期】花期 7—8 月，果期 8—9 月。

生境分布　多年生中生草本。生于阔叶林区山坡林下、湿地。贺兰山西坡哈拉乌有分布。我国分布于东北、华中、西北、西南地区。世界分布于俄罗斯、日本、朝鲜。

贺兰山荨麻　*Urtica helanshanica* W. Z. Di & W. B. Liao

形态特征　【植株】高 50 ～ 90 cm，全株被白色粗伏毛。【茎】直立，四棱形，具纵棱，节上被螫毛。【叶】卵形，稀卵状披针形，长 5 ～ 17 cm，宽 2 ～ 8.5 cm，先端尾状渐尖，基部宽楔形至截形，边缘具 8 ～ 12 对大型粗齿，或近羽裂，上面密布点状钟乳体，下面沿脉被白色粗伏毛及疏螫毛，主脉 3 条，下面稍隆起；叶柄疏被螫毛和柔毛；托叶三角状披针形或狭长椭圆形。【花】雌雄同株；雄花序圆锥形，对生茎下部叶腋；雌花序密穗状，对生茎上部叶腋；雄花序和雌花序之间叶腋的花序为雌雄同序；苞片小，宽倒卵形；雄花被 4 深裂，裂片椭圆形；雄蕊 4，花丝舌状，退化雌蕊半透明杯状；雌花被 4 深裂，裂片圆形或宽椭圆形，背面被白色粗伏毛，背生 2 枚花被片，花后增大，背面中脉被螫毛，包覆瘦果，侧生 2 枚花被片为背生的 1/4。【果】瘦果椭圆形，稍扁平，黄棕色，表面具腺点和颗粒状白色分泌物。【成熟期】花期 6 — 7 月，果期 7 — 8 月。

生境分布　多年生中生草本。生于海拔 1 800 ～ 2 200 m 的阴坡沟谷、林缘、湿地、干河床。贺兰山西坡岔沟、北寺和东坡樱桃沟有分布。

药用价值　全草入药，可祛湿、凉血、定痉；也可做蒙药。

植株

叶

叶

墙草属　*Parietaria* Linn

墙草　*Parietaria micrantha* Ledeb.　　别称　小花墙草

形态特征　【植株】长 10 ～ 30 cm，全株无毛。【茎】细而柔弱，直立或卧稍肉质，多分枝，微被柔毛。【叶】互生，被柔毛，卵形、菱状卵形或宽椭圆形，长 5 ～ 30 mm，宽 3 ～ 20 mm，先端尖，基部圆形或微心形，有时偏斜，全缘，两面疏被短柔毛，密布细点状钟乳体。【花】杂性，在叶腋组成团伞花序，两性花着生花序下部，其余为雌花；花梗短，被毛；苞片狭披针形，与花被近等长，被短毛；两性花花被 4 深裂，裂片狭椭圆形，雄蕊 4，与花被裂片对生；雌花花被片筒状钟形，先端 4 浅裂，膜质，宿存，子房椭圆形或卵圆形，花柱短，柱头长。【果】瘦果卵形，稍扁平，具光泽，成熟后黑色，略长于宿存花被。【种子】椭圆形，两端尖。【成熟期】花期 7 — 8 月，果期 8 — 9 月。

生境分布　一年生中生草本。生于海拔 1 600 ～ 1 700 m 的沟谷阴坡、溪边、岩缝。贺兰山西坡哈拉乌和东坡大水沟有分布。我国分布于西南、北方地区。世界分布于蒙古国、俄罗斯、朝鲜、日本。

药用价值　全草入药，可拔脓消肿。

蓼科　　Polygonaceae

大黄属　　*Rheum* Linn

单脉大黄　　*Rheum uninerve* Maxim.

形态特征　【植株】高 10 ～ 20 cm。【根】肉质肥厚，圆锥形，稍分枝，暗褐色或黄褐色，外皮皱缩。【根状茎】直伸，节间短缩，黑色，顶端靠地面部分膨大，密被枯叶柄。【叶】基生，半革质，卵形，长 4 ～ 12 cm，宽 3 ～ 7.5 cm，先端钝或圆形，基部楔形，边缘具弱皱波及不整齐波状齿，两面略粗糙；叶脉为掌状羽状脉，下面凸起；叶柄具细纵沟纹，疏被柔毛，中部具关节；托叶鞘贴生叶柄下半部。【花】窄圆锥花序 1 ～ 3，由根状茎顶生，花序梗实心或髓腔，基部 1 ～ 2 分枝，具细棱，近无毛；具花 2 ～ 4 朵，簇生，小苞片披针形；花梗细长，下部具关节，光滑无毛；花被片红紫色较淡，椭圆形或稍长椭圆形，外轮小；花盘肉质，环状，具浅缺刻；雄蕊 8 ～ 9，不外露，花丝极短；子房近菱状椭圆形，花柱 3，长而反曲，柱头头状。【果】瘦果宽椭圆形，具 3 棱，沿棱生宽翅，淡红紫色，顶端略凹陷，基部心形，具宿存花被。【成熟期】花期 6 — 8 月，果期 8 — 9 月。

生境分布　多年生旱中生草本。生于山麓草原区或荒漠区石质山坡、岩缝。贺兰山西坡和东坡均有分布。我国分布于宁夏、甘肃、内蒙古等地。

波叶大黄　*Rheum rhabarbarum* Linn

形态特征　【植株】高 0.5 ～ 1.5 m。【根】肥大。【茎】粗壮直立，具细纵沟纹。【叶】基生叶大，半圆柱形，粗壮，三角状卵形至宽卵形，长 10 ～ 16 cm，宽 8 ～ 14 cm，先端钝，基部心形，边缘具强皱波，具 5 条由基部射出的粗大叶脉，叶柄、叶脉及叶缘均被短毛，叶柄半圆柱形，较粗壮；茎生叶较小，具短叶柄或无叶柄，卵形，边缘波状；托叶鞘长卵形，暗褐色，下部抱茎，不脱落。【花】圆锥花序，直立，顶生；苞片小，肉质破裂不完全，具花 3 ～ 5 朵；花梗纤细，中部以下具关节；花白色，花被片 6，卵形或近圆形，排成 2 轮，外轮 3 片厚而小，花后向背反曲；雄蕊 9；子房三角状卵形，短花柱 3，下弯；柱头扩大，呈圆片形。【果】瘦果卵状椭圆形，具 3 棱，沿棱具宽翅，先端略凹陷，基部近心形，具宿存花被。【种子】卵形，棕褐色，具光泽。【成熟期】花期 6 月，果期 7 月。

生境分布　中生草本。生于针叶林区或森林山区石质山坡、碎石坡麓、砾石冲刷沟。贺兰山西坡和东坡均有分布。我国分布于黑龙江、吉林、宁夏等地。世界分布于蒙古国、俄罗斯。

药用价值　根入药，可清热解毒、止血祛瘀、通便杀虫；也可做蒙药。

植株

果

总序大黄　*Rheum racemiferum* Maxim.

别称　蒙古大黄

形态特征　【植株】高 30 ～ 70 cm。【根】肥厚，黑褐色，圆锥形，外皮皱缩。【根状茎】直或稍弯，靠近地面膨大成椭圆形或近球形，分枝，密被黑色枯叶柄，外皮黑褐色，剥裂。【茎】粗壮，直立，具细纵沟纹。【叶】基生叶大，革质，宽卵形、心状宽卵形或近圆形，长 5 ～ 15 cm，宽 5 ～ 13 cm，先端钝或圆，近心形，边缘具皱波及不整齐微波齿，上面绿色，下面灰绿色；主脉 3 ～ 5 条，下面凸起，呈紫红色；叶柄粗壮，基部扩大，紫红色；茎生叶 2 ～ 3，较小，腋部具花枝，具短叶柄或无叶柄；托叶鞘膜质，红褐色，松弛不脱落。【花】圆锥花序，顶生，直立；花轴及分枝具细纵沟纹；苞片小，披针形，膜质，褐色；花梗纤细，中部以下具关节；小花白绿色，花被片 6，边缘薄，白色，中心厚，绿色，下面被微毛，排成 2 轮；外轮小，矩圆状椭圆形，边缘纵内曲，呈船形；内轮大，宽椭圆形，平展；雄蕊 9；子房三棱形；短花柱 3，下弯曲；柱头扩大呈如意状。【果】瘦果椭圆形，具 3 棱，沿棱生翅，顶端略凹陷，基部心形，具宿存花被。【成熟期】花期 6—7 月，果期 7—8 月。

生境分布　多年生旱中生草本。生于海拔 1 600 ～ 2 600 m 的石质山坡、碎石坡麓、岩石缝隙。贺兰山西坡和东坡均有分布。我国分布于甘肃、宁夏等地。

药用价值　根和茎入药，可清腑除热、消肿愈伤；也可做蒙药。

矮大黄 *Rheum nanum* Siev. ex Pall.

形态特征 【植株】高 10 ～ 20 cm。【根】肥厚，直伸，圆锥形，外皮暗褐色，具横皱纹。【根状茎】顶部密被暗褐色或棕褐色膜质托叶鞘及枯叶柄。【茎】由基部分出 2 个花葶状枝，无叶，具纵沟槽。【叶】基生，革质，肾圆形至近圆形，先端圆形，基部浅心形，边缘具不整齐皱波及白色星状瘤，上面疏生星状瘤，下面沿叶脉疏生乳头状突起和星状瘤，叶脉掌状，主脉 3 条，由基部射出，并于下面凸起；具短叶柄。【花】圆锥花序，顶生，分枝开展，粗壮，具纵沟槽；苞片小，卵形，肉质，褐色；花梗基部具关节；花小，黄色；花被片 6，排成 2 轮，外轮较小，矩圆形，边缘略纵内曲，呈船形，果时向下反折；内轮 3 片较大，宽卵形；雄蕊 9，花丝较短；子房三棱形；花柱 3，下弯，柱头膨大呈头状。【果】瘦果肾圆形，具 3 棱，沿棱生宽翅，呈淡红色，顶端圆形或略凹陷，基部浅心形，具宿存花被。【成熟期】花果期 5—6 月。

生境分布 多年生旱生草本。生于海拔 1 600 ～ 2 000 m 的山坡沟谷、石质丘陵、砂砾坡地。贺兰山西坡和东坡均有分布。我国分布于甘肃、新疆等地。世界分布于蒙古国、俄罗斯。

药用价值 根入药，可清热缓泻、健胃安中。

酸模属 *Rumex* Linn

刺酸模 *Rumex maritimus* Linn 别称 长刺酸模

形态特征 【植株】高 15 ～ 50 cm。【茎】直立，分枝，具棱和沟槽，无毛或被短柔毛。【叶】基生叶和茎下部叶披针形或狭披针形，长 1.5 ～ 9 cm，宽 3 ～ 15 mm，先端锐尖或渐尖，基部宽楔形或圆形，全缘，具叶柄；茎下部叶较宽大，有时为长椭圆形，上部叶较狭小；托叶鞘易破裂。【花】两性，多花簇状轮生叶腋，组成顶生具叶的圆锥花序，越至顶端花簇间隔越小；花梗果期稍长且下弯，下部具关节；花被片 6，绿色，花期内，外花被片近等长，狭椭圆形，果期外展，内花被片卵状矩圆形或三角状卵形，边缘具 2 个针刺状齿，近等长或超过内花被片，背面各具 1 矩圆形或矩圆状卵形小瘤；雄蕊 9，突出花被片外；子房三棱状卵形；花柱 3，纤细，柱头画笔状。【果 】瘦果三棱状宽卵形，尖头，黄褐色，光亮。【成熟期 】花果期 6 — 9 月。

生境分布 一年生耐盐中生草本。生于海拔 1 700 ～ 2 100 m 的浅山山麓、湿地草甸。贺兰山西坡古拉本二矿、水泥厂有分布。我国分布于东北及山西、陕西、新疆等地。世界分布于欧洲、美洲及蒙古国、俄罗斯等。

药用价值 全草入药，可杀虫、清热、凉血。

植株

花

皱叶酸模 *Rumex crispus* Linn 别称 羊蹄、土大黄

形态特征 【植株】高 50 ～ 80 cm。【根】粗大，断面黄棕色，味苦。【茎】直立，单生，不分枝，无毛，具浅沟槽。【叶】叶片薄纸质，披针形或矩圆状披针形，长 9 ～ 25 cm，宽 1.5 ～ 4 cm，先端锐尖或渐尖，基部楔形，边缘皱波状，具短叶柄；茎上部叶小，披针形或狭披针形，具短叶柄；托叶鞘筒状，破裂脱落。【花】两性，多数花簇生叶腋，或叶腋呈短总状花序，合成 1 狭长圆锥花序；花梗细，果时稍长，中部以下具关节；花被片 6，外花被片椭圆形，内花被片宽卵形，先端锐尖或钝，基部浅心形，边缘微波状或全缘，网纹明显，各具 1 小瘤；小瘤卵形；雄蕊 6；花柱 3，柱头画笔状。【果】瘦果椭圆形，具 3 棱，角棱锐尖，褐色，具光泽。【成熟期】花果期 6 — 9 月。

生境分布 多年生中生草本。生于海拔 1 600 ～ 2 000 m 的阔叶林区山地、沟谷、河边湿地。贺兰山西坡和东坡黄渠口有分布。我国分布于北方及四川、福建、广西、云南等地。世界分布于亚洲、欧洲、非洲、北美洲。

药用价值 根和叶入药，可清热解毒、通便杀虫、止血镇静；也可做蒙药。

巴天酸模　*Rumex patientia* Linn　　别称　山荞麦、羊蹄叶

形态特征　【植株】高 1 ～ 1.5 m。【根】肥厚。【茎】直立粗壮，具纵沟纹。【叶】基生叶与茎下部叶矩圆状披针形或长椭圆形，长 15 ～ 20 cm，宽 5 ～ 7 cm，先端锐尖或钝，基部圆形或近心形，边缘皱波状至全缘，两面近无毛；茎上部叶狭小，矩圆状披针形、披针形至条状披针形，具短叶柄；托叶鞘筒状。【花】圆锥花序，大型，顶生并腋生，狭长紧密，具分枝，直立；花两性，多数花簇状轮生，花簇紧接；花梗短，近等长或稍长于内花被片，中部以下具关节；花被片 6，2 轮，外花被片矩圆状卵形，全缘，果时外展或微向下反内折，内花被片宽心形，果时增大，钝圆头，基部心形，全缘或微具细圆齿，膜质，棕褐色，网纹突起，只 1 片具长卵形小瘤。【果】瘦果卵状三棱形，渐尖，基部圆形，棕褐色，具光泽。【成熟期】花期 6 月，果期 7 — 9 月。

生境分布　多年生中生草本。生于海拔 2 200 m 左右的山地林缘、沟谷湿地。贺兰山西坡和东坡均有分布。我国分布于东北、华北、西北地区。世界分布于亚洲、欧洲等。

药用价值　根和叶入药，可活血止血、清热解毒、润肠通便；也可做蒙药。

齿果酸模　*Rumex dentatus* Linn　　别称　刺果酸模、羊蹄

形态特征　【植株】高 30 ～ 80 cm。【根】粗大。【茎】直立无毛，具纵沟纹，淡褐色或红褐色。【叶】基生叶与茎下部叶披针形或长椭圆形，长 10 ～ 35 cm，宽 3 ～ 5 cm，先端锐尖，基部楔形，全缘或略呈波状，下面脉显著隆起；茎上部叶渐小，矩圆形、披针形或条状披针形，先端锐尖，基部渐狭，或近圆形，叶柄具粗状沟；托叶鞘筒状，破裂脱落。【花】圆锥花序，大型，顶生或腋生，具叶，植株下部具腋生总状花序；花两性，多数花簇状轮生，上渐紧接而下渐疏；花梗短，果期伸长，近基部具关节；花被片 6，2 轮，外花被片矩圆状卵形，全缘，果期外展或下反折，内花片果期增大，宽心形，先端锐尖，基部心形，边缘具多数尖齿，具明显网纹，各具 1 个矩圆状卵形小瘤，表面网纹明显；雄蕊 6，比花被片短；花柱 3，柱头画笔状。【果】瘦果三棱形，深褐色，两端尖，具光泽。【成熟期】花期 6 — 7 月，果期 8 — 9 月。

生境分布　一年生中生草本。生于海拔 1 700 ～ 2 000 m 的浅山地区、湿地草甸。贺兰山西坡金星、水磨沟有分布。我国分布于华中、西北、西南、东南地区。世界分布于亚洲中部地区及俄罗斯。

药用价值　根和叶入药，可清热解毒、杀虫治癣。

植株

叶

木蓼属　*Atraphaxis* Linn

圆叶木蓼　*Atraphaxis tortuosa* A. Los. in Izv.

形态特征　【植株】高 50 ～ 60 cm，多分枝，呈球状。【茎】嫩枝细弱，弯曲，淡褐色，具乳头状突起；老枝灰褐色，外皮条状剥裂。【叶】革质，近圆形、宽椭圆形或宽卵形，长 1 ～ 1.5 cm，宽 1 ～ 1.3 cm，先端钝圆具短尖头，基部宽楔形或近圆形，边缘具皱波状钝齿，两面绿色或灰绿色，密被蜂窝状腺点，中脉凸起，沿中脉及边缘具乳头状突起；具短叶柄；托叶鞘褐色。【花】总状花序，顶生，苞片菱形，基部卷折呈斜漏斗状，褐色，膜质，基部具乳头状突起；每 3 朵花着生 1 苞腋内；花梗中部具关节，具乳头状突起；花小，粉红色或白色，逐渐变成棕色或褐色；花被片 5，2 轮，外轮肾圆形，上升，少数水平开展，内轮近扇形，直立；雄蕊 8；子房椭圆形；花柱 2 ～ 3，下部合生，柱头头状。【果】瘦果尖卵形，具 3 棱，暗褐色，具光泽。【成熟期】花期 5 — 6 月。

生境分布　石生旱生小灌木。生于草原区荒漠石质低山、丘陵。贺兰山西坡赵池沟、喜鹊沟、三关有分布。我国分布于内蒙古。

锐枝木蓼　*Atraphaxis pungens* (M. Bieb.) Jaub. & Spach　别称　刺针枝蓼

形态特征　【植株】高 30 ～ 50 cm。【茎】小枝灰白色或灰褐色，多分枝，木质化，顶端无叶，呈刺状；老枝灰褐色，外皮条状剥裂。【叶】互生，革质，椭圆形、倒卵形或条状披针形，长 1.5 ～ 2 cm，宽 5 ～ 12 mm，先端尖或钝，基部宽楔形或楔形，全缘，微向下反卷，灰绿色，上面平滑，下面网脉明显；具短叶柄；托叶鞘筒状，白色，顶端 2 裂。【花】总状花序，侧生当年木质化小枝上，短而密集；苞片卵形，膜质，透明；花梗中部具关节；花淡红色；花被片 5，2 轮，内轮果时增大，近圆形或圆心形，外轮宽椭圆形，反折；雄蕊 8；子房倒卵形；柱头 3 裂，近头状。【果】瘦果卵形，具 3 棱，暗褐色，有光泽。【成熟期】花果期 6 — 9 月。

生境分布　石生旱生小灌木。生于海拔 1 550 ～ 3 400 m 的干旱砾石坡、河谷漫滩。贺兰山西坡喜鹊沟和东坡青年桥有分布。我国分布于宁夏、甘肃、青海、新疆等地。世界分布于蒙古国、俄罗斯。

蓼属 *Persicaria* Linn

酸模叶蓼 *Persicaria lapathifolia* (L.) S. F. Gray

形态特征 【植株】高 30 ～ 80 cm。【茎】直立，分枝，紫红色，节部膨大。【叶】披针形、矩圆形或矩圆状椭圆形，长 5 ～ 15 cm，宽 5 ～ 30 mm，先端渐尖或全缘，叶缘被刺毛；叶柄短，被短粗硬刺毛；托叶鞘筒状，淡褐色，无毛，具多数脉，先端截形，无缘毛或具稀疏缘毛。【花】圆锥花序，由数个花穗组成；花穗顶生或腋生，直立，具长梗，侧生梗短，密具腺点；苞片漏斗状，边缘斜，疏被缘毛，内含数花；花被淡绿色或粉红色，4 深裂，具腺点，外侧 2 裂片各具 3 条凸起脉纹；雄蕊 6；花柱 2，近基部分离，向外弯曲。【果】瘦果宽卵形，扁平，微具棱，黑褐色，光亮，包于宿存花被内。【成熟期】花期 6 — 8 月，果期 7 — 10 月。

生境分布 一年生轻耐盐湿中生草本。生于海拔 1 600 ～ 1 800 m 的阔叶林区或森林草原区山麓沟渠、河边湿地。贺兰山西坡和东坡山口山麓有分布。我国广布于各地。世界分布于欧亚大陆的湿地。

药用价值 全草入药，可利湿解毒、散瘀消肿、止痒；也可做蒙药。

尼泊尔蓼 *Persicaria nepalensis* (Meisn.) H. Gross

形态特征 【植株】高 10 ～ 30 cm。【茎】直立或平卧，细弱分枝，无毛或近节处疏被白色刺毛和腺毛。【叶】三角状卵形或卵状披针形，长 3 ～ 4 cm，宽 2 ～ 3 cm，先端锐尖，基部截形或圆形，沿叶柄下延呈翅状或耳垂形，边缘微波状，两面疏被白色刺毛，下面密具腺状小点，边缘具细乳头状突起；下部叶柄长，上部叶柄短或近无叶柄，抱茎；托叶鞘筒状，淡褐色，先端斜截形，基部被白色刺毛和腺毛，易破碎。【花】头状花序，顶生和腋生；叶状总苞基部被腺毛；苞片卵状椭圆形，内含花 1 朵；花梗短；花被筒状或钟状，淡紫色至白色，4 深裂，裂片矩圆形，先端钝圆；雄蕊 5 ～ 6，与花被近等长，花药暗紫色；花柱 2，下部合生，柱头头状。【果】瘦果扁宽卵形，两面突起，先端微尖，黑色，密具小点，包于宿存花被内。【成熟期】花期 6 — 8 月，果期 7 — 9 月。

生境分布 一年生中生草本。生于海拔 2 200 ～ 2 800 m 的山地沟谷、水边湿地。贺兰山西坡哈拉乌和东坡插旗沟等有分布。我国分布于东北、华北、华中、西北、西南地区。世界分布于朝鲜、日本、马来西亚等。

西伯利亚蓼属 *Knorringia* (Czukav.) Tzvelev.

西伯利亚蓼 *Knorringia sibirica* (Laxm.) Tzvelev. 别称 剪刀股、醋柳

形态特征 【植株】高 5 ～ 30 cm。【根状茎】细长。【茎】斜升或近直立，基部分枝，节间短。【叶】近肉质，矩圆形、披针形、长椭圆形或条形，长 2 ～ 15 cm，宽 2 ～ 20 mm，先端锐尖或钝，基部略呈戟形，向下渐狭成叶柄，两侧小裂片钝或稍尖，不发育则基部为楔形，全缘，具腺点；具短叶柄。【花】圆锥花序，顶生，由数个花穗相集而成，花穗细弱，花簇生不密集；苞片宽漏斗状，上端截形或具小尖头，含花 5 ～ 6 朵；花梗短，中上部具关节，下垂；花被 5 深裂，黄绿色，裂片近矩圆形；雄蕊 7 ～ 8，与花被近等长；花柱 3，极短，柱头头状。【果】瘦果卵形，具 3 钝棱，黑色，平滑具光泽，包于宿存花被内或略露出。【成熟期】花期 6 — 7 月，果期 8 — 9 月。

生境分布 多年生耐盐中生草本。生于海拔 1 600 ～ 1 700 m 的草原区或荒漠区山口溪边、水库、盐渍土地。贺兰山西坡和东坡均有分布。我国分布于东北、华北、西北、西南地区。世界分布于俄罗斯、蒙古国、尼泊尔等。

药用价值 根和茎入药，可疏风清热、利水消肿；也可做蒙药。

萹蓄属 *Polygonum* Linn

萹蓄 *Polygonum aviculare* Linn 别称 异叶蓼、扁竹

形态特征 【植株】高 10 ～ 40 cm。【茎】平卧或斜升，稀直立，由基部分枝，绿色，具纵沟纹，基部圆柱形，幼时具棱角。【叶】狭椭圆形、矩圆状倒卵形、披针形、条状披针形或近条形，长 1 ～ 3 cm，宽 5 ～ 13 mm，先端钝圆或锐尖，基部楔形，全缘，蓝绿色，侧脉明显，叶基部具关节；具短叶柄或近无叶柄；托叶鞘下部褐色，上部白色透明，先端多裂，具不明显脉纹。【花】遍布茎上，花 1 ～ 5 朵，簇生叶腋；花梗细短，顶部具关节；花被 5 深裂，裂片椭圆形，绿色，边缘白色或淡红色；雄蕊 8，比花被片短；花柱 3，柱头头状。【果】瘦果卵形，具 3 棱，黑色或褐色，表面具不明显细纹和小点，无光泽，微露出宿存花被外。【成熟期】花果期 6 — 9 月。

生境分布 一年生中生草本。生于海拔 1 600 ～ 2 500 m 的沟谷溪边、路旁、居民区。贺兰山西坡和东坡均有分布。我国广布于各地。世界分布于亚洲、欧洲、北美洲。

药用价值 全草入药，可利尿清热、消炎止泻、驱虫；也可做蒙药。

植株

叶

花

冰岛蓼属 *Koenigia* Linn

柔毛蓼 *Koenigia pilosa* Maxim. 别称 毛蓼

形态特征 【植株】高 10 ～ 30 cm。【茎】细弱分枝，直立，具纵棱，节上疏被白色倒柔毛。【叶】三角状卵形，长 5 ～ 15 mm，宽 5 ～ 10 mm，先端圆钝，基部圆形或截形，下延，全缘被缘毛，下面疏被白色柔毛，具短叶柄；托叶鞘膜质，褐色，上部 2 裂，基部密被柔毛。【花】头状花序，顶生或腋生；叶状总苞膜质，卵形，每苞含花 1 朵；花梗短或几无花梗；花被 4 深裂，白色，裂片宽椭圆形；雄蕊 7 ～ 8，较花被短，能育雄蕊 2 ～ 5；短花柱 3，柱头头状。【果】瘦果椭圆形，具 3 棱，黄褐色，偶具光泽，包于宿存花被内。【成熟期】花果期 7 — 9 月。

生境分布 一年生中生草本。生于海拔 2 400 ～ 2 600 m 的沟谷湿地、林缘溪边、林下草地。贺兰山西坡哈拉乌、黄土梁子有分布。我国分布于陕西、甘肃、青海、四川、西藏。

拳参属 *Bistorta* (L.) Adans

拳参 *Bistorta major* S. F. Gray 别称 紫参、草河车

形态特征 【植株】高 20 ～ 80 cm。【根状茎】肥厚，弯曲，外皮黑褐色，多须根，具残留老叶。【茎】单一直立，细弱，自根状茎发出 2 ～ 3 条。【叶】矩圆状披针形、披针形至狭卵形，长 4 ～ 18 cm，宽 1 ～ 3 cm，先端锐尖或渐尖，基部钝圆或截形，有时近心形，稀宽楔形，沿叶柄下延成狭翅，边缘外卷，稀被乳头状突起或短粗毛，具长叶柄；托叶鞘筒状，上部锈褐色，下部绿色；茎上叶狭小，条形或狭披针形，无叶柄或抱茎。【花】花序穗状，顶生，圆柱状，花密集；苞片卵形或椭圆形，淡褐色，膜质，内含花 4 朵；花梗纤细，顶端具关节，较苞片长；花被白色或粉红色，5 深裂，椭圆形；雄蕊 8，与花被片近等长；花柱 3。【果】瘦果椭圆形，具 3 棱，红褐色或黑色，具光泽，露出宿存花被外。【成熟期】花期 6 — 7 月，果期 8 — 9 月。

生境分布 多年生中生草本。生于海拔 2 500 m 以上的森林草原区山地林缘、灌丛、高山草甸。贺兰山主峰和山脊两侧有分布。我国分布于北方及江苏、浙江、湖南、湖北等地。世界分布于蒙古国、日本、俄罗斯等。

药用价值 根状茎入药，可清热解毒、凉血止血、镇惊收敛；也可做蒙药。

珠芽拳参 *Bistorta vivipara* (L.) Delarbre 别称 珠芽蓼

形态特征 【植株】高 15 ～ 50 cm。【根状茎】粗壮弯曲，黑褐色。【茎】直立单一，自根状茎发出 2 ～ 4 条。【叶】基生叶长圆形或卵状披针形，长 3 ～ 10 cm，宽 5 ～ 25 mm，顶端尖或渐尖，基部圆形、近心形或楔形，边缘脉端增厚，外卷，具长叶柄；茎生叶小披针形，近无叶柄；托叶鞘筒状，膜质，下部绿色，上部褐色，偏斜，开裂。【花】总状花序，穗状，顶生，紧密，下部生珠芽；苞片卵形，膜质，每苞内含花 1 ～ 2 朵；花梗细弱；花被 5 深裂，白色或淡红色；花被片椭圆形；雄蕊 8，花丝不等长，花药暗紫色；花柱 3，下部合生，柱头小，头状。【果】瘦果卵形，具 3 棱，深褐色，具光泽，包于宿存花被内。【成熟期】花期 6 — 7 月，果期 7 — 9 月。

生境分布 多年生耐寒中生草本。生于海拔 2 600 m 以上的山地草甸、林缘、灌丛。贺兰山主峰和山脊两侧有分布。我国分布于东北、西北、西南地区。世界分布于蒙古国、俄罗斯、尼泊尔等。

药用价值 根和茎入药，可清热解毒、散瘀止血；也可做蒙药。

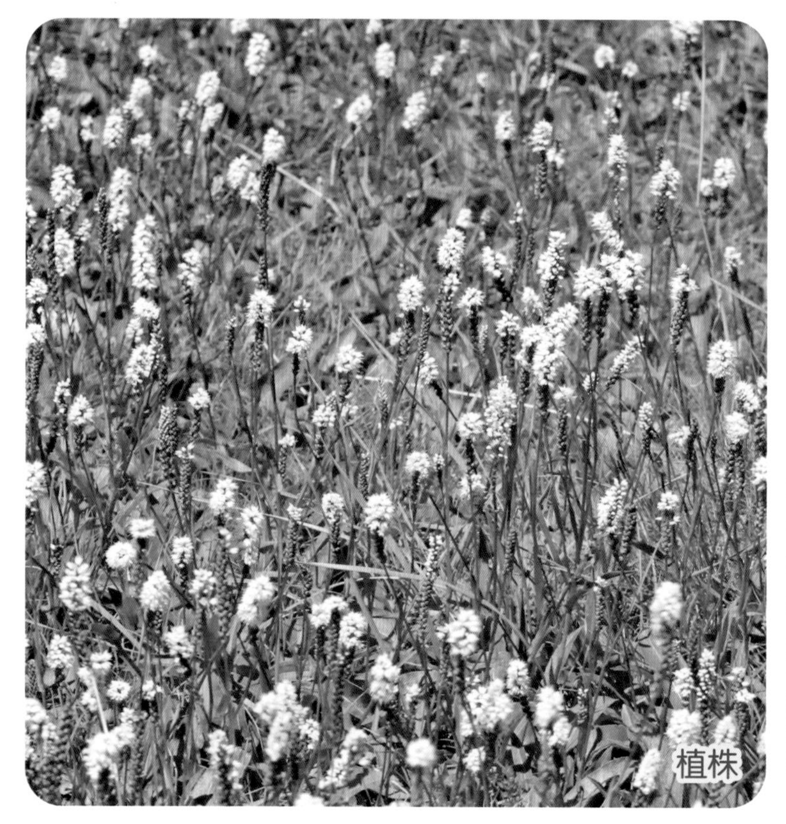
植株

花

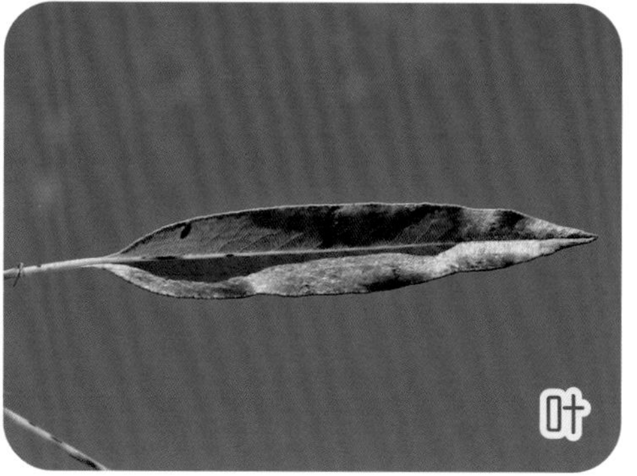
叶

圆穗拳参 *Bistorta macrophylla* (D. Don) Soják 别称 圆穗蓼

形态特征 【植株】高 8 ～ 30 cm。【根状茎】粗壮，弯曲。【茎】自根状茎发出 2 ～ 3 条，单一，直立。【叶】基生叶长圆形或披针形，长 3 ～ 11 cm，宽 1 ～ 3 cm，顶端急尖，基部近心形，上面绿色，下面灰绿色，有时疏被柔毛，边缘叶脉增厚，叶柄外卷；茎生叶小狭披针形或线形，叶柄短或近无叶柄；托叶鞘筒状，膜质，下部绿色，上部褐色，顶端偏斜，开裂，无缘毛。【花】总状花序，呈短穗状，顶生；苞片膜质，卵形，顶端渐尖，每苞内含花 2 ～ 3 朵；花梗细弱，比苞片长；花被 5 深裂，淡红色或白色，花被片椭圆形；雄蕊 8，比花被长，花药黑紫色；花柱 3，基部合生，柱头头状。【果】瘦果卵形，具 3 棱，黄褐色，具光泽，包于宿存花被内。【成熟期】花期 7 — 8 月，果期 9 — 10 月。

生境分布 多年生中生草本。生于海拔 3 000 m 以上的高山或亚高山灌丛、草甸。贺兰山主峰附近有分布。我国分布于西北、西南及湖北等地。世界分布于印度、尼泊尔、不丹等。

何首乌属 *Fallopia* Adans.

木藤蓼 *Fallopia aubertii* (L. Henry) Holub 别称 木藤首乌、鹿挂面

形态特征 【茎】褐色，直立或缠绕，长 1 ～ 4 m。【叶】簇生或互生，矩圆状卵形、卵形或宽卵形，长 2 ～ 4.5 cm，宽 1 ～ 2 cm，先端钝或锐尖，基部浅心形，两面均无毛；叶柄长；托叶鞘膜质，褐色。【花】花序圆锥状，顶生，分枝少而稀疏；花梗细，上具狭翅，下具关节；总花梗和花序轴被乳头状突起；苞片膜质鞘状，褐色，先端斜，锐尖，含花 3 ～ 6 朵；花被 5 深裂，白色，外面裂片 3，舟形，背具翅，翅下延至花梗关节，里面裂片 2，宽卵形；雄蕊 8，比花被短；花柱极短，柱头 3，盾状。【果】瘦果卵状三棱形，黑褐色，包于花被内。【成熟期】花期 6 — 7 月。

生境分布 多年生中生草本或半灌木。生于海拔 1 600 ～ 2 200 m 的山坡草地、沟谷灌丛。贺兰山西坡和东坡均有分布。我国分布于西北及山西、河南、四川、云南、西藏等地。

药用价值 块根入药，可清热解毒、调经止血、行气消积；也可做蒙药。

蔓首乌　　*Fallopia convolvulus* (L.) À. Löve　　别称　卷茎蓼、荞麦蔓

形态特征　【茎】细弱缠绕，分枝，具不明显条棱，粗糙或疏被柔毛。【叶】角状卵心形或戟状卵心形，长 1.5～6 cm，宽 1～5 cm，先端渐尖，基部心形至戟形，两面无毛或沿叶脉和边缘疏生乳头状小突起；叶柄长，缘棱上具小钩刺；托叶鞘短褐色，斜截形，具乳头状小突起。【花】聚集为腋生花簇，向上呈间断具叶的总状花序，含花 2～4 朵；苞片近膜质，具绿色脊，表面具乳头状突起；花梗上端具关节，比花被短；花被淡绿色，边缘白色，5 浅裂，果期稍增大，里面裂片 2，外面裂片 3，背部具脊或狭翅，具乳头状突起；雄蕊 8，比花被短；花柱短，柱头 3，头状。【果】瘦果椭圆形，具 3 棱，两端尖，黑色，表面具小点，无光泽，全体包于花被内。【成熟期】花期 5—8 月，果期 6—9 月。

生境分布　一年生缠绕中生草本。生于海拔 1 800～2 300 m 的阔叶林区或森林草原区沟谷、灌丛。贺兰山西坡和东坡有分布。我国分布于北方、西南及台湾等地。世界分布于非洲、美洲及蒙古国、巴基斯坦、俄罗斯。

药用价值　全草入药，可健脾消食。

苋科　　Amaranthaceae

合头草属　　*Sympegma* Bunge

合头草　　*Sympegma regelii* Bunge　　别称　合头藜、黑柴

形态特征　【植株】高 10～50 cm。【茎】直立，多分枝；老枝条状裂纹，灰褐色；当年枝灰绿色。【叶】互生，肉质，圆柱形，长 4～10 mm，宽 1～2 mm，先端稍尖，基部缢缩，易断落，灰绿色。【花】两性；头状花序，顶生或腋生，含花 3～4 朵；花被片 5，草质，边缘膜质，果时坚硬且自近顶端横生膜质翅，宽卵形至近圆形，大小不等，黄褐色；雄蕊 5，花药矩圆状卵形，顶端具点状附属物；柱头 2。【果】胞果扁圆形，果皮淡黄色。【种子】直立。【成熟期】花果期 7—8 月。

生境分布　超旱生小半灌木。生于山麓荒漠区干山坡、冲积扇沟沿、石质低山。贺兰山西坡最北端和东坡石炭井以北有分布。我国分布于甘肃、青海、宁夏、新疆等地。世界分布于俄罗斯、蒙古国、哈萨克斯坦。

假木贼属 *Anabasis* Linn

短叶假木贼 *Anabasis brevifolia* C. A. Mey. 别称 鸡爪柴

形态特征 【植株】高 5 ～ 15 cm。【根】主根粗壮，黑褐色。【茎】由基部主干分枝；老枝灰褐色或灰白色，裂纹粗糙；当年生枝淡绿色，被短毛，节长。【叶】矩圆形，长 3 ～ 5 mm，宽 1.5 ～ 2 mm，先端具短刺尖，稍弯，基部彼此合生呈鞘状，腋内被绵毛。【花】两性，花 1 ～ 3 朵，着生叶腋；小苞片 2，舟状，边缘膜质；花被 5，果时外轮 3 个花被片背侧横生翅，翅膜质，扇形或半圆形，边缘具不整齐钝齿，脉纹淡黄色或桔红色，内轮 2 个花被片生小翅。【果】胞果宽椭圆形或近球形，黄褐色，密具乳头状突起。【种子】宽椭圆形或近球形，黄褐色。【成熟期】花期 7—8 月，果期 9 月。

生境分布 超旱生小半灌木。生于北部山麓石质山丘。贺兰山西坡小松山、巴彦浩特营盘山和东坡石炭井有分布。我国分布于宁夏、甘肃、新疆等地。世界分布于蒙古国、俄罗斯。

驼绒藜属 *Krascheninnikovia* Gueldenst.

驼绒藜 *Krascheninnikovia ceratoides* (L.) Gueldenst. 别称 优若藜

形态特征 【植株】高 0.3 ~ 1 m。【茎】下部多分枝。【叶】条形、条状披针形、披针形或矩圆形，较小，长 1 ~ 2 cm，宽 2 ~ 5 mm，先端锐尖或钝，基部渐狭，楔形或圆形，全缘，1 脉，有时近基部具 2 条不甚显著侧脉，稀为羽状，两面均被星状毛。【花】雄花序较短而紧密；雌花管椭圆形，密被星状毛，花管裂片角状，长为花管的 1/3 ~ 1/2，叉开，先端锐尖，果时管外具 4 束长毛，长约与花管相等。【果】胞果椭圆形或倒卵形，被毛。【成熟期】花果期 6—9 月。

生境分布 强旱生半灌木。生于海拔 1 700 ~ 2 000 m 的山地阳坡、半阳坡。贺兰山西坡和东坡均有分布。我国分布于甘肃、青海、新疆、西藏等地。世界分布于欧亚大陆的干旱地区。

药用价值 花入药，可消炎利肺；也可做蒙药。

植株

叶

果

猪毛菜属 *Salsola* Linn

珍珠猪毛菜 *Salsola passerina* Bunge 别称 珍珠柴、雀猪毛菜

形态特征 【植株】高 5 ~ 30 cm。【根】粗壮，弯曲，木质化，外皮暗褐色或灰褐色，不规则剥裂。【茎】弯曲劈裂，树皮灰褐色，不规则剥裂，分枝；老枝灰褐色，被毛；嫩枝黄褐色，弧形弯曲，密被鳞片状“丁”字形毛。【叶】互生，锥形或三角形，长 2.5 ~ 3 cm，宽 2 mm，肉质，密被鳞片状“丁”字形毛，叶腋和短枝着生球状芽，密被毛。【花】穗状着生枝上部；苞片卵形或锥形，肉质，被毛；小苞片宽卵形，长于花被；花被片 5，长卵形，被“丁”字形毛，果时自背侧中部横生干膜质翅，翅黄褐色或淡紫红色，其中 3 个翅较大，肾形或宽倒卵形，具多数扇状脉纹，水平开展或稍上弯，顶端边缘具不规则波状圆齿；另外 2 个翅较小，倒卵形；花被片翅以上部分聚集成近直立的圆锥状；雄蕊 5，花药条形，自基部分离至近顶部，顶端具附属物；柱头锥形。【果】胞果倒卵形。【种子】圆形，横生或直立。【成熟期】花果期 6—9 月。

生境分布 超旱生小半灌木。生于山麓砾质山坡、滩地。贺兰山西坡砾质滩地、北部山地和东坡零星有分布。我国分布于甘肃、青海、宁夏等地。世界分布于蒙古国。

松叶猪毛菜　*Salsola laricifolia* Turcz. ex Litv.

形态特征　【植株】高 20 ～ 50 cm。【茎】分枝多；老枝黑褐色，开展，多硬化成刺；幼枝淡黄白色或灰白色，具纵裂纹，具光泽。【叶】互生或簇生，条状半圆柱形，长 1 ～ 1.5 cm，宽 1 ～ 2 mm，肉质肥厚，先端短尖，基部扩展，扩展处上部缢缩，具沟槽，下面突起，黄绿色。【花】单生苞腋，枝顶端排列成穗状花序；苞片条形；小苞片宽卵形，长于花被；花被片 5，坚硬长卵形，果时自背侧中下部横生干膜质翅，翅红紫色，肾形或宽倒卵形，具多数扇状脉纹，水平开展或上弯，顶端边缘具不规则波状圆齿；花被片翅以上部分聚集呈圆锥状；雄蕊 5，花药矩圆形，顶端具条形附属物，先端锐尖；柱头锥状。【果】胞果倒卵形。【种子】横生。【成熟期】花期 6 — 8 月，果期 9 — 10 月。

生境分布　强旱生小灌木。生于海拔 1 600 ～ 2 400 m 的山麓丘陵、石质低山。贺兰山西坡和东坡均有分布。我国分布于宁夏、甘肃、新疆等地。世界分布于蒙古国、俄罗斯。

刺沙蓬　*Salsola tragus* Linn　别称　苏联猪毛菜、风滚草、沙蓬

形态特征　【植株】高 20 ～ 60 cm。【茎】基部分枝，直立，茎、枝被短硬毛或近于无毛，具白色或红紫色条纹。【叶】互生，半圆柱形或圆柱形，无毛或被短硬毛，长 1.5 ～ 4 cm，宽 1 ～ 1.5 mm，顶端刺状尖，基部扩展，扩展处边缘膜质。【花】花序穗状，着生枝上部；苞片长卵形，顶端刺状尖，基部边缘膜质，比小苞片长；小苞片卵形，顶端刺状尖；花被片长卵形，膜质，无毛，背面 1 条脉；花被片果时变硬，自背面中部着生翅，翅 3 个较大，肾形或倒卵形，膜质，无色或淡紫红色，具数条粗壮而稀疏的脉，2 个窄翅；花被片在翅以上部分近革质，顶端薄膜质，向中央聚集，包覆果实；柱头丝状，长为花柱的 3 ～ 4 倍。【种子】横生。【成熟期】花期 7 — 9 月，果期 9 — 10 月。

生境分布　一年生旱中生草本。生于海拔 1 600 ～ 1 700 m 的山地沟谷、砾质戈壁。贺兰山西坡和东坡均有分布。我国分布于东北、华北、西北及山东、江苏、广东等地。世界分布于欧亚大陆温带草原区、荒漠区。

药用价值　全草入药，可平肝降压。

植株

花

叶

地肤属　*Kochia* Roth

木地肤　*Kochia prostrata* (L.) C. Schrad.　别称　伏地肤

形态特征　【植株】高 10 ～ 60 cm。【根】粗壮木质。【茎】基部木质化，浅红色或黄褐色；分枝多而密，枝在短茎上呈丛生状，斜升，纤细，被白色柔毛，或被长绵毛，上部近无毛。【叶】短枝上叶呈簇生状，叶片条形或狭条形，长 5 ～ 20 mm，宽 5 ～ 15 mm，先端锐尖或渐尖，两面被开展绢毛。【花】单生，或花 2 ～ 3 朵集生叶腋，或枝顶端构成复穗状花序，无花梗，不具苞片；花被壶形或球形，密被柔毛；花被片 5，密被柔毛，果时变革质；自背部横生 5 个干膜质薄翅，翅菱形或宽倒卵形，顶端边缘具不规则钝齿，基部渐狭，具多数暗褐色扇状脉纹，水平开展；雄蕊 5，花丝条形，花药卵形；花柱短，柱头 2，具羽毛状突起。【果】胞果扁球形，果皮近膜质，紫褐色。【种子】横生，黑褐色，卵形或近圆形。【成熟期】花果期 6 — 9 月。

生境分布　旱生小半灌木。生于海拔 1 600 ～ 1 900 m 的山麓草原区山坡、砂地、荒漠。贺兰山西坡哈拉乌和东坡苏峪口等有分布。我国分布于东北、华北、西北及西藏等地。世界分布于蒙古国、俄罗斯。

地肤　*Kochia scoparia* (L.) Schrad.　　别称　扫帚菜

形态特征　【植株】高 0.5 ～ 1 m。【茎】直立，粗壮，基部分枝，多斜升，具条纹，淡绿色或浅红色，晚秋变为红色；幼枝被白色柔毛。【叶】披针形至条状披针形，长 2 ～ 5 cm，宽 3 ～ 7 mm，扁平，先端渐尖，基部渐狭呈柄状，全缘，无毛或被柔毛，边缘被白色长毛，逐渐脱落，淡绿色或黄绿色，具 3 条纵脉；无叶柄。【花】无花梗，单生，或花 2 朵着生叶腋，枝上排列成疏穗状花序；花被片 5，黄绿色，卵形，基部合生，背部近先端处具绿色隆脊和横生的龙骨状突起，果时龙骨状突起发育为横生短翅，卵形，膜质，全缘或具钝齿。【果】胞果扁球形，包于花被内。【种子】扁球形，黑色。【成熟期】花期 6—9 月，果期 8—10 月。

生境分布　一年生中生草本。生于海拔 1 600 ～ 1 700 m 的阔叶林区山麓冲刷沟、低山地、居民区。贺兰山西坡和东坡均有分布。我国广布于各地。世界分布于欧亚大陆及非洲北部地区。

药用价值　全草入药，可清热利尿、祛风止痒；也可做蒙药。

碱地肤　*Kochia sieversiana* (Pall.) C. A. Mey.　别称　秃扫儿

形态特征　【植株】高 0.2 ～ 0.9 m。【根】木质化。【茎】直立，基部分枝；分枝斜升，微具黄绿色或红色，枝上端密被白色或黄褐色卷毛，中下部光滑。【叶】互生；下部茎生叶长圆状倒卵形或倒披针形，基部狭窄呈柄状，先端稍钝；上部茎生叶长圆形，披针形或线形，基部收缩，先端渐尖；全缘，扁平，质厚，两面被毛或无毛，边缘被长茸毛，长 4 ～ 5 cm，宽 2 ～ 4 mm；无叶柄。【花】花序排列成紧密穗状，下方花稀疏或间断，密被束柔毛；杂性，花 1 ～ 2 朵，集生叶腋；花被于果期背部延长为 5 个短翅，翅厚圆形或椭圆形，具圆齿，具明显脉纹。【果】胞果扁球形，果皮膜质，与种子离生。【种子】卵形，黑褐色，稍具光泽；胚环形，胚乳块状。【成熟期】花期 6 — 9 月，果期 7 — 10 月。

生境分布　一年生耐盐旱中生草本。生于 1 550 ～ 1 650 m 的山沟湿地、河滩冲刷地。贺兰山西坡分布多，东坡也有分布。我国分布于东北、华北、西北地区。世界分布于俄罗斯、蒙古国。

药用价值　全草入药，可清热利尿、祛风止痒；也可做蒙药。

植株

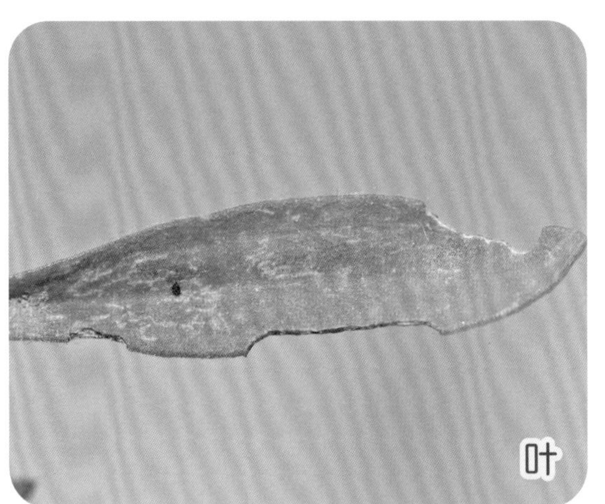
叶

叶

盐爪爪属　*Kalidium* Moq.

尖叶盐爪爪　*Kalidium cuspidatum* (Ung.-Sternb.) Grubov　别称　灰碱柴

形态特征　【植株】高 10 ～ 40 cm。【茎】基部分枝，斜升；老枝灰褐色；小枝较细弱，黄褐色或带黄白色。【叶】卵形，长 1.5 ～ 3 mm，宽 1.5 mm 左右，先端锐尖，边缘膜质，基部半抱茎，灰蓝色。【花】花序穗状、圆柱状或卵状；每 3 朵花着生 1 鳞状苞片内。【果】胞果圆形。【种子】圆形。【成熟期】花果期 7 — 8 月。

生境分布　多年生盐生旱生半灌木。生于海拔 1 600 ～ 1 800 m 的山麓盐碱洼地。贺兰山西坡小松山、古拉本有分布。我国分布于河北、宁夏、陕西、甘肃、新疆等地。世界分布于蒙古国、俄罗斯。

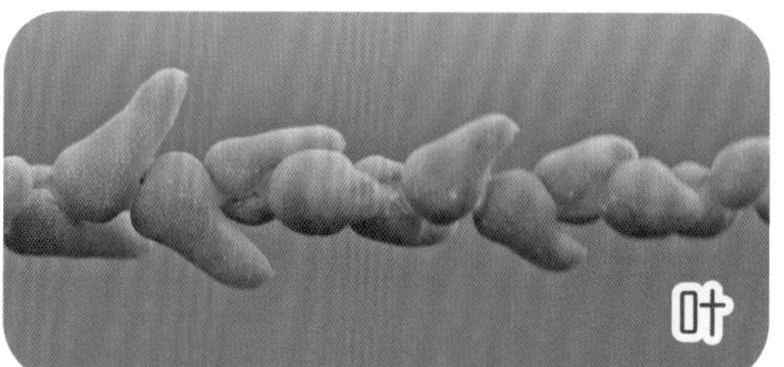

盐爪爪　*Kalidium foliatum* (Pall.) Moq.　别称　碱柴

形态特征　【植株】高 20 ～ 50 cm。【茎】直立或斜升，多分枝；老枝灰褐色；小枝上部近草质，黄绿色。【叶】圆柱状，伸展或稍弯，灰绿色，长 4 ～ 10 mm，宽 2 ～ 3 mm，顶端钝或稍尖，基部下延，半抱茎。【花】花序穗状，无花序梗；每 3 朵花着生 1 鳞状苞片内；花被合生，上部扁平呈盾状，盾片宽五角形，具狭窄翅状边缘；雄蕊 2。【果】胞果红褐色，直立，近圆形，密生乳头状小突起。【种子】红褐色，直立，近圆形，密生乳头状小突起。【成熟期】花果期 7 — 8 月。

生境分布　多年生盐生旱生半灌木。生于海拔 1 550 ～ 1 650 m 的山麓盐碱洼地。贺兰山西坡古拉本、巴彦浩特有分布。我国分布于黑龙江、河北、宁夏、甘肃、青海、新疆等地。世界分布于欧洲及蒙古国、俄罗斯。

细枝盐爪爪 *Kalidium* gracile Fenzl 别称 绿碱柴

形态特征 【植株】高 10 ～ 30 cm。【茎】直立，多分枝；老枝红褐色或灰褐色，树皮开裂，小枝纤细，黄褐色，易折断。【叶】瘤状不发达，黄绿色，顶端钝，基部狭窄，下延。【花】长圆柱形穗状花序，细弱，每 1 苞片内着生 1 朵花；花被合生，上部扁平呈盾状，顶端具 4 个膜质小齿。【果】胞果卵圆形。【种子】卵圆形，淡红褐色，密具乳头状小突起。【成熟期】花果期 7 — 8 月。

生境分布 多年生盐生旱生半灌木。生于 1 500 ～ 1 600 m 的山谷、山麓盐碱洼地。贺兰山西坡巴彦浩特、古拉本和东坡石炭井有分布。我国分布于宁夏、陕西、甘肃、青海、新疆等地。世界分布于蒙古国。

植株

叶

虫实属 *Corispermum* Linn

蒙古虫实 *Corispermum mongolicum* Iljin

形态特征 【植株】高 10 ～ 35 cm。【茎】直立，基部分枝，圆柱形，被星状毛，下部枝长，平卧或斜升，上部枝短，斜展。【叶】条形或倒披针形，长 15 ～ 25 mm，宽 2 ～ 5 mm，先端锐尖，具小尖头，基部渐狭，1 脉。【花】穗状花序细长，圆柱形，松散，苞片条状披针形至卵形，先端渐尖，基部渐狭，1 脉，被星状毛，具白色膜质宽边，包被果实；花被片 1，矩圆形或宽椭圆形，顶端具不规则细齿；雄蕊 1 ～ 5，超出花被片。【果】宽椭圆形至矩圆状椭圆形，顶端圆形，基部楔形，背部具瘤状突起，腹面凹入；果核与果同形，黑褐色，具光泽，具瘤状突起；果喙短，喙尖为喙长的 1/2；翅极窄，几近于无翅，浅黄色，全缘。【成熟期】花果期 7 — 9 月。

生境分布 一年生沙生旱生草本。生于山麓沙质戈壁、沙丘、沙质草原。贺兰山西坡山麓覆沙地有分布。我国分布于内蒙古、宁夏、甘肃、新疆。世界分布于俄罗斯、蒙古国。

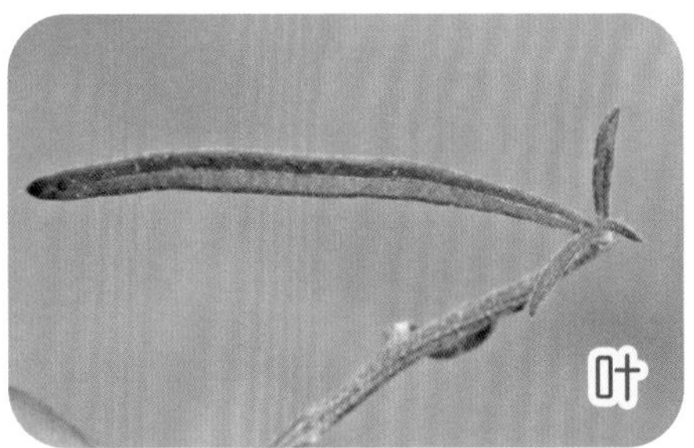

滨藜属　*Atriplex* Linn

中亚滨藜　*Atriplex centralasiatica* Iljin　　别称　中亚粉藜

形态特征 【植株】高 20 ～ 50 cm。【茎】直立，多分枝，钝四棱形，黄绿色，密被粉粒。【叶】互生，菱状卵形、三角形、卵状戟形或长卵状戟形，有时为卵形，长 1.5 ～ 6 cm，宽 1 ～ 4 cm，先端钝或短渐尖，基部宽楔形，边缘具少数缺刻状钝齿，中部 1 对齿较大，呈裂片状，上面绿色，稍被粉粒，下面密被粉粒，银白色，具短叶柄或无叶柄。【花】单性，雌雄同株，簇生叶腋，组成团伞花序，枝顶端及茎顶端组成间断穗状花序；雄花花被片 5，雄蕊 3 ～ 5；雌花具苞片 2，苞片边缘合生，仅先端稍分离或合生，果时膨大，包覆果实，菱形或近圆形，或呈 3 裂片状，同一株上可见 2 种形状的苞片，一种膨大成球形，背部密被瘤状突起，上部边缘草质，具齿，另一种扁平，不具瘤状突起，边缘具齿，基部楔形。【果】胞果宽卵形或圆形。【种子】扁平，棕色光亮。【成熟期】花果期 7—8 月。

生境分布 一年生耐盐中生草本。生于海拔 1 600 ～ 2 000 m 的山麓或山谷冲刷沟、盐化低地。贺兰山西坡和东坡均有分布。我国分布于东北、西北及山西、西藏等地。世界分布于亚洲中部地区及俄罗斯。

药用价值 果入药，可清肝明目、祛风活血、消肿。

西伯利亚滨藜 *Atriplex sibirica* Linn　　别称　刺果粉藜、麻落粒

形态特征　【植株】高 20 ～ 50 cm。【茎】直立，钝四棱形，基部分枝，被白粉；分枝斜升，具条纹。【叶】互生，菱状卵形、卵状三角形或宽三角形，长 3 ～ 6 cm，宽 1.5 ～ 6 cm，先端微钝，基部宽楔形，边缘具不整齐的波状钝齿，中部 1 对齿较大呈裂片状，稀全缘，上面绿色，平滑或被白粉，下面密被粉粒，银白色；具短叶柄。【花】单性，雌雄同株，簇生叶腋，组成团伞花序；茎上部构成穗状花序；雄花花被片 5，雄蕊 3 ～ 5，着生花托；雌花被 2 合生苞片包围；果时苞片膨大，木质，宽卵形或近圆形，两面凸，膨大，呈球状，顶端具齿，基部楔形，具短柄，表面被白粉，具多数短棘状突起。【果】胞果卵形或近圆形，果皮薄，贴附种子。【种子】直立，圆形，两面突起，呈扁球形，红褐色或淡黄褐色。【成熟期】花期 7—8 月，果期 8—9 月。

生境分布　一年生耐盐中生草本。生于海拔 1 600 ～ 2 000 m 的山麓冲刷沟、水边、渠沿、盐碱低地、固定沙丘。贺兰山西坡和东坡均有分布。我国分布于东北、西北地区。世界分布于蒙古国、俄罗斯。

药用价值　果入药，可清肝明目、祛风消肿。

植株

果

叶

碱蓬属　*Suaeda* Forsk. ex Scop.

碱蓬　*Suaeda glauca* (Bunge) Bunge

形态特征　【植株】高 30 ～ 60 cm。【茎】直立，圆柱形，浅绿色，具条纹，上部多分枝；分枝细长，斜升或开展。【叶】条形，半圆柱状或扁平，灰绿色，长 1.5 ～ 5 cm，宽 0.7 ～ 1.5 mm，先端钝或稍尖，光滑或被粉粒，稍上弯；茎上部叶渐变短；无叶柄。【花】两性，单生，或花 2 ～ 5 朵簇生叶腋短柄上，呈团伞状，与叶同柄；小苞片短于花被，卵形，锐尖；花被片 5，矩圆形，向内包卷，果时花被增厚，具隆脊，呈五角星状。【果】胞果二型，一种扁圆形，紧包于五角星形花被内；另一种球形，上端裸露，花被不为五角星形。【种子】近圆形，横生或直立，具颗粒状点纹，黑色。【成熟期】花期 7 — 8 月，果期 9 月。

生境分布　一年生耐盐湿生草本。生于海拔 1 600 ～ 1 800 m 的山麓盐碱湿地、荒地、渠岸、田边。贺兰山西坡和东坡均有分布。我国分布于东北、华北、西北地区。世界分布于俄罗斯、蒙古国、朝鲜、日本。

药用价值　全草入药，可清热消积。

角果碱蓬　*Suaeda corniculata* (C. A. Mey.) Bunge

形态特征　【植株】高 10 ~ 30 cm，全株深绿色，秋季由紫红色变黑色。【茎】粗壮，基部分枝，斜升或直立，具红色条纹，枝细长开展。【叶】叶片半圆柱状条形，长 1 ~ 2 cm，宽 0.7 ~ 1.5 mm，先端渐尖，基部渐狭，被粉粒；无叶柄。【花】两性或雌性，花 3 ~ 6 朵，团伞状簇生叶腋；小苞片短于花被；花被片 5，肉质或稍肉质，向上包卷，包覆果实，果时背部生不等大的角状突起，其中 1 个发育伸长呈长角状；雄蕊 5，花药极小，近圆形；柱头 2，花柱不明显，【果】胞果圆形，稍扁，具光泽和清晰点纹。【种子】横生或斜生，黑色或黄褐色。【成熟期】花期 8—9 月，果期 9—10 月。

生境分布　一年生耐盐湿生草本。生于海拔 1 600 ~ 1 800 m 的山麓盐碱低地、水库、盐湿地。贺兰山西坡巴彦浩特有分布。我国分布于东北、华北、西北及西藏等地。世界分布于蒙古国、俄罗斯。

药用价值　全草入药，可清热消积。

平卧碱蓬 *Suaeda prostrata* Pall.

形态特征 【植株】高 10 ～ 30 cm。【茎】平卧或斜升，基部枝稍木质化，微具条棱，光滑无毛；上部枝平展。【叶】半圆柱状条形，长 5 ～ 15 mm ，宽 1 ～ 1.5 mm ，先端圆形，具小尖头，基部急缩下延至叶柄，全缘，两面均被星状毛，中脉不明显；具长叶柄与叶等长，先端急尖或钝，基部缢稍扁；侧枝叶较短，等长或稍长于花被。【花】团伞花序，两性，花 2 ～ 5 朵，腋生；小苞片短于花被，卵形或椭圆形，膜质，白色；花被肉质，5 深裂，果期花被片增厚呈兜状，基部外具翅状或舌状突起；雄蕊 5，花药宽矩圆形或近圆形，花药长 0.1 ～ 0.2 mm，花丝稍外伸；柱头 2，花柱不明显。【果】胞果顶基扁，果皮膜质，淡黄褐色。【种子】双凸镜形，黑色，表面蜂窝状点纹明显，具光泽。【成熟期】花期 6 — 9 月，果期 8 — 10 月。

生境分布 一年生耐寒中生矮小草本。生于海拔 1 900 ～ 2 500 m 的湿寒林缘、沟谷河滩。贺兰山西坡哈拉乌、镇木关和东坡苏峪口等有分布。我国分布于西北及西藏等地。世界分布于帕米尔高原及俄罗斯。

雾冰藜属 *Bassia* All.（沙冰藜属 *Grubovia*）

雾冰藜 *Grubovia dasyphylla* (Fisch. & C. A. Mey.) Freitag & G. Kadereit **别称** 雾冰草、星状刺里藜

形态特征 【植株】高 5 ～ 30 cm，全株被灰白色长毛。【茎】直立，细弱，分枝，具条纹，黄绿色或浅红色，后变硬。【叶】肉质，圆柱状或半圆柱状条形，长 3 ～ 15 mm，宽 1 ～ 5 mm，先端钝，基部渐狭。【花】单生，或花 2 朵集生叶腋，仅 1 朵发育；花被球状壶形，草质，5 浅裂，果期花被片背侧中部着生 5 个锥状附属物，呈五角星状。【果】胞果卵形。【种子】横生，近圆形，压扁，平滑，黑褐色。【成熟期】花果期 7 — 9 月。

生境分布 一年生旱生草本。生于山麓草原区或草原荒漠戈壁、草地、盐碱河滩。贺兰山西坡和东坡均有分布。我国分布于东北、华北、西北及山东、西藏等地。世界分布于亚洲中部地区及蒙古国、俄罗斯。

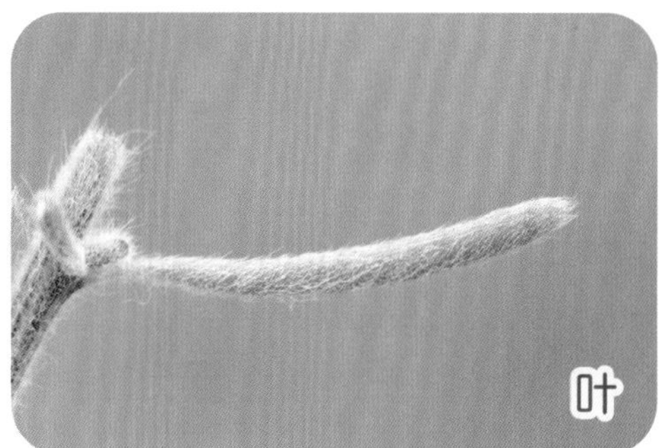

轴藜属　　*Axyris* Linn

杂配轴藜　　*Axyris hybrida* Linn

形态特征　【植株】高 5 ～ 40 cm。【茎】基部分枝，直立，斜升，幼时被星状毛，后期脱落。【叶】卵形、椭圆形或矩圆状披针形，长 5 ～ 30 mm，宽 2 ～ 10 mm，先端钝或渐尖，具小尖头，基部楔形，全缘，下面叶脉明显，两面均密被星状毛；具短叶柄。【花】雄花序穗状，花被片 3，膜质，矩圆形，背面密被星状毛，后期脱落；雄蕊 3，伸出花被外；雌花无梗，雌花序聚伞状，着生叶腋，苞片披针形或卵形，背面密被星状毛，花被片 3，背部密被星状毛。【果】胞果宽椭圆状倒卵形，侧面具同心圆状皱纹，顶端具 2 个小三角状附属物。【成熟期】花果期 7 — 8 月。

生境分布　一年生中生草本。生于海拔 1 600 ～ 2 300 m 的山地沟谷、灌丛、林缘。贺兰山西坡和东坡均有分布。我国分布于华北、西北及云南、河南等地。世界分布于俄罗斯、蒙古国。

沙蓬属　*Agriophyllum* Bieb.

沙蓬　*Agriophyllum squarrosum* (L.) Moq.　别称　沙米

形态特征　【植株】高 15 ～ 50 cm。【茎】坚硬，浅绿色，具不明显条棱，幼时全株密被分枝状毛，后脱落；多分枝，最下部枝对生或轮生，平卧，上部枝互生，斜展。【叶】披针形至条形，长 1 ～ 6 cm，宽 3 ～ 10 mm，先端渐尖具小刺尖，基部渐狭，具 3 ～ 9 条纵脉，幼时下面密被分枝状毛，后脱落。【花】花序穗状，紧密，宽卵形或椭圆状，1 ～ 3 个，着生叶腋；苞片宽卵形，先端急缩具短刺尖，后期反折；花被片 1 ～ 3，膜质；雄蕊 2 ～ 3，花丝扁平，锥形，花药宽卵形；子房扁卵形，被毛，柱头 2。【果】胞果圆形或椭圆形，两面扁平或背面稍突起，除基部外周围具翅，顶部具果喙，果喙深裂成 2 个条状扁平小喙，小喙先端外侧各具 1 小齿。【种子】近圆形，扁平，光滑。【成熟期】花果期 8 — 10 月。

生境分布　一年生沙生旱生草本。生于山麓干河床沙地、背风沙地。贺兰山西坡小松山有分布。我国分布于东北、华北、西北及西藏等地。世界分布于欧洲及俄罗斯、蒙古国。

药用价值　种子入药，可发表解热；也可做蒙药。

腺毛藜属　*Dysphania* R. Br.

无刺刺藜　*Dysphania aristatum* Linn

形态特征　【植株】高 10 ～ 25 cm。【茎】直立，多分枝，圆柱形具角棱，具条纹，淡绿色，老时带红色，无毛或疏生毛；开展，下部枝长，上部枝短。【叶】条形或条状披针形，长 2 ～ 5 cm，宽 3 ～ 7 mm，先端锐尖或钝，基部渐狭成不明显叶柄，全缘，秋季变成红色，中脉明显。【花】二歧聚伞花序，分枝多且密，花序末端无不育枝发育的针刺；近无花梗，着生刺状枝腋；花被片 5，矩圆形，先端钝圆或尖，背部绿色，具隆脊，边缘膜质白色或带粉红色，内曲；雄蕊 5，不外露。【果】胞果上下压扁，圆形，果皮膜质，半包于花被内。【种子】横生，扁圆形，黑褐色，具光泽；胚球形。【成熟期】花果期 8 — 10 月。

生境分布　一年生中生草本。生于海拔 1 600 ～ 2 000 m 的山麓冲刷沟、山地沟谷、山坡荒地、河床地、田间。贺兰山西坡镇木关、黄渠口和东坡拜寺沟有分布。我国分布于宁夏、内蒙古等地。

菊叶香藜　*Dysphania schraderiana* (Roem. & Schult.) Mosyakin & Clemants

形态特征　【植株】高 20 ～ 60 cm，具强烈香气，全株具腺体及腺毛。【茎】直立，分枝，下部枝长，上部枝短，具纵条纹，灰绿色，老时紫红色。【叶】矩圆形，长 2 ～ 4 cm，宽 1 ～ 2 cm，羽状浅裂至深裂，先端钝，基部楔形，裂片边缘偶具微小缺刻或齿，上面深绿色，下面浅绿色，两面被短柔毛和棕黄色腺点，上部叶或茎顶端叶较小，浅裂至不分裂；具长叶柄。【花】多数，单生小枝腋内或末端，组成二歧聚伞花序，再集成塔形大圆锥花序；花被片 5，卵状披针形，背部具隆脊，绿色，被黄色腺点及刺状突起，边缘膜质，白色；雄蕊 5，不外露。【果】胞果扁球形，半包于花被内。【种子】横生，扁球形，种皮硬壳质，黑色或红褐色，具光泽；胚半球形。【成熟期】花期 7 — 9 月，果期 9 — 10 月。

生境分布　一年生中生草本。生于海拔 1 600 ～ 2 000 m 的林缘草地、沟谷、沟岸、河沿居民区。贺兰山西坡峡子沟和东坡苏峪口等有分布。我国分布于西北、西南及辽宁、山西等地。世界分布于亚洲、欧洲、非洲。

药用价值　全草入药，可发散风寒、透疹止痒。

刺藜　*Dysphania aristata* (L.) Mosyakin & Clemants　别称　针尖藜、野鸡冠子花

形态特征　【植株】高 10 ～ 25 cm。【茎】直立，分枝，圆柱形，具角棱，条纹淡绿色，老时带红色，无毛或疏被毛；开展，下部枝长，上部枝短。【叶】条形或条状披针形，长 2 ～ 5 cm，宽 3 ～ 7 mm，先端锐尖或钝，基部渐狭成不明显叶柄，全缘，秋季变红色，中脉明显。【花】二歧聚伞花序，分枝多且密，枝先端具刺芒，近无花梗，着生刺状枝腋；花被片 5，矩圆形，先端钝圆或尖，背部绿色，稍具隆脊，边缘膜质白色或带粉红色，内曲；雄蕊 5，不外露。【果】胞果上下压扁，圆形，果皮膜质，半包于花被内。【种子】横生，扁圆形，黑褐色，具光泽；胚球形。【成熟期】花果期 8 — 10 月。

生境分布　一年生中生草本。生于海拔 1 600 ～ 2 200 m 的山麓冲刷沟、山地沟谷、山坡荒地、河床地、田间。贺兰山西坡和东坡均有分布。我国分布于东北、西北及山西、河南、四川等地。世界分布于欧洲、北美洲及朝鲜、俄罗斯。

药用价值　全草入药，可祛风止痒。

植株

果

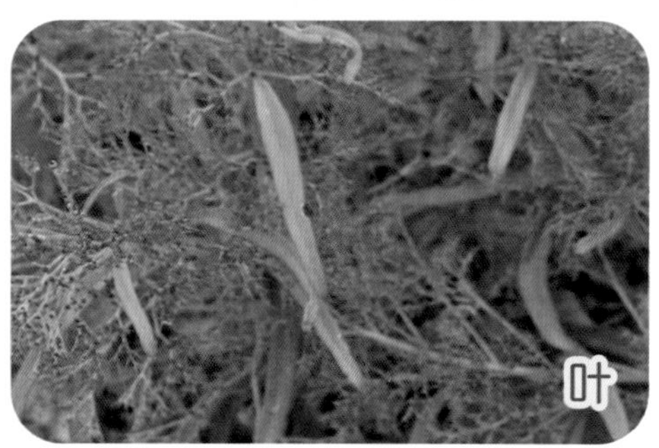
叶

藜属　*Chenopodium* Linn

藜　*Chenopodium album* Linn　别称　灰菜、白藜

形态特征　【植株】高 0.3 ～ 1.2 m。【茎】直立，粗壮，圆柱形，具棱、沟槽及红紫色条纹，嫩时被白色粉粒；多分枝，斜升或开展。【叶】三角状卵形或菱状卵形，有时上部叶呈狭卵形或披针形，长 3 ～ 6 cm，宽 1 ～ 5 cm，先端钝或尖，基部楔形，边缘具不整齐波状齿，或呈缺刻状，稀全缘，上面深绿色，下面灰白色或淡紫色，密被灰白色粉粒；叶柄长。【花】黄绿色，每 8 ～ 15 朵花或更多聚集成团伞花簇，排列成腋生或顶生圆锥花序；花被片 5，宽卵形至椭圆形，被粉粒，背部具纵隆脊，边缘膜质，先端钝或微尖；雄蕊 5，伸出花被外；花柱短，柱头 2。【果】胞果全包于花被内或顶端稍露出，果皮薄，初被小泡状突起，后期小泡脱落成皱纹，紧贴种子。【种子】横生，两面突起或呈扁球形，光亮，近黑色，表面具浅沟纹及点洼；胚环形。【成熟期】花期 8 — 9 月，果期 9 — 10 月。

生境分布　一年生中生草本。生于海拔 1 600 ～ 2 300 m 的山麓荒地、路旁、田间、居民区。贺兰山西坡和东坡均有分布。我国分布于长江以北各地。世界分布于温带地区。

药用价值　全草入药，可止泻止痒；也可做蒙药。

灰绿藜　　*Chenopodium glaucum* Linn　　别称　水灰菜

形态特征　【植株】高 15 ～ 30 cm。【茎】基部分枝，斜升或平卧，具沟槽及红色或绿色条纹。【叶】厚肉质，矩圆状卵形、椭圆形、卵状披针形、披针形或条形，长 2 ～ 4 cm，宽 6 ～ 15 mm，先端钝或锐尖，基部渐狭，边缘具波状齿，稀近全缘，上面深绿色，下面灰绿色或淡紫红色，密被粉粒，中脉黄绿色；叶柄长。【花】花序穗状或复穗状，顶生或腋生；花被片 3 ～ 5，狭矩圆形，先端钝，内曲，背部绿色，边缘白色膜质；雄蕊 3 ～ 4，稀 1 ～ 5，花丝短；花柱极短，柱头 2。【果】胞果不完全包于花被内，果皮薄膜质。【种子】横生，稀斜生，扁球形，暗褐色，具光泽。【成熟期】花期 6 — 9 月，果期 8 — 10 月。

生境分布　一年生耐盐中生草本。生于森林区或草原区山麓边缘盐化湿地。贺兰山西坡干树湾和东坡山麓有分布。我国分布于长江以北各地。世界分布于温带地区。

药用价值　全草入药，可清热、利湿、杀虫。

小白藜　*Chenopodium iljinii* Golosk.

形态特征 【植株】高 10 ～ 25 cm。【茎】直立，多分枝，枝细长，斜升，具条纹，黄绿色，老时变紫红色。【叶】三角状卵形或卵状戟形，长 3 ～ 15 mm，宽 2 ～ 12 mm，先端钝或锐尖，基部宽楔形，两侧具 2 个浅裂片，上面光滑或疏被白粉；叶柄长。【花】花序顶生或腋生，再形成疏散圆锥花序；花被片 5，宽卵形或椭圆形，被粉粒，背部中央绿色，较厚，呈龙骨状突起，边缘膜质，先端钝或微尖；雄蕊 5，超出花被；子房扁球形，柱头 2。【果】胞果深棕褐色，果皮薄，初期被小泡状突起，包于花被内。【种子】横生，两面突起呈扁球形或扁卵圆形，边缘具钝棱，黑色，具光泽，表面具不明显放射状细纹；胚球形。【成熟期】花果期 7 — 8 月。

生境分布 一年生盐生旱中生草本。生于 1 600 ～ 1 700 m 的浅山开阔河谷、山麓。贺兰山西坡和东坡均有分布。我国分布于内蒙古、宁夏、甘肃、青海、新疆、四川等地。世界分布于蒙古国、哈萨克斯坦等。

植株

花

叶

小藜　*Chenopodium ficifolium* Sm.

形态特征 【植株】高 20 ～ 50 cm。【茎】直立，具角棱及条纹，疏被白粉，渐光滑，单数或分枝。【叶】长卵形或矩圆形，先端钝，基部楔形，边缘具不整齐波状齿，两面疏被白粉，长 2.5 ～ 5 cm，宽 1 ～ 3 cm；下部叶 3 裂，基部具 2 枚较大裂片，椭圆形或三角形，中裂片较长，两侧边缘几乎平行，具波状齿或全缘；上部叶渐小，矩圆形，具浅齿或近全缘。【花】穗状花序，腋生或顶生，短于叶或与之等长，全枝形成圆锥花序；花被片 5，淡绿色，边缘白色，宽卵形，先端钝，微具龙骨状突起，内弯，被粉粒；雄蕊 5，与花被片对生，长于花被片；柱头 2，条状。【果】胞果包于花被内，果皮膜质，具蜂窝状网纹。【种子】横生，圆形，黑色，边缘具棱，表面具六角形细洼；胚环形。【成熟期】花期 6 — 7 月，果期 7 — 9 月。

生境分布 一年生中生草本。生于海拔 1 600 ～ 1 800 m 的草原区或荒漠区潮湿疏松的撂荒地、田间路旁。贺兰山西坡和东坡均有分布。我国广布于各地。世界分布于亚洲中部地区、欧洲、美洲及蒙古国、俄罗斯。

药用价值 全草入药，可祛湿解毒。

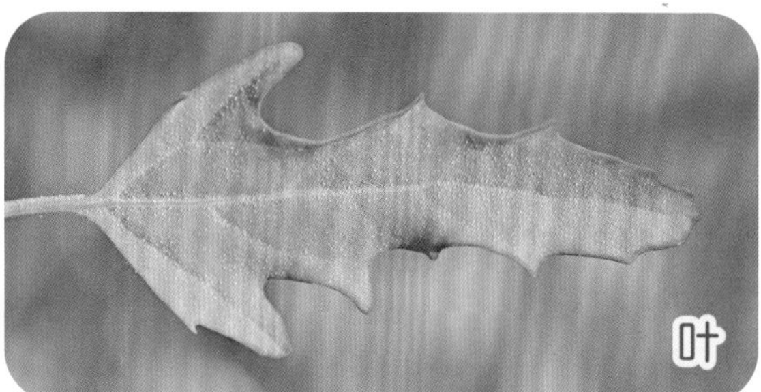

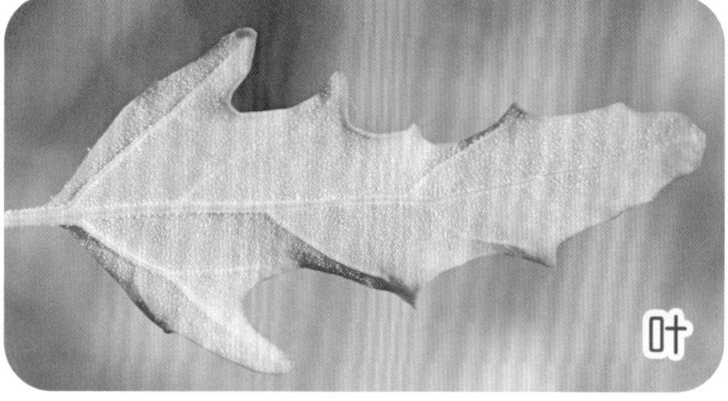

尖头叶藜　　*Chenopodium acuminatum* Willd.　　别称　绿珠藜、渐尖藜

形态特征 【植株】高 10 ～ 30 cm。【茎】直立，分枝或不分枝，平卧或斜升，粗壮或细弱，具条纹，偶带紫红色。【叶】宽三角形、长形或菱状卵形，长 2 ～ 4 cm，宽 1 ～ 3 cm，先端钝圆或锐尖，具短尖头，基部宽楔形或圆形，偶平截，全缘，具红色或黄褐色半透明环边，淡绿色，下面被粉粒，灰白色或带红色；上部叶渐狭小，几为卵状披针形或披针形；具叶柄。【花】8 ～ 10 朵聚集为团伞花簇，紧密排列于花枝上，组成分枝的圆柱形花穗，或再聚为尖塔形大圆锥花序；花序轴密被玻璃管状毛；花被裂片 5，宽卵形，背中央具绿色龙骨状隆脊；边缘膜质白色，内曲，疏被膜质透明片状毛，果期包覆果实，呈五角星状；雄蕊 5，花丝极短。【果】胞果扁球形，近黑色，具不明显放射状细纹及细点，稍具光泽。【种子】横生，黑色，具光泽，表面具不规则点纹。【成熟期】花期 6 — 8 月，果期 8 — 9 月。

生境分布　一年生中生草本。生于海拔 1 600 ～ 2 300 m 的山地沟谷、居民区。贺兰山西坡和东坡均有分布。我国分布于东北、西北及河南、浙江等地。世界分布于朝鲜、日本、蒙古国、俄罗斯等。

东亚市藜　*Chenopodium urbicum* subsp. *sinicum* H. W. Kung & G. L. Chu

形态特征　【植株】高 30 ～ 60 cm。【茎】直立，粗壮，淡绿色，具条棱，不分枝或上部分枝，斜升；【叶】菱形或菱状卵形，长 5 ～ 12 cm，宽 4 ～ 12 cm，先端锐尖，基部宽楔形，边缘具不整齐弯缺状大锯齿，有时仅近基部生 2 个尖裂片，自基部分生 3 条叶脉，两面光绿色；上部叶狭，近全缘；叶柄长。【花】穗状花序圆锥状，顶生或腋生；花两性兼雌性；花被片 3 ～ 5，狭倒卵形，先端钝圆，基部合生，背部稍肥厚，黄绿色，边缘膜质淡黄色，果时开展；雄蕊 5，超出花被；柱头 2，较短。【果】胞果小，近圆形，两面凸或呈扁球状，果皮薄，黑褐色，表面具颗粒状突起。【种子】横生、斜生、稀直立，红褐色，边缘锐，具点纹。【成熟期】花期 8 — 9 月，果期 9 — 10 月。

生境分布　一年生中生草本。生于海拔 1 600 ～ 2 300 m 的山地沟谷、路旁、居民区。贺兰山西坡和东坡均有分布。我国分布于东北及山西、山东、江苏、陕西、新疆等地。

杂配藜　*Chenopodium hybridum* Linn

别称　大叶藜、血见愁

形态特征　【植株】高 40 ～ 90 cm。【茎】直立，粗壮，具 5 锐棱，基部不分枝，枝细长，斜升。【叶】质薄，宽卵形或卵状三角形，长 3 ～ 9 cm，宽 3 ～ 6 cm，先端锐尖或渐尖，基部微心形或圆状截形，边缘具不整齐微弯缺状渐尖或锐尖裂片；下面叶脉凸起，黄绿色；叶柄长。【花】花序圆锥状，疏散，顶生或腋生；花两性兼雌性；花被片 5，卵形，先端圆钝，基部合生，边缘膜质，背部具肥厚隆脊，腹面凹，包覆果实。【果】胞果双凸镜形，果皮薄膜质，具蜂窝状四至六角形网纹。【种子】横生，扁圆形，两面凸，黑色，无光泽，边缘具钝棱，表面具明显深洼点；胚环形。【成熟期】花期 8 — 9 月，果期 9 — 10 月。

生境分布　一年生中生草本。生于海拔 1 600 ～ 2 300 m 的山地沟谷、灌丛、林缘。贺兰山西坡和东坡均有分布。我国分布于东北、西北、西南及山西、浙江等地。世界分布于欧洲、美洲及俄罗斯、蒙古国、朝鲜。

药用价值　全草入药，可调经止血；也可做蒙药。

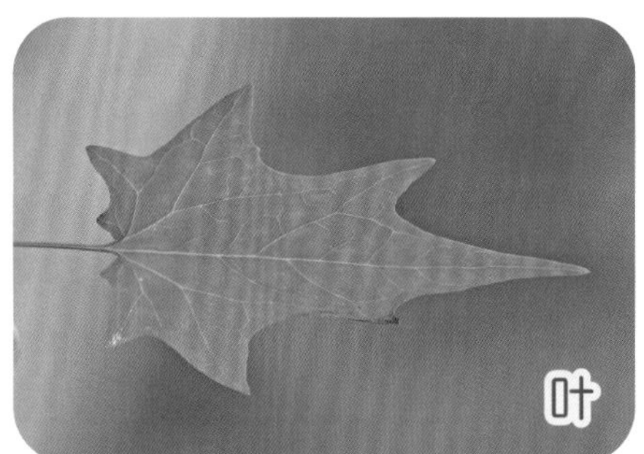

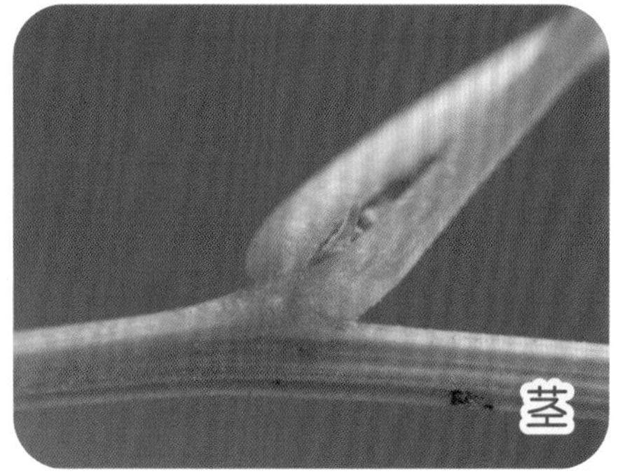

盐生草属 *Halogeton* C. A. Mey.

白茎盐生草 *Halogeton arachnoideus* Moq.

别称　蛛丝蓬、小盐大戟

形态特征　【植株】高 5 ～ 35 cm。【茎】直立，基部分枝，枝互生，灰白色，幼时被蛛丝状毛，后脱落。【叶】互生，肉质，圆柱形，长 4 ～ 10 mm，宽 1 ～ 2 mm，先端钝，有时生小短尖，叶腋被白色长毛束。【花】杂性，小花 2 ～ 3 朵簇生叶腋；小苞片 2，卵形，背部隆起，边缘膜质；花被片 5，宽披针形，膜质，先端钝或尖；全缘或具齿，果时自背侧近顶部生翅，翅半圆形，膜质，透明；雄花花被片缺；雄蕊 5，花药矩圆形；柱头 2，丝状。【果】胞果宽卵形，背腹压扁，果皮膜质，灰褐色。【种子】圆形，横生；胚螺旋状。【成熟期】花果期 7 — 9 月。

生境分布　一年生耐盐碱旱中生草本。生于海拔 1 550 ～ 1 650 m 的干旱山坡、河滩沙地、砾石戈壁。贺兰山西坡峡子沟、巴彦浩特和东坡甘沟有分布。我国分布于西北及山西等地。世界分布于亚洲中部地区及蒙古国、俄罗斯。

苋属　*Amaranthus* Linn

反枝苋　*Amaranthus retroflexus* Linn　　别称　野千穗谷、野苋菜

形态特征　【植株】高 20 ～ 60 cm。【茎】直立，粗壮，分枝或不分枝，被短柔毛，淡绿色，偶具淡紫色条纹，略具钝棱。【叶】椭圆状卵形或菱状卵形，长 5 ～ 10 cm，宽 3 ～ 6 cm，先端锐尖或微缺，具小突尖，基部楔形，全缘或波状缘，两面及边缘被柔毛，下面毛密，叶脉隆起；叶柄被柔毛。【花】圆锥花序，顶生及腋生，直立，由多数穗状序组成，顶生花穗长；苞片及小苞片锥状，长于花被，顶端针芒状，背部具隆脊，边缘透明膜质；花被片 5，矩圆形或倒披针形，先端锐尖或微凹，具芒尖，透明膜质，具绿色隆起中肋；雄蕊 5，超出花被；柱头 3，长刺锥状。【果】胞果扁卵形，环状横裂，包于宿存花被内。【种子】近球形，黑色或黑褐色，边缘钝。【成熟期】花期 7 — 8 月，果期 8 — 9 月。

生境分布　一年生中生草本。生于海拔 1 500 ～ 1 600 m 的山麓、沟谷、居民区。贺兰山西坡和东坡均有分布。我国分布于东北、华北、西北等地。世界广布种。

药用价值　全草入药，可清热解毒、利尿止痛、止痢；也可做蒙药。

北美苋　*Amaranthus blitoides* S. Watson

形态特征　【植株】高 15 ～ 30 cm。【茎】平卧或斜升，基部分枝，绿白色，具条棱，无毛或近无毛。【叶】倒卵形、匙形至矩圆状倒披针形，长 5 ～ 20 mm，宽 3 ～ 15 mm，先端钝或锐尖，具小突尖，基部楔形，全缘，具白色边缘，上面绿色，下面淡绿色，叶脉隆起；叶柄短于叶。【花】少数花簇生，腋生；苞片及小苞片披针形；花被片 4 ～ 5；雄花卵状披针形，先端短渐尖；雌花矩圆状披针形，长短不一，基部软骨质，肥厚。【果】胞果椭圆形，环状横裂。【种子】卵形，黑色，具光泽。【成熟期】花期 8 — 9 月，果期 9 — 10 月。

生境分布　一年生中生草本。生于海拔 1 600 ～ 1 900 m 的森林区或草原区田野、路旁。贺兰山西坡乱柴沟、大井沟有分布。我国分布于辽宁、河北等地。世界分布于北美洲、欧洲、亚洲。

马齿苋科　**Portulacaceae**

马齿苋属　*Portulaca* Linn

马齿苋　*Portulaca oleracea* Linn　　别称　马齿菜、马苋菜

形态特征　【植株】长 10 ～ 25 cm，全株光滑无毛。【茎】平卧或斜升，多分枝，淡绿色或红紫色。【叶】肥厚肉质，倒卵状楔形或匙状楔形，长 6 ～ 20 mm，宽 4 ～ 10 mm，先端圆钝，平截或微凹，基部宽楔形，全缘，中脉微隆起；叶柄短。【花】黄色，小花 3 ～ 5 朵簇生枝顶端，总苞片 4 ～ 5，叶状，近轮生；萼片 2，对生，盔形，左右压扁，先端锐尖，背部具翅状隆脊；花瓣 5，黄色，倒卵状矩圆形或倒心形，顶端微凹，较萼片长；花药黄色；雌蕊 1，子房半下位，1 室；花柱比雄蕊稍长，顶端 4 ～ 6，条形。【果】蒴果圆锥形，中部横裂呈帽盖状。【种子】多数细小，黑色，具光泽，肾状卵圆形。【成熟期】花期 7 — 8 月，果期 8 — 9 月。

生境分布　一年生肉质中生草本。生于海拔 1 500 ～ 1 650 m 的山麓、沟谷湿地。贺兰山西坡和东坡均有分布。我国广布于各地。世界分布于温带、热带地区。

药用价值　全草入药，可清热解毒、消炎止渴、利尿；也可做蒙药。

石竹科 Caryophyllaceae

漆姑草属 *Sagina* Linn

漆姑草 *Sagina japonica* (Sw.) Ohwi 别称 日本漆姑草

形态特征 【植株】高 5 ～ 20 cm，上部被稀疏腺柔毛。【茎】丛生，铺散。【叶】叶片线条形，长 5 ～ 20 mm，宽 1 ～ 1.5 mm，具 1 条中脉，无毛。【花】小形，单生茎顶端；花梗细，被稀疏短柔毛；萼片 5，卵状椭圆形，顶端尖或钝，外面疏被短腺柔毛，边缘膜质；花瓣 5，狭卵形，稍短于萼片，白色，顶端圆钝，全缘；雄蕊 5，短于花瓣；子房卵圆形，花柱 5，线形。【果】蒴果卵圆形，微长于宿存花萼，5 瓣裂。【种子】细小，多数，圆肾形，微扁，褐色，表面具尖瘤状突起。【成熟期】花期 5 — 6 月，果期 6 — 7 月。

生境分布 一年生耐盐中生小草本。生于海拔 1 600 ～ 1 900 m 的山间河岸沙地、撂荒地、路旁草地。贺兰山西坡哈拉沟和东坡大水沟有分布。我国分布于东北、华北、西北、华东、华中、西南地区。世界分布于俄罗斯、朝鲜、日本、印度、尼泊尔。

裸果木属 *Gymnocarpos* Forsk.

裸果木 *Gymnocarpos przewalskii* Bunge ex Maxim. 别称 瘦果石竹

形态特征 【植株】高 0.5 ～ 1 m。【茎】多分枝，曲折，树皮灰黄色，具不规则纵沟裂；嫩枝红赭色。【叶】狭条状扁圆柱形，长 5 ～ 10 mm，宽 1 ～ 1.5 mm，肉质，带红色，顶端锐尖具短尖头，基部收缩。【花】聚伞花序，腋生；苞片膜质，白色透明，宽椭圆形；花托钟状漏斗形，内部具肉质花盘；萼片 5，倒披针形，先端具尖头，外面被短柔毛；无花瓣；雄蕊 2 轮，外轮 5，无花药，内轮 5，与萼片对生，具花药；子房上位，近球形，内含基生胚珠 1；花柱单一，丝状。【果】瘦果包于宿存花萼内。【成熟期】花期 5 — 6 月，果期 6 — 7 月。

生境分布 超旱生灌木。生于海拔 1 600 ～ 2 500 m 的干河床、戈壁滩、砾石坡。贺兰山西坡三关 附近有分布。我国分布于内蒙古、宁夏、甘肃、青海、新疆等地。世界分布于蒙古国。

孩儿参属 *Pseudostellaria* Pax

蔓孩儿参 *Pseudostellaria davidii* (Franch.) Pax

别称 蔓假繁缕

形态特征 【植株】高 10 ～ 20 cm。【块根】纺锤形，单一，具须根。【茎】匍匐，细弱，疏分枝，被 2 列柔毛。【叶】宽卵形或卵状披针形，长 1 ～ 2 cm，宽 8 ～ 18 mm，顶端急尖，被缘毛；叶柄被长柔毛。【花】开花受精花单生茎中部以上叶腋；花梗细，被 1 列毛；萼片 5，披针形，外面沿中脉被柔毛；花瓣 5，白色，长倒卵形，全缘，比萼片长 1 倍；雄蕊 10，花药紫色，比花瓣短；花柱 2 ～ 3；闭花受精花 1 ～ 2 朵，匍匐枝多时为 2 朵以上，腋生；花梗被毛；萼片 4，狭披针形，被柔毛；雄蕊退化；子房宽卵形，花柱 2。【果】蒴果宽卵圆形，3 瓣裂，稍长于宿存花萼。【种子】多数圆肾形或近球形，褐色，表面具棘突。【成熟期】花期 5 — 7 月，果期 6 — 7 月。

生境分布 多年生耐阴中生草本。生于海拔 2 200 ～ 2 600 m 的混交林或杂木林缘、溪边、石质坡。贺兰山西坡哈拉乌有分布。我国分布于东北、西北、西南及河北、山西、浙江、山东、安徽等地。世界分布于蒙古国、俄罗斯、朝鲜。

药用价值 块根入药，可益气生津、健脾。

石生孩儿参 *Pseudostellaria rupestris* (Turcz.) Pax 别称 石假繁缕

形态特征 【植株】高 5 ～ 16 cm。【地下茎】横走，节部生块根。【块根】纺锤形，单生或 2 ～ 3 个簇生。【茎】斜升，细弱，单一或上部分枝，无毛或被 1 列短毛。【叶】披针形、倒披针形或狭矩圆形，长 5 ～ 30 mm，宽 3 ～ 6 mm，两面无毛，或被缘毛，先端急尖，基部渐狭成叶柄。【花】开花受精花单生茎顶端，可育；花梗纤细，被 1 列短毛；萼片 4 ～ 5，矩圆状披针形，边缘狭膜质，无毛或沿脉被疏缘毛；花瓣 4 ～ 5，白色，椭圆形，比萼片长 1/3 左右，全缘或先端微凹，基部渐狭成爪；雄蕊 8 ～ 10，与花瓣近等长；子房卵形；花柱 2 ～ 3；闭花受精花小，着生腋生分枝顶端，可育；萼片 4，狭卵形；无花瓣；雄蕊 2；子房卵形；花柱 2。【果】蒴果卵圆形，2 或 3 瓣裂。【种子】褐色，多数卵圆形，表面被锚状刚毛，具锚状钩刺 1 ～ 4 个。【成熟期】花期 6 — 7 月，果期 7 — 8 月。

生境分布 多年生耐阴中生草本。生于海拔 2 600 ～ 3 400 m 的山地云杉林、林缘、高山草甸。贺兰山西坡哈拉乌、水磨沟有分布。我国分布于吉林、青海等地。世界分布于俄罗斯、蒙古国。

植株

花

果

贺兰山孩儿参 *Pseudostellaria helanshanensis* W. Z. Di et Y Ren

形态特征 【植株】高 5 ～ 10 cm。【块根】单生或数个簇生，纺锤形或狭纺锤形。【茎】纤细，近四棱形，被 2 列柔毛，分枝。【叶】下部叶狭椭圆形，长 15 ～ 25 mm，宽 4 ～ 6 mm，先端锐尖，基部渐狭成叶柄，两面被毛或近无毛；中上部叶卵形或宽卵形，顶端 4 枚近轮生，先端急尖，基部楔形，两面被毛或近无毛，边缘粗糙，无纤毛；叶柄疏被柔毛。【花】开花受精花单生枝顶端，可育；花梗细长，疏被柔毛；萼片 4，狭椭圆形，背面中脉疏被柔毛，边缘狭膜质，或疏被毛；花瓣 4，白色；雄蕊 8；子房卵形；花柱 2；闭花受精花单生叶腋，可育；花梗纤细，疏被柔毛；萼片 4，狭椭圆形，背面疏被柔毛，边缘狭膜质，或疏被柔毛；无花瓣；雄蕊 2。【果】蒴果近球形，4 瓣裂，具种子数粒。【种子】近肾圆形，深棕色，表面具乳头状突起，突起顶端具短细刚毛。【成熟期】花期 6 — 7 月，果期 7 — 8 月。

生境分布 多年生耐阴中生草本。生于海拔 2 200 ～ 2 800 m 的山地沟谷、云杉林湿地、沟边。贺兰山西坡哈拉乌有分布。我国分布于河南、陕西等地。

药用价值 块根入药，可益气生津、健脾。

无心菜属（蚤缀属） *Arenaria* Linn

华北老牛筋 *Arenaria grueningiana* Pax & K. Hoffm. 别称 高原福禄草

形态特征 【植株】高 3 ~ 7 cm，垫状。【根】直而粗壮，黄褐色，顶端具多数木质枝。【茎】多数，直立，不分枝或花序分枝，上部被腺毛。【叶】基部叶丛生，长 1 ~ 2 cm，钻状线形，先端渐尖，顶端具刺尖，上面扁平，下面中央突起，叶横断面为三角形，两面无毛；茎生叶与基生叶相似而较小，明显短于节间。【花】单生，或花 2 ~ 7 朵组成聚伞花序；苞片狭披针形，边缘宽膜质或全部膜质，被腺毛；花梗密被腺毛；萼片 5，卵状披针形，先端锐尖，背面被腺毛，中央绿色，边缘膜质；花瓣 5，矩圆状倒卵形，顶端微缺，长于萼片的 1.5 倍；雄蕊 10，与萼片近等长；子房 1 室；花柱 3。【果】蒴果卵球形，与萼片近等长，3 瓣裂，裂瓣再 2 裂。【种子】多数，近卵形，具疣状突起。【成熟期】花果期 7—8 月。

生境分布 多年生密丛生中生草本。生于海拔 2 400 ~ 3 000 m 的高山或亚高山石质山坡、石缝。贺兰山主峰和中部山脊西侧有分布。我国分布于河北、山西、甘肃、青海、新疆等地。世界分布于俄罗斯、蒙古国。

毛叶老牛筋　*Arenaria capillaris* Poir.　　别称　毛梗蚤缀

形态特征　【植株】高 9～15 cm，全株无毛。【根】主根粗壮，黑褐色，木质化，支根纤细。【茎】老枝木质化，宿存枯萎叶基；新枝细而硬；茎基包被枯黄色老叶残余。【叶】叶片细线形，长 2～5 cm，基部较宽，顶端急尖，边缘细锯齿状粗糙；基生叶成束密生；茎生叶在基部成短鞘，包于膨大节上，淡褐色。【花】聚伞花序，具数花至多花；苞片干膜质，卵形，基部抱茎，顶端长渐尖，具 1 脉；花梗细而硬，无毛；萼片卵形，外面黄色，无毛，具 3 脉；花瓣 5，白色，倒卵形，顶端钝圆，基部具短爪；雄蕊 2 轮 10，与萼片相对者基部具腺体 5；子房卵圆形；花柱 3，线状。【果】蒴果椭圆状卵形，6 齿裂。【种子】近卵形，黑褐色，稍扁，具小瘤状突起。【成熟期】花期 6—7 月，果期 8—9 月。

生境分布　多年生密丛生旱生草本。生于海拔 2 500～3 000 m 的山地阳坡草丛、山顶砾石地。贺兰山主峰和中部山脊西侧有分布。我国分布于东北及河北、内蒙古等地。世界分布于俄罗斯、蒙古国、加拿大、美国。

植株

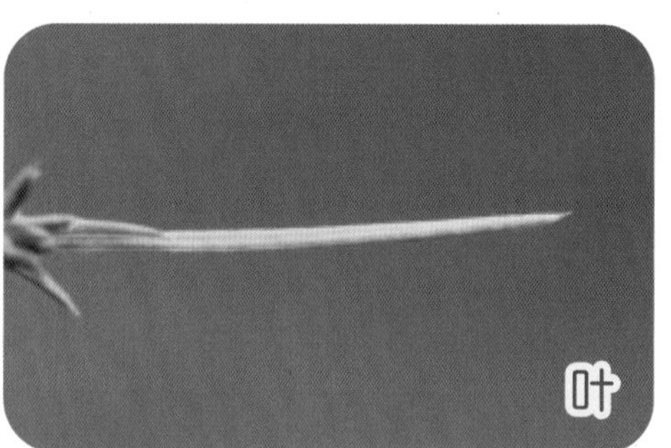
叶

植株

繁缕属　*Stellaria* Linn

叉歧繁缕　*Stellaria dichotma* Linn　　别称　叉繁缕

形态特征　【植株】高 15～30 cm，全株呈扁球形。【根】主根粗长，圆柱形，灰黄褐色，深入地下。【茎】多数丛生，基部开始多次二歧分枝，被腺毛或腺质柔毛，节部膨大。【叶】卵形、卵状矩圆形或卵状披针形，长 5～15 mm，宽 3～7 mm，先端尖，基部圆形或近心形，稍抱茎，全缘，两面被腺毛或腺质柔毛，或近无毛，下面主脉隆起；无叶柄。【花】二歧聚伞花序，着生枝顶端，具多数花；苞片和叶同形较小；花梗纤细；萼片披针形，先端锐尖，膜质边缘稍内卷，背面被腺毛或腺质柔毛，或近无毛；花瓣白色，近椭圆形，二叉状分裂至中部，具爪；雄蕊 10，5 长 5 短，基部稍合生，长雄蕊基部增粗具黄色蜜腺；子房宽倒卵形；花柱 3。【果】蒴果宽椭圆形，全部包于宿存花萼内，具种子 1～5 粒；果梗下垂。【种子】宽卵形，褐黑色，表面具小瘤状突起。【果】花果期 6—8 月。

生境分布　多年生旱生草本。生于海拔 2 000～2 600 m 的沟谷石缝、林缘。贺兰山西坡和东坡均有分布。我国分布于黑龙江、辽宁、河北、甘肃、青海、新疆等地。世界分布于俄罗斯、蒙古国、哈萨克斯坦。

药用价值　根入药，可清肺止咳、锁脉止血；也可做蒙药。

繁缕　*Stellaria media* (L.) Vill.　别称　鸡儿肠

形态特征　【植株】高 10 ～ 28 cm，全株鲜绿色。【茎】俯仰或上升，细弱，分枝，带淡紫红色，被 1 ～ 2 列毛。【叶】宽卵形或卵形，长 15 ～ 25 cm，宽 1 ～ 1.5 cm，顶端渐尖或急尖，基部渐狭或近心形，全缘；基生叶具长柄，上部叶无柄或具短柄。【花】二歧聚伞花序，顶生；花梗细弱，被 1 列短毛，花后伸长，下垂；萼片 5，卵状披针形，顶端稍钝或近圆形，边缘宽膜质，外面被短腺毛；花瓣 5，白色，长椭圆形，比萼片短，深 2 裂达基部，裂片近线形；雄蕊 3 ～ 5，短于花瓣；花柱 3，线状。【果】蒴果宽卵形，比萼片稍长，6 瓣裂，包于宿存花萼，具多数种子。【种子】卵圆形至近圆形，稍扁，红褐色，表面具半球形瘤状突起，脊较显著。【成熟期】花果期 7 — 9 月。

生境分布　一年生或二年生中生草本。生于森林区石质山坡、路旁荒地、田野。贺兰山西坡哈拉乌有分布。我国广布于各地。世界分布于非洲北部地区、欧洲、美洲、大洋洲及朝鲜、尼泊尔、俄罗斯。

药用价值　全草入药，可清热解毒、明目止咳、凉血消炎。

二柱繁缕 *Stellaria bistyla* Y. Z. Zhao

形态特征 【植株】高 10 ～ 30 cm。【根】直根，圆柱形，顶端具多数地下茎。【茎】叉状分枝，密集丛生，圆柱形，或带紫色，密被腺毛。【叶】狭矩圆状披针形、矩圆状披针形或宽矩圆状披针形，长 1 ～ 2 cm，宽 2 ～ 10 mm，先端锐尖头，基部渐狭，全缘，中脉 1 条，表面下陷，背面隆起，两面被腺毛；无叶柄。【花】聚伞花序，顶生，稀疏；苞片叶状，披针形，两面被腺毛；花梗密被腺毛；萼片 5，矩圆状披针形，先端尖，边缘膜质，被腺毛；花瓣 5，白色，倒卵形，比萼片短，先端 2 浅裂，基部楔形；雄蕊 10；子房球形；花柱 2。【果】蒴果倒卵形，顶端 4 齿裂，具种子 1 粒。【种子】卵形，黑褐色，表面具小疣状突起。【成熟期】花期 7—8 月，果期 8—9 月。

生境分布 多年生旱中生草本。生于海拔 2 000 ～ 2 600 m 的沟谷、石缝、林缘。贺兰山西坡和东坡均有分布。我国分布于内蒙古、宁夏等地。

植株

花

叶

沙地繁缕 *Stellaria gypsophiloides* Fenzl 别称 银柴湖

形态特征 【植株】高 30 ～ 60 cm，全株被腺毛或腺质柔毛。【根】直根粗长，圆柱形，黄褐色。【茎】多数丛生，基部多次二歧分枝，枝缠结交错，形成球形草丛。【叶】条形、条状披针形或椭圆锥形，长 4 ～ 15 mm，宽 2 ～ 5 mm，先端锐尖，中脉明显；无叶柄。【花】聚伞花序，分枝繁多，开张呈大型多花的圆锥状；苞片卵形，小；花梗细，直伸；萼片矩圆状披针形，先端稍钝，边缘膜质；花瓣白色，与萼片近等长，2 深裂，裂片条形。【果】蒴果椭圆形，与宿存萼片等长，6 瓣裂，具种子 1 ～ 3 粒。【种子】卵状肾形，黑色，表面具明显疣状突起。【成熟期】花果期 7—9 月。

生境分布 多年生旱生草本。生于海拔 1 600 ～ 2 100 m 的森林区或草原区浅山宽谷、河滩。贺兰山西坡哈拉乌和东坡大水沟、石炭井等有分布。我国分布于西北及辽宁等地。世界分布于蒙古国、俄罗斯。

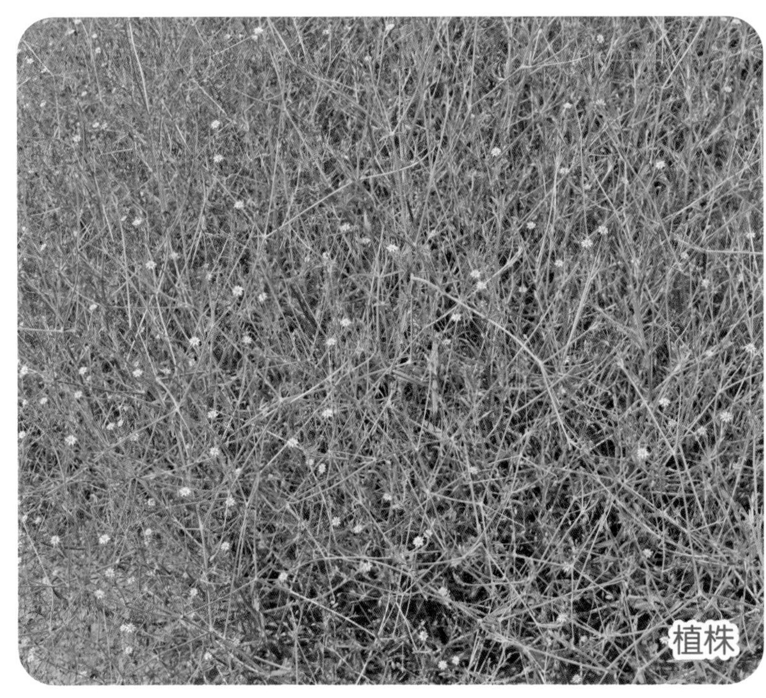

伞花繁缕　*Stellaria umbellata* Turcz.

形态特征　【植株】高 5 ～ 10 cm。【根】密而细。【茎】单一，无毛或疏被毛，花期后自叶腋生出分枝。【叶】椭圆状披针形至椭圆形，长 5 ～ 10 mm，宽 2 ～ 3 mm，顶端急尖，基部渐狭；具短叶柄。【花】聚伞花序，顶生；伞幅基部具苞片 3 ～ 5，卵形，膜质；花梗无苞片，或中部具 2 枚针形膜质小苞片；花梗在果时下垂；萼片 5，披针形；无花瓣；雄蕊 10，比萼片短；子房矩圆状卵形；花柱 3，丝状。【果】蒴果长为宿存萼片的近 2 倍，顶端 6 瓣裂。【种子】椭圆形，略扁，表面具皱纹，无突起。【成熟期】花果期 6 — 8 月。

生境分布　多年生湿中生草本。生于海拔 2 600 ～ 2 700 m 的山地沟谷、潮湿石缝、溪边。贺兰山西坡黄土梁子有分布。我国分布于西北及河北、山西、四川、西藏等地。世界分布于北美洲及俄罗斯、哈萨克斯坦。

贺兰山繁缕　*Stellaria alaschanica* Y. Z. Zhao

形态特征　【植株】高 5 ～ 10 cm。【茎】密丛生，细弱多分枝，四棱形，沿棱被倒向柔毛。【叶】线形或披针状线形，长 20 ～ 45 mm，宽 1 ～ 2.5 mm，顶端渐尖，基部渐狭，边缘具缘毛，下面中脉凸起；叶腋生不育短枝。【花】聚伞花序，具花 1 ～ 3 朵，顶生；苞片卵状披针形，边缘宽膜质；花梗纤细，无毛；萼片 5，卵状披针形，顶端渐尖，边缘膜质，中脉明显；花瓣 5，白色，短于萼片的 1/3，2 深裂达基部，裂片长圆状线形，顶端钝，基部渐狭；雄蕊 10，长于花瓣；花柱 3。【果】蒴果长圆状卵形，比宿存萼片长近 1 倍。【种子】多数，宽卵形或近圆形，深褐色，微扁，近平滑。【成熟期】花期 7 月，果期 8 月。

生境分布　多年生旱中生草本。生于海拔 2 050 ～ 3 100 m 的山地云杉林、向阳石质山坡、灌丛。贺兰山主峰和中段山脊有分布。我国分布于甘肃、青海、宁夏。

植株

花

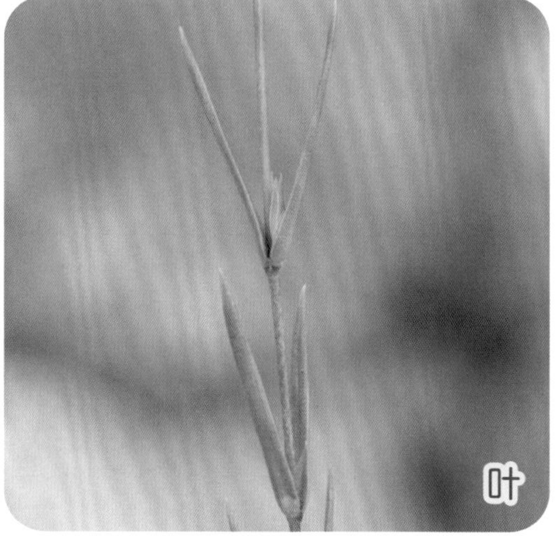
叶

禾叶繁缕　*Stellaria graminea* Linn

形态特征　【植株】高 10 ～ 30 cm，全株无毛。【茎】细弱，密丛生，近直立，具 4 棱。【叶】线形，长 1.5 ～ 3 cm，宽 1 ～ 4 mm，顶端尖，基部狭，微粉绿色，边缘基部疏被缘毛，中脉不明显，下部叶腋生出不育枝；无叶柄。【花】聚伞花序，顶生或腋生，或具少数花；苞片披针形，边缘膜质，中脉明显；花梗纤细；萼片 5，披针形或狭披针形，具 3 脉，绿色，具光泽，顶端渐尖，边缘膜质；花瓣 5，短于萼片，白色，2 深裂；雄蕊 10，花丝丝状，无毛，花药小，带褐色，宽椭圆形；子房卵状长圆形；花柱 3，稀 4。【果】蒴果卵状长圆形，长于宿存萼片。【种子】近扁圆形，深栗褐色，具粒状钝突起。【成熟期】花期 6—7 月，果期 8—9 月。

生境分布　多年生中生草本。生于海拔 2 300 ～ 2 500 m 的山地草甸、山坡草地、林下、石隙。贺兰山西坡哈拉乌有分布。我国分布于华北、西北及湖北、四川、云南、西藏等地。世界分布于欧洲、北美洲、喜马拉雅山区及印度、俄罗斯、阿富汗。

薄蒴草属　*Lepyrodiclis* Fenzl

薄蒴草　*Lepyrodiclis holosteoides* (C. A. Mey.) Fenzl ex Fisch. & C. A. Mey.

形态特征　【植株】高 0.3 ～ 1 m，全株被腺毛。【茎】多分枝，具纵条棱。【叶】条形、条状披针形或披针形，长 1 ～ 7 cm，宽 3 ～ 14 mm，先端渐尖，基部稍抱茎，1 条中脉下面凸起。【花】聚伞花序，顶生或腋生；花梗细长，密被腺毛；萼片条状披针形或矩圆状披针形，先端钝或稍尖，边缘狭膜质，背面被长腺毛；花瓣白色或粉红色，倒卵形，花期花瓣比花萼长，果期花萼延长与花瓣近等长，先端全缘或微凹，基部楔形；雄蕊 10，花丝基部加宽；子房卵形；花柱 2，线状。【果】蒴果球形，比宿存萼片短，薄膜质，2 瓣裂。【种子】肾圆形，扁，2 粒，红褐色，表面具突起。【成熟期】花果期 6 — 8 月。

生境分布　一年生中生草本。生于海拔 1 800 ～ 2 000 m 的沟谷、溪边、荒地。贺兰山西坡雪岭子有分布。我国分布于西北及四川、西藏等地。世界分布于亚洲中部地区及蒙古国、巴基斯坦、土耳其。

药用价值　全草入药，可利肺、托疮。

卷耳属 *Cerastium* Linn

卷耳 *Cerastium arvense* subsp. *strictum* Gaudin

形态特征 【植株】高 10 ～ 35 cm。【根状茎】细长，淡黄色，节部具鳞叶与须根。【茎】基部匍匐，上部直立混生腺毛，绿色带淡紫红色，下部被倒毛。【叶】线状披针形或长圆状披针形，长 1 ～ 2.5 cm，宽 3 ～ 5 mm，顶端急尖，基部楔形，抱茎，疏被长柔毛，叶腋具不育短枝。【花】二歧聚伞花序，顶生，具花 3 ～ 7 朵；苞片披针形，草质，被柔毛，边缘膜质；花梗细，密被白色腺柔毛；萼片 5，披针形，顶端钝尖，边缘膜质，外面密被长柔毛；花瓣 5，白色，倒卵形，比萼片长 1 ～ 1.5 倍，顶端 2 裂深达 1/4 ～ 1/3；雄蕊 10，短于花瓣；花柱 5，线状。【果】蒴果长圆形，长于宿存萼片的 1/3，顶端倾斜，10 齿裂。【种子】肾形，褐色，略扁，具瘤状突起。【成熟期】花期 5 — 7 月，果期 7 — 8 月。

生境分布 多年生中生草本。生于海拔 2 000 ～ 3 000 m 的山地沟谷、溪边湿地。贺兰山西坡和东坡均有分布。我国分布于东北、华北、西北地区。世界分布于南美洲、北美洲、欧洲及蒙古国、朝鲜、俄罗斯。

药用价值 全草入药，可清热解表、降压解毒。

山卷耳 *Cerastium pusillum* Ser. 别称 小卷耳

形态特征 【植株】高 5 ～ 15 cm，全株被柔毛，上部混生腺毛。【根】直根细长，顶端长有多数上升茎。【茎】丛生，上升，密被柔毛。【叶】茎下部叶较小，叶片匙状，先端钝，基部渐狭呈短柄状，被长柔毛；茎上部叶稍大，叶片长圆形至卵状椭圆形，长 5 ～ 15 mm，宽 3 ～ 7 mm，先端钝，基部钝圆形或楔形，抱茎，两面均密被白色柔毛，边缘被缘毛，下面中脉明显。【花】聚伞花序，顶生，具花 2 ～ 7 朵；苞片草质；花梗细，密被腺柔毛，花后弯垂；萼片 5，披针状长圆形，下面密被柔毛，顶端两侧宽膜质，带紫色；花瓣 5，白色，长圆形，比萼片长 1/3 ～ 1/2，基部狭，顶端 2 浅裂至 1/4 处；雄蕊 10，短于花瓣，花丝无毛；子房球形；花柱 5，线状。【果】蒴果长圆形，10 齿裂。【种子】褐色，扁圆形，具疣状突起。【成熟期】花期 6 — 7 月，果期 7 — 8 月。

生境分布 多年生中生草本。生于海拔 2 800 ～ 3 200 m 的高山草甸、草地。贺兰山主峰和中部山脊有分布。我国分布于宁夏、甘肃、青海、新疆、云南等地。世界分布于俄罗斯、哈萨克斯坦、蒙古国。

簇生卷耳 *Cerastium fontanum* subsp. *vulgare* (Hartm.) Greuter et Burdet

形态特征 【植株】高 15 ～ 30 cm。【茎】直立，单一或簇生，具纵向沟棱，密被白色短柔毛，上部混生腺毛。【叶】卵形或卵状披针形，长 1 ～ 3 cm，宽 3 ～ 10 mm，先端急尖，基部渐狭，全缘，两面密被柔毛，下面中脉稍凸起；无叶柄。【花】二歧聚伞花序，顶生；苞片叶状、卵状披针形；花序轴与花梗密被长腺毛，花梗花后下垂；萼片 5，矩圆状披针形，背面密被腺毛，边缘膜质；花瓣 5，白色，倒卵状矩圆形，比萼片短，先端 2 浅裂；雄蕊 10；子房宽卵形；花柱 5。【果】蒴果圆柱形，为宿存萼片的 2 倍，膜质，具光泽，10 齿裂，直立或外倾。【种子】卵球形，棕色，表面具小瘤状突起。【成熟期】花果期 6—8 月。

生境分布 多年生中生草本，或一年生，或二年生。生于海拔 2 000 ～ 2 500 m 的山地沟谷、河边湿地。贺兰山西坡哈拉乌和东坡苏峪口等有分布。我国分布于东北、西北、西南、华南、华中地区。世界分布于蒙古国、朝鲜、日本、越南、印度、伊朗。

石竹属 *Dianthus* Linn

瞿麦 *Dianthus superbus* Linn　　别称　洛阳花

形态特征　【植株】高 30 ～ 50 cm。【根状茎】横走。【茎】丛生，直立，无毛，上部稍分枝。【叶】条状披针形或条形，长 3 ～ 8 cm，宽 3 ～ 6 mm，先端渐尖，基部呈短鞘状围抱节上，全缘，中脉在下面凸起。【花】聚伞花序，顶生，或圆锥状，稀单生；苞片 4 ～ 6，倒卵形，先端骤突；花萼筒圆筒形，带紫色，具多数纵脉，萼齿 5，直立，披针形，先端渐尖；花瓣 5，淡紫红色，稀白色，瓣片边缘细裂呈流苏状，基部被须毛，爪与花萼近等长。【果】蒴果狭圆筒形，包覆宿存萼片内，近等长。【种子】扁宽卵形，边缘具翅。【成熟期】花果期 7 — 9 月。

生境分布　多年生中生草本。生于海拔 1 900 ～ 3 200 m 的沟谷、林缘、灌丛。贺兰山西坡和东坡均有分布。我国分布于西北、华东及四川等地。世界分布于欧洲及日本、朝鲜、蒙古国、俄罗斯。

药用价值　地上部分入药，可利尿清热、活血通经；也可做蒙药。

植株

花

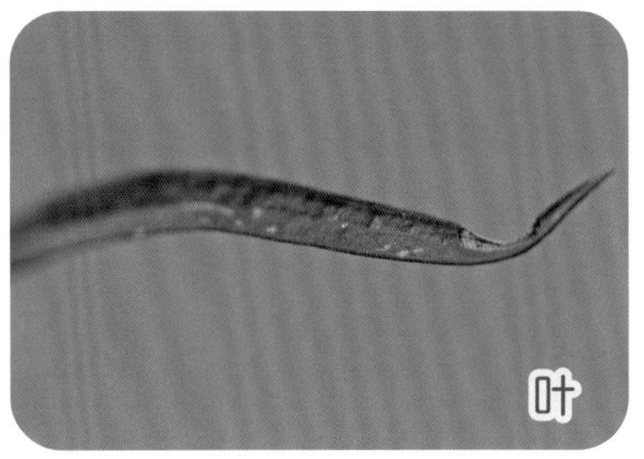
叶

蝇子草属 *Silene* Linn

山蚂蚱草 *Silene jenisseensis* Willdenow　　别称　旱麦瓶草

形态特征　【植株】高 20 ～ 50 cm。【根】直根，粗长，黄褐色，顶部多头。【茎】多数丛生，直立或斜升，基部偶被短糙毛，包裹枯黄色残叶。【叶】基生叶簇生，披针状条形，长 3 ～ 5 cm，宽 1 ～ 3 mm，先端长渐尖，基部渐狭，全缘或微齿状突起，两面无毛或疏被短毛；茎生叶 3 ～ 5 对，与基生叶相似，较小；叶柄长。【花】聚伞状圆锥花序，顶生或腋生，具花 10 余朵；苞片卵形，先端长尾状，边缘宽膜质，具睫毛，基部合生；花梗果期延长；花萼筒状，具 10 纵脉，先端脉网结，脉间白色膜质，果期膨大呈管状钟形，萼齿三角状卵形，边缘宽膜质，具短睫毛；花瓣白色，开展，2 中裂，裂片矩圆形，爪倒披针形，瓣片与爪间具 2 小鳞片；雄蕊 10，5 长 5 短；子房矩圆状圆柱形；花柱 3；雌蕊柄、雄蕊柄均被短柔毛。【果】蒴果宽卵形，包覆花萼内，6 齿裂。【种子】圆肾形，黄褐色，具条状细微突起。【成熟期】花果期 6 — 8 月。

生境分布　多年生旱生草本。生于海拔 1 700 ～ 2 500 m 的林缘、山地草甸、草坡。贺兰山西坡和东坡均有分布。我国分布于黑龙江、吉林、辽宁、河北、内蒙古、山西等地。世界分布于朝鲜、蒙古国、俄罗斯。

宁夏蝇子草　*Silene ningxiaensis* C. L. Tang　别称　宁夏麦瓶草

形态特征　【植株】高 5 ～ 40 cm。【根】直根，粗壮，微木质。【茎】数条疏丛生，直立，纤细，不分枝或下部分枝，下部和基部密被粗短毛。【叶】基生叶簇生，条形或倒披针状条形，长 3 ～ 9 cm，宽 1 ～ 3 mm，基部渐狭呈柄状，先端渐尖，两面无毛，基部被缘毛；茎生叶与基生叶同形而较小。【花】总状花序，具花 1 ～ 10 朵；花梗不等长，与花萼近等长，无毛；苞片卵状披针形，先端长渐尖，下缘被白色缘毛；花萼筒状棍棒形，花后上部膨大，果时紧贴果实，具 10 条纵脉，萼齿三角形，边缘膜质；雌雄蕊柄被短毛或无毛；花瓣淡黄绿色或淡紫色，瓣爪稍外露，狭楔形，无瓣片外露，2 深裂达 2/3，裂片矩圆形，喉部具 2 枚鳞片状附属物；雄蕊外露，花丝无毛；花柱 3，外露。【果】蒴果卵形，顶端 6 齿裂。【种子】三角状肾形，灰褐色，表面具条形突起，脊背具浅槽。【成熟期】花果期 7 — 8 月。

生境分布　多年生旱生草本。生于海拔 1 800 ～ 2 700 m 的高山灌丛、林缘、沟谷、草甸。贺兰山西坡和东坡均有分布。我国分布于宁夏、甘肃、内蒙古。世界分布于朝鲜、蒙古国、俄罗斯。

耳瓣女娄菜　*Melandrium auritipetalum* Y. Z. Zhao et Ma f. in Aeta phytotax. Sin

形态特征　【植株】高 5 ～ 20 cm。【根】直根，粗壮。【茎】直立，不分枝，数个丛生，密被倒生白色短柔毛。【叶】基生叶矩圆状披针形或匙形，长 2 ～ 4 cm，宽 4 ～ 7 mm，先端钝或尖，基部渐狭，上面疏被短柔毛，下面中脉被短柔毛，被缘毛，具长叶柄；茎生叶 1 ～ 2 对，条状披针形，无叶柄。【花】单生茎顶端，俯垂；苞片叶状，条状披针形；花梗密被短柔毛；花萼膨大呈囊状钟形，外面具 10 条深紫褐色纵脉，具分枝，呈网状；沿脉被倒生短柔毛，先端 5 钝裂，齿三角状宽卵形，边缘具纤毛；花瓣 5，瓣片紫色，先端 2 中裂，喉部具 2 鳞片，瓣爪白色，上部加宽，顶端具外突的卵形耳，下部无毛；子房矩圆形；花柱 5。【果】蒴果矩圆状卵形，与花萼相等或稍长，顶端 10 齿裂。【种子】圆肾形，红棕色，表面近平滑，边缘具翅。【成熟期】花果期 7 — 8 月。

生境分布　多年生中生草本。生于 2 400 ～ 3 400 m 的亚高山高寒灌丛、草甸。贺兰山主峰下有分布。贺兰山是模式标本产地。贺兰山特有种。

植株

果

女娄菜　*Silene aprica* Turcz. ex Fisch. & C. A. Mey.　别称　桃色女娄菜

形态特征　【植株】高 10 ～ 40 cm，全株密被倒生短柔毛。【茎】直立，基部多分枝。【叶】条状披针形或披针形，长 2 ～ 5 cm，宽 2 ～ 8 mm，先端锐尖，基部渐狭，全缘，中脉下面凸起；下部叶具柄，上部叶无柄。【花】聚伞花序，顶生和腋生；苞片披针形或条形，先端长渐尖，紧贴花梗；花梗直立，长短不一；萼片椭圆形，密被短柔毛，具 10 条纵脉，果期膨大呈卵形，顶端 5 裂，裂片近披针形或三角形，边缘膜质；花瓣白色或粉红色，与花萼近等长或稍长，瓣片倒卵形，先端浅 2 裂，基部渐狭成长爪，瓣片与瓣爪间具 2 鳞片；花丝基部被毛；子房长椭圆形；花柱 3。【果】蒴果卵形或椭圆状卵形，具短柄，顶端 6 齿裂，包覆宿存花萼内。【种子】圆肾形，黑褐色，表面被钝瘤状突起。【成熟期】花期 5 — 7 月，果期 7 — 8 月。

生境分布　一年生或二年生旱中生草本。生于海拔 1 800 ～ 2 400 m 的山地、沟谷、丘陵。贺兰山西坡和东坡均有分布。我国分布于东北、华北、西北、西南、华东地区。世界分布于俄罗斯、蒙古国、朝鲜、日本。

药用价值　全草入药，可下乳利尿、清热凉血；也可做蒙药。

贺兰山蝇子草　*Silene alaschanica* (Maxim.) Bocquet　别称　贺兰山女娄菜

形态特征　【植株】高 30 ~ 50 cm，全株密被短腺毛。【茎】直立，单一，数枝丛生。【叶】基生叶和下部茎生叶匙形或卵状披针形，长 2 ~ 7 cm，宽 8 ~ 20 mm，先端钝尖，下部渐狭成短叶柄；中上部茎生叶矩圆状披针形或披针形，全缘，先端尖，无叶柄。【花】茎上部腋生，稀疏聚伞状花序；花梗长；花萼筒状或钟形，密被短腺毛；萼齿 5，裂片卵圆形，先端钝圆，边缘宽膜质，带紫色；花淡紫色，花瓣 4 裂，每裂片 2 裂或不裂；瓣爪与雄蕊基部被短柔毛；花柱 3 ~ 4；雌蕊柄、雄蕊柄均极短；花萼果期膨大。【果】蒴果卵球形，3 ~ 4 瓣裂，裂瓣顶端又 2 裂。【种子】肾形，表面具成行疣状突起。【成熟期】花期 7 月，果期 8 月。

生境分布　多年生中生草本。生于海拔 2 000 ~ 2 300 m 的森林区山脚石缝、湿地草甸。贺兰山西坡水磨沟收费站附近有分布。我国分布于辽宁、内蒙古。世界分布于欧洲、美洲及蒙古国、俄罗斯。

蔓茎蝇子草　*Silene repens* Patrin in Persoon

形态特征　【植株】高 15 ～ 50 cm。【根状茎】细长，匍匐地面。【茎】直立或斜升，具分枝，被短柔毛。【叶】条状披针形、条形或条状倒披针形，长 15 ～ 45 mm，宽 1 ～ 8 mm，先端锐尖，基部渐狭，全缘，两面被短柔毛或近无毛。【花】聚伞状狭圆锥花序，着生茎顶端；苞片叶状披针形，被短柔毛；花梗被短柔毛；花萼筒状棍棒形，具 10 条纵脉，密被短柔毛，萼齿宽卵形，先端钝，边缘宽膜质；花瓣白色、淡黄白色或淡绿白色，瓣片开展，顶端 2 深裂，中裂，瓣片与瓣爪间具 2 鳞片，基部具长爪；雄蕊 10；子房矩圆柱形，无毛；花柱 3；雌蕊柄、雄蕊柄均被短柔毛。【果】蒴果卵状矩圆形。【种子】圆肾形，黑褐色，表面具细微突起。【成熟期】花果期 6 — 9 月。

生境分布　多年生旱中生草本。生于海拔 1 800 ～ 2 900 m 的山坡草地、林缘草甸、山沟溪边、山地沟谷。贺兰山西坡和东坡均有分布。我国分布于东北、华北、西北、西南、华东地区。世界分布于亚洲中部地区、欧洲、北美洲及俄罗斯。

药用价值　全草入药，可下乳利尿、清热凉血；也可做蒙药。

植株

花

叶

石头花属　*Gypsophila* Linn

细叶石头花　*Gypsophila licentiana* Hand. -Mazz.　　别称　尖叶丝石竹

形态特征　【植株】高 25 ～ 50 cm，全株光滑无毛。【根】直根，粗壮。【茎】多数，上部多分枝。【叶】条形或披针状条形，长 1 ～ 5 cm，宽 1 ～ 4 mm，先端尖，基部渐狭，1 条中脉背面凸起。【花】多数，密集成紧密的头状聚伞花序；苞片卵状披针形，膜质，先端渐尖；花梗长；花萼钟形，5 中裂，萼齿卵状三角状，先端尖，边缘宽膜质；花瓣白色或淡粉色，倒披针形，先端微凹，基部楔形；雄蕊短于花瓣；花柱 2 。【果】蒴果卵形，与花萼近相等长，4 瓣裂。【种子】黑色，圆肾形，表面具疣状突起。【成熟期】花果期 7 — 9 月。

生境分布　多年生旱生草本。生于海拔 1 600 ～ 2 300 m 的石质山坡、沟谷斜坡、林缘石质地。贺兰山西坡乱柴沟、干树湾和东坡苏峪口有分布。我国分布于西北及山西、山东、河南、四川等地。

头状石头花　　*Gypsophila capituliflora* Rupr.　　别称　拟密花丝石竹

形态特征　【植株】高 10 ～ 30 cm，垫状，全株光滑无毛。【根】直根，粗壮。【茎】多数，不分枝、少分枝至多分枝，基部具密叶丛。【叶】近三棱状条形，长 1 ～ 3 cm，宽 0.5 ～ 1 mm，1 条中脉背面凸起，先端尖。【花】多数，密集成紧密头状聚伞花序；苞片膜质，卵状披针形，先端渐尖；花梗长；花萼钟形，5 浅裂至中裂，裂片卵状三角形，先端尖，边缘宽膜质；花瓣淡紫色或淡粉色，倒披针形，先端圆形，基部楔形；雄蕊短于花瓣；花柱 2 。【果】蒴果矩圆形，与花萼近等长。【成熟期】花果期 7 — 9 月。

生境分布　多年生旱生草本。生于海拔 1 600 ～ 2 500 m 的石质山坡、山顶石缝。贺兰山西坡和东坡均有分布。我国分布于新疆、宁夏、甘肃等地。世界分布于亚洲中部地区及俄罗斯、蒙古国、阿富汗。

麦蓝菜属 *Vaccaria* Medic

麦蓝菜 *Vaccaria hispanica* (Miller) Rauschert　　别称　王不留行

形态特征　【植株】高 25 ~ 50 cm，全株平滑无毛，被白粉，呈灰绿色。【茎】直立，圆筒形，中空，上部二叉分枝。【叶】卵状披针形或披针形，长 3 ~ 7 cm，宽 1 ~ 2 cm，先端锐尖，基部圆形或近心形，稍抱茎，全缘，中脉下面明显凸起，无叶柄。【花】聚伞花序，顶生，呈伞房状，具多数花；花梗细长；苞片叶状，较小，边缘膜质；花萼筒卵状圆筒形，具 5 条翅状突起的脉棱，棱间绿白色，膜质，花后花萼筒中下部膨大，先端狭，呈卵球形，萼齿 5，三角形，先端锐尖，边缘膜质；花瓣淡红色，瓣片倒卵形，顶端具不整齐齿，下部渐狭成爪；雄蕊 10，隐于花萼筒中；子房椭圆形；花柱 2。【果】蒴果卵形，顶端 4 裂，包于宿存花萼内。【种子】球形，黑色，表面被小瘤状突起。【成熟期】花期 6 — 7 月，果期 7 — 8 月。

生境分布　一年生中生草本。生于海拔 1 600 ~ 2 800 m 的沟谷、溪边、草坡。贺兰山西坡哈拉乌、黄土梁子有分布。我国广布于各地。世界分布于欧亚大陆的温带地区。

药用价值　种子入药，可活血通经、催生下乳、利尿消炎；也可做蒙药。

植株

花

叶

毛茛科 Ranunculaceae

类叶升麻属 *Actaea* Linn

类叶升麻 *Actaea asiatica* H. Hara

形态特征　【植株】高 25 ~ 80 cm。【根状茎】横走，质坚实，外皮黑褐色，生多数细长根。【茎】圆柱形，具纵棱，下部无毛，中上部被白色短柔毛，不分枝。【叶】大型，二至三回三出羽状复叶，叶片三角形；顶生小叶卵形至宽卵状菱形，长 4 ~ 8.5 cm，宽 3 ~ 8 cm，3 裂，边缘锐锯齿；侧生小叶卵形至斜卵形，表面近无毛，背面无毛，叶柄长；上部叶与下部叶相似，较小，具短叶柄。【花】总状花序，花序轴和花梗密被白色或灰色短柔毛；苞片线状披针形；花梗长；萼片倒卵形；花瓣匙形，下部渐狭成爪；花药长为花丝的 4 ~ 7 倍；心皮与花瓣近等长。【果】果序等长或超出上部叶；果梗粗；果实紫黑色。【种子】6 粒，卵形，具 3 纵棱，深褐色。【成熟期】花期 5 — 6 月，果期 7 — 9 月。

生境分布　多年生中生草本。生于海拔 2 400 ~ 2 800 m 的针叶林、山地林、沟边湿地。贺兰山西坡和东坡均有分布。我国分布于北方及湖北等地。世界分布于朝鲜、俄罗斯、日本。

耧斗菜属　*Aquilegia* Linn

耧斗菜　*Aquilegia viridiflora* Pall.　别称　漏斗菜

形态特征　【植株】高 15 ～ 40 cm。【根】粗壮肥大，圆柱形，简单或少数分枝，外皮黑褐色。【茎】上部分枝，被柔毛和密腺毛。【叶】疏被柔毛或无毛，基部具鞘；基生叶少数，二回三出复叶，具长叶柄，叶片宽 4 ～ 10 cm；中央小叶具短叶柄，楔状倒卵形，长、宽均为 1.5 ～ 3 cm，上部 3 裂，裂片具 2 ～ 3 圆齿，表面绿色，背面淡绿色至粉绿色，被短柔毛或近无毛；茎生叶数枚，一至二回三出复叶，向上渐变小，具短叶柄或无叶柄。【花】3 ～ 7 朵，倾斜或微下垂；苞片 3 全裂；花梗长；萼片黄绿色，长椭圆状卵形，顶端微钝，疏被柔毛；花瓣瓣片与萼片同色，直立，倒卵形，比萼片稍长或稍短，顶端近截形，距直或微弯；雄蕊伸出花外，花药长椭圆形，黄色；退化雄蕊白色膜质，线状长椭圆形；心皮密被伸展的腺状柔毛；花柱比子房长或等长。【果】蓇葖果直立，被毛，相互靠近。【种子】黑色，狭倒卵形，具光泽，纵棱微突起。【成熟期】花期 5—6 月，果期 7 月。

生境分布　多年生石中生草本。生于海拔 1 600 ～ 2 500 m 的森林区沟谷、岩壁、石缝。贺兰山西坡和东坡均有分布。我国分布于东北、华北、西北地区。世界分布于俄罗斯、蒙古国。

药用价值　全草入药，可调经止血、清热解毒；也可做蒙药。

紫花耧斗菜 *Aquilegia viridiflora* var. *atropurpurea* (Willd.) Finet & Gagnep. 别称 铁山耧斗菜

形态特征 【植株】高 15 ~ 40 cm。【根】粗壮肥大，圆柱形，简单或少数分枝，外皮黑褐色。【茎】直立，上部分枝，被柔毛和密腺毛。【叶】基生叶疏被柔毛或无毛，基部具鞘，二回三出复叶，具长叶柄；中央小叶具短叶柄，楔状倒卵形，长、宽均为 1 ~ 5 cm，上部 3 裂，裂片具 2 ~ 3 圆齿，表面绿色，无毛，背面淡绿色至粉绿色，被短柔毛或近无毛；茎生叶数枚，一至二回三出复叶，向上渐变小，具短叶柄或无叶柄。【花】3 ~ 7 朵，较小，倾斜或微下垂；苞片 3 全裂；萼片灰绿色带紫色，长椭圆状卵形，顶端微钝，疏被柔毛；花瓣暗紫色，瓣片与萼片同色，直立，倒卵形，比萼片稍长或稍短，顶端近截形，距直或微弯；雄蕊伸出花外，花药长椭圆形，黄色；退化雄蕊白色膜质，线状长椭圆形；心皮密被伸展腺状柔毛；花柱比子房长或等长。【果】蓇葖果直立，被毛，相互靠近。【根】种子黑色，狭倒卵形，具光泽，纵棱微突起。【成熟期】花期 5—6 月，果期 7 月。

生境分布 多年生旱中生草本。生于海拔 1 600 ~ 2 500 m 的沟谷、石质丘陵、山地岩缝。贺兰山西坡和东坡均有分布。我国分布于辽宁、河北、青海、山西、山东等地。世界分布于蒙古国、俄罗斯。

植株

花

拟耧斗菜属 *Paraquilegia* Drumm. et Hutch.

乳突拟耧斗菜 *Paraquilegia anemonoides* (Willd.) O. E. Ulbr. 别称 宿萼假耧斗菜

形态特征 【植株】高 5 ~ 10 cm。【根状茎】粗壮，上部分枝，丛生多数枝、叶，宿存多数枯叶柄残基。【叶】全部基生，二回三出复叶；小叶楔形或宽倒卵形，长 3 ~ 5 mm，宽 3 ~ 5 mm，顶端 3 浅裂或具 3 粗圆齿，上面绿色，下面淡绿色；具长叶柄。【花】花葶 1 至数条，高出叶；苞片 2，着生花下，披针形，基部扩展成白色膜质鞘，抱葶；萼片 5，浅蓝色或浅堇色，宽椭圆形至倒卵形，顶端钝；花瓣 5，倒卵形，基部囊状，顶端 2 浅裂；花药椭圆形；心皮 5，无毛。【植株】蓇葖果直立，具向外微曲的细喙，表面具突起横脉。【种子】卵状长椭圆形，表面密被乳突状小疣状突起或呈乳头状毛。【成熟期】花期 7—8 月，果期 8—9 月。

生境分布 多年生旱中生草本。生于海拔 2 800 ~ 3 400 m 的山地岩石缝、山区草原。贺兰山主峰下有分布。我国分布于西藏、新疆、青海、甘肃、宁夏等地。世界分布于蒙古国、俄罗斯、巴基斯坦。

药用价值 全草入药，可祛风、止痛。

蓝堇草属　*Leptopyrum* Reichb.

蓝堇草　*Leptopyrum fumarioides* (L.) Rchb.

形态特征　【植株】高 5 ～ 30 cm，全株无毛，呈灰绿色。【根】直根细长，黄褐色，侧根少数。【茎】2 ～ 12 条，斜升，分枝少。【叶】基生叶多数，丛生叶片轮廓三角状卵形，长 2 ～ 4 cm，宽 1 ～ 3 cm，3 全裂，中全裂片等边菱形，下延成细柄，再 3 深裂，深裂片长椭圆状倒卵形至线状狭倒卵形，具 1 ～ 4 钝锯齿，侧裂片无柄，不等 2 深裂，叶柄长；茎生叶 1 ～ 2，较小。【花】小花，花梗纤细；萼片 5，椭圆形，淡黄色，具 3 脉，顶端钝或急尖；花瓣近二唇形，上唇顶端圆，下唇较短；雄蕊 10 ～ 15，花药淡黄色；心皮 5 ～ 20，无毛。【果】蓇葖果直立，线状长椭圆形。【种子】4 ～ 14 粒，卵球形或狭卵球形。【成熟期】花期 5 — 6 月，果期 6 — 7 月。

生境分布　一年生中生小草本。生于海拔 2 200 ～ 2 500 m 的浅山草地、沟谷、水边。贺兰山西坡哈拉乌、照北山和水磨沟有分布。我国分布于东北、西北及山西、河北等地。世界分布于欧洲及朝鲜、俄罗斯、蒙古国。

药用价值　全草入药，可发散风寒、活血。

唐松草属　*Thalictrum* Linn

高山唐松草　*Thalictrum alpinum* Linn

形态特征　【植株】高 5 ～ 25 cm，全株无毛。【根】须根多数，簇生。【叶】基生，二回三出羽状复叶；小叶薄革质，无叶柄或短叶柄，圆状倒卵形或倒卵形，长、宽均为 2 ～ 3 mm，基部圆形或宽楔形，3 浅裂，全缘，上面叶脉凹陷，下面叶脉隆起；具叶柄。【花】花葶 1 ～ 2，不分枝；花序总状；苞片狭卵形，基部抱茎；花梗向下弯曲；萼片 4，脱落，椭圆形；雄蕊 7 ～ 10，花药狭距圆形，顶端具短尖头，花丝丝状；心皮 3 ～ 5；柱头箭头状，约与子房等长。【果】瘦果无柄，歪椭圆形，稍扁，具 8 条纵肋。【成熟期】花果期 7 — 8 月。

生境分布　多年生中生小草本。生于海拔 3 000 m 以上的高山草甸、灌丛。贺兰山主峰下及山脊两侧有分布。我国分布于宁夏、青海、新疆、西藏等地。世界分布于亚洲、欧洲、北美洲。

腺毛唐松草　*Thalictrum foetidum* Linn

形态特征　【植株】高 20 ～ 50 cm。【根】粗，须根多。【茎】具纵槽，基部近无毛，上部被短腺毛。【叶】茎生叶三至四回三出羽状复叶，基部叶具长柄，上部叶柄短，密被短腺毛或短柔毛，叶柄基部两侧加宽，呈膜质鞘状；复叶轮廓宽三角形，小叶具短柄，密被短腺毛或短柔毛，小叶片卵形、宽倒卵形或近圆形，长 2 ～ 10 mm，宽 2 ～ 9 mm，基部微心形或圆状楔形，先端 3 浅裂，裂片全缘或具 2 ～ 3 钝齿，上面绿色，下面灰绿色，两面均被短腺毛或短柔毛，下面较密；上面叶脉凹陷，下面叶脉隆起。【花】圆锥花序，疏松，被短腺毛；花小，下垂；花梗长；萼片 5，淡黄绿色，带暗紫色，卵形；无花瓣；雄蕊多数，比萼片长 1.5 ～ 2 倍，花丝丝状，花药黄色，条形，比花丝粗，具短尖；心皮 4 ～ 9 或更多；子房无柄；柱头具翅，长三角状。【果】瘦果扁，卵形或倒卵形，具 8 条纵肋，被短腺毛，果喙微弯。【成熟期】花期 8 月，果期 9 月。

生境分布　多年生中旱生草本。生于海拔 1 600 ～ 2 300 m 的山地沟谷、阴坡灌丛。贺兰山西坡和东坡均有分布。我国分布于北方、西南地区。世界分布于欧洲及蒙古国、俄罗斯。

药用价值　根和茎入药，可清热解毒；也可做蒙药。

亚欧唐松草 *Thalictrum minus* Linn 别称 小唐松草、东亚唐松草

形态特征 【植株】高 0.6 ～ 1.2 m，全株无毛。【茎】直立，具纵棱。【叶】下部叶三至四回三出羽状复叶，叶柄基部具狭鞘；上部叶二至三回三出羽状复叶，具短叶柄或无叶柄；小叶纸质或薄革质，楔状倒卵形、宽倒卵形或狭菱形，长 5 ～ 12 mm，宽 3 ～ 10 mm，基部楔形至圆形，先端 3 浅裂或具疏齿，上面绿色，下面淡紫色，叶脉不明显隆起，脉网不明显。【花】圆锥花序，具花梗；萼片 4，淡黄绿色，外面带紫色，狭椭圆形，边缘膜质；无花瓣；雄蕊多数，花药条形，顶端具短尖头，花丝丝状；心皮 3 ～ 5，无柄；柱头三角箭头状。【果】瘦果狭椭圆球形，稍扁，具 8 条纵棱。【成熟期】花期 7—8 月，果期 8—9 月。

生境分布 多年生中生草本。生于海拔 1 700 ～ 2 500 m 的山坡、林缘、灌丛。贺兰山西坡和东坡均有分布。我国分布于四川、青海、新疆、甘肃、山西等地。世界分布于欧洲、亚洲。

药用价值 根入药，可清热燥湿、凉血解毒；也可做蒙药。

银莲花属　*Anemone* Linn

阿拉善银莲花　*Anemone alaschanica* (Schipcz.) Grabovsk.

形态特征　【植株】高 10 ～ 30 cm。【根状茎】粗壮，直立，暗褐色，基部密被枯叶柄纤维。【叶】基生叶多数，叶柄下部加宽具膜质鞘，密被白色开展长柔毛；叶片近圆形，基部心形，长 3 ～ 5 cm，宽 4 ～ 6 cm，3 全裂，中央全裂片宽卵形，近无柄，3 深裂，侧全裂片卵形，2 ～ 3 深裂或中裂全裂片之间相互重叠，上部边缘具卵圆形齿，齿先端圆钝；叶片上面疏被长柔毛，下面被长柔毛。【花】伞形花序，具花 2 ～ 3 朵；花葶被白色长柔毛；总苞片 3，无柄，3 深裂；裂片椭圆状披针形，先端偶具齿；花梗 2 ～ 3，自总苞中抽出，疏被白色开展长柔毛；萼片 5 ～ 7，白色，外面带紫色，椭圆状倒卵形或倒卵形；雄蕊长，花丝条形；心皮无毛。【果】瘦果倒卵圆形或近圆形，无毛，先端喙弯曲。【成熟期】花期 5 — 7 月，果期 8 月。

生境分布　多年生中生草本。生于海拔 2 000 ～ 2 800 m 的山地沟谷、岩壁、阴坡石缝。贺兰山西坡和东坡均有分布。

展毛银莲花　*Anemone demissa* Hook. f. & Thomson

形态特征　【植株】高 13 ～ 20 cm，全株被长柔毛，基部被枯叶柄纤维。【叶】基生叶 5 ～ 10，具长叶柄；叶片卵形，长 2.5 ～ 4 cm，宽 3 ～ 5 cm，基部心形，3 全裂，中央全裂片棱状宽卵形，基部宽楔形，具短柄，3 深裂，侧全裂片较小，近无柄，卵形，不等 3 深裂，各回裂片互相少量覆压，末回裂片卵形，先端钝圆或急尖。【花】苞片 3，无柄，3 深裂，裂片椭圆状披针形；伞幅 1 ～ 5；萼片 5 ～ 6，白色或蓝紫色，倒卵形或椭圆状倒卵形，外面疏被长柔毛；雄蕊长，花丝条形；心皮无毛。【果】瘦果椭圆形或倒卵形。【成熟期】花期 6 — 7 月。

生境分布　多年生中生草本。生于海拔 3 000 ～ 3 400 m 的亚高山石缝、山地草坡、疏林。贺兰山主峰下和山脊两侧有分布。我国分布于四川、甘肃、青海、西藏等地。世界分布于巴基斯坦、不丹、尼泊尔。

药用价值　根和茎入药，可解毒温胃、祛湿敛疮。

伏毛银莲花 *Anemone narcissiflora* subsp. *protracta* (Ulbr.) Ziman & Fedor. 别称 卵裂银莲花

形态特征 【植株】高 15 ～ 35 cm。【根状茎】粗壮，暗褐色，基部密被枯叶柄纤维。【叶】基生叶多数，具长叶柄，密被白色开展长柔毛；叶片宽卵形，基部心形，长 3 ～ 5 cm，宽 5 ～ 7 cm，3 全裂，中央全裂片菱状宽卵形，3 浅裂，侧全裂片卵形，不等 3 中裂，末回裂片卵形，先端钝圆或钝尖，上面无毛或疏被长柔毛，下面被长柔毛。【花】花葶单一或数个，被白色长柔毛；苞片 3，无柄，3 深裂，裂片椭圆状披针形；花梗 1 ～ 3，自总苞中抽出，疏被白色开展长柔毛；萼片 5，白色，外面带紫色，椭圆状倒卵形或倒卵形；雄蕊长，花丝条形；心皮无毛。【果】瘦果倒卵圆形或近圆形，先端喙弯曲。【成熟期】花期 5 — 7 月，果期 8 月。

生境分布 多年生中生草本。生于海拔 2 200 ～ 3 000 m 的森林区、林缘、岩石缝。贺兰山主峰下和山脊两侧有分布。我国分布于新疆、黑龙江、辽宁、河北等地。世界分布于蒙古国、俄罗斯。

长毛银莲花 *Anemone narcissiflora* subsp. *crinita* (Juz.) Kitag.

形态特征 【植株】高 30 ～ 60 cm。【根状茎】粗壮，黑褐色，须根多，基部密被枯叶柄纤维。【叶】基生叶多，具长叶柄，密被白色开展长柔毛；叶片圆状肾形，长 3 ～ 5.5 cm，宽 4 ～ 9 cm，3 全裂，全裂片二至三回羽状细裂，末回裂片披针形或条形，两面疏被长柔毛，上面深绿色，下面灰绿色，具长柄，密被白色开展长柔毛。【花】花葶 1 至数个，直立，疏被白色开展长柔毛；总苞片掌状深裂，裂片 2 ～ 3 深裂或中裂，小裂片条状披针形，两面被长柔毛，外面基部毛较密；花梗 2 ～ 6，疏被长柔毛，呈伞形花序状，顶生；萼片 5，白色，菱状倒卵形；雄蕊长，花丝条形；心皮无毛。【果】瘦果宽倒卵形或近圆形，无毛，先端具下弯喙。【成熟期】花期 5—6 月，果期 7—9 月。

生境分布 多年生中生草本。生于海拔 2 200 ～ 2 800 m 的山地林下、林缘、草甸。贺兰山西坡和东坡均有分布。我国分布于黑龙江、辽宁、河北等地。世界分布于蒙古国、俄罗斯、朝鲜。

植株

花

叶

疏齿银莲花 *Anemone geum* subsp. *ovalifolia* (Brühl) R. P. Chaudhary

形态特征 【植株】高 3 ～ 15 cm。【叶】基生叶 7 ～ 15，具长叶柄，被短柔毛；叶片肾状五角形或宽卵形，长 1 ～ 2.5 cm，宽 1.3 ～ 4.5 cm，基部心形，两面密被短柔毛，叶脉平，侧全裂片较小，为中全裂片的 1/2 左右，3 浅裂，裂片全缘或具 1 ～ 2 齿，齿数为中全裂片的 1/2 或更少。【花】花序具花 1 朵；苞片 3，倒卵形，3 浅裂，或卵状长圆形，不分裂，全缘或具 1 ～ 3 齿；花葶 2 ～ 5，柔毛开展；花梗 1 ～ 2；萼片 5，白色、蓝色或黄色；心皮 20 ～ 30；子房密被白色柔毛，稀无毛；雄蕊长，花药椭圆形。【成熟期】花果期 5—7 月。

生境分布 多年生中生草本。生于海拔 2 800 m 左右的高山草甸、岩缝、灌丛。贺兰山西坡哈拉乌、主峰下有分布。我国分布于西北、西南及山西、河北等地。世界分布于印度、尼泊尔等。

药用价值 全草入药，可止血补血、暖体消积。

碱毛茛属　*Halerpestes* E. L. Green

碱毛茛　*Halerpestes sarmentosa* (Adams) Kom.　　别称　水葫芦苗、圆叶碱毛茛

形态特征　【植株】高 3 ～ 12 cm。【匍匐茎】细长，节上生根长叶，无毛。【叶】全部基生，近圆形、肾形或宽卵形，长 3 ～ 15 mm，宽 5 ～ 16 mm，基部宽楔形、截形或微心形，先端 3 或 5 浅裂，或 3 中裂，无毛，基出脉 3；叶柄长，无毛或稍被毛，基部加宽呈鞘状。【花】花葶 1 ～ 4，基部抽出或苞腋伸出花梗 2，直立，近无毛；苞片条形；萼片 5，淡绿色，宽椭圆形，无毛；花瓣 5，黄色，狭椭圆形，基部具爪，蜜槽位于爪上部；花托椭圆形或圆柱形，被短毛。【果】聚合果椭圆形或卵形；瘦果狭倒卵形，两面扁而稍臌突，具明显纵肋，顶端具短喙。【成熟期】花期 5 — 7 月，果期 6 — 8 月。

生境分布　多年生轻耐盐湿中生草本。生于沟谷、溪边、草甸。贺兰山西坡哈拉乌有分布。我国分布于西南地区。世界分布于北美洲及朝鲜、蒙古国、俄罗斯。

药用价值　全草入药，可利水消肿、祛风除湿；也可做蒙药。

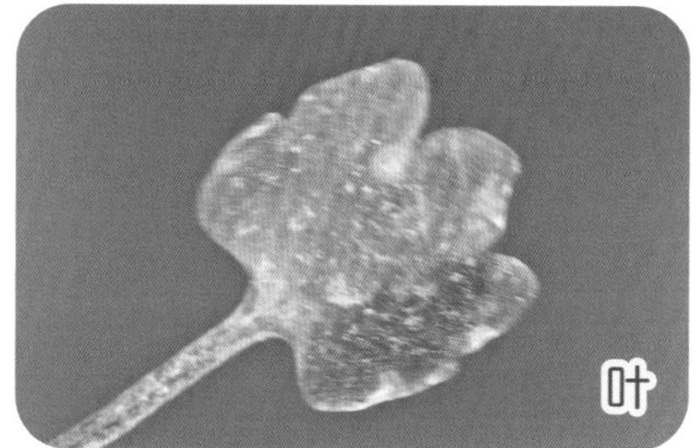

长叶碱毛茛 *Halerpestes ruthenica* (Jacq.) Ovcz. 别称 金戴戴、黄戴戴

形态特征 【植株】高 10～25 cm。【匍匐茎】细长，节上生根。【叶】全部基生，宽梯形或卵状梯形，长 12～40 mm，宽 7～25 mm，基部宽楔形、近截形、圆形或微心形，两侧全缘，稀具齿，先端具 3～5 圆齿，中央齿较大，两面无毛，近革质；叶柄长，基部加宽呈鞘状。【花】花葶直而较粗，疏被柔毛，单一或上部分枝，具花 1～4 朵；苞片披针状条形，基部加宽，膜质，抱茎，着生分枝处；萼片 5，淡绿色，膜质，狭卵形，外面被毛；花瓣 6～9，黄色，狭倒卵形，基部狭窄，具短爪，具密槽，先端钝圆；花托圆柱形，被柔毛。【果】聚合果球形或卵球形；瘦果扁，斜倒卵形，具纵肋，果喙先端微弯。【成熟期】花果期 5—7 月。

生境分布 多年生轻耐盐湿中生草本。生于沟谷滩地、盐碱湿地。贺兰山西坡哈拉乌有分布。我国分布于北方地区。世界分布于蒙古国、俄罗斯。

药用价值 全草入药，可清热解毒、利咽、温中止痛；也可做蒙药。

毛茛属 *Ranunculus* Turcz

掌裂毛茛 *Ranunculus rigescens* Turcz. ex Ovcz.

形态特征 【植株】高 10～15 cm。【根】须根细长或束状，淡褐色。【根状茎】短硬或较长。【茎】直立或斜升，下部分枝，基部残存枯叶柄，无毛或被长柔毛。【叶】基生叶多数，圆状肾形或近圆形，长 1～2 cm，宽 1.5 cm，掌状 5～11 深裂，少中裂或浅裂，裂片倒披针形，全缘或具齿状缺刻，基部浅心形，两面被稀疏长柔毛，叶柄被长柔毛；茎生叶 3～5 全裂至基部，基部加宽呈鞘状，裂片条形至披针状条形，被稀疏长柔毛，裂片或齿先端均具胼胝体状钝点，具短叶柄或无叶柄。【花】着生分枝顶端；花梗果期伸长，密被长柔毛；萼片 5，宽卵形，边缘膜质，外面带紫色，密被长柔毛；花瓣 5～7，宽倒卵形，黄色，基部楔形，渐狭，先端钝圆或具齿；花药长圆形；花托矩圆形，密被短毛。【果】聚合果近球形；瘦果倒卵状椭圆形，密被细毛或近无毛，果喙直或稍弯曲。【成熟期】花果期 5—6 月。

生境分布 多年生中生草本。生于海拔 2 000～2 600 m 的沟谷草甸、山地草甸。贺兰山西坡哈拉乌有分布。我国分布于新疆、黑龙江等地。世界分布于蒙古国、俄罗斯。

棉毛茛 *Ranunculus membranaceus* Royle 别称 贺兰山毛茛

形态特征 【植株】高 3 ～ 10 cm。【根】须根粗壮，多数簇生，基部稍增厚。【茎】直立，分枝，被绵状柔毛，呈银白色。【叶】基生叶多数，叶片线状披针形或线形，全缘，长 1 ～ 3 cm，宽 2 ～ 3 mm，内卷，质地较厚，下面密被绵状白色柔毛，上面毛少或无毛；或外圈叶呈卵形，顶端 3 齿裂，边缘疏被白色柔毛；叶柄较短，被绵状绢毛，基部扩大成膜质长鞘，鞘白色，具光泽，相互紧抱，老后撕裂呈纤维状，残存；茎生叶具短叶柄至无叶柄，叶片 3 深裂，裂片线形，下面密被绵状柔毛；上部叶不分裂或呈苞片状。【花】单生茎顶端和分枝顶端；花梗密被白色绢毛；萼片椭圆形，迟落或宿存，外面密被绢柔毛，花瓣 5，橙黄色，倒卵形，基部狭窄成爪，蜜槽呈棱状袋穴；花药长圆形；花托肥厚，无毛或顶端具白色毛。【果】聚合果长圆形；瘦果卵球形，稍扁，无毛，背腹具纵肋，喙直伸或稍弯。【成熟期】花果期 6 — 9 月。

生境分布 多年生中生小草本。生于海拔 3 000 m 以上的高山或亚高山草甸、灌丛、砾石草甸、流石坡地。贺兰山主峰下山脊处和西坡哈拉乌有分布。我国分布于甘肃、青海、四川、西藏等地。世界分布于克什米尔地区及尼泊尔、巴基斯坦、印度。

高原毛茛 *Ranunculus tanguticus* (Maxim.) Ovcz.

形态特征 【植株】高 10 ～ 30 cm。【根】须根基部稍增厚呈纺锤形。【茎】直立或斜升，多分枝，被白柔毛。【叶】基生叶多数与下部叶均具被柔毛的长叶柄；叶片圆肾形或倒卵形，长、宽均为 1 ～ 3 cm，三出复叶，小叶片二至三回 3 全裂或深、中裂，末回裂片披针形至线形，顶端稍尖，两面或下面贴生白柔毛；小叶柄短或近无；上部叶渐小，3 ～ 5 全裂，裂片线形，具短叶柄至无叶柄，基部具被柔毛的膜质宽鞘。【花】较多，单生茎顶端和分枝顶端；花梗被白柔毛，果期伸长；萼片 5，椭圆形，被柔毛；花瓣 5，倒卵圆形，基部具窄长爪，蜜槽点状；花托圆柱形，较平滑，被细毛。【果】聚合果长圆形；瘦果小而多，卵球形，较扁，长稍大于宽，无毛，喙直伸或稍弯。【成熟期】花果期 7 — 8 月。

生境分布 多年生中生草本。生于海拔 2 400 ～ 3 400 m 的沟边灌丛、草甸、石缝。贺兰山西坡哈拉乌有分布。我国分布于西南及陕西、甘肃、山西、河北等地。世界分布于蒙古国、尼泊尔。

深齿毛茛（变种） *Ranunculus popovii* var. *stracheyanus* (Maxim.) W. T. Wang

形态特征 【植株】高 5 ～ 25 cm。【根状茎】短，簇生多数须根。【茎】斜升，粗壮，稍弯曲，不分枝或少分枝，密被白色细长柔毛，基部残存枯叶柄。【叶】基生叶多数，叶片长圆状卵形、掌状楔形、宽卵形或椭圆形等，长 5 ～ 35 mm，宽 3 ～ 20 mm，边缘 3 ～ 11 浅裂、深裂或全裂，或仅具齿裂，叶片基部宽楔形，上面无毛，下面密被白色细长柔毛；茎生叶 3 ～ 5 全裂，裂片条状披针形，上面无毛，下面密被白色细长柔毛，叶柄长，被白色细长柔毛。【花】着生茎顶端和分枝顶端，花梗与最上部叶邻近，果期伸长，密被白色细柔毛；萼片 5，椭圆状卵形，外面密被细柔毛，边缘膜质；花瓣 5，倒卵形，黄色，具黄褐色细脉纹，向基部渐狭成短爪；花托长圆形，被短毛。【果】瘦果卵状圆球形，稍扁，两侧具纵肋，无毛，具细喙，直伸或稍弯。【成熟期】花果期 6 — 7 月。

生境分布 多年生中生草本。生于海拔 2 400 ～ 2 800 m 的山坡沟边、河岸湿地、山地草甸。贺兰山西坡哈拉乌、水磨沟有分布。

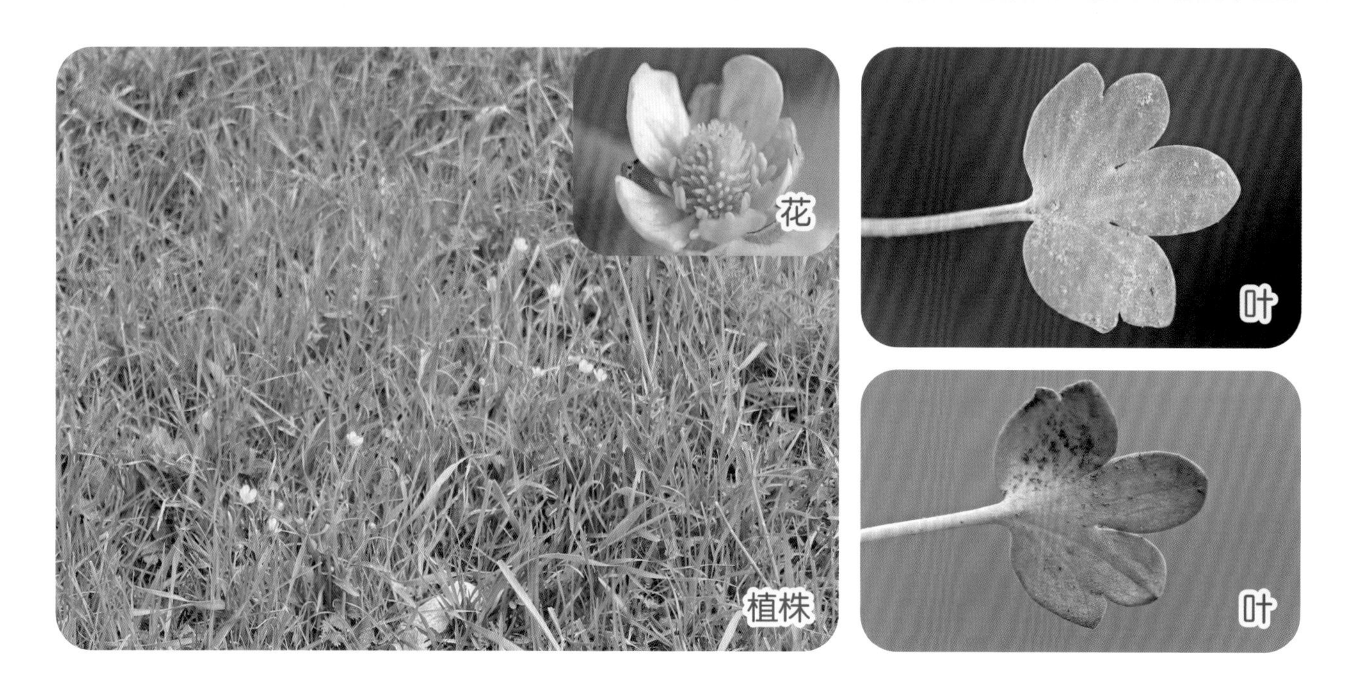

裂萼细叶白头翁　*Ranunculus turczaninovii* var. *fissasepalum* J. H. Yu　别称　毛姑朵花

形态特征　【植株】高 10 ～ 40 cm，基部密包被纤维状残余枯叶柄。【根】粗大垂直，暗褐色。【叶】基生叶多数，与花同时长出；叶片卵形，长 4 ～ 14 cm，宽 2 ～ 7 cm，二至三回羽状分裂，第一回羽片对生或近对生，中下部裂片具柄，顶部裂片无柄，裂片羽状深裂，第二回裂片再羽状分裂，最终裂片条形或披针状条形，全缘或具 2 ～ 3 齿；成长叶两面无毛或沿叶脉稍被长柔毛，叶柄长，被白色柔毛。【花】花葶疏或密被白色柔毛；花向上开展；萼片 6，蓝紫色或蓝紫红色，长椭圆形或椭圆状披针形，外面密被伏毛；雄蕊多数，比萼片短 1/2。【果】瘦果狭卵形，宿存花柱弯曲，密被白色羽毛。【成熟期】花果期 5 — 6 月。

生境分布　多年生旱中生草本。生于海拔 2 000 m 左右的山地半阳坡草原、灌丛。贺兰山西坡峡子沟、雪岭子和东坡大水沟有分布。我国分布于东北、西北及山西等。世界分布于蒙古国、俄罗斯。

药用价值　根入药，可清热解毒、凉血止痢、消炎退肿；也可做蒙药。

水毛茛属　　*Batrachium* (DC.) Gray

小水毛茛　　*Batrachium eradicatum* (Laest.) Fr.

形态特征　【植株】高 3 ～ 8 cm。【节】节间短，无毛。【叶】扇形，长 1 cm，宽 2 cm，二至三回 2 ～ 3 裂，末回裂片长 1 ～ 2 mm，狭线形或近丝形，质地较硬，在水外叉开，无毛；叶柄基部具抱茎耳状叶鞘，多数无毛。【花】花梗长，较硬直，无毛；萼片卵形，具 3 脉，边缘白色膜质，无毛；花瓣白色，下部黄色，狭倒卵形，具 5 ～ 7 脉，基部具爪，蜜槽呈点状；雄蕊 8 ～ 10，花药卵形；花托被短毛。【果】聚合果圆球形；瘦果 10 余枚，椭圆形，两侧较扁，具横皱纹，沿背肋被毛，喙直或弯。【成熟期】花果期 5 — 7 月。

生境分布　水生小草本。生于山麓水库、浅水、河边。贺兰山西坡巴彦浩特有分布。我国分布于黑龙江、新疆、四川、云南、西藏等地。世界分布于北半球温带水域。

铁线莲属　　*Clematis* Linn

毛灌木铁线莲　　*Clematis fruticosa* var. *canescens* Turcz.

形态特征　【植株】高达 1 m。【枝】具棱，紫褐色，疏被毛。【叶】单叶对生；叶片薄革质，狭三角形或披针形，长 20 ～ 35 mm，宽 8 ～ 14 mm，边缘疏具齿，下部羽状深裂或全裂，两面密被贴伏柔毛，灰绿色，下面叶脉隆起；具短叶柄。【花】聚伞花序，顶生或腋生，具花 1 ～ 3 朵；花梗长，被短毛，近中部具 1 对苞片，披针形；花萼宽钟形，黄色，萼片 4，卵形或狭卵形，先端渐尖，边缘密被白色短柔毛；无花瓣；雄蕊多数，无毛，花丝披针形，花药黄色，稍短于花丝或近等长；心皮多数，密被长绢毛；花柱弯曲，圆柱状。【果】瘦果扁，近卵形，紫褐色，密被柔毛，宿存花柱羽毛状。【成熟期】花期 7 — 8 月，果期 9 月。

生境分布　直立旱中生小灌木。生于海拔 1 600 ～ 2 000 m 的石质山坡。贺兰山西坡和东坡均有分布。我国分布于河北、山西、陕西、宁夏、甘肃等地。世界分布于蒙古国。

短尾铁线莲　*Clematis brevicaudata* DC.　别称　林地铁线莲

形态特征　【枝】暗褐色，疏被短毛，具明显细棱。【叶】对生，一至二回三出或羽状复叶，长18 cm；小叶卵形至披针形，先端渐尖呈尾状，基部圆形，边缘具缺刻状齿，偶3裂，叶片两面散被短毛或近无毛；叶柄长，被柔毛。【花】复聚伞花序，腋生或顶生，腋生花序较叶短；总花梗和小花梗均被短毛，中下部具1对小苞片；苞片披针形，被短毛；萼片4，开展，白色或带淡黄色，狭倒卵形，两面均被短绢状柔毛，外缘密被短毛；无花瓣；雄蕊多数，比萼片短，花丝扁平，花药黄色，比花丝短；心皮多数；花柱被长绢毛。【果】瘦果宽卵形，压扁，微浅褐色，被短柔毛，宿存花柱羽毛状，末端具加粗微曲柱头。【成熟期】花期8—9月，果期9—10月。

生境分布　中生藤本。生于海拔1 800～2 400 m的山地林缘、沟谷、灌丛。贺兰山西坡和东坡均有分布。我国分布于北方、华东、西南地区。世界分布于朝鲜、蒙古国、俄罗斯、日本。

药用价值　茎入药，可利尿；也可做蒙药。

长瓣铁线莲 *Clematis macropetala* Ledeb. 别称 大瓣铁线莲

形态特征 【枝】具 6 条细棱，幼枝被伸展长毛或近无毛，老枝无毛。【叶】对生，二回三出复叶，长达 15 cm；小叶具柄，狭卵形，先端渐尖，基部楔形或圆形，小叶片 3 裂或不裂，边缘具少数至多数不整齐的粗齿状缺刻，上面近无毛，下面疏被柔毛；叶柄稍被柔毛。【花】单一，顶生，花梗具细棱，顶端下弯，花大；花萼钟形，蓝色或蓝紫色；萼片 4，狭卵形，顶端渐尖，两面被短柔毛；无花瓣；退化雄蕊多数，花瓣状，披针形，外轮与萼片同色，约等长，背面密被舒展柔毛，有时先端残留发育不完全的花药，内轮渐短，被柔毛；雄蕊多数，花丝匙状条形，边缘具长柔毛，花药条形；心皮多数，被柔毛。【果】瘦果卵形，歪斜，稍扁，被灰白色柔毛，宿存花柱羽毛状。【成熟期】花期 6—7 月，果期 8—9 月。

生境分布 中生藤本。生于海拔 1 600～2 600 m 的沟谷灌丛、林缘草甸。贺兰山西坡和东坡均有分布。我国分布于辽宁、河北、陕西、山西、宁夏、甘肃、青海等地。世界分布于蒙古国、俄罗斯。

药用价值 可做蒙药。

白花长瓣铁线莲 *Clematis macropetala* var. *albiflora* (Maxim. ex Kuntze) Hand. -Mazz.

形态特征 【枝】具 6 条细棱，幼枝被伸展长毛或近无毛，老枝无毛。【叶】对生，二回三出复叶，长达 15 cm；小叶具柄，卵状披针形，先端渐尖，基部圆形，中部边缘具齿，上面近无毛，下面疏被柔毛；叶柄稍被柔毛。【花】单一，顶生，花梗具细棱，顶端下弯，花大；花萼钟形，白色或淡黄色；萼片 4，狭卵形，顶端渐尖，两面被短柔毛；无花瓣；退化雄蕊多数，花瓣状，披针形，外轮与萼片同色，约等长，背面密被舒展柔毛，有时先端残留发育不完全的花药，内轮渐短，被柔毛；雄蕊多数，花丝匙状条形，边缘具长柔毛，花药条形；心皮多数，被柔毛。【果】瘦果卵形，歪斜，稍扁，被灰白色柔毛，宿存花柱羽毛状。【果】花期 6—7 月，果期 8—9 月。

生境分布 中生藤本。生于海拔 2 200 m 的沟边灌丛、湿润林缘、沟谷。贺兰山西坡哈拉乌有分布。我国分布于山西、宁夏等地。

甘川铁线莲 *Clematis akebioides* (Maxim.) H. J. Veitch

形态特征 【枝】无毛，具纵棱。【叶】一回羽状复叶；小叶 5 ～ 7，下部 2 ～ 3 浅裂或深裂，侧裂片小，中裂片较大，宽椭圆形、椭圆形或矩圆形，长 1 ～ 3 cm，宽 5 ～ 15 mm，顶端钝或圆形，具小尖头，基部圆楔形至圆形，边缘具不规则浅锯齿，叶片鲜绿色，两面光滑无毛。【花】腋生，具花 1 ～ 5 朵；花梗纤细；苞片叶状，萼片 4 ～ 5，黄色，斜上展，椭圆形至狭椭圆形，顶端锐尖或成小尖头，里面无毛，外缘被短毛；花丝条形，被柔毛；花药无毛。【果】瘦果倒卵形，被柔毛，宿存花柱被长柔毛。【成熟期】花期 7 — 8 月，果期 9 — 10 月。

生境分布 中生藤本。生于海拔 2 000 ～ 2 300 m 的高山草甸、灌丛、山谷、溪边。贺兰山西坡有分布。我国分布于甘肃、青海、四川、云南、西藏等地。

芹叶铁线莲 *Clematis aethusifolia* Turcz.

形态特征 【根】细长。【枝】纤细，长 2 m，具细纵棱，棕褐色，疏被短柔毛或近无毛。【叶】对生；三至四回羽状细裂，长 7 ～ 14 cm；羽片 3 ～ 5 对，长 1.5 ～ 5 cm，末回裂片披针状条形，两面稍被毛；叶柄长，疏被柔毛。【花】聚伞花序，腋生，具花 1 ～ 3 朵；花梗细长，疏被柔毛，顶端下弯；苞片叶状；花萼钟形，淡黄色；萼片 4，矩圆形或狭卵形，具 3 条明显脉纹，外面疏被柔毛，沿边缘密被短柔毛；里面无毛，先端稍外反卷；无花瓣；雄蕊多数，长为萼片的 1/2，花丝条状披针形，向基部逐渐加宽，疏被柔毛，花药无毛，长椭圆形，长为花丝的 1/3；心皮多数，被柔毛。【果】瘦果倒卵形，扁，红棕色，宿存花柱羽毛状。【成熟期】花期 7 — 8 月，果期 9 月。

生境分布 旱中生草质藤本。生于海拔 1 700 ～ 2 500 m 的山坡灌丛、林缘、沟谷。贺兰山西坡峡子沟和东坡黄旗沟有分布。我国分布于西北及河北、山西、青海等地。世界分布于蒙古国、俄罗斯。

药用价值 全草入药，可祛风除湿、活血止痛；也可做蒙药。

植株

花

叶

宽芹叶铁线莲 *Clematis aethusifolia* var. *latisecta* Maxim.

别称 草地铁线莲

形态特征 【根】细长。【枝】纤细，长 2 m，具细纵棱，棕褐色，疏被短柔毛或近无毛。【叶】对生，二至三回羽状中裂至深裂，最终裂片椭圆形至椭圆状披针形，宽 1.5 ～ 4 mm；羽片 3 ～ 5 对，长 1.5 ～ 5 cm，末回裂片披针状条形，宽 0.5 ～ 2 mm，两面稍被毛；叶柄疏被柔毛。【花】聚伞花序，腋生，具花 1 ～ 3 朵；花梗细长，疏被柔毛，顶端下弯；苞片叶状；花萼钟形，淡黄色；萼片 4，矩圆形或狭卵形，具 3 条明显脉纹，外面疏被柔毛，沿边缘密被短柔毛；里面无毛，先端稍外反卷；无花瓣；雄蕊多数，长度为萼片 1/2，花丝条状披针形，基部渐宽，疏被柔毛，花药无毛，长椭圆形，长为花丝的 1/3；心皮多数，被柔毛。【果】瘦果倒卵形，扁，红棕色，宿存花柱羽毛状。【成熟期】花期 7 — 8 月，果期 9 月。

生境分布 旱中生草质藤本。生于海拔 1 700 ～ 2 500 m 的山坡灌丛、林缘、沟谷。贺兰山西坡南寺、峡子沟和东坡黄旗沟有分布。我国分布于河北、山西、陕西、宁夏、甘肃、青海等地。世界分布于蒙古国、俄罗斯。

药用价值 全草入药，可祛风除湿、活血止痛；也可做蒙药。

黄花铁线莲　*Clematis intricata* Bunge　　别称　狗豆蔓、箩萝蔓

形态特征　【枝】攀缘，多分枝，具细棱，近无毛或幼枝疏被柔毛。【叶】对生，二回三出羽状复叶，长达 15 cm；羽片 2 对，具细长柄；小叶条形、条状披针形或披针形，长 1 ～ 4 cm，宽 1 ～ 10 mm，中央小叶较侧生小叶长，不分裂或下部具 1 ～ 2 小裂片，先端渐尖，基部楔形，边缘疏具齿或全缘；叶片灰绿色，两面疏被柔毛或近无毛。【花】聚伞花序，腋生，具花 2 ～ 3 朵；花梗疏被柔毛，中间花梗无苞片，侧生花梗下部具 2 枚对生苞片，全缘或 2 ～ 3 浅裂至全裂；花萼钟形，后展开，黄色；萼片 4，狭卵形，先端尖，两面无毛，边缘密被短柔毛；雄蕊多数，长为萼片的 1/2，花丝条状披针形，被柔毛，花药椭圆形，黄色，无毛；心皮多数。【果】瘦果多数，卵形，扁平，沿边缘增厚，被柔毛，宿存花柱羽毛状。【成熟期】花期 7 — 8 月，果期 8 月。

生境分布　旱中生草质藤本。生于海拔 1 600 ～ 2 000 m 的山坡沟谷、河滩。贺兰山西坡和东坡均有分布。我国分布于辽宁、河北、山西、陕西、甘肃、青海等地。世界分布于蒙古国。

药用价值　全草入药，可祛风除湿、解毒止痛；也可做蒙药。

甘青铁线莲 *Clematis tangutica* (Maxim.) Korsh. **别称** 唐吉特铁线莲

形态特征 【根】主根粗壮，木质，剥裂。【枝】长 4 m，老枝木质，具纵棱，幼时被长柔毛，后脱落。【叶】一回羽状复叶；小叶 5 ～ 7，下部浅裂、深裂或全裂，侧生裂片小，中裂片大，卵状披针形或披针形，长 1.5 ～ 3 cm，宽 5 ～ 15 mm，基部楔形，先端渐尖或锐尖，边缘具不整齐缺刻状锯齿；叶片灰绿色，两面疏被柔毛。【花】单花，顶生或腋生；花梗粗壮，被柔毛；萼片 4，黄色，斜上展，狭卵形或椭圆状矩圆形，顶端渐尖或急尖，里面无毛或近无毛，外面疏被柔毛，边缘被白色茸毛；花丝条形，被开展长柔毛，花药无毛；子房密被柔毛。【果】瘦果倒卵形，被长柔毛，宿存花柱被白色羽毛。【成熟期】花期 6 — 8 月，果期 7 — 9 月。

生境分布 旱中生木质藤本。生于海拔 1 400 ～ 2 600 m 的沟谷、河滩、砾石堆。贺兰山西坡水磨沟和东坡苏峪口有分布。我国分布于西北及西藏、四川等地。世界分布于蒙古国、哈萨克斯坦等。

药用价值 全草入药，可健胃消积；也可做蒙药。

植株

花

叶

西伯利亚铁线莲 *Clematis sibirica* (L.) Mill.

形态特征 【根】直立，棕黄色。【枝】长 3 m，圆柱形，光滑无毛，当年生枝基部具宿存鳞片，外鳞片三角形，革质，顶端锐尖，内层鳞片膜质，长椭圆形，疏被柔毛。【叶】二回三出复叶；小叶或裂片 9 枚，卵状椭圆形或窄卵形，纸质，长 2 ～ 5 cm，宽 5 ～ 25 mm，顶端渐尖，基部楔形或近圆形，两侧的小叶全缘，中间具整齐锯齿，叶背面脉微隆起；叶柄疏被柔毛。【花】与二叶同自芽中伸出，花梗长，花基部密被柔毛，无苞片；花钟状下垂；萼片 4，淡黄色，长椭圆形或狭卵形，质薄，脉纹明显，外面疏被短柔毛，里面无毛；退化雄蕊花瓣状，长为萼片的 1/2，条形，顶端宽呈匙状，钝圆，花丝扁平，中部增宽，两端渐狭，被短柔毛，花药长椭圆形，药隔被毛；子房被短柔毛；花柱被绢状毛。【果】瘦果倒卵形，微被毛，宿存花柱被黄色柔毛。【成熟期】花期 6 — 7 月，果期 7 — 8 月。

生境分布 多年生中生木质藤本。生于海拔 2 000 ～ 2 300 m 的森林区林缘、沟谷、灌丛。贺兰山西坡哈拉乌有分布。我国分布于黑龙江、吉林、内蒙古、新疆等地。世界分布于欧洲、亚洲中部地区。

半钟铁线莲 *Clematis sibirica* var. *ochotensis* (Pall.) S. H. Li & Y. Hui Huang

形态特征 【根】直伸，棕黄色。【枝】长 3 m，圆柱形，光滑无毛，幼时浅黄绿色，老后淡棕色至紫红色，当年生枝基部及叶腋具宿存芽鳞，鳞片披针形，顶端具尖头，表面密被白色柔毛，后无毛，内面无毛。【叶】二回三出复叶；小叶 3 ～ 9，窄卵状披针形至卵状椭圆形，长 2 ～ 5 cm，宽 5 ～ 25 mm，顶端钝尖，基部楔形至近圆形，全缘，上部具粗齿，侧生小叶偏斜，主脉上微被柔毛，其余无毛；小叶柄短。【花】单生当年生枝顶端，钟状；萼片 4，淡紫色或紫色，长椭圆形至狭倒卵形，两面无毛，外缘密被白色茸毛；退化雄蕊匙状条形，长约为萼片的 1/2 或更短，顶端圆形，外缘被白色茸毛，内无毛；雄蕊短于退化雄蕊，花丝线形而中部较宽，边缘被毛，花药条形；心皮 30 ～ 50，被柔毛。【果】瘦果倒卵形，棕红色，微被淡黄色短柔毛，宿存花柱长。【成熟期】花期 5 — 6 月，果期 7 — 8 月。

生境分布 中生木质藤本。生于海拔 2 000 ～ 2 300 m 的云杉林缘、沟谷、灌丛。贺兰山西坡哈拉乌有分布。我国分布于黑龙江、吉林、内蒙古、新疆等地。世界分布于欧洲、亚洲中部地区及俄罗斯、蒙古国。

翠雀属　*Delphinium* Linn

白蓝翠雀花　*Delphinium albocoeruleum* Maxim.　别称　白蓝翠雀

形态特征　【植株】高 10 ～ 60 cm。【茎】直立，具纵棱，密被反曲白色短柔毛。【叶】基生叶 3 中裂，开花时枯萎或存在；茎生叶在茎上等距排列，具长叶柄，3 深裂至全裂，叶片五角形，长 2 ～ 4 cm，3 ～ 8 cm，一回裂片茎下浅裂，上部一至二回深裂，小裂片狭卵形、披针形或条形，先端渐尖或长渐尖，具 1 ～ 2 小齿，两面被短柔毛，上面深绿色，下面灰绿色。【花】伞房花序，具花 2 ～ 7 朵，稀 1 花；苞片叶状较小；花梗密被反曲白色短柔毛；小苞片与花邻接或着生花梗顶端，匙状条形；萼片 5，宿存，蓝紫色或蓝白色，上萼片圆卵形，其他萼片椭圆形，外面被短柔毛，距圆筒状钻形或钻形，基部粗，末端下弯曲；花瓣无毛；退化雄蕊黑褐色，瓣片 2 浅裂，腹面被黄色髯毛，花丝疏被短毛；心皮 3；子房密被贴伏短柔毛。【果】蓇葖果含多数种子。【种子】四面体，具鳞状横翅。【成熟期】花期 7 — 8 月，果期 9 月。

生境分布　多年生中生草本。生于海拔 1 800 ～ 2 800 m 的云杉林缘、草甸、灌丛。贺兰山西坡和东坡均有分布。我国分布于西藏、青海、四川、甘肃、宁夏等地。

药用价值　全草入药，可清热燥湿；也可做蒙药。

植株

花

叶

翠雀　*Delphinium grandiflorum* Linn　别称　鸽子花、摇嘴嘴花

形态特征　【植株】高 15 ～ 60 cm。【根】直根，暗褐色。【茎】直立，单一或分枝，全株被反曲短柔毛。【叶】基生叶和茎下部叶具长柄，中上部叶柄短，最上部叶近无柄；叶片圆肾形，长 2 ～ 6 cm，宽 4 ～ 8 cm，掌状 3 全裂，裂片再细裂，小裂片条形。【花】总状花序，具花 3 ～ 15 朵；花梗上部具 2 枚条形或钻形小苞片；萼片 5，蓝色、紫蓝色或粉紫色，椭圆形或卵形，上萼片向后伸长成中空距，钻形，末端下弯，外面密被白色短毛；花瓣 2，瓣片小，白色，基部具距，伸入萼距中；退化雄蕊 2，瓣片蓝色，宽倒卵形，里面中部具一小撮黄色髯毛及鸡冠状突起，基部具爪，爪具短突起；雄蕊多数，花丝下部加宽，花药深蓝色及紫黑色。【果】蓇葖果 3，密被短毛，具宿存花柱。【种子】多数，四面体，具膜质翅。【成熟期】花期 7 — 8 月，果期 8 — 9 月。

生境分布　多年生旱中生草本。生于海拔 1 800 ～ 2 500 m 的山坡林缘、灌丛、草甸。贺兰山西坡和东坡均有分布。我国分布于东北及河南、山西、陕西、青海、四川等地。世界分布于蒙古国、俄罗斯。

药用价值　全草入药，可泻火止痛；也可做蒙药。

软毛翠雀花 *Delphinium mollipilum* W. T. Wang

别称 软毛翠雀

形态特征 【植株】高 15 ～ 45 cm。【茎】直立，疏被开展或下斜展白色长柔毛，等距生叶。【叶】基生叶 3 全裂，全裂片又 3 浅裂或具齿，裂片宽，花期枯萎；茎生叶被开展白色长柔毛，叶片五角形，长 15 ～ 35 mm，宽 3 ～ 6 cm，3 全裂，全裂片一至三回细裂，小裂片条形，上面被短伏毛或近无毛，下面被开展长柔毛。【花】伞房花序，具花 1 ～ 3 朵；基部苞片叶状，上部苞片 3 全裂或不裂，条形；花序轴和花梗被反曲白色短柔毛和开展白色柔毛或黄色腺毛；花梗长；小苞片着生花梗中上部，条形；萼片紫蓝色或蓝色，矩圆状倒卵形，外面疏被短柔毛，距钻形，基部直伸或稍上弯；花瓣无毛，顶端凹；退化雄蕊蓝色，瓣片圆倒卵形，顶端微 2 裂，腹面被黄色髯毛，爪比瓣片短，基部具短附属物；雄蕊无毛；心皮 3；子房疏被短柔毛。【果】蓇葖果疏被短柔毛。【成熟期】花期 7—8 月，果期 9 月。

生境分布 多年生中生草本。生于海拔 1 600 ～ 2 500 m 的山坡林缘、灌丛、草地。贺兰山西坡和东坡均有分布。我国分布于宁夏、甘肃。

小檗科 Berberidaceae

小檗属 *Berberis* Linn

黄芦木 *Berberis amurensis* Rupr. 别称 小檗、大叶小檗

形态特征 【植株】高 1 ～ 3 m。【茎】幼枝灰黄色，具浅槽；老枝灰色，圆柱形，表面具纵条棱。【叶】刺 3 分叉，稀单一；叶纸质，5 ～ 7 枚簇生刺腋，长椭圆形至倒卵状矩圆形，或卵形至椭圆形，长 3 ～ 8 cm，宽 2 ～ 4 cm，先端锐尖或钝圆，基部渐狭，下延成叶柄，边缘密生不规则刺毛状细锯齿，上面深绿色，下面浅绿色，或被白粉，网脉明显隆起。【花】总状花序，下垂，具花 10 ～ 25 朵；花淡黄色，具花梗；小苞片 2，三角形；萼片 6，外轮萼片卵形，内轮萼片倒卵形；花瓣 6，长卵形，较花萼短，先端微缺，近基部具 1 对矩圆形腺体；雄蕊 6，较花瓣短；子房宽卵形；柱头头状扁平，内含胚珠 2 枚。【果】浆果椭圆形，鲜红色，被白粉，具种子 2 粒。【成熟期】花期 5 — 6 月，果期 8 — 9 月。

生境分布 中生落叶灌木。生于海拔 1 600 ～ 2 600 m 的夏绿阔叶林区或森林草原区山坡林缘、灌丛。贺兰山西坡和东坡均有分布。我国分布于东北及山东、山西、陕西、甘肃等地。世界分布于朝鲜、俄罗斯、日本。

药用价值 根皮和茎皮入药，可清热燥湿、泻火解毒；也可做蒙药。

植株

果

花

置疑小檗 *Berberis dubia* C. K. Schneid.

形态特征 【植株】高 1 ～ 3 m。【茎】幼枝紫红色，具光泽和明显条棱；老枝灰黑色，稍具条棱和黑色疣点。【叶】刺 1 ～ 3 分叉，与枝同色；叶狭倒卵形，长 15 ～ 30 mm，宽 5 ～ 15 mm，先端渐尖，基部渐狭成短叶柄，上面深绿色，下面黄色，边缘具向前伸的 6 ～ 14 细齿，细弱，网脉明显，无毛，无白粉。【花】5 ～ 10 朵，簇生，或组成短总状花序，花梗长；小苞片披针形，急尖；萼片 2 轮，外轮宽倒卵形，内轮卵形，内轮萼片短；花瓣椭圆形；雄蕊长；胚珠 2。【果】浆果倒卵状椭圆形，红色，宿存，花柱缺，不被白粉。【成熟期】花期 5 — 6 月，果期 8 — 9 月。

生境分布 旱中生落叶灌木。生于海拔 1 600 ～ 2 600 m 的山坡、林缘、灌丛。贺兰山西坡和东坡均有分布。我国分布于甘肃、宁夏、青海等地。

西伯利亚小檗 *Berberis sibirica* Pall. 别称 刺叶小檗

形态特征 【植株】高 50 ～ 80 cm。【茎】老枝暗灰色，表面具纵条裂；幼枝红色或红褐色，被微毛，具条棱。【叶】刺 3 ～ 7 分叉，叶近革质，倒卵形，倒披针形或倒卵状矩圆形，长 1 ～ 2 cm，宽 5 ～ 8 mm，先端钝圆，基部渐狭成叶柄，边缘具刺状疏齿，两面均为黄绿色，网脉明显。【花】单生，稀 2 朵，淡黄色，具花梗；外轮萼片椭圆状卵形，内轮萼片倒卵形；花瓣倒卵形，与萼片近等长，顶端微缺。【果】浆果倒卵形，鲜红色，具种子 5 ～ 8 粒。【成熟期】花期 5 — 6 月，果期 9 月。

生境分布 中生落叶灌木。生于海拔 1 600 ～ 2 000 m 的山地半阳坡、半阴坡、沟谷。贺兰山西坡小松山、汝箕沟有分布。我国分布于东北及山西、新疆等地。世界分布于蒙古国、俄罗斯。

药用价值 根皮和茎皮入药，可清热解毒、止血、明目；也可做蒙药。

细叶小檗 *Berberis poiretii* C. K. Schneid. 别称 波氏小檗、针雀

形态特征 【植株】高 1 ～ 2 m。【茎】老枝灰黄色，表面密生黑色细小疣点；幼枝紫褐色，具黑色疣点；枝条开展，纤细，具条棱。【叶】刺小，单一，3 ～ 5 分叉；叶簇生刺腋，纸质，倒披针形至狭倒披针形，或披针状匙形，长 1 ～ 3.5 cm，宽 5 ～ 8 mm，先端锐尖，具小凸尖，基部渐狭成短叶柄，全缘或中上部具缘齿，上面深绿色，下面淡绿色或灰绿色，网脉明显。【花】总状花序，下垂，具花 5 ～ 8 朵；花鲜黄色，具花梗；苞片条形，长为花梗的 1/2；小苞片 2，披针形；萼片 6，2 轮，外轮萼片矩圆形或倒卵形，内轮萼片矩圆形或宽倒卵形；花瓣 6，倒卵形，较萼片短，顶端具浅缺刻，基部具 1 对矩圆形腺体；雄蕊 6，较花瓣短；子房圆柱形；花柱无，柱头头状扁平，中央微凹。【果】浆果矩圆形，鲜红色，宿存柱头。【种子】1 ～ 2 粒。【成熟期】花期 6 — 7 月，果期 8 — 9 月。

生境分布 旱中生落叶灌木。生于海拔 1 600 ～ 2 200 m 的森林草原区山地灌丛、山麓砾石地、山沟河岸、草原化荒漠。贺兰山西坡水泥厂、小松山有分布。我国分布于东北及河北、山西、陕西、青海等地。世界分布于俄罗斯、朝鲜、蒙古国。

药用价值 根皮和茎皮入药，可清热燥湿、泻火解毒；也可做蒙药。

卡罗尔小檗 *Berberis carolii* Schneid.

形态特征 【植株】高 0.5 ～ 1.5 m。【茎】老枝暗灰色，表面具纵条裂，散生黑色皮孔；幼枝灰黄色，后变紫红色，无毛，具条棱。【叶】刺坚硬，单一，黄色；叶 3 ～ 8 簇生刺腋，匙形或匙状倒披针形，长 1 ～ 3 cm，宽 3 ～ 8 mm，先端钝，稀锐尖，具小尖头，基部渐狭成叶柄，全缘，稀具少数细锯齿，无毛。【花】总状花序，具花 15 ～ 35 朵；花黄色，花梗长；苞片矩圆形，稍短或等长于花梗；小苞片红色；萼片倒卵形或卵形，先端钝，外轮萼片比内轮萼片短；花瓣椭圆状倒卵形，与内轮萼片近等长，先端稍锐尖；雄蕊短。【果】浆果卵球形，浅红色，宿存柱头。【成熟期】花期 5 — 6 月，果期 8 — 9 月。

生境分布 旱中生落叶灌木。生于海拔 1 800 ～ 2 600 m 的草原区河滩沙地、山坡灌丛。贺兰山西坡和东坡均有分布。我国分布于宁夏、陕西、甘肃、青海。

药用价值 根皮入药，可清热解毒、止泻止血、明目；也可做蒙药。

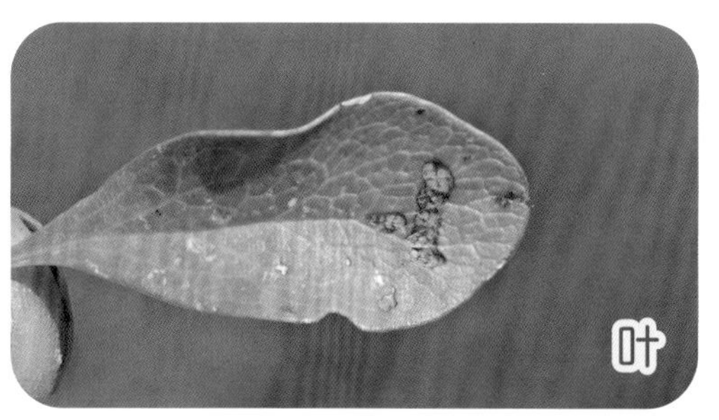

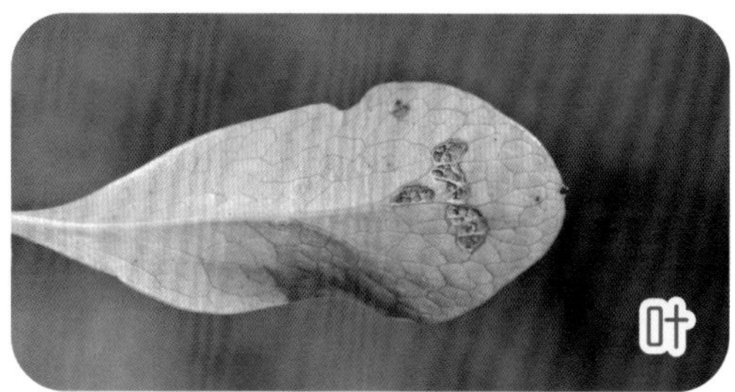

防己科　**Menispermaceae**

蝙蝠葛属　*Menispermum* Linn

蝙蝠葛　*Menispermum dauricum* DC.　　别称　山豆根、苦豆根

形态特征　【植株】长达 10 m。【根状茎】细长，圆柱形，外皮黄棕色或黑褐色，断面黄白色，味极苦。【茎】圆柱形，具细纵棱纹，疏被短柔毛。【叶】单叶，互生，叶片肾圆形至心脏形，长、宽均为 5～13 cm，先端尖或短渐尖，基部心形或截形，边缘具 3～7 浅裂，裂片三角形，上面绿色，被稀疏短柔毛，下面苍白色，毛较密，具 5～7 条掌状脉；叶柄盾状着生，无托叶。【花】白色或黄绿色，呈腋生圆锥花序，具总状花序梗和花梗；基部具条状披针形小苞片；萼片 6，披针形或长卵形；花瓣 6，肾圆形或倒卵形，肉质，边缘内卷，具爪；雄花具雄蕊 10～16，花药球形，4 室，鲜黄色；雌花有退化雌蕊 6～12，心皮 3，分离，子房上位，1 室。【果】核果肾圆形，熟时黑紫色，内果皮坚硬，半月形，具种子 1 粒。【成熟期】花期 6 月，果期 8—9 月。

生境分布　中生灌木。生于海拔 1 600～1 800 m 的沟谷、河床。贺兰山西坡和东坡均有分布。我国分布于西北、华南、华东及辽宁、河北、四川等地。世界分布于蒙古国、俄罗斯、朝鲜。

药用价值　根和根状茎入药，可清热解毒、消肿止痛；也可做蒙药。

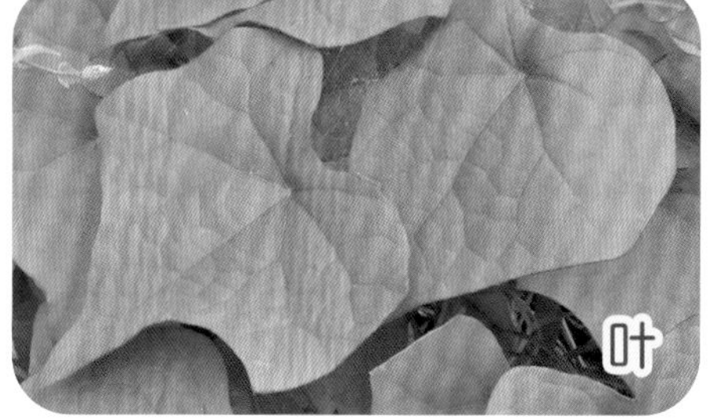

罂粟科　Papaveraceae

白屈菜属　*Chelidonium* Linn

白屈菜　*Chelidonium majus* Linn　别称　山黄连

形态特征　【植株】高 30 ～ 50 cm。【根】主根粗壮，长圆锥形，暗褐色，侧根多。【茎】直立，多分枝，具纵沟棱，被细短柔毛。【叶】椭圆形或卵形，长 5 ～ 15 cm，宽 3 ～ 8 cm，单数羽状全裂，侧裂片 1 ～ 6 对，裂片卵形、倒卵形或披针形，先端钝形，边缘具不整齐的羽状浅裂或钝圆齿，上面绿色，下面粉白色，被短柔毛。【花】伞形花序，顶生或腋生；花梗纤细；萼片 2，椭圆形，疏生柔毛，早落；花瓣 4，黄色，倒卵形，先端圆形或微凹；雄蕊多数；子房圆柱形，花柱短，柱头头状，先端 2 浅裂。【果】蒴果条状圆柱形，种子间稍收缩，无毛。【种子】多数，宽卵形，暗褐色，表面具光泽和网纹。【成熟期】花期 6 — 7 月，果期 8 月。

生境分布　多年生中生草本。生于海拔 1 400 ～ 1 800 m 的山坡、沟谷林缘、草地、路旁、石缝。贺兰山西坡和东坡均有分布。我国分布于东北、华中及陕西、江西、四川、新疆等地。世界分布于欧洲及蒙古国、俄罗斯、朝鲜、日本。

药用价值　全草入药，可清热解毒、止痛止咳；也可做蒙药。

植株

果

叶

角茴香属　*Hypecoum* Linn

角茴香　*Hypecoum erectum* Linn　别称　野茴香

形态特征　【植株】高 10 ～ 30 cm，全株被白粉。【叶】基生叶呈莲座状；叶片椭圆形或倒披针形，长 2 ～ 8 cm，宽 4 ～ 15 mm，二至三回羽状全裂，一回全裂片 2 ～ 6 对，二回全裂片 1 ～ 4 对，最终小裂片细条形或丝形，先端尖；具叶柄。【花】花葶 1 至多条，直立或斜升；聚伞花序，具少或多数分枝；苞片叶状细裂；花淡黄色；萼片 2，卵状披针形，边缘膜质；花瓣 4，外面 2 瓣较大，倒三角形，顶端具圆裂片，内面 2 瓣较小，倒卵状楔形，上部 3 裂，中裂片长矩圆形；雄蕊 4，花丝下部具狭翅；雌蕊 1，子房长圆柱形，柱头 2 深裂，胚珠多数。【果】蒴果条形，种子间具横隔，2 瓣开裂。【种子】黑色，具明显“十”字形突起。【成熟期】花果期 5 — 8 月。

生境分布　一年生低矮中生草本。生于海拔 1 800 ～ 2 400 m 的草原区或荒漠草原区砾石质坡地、盐化草甸。贺兰山西坡高山气象站、哈拉乌有分布。我国分布于东北、华中、西南、西北地区。世界分布于蒙古国、俄罗斯。

药用价值　全草入药，可泻火、解热、镇咳；也可做蒙药。

细果角茴香　*Hypecoum leptocarpum* Hook. f. & Thomson　别称　节裂角茴香

形态特征　【植株】高 5 ～ 40 cm，全株无毛被白粉。【叶】基生叶多数，莲座状，叶片狭倒披针形或狭矩圆形，长 3 ～ 15 cm，宽 1 ～ 1.5 cm，二回单数羽状全裂，一回侧裂片 3 ～ 6 对，远离，无柄或具短柄，二回裂片羽状深裂，最终裂片卵状披针形或披针形，先端锐尖，叶柄基部具宽膜质叶鞘；茎生叶苞状或叶状，羽状分裂。【花】花葶 3 ～ 10，斜升，二歧分枝，具花 1 ～ 5 朵；萼片极小，卵状披针形，绿色；花瓣 4，外面 2，稍大，宽卵形，内面稍小，3 裂达中部，中央裂片长矩圆形，两侧裂片斜椭圆形，基部楔形；雄蕊 4，与花瓣近等长，离生，花药先端微尖，花丝具狭翅。【果】蒴果条形，具关节，成熟时在每个种子间分裂成 10 个小节。【种子】近球形，平滑，淡褐色。【成熟期】花期 5 — 7 月，果期 6 — 7 月。

生境分布　一年生铺散中生草本。生于海拔 1 800 ～ 2 900 m 的草原区山地沟谷、湿地。贺兰山西坡镇木关、高山气象站有分布。我国分布于西北及河北、西藏等地。世界分布于蒙古国、尼泊尔。

药用价值　全草入药，可泻火、解热、镇咳；也可做蒙药。

紫堇属 *Corydalis* DC.

贺兰山延胡索 *Corydalis alaschanica* (Maxim.) Peshkova 别称 贺兰山稀花紫堇

形态特征 【植株】高 15 ～ 40 cm。【块茎】粗壮，分枝，黄褐色。【茎】柔软，直立或斜倚，无毛。【叶】基生，二回羽状全裂，叶片三角状卵形，长、宽均为 2 ～ 5 cm，一回全裂片倒阔卵形，3 深裂，基部楔形，顶端钝圆，无毛；叶柄长，基部扩大呈鞘状。【花】总状花序，顶生，花稀疏；苞片卵形或椭圆形，全缘；花蓝紫色；花梗纤细；外轮上面花瓣圆筒形，下面花瓣近匙形，内轮花瓣 2，顶端合生，倒卵形；子房条状圆柱形，无毛。【果】蒴果扁圆柱形，宿存花柱。【成熟期】花期 5 — 6 月。

生境分布 多年生中生草本。生于海拔 2 500 ～ 2 800 m 的山麓荒漠区山坡沟谷、石缝湿地。贺兰山西坡和东坡均有分布。我国分布于内蒙古、宁夏、甘肃等地。

植株

花

叶

灰绿黄堇 *Corydalis adunca* Maxim. 别称 旱生紫堇

形态特征 【植株】高 20 ～ 40 cm，全株被白粉，灰绿色。【根】直根，粗壮，暗褐色。【茎】直立，基部分枝，具纵条棱。【叶】基生叶披针形或卵状披针形，长 3 ～ 7 cm，宽 1.5 ～ 3 cm，具长叶柄，二回单数羽状全裂，一回全裂片 2 ～ 5 对，远离，卵形，具柄，二回小裂片披针形、倒披针形或矩圆形，先端圆钝；茎生叶与基生叶同形。【花】黄色，排列成疏散顶生总状花序；苞片条形；花梗纤细；萼片三角状卵形；外轮上面花瓣连距，先端上举，具小突尖，距短，内弯，下面花瓣细，先端具小突尖，内轮花瓣 2，矩圆形，具细长爪，顶端合生，包围雄蕊和雌蕊；子房条形；花柱上部弯曲，柱头膨大，具鸡冠状突起。【果】蒴果条形，直立，先端具喙。【种子】扁球形，平滑，亮黑色。【成熟期】花果期 5 — 8 月。

生境分布 多年生旱中生草本。生于海拔 1 600 ～ 2 300 m 的浅山石质山坡、石缝。贺兰山西坡和东坡均有分布。我国分布于西北、西南地区。世界分布于蒙古国。

药用价值 块根入药，可清肺止咳、清肝利胆、止痛。

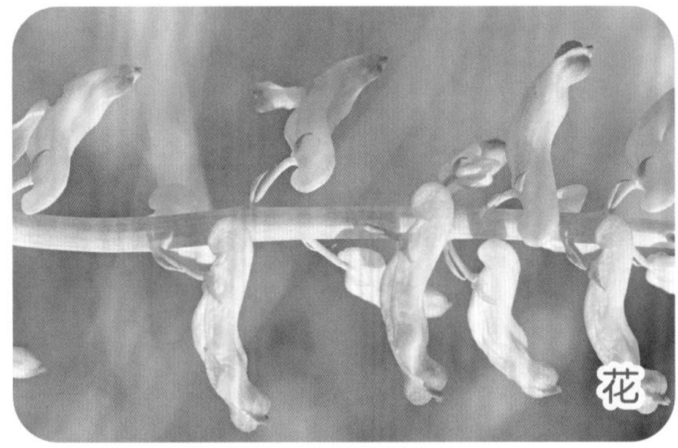

蛇果黄堇　*Corydalis ophiocarpa* Hook. f. & Thomson　别称　断肠草

形态特征　【植株】高达 40 cm。【茎】直立，分枝，具紫色棱翅。【叶】基生叶花期枯萎；茎生叶长 20 cm，下部具长叶柄，叶片狭卵形；二回羽状全裂，一回裂片约 5 对，具短柄，轮廓狭卵形，二回裂片羽状浅裂至深裂。【花】总状花序，顶生或腋生；苞片钻形；具花梗；萼片三角形，长渐尖，边缘具小齿；花瓣淡黄色，上面花瓣为距长的 1 倍，内面花瓣上部红紫色；柱头马鞍形。【果】蒴果条形，串珠状，波状弯曲。【种子】黑色，具光泽。【成熟期】花果期 5—7 月。

生境分布　多年生中生草本。生于海拔 1 600～2 000 m 的山地沟谷、石质山坡。贺兰山西坡和东坡均有分布。我国分布于华北、西北、西南及湖北、安徽、江苏、台湾等地。世界分布于印度、日本。

地丁草 *Corydalis bungeana* Turcz. 别称 紫花地丁

形态特征 【植株】高 15 ～ 35 cm，全株被白粉，呈灰绿色，无毛。【根】直根，细长，褐黄色。【茎】1 ～ 10 条，直立或斜升，具分枝。【叶】基生叶和茎下部叶具长叶柄，叶片卵形，长、宽为 1.5 ～ 3 cm；三回羽状全裂，一回全裂片 3 ～ 5，宽卵形，具短柄或无柄，二回裂片倒卵形或倒披针形，最终小裂片狭卵形或披针状条形，先端钝圆，或具短尖头。【花】总状花序，着生枝顶端，果期延长；苞片叶状，二回羽状深裂，具短柄；花梗纤细；萼片小，三角状卵形；花淡紫红色；外轮花瓣上面 1 片，背部具龙骨状突起，距圆筒形，末端圆形，稍下弯，外轮花瓣下面 1 片，矩圆形，背部具龙骨状突起，具长爪，内轮花瓣 2 片先端深紫色，顶端合生。【果】蒴果狭椭圆形，扁平，先端渐尖，宿存花柱为果梗长的 1/2，下垂。【种子】肾状球形，黑色，具光泽。【成熟期】花果期 5 — 7 月。

生境分布 一年生或二年生旱中生草本。生于海拔 1 600 m 左右的草原区山地疏林、沟谷草甸、农田湿地。贺兰山西坡塔尔岭有分布。我国分布于东北、西北及河北、山西、河南、山东等地。世界分布于朝鲜、蒙古国、俄罗斯。

药用价值 块根入药，可清热解毒、活血消炎；也可做蒙药。

植株

花

叶

十字花科 Cruciferae

菥蓂属（遏蓝菜属） *Thlaspi* Linn

菥蓂 *Thlaspi arvense* Linn 别称 遏蓝菜

形态特征 【植株】高 15 ～ 40 cm，全株无毛。【茎】直立，不分枝或稍分枝，无毛。【叶】基生叶早枯萎，倒卵状矩圆形，具叶柄；茎生叶倒披针形或矩圆状披针形，长 3 ～ 6 cm，宽 5 ～ 16 mm，先端圆钝，基部箭形，抱茎，边缘具疏齿或近全缘，两面无毛。【花】总状花序，顶生或腋生，或组成圆锥花序；小花白色，花梗纤细；萼片近椭圆形，边缘膜质；花瓣矩圆形，下部渐狭成爪。【果】短角果近圆形或倒宽卵形，扁平，周围具宽翅，顶端深凹缺，开裂，每室具种子 2 ～ 8 粒。【种子】宽卵形，稍扁平，棕褐色，表面具果粒状环纹。【成熟期】花果期 5 — 7 月。

生境分布 一年生中生草本。生于海拔 1 600 ～ 2 000 m 的山地草甸、沟谷。贺兰山西坡哈拉乌和东坡中部山麓有分布。我国广布于各地。世界分布于亚洲、欧洲、非洲北部地区。

药用价值 全草入药，可清热解毒、消肿排脓、利肝明目。

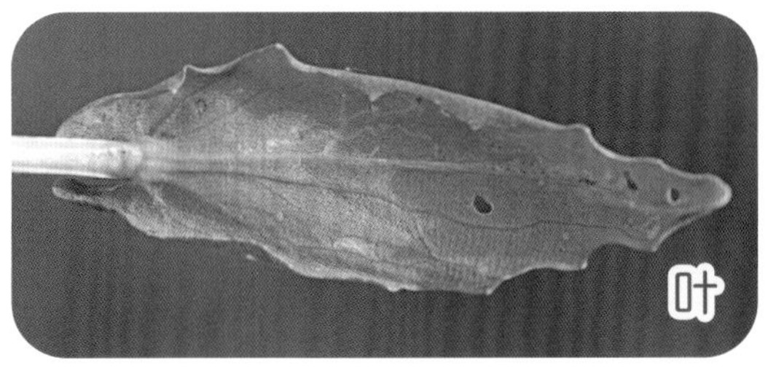

蔊菜属 *Rorippa* Scop.

蔊菜 *Rorippa indica* (L.) Hiern

形态特征 【植株】高 10 ～ 50 cm，较粗壮，无毛或疏被毛。【茎】单一或分枝，表面具纵沟。【叶】互生；叶形多变化，大头羽状分裂，长 3 ～ 8 cm，宽 10 ～ 23 mm，顶端裂片大，卵状披针形，边缘具不整齐齿，侧裂片 1 ～ 5 对；茎上部叶片宽披针形或匙形，边缘具疏齿，具短叶柄或基部耳状抱茎；基生叶及茎下部叶具长叶柄。【花】总状花序，顶生或侧生；花小，多数，具细花梗；萼片 4，卵状长圆形；花瓣 4，黄色，匙形，基部渐狭成短爪，与萼片近等长；雄蕊 6，2 枚稍短。【果】长角果线状圆柱形，短而粗，直立或稍内弯，成熟时果瓣隆起；果梗纤细，斜生或近水平开展。【种子】每室 2 行，多数，细小，卵圆形而扁，一端微凹，表面褐色，具细网纹；子叶缘倚。【成熟期】花期 4—6 月，果期 6—8 月。

生境分布 一年生或二年生草本。生于海拔 1 600 m 的山坡路旁、河边潮地。贺兰山西坡和东坡均有分布。我国分布于西北、东南、华南、西南及河南、湖南、江西等地。世界分布于日本、朝鲜、菲律宾、印度尼西亚、印度等。

药用价值 全草入药，可解表健胃、止咳平喘。

独行菜属 *Lepidium* Linn

阿拉善独行菜 *Lepidium alashanicum* H. L. Yang

形态特征 【植株】高 4 ～ 15 cm。【茎】直立或外倾，多分枝，具疏生头状或棒状腺毛。【叶】基生叶条形，长 1 ～ 3 cm，宽 2 mm，全缘，上面疏被腺毛，下面无毛，具短叶柄；茎生叶与基生叶相似但较短，无叶柄。【花】总状花序，顶生，果期延伸；萼片椭圆形，背面疏被柔毛；无花瓣；雄蕊 6。【果】短角果近卵形，稍扁平，一面稍突起，具 1 中脉，先端偶具狭边；果梗被棒状腺毛。【种子】短圆形；子叶背倚。【成熟期】花果期 6—8 月。

生境分布 一年生或二年生旱中生草本。生于浅山丘陵、河滩、路旁。贺兰山西坡哈拉乌、宗别立、北寺有分布。我国分布于北方、西南地区。世界分布于朝鲜、巴基斯坦、印度、尼泊尔。

药用价值 种子入药，可清热利湿、止血；也可做蒙药。

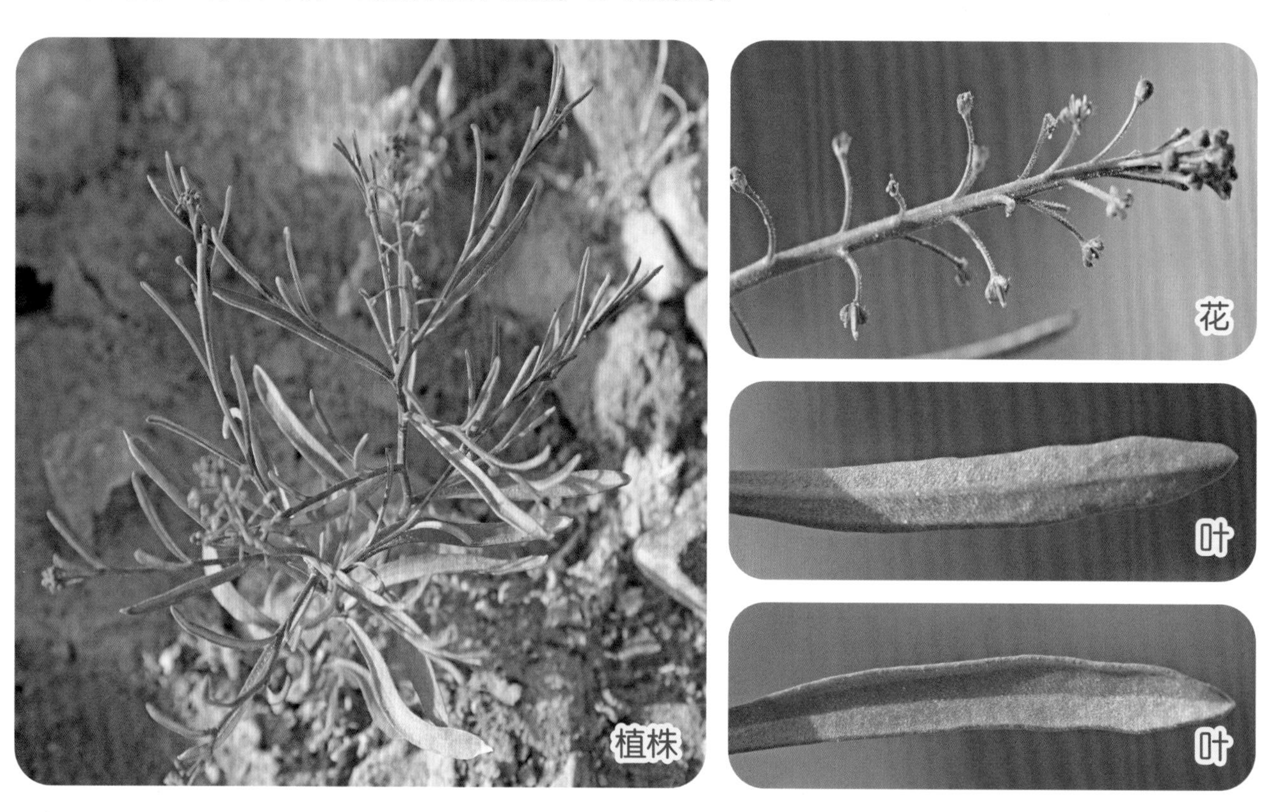

宽叶独行菜 *Lepidium latifolium* Linn

别称 大辣辣、羊辣辣

形态特征 【植株】高 20 ～ 50 cm。【根状茎】粗长。【茎】直立，上部多分枝，被柔毛或近无毛。【叶】基生叶或茎下部叶具叶柄，矩圆状披针形或卵状披针形，长 3 ～ 6 cm，宽 2 ～ 3.2 cm，先端圆钝，基部渐狭，边缘具粗锯齿，两面被短柔毛；茎上部叶无叶柄，披针形或条状披针形，先端具短尖或钝，边缘具微齿或全缘，两面被短柔毛。【花】总状花序，顶生或腋生，呈圆锥状花序；萼片开展，宽卵形，无毛，具白色膜质边缘；花瓣白色，近倒卵形；雄蕊 6。【果】短角果近圆形或宽卵形，扁平，被短柔毛，稀无毛，顶端具宿存短柱头。【种子】近椭圆形，稍扁，褐色。【成熟期】花期 6—7 月，果期 8—9 月。

生境分布 多年生耐盐中生草本。生于山麓冲刷沟、盐碱地、居民区。贺兰山西坡和东坡均有分布。我国分布于北方及西藏等地。世界分布于亚洲。

药用价值 全草入药，可清热燥湿；也可做蒙药。

独行菜　*Lepidium apetalum* Willd.　别称　腺茎独行菜、辣辣根

形态特征　【植株】高 5 ～ 30 cm。【茎】直立或斜升，多分枝，微被小头状毛。【叶】基生叶莲座状、平铺地面，羽状浅裂或深裂，叶片狭匙形，长 2 ～ 4 cm，宽 4 ～ 9 mm，具叶柄；茎生叶狭披针形至条形，具疏齿或全缘。【花】总状花序，顶生，果后延伸；花小，不明显；花梗丝状，被棒状毛；萼片舟状，椭圆形，无毛或被柔毛，具膜质边缘；花瓣极小，匙形，或退化成丝状或无花瓣；雄蕊 2 ～ 4，着生子房两侧，伸出萼片外。【果】短角果扁平，近圆形，无毛，顶端微凹，具 2 室，每室具种子 1 粒。【种子】近椭圆形，棕色，具细密纵条纹；子叶背倚。【成熟期】花果期 5 — 7 月。

生境分布　一年生或二年生轻度耐盐碱旱中生草本。生于沟谷、盐化滩地、居民区。贺兰山西坡和东坡均有分布。我国分布于北方、西南地区。世界分布于亚洲、欧洲。

药用价值　种子入药，可泻肺平喘、祛痰止咳；也可做蒙药。

心叶独行菜 *Lepidium cordatum* Willd. ex Steven 别称 北方独行菜

形态特征 【植株】高 15 ～ 30 cm。【根状茎】细长。【茎】分枝，无毛或稍被毛，灰蓝绿色。【叶】基生叶具叶柄，倒卵状矩圆形，有时羽状分裂，花期枯萎；茎生叶矩圆状披针形或狭椭圆形，长 2 ～ 4 cm，宽 4 ～ 10 mm，先端尖或钝，基部心形或箭形，半抱茎，全缘或具疏微齿，灰蓝绿色，近革质，掌状三出脉，两面疏被微柔毛或无毛。【花】几个总状花序组成圆锥花序，花密集，小形；萼片近圆形，具宽膜质边缘，背面被柔毛；花瓣白色，瓣片近圆形，基部渐狭成宽爪；雄蕊 6。【果】短角果宽卵形，长、宽相等，表面稍具网纹；果梗稍被毛。【种子】扁椭圆形，棕色；子叶背倚。【成熟期】花果期 6 — 8 月。

生境分布 多年生耐盐湿中生草本。生于草原区或荒漠区盐化草甸、盐化低地。贺兰山西坡山麓、巴彦浩特有分布。我国分布于宁夏、甘肃、青海、新疆、西藏等地。世界分布于亚洲中部地区及蒙古国、俄罗斯。

植株

花

葶苈属 *Draba* Linn

喜山葶苈 *Draba oreades* Schrenk in Fisch. & C. A. Mey.

形态特征 【植株】高 2 ～ 9 cm。【根状茎】分枝多。【叶】基生，呈莲座状，倒披针形，长 6 ～ 18 mm，宽 2 ～ 5 mm，先端锐尖或钝圆，基部楔形，全缘，两面被单毛或叉状毛。【花】花葶被长柔毛、叉状毛或分枝毛；花黄色，6 ～ 15 朵组成伞房状总状花序；萼片椭圆形或卵形，背面被单毛或叉状毛，边缘膜质；花瓣倒披针形。【果】短角果卵形，先端锐尖，宿存花柱，基部圆形稍膨胀；果梗斜生。【种子】棕褐色，卵形或椭圆形，扁平。【成熟期】花果期 6 — 8 月。

生境分布 多年生中生矮小草本。生于海拔 2 700 ～ 3 000 m 的高山灌丛、草甸石缝。贺兰山主峰和山脊两侧有分布。我国分布于西南及陕西、甘肃、新疆等地。世界分布于蒙古国、俄罗斯。

药用价值 全草入药，可消食、消炎。

葶苈　*Draba nemorosa* Linn

形态特征　【植株】高 10 ～ 30 cm。【茎】直立，不分枝或分枝，下部被单毛、二或三叉状分枝毛、星状毛，上部近无毛。【叶】基生叶大，呈莲座状，矩圆状倒卵形、矩圆形，长 1 ～ 2 cm，宽 3 ～ 6 cm，先端稍钝，边缘具疏齿或近全缘；茎生叶小，矩圆形或披针形，先端尖或稍钝，基部楔形，边缘具疏齿或近全缘，两面被单毛、分枝毛、星状毛。【花】总状花序，开花时伞房状，结果时极延长；花梗丝状，直立开展；萼片近矩圆形，背面疏被长柔毛；花瓣黄色，近矩圆形，顶端微凹。【果】短角果矩圆形或椭圆形，无毛，果瓣具网状脉纹；果梗纤细，直立开展。【种子】细小，椭圆形，淡棕褐色，表面具颗粒状花纹。【成熟期】花果期 6—8 月。

生境分布　一年生中生草本。生于海拔 2 000 ～ 2 800 m 的山坡沟谷、灌丛边缘、草甸。贺兰山西坡和东坡均有分布。我国分布于北方、华东及四川等地。世界分布于亚洲、欧洲、美洲。

药用价值　种子入药，可清热、祛痰、定喘、利尿。

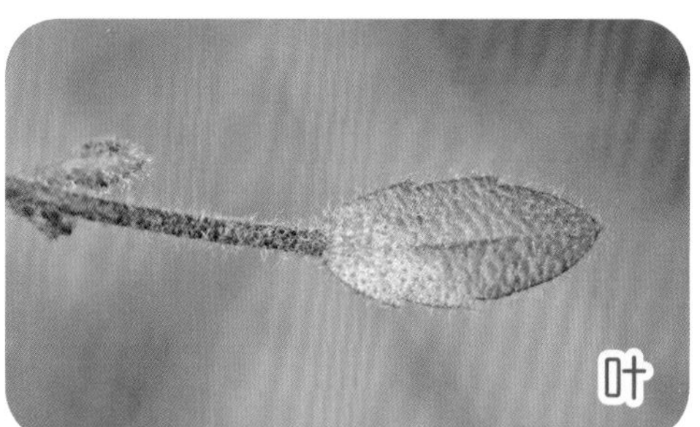

蒙古葶苈　*Draba mongolica* Turcz.

形态特征　【植株】高 5 ～ 15 cm。【茎】多数丛生，基部包被残叶纤维，斜升，单一或少分枝，密被星状毛、叉状毛。【叶】基生叶披针形或矩圆形，花期枯萎；茎生叶矩圆状卵形，长 5 ～ 10 mm，宽 2 ～ 5 mm，先端锐尖，基部近圆形，边缘具疏齿，两面密被星状毛或分枝毛。【花】总状花序，顶生或腋生；具花梗；萼片椭圆形或卵形，边缘膜质；花瓣白色，矩圆状倒披针形或倒卵形。【果】短角果狭披针形，直立或扭转；果梗长。【种子】椭圆形，棕色，扁平。【成熟期】花果期 6 — 7 月。

生境分布　多年生中生草本。生于海拔 2 200 ～ 3 400 m 的森林区高山岩石、山地沟谷、溪边石缝、高山草甸。贺兰山主峰下和哈拉乌有分布。我国分布于西北、西南及黑龙江、河北、山西等地。世界分布于蒙古国、俄罗斯。

植株

花

果

荠属　*Capsella* Medic.

荠　*Capsella bursa-pastoris* (L.) Medik.　别称　荠菜

形态特征　【植株】高 8 ～ 45 cm。【茎】直立，分枝，稍被单毛、星状毛。【叶】基生叶具长叶柄，大头羽裂、不整齐羽裂或不分裂；茎生叶无叶柄，披针形，长 1 ～ 3 cm，宽 2 ～ 10 mm，先端锐尖，基部箭形且抱茎，全缘或具疏细齿，两面被星状毛并混生单毛。【花】总状花序，着生枝顶端，花后伸长；萼片狭卵形，具膜质边缘；花瓣白色，矩圆状倒卵形，具短爪。【果】短角果倒三角形，扁平，无毛，先端微凹，宿存花柱极短。【种子】2 行，长椭圆形，黄棕色。【成熟期】花果期 6 — 8 月。

生境分布　一年生或二年生中生草本。生于海拔 1 800 ～ 2 600 m 的山地废弃羊圈、山路两边。贺兰山西坡有分布。我国广布于各地。世界分布于温带地区。

药用价值　全草入药，可凉血止血、清热明目。

爪花芥属　*Oreoloma* Botsch.

紫花爪花芥　*Oreoloma matthioloides* (Franch.) Botsch.　别称　紫花棒果芥

形态特征　【植株】高 13 ～ 30 cm，全株密被星状毛、腺毛，呈灰绿色。【茎】直立，分枝。【叶】基生叶大，呈莲座状，叶片条状披针形，长 8 ～ 11 cm，宽 13 ～ 18 mm，羽状分裂，顶生裂片披针形，侧生裂片 4 ～ 7 对，矩圆形或卵形，先端钝，全缘；茎生叶小，大头羽裂，羽状浅裂至羽状深裂，侧裂片 2 ～ 4 对，裂片矩圆形、披针形或条形，两面密被星状毛、腺毛；具叶柄。【花】萼片直立，条状矩圆形，背面密被星状毛、腺毛，具白色膜质边缘；花瓣淡紫色或淡红色，比萼片长近 1 倍，瓣片开展，倒卵形，爪与萼片近等长。【果】长角果密被星状毛、腺毛，顶端具 2 裂短柱头；果梗短粗，平展。【种子】1 行，近椭圆形。【成熟期】花果期 6 — 9 月。

生境分布　多年生喜砾石生旱生草本。生于海拔 1 600 ～ 1 900 m 的低山冲刷沟、砂砾地。贺兰山西坡哈拉乌、水磨沟和东坡贺兰沟有分布。我国分布于宁夏、青海、新疆等地。

大蒜芥属 *Sisymbrium* Linn

垂果大蒜芥 *Sisymbrium heteromallum* C. A. Mey. 别称 垂果蒜芥

形态特征 【植株】高 28 ～ 75 cm。【茎】直立，无毛或基部稍被硬单毛，不分枝或上部分枝。【叶】基生叶和茎下部叶矩圆形或矩圆状披针形，长 5 ～ 15 cm，宽 2 ～ 4 cm，大头羽状深裂，顶生裂片较宽大，侧生裂片 2 ～ 5 对，裂片披针形、矩圆形或条形，先端锐尖，全缘或具疏齿，两面无毛，具叶柄；茎上部叶羽状浅裂或不裂，披针形或条形。【花】总状花序，开花时伞房状，果时延长；花梗纤细，上举；萼片近直立，披针状条形；花瓣淡黄色，矩圆状倒披针形，先端圆形，具爪。【果】长角果纤细，细长圆柱形，稍扁，无毛，弯曲，宿存花柱极短，柱头压扁头状；果瓣膜质，具 3 脉；果梗纤细。【种子】1 行，多数，矩圆状椭圆形，棕色，具颗粒状纹。【成熟期】花果期 6 — 9 月。

生境分布 一年生或二年生中生草本。生于海拔 1 600 ～ 1 800 m 的低山地沟谷、灌丛。贺兰山西坡古拉本、宗别立有分布。我国分布于西北、西南及辽宁、山西等地。世界分布于蒙古国、俄罗斯。

药用价值 全草入药，可止咳化痰、清热解毒。

花

植株

叶

叶

庭荠属 *Alyssum* Linn

细叶庭荠 *Alyssum tenuifolium* Stephan ex Willd.

形态特征 【植株】高 5 ～ 40 cm，密被星状毛。【茎】直立或斜升，近地面茎木质化，基部多分枝。【叶】条形，长 5 ～ 15 mm，宽 1 ～ 1.5 mm，先端锐尖或钝，基部渐狭，全缘，两面被星状毛，呈灰绿色。【花】花序伞房状，果时延长；萼片矩圆形；花瓣白色，瓣片近圆形，基部具爪。【果】短角果椭圆形或卵形，被星状毛，宿存花柱。【成熟期】花果期 6 — 9 月。

生境分布 旱中生半灌木。生于海拔 1 600 ～ 2 000 m 的草原区或荒漠化草原区砾石山坡、高原河谷。贺兰山西坡峡子沟有分布。我国分布于内蒙古。

灰毛庭荠　*Alyssum canescens* DC.

形态特征　【植株】高 3 ～ 8 cm，被星状毛，呈灰白色。【茎】基部具多数分枝，近地面茎木质化，着生稠密的叶。【叶】条状矩圆形，长 4 ～ 14 mm，宽 1 ～ 3 mm，先端钝，基部渐狭，全缘，两面密被星状毛，灰白色；无叶柄。【花】花序密集，呈半球形，果期稍延长；萼片短圆形，边缘膜质；花瓣白色，匙形。【果】短角果椭圆形，密被星状毛，宿存花柱。【成熟期】花果期 6 — 9 月。

生境分布　旱生小半灌木。生于海拔 1 600 ～ 1 800 m 的山地废弃羊圈、戈壁路边。贺兰山西坡古拉本、宗别立有分布。我国广布于各地。世界分布于温带地区。

药用价值　全草入药，可凉血止血、清热利尿。

花旗杆属　　*Dontostemon* Andrz. ex C. A. Mey.

白毛花旗杆　　*Dontostemon senilis* Maxim.

形态特征　【植株】高 5 ～ 12 cm，全株被白色开展长硬单毛。【根】直根，细长，圆柱形，深入地下。【根状茎】短，多头，包被多数枯黄残叶。【茎】多数丛生，直立，不分枝。【叶】狭条形，长 1 ～ 2 cm，宽 1 ～ 1.5 mm，先端钝，基部渐狭，全缘，两面被开展长硬单毛；近无叶柄。【花】萼片稍开展，近同形，矩圆形或披针状矩圆形，顶部稍隆起，被长硬单毛；花瓣淡紫色，倒披针形，边缘稍皱波状；短雄蕊长为长雄蕊的 1/2，花丝两侧具翅，花药矩圆形，顶端微突；子房圆柱形，与长雄蕊近等长；花柱短，柱头头状，稍 2 裂。【果】长角果极细长，直立或稍弧曲。【种子】长椭圆形；子叶斜缘倚胚根。【成熟期】花果期 5 — 7 月。

生境分布　多年生强旱生草本。生于海拔 1 600 ～ 1 800 m 的石质山坡、干河床。贺兰山西坡镇木关有分布。我国分布于宁夏、新疆、甘肃等地。世界分布于蒙古国。

小花花旗杆　　*Dontostemon micranthus* C. A. Mey.

形态特征　【植株】高 20 ～ 50 cm，全株被卷曲毛或硬单毛。【茎】直立，单一或上部分枝。【叶】茎生叶密生，条形，长 1.5 ～ 5 cm，宽 0.5 ～ 3 mm，顶端钝，基部渐狭，全缘，两面稍被毛，边缘与中脉被硬单毛。【花】总状花序，果时延长；花小；萼片近相等，稍开展，近矩圆形，具白色膜质边缘，背部稍被硬单毛；花瓣淡紫色或白色，条状倒披针形，顶端圆形，基部渐狭成爪；雄蕊长短差距不大，花药矩圆形。【果】长角果细长圆柱形，宿存花柱极短，柱头稍膨大；果梗斜上开展，直或弯曲。【种子】种子淡棕色，矩圆形，表面细网状；子叶背倚。【成熟期】花果期 6 — 8 月。

生境分布　一年生或二年生中生草本。生于海拔 1 600 ～ 1 800 m 的浅山沟谷、溪边湿地。贺兰山东坡甘沟、小口子等有分布。我国分布于东北及河北等地。世界分布于蒙古国、俄罗斯。

腺异蕊芥　*Dontostemon glandulosus* (Kar. & Kir.) O. E. Schulz

形态特征　【植株】高 3 ～ 15 cm，全株被小腺体和单毛。【茎】呈铺散状分枝或直立。【叶】狭倒披针形至狭椭圆形，长 1 ～ 2 cm，宽 2 ～ 5 mm，边缘具 1 ～ 3 对羽状分裂，两面被黄色小腺体和白色毛。【花】总状花序，果时延长；萼片椭圆形，边缘宽膜质；花瓣宽楔形，先端全缘，白色或淡紫色；长、短雄蕊的花丝自顶部向下渐扩大，无齿。【果】长角果圆柱形，被腺毛，顶端具宿存短花柱；果梗斜生。【种子】椭圆形，褐色；子叶斜背倚胚根。【成熟期】花果期 7—8 月。

生境分布　一年生中生草本。生于海拔 3 000 m 左右的高山草甸、岩石缝。贺兰山西坡高山气象站、黄土梁子和东坡苏峪口等有分布。我国分布于西北、西南及河北、山西等地。世界分布于俄罗斯、尼泊尔、印度等。

异蕊芥　*Dontostemon pinnatifidus* (Willd.) Al-Shehbaz et H. Ohba

形态特征　【植株】高 8 ～ 35 cm。【茎】直立，单一，上部多分枝，或自基部分出数茎，不分枝，直立或斜升，被腺体，小腺体无柄或具短柄，黄色或黑紫色。【叶】倒披针形或狭椭圆形，长 1 ～ 30 mm，宽 3 ～ 8 mm，顶端稍钝，基部楔形，单数羽状分裂，侧裂片 1 ～ 4 对，裂片条状披针形，两面被无柄或具短柄的腺体，偶疏被硬单毛。【花】总状花序，顶生或腋生，开花时伞房状，结果时延长；萼片矩圆形，外萼片基部囊状，内萼片上部兜状；花瓣白色或玫瑰色，楔状倒卵形，顶端微凹，基部具爪；长雄蕊两侧与腹面具狭翅，短雄蕊两侧具翅。【果】长角果圆柱形，被腺体，具明显中脉与细网脉，顶端具宿存短花柱，柱头稍 2 裂。【种子】矩圆形，棕色，稍扁平，顶部具膜质边缘；子叶背倚胚根。【成熟期】花果期 6 — 8 月。

生境分布　一年生或二年生中生草本。生于海拔 1 600 ～ 3 000 m 的山坡草地、沟谷灌丛、河滩路边。贺兰山西坡高山气象站、黄土梁子和东坡苏峪口有分布。我国分布于黑龙江、甘肃、河北、山西、四川、云南等地。世界分布于蒙古国、俄罗斯。

植株

花

叶

播娘蒿属　*Descurainia* Webb et Berth.

播娘蒿　*Descurainia sophia* (L.) Webb ex Prantl　　别称　南葶苈子

形态特征　【植株】高 20 ～ 80 cm，全株灰白色。【茎】直立，上部分枝，具纵棱槽，密被分枝状短柔毛。【叶】矩圆形或矩圆状披针形，长 2.5 ～ 6 cm，宽 1 ～ 3 cm，二至三回羽状全裂或深裂，最终裂片条形或条状矩圆形，先端钝，全缘，两面被分枝短柔毛；茎下叶具叶柄，向上叶柄逐渐缩短或近无叶柄。【花】总状花序，顶生，具多数花；花梗纤细；萼片条状矩圆形，先端钝，边缘膜质，背面被分枝细柔毛；花瓣黄色，匙形，与萼片近等长；雄蕊比花瓣长。【果】长角果狭条形，直立或稍弯，淡黄绿色，无毛，顶端无花柱，柱头扁头状。【种子】1 行，黄棕色，矩圆形，稍扁，表面具细网纹，潮湿后具胶黏物质；子叶背倚。【成熟期】花果期 6 — 9 月。

生境分布　一年生或二年生中生草本。生于海拔 1 600 m 左右的浅山沟谷、居民区。贺兰山东坡山麓有分布。我国广布于除华南地区以外的各地。世界分布于亚洲、欧洲、非洲、北美洲。

药用价值　种子入药，可行气祛痰、利尿消肿、止咳平喘；也可做蒙药。

糖芥属 *Erysimum* Linn

蒙古糖芥 *Erysimum flavum* (Georgi) Bobrov 别称 阿尔泰糖芥

形态特征 【植株】高 5 ~ 30 cm。【根】直根粗壮，淡黄褐色。【根状茎】缩短，比根粗些，顶部常具多头，外面包被枯黄残叶。【茎】直立，不分枝，被“丁”字形毛。【叶】狭条形或条形，长 1 ~ 3 cm，宽 0.5 ~ 1.5 mm，先端锐尖，基部渐狭，全缘，两面密被“丁”字形毛，灰蓝绿色，边缘内卷或对褶。【花】总状花序，顶生；萼片狭矩圆形，基部囊状，外萼片较宽，背面被“丁”字形毛；花瓣淡黄色或黄色，瓣片近圆形或宽倒卵形，爪细长，比萼片稍长些。【果】长角果直立或稍弯，稍扁，宿存花柱，柱头 2 裂。【种子】矩圆形，棕色。【成熟期】花果期 5—8 月。

生境分布 多年生旱中生草本。生于森林区山坡草原、山地林缘、草甸、沟谷。贺兰山西坡乱柴沟、干树湾有分布。我国分布于东北及新疆、青海、西藏等地。世界分布于蒙古国、俄罗斯。

小花糖芥 *Erysimum cheiranthoides* Linn 别称 桂竹糖芥

形态特征 【植株】高 30 ～ 50 cm。【茎】直立，偶上部分枝，密被伏生“丁”字形毛。【叶】狭披针形至条形，长 2 ～ 5 cm，宽 4 ～ 8 mm，先端渐尖，基部渐狭，全缘或疏具齿，中脉在下面明显隆起，两面伏生二、三或四叉状毛，其中三叉状毛最多。【花】总状花序，顶生；萼片披针形或条形，背面伏生三叉状毛；花瓣黄色或淡黄色，近匙形，先端近圆形，基部渐狭成爪。【果】长角果条形，向上斜生；果瓣伏生三或四叉状毛，中央具凸起主脉 1 条。【种子】宽卵形，棕褐色；子叶背倚。【成熟期】花果期 7 — 8 月。

生境分布 一年生或二年生中生草本。生于海拔 1 800 ～ 2 300 m 的山地沟谷、溪边湿地、阴坡石缝。贺兰山西坡和东坡均有分布。我国分布于北方、华东、华中及青海等地。世界分布于亚洲、欧洲、北美洲。

药用价值 全草入药，可强心利尿、和胃消食；也可做蒙药。

肉叶荠属 *Braya* Stetnb. et Hoppe

蚓果芥 *Braya humilis* (C. A. Mey.) B. L. Rob. 别称 串珠芥

形态特征 【植株】高 5 ～ 30 cm，全株被二或三叉状毛，弯曲。【茎】基部分枝，基部偶具残叶柄。【叶】基生叶窄卵形，长 5 ～ 15 mm，宽 3 ～ 5 mm，早枯；下部茎生叶变化较大，叶片宽匙形至窄长卵形，顶端钝圆，基部渐窄，近无叶柄，全缘，或具 2 ～ 3 对钝齿；中上部叶条形；最上部数叶入花序成苞片。【花】花序呈紧密伞房状，果期伸长；萼片长圆形，外轮较内轮窄，偶背面顶端隆起，或在内轮基呈囊状，均具膜质边缘；花瓣倒卵形或宽楔形，白色，顶端近截形或微缺，基部渐窄成爪；子房被毛；花柱短，柱头 2 浅裂。【果】长角果筒状，略呈念珠状，两端渐细，直或略曲，或“之”字形弯曲；果瓣被二叉状毛；具果梗。【种子】长圆形，橘红色。【成熟期】花果期 5 — 8 月。

生境分布 多年生旱中生草本。生于海拔 1 600 ～ 2 500 m 的向阳石质山坡、浅山沟谷、河滩、石缝。贺兰山西坡和东坡均有分布。我国分布于西北及河北、山西等地。世界分布于北美洲及朝鲜、蒙古国、俄罗斯。

药用价值 全草入药，可解毒、消食。

曙南芥属 *Stevenia* Adams et Fisch.

曙南芥 *Stevenia cheiranthoides* DC.

别称 施第芥

形态特征 【植株】高 10 ～ 30 cm，全株密被紧贴星状毛。【根】直根圆柱形，灰黄褐色，深入地下。【根状茎】木质，具多头。【茎】直立，自中部以下分枝，基生包被褐黄色残叶。【叶】基生叶密生呈莲座状，条形，长 3 ～ 6 mm，宽 1 ～ 2 mm，先端钝或钝尖，全缘，基部渐狭，两面密被星状毛；茎生叶条形或倒披针状条形，先端钝，全缘，基部渐狭，下面被较密星状毛，上面毛较疏。【花】总状花序，具花 20 余朵，着生枝顶端；萼片近直立，椭圆形或矩圆状披针形，被细星状毛；花瓣紫色或淡红色，倒卵状楔形，宽椭圆形，顶端钝圆，基部具长爪；长雄蕊比短雄蕊长 1 倍；雌蕊狭条形。【果】长角果狭条形或狭长椭圆形，扁平，不规则弯曲；果瓣扁平或稍突出，密被极细星状毛，顶生宿存花柱长。【种子】棕色，椭圆形。【成熟期】花果期 6 — 8 月。

生境分布 多年生旱中生草本。生于海拔 2 400 ～ 2 800 m 的森林区或草原区山地石坡、岩石缝隙。贺兰山西坡哈拉乌、水磨沟有分布。我国分布于内蒙古。世界分布于蒙古国、俄罗斯。

南芥属 *Arabis* Linn

硬毛南芥 *Arabis hirsuta* (L.) Scop. 别称 毛南芥

形态特征 【植株】高 0.3～1 m，全株被硬单毛、二至三叉状毛、星状毛及分枝毛。【茎】中部分枝，直立。【叶】基生叶长椭圆形或匙形，长 2～5 cm，宽 5～15 mm，顶端钝圆，边缘全缘或具浅疏齿，基部楔形，具叶柄；茎生叶多数，贴茎，叶片长椭圆形或卵状披针形，顶端钝圆，边缘具浅疏齿，基部心形或钝形叶耳，抱茎或半抱茎。【花】总状花序，顶生或腋生，花多数；萼片长椭圆形，顶端锐尖，背面无毛；花瓣白色，长椭圆形，顶端钝圆，基部爪状；花柱短，柱头扁平。【果】长角果线形，直立，紧贴果序轴；果瓣具纤细中脉，花柱宿存；果梗直立。【种子】卵形，每室 1 行，具种子 25 粒，表面具颗粒状突起，边缘具窄翅，褐色。【成熟期】花期 5—6 月，果期 5—7 月。

生境分布 一年生或二年生草本。生于海拔 1600～2 800 m 的干燥山坡、草地灌丛。贺兰山西坡和东坡均有分布。我国分布于东北、西北、西南及河北、山西、山东、河南、安徽、湖北等地。世界分布于欧洲、北美洲。

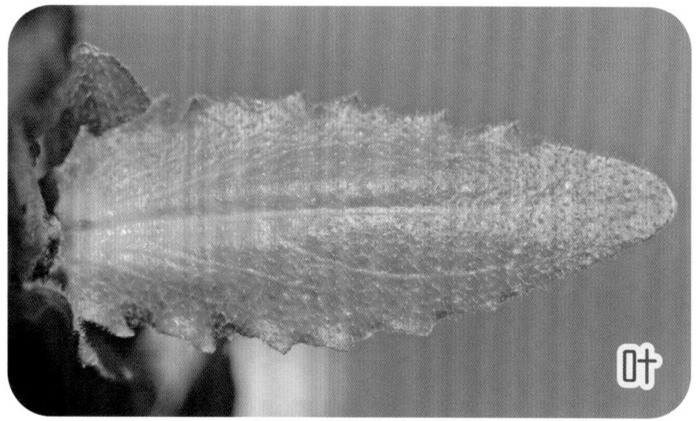

贺兰山南芥 *Arabis alaschanica* Maxim. 别称 阿拉善南芥

形态特征 【植株】高 5～15 cm。【根】直根，圆锥状，淡黄褐色，其顶端具多头，包被多数枯萎残叶柄。【叶】基部丛生，呈莲座状，肉质，倒披针形至倒卵形，长 1～2.5 cm，宽 5～6 mm，顶端钝，基部渐狭，边缘具疏细齿，两面无毛，仅边缘具睫毛；叶柄具狭翅。【花】总状花序，花莛自基部抽出，具少数花；萼片矩圆形，边缘或具睫毛，具白色膜质边缘；花瓣白色或淡紫色，近匙形，下部具爪。【果】长角果狭条形，或稍弯曲，扁平，无毛，顶端宿存花柱；果梗劲直，较粗壮。【种子】1 行，矩圆形，棕褐色，扁平，具狭翅。【成熟期】花果期 6—8 月。

生境分布 多年生矮小草本。生于海拔 1 900～2 800 m 的云杉林缘、岩石缝。贺兰山西坡和东坡均有分布。我国分布于甘肃、宁夏、四川等地。

药用价值 全草入药，可解食物中毒、退热。

垂果南芥　*Arabis pendula* Linn　　别称　粉绿垂果南芥

形态特征　【植株】高 15 ~ 60 cm，全株被硬单毛。【根】主根圆锥状，黄白色。【茎】直立，上部具分枝。【叶】茎下部叶长椭圆形至倒卵形，长 3 ~ 10 cm，宽 5 ~ 25 mm，顶端渐尖，边缘具浅锯齿，基部渐狭成叶柄；茎上部叶狭长，椭圆形至披针形，较下部叶略小，基部呈心形或箭形，抱茎，上面黄绿色至绿色。【花】总状花序，顶生或腋生，具花 10 余朵；萼片椭圆形，背面被单毛、叉状毛及星状毛，花蕾期更密；花瓣白色，匙形。【果】长角果线形，弧曲，下垂。【种子】每室 1 行，种子椭圆形，褐色，边缘具环状翅。【成熟期】花果期 6—7 月，果期 7—8 月。

生境分布　一年生或二年生中生草本。生于海拔 2 000 ~ 2 500 m 的山地沟谷、灌丛、阴坡石缝。贺兰山西坡照北沟、黄土梁和东坡小口子等有分布。我国分布于北方、西南地区。世界分布于欧洲、亚洲中部地区及俄罗斯、蒙古国、朝鲜。

药用价值　果入药，可清热、解毒、消肿；也可做蒙药。

盐芥属　*Thellungiella* O. E. Schulz

盐芥　*Thellungiella salsuginea* (Pall.) O. E. Schulz in Engler

形态特征　【植株】高 10 ～ 40 cm，全株被白粉，呈灰蓝绿色，无毛。【茎】直立，中部或基部分枝，光滑，或下部具盐粒，基部带淡紫色。【叶】基生叶近莲座状，早枯，具叶柄，叶片卵形或长圆形，全缘或具不明显、不整齐小齿；茎生叶无叶柄，叶片长圆状卵形，下部叶长 5 ～ 15 mm，宽 2 ～ 5 mm，向上渐小，顶端急尖，基部箭形，抱茎，全缘或具不明显小齿。【花】花序伞房状，果期伸长，花梗短；萼片卵圆形，具白色膜质边缘；花瓣白色，长圆状倒卵形，顶端钝圆。【果】长角果略弯曲；果梗丝状，斜向上展开，果端翘起，使角果向上直立。【种子】2 行，黄色，椭圆形。【成熟期】花果期 4 — 5 月。

生境分布　一年生盐生中生草本。生于山麓水沟、盐渍农田。贺兰山西坡小松山、水泥厂有分布。我国分布于内蒙古、新疆、江苏等地。世界分布于亚洲中部地区及蒙古国、俄罗斯、美国、加拿大等。

植株

花

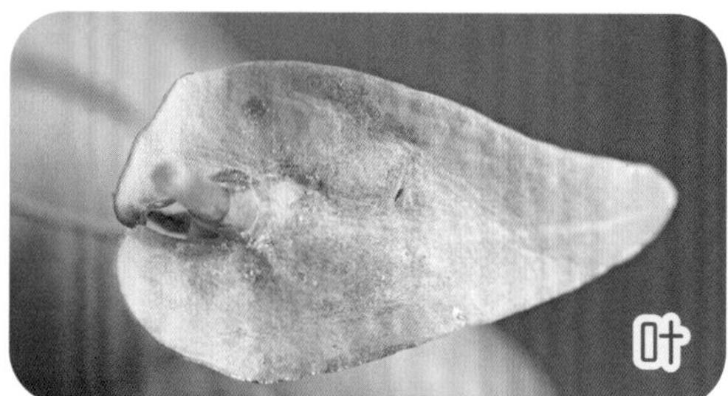
叶

景天科　Crassulaceae

瓦松属　*Orostachys* Fisch.

瓦松　*Orostachys fimbriata* (Turcz.) A. Berger　　别称　酸溜溜、酸窝窝

形态特征　【植株】高 10 ～ 30 cm，全株粉绿色，密生紫红色斑点。【叶】第 1 年基生莲座状叶短，叶匙状条形，先端具半圆形软骨质附属物，边缘呈流苏齿状，中央具 1 刺尖；第 2 年抽出花茎，茎生叶散生，无叶柄，条形至倒披针形，长 2 ～ 3 cm，宽 3 ～ 5 mm，先端具刺尖头，基部叶早枯。【花】花序顶生，总状或圆锥状，或下部分枝，呈塔形；具花梗；萼片 5，狭卵形，先端尖，绿色；花瓣 5，红色，干后呈蓝紫色，披针形，先端具突尖头，基部稍合生；雄蕊 10，与花瓣等长或稍短，花药紫色；鳞片 5，近四方形；心皮 5。【果】蓇葖果矩圆形。【成熟期】花期 8 — 9 月，果期 10 月。

生境分布　二年生肉质砾石生旱生草本。生于海拔 1 600 ～ 2 300 m 的沟谷河滩、石质山坡。贺兰山西坡和东坡均有分布。我国分布于北方地区。世界分布于朝鲜、日本、蒙古国、俄罗斯。

药用价值　全草入药，可止血活血、敛疮；也可做蒙药。

黄花瓦松　*Orostachys spinosa* (L.) Sweet

形态特征　【植株】高 10 ～ 30 cm。【叶】第 1 年基生莲座状叶丛，叶矩圆形，先端具半圆形白色软骨质附属物，中央具刺尖；第 2 年抽出花茎，茎生叶互生，宽条形至倒披针形，长 1 ～ 3 cm，宽 2 ～ 5 mm，先端渐尖，具软骨质刺尖，基部无叶柄。【花】花序顶生，狭长，穗状或总状；花梗有或无；苞片披针形至矩圆形，具刺尖；萼片 5，卵状矩圆形，先端具刺尖和红色斑点；花瓣 5，黄绿色，卵状披针形，先端渐尖，基部稍合生；雄蕊 10，较花瓣稍长，花药黄色；鳞片 5，近正方形，先端微缺；心皮 5。【果】蓇葖果，椭圆状披针形。【成熟期】花期 8 — 9 月，果期 9 — 10 月。

生境分布　二年生肉质旱生杂草。生于海拔 1 600 ～ 2 300 m 的山坡石缝、林下岩石。贺兰山西坡哈拉乌、照北沟、水磨沟有分布。我国分布于东北及甘肃、新疆、西藏等地。世界分布于朝鲜、蒙古国、俄罗斯。

药用价值　全草入药，可止血、活血、敛疮；也可做蒙药。

狼爪瓦松 *Orostachys cartilaginea* Boriss. 别称 辽瓦松、干滴落

形态特征 【植株】高 10 ～ 20 cm，全株粉白色密布紫红色斑点。【叶】第 1 年基生莲座状叶，叶片矩圆状披针形，先端具半圆形白色软骨质附属物，全缘或圆齿，中央具刺尖；第 2 年抽出花茎，茎生叶互生，无叶柄，条形或披针状条形，长 15 ～ 35 mm，宽 2 ～ 4 mm，先端渐尖，具白色软骨质刺尖，基部叶早枯。【花】圆柱状总状花序；苞片条形或条状披针形，先端尖，与花相等或长；花梗稍长，或花梗上着生数朵花；萼片 5，披针形，淡绿色；花瓣 5，白色，稀具红色斑点而呈粉红色，矩圆状披针形，先端锐尖，基部合生；雄蕊 10，与花瓣等长或稍长，花药暗红色；鳞片 5，近正方形；心皮 5。【果】蓇葖果矩圆形。【种子】多数，细小，卵形，褐色。【成熟期】花期 8 — 9 月，果期 10 月。

生境分布 二年生肉质旱生草本。生于海拔 1 600 ～ 2 300 m 的沟谷河滩、石质山坡。贺兰山西坡水磨沟、乱柴沟、干树湾有分布。我国分布于东北及山东等地。世界分布于朝鲜、俄罗斯。

药用价值 全草入药，止血、活血、敛疮；也可做蒙药。

植株

花

叶

红景天属 *Rhodiola* Linn

小丛红景天 *Rhodiola dumulosa* (Franch.) S. H. Fu

形态特征 【植株】高 5 ～ 15 cm，无毛。【茎】主轴粗壮，多分枝，地上部分残存老枝；一年生花枝簇生主轴顶端，直立或斜升，基部包被褐色鳞片状叶。【叶】互生，条形，长 7 ～ 10 mm，宽 1 ～ 2 mm，先端锐尖或稍钝，全缘，绿色；无叶柄。【花】花序顶生，聚伞状，具花 4 ～ 7 朵；花梗短；萼片 5，条状披针形，先端具长尖头；花瓣 5，白色或淡红色，披针形，近直立；上部向外弯曲，先端具长突尖头，边缘褶皱；雄蕊 10，2 轮，短于花瓣，花药褐色；鳞片扁长；心皮 5，卵状矩圆形，顶端渐尖成花柱。【果】蓇葖果直立或上部开展。【种子】少数，褐色，狭倒卵形。【成熟期】花期 7 — 8 月，果期 9 — 10 月。

生境分布 多年生肉质旱中生草本。生于海拔 2 300 ～ 3 400 m 的山顶石缝、山坡岩石。贺兰山西坡和东坡均有分布。我国分布于吉林、河北、山西、陕西、甘肃、四川、青海、湖北等地。世界分布于缅甸、不丹。

药用价值 全草入药，可养心安神、滋阴补肾、清热明目；也可做蒙药。

景天属　*Sedum* Linn

阔叶景天　*Sedum roborowskii* Maxim.　　别称　草原景天

形态特征　【植株】高 2.5 ～ 15 cm，无毛。【根】纤维状。【茎】花茎近直立，自基部分枝。【叶】互生，稀疏，矩圆形，长 5 ～ 12 mm，宽 2 ～ 5 mm，先端钝，基部具钝距。【花】花序伞房状（似蝎尾状聚伞花序），疏生多花；小苞片叶状；花为不等 5 基数；花梗长；萼片矩圆形或卵状矩圆形，不等长，先端钝，有时具乳头状突起，基部具钝距；花瓣淡黄色，卵状披针形，先端钝，离生；雄蕊 10，2 轮，外轮长，内轮短；鳞片条形或长方形，先端微缺；心皮矩圆形，先端突狭为花柱，基部合生，含胚珠 12 ～ 15。【果】蓇葖果稍展。【种子】倒卵状矩圆形，具小乳头状突起。【成熟期】花期 8 — 9 月，果期 9 月。

生境分布　一年生或二年生肉质中生草本。生于海拔 1 900 ～ 2 600 m 的石质山坡、岩石缝隙。贺兰山西坡南寺、哈拉乌有分布。我国分布于宁夏、甘肃、青海、西藏等地。世界分布于尼泊尔。

费菜属　*Phedimus* Rafin.

费菜　*Phedimus aizoon* (L.)'t Hart　别称　景天三七、见血散

形态特征　【植株】高 20 ～ 50 cm，全株被乳头状微毛。【根状茎】短而粗；具 1 ～ 3 条茎，少数丛生，直立，不分枝。【叶】互生，先端钝，椭圆状披针形至倒披针形，长 2.5 ～ 8 cm，宽 0.7 ～ 2 cm，先端渐尖或稍钝，基部楔形，边缘具不整齐锯齿，几无叶柄。【花】聚伞花序，顶生，分枝平展，多花，下托以苞叶；近无花梗；萼片 5，条形，肉质，不等长，先端钝；花瓣 5，黄色，矩圆形至椭圆状披针形，具短尖；雄蕊 10，较花瓣短；鳞片 5，正方形；心皮 5，卵状矩圆形，基部合生，腹面具囊状突起。【果】蓇葖果星芒状排列，具直喙。【种子】椭圆形。【成熟期】花期 6 — 8 月，果期 8 — 10 月。

生境分布　多年生肉质中生草本。生于海拔 1 700 ～ 2 500 m 的石质山坡、沟谷崖壁、石缝。贺兰山西坡和东坡均有分布。我国分布于东北、华中、西北及四川等地。世界分布于蒙古国、俄罗斯、朝鲜、日本。

药用价值　全草入药，可安神、止血、化瘀；也可做蒙药。

植株

花

叶

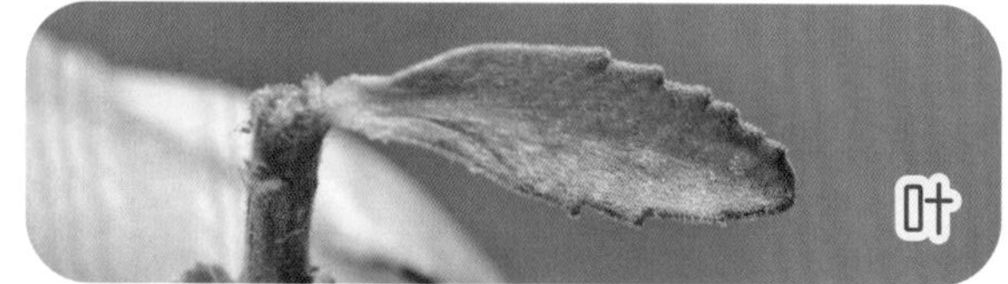
叶

虎耳草科　Saxifragaceae

虎耳草属　*Saxifraga* Linn

爪瓣虎耳草　*Saxifraga unguiculata* Engl.

形态特征　【植株】高 3 ～ 8 cm，丛生。【茎】基部分枝，具不育叶丛；纤细，斜升，下部无毛，中部以上被腺毛。【叶】基生叶多数，密集，呈莲座状，匙状倒披针形，长 4 ～ 7 mm，1.5 ～ 2.5 mm，先端圆钝，两面无毛；茎生叶条状倒披针形，肉质，先端钝，基部渐狭，边缘被腺毛，两面无毛，无叶柄。【茎】聚伞花序，具花 1 ～ 3 朵；花梗细长，被腺毛；萼片 5，宽卵形；先直立，后反曲，被腺毛；花瓣 5，黄色，狭卵形或矩圆形；基部具爪；雄蕊 10；子房半下位，近卵形；花柱长。【成熟期】花果期 7 — 9 月。

生境分布　多年生耐寒中生草本。生于海拔 2 800 ～ 3 500 m 的高寒灌丛、草甸。贺兰山主峰下及山脊两侧有分布。我国分布于甘肃、河北、山西、青海、四川、西藏等地。

药用价值　全草入药，可清肝胆热、排脓敛疮；也可做蒙药。

零余虎耳草　*Saxifraga cernua* Linn　　别称　珠芽虎耳草、点头虎耳草

形态特征　【植株】高 10 ～ 20 cm。【球茎】白色，肉质，被腺毛。【茎】直立或斜升。【叶】单叶互生，基生叶与茎下部叶具长叶柄，肾形，长 5 ～ 7 mm，宽 8 ～ 12 mm，先端圆形，基部心形，边缘具大钝齿或浅裂，齿尖常具小尖头，两面被腺毛；茎中部叶具短叶柄，叶片与基生叶相似但小；茎上部叶柄极短，叶片卵形，掌状 3 ～ 5 浅裂；顶生叶披针形或条形，无叶柄；叶腋间具珠芽和若干鳞片，鳞片近卵形，顶端 1 小尖头，肉质，紫色，被腺毛。【花】单生枝顶端；萼片披针状卵形，顶端钝，外面密被腺毛；花瓣白色，狭卵形或倒披针形，比花瓣短。【果】蒴果宽卵形或矩圆形，果皮膜质，褐色，顶部 2 瓣开裂，裂瓣先端具长喙。【成熟期】花果期 6 — 9 月。

生境分布　多年生中生草本。生于海拔 3 000 m 以上的高山针叶林、林缘、高山草甸、高山碎石缝。贺兰山主峰下及山脊两侧有分布。我国分布于北方、西南地区。世界分布于欧洲、北美洲及日本、蒙古国、俄罗斯。

茶藨子科　Grossulariaceae

茶藨子属　*Ribes* Linn

美丽茶藨子　*Ribes pulchellum* Turcz.　　别称　小叶茶藨、酸麻子

形态特征　【植株】高 1 ～ 2 m。【茎】当年生小枝红褐色，密被短柔毛；老枝灰褐色，稍纵向剥裂，节上具 1 对皮刺。【叶】宽卵形，长、宽均为 1 ～ 3 cm，掌状深裂 3 ～ 5，先端尖，边缘具粗锯齿，基部近截形，两面被短柔毛，掌状三至五出脉；叶柄被短柔毛。【花】单性，雌雄异株；总状花序，着生短枝，总花序梗、花梗和苞片被短柔毛与腺毛；花淡绿黄色或淡红色；花萼筒浅碟形；萼片 5，宽卵形；花瓣 5，鳞片状；雄蕊 5，与萼片对生；子房下位，近球形；柱头 2 裂。【果】浆果，红色，近球形。【成熟期】花期 5 — 6 月，果期 8 — 9 月。

生境分布　中生灌木。生于海拔 1 600 ～ 2 600 m 的半阴坡沟谷、灌丛。贺兰山西坡和东坡均有分布。我国分布于北方地区。世界分布于蒙古国、俄罗斯。

植株

果

叶

糖茶藨子　*Ribes himalense* Royle ex Decne.

形态特征　【植株】高 1 ～ 2 m。【茎】当年生枝淡黄褐色或棕褐色，近无毛；二年生或三年生枝灰褐色，稍剥裂。【芽】卵形，鳞片密被柔毛。【叶】宽卵形，长 5 ～ 10 cm，宽 6 ～ 11 cm；掌状 3 浅裂至中裂，稀 5 裂；裂片卵形三角形，先端锐尖，边缘具不整齐重锯齿，基部心形；上面绿色，被腺毛，嫩叶明显，或混生疏柔毛；下面灰绿色，疏被柔毛或密被柔毛，沿叶脉被腺毛；掌状三至五出脉；叶柄被腺毛和柔毛。【花】总状花序，总花序梗密被长柔毛，具花 10 余朵；苞片三角状卵形，花梗与苞片近相等；花两性，淡紫红色；花萼筒钟状管形；萼片 5，直立，近矩圆形，顶端具睫毛；花瓣为萼片的 1/2；雄蕊 5；子房下位，椭圆形；柱头 2 裂。【果】浆果红色，球形。【成熟期】花期 5 — 6 月，果期 8 — 9 月。

生境分布　中生灌木。生于海拔 2 000 ～ 2 700 m 的云杉林、林缘、沟谷、灌丛。贺兰山西坡北寺、强岗梁和东坡插旗沟有分布。我国分布于西北、西南及河北、山西、河南、湖北、云南等地。世界分布于克什米尔地区及尼泊尔、锡金、不丹等。

英吉里茶藨子 *Ribes palczewskii* (Jancz.) Pojark.

形态特征 【植株】高 1 ～ 1.5 m。【茎】老枝紫褐色，树皮剥裂；小枝暗黄色，具纵棱，被弯曲短柔毛。【叶】圆卵形，3 ～ 5 裂，长 3 ～ 6 cm，宽 3.5 ～ 7 cm，基部心形、截形或宽楔形，裂片三角形，中央裂片稍长，边缘具尖齿，上面绿色无毛，下面淡绿色，疏被短柔毛，掌状三至五出脉；叶柄被短柔毛。【花】总状花序，直立，具花 5 ～ 12 朵；具花梗，总花序梗与花梗均密被柔毛；花淡黄色；萼片 5，宽倒卵形；花瓣匙形。【果】浆果近球形，红色。【成熟期】花期 5 — 6 月，果期 8 月。

生境分布 中生灌木。生于海拔 2 000 ～ 2 700 m 的云杉林、林缘、沟谷、灌丛。贺兰山西坡水磨沟、强岗梁和东坡贺兰沟有分布。我国分布于宁夏、黑龙江等地。世界分布于蒙古国、俄罗斯。

蔷薇科 Rosaceae

绣线菊属 *Spiraea* Linn

耧斗菜叶绣线菊 *Spiraea aquilegiifolia* Pall. 别称 耧斗菜绣线菊

形态特征 【植株】高 50 ～ 60 cm。【茎】枝条多细瘦，小枝圆柱形，褐色或灰褐色，幼时密被短柔毛，后脱落，老时几无毛。【芽】冬芽小，卵形，被数枚鳞片。【叶】花枝叶片倒卵形，长 4 ～ 8 mm，宽 2 ～ 5 mm，先端圆钝，基部楔形，全缘或先端 3 浅圆裂；不孕枝叶片扇形，长、宽 7 ～ 10 mm，先端 3 ～ 5 浅圆裂，基部狭楔形，上面无毛或疏被短柔毛，下面灰绿色，密被短柔毛，基部微具 3 脉；叶柄极短，被短柔毛。【花】伞形花序，无总花序梗，具花 3 ～ 6 朵，基部数枚小叶簇生；花梗无毛；花萼筒钟状，里面被短柔毛；萼片三角形，先端尖锐，里面微被短柔毛；花瓣近圆形，先端钝，白色；雄蕊 20，与花瓣等长；花盘明显，具 10 个深裂片，排列成圆环形；子房被短柔毛；花柱短于雄蕊。【果】蓇葖果上半部或沿腹缝线被短柔毛。【成熟期】花期 5 — 6 月，果期 7 — 8 月。

生境分布 矮小旱中生灌木。生于海拔 1 500 ～ 1 900 m 的山坡沟谷、石质山坡。贺兰山西坡峡子沟、赵池沟和东坡甘沟有分布。我国分布于黑龙江、山西、陕西、甘肃等地。世界分布于蒙古国、俄罗斯。

植株

花

叶

三裂绣线菊 *Spiraea trilobata* Linn 别称 三裂叶绣线菊

形态特征 【植株】高 1 ～ 1.5 m。【茎】枝黄褐色、暗灰色，无毛。【芽】卵形，被数枚鳞片，褐色，无毛。【叶】近圆形或倒卵形，长 7 ～ 8 mm，宽 5 ～ 17 mm，先端 3 裂，或中部具钝圆锯齿，基部楔形、宽楔形或圆形，具 3 ～ 5 脉；两面无毛；具叶柄。【花】伞房花序，总花序梗具花 10 ～ 20 朵；花梗无毛；萼片三角形，里面被柔毛；花瓣宽倒卵形或圆形，先端微凹；雄蕊 20，比花瓣短；花盘呈杯状，10 深裂；子房沿腹缝线被柔毛；花柱顶生，短于雄蕊。【果】蓇葖果沿开裂腹缝线稍被毛，宿存萼片直立。【成熟期】花期 5 — 7 月，果期 7 — 9 月。

生境分布 中生灌木。生于海拔 1 600 ～ 2 300 m 的山地沟谷、林下、林缘、山地灌丛。贺兰山西坡水磨沟有分布。我国分布于东北及山西、河北、河南、甘肃、陕西、安徽等地。世界分布于西伯利亚地区。

蒙古绣线菊　*Spiraea lasiocarpa* Kar. & Kir.

形态特征　【植株】高 1 ～ 2 m。【茎】幼枝淡褐色，具棱，无毛；老枝紫褐色或暗灰色，皮条状剥落。【芽】冬芽圆锥形，先端渐尖，被 2 褐色外露鳞片，无毛。【叶】长椭圆形或椭圆状倒披针形，长 5 ～ 13 mm，宽 2 ～ 5 mm，不孕枝叶大，花果枝叶小，先端圆钝，偶具小尖头，基部楔形，全缘，稀先端 2 ～ 3 裂，两面无毛；叶柄极短。【花】伞状花序，总花序梗具花 10 ～ 17 朵；花梗无毛；萼片近三角形，外面无毛，里面密被短柔毛；花瓣近圆形，长、宽相等，白色；雄蕊 19 ～ 23，与花瓣等长；花盘环状，具 10 个大小不等深裂片；子房被短柔毛；花柱短于雄蕊。【果】蓇葖果被短柔毛，宿存萼片直立。【成熟期】花期 6 — 7 月，果期 8 — 9 月。

生境分布　旱中生灌木。生于海拔 1 600 ～ 2 600 m 的山坡沟谷、灌丛。贺兰山西坡和东坡均有分布。我国分布于河北、山西、甘肃、青海、陕西、河南、四川、西藏等地。

药用价值　花入药，生津止渴、利水。

蒙古绣线菊（原变种） *Spiraea lasiocarpa* var. *lasiocarpa*

形态特征 【植株】高 1 ～ 2 m。【茎】幼枝黄褐色，疏被短柔毛；小枝暗红褐色，呈明显“之”字形弯曲，具显著棱角，被短柔毛，老时近无毛。【芽】冬芽小，卵形，具数枚鳞片，密被短柔毛。【叶】宽卵形、宽椭圆形、椭圆形至倒卵状椭圆形，长 5 ～ 14 mm，宽 3 ～ 8 mm，先端圆形，基部楔形至近圆形，全缘，幼时下面被短柔毛，老时具浅齿，两面无毛；叶柄无毛。【花】伞形总状花序，着生侧枝顶端，具花 8 ～ 15 朵，花梗与总花序梗均无毛；花萼筒钟形，无毛；萼片三角形，先端急尖，外面无毛，里面密被短柔毛；花瓣肾形，先端微凹，白色；雄蕊 20；花盘圆环形，被长柔毛，边缘具腺体；子房无毛；花柱较雄蕊短。【果】蓇葖果无毛或仅腹缝线上被短柔毛，宿存萼片直立。【成熟期】花期 5 — 6 月，果期 6 — 7 月。

生境分布 旱中生灌木。生于海拔 1 600 ～ 2 300 m 的山地沟谷、石质山坡、山脊。贺兰山西坡和东坡均有分布。

毛枝蒙古绣线菊 *Spiraea mongolica* Maxim. var. *tomentulosa* Yu. 别称 回折绣线菊

形态特征 【植株】高 3 m。【茎】幼枝红褐色，营养枝顶端常刺化，强烈迴折状，呈“之”字形曲折，密被短茸毛；老枝暗褐色，疏被茸毛。【芽】冬芽长卵形，外被 2 枚鳞片，被短茸毛，略长于柄。【叶】倒卵形至宽椭圆形，长 6 ～ 12 mm，宽 4 ～ 9 mm，圆钝头具 1 小尖，基部楔形或近圆形，上面绿色，下面灰绿，全缘；叶柄被短茸毛。【花】伞形总状花序，着生侧枝顶端，总花序梗无毛；花萼筒钟状，裂片三角形，里面被短毛；花瓣近圆形，白色；雄蕊短于花瓣；花盘 10，圆裂呈环状；子房无毛；花柱较雄蕊短。【果】蓇葖果半开张，易脱落；宿存花柱位于背部靠顶端。【成熟期】花期 6 — 7 月，果期 8 — 9 月。

生境分布 旱中生灌木。生于海拔 1 600 ～ 2 100 m 的山地灌丛、林缘、石质山坡、山沟。贺兰山西坡有分布。我国分布于宁夏、甘肃等地。

阿拉善绣线菊　*Spiraea chanicioraea* Y. Z. Zhao & T. J. Wang

形态特征　【植株】高 1 m。【茎】枝褐色或紫褐色，幼时具条棱，无毛，具条状剥落树皮。【芽】冬芽钻形，具 2 枚外露鳞片，无毛。【叶】倒卵形或矩圆状倒卵形，长 10 ~ 20 mm，宽 4 ~ 15 mm，先端急尖或钝，基部楔形或狭楔形，先端或中上部具锯齿，稀全缘，两面无毛，下面具白霜；叶柄无毛。【花】伞房花序，总花序梗无毛，具花 15 ~ 20 朵；花梗无毛；花萼筒钟状，外面无毛；萼片卵状三角形，先端急尖，里面被疏柔毛，外面无毛；花瓣近圆形，白色；雄蕊 17 ~ 22，比花瓣短；花盘圆环形，具 10 个圆形裂片；子房无毛。【成熟期】花期 5 — 6 月。

生境分布　中生灌木。生于海拔 1 600 ~ 1 800 m 的山麓荒漠区林缘、山地林下。贺兰山西坡乱柴沟、干树湾、哈拉乌等有分布。我国分布于内蒙古。

曲萼绣线菊 *Spiraea flexuosa* Fisch. ex Cambess.

形态特征 【植株】高 0.8 ～ 1.5 m。【茎】小枝细瘦，微曲，黄褐色至紫褐色，幼时具棱角，无毛。【芽】冬芽长卵形，先端渐尖，具 2 枚外露鳞片。【叶】长椭圆形至卵形，长 1 ～ 5 cm，宽 8 ～ 20 mm，先端锐尖，基部楔形或圆形，先端或中部上缘具单锯齿，上面无毛，下面疏被短柔毛，具白霜；叶柄无毛。【花】伞房花序，总花序梗无毛，具花 10 余朵；花梗苞片椭圆状披针形，无毛；花萼外面无毛；花萼筒钟状；萼片近三角形，先端急尖，里面被短柔毛；花瓣近圆形，先端钝，长、宽近相等，白色；雄蕊 20 左右，长于花瓣；花盘环形，具 10 个裂片；子房被短柔毛；花柱短于雄蕊。【果】蓇葖果直立，被短柔毛，宿存花柱直立顶生，宿存萼片反折。【成熟期】花期 5 — 6 月，果期 8 — 9 月。

生境分布 中生灌木。生于海拔 2 100 m 左右的云杉林下、山地阴坡。贺兰山西坡镇木关沟、峡子沟有分布。我国分布于东北及内蒙古、山西、陕西、新疆等地。世界分布于俄罗斯、蒙古国、朝鲜、日本等。

植株

叶

叶

栒子属 *Cotoneaster* Medikus

水栒子 *Cotoneaster multiflorus* Bunge in Ledeb.

别称 栒子木、多花栒子

形态特征 【植株】高 2 m。【茎】枝开展，褐色或暗灰色，嫩枝紫色或紫褐色，被毛。【叶】卵形、菱状卵形或椭圆形，长 2 ～ 4 cm，宽 1 ～ 3 cm，先端圆钝或微凹，或具短尖头；基部宽楔形或圆形，上面绿色，无毛，下面淡绿色，幼时稍被茸毛，后脱落；叶柄紫色或绿色，幼时被柔毛，后脱落无毛；托叶披针形，紫褐色，被毛，早落。【花】聚伞花序，疏松，着生叶腋，具花 3 ～ 10 朵；花梗无毛；苞片披针形，稍被毛，早落；萼片三角形，仅先端边缘稍被毛；花瓣近圆形，白色，开展，长、宽相等，基部被 1 簇柔毛；雄蕊 20，短于花瓣；花柱 2，比雄蕊短；子房顶端被柔毛。【果】近球形或宽卵形，鲜红色，具 1 小核。【成熟期】花期 6 月，果熟期 9 月。

生境分布 中生灌木。生于海拔 1 800 ～ 2 500 m 的阴坡山地沟谷、山坡杂木林。贺兰山西坡和东坡均有分布。我国分布于西北、西南及黑龙江、辽宁、河北、山西、河南等地。世界分布于高加索地区、西伯利亚地区及亚洲。

蒙古栒子　*Cotoneaster mongolicus* Pojark.

形态特征　【植株】高 1.5 ～ 2 m。【茎】小枝紫色、棕褐色或暗红色，幼时被白色柔毛，老时脱落。【叶】卵形、椭圆形，稀长椭圆形，长 1 ～ 3 cm，宽 6 ～ 15 mm，先端圆钝或锐尖，基部圆形或宽楔形，稍偏斜，上面绿色，被微毛或无毛，下面淡绿色，密被灰白色茸毛，老时稀疏，沿叶脉密；叶柄被柔毛；托叶披针形，紫褐色，被毛。【花】聚伞花序，着生叶腋或短枝，具花 2 ～ 5 朵；花梗密被毛；花萼筒外面无毛；萼片三角形，先端被微毛；花瓣近圆形或椭圆形，白色，开展；雄蕊 15 ～ 20，短于花瓣，花丝下部加宽呈披针形；花柱 2，短于雄蕊；子房顶端被柔毛。【果】倒卵形，红色或紫红色，无毛，稍被蜡粉或无，具 2 小核。【成熟期】花期 6 — 7 月，果期 8 — 9 月。

生境分布　中生灌木。生于海拔 1 600 ～ 2 500 m 的山地沟谷、灌丛。贺兰山西坡水磨沟、皂刺沟、峡子沟和东坡黄旗沟有分布。我国分布于内蒙古。世界分布于俄罗斯、蒙古国。

准噶尔栒子 *Cotoneaster soongoricus* (Regel & Herder) Popov

形态特征 【植株】高 1 ～ 2.5 m。【茎】枝灰褐色，嫩枝紫褐色，被微毛。【叶】卵形或椭圆形，长 12 ～ 23 mm，宽 7 ～ 20 mm，先端圆钝或急尖，具小尖头，基部宽楔形或圆形，上面疏被柔毛或无毛；叶脉凹陷，下面被茸毛；叶柄被毛；托叶披针形，棕褐色，被毛。【花】聚伞花序，具花 3 ～ 5 朵；花梗被毛；花萼筒外面被茸毛；萼片三角形，外面被茸毛，里面近无毛；花瓣近圆形，开展，白色，先端圆钝，稀微凹，基部具短爪，里面近基部被白色柔毛；雄蕊 18 ～ 20，短于花瓣；花柱 2，稍短于雄蕊；子房顶端密被白色柔毛。【果】卵形至椭圆形，红色，被稀疏柔毛，具 1 ～ 2 小核。【成熟期】花期 6 — 7 月，果期 8 — 9 月。

生境分布 旱中生灌木。生于海拔 1 600 ～ 2 300 m 的草原区山地沟谷、山坡。贺兰山西坡和东坡均有分布。我国分布于西北、西南及河北、山西等地。

黑果栒子 *Cotoneaster melanocarpus* Lodd. G. Lodd. & W. Lodd. 别称 黑果灰栒子

形态特征 【植株】高 2 m。【茎】紫褐色、褐色或棕褐色，嫩枝密被柔毛，后脱落至无毛。【叶】卵形、宽卵形或椭圆形，长 1 ～ 4 cm，宽 1 ～ 2.5 cm，先端锐尖，圆钝，稀微凹，基部圆形或宽楔形，全缘，上面疏被短柔毛，下面密被灰白色茸毛；叶柄密被柔毛；托叶披针形，紫褐色，被毛。【花】聚伞花序，具花 2 ～ 6 朵；总花序梗和花梗被毛，下垂；苞片条状披针形，被毛；萼片卵状三角形，无毛或先端边缘被毛；花瓣近圆形，直立，粉红色，长、宽相等；雄蕊约 20，与花瓣近等长或稍短；花柱 2 ～ 3，比雄蕊短；子房顶端被柔毛。【果】近球形，蓝黑色或黑色，被蜡粉，具 2 ～ 3 小核。【成熟期】花期 6 — 7 月，果期 8 — 9 月。

生境分布 中生灌木。生于海拔 2 000 ～ 2 600 m 的山地阴坡林缘、山谷灌丛。贺兰山西坡和东坡均有分布。我国分布于东北及甘肃、新疆等地。世界分布于蒙古国、俄罗斯。

西北栒子　*Cotoneaster zabelii* C. K. Schneid.　别称　土兰条

形态特征　【植株】高 1.5 ～ 2 m。【茎】细瘦开张，小枝圆柱形，深红褐色，幼时密被黄色柔毛，老时无毛。【叶】椭圆形至卵形，长 1 ～ 3 cm，宽 0.7 ～ 2 cm，先端圆钝或微缺，基部圆形或宽楔形，全缘，上面疏被柔毛，下面密被黄色或灰色茸毛；叶柄被茸毛；托叶披针形，被毛，果期脱落。【花】聚伞花序，下垂，具花 3 ～ 13 朵；总花序梗和花梗被柔毛；花萼筒钟状，外被柔毛；萼片三角形，先端钝或具短尖头，外被柔毛，边缘疏被柔毛；花瓣直立，倒卵形或近圆形，先端圆钝，浅红色；雄蕊 18 ～ 20，短于花瓣；花柱 2，离生，短于雄蕊；子房先端被柔毛。【果】倒卵形至卵球形，鲜红色，具 2 小核。【成熟期】花期 5 — 7 月，果期 8 — 9 月。

生境分布　落叶中生灌木。生于海拔 1 800 ～ 2 500 m 的石灰岩山地、山坡阴面、沟谷、灌丛。贺兰山西坡和东坡均有分布。我国分布于西北及河北、山西、山东、河南、湖北、湖南等地。

灰栒子　*Cotoneaster acutifolius* Turcz.

形态特征　【植株】高 1.5 ～ 2 m。【茎】褐色或紫褐色，老枝灰黑色，嫩枝被长柔毛，后脱落。【叶】卵形，稀椭圆形，长 13 ～ 20 mm，宽 10 ～ 35 mm，先端锐尖、渐尖，稀钝，基部宽楔形或圆形，上面绿色，疏被长柔毛，下面淡绿色，被长柔毛，幼时较密，逐渐脱落变稀；叶柄被柔毛；托叶披针形，紫色被毛。【花】聚伞花序，具花 2 ～ 5 朵；花梗被柔毛；花萼筒外面被柔毛；萼片近三 角形，边缘被白色茸毛；花瓣直立，近圆形，粉红色，基部具短爪；雄蕊 18 ～ 20，花丝下部加宽呈披针形，与花瓣近等长或稍短；花柱 2 ～ 3，比雄蕊短；子房先端密被柔毛。【果】倒卵形或椭圆形，暗紫红色，疏被柔毛，具 2 小核。【成熟期】花期 6 — 7 月，果期 8 — 9 月。

生境分布　旱中生灌木。生于海拔 1 600 ～ 2 600 m 的山地石坡沟谷、林缘。贺兰山西坡和东坡均有分布。我国分布于西北、西南及河北、山西、河南、湖北等地。

药用价值　果入药，可止血敛毒；也可做蒙药。

植株

叶

叶

全缘栒子　*Cotoneaster integerrimus* Medik.　　别称　尖叶栒子

形态特征　【植株】高达 1.5 m。【茎】小枝棕褐色、褐色或灰褐色，嫩枝密被灰白色茸毛，后渐脱落，老枝无毛。【叶】椭圆形或宽卵形，长 1.5 ～ 4 cm，宽 1 ～ 3 cm，先端锐尖、圆钝或微凹，基部圆形或宽楔形，全缘，上面疏被柔毛，下面密被灰白色茸毛；叶柄被毛；托叶披针形，被茸毛。【花】聚伞花序，具花 2 ～ 5 朵；苞片披针形，微被毛；花梗被毛；萼片卵状三角形，两面无毛；花瓣直立，近圆形，长、宽近相等，粉红色；雄蕊 15 ～ 20，与花瓣等长；花柱 2，短于雄蕊；子房顶端被柔毛。【果】近圆球形，稀卵形，红色，无毛，具 2 ～ 4 小核。【成熟期】花期 6 — 7 月，果期 7 — 9 月。

生境分布　落叶中生灌木。生于海拔 2 000 ～ 2 200 m 的石砾坡地、山地沟谷杂林。贺兰山西坡峡子沟和东坡苏峪口有分布。我国分布于东北及内蒙古、河北、青海、新疆等地。世界分布于欧洲及俄罗斯、朝鲜。

药用价值　枝、叶和果入药，可祛风湿、止血消炎。

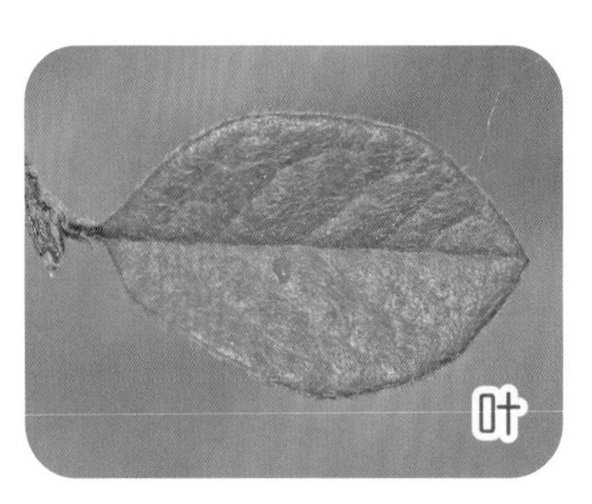

山楂属　*Crataegus* Linn

毛山楂　*Crataegus maximowiczii* C. K. Schneid.

形态特征　【植株】高 3 ～ 5 m。【茎】枝灰褐色，无刺或具刺。【芽】卵形，褐色或紫褐色，无毛，具光泽。【叶】宽卵形，长 3 ～ 7 cm，宽 2.5 ～ 5 cm，边缘羽状 5 浅裂，裂片具重锯齿，上下两面疏被白色长柔毛，下面沿脉毛较密，脉腋被髯毛；叶柄密被白色柔毛；托叶半月形，边缘具腺齿，早落。【花】复伞房花序；花萼筒钟形，外面被灰白色柔毛；萼片三角状披针形；花瓣近圆形，白色；雄蕊 20；花柱 2，基部被柔毛。【果】近球形，红色，具 3 ～ 5 小核。【成熟期】花期 5 — 6 月，果期 7 — 9 月。

生境分布　中生灌木或小乔木。生于海拔 1 800 m 左右的森林区或草原区山地林缘、沟谷、灌丛。贺兰山东坡插旗沟有分布。我国分布于东北及山西、宁夏等地。世界分布于日本、朝鲜、俄罗斯。

苹果属 *Malus* Mill.

花叶海棠 *Malus transitoria* (Batalin) C. K. Schneid. 别称 花叶杜梨

形态特征 【植株】高 1 ～ 3 m。【茎】嫩枝被茸毛，老枝紫褐色或暗紫色，无毛。【芽】卵形，先端钝，具若干鳞片，被茸毛。【叶】卵形或宽卵形，长 2 ～ 4 cm，宽 2 ～ 3 cm，先端锐尖，有时钝，基部圆形至宽楔形，边缘具不整齐锯齿，1 ～ 3 深裂，裂片 3 ～ 5，披针状卵形或矩圆状椭圆形，上面被茸毛或近无毛，下面密或疏被茸毛；叶柄被茸毛；托叶卵状披针形，先端锐尖，被茸毛。【花】花序近于伞形，具花 3 ～ 6 朵；花梗被茸毛；苞片条状披针形，早落；花萼密被茸毛；花萼筒钟形；萼片三角状卵形，先端钝或稍尖，两面均密被茸毛；花瓣白色，近圆形，先端圆形，基部具短爪；雄蕊 20 ～ 25，长短不齐，比花瓣短；花柱 3 ～ 5，无毛。【果】梨果近球形或倒卵形，红色，萼洼下陷，萼片脱落；果梗细长，疏被茸毛，果熟后近无毛。【成熟期】花期 6 月，果期 9 月。

生境分布 中生灌木或小乔木。生于海拔 2 000 m 左右的山坡沟谷、丛林。贺兰山西坡北寺和东坡插旗沟有分布。我国分布于宁夏、甘肃、陕西、青海、四川等地。

植株

果

叶

蔷薇属 *Rosa* Linn

美蔷薇 *Rosa bella* Rehd. et Wils. 别称 油瓶瓶

形态特征 【植株】高 1 ～ 3 m。【茎】小枝带紫色，平滑无毛，着生稀疏直伸的皮刺。【叶】单数羽状复叶，小叶 5 ～ 9；小叶椭圆形或卵形，长 8 ～ 30 mm，宽 6 ～ 23 mm，先端稍锐尖或稍钝，基部近圆形，边缘具圆齿状锯齿，齿尖具短小尖头，上面绿色，疏被短柔毛，下面淡绿色，被短柔毛或沿主脉被短柔毛；叶柄与小叶柄被短柔毛和疏生小皮刺。【花】单生或 2 ～ 3 朵簇生，花梗、花萼筒、萼片均密被腺毛；萼片披针形，先端长尾尖，稍宽呈叶状，全缘；花瓣粉红色或紫红色，宽倒卵形，长、宽相等，先端微凹，芳香。【果】蔷薇果椭圆形或矩圆形，鲜红色，先端收缩成颈部，宿存萼片直立，密被腺状刚毛。【成熟期】花期 6 — 7 月，果期 8 — 9 月。

生境分布 喜暖中生灌木。生于海拔 2 000 m 左右的落叶阔叶林区山地或山坡林缘、沟谷、灌丛。贺兰山西坡赵池沟有分布。我国分布于吉林、河北、山西、河南等地。

药用价值 花和果入药，可理气健脾、养血活血、调经止痛。

黄刺玫　*Rosa xanthina* Lindl.　别称　重瓣黄刺玫

形态特征　【植株】高 1 ～ 2 m。【茎】树皮深褐色，小枝紫褐色，分枝稠密，具多数皮刺；皮刺直伸，坚硬，基部扩大，无毛。【叶】单数羽状复叶，小叶 7 ～ 13；小叶近圆形、椭圆形或倒卵形，长 5 ～ 12 mm，宽 3 ～ 10 mm，先端圆形，基部圆形或宽楔形，边缘具钝锯齿，上面绿色，下面淡绿色，沿脉被柔毛，后脱落，主脉明显隆起；小叶柄与叶柄具稀疏小皮刺；托叶小，下部与叶柄合生，先端具披针形裂片，边缘被腺毛。【花】单生叶腋，重瓣或半重瓣，黄色；萼片矩圆状披针形，先端渐尖，全缘，花后反折；花瓣多数，宽倒卵形，先端微凹。【果】蔷薇果红黄色，近球形，先端萼片宿存反折。【成熟期】花期 5 — 6 月，果期 7 — 8 月。

生境分布　喜暖中生灌木。生于海拔 1 600 ～ 2 500 m 的落叶阔叶林区山地沟谷、灌丛、石质山坡。贺兰山西坡水磨沟、哈拉乌、镇木关有分布。我国分布于东北、西北及河北、山西、山东等地。

单瓣黄刺玫　*Rosa xanthina* Lindl. f. *normalis* Rehd et Wils　别称　野生黄刺玫

形态特征　【植株】高 1 ～ 2 m。【茎】树皮深褐色，小枝紫褐色，分枝稠密，皮刺多；皮刺直伸，坚硬，基部扩大，无毛。【叶】单数羽状复叶，小叶 7 ～ 13；小叶近圆形、椭圆形或倒卵形，长 6 ～ 15 mm，宽 4 ～ 12 mm，先端圆形，基部圆形或宽楔形，边缘钝锯齿，上面绿色，无毛，下面淡绿色，沿脉被柔毛，后脱落，主脉明显隆起；小叶柄与叶柄具稀疏小皮刺；托叶小，下部与叶柄合生，先端具披针形裂片，边缘具腺毛。【花】单生，黄色；萼片矩圆状披针形，先端渐尖，全缘，花后反折；花瓣 5，宽倒卵形，先端微凹。【果】蔷薇果红黄色，近球形，先端萼片宿存反折。【成熟期】花期 5 — 6 月，果期 7 — 8 月。

生境分布　喜暖中生灌木。生于海拔 1 600 ～ 2 500 m 的山地沟谷、灌丛。贺兰山西坡和东坡均有分布。我国分布于东北、西北及河北、山西、山东等地。

药用价值　花和果入药，可理气活血、调经健脾；也可做蒙药。

刺蔷薇　*Rosa acicularis* Lindl.　别称　大叶蔷薇

形态特征　【植株】高 1 m。【茎】多分枝，红褐色，密生皮刺；皮刺水平直伸。【叶】单数羽状复叶，小叶 5 ～ 7；小叶椭圆形、矩圆形或卵状椭圆形，长 2 ～ 5 cm，宽 1 ～ 3 cm，先端锐尖，基部近圆形或稍偏斜，边缘具锯齿，稀重锯齿，近基部全缘，上面暗绿色，无毛，下面淡绿色，疏被柔毛或近无毛，或具腺点，小叶柄极短；叶轴细长，无毛或被柔毛，具腺毛或稀疏小皮刺；托叶条形，大部分与叶柄合生，边缘具腺毛。【花】单生叶腋，花梗细长；萼片披针形，先端长尾尖，稍宽呈叶状，外面被腺毛和柔毛，里面密被茸毛；花瓣宽倒卵形，玫瑰红色。【果】蔷薇果椭圆形、长椭圆形或梨形，红色，颈部明显，光滑无毛。【成熟期】花期 6 — 7 月，果期 8 — 9 月。

生境分布　耐寒中生灌木。生于海拔 2 500 ～ 2 900 m 的山坡林缘、草地、灌丛。贺兰山西坡哈拉乌、南寺和东坡小口子有分布。我国分布于东北、华北、西北地区。世界分布于欧洲北部地区、北美洲及朝鲜、蒙古国、俄罗斯。

药用价值　果入药，可清热；也可做蒙药。

山刺玫 *Rosa davurica* Pall. 别称 刺玫果

形态特征 【植株】高 1 ～ 2 m。【茎】多分枝，暗紫色，叶柄基部具成对下弯皮刺。【叶】单数羽状复叶，小叶 5 ～ 9；小叶矩圆形或长椭圆形，长 10 ～ 20 mm，宽 5 ～ 15 mm，先端锐尖或稍钝，基部近圆形，边缘细锐锯齿，近基部全缘，上面绿色，近无毛，下面灰绿色，被短柔毛和颗粒状腺点；叶柄和叶轴被短柔毛、腺点和小皮刺；托叶大部分和叶柄合生，被短柔毛和腺点。【花】单生，偶数朵簇生；萼片披针状条形，先端长尾尖并稍宽，被短柔毛及腺毛；花瓣紫红色，宽倒卵形，先端微凹。【果】蔷薇果近球形或卵形，红色，平滑无毛，宿存萼片直立果顶端。【成熟期】花期 6—7 月，果期 8—9 月。

生境分布 落叶中生灌木。生于海拔 2 200 ～ 2 500 m 的落叶阔叶林区林缘、山地稀疏灌丛。贺兰山西坡和东坡均有分布。我国分布于东北、华北地区。世界分布于朝鲜、蒙古国、俄罗斯等。

药用价值 花、果和根入药，可理气健脾、活血调经、养血止血、止咳祛痰、止痢；也可做蒙药。

地榆属 *Sanguisorba* Linn

高山地榆 *Sanguisorba alpina* Bunge in Ledeb.

形态特征 【植株】高 30 ～ 80 cm，全株无毛或几无毛。【根】粗壮，圆柱形。【茎】分枝。【叶】单数羽状复叶，基生叶和茎下部叶具小叶 9 ～ 19，具叶柄；小叶椭圆形或长椭圆形，稀卵形，长 13 ～ 60 mm，宽 8 ～ 35 mm，先端圆钝或圆形，基部截形至微心形，边缘具缺刻状尖锐锯齿，两面绿色无毛，小叶柄短；托叶膜质，黄褐色；茎上部叶比基生叶小，小叶向上渐少，近无叶柄；托叶草质，绿色，卵形或弯弓呈半圆形。【花】穗状花序，顶生，粗大，下垂，圆柱形或椭圆形；由基部向上渐开放，每花具苞片 2，卵状披针形或匙状披针形，密被柔毛；萼片白色，带淡红色，卵形；雄蕊比萼片长 2 ～ 3 倍，花丝从下部开始微扩至中部，顶端渐狭，比花药窄；子房近卵形；花柱细长，柱头膨大，具乳头状突起或呈流苏状。【果】瘦果宽卵形，具纵脊棱。【成熟期】花期 7—8 月，果期 8—9 月。

生境分布 多年生中生草本。生于海拔 2 000 ～ 2 800 m 的山坡沟谷、林缘、湿地。贺兰山西坡和东坡均有分布。我国分布于宁夏、甘肃、新疆等地。世界分布于朝鲜、蒙古国、俄罗斯。

药用价值 根入药，可凉血止血、解毒敛疮；也可做蒙药。

悬钩子属 *Rubus* Linn

库页悬钩子 *Rubus sachalinensis* Levl.

别称 珍珠杆沙窝窝

形态特征 【植株】高 0.3 ～ 0.8 m。【茎】直立，被卷曲柔毛和皮刺。【叶】羽状三出复叶，互生，叶柄被卷曲柔毛与稀疏直刺，或混生腺毛；顶生小叶较两侧小叶大；小叶卵形、宽卵形或披针状卵形，长 3 ～ 9 cm，宽 1 ～ 5 cm，先端渐尖，基部圆形或近心形，边缘锯齿，稀重锯齿，齿尖具尖刺，上面绿色，被短柔毛或近无毛，下面被白色毡毛，沿脉具小刺，顶生小叶具长叶柄，侧生小叶无叶柄或叶柄极短；托叶锥形，被卷曲柔毛。【花】伞房状花序，顶生或腋生，具花数朵；花梗纤细，被卷曲柔毛、腺毛和刺；花萼外面密被卷曲柔毛、腺毛和刺；萼筒碟状；萼片长三角形，顶端具长芒，里面被绵毛；花瓣白色，倒披针形；雄蕊多数；雌蕊多数，彼此分离，着生中央球状花托，花柱近顶生。【果】聚合果含多数红色小核果。【成熟期】花期 6—7 月，果期 8—9 月。

生境分布 中生灌木。生于海拔 2 000 ～ 2 500 m 的阴坡沟谷、灌丛、林缘。贺兰山西坡和东坡均有分布。我国分布于黑龙江、吉林、河北、甘肃、青海、新疆等地。世界分布于欧洲及日本、朝鲜、俄罗斯。

药用价值 茎和叶入药，可解毒、祛风湿；也可做蒙药。

委陵菜属　*Potentilla* Linn

金露梅　*Potentilla fruticosa* Linn　　别称　金老梅

形态特征　【植株】高 0.5 ～ 1.3 m。【茎】树皮灰褐色，多分枝，片状剥落，小枝淡红褐色或浅灰褐色，幼枝被绢状长柔毛。【叶】单数羽状复叶，小叶 3 ～ 5；小叶矩圆形，少矩圆状倒卵形或倒披针形，长 8 ～ 18 mm，宽 3 ～ 8 mm，先端微突，基部楔形，全缘，边缘反卷，上面被绢毛，下面沿中脉被绢毛或近无毛；叶柄被柔毛；托叶膜质，卵状披针形，先端渐尖，基部和叶枕合生。【花】单生叶腋或数朵组成伞状花序，花梗与花萼均被绢毛；副萼片条状披针形，与萼片等长；萼片披针状卵形，先端渐尖，果期增大；花瓣黄色，宽倒卵形至圆形，比萼片长 1 倍；子房近卵形，密被绢毛；花柱侧生；花托扁球形，密生绢状柔毛。【果】瘦果近卵形，密被绢毛，褐棕色。【成熟期】花期 6 — 8 月，果期 8 — 10 月。

生境分布　较耐寒中生灌木。生于海拔 2 200 ～ 2 500 m 的森林草原区山地沟谷、林下、林缘、灌丛。贺兰山西坡水磨沟有分布。我国分布于东北、华北、西南和黄土高原地区。世界分布于欧洲、北美洲及俄罗斯。

药用价值　花和叶入药，可健脑化湿、清暑润肺；也可做蒙药。

小叶金露梅　*Potentilla parvifolia* Fisch. ex Lehm.

形态特征　【植株】高 20 ～ 80 cm。【茎】树皮灰褐色，条状剥裂，多分枝，小枝棕褐色，被绢状柔毛。【叶】单数羽状复叶，长 5 ～ 20 mm，小叶 5 ～ 7，下部 2 对密集似掌状或轮状排列；小叶近革质，条状披针形或条形，长 4 ～ 9 mm，宽 1 ～ 3 mm，先端渐尖，基部楔形，全缘，边缘反卷，两面密被绢毛，银灰绿色，顶生 3 小叶基部下延与叶轴合生；托叶膜质，淡棕色，披针形，基部与叶枕合生并抱茎。【花】单生叶腋或数朵成伞房状花序；花萼与花梗均被绢毛；副萼片条状披针形，先端渐尖；萼片近卵形，比副萼片短或等长，先端渐尖；花瓣黄色，宽倒卵形；子房近卵形，被绢毛；花柱侧生，棍棒状，向下渐细，柱头头状。【果】瘦果近卵形，被绢毛，褐棕色。【成熟期】花期 6 — 8 月，果期 8 — 10 月。

生境分布　旱中生小灌木。生于海拔 1 600 ～ 2 900 m 的浅山砾石质山坡、丘陵。贺兰山西坡和东坡均有分布。我国分布于黑龙江、甘肃、青海、四川、西藏等地。世界分布于蒙古国、俄罗斯。

药用价值　花和叶入药，可利湿、止痒；也可做蒙药。

植株　花　叶　叶

银露梅　*Potentilla glabra* Lodd.　别称　银老梅

形态特征　【植株】高 0.3 ～ 1 m。【茎】树皮纵向条状剥裂，多分枝，小枝棕褐色，被疏柔毛或无毛。【叶】单数羽状复叶，长 8 ～ 20 mm，小叶 3 ～ 5，上面 1 对小叶基部下延与叶轴合生；小叶近革质，椭圆形、矩圆形或倒披针形，长 5 ～ 10 mm，宽 0.8 ～ 5 mm，先端圆钝，具短尖头，基部楔形或近圆形，全缘，边缘下反卷，上面绿色，无毛，下面淡绿色，中脉明显隆起，侧脉不明显，无毛或疏被柔毛；托叶膜质，淡黄棕色，披针形，先端渐尖，基部与叶枕合生，抱茎。【花】单生叶腋或数朵组成伞房花序状；花梗纤细，疏被柔毛；萼筒钟状，外疏被柔毛；副萼片条状披针形，先端渐尖；萼片卵形，先端渐尖，外面疏被长柔毛，里面密被短柔毛；花瓣白色，宽倒卵形，全缘；花柱侧生，无毛，柱头头状；子房密被长柔毛。【果】瘦果表面被毛。【成熟期】花期 6 — 8 月，果期 8 — 10 月。

生境分布　耐寒中生灌木。生于海拔 2 500 ～ 2 900 m 的山地灌丛。贺兰山西坡和东坡均有分布。我国分布于西北、西南及河北、山西、安徽、湖北等地。世界分布于朝鲜、俄罗斯。

药用价值　花和叶入药，可健脾清暑、化湿调经；也可做蒙药。

白毛银露梅　*Potentilla glabra* var. *mandshurica* (Maxim.) Hand. -Mazz.　**别称**　华西银露梅

形态特征　【植株】高 0.3 ～ 1 m。【茎】树皮纵向条状剥裂，多分枝，小枝棕褐色，被疏柔毛或无毛。【叶】单数羽状复叶，长 8 ～ 20 mm，小叶 3 ～ 5，上面 1 对小叶基部下延与叶轴合生；小叶近革质，椭圆形、矩圆形或倒披针形，先端圆钝，具短尖头，基部楔形或近圆形，全缘，边缘向下反卷，上面疏被绢毛，下面密被绢毛或毡毛，中脉明显隆起，侧脉不明显，无毛或疏被柔毛；托叶膜质，淡黄棕色，披针形，先端渐尖，基部与叶枕合生，抱茎。【花】单生叶腋或数朵组成伞房花序状；花梗纤细，疏被柔毛；萼筒钟状，外疏被柔毛；副萼片条状披针形，先端渐尖；萼片卵形，先端渐尖，外面疏被长柔毛，里面密被短柔毛；花瓣白色，宽倒卵形，全缘；花柱侧生，无毛，柱头头状；子房密被长柔毛。【果】瘦果表面被毛。【成熟期】花果期 8 — 9 月。

生境分布　耐寒中生灌木。生于海拔 2 500 ～ 2 900 m 的山地灌丛。贺兰山西坡和东坡均有分布。我国分布于东北、华北、西北及四川、云南、西藏等地。世界分布于俄罗斯、朝鲜。

药用价值　花和叶入药，可益脑清心、清热健胃；也可做蒙药。

雪白委陵菜　*Potentilla nivea* Linn

形态特征　【植株】高 5 ～ 20 cm。【茎】基部包被褐色残余老叶，斜升或直立，不分枝，带淡红紫色，被蛛丝状毛。【叶】掌状三出复叶；基生叶叶柄被蛛丝状毛；小叶近无叶柄，椭圆形或卵形，长 8 ～ 25 mm，宽 6 ～ 15 mm，先端圆形，基部宽楔形或歪楔形，边缘圆钝锯齿，上面绿色，疏被伏柔毛，下面被雪白色毡毛；托叶膜质，披针形，先端渐尖或尾尖，下面被毡毛或长柔毛；茎生叶小于基生叶，叶柄较短；托叶草质，卵状披针形或披针形，先端渐尖，下面被毡毛。【花】聚伞花序，着生茎顶端；花萼被绢毛及短柔毛；副萼片条状披针形；萼片卵状或三角状卵形；花瓣黄色，倒心形；子房近椭圆形，无毛；花柱顶生，基部渐粗；花托被柔毛。【成熟期】花期 7 — 8 月，果期 8 — 9 月。

生境分布　多年生耐寒中生草本。生于海拔 2 800 ～ 3 500 m 的高山草甸、灌丛。贺兰山主峰下和山脊两侧有分布。我国分布于吉林、河北、山西、宁夏、新疆等地。世界分布于欧洲、亚洲、北美洲。

花
植株

叶

叶

二裂委陵菜　*Potentilla bifurca* Linn　　别称　叉叶委陵菜

形态特征　【植株】高 5 ～ 20 cm，全株被伏柔毛。【根状茎】木质化，棕褐色，多分枝，纵横地下。【茎】直立或斜升，自基部分枝。【叶】单数羽状复叶，小叶 4 ～ 7，最上部 1 ～ 2，顶生 3 小叶基部下延与叶轴合生；小叶无叶柄，椭圆形或倒卵椭圆形先端钝或锐尖，长 4 ～ 15 mm，宽 3 ～ 6 mm，部分先端 2 裂，顶生 3 裂，基部楔形，全缘，两面被伏柔毛；托叶膜质或草质，披针形或条形，先端渐尖，基部与叶柄合生。【花】聚伞花序，着生茎顶端；花梗纤细；花萼被柔毛；副萼片椭圆形；萼片卵圆形；花瓣宽卵形或近圆形；子房近椭圆形；花柱侧生，棍棒状，向两端渐细，柱头膨大，头状；花托被密柔毛。【果】瘦果近椭圆形，褐色。【成熟期】花果期 5 — 8 月。

生境分布　多年生广幅旱生草本或亚灌木。生于海拔 2 000 ～ 2 500 m 的荒漠草原区山地灌丛、林缘草甸。贺兰山西坡和东坡均有分布。我国分布于华北、西北及黑龙江、四川等地。世界分布于蒙古国、朝鲜、俄罗斯等。

药用价值　全草入药，可止血凉血、消炎杀虫；也可做蒙药。

长叶二裂委陵菜 *Potentilla bifurca* var. *major* Ledeb. 别称 高二裂委陵菜

形态特征 【植株】高 5 ～ 20 cm，被伏柔毛。【根状茎】木质化，棕褐色，多分枝，纵横地下。【茎】直立或斜升，自基部分枝。【叶】单数羽状复叶，小叶 4 ～ 7，最上部 1 ～ 2，顶生 3 小叶基部下延与叶轴合生；小叶无叶柄，长椭圆形或条形，长 5 ～ 14 mm，宽 3 ～ 6 mm，先端钝或锐尖，部分先端 2 裂，顶生 3 裂，基部楔形，全缘，两面被伏柔毛；托叶膜质或草质，披针形或条形，先端渐尖，基部与叶柄合生。【花】聚伞花序，着生茎顶端；花梗纤细，茎下部被伏柔毛或几无毛，花较大；花萼被柔毛；副萼片椭圆形；萼片卵圆形；花瓣宽卵形或近圆形；子房近椭圆形，无毛；花柱侧生，棍棒状，两端渐细，柱头膨大，头状；花托被密柔毛。【果】瘦果近椭圆形，褐色。【成熟期】花果期 5—9 月。

生境分布 多年生广幅旱生草本或亚灌木。生于山坡沟谷、山地草甸、河滩沙地。贺兰山西坡和东坡均有分布。我国分布于东北、华北、西北地区。世界分布于欧亚大陆温带地区。

菊叶委陵菜　*Potentilla tanacetifolia* D. F. K. Schltdl.　别称　蒿叶委陵菜、沙地委陵菜

形态特征　【植株】高 8 ~ 40 cm。【根】直根，木质化，黑褐色。【根状茎】短缩，多头，木质，包被老叶柄和残余托叶。【茎】基部丛生、斜升、斜倚或直立，茎、叶柄、花梗被长柔毛、短柔毛或曲柔毛，茎上分枝。【叶】单数羽状复叶；基生叶与茎下部叶，长 5 ~ 15 cm，小叶 11 ~ 17，顶生小叶最大，侧生小叶向下渐小，顶生 3 小叶基部下延与叶轴合生；小叶狭长椭圆形、椭圆形或倒披针形，先端钝，基部楔形，边缘缺刻状锯齿，上面绿色，被短柔毛，下面淡绿色，被短柔毛，沿叶脉被长柔毛；托叶膜质，披针形，被长柔毛；茎上部叶同形较小，小叶少，叶柄短；托叶草质，卵状披针形，全缘或 2 ~ 3 裂。【花】伞房状聚伞花序，花多数；花梗长；花被柔毛；副萼片披针形；萼片卵状披针形，比副萼片长，先端渐尖；花托被柔毛；花瓣黄色，宽倒卵形，先端微凹；花柱顶生。【果】瘦果褐色，卵形，微皱。【成熟期】花果期 7—10 月。

生境分布　多年生旱中生草本。生于海拔 1 600 ~ 1 800 m 的山地草原、草甸。贺兰山西坡水磨沟小坝等有分布。我国分布于东北、西北及山东、山西等地。世界分布于蒙古国、俄罗斯。

药用价值　全草入药，可清热解毒、消炎止血。

星毛委陵菜　*Potentilla acaulis* Linn　别称　无茎委陵菜

形态特征　【植株】高 2 ~ 10 cm，全株被白色星状毡毛，呈灰绿色。【根状茎】木质化，横走，棕褐色，被伏毛，节部生出新植株。【茎】自基部分枝，纤细，斜倚。【叶】掌状三出复叶，叶柄纤细；小叶近无叶柄，倒卵形，长 5 ~ 10 mm，宽 3 ~ 5 mm，先端圆形，基部楔形，边缘中部以上具钝齿，中部以下全缘，两面密被星状毛与毡毛，灰绿色；托叶草质，与叶柄合生，顶端 2 ~ 3 裂，基部抱茎。【花】聚伞花序，具花 2 ~ 5 朵，稀单花；花萼外面被星状毛与毡毛；副萼片条形，先端钝；萼片卵状披针形，先端渐尖；花瓣黄色，宽倒卵形，先端圆形或微凹；花托密被长柔毛；子房椭圆形，无毛；花柱近顶生。【果】瘦果近椭圆形。【成熟期】花期 5—6 月，果期 7—8 月。

生境分布　多年生旱生草本。生于海拔 2 000 m 左右的典型砾石质草原、山坡谷地。贺兰山西坡和东坡均有分布。我国分布于华北、西北地区。世界分布于蒙古国、俄罗斯。

匍匐委陵菜　*Potentilla reptans* Linn

形态特征　【根】具纺锤状块根。【茎】匍匐，纤细，丛生，平铺地面，长 10 ～ 20 cm，被柔毛，节部着生不定根，基部包被老叶柄和残余托叶。【叶】掌状三出复叶，叶柄纤细；侧生小叶 2 深裂；顶生小叶稍大；小叶椭圆形或倒卵形，先端圆钝，基部楔形，边缘中部具大圆齿状锯齿，上面疏被绢状伏柔毛，下面被绢状伏毛；基生叶托叶近膜质，条形，被柔毛；茎生叶托叶草质，卵形或卵状披针形，具不规则分裂或齿，被柔毛，与叶柄离生。【花】单生叶腋，花梗纤细，被柔毛；花萼各部均被绢毛状伏柔毛；副萼片条状椭圆形，先端锐尖；萼片披针形，与副萼片等长，先端渐尖；花托密被短柔毛；花瓣黄色，宽倒卵形，先端微凹；子房椭圆形，无毛；花柱近顶生，柱头头状。【成熟期】花果期 6 — 8 月。

生境分布　多年生匍匐旱中生草本。生于海拔 1 700 ～ 2 400 m 的森林区山地草原、山地沟谷。贺兰山西坡水磨沟、塔尔岭有分布。我国分布于西北、西南及河北、山西、河南、山东、江苏等地。

药用价值　全草入药，可收敛、解毒、生津止咳。

朝天委陵菜 *Potentilla supina* Linn 别称 铺地委陵菜

形态特征 【植株】高 10 ～ 30 cm。【茎】斜倚、平卧或近直立，基部分枝，茎、叶柄和花梗均疏被长柔毛。【叶】单数羽状复叶，基生叶和茎下部叶具长叶柄，小叶 5 ～ 9；小叶无叶柄，矩圆形、椭圆形或倒卵形，长 5 ～ 12 mm，宽 3 ～ 6 mm，先端圆钝，基部楔形，边缘具羽状浅裂片或圆齿，两面绿色，疏被柔毛，顶端 3 小叶基部下延与叶柄合生，托叶膜质，披针形，先端渐尖；上部茎生叶与下部叶相似，但叶柄短，小叶较少，托叶草质，卵形或披针形，先端渐尖，基部与叶柄合生，全缘或具齿，疏被柔毛。【花】单生茎顶部叶腋内，排列成总状；花梗纤细；花萼疏被柔毛；副萼片披针形，先端锐尖；萼片披针状卵形，先端渐尖，比副萼片长或等长；花瓣黄色，倒卵形，先端微凹，比萼片短或近等长；花柱近顶生；花托被柔毛。【果】瘦果褐色，扁卵形，表面具皱纹。【成熟期】花果期 5 — 9 月。

生境分布 一年生或二年生耐盐旱中生草本。生于海拔 1 600 ～ 1 800 m 的浅山、沟谷、河滩湿地、路边。贺兰山西坡和东坡均有分布。我国分布于长江以北的广大地区。世界分布于欧洲、亚洲、北美洲。

药用价值 全草入药，可清热解毒、凉血止痢。

腺毛委陵菜 *Potentilla longifolia* D. F. K. Schltdl. 别称 粘委陵菜

形态特征 【植株】高 15 ～ 50 cm。【根】直根，木质化，粗壮，黑褐色。【根状茎】木质化，多头，包被棕褐色老叶柄与残余托叶。【茎】基部丛生，直立或斜升，茎、叶柄、总花序梗和花梗被长柔毛、短柔毛和短腺毛。【叶】单数羽状复叶，基生叶和茎下部叶长 10 ～ 25 cm，小叶 11 ～ 17，顶生小叶最大，侧生小叶向下渐小；小叶无叶柄，狭长椭圆形、椭圆形或倒披针形，长 1 ～ 4 cm，宽 5 ～ 15 cm，先端钝，基部楔形，或下延，边缘具缺刻状锯齿，上面绿色，被短柔毛、稀疏长柔毛或脱落无毛，下面淡绿色，密被短柔毛和腺毛，沿脉疏被长柔毛；托叶膜质，条形，与叶柄合生；茎上部叶柄短，小叶数较少，托叶草质，卵状披针形，先端尾尖，下半部与叶柄合生。【花】伞房状聚伞花序，紧密，具花梗；花萼密被短柔毛和腺毛，花后增大；副萼片披针形，先端渐尖；萼片卵形，比副萼片短；花瓣黄色，先端微凹；子房卵形，无毛；花柱顶生；花托被柔毛。【果】瘦果褐色，卵形，表面具皱纹。【成熟期】花期 7 — 8 月，果期 8 — 9 月。

生境分布 多年生旱中生草本。生于海拔 2 300 ～ 2 600 m 的山地草原。贺兰山东坡苏峪口有分布。我国分布于东北、华北、西北地区。世界分布于朝鲜、蒙古国、俄罗斯。

药用价值 全草入药，可清热解毒、止血止痢。

华西委陵菜　*Potentilla potaninii* Th. Wolf

形态特征　【植株】高 10 ～ 30 cm。【根】黑褐色，木质坚硬。【茎】丛生，直立或斜升，被曲柔毛，基部被棕褐色残留叶柄与托叶。【叶】单数羽状复叶；基生叶具长叶柄，小叶 2 ～ 3，小叶倒卵形或倒卵状椭圆形，长 5 ～ 20 mm，宽 3 ～ 10 mm，先端圆钝或锐尖，基部楔形或歪楔形，边缘矩圆状锯齿，上面绿色，疏被长柔毛，下面灰白色，密被毡毛，沿脉被长柔毛；茎生叶小，具短叶柄，小叶 3，托叶叶状，卵状披针形。【花】聚伞花序，顶生，具花数朵；花梗被茸毛；花黄色；萼片卵状披针形，先端渐尖；副萼片长椭圆形与萼片近等长；花萼外面被茸毛及长柔毛；花瓣宽倒卵形，先端截形或微凹，比萼片长。【果】瘦果扁卵球形或肾形。【成熟期】花果期 6 — 8 月。

生境分布　多年生旱中生草本。生于海拔 2 300 ～ 2 600 m 的向阳山坡、草地、林缘。贺兰山西坡哈拉乌、黄土梁子有分布。我国分布于甘肃、青海、四川、云南、西藏等地。

绢毛委陵菜　*Potentilla sericea* Linn

形态特征　【根】木质化，圆柱形。【根状茎】粗短，多头，包被褐色残余托叶。【茎】纤细，自基部弧曲斜升或斜倚，长 5 ～ 25 cm，茎、总花序梗和叶柄均被短柔毛、开展长柔毛。【叶】单数羽状复叶，基生叶具小叶 7 ～ 13，连叶柄长 4 ～ 8 cm；小叶矩圆形，长 5 ～ 13 mm，宽 3 ～ 5 mm，羽状深裂，裂片矩圆状条形，呈篦齿状排列，上面密被柔毛，下面密被白色毡毛，毡毛上覆盖绢毛，边缘下反卷；托叶棕色，膜质，与柄合生，先端分离部分披针状条形，渐尖，被绢毛；茎生叶少，与基生叶同形，小叶少；叶柄短，托叶草质，下半部与柄合生，上半部分离，披针形。【花】伞房状聚伞花序，花梗纤细；花萼被绢状长柔毛，副萼片条状披针形；先端钝，萼片披针状卵形，先端锐尖；花瓣黄色，宽倒卵形，先端微凹；花柱近顶生；花托被长柔毛。【果】瘦果椭圆状卵形，褐色，表面具皱纹。【成熟期】花果期 6—8 月。

生境分布　多年生旱生草本。生于海拔 2 700 ～ 3 000 m 的山地高寒灌丛、高寒草甸、云杉林缘。贺兰山西坡哈拉乌、主峰、山脊两侧有分布。我国分布于东北、西北、西南地区。世界分布于北美洲及蒙古国、俄罗斯。

植株

叶

叶

西山委陵菜　*Potentilla sischanensis* Bunge ex Lehm.

形态特征　【植株】高 7 ～ 20 cm，叶上面和花瓣外覆盖 1 层白色毡毛。【根】圆柱状，粗壮，黑褐色。【根状茎】木质化，多头，包被多数残留老叶柄。【茎】丛生，直立或斜升。【叶】单数羽状复叶，多基生，基生叶具长叶柄，长 6 ～ 20 cm，小叶 7 ～ 13；小叶无叶柄，近革质，羽状深裂，顶生 3 小叶较大，裂片 5 ～ 13，两侧较小，裂片 3 ～ 5，稀不裂；裂片矩圆形、披针形或三角状卵形，先端钝，全缘，边缘下反卷，上面绿色，疏被长柔毛或卷曲柔毛，下面白色，密被毡毛；托叶膜质，与叶柄基部合生，密被绢毛；茎生叶 2～3 不发达，小叶 1～8。【花】聚伞花序，少数花稀疏排列；花萼被毡毛；副萼片披针形，先端稍钝；萼片卵状披针形，比副萼片稍长，先端稍钝；花瓣黄色，宽倒卵形，先端微凹；子房肾形，无毛；花柱近顶生；花托半球形，密被长柔毛。【果】瘦果肾状卵形，多皱纹。【成熟期】花果期 5—8 月。

生境分布　多年生中生草本。生于海拔 1 700 ～ 2 600 m 的山地沟谷、山地灌丛、草甸、林缘。贺兰山西坡和东坡均有分布。我国分布于华北、西北及内蒙古等地。

大萼委陵菜　*Potentilla conferta* Bunge in Ledeb.　别称　白毛委陵菜

形态特征　【植株】高 10 ～ 40 cm。【根】直根，圆柱形，木质化，粗壮。【根状茎】短，木质，包被褐色残余叶柄与托叶。【茎】直立、斜升或斜倚，茎、叶柄、总花序梗密被开展白色柔毛。【叶】单数羽状复叶，基生叶和茎下部叶具长叶柄，连叶柄长 5 ～ 20 cm，小叶 9 ～ 13；小叶长椭圆形或椭圆形，长 1 ～ 5 cm，宽 7 ～ 18 mm，羽状中裂或深裂，裂片三角状矩圆形、三角状披针形或条状矩形，上面绿色，被短柔毛或近无毛，下面被灰白色毡毛，沿脉被绢状长柔毛；茎上部叶同形，偶具叶柄；基生叶托叶膜质，外面被柔毛，茎生叶托叶草质，边缘具齿状分裂，顶端渐尖。【花】伞房状聚伞花序，紧密，密被短柔毛，疏被长柔毛；花萼两面均密被短柔毛，疏被长柔毛；副萼片条状披针形，萼片卵状披针形，与副萼片等长，果时增大，直立；花瓣倒卵形，先端微凹；花柱近顶生。【果】瘦果卵状肾形，表面具皱纹。【成熟期】花果期 6 — 8 月。

生境分布　多年生旱中生草本。生于海拔 1 900 ～ 2 900 m 的山地沟谷、灌丛、草甸、林缘。贺兰山西坡和东坡有分布。我国分布于西北、西南及黑龙江、河北、山西等地。世界分布于蒙古国、俄罗斯。

多茎委陵菜 *Potentilla multicaulis* Bunge

形态特征 【根】木质化，圆柱形。【茎】多数，丛生，斜倚或斜升，长 10 ～ 25 cm，带暗紫色，密被柔毛，基部包被残余棕褐色叶柄和托叶。【叶】单数羽状复叶，基生叶多数，丛生，具小叶 7 ～ 15，连叶柄长 7 ～ 15 cm；小叶无叶柄，矩圆形，长 1 ～ 3 cm，宽 4 ～ 8 mm，基部楔形，羽状深裂，每边具裂片 3 ～ 7，呈篦齿状排列，裂片矩圆状条形，先端锐尖或钝，上面绿色，被短柔毛，下面密被白色毡毛，沿脉疏被长柔毛；叶柄带暗紫红色，密被柔毛；托叶膜质，大部分和叶柄合生，被长柔毛；茎生叶与基生叶同形，小叶少，叶柄短，托叶草质，下半部与叶柄合生，分离部分卵形或披针形，先端渐尖。【花】伞房状聚伞花序，具少数花，疏松；花梗纤细，被短柔毛；花萼密被短柔毛；副萼片披针形或条状披针形；萼片三角状卵形，先端尖；花瓣黄色，宽倒卵形，先端微凹；花柱近顶生。【果】瘦果椭圆状肾形，表面具皱纹。【成熟期】花果期 6 — 8 月。

生境分布 多年生旱中生草本。生于海拔 1 900 ～ 2 300 m 的山地沟谷砾石地、干燥地、山麓冲刷沟。贺兰山西坡哈拉乌和东坡大水沟有分布。我国分布于西北、西南及辽宁、河北、河南、山西等地。

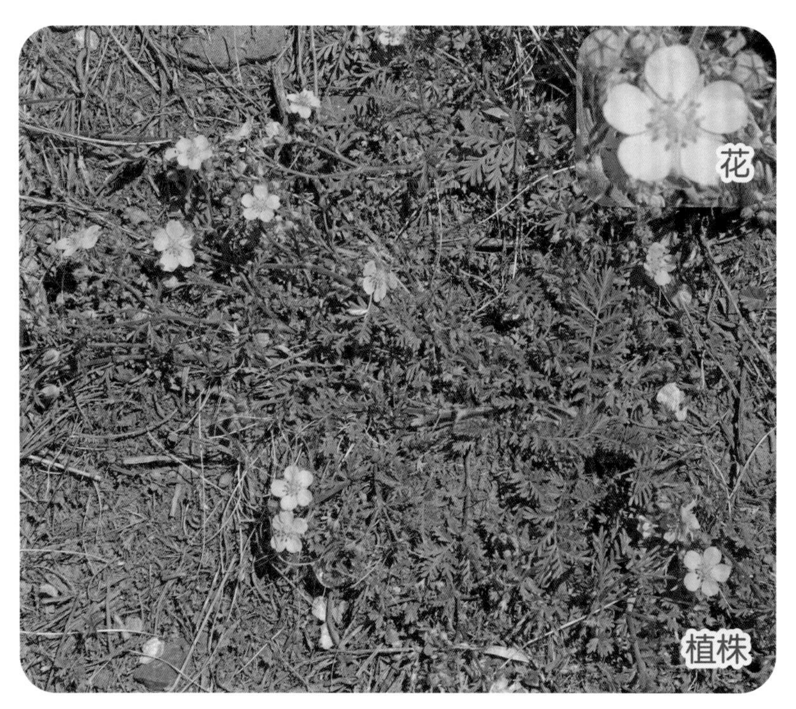

多裂委陵菜 *Potentilla multifida* Linn

形态特征 【植株】高 18 ～ 50 cm。【根】直根，圆柱形，木质化。【根状茎】短，多头，包被棕褐色老叶柄与残余托叶。【茎】斜升、斜倚或近直立，茎、总花序梗和花梗均被长柔毛、短柔毛。【叶】单数羽状复叶，基生叶和茎下部叶具长叶柄，叶柄被短柔毛，连叶柄长 5 ～ 15 cm，小叶 7，小叶具间隔，羽状深裂几达中脉，狭长椭圆形或椭圆形，长 1 ～ 3 cm，宽 4 ～ 13 mm，裂片条形或条状披针形，先端锐尖，边缘下反卷，上面被短柔毛，下面被白色毡毛，沿主脉被绢毛；托叶膜质，棕色，与叶柄合生，分离部分条形，渐尖；茎生叶与基生叶同形，叶柄短，小叶较少；托叶草质，下半部与叶柄合生，上半部分离，披针形，先端渐尖。【花】伞房状聚伞花序，着生茎顶端；具花梗；花萼密被长短柔毛；副萼片条状披针形，先端稍钝；萼片三角状卵形，先端渐尖；花萼各部分果时增大；花瓣黄色，宽倒卵形；花柱近顶生，基部明显增粗。【果】瘦果椭圆形，褐色，具皱纹。【成熟期】花果期 7 — 9 月。

生境分布 多年生中生草本。生于海拔 1 600 ～ 2 300 m 的山坡沟谷、砾石地。贺兰山西坡和东坡均有分布。我国分布于东北、华北、西北及西藏等地。世界分布于欧洲、亚洲、北美洲。

药用价值 全草入药，可止血、杀虫、祛湿。

掌叶多裂委陵菜　*Potentilla multifida* var. *ornithopoda* (Tausch) Th. Wolf

形态特征　【植株】高 20 ～ 40 cm。【根】直根，圆柱形，木质化。【根状茎】短，多头，包被棕褐色老叶柄与残余托叶。【茎】斜升、斜倚或近直立，茎、总花序梗与花梗均被长短柔毛。【叶】单数羽状复叶，基生叶和茎下部叶具长叶柄，叶柄被伏生短柔毛，连叶柄长 5 ～ 15 cm，小叶 5，排列紧密，似掌状复叶；小叶具间隔，羽状深裂达中脉，狭长椭圆形或椭圆形，裂片条形或条状披针形，先端锐尖，边缘下反卷，上面被短柔毛，下面被白色毡毛，沿主脉被绢毛；托叶膜质，棕色，与叶柄合生，分离部分条形，渐尖；茎生叶与基生叶同形，叶柄短，小叶少；托叶草质，下半部与叶柄合生，上半部分离，披针形，先端渐尖。【花】伞房状聚伞花序，着生茎顶端；具花梗；花萼密被长短柔毛；副萼片条状坡针形，先端钝；萼片三角状卵形，先端渐尖；花萼各部分果期增大；花瓣黄色，宽倒卵形；花柱近顶生，基部明显增粗。【果】瘦果椭圆形，褐色，稍具皱纹。【成熟期】花果期 7 — 9 月。

生境分布　多年生旱生草本。生于海拔 2 000 m 左右的山地林缘、荒漠沟谷。贺兰山西坡水磨沟等有分布。我国分布于黑龙江、内蒙古、河北、陕西、甘肃、青海、西藏等地。世界分布于俄罗斯、蒙古国。

丛生钉柱委陵菜 *Potentilla saundersiana* var. *caespitosa* (Lehm.) Th. Wolf 别称 雪委陵菜

形态特征 【植株】高 9 ～ 15 cm，矮小丛生。【根】圆柱形，向下生长，较细。【茎】花茎直立或上升，被白色茸毛及疏柔毛。【叶】基生叶 3 ～ 5 掌状复叶，连叶柄长 2 ～ 5 cm，被白色茸毛及疏柔毛，小叶无叶柄；小叶宽倒卵形，边缘浅裂至深裂，长 0.5 ～ 2 cm，宽 0.4 ～ 1 cm，顶端圆钝或急尖，基部楔形，边缘具多数缺刻状锯齿，齿顶端急尖或微钝，上面绿色，疏被柔毛，下面密被白色茸毛，沿脉疏被柔毛；茎生叶 1 ～ 2，小叶 3 ～ 5，与基生叶相似；基生叶托叶膜质，褐色，外面被白色长柔毛或无毛；茎生叶托叶草质，绿色，卵状披针形，全缘，顶端尖，下面被白色茸毛及疏柔毛。【花】单花顶生，稀 2 花；具长花梗，被白色茸毛；萼片三角卵形或三角披针形；副萼片披针形，顶端锐尖，比萼片短或几等长，外被白色茸毛及柔毛；花瓣黄色，倒卵形，顶端下凹，比萼片长或长 1 倍；花柱近顶生，柱头略扩大。【果】瘦果光滑。【成熟期】花果期 6 — 8 月。

生境分布 多年生中生草本。生于海拔 2 400 ～ 2 800 m 的高山草甸、灌丛。贺兰山西坡水磨沟等有分布。我国分布于山西、陕西、甘肃、青海、四川等地。

植株

叶

叶

蕨麻属 *Argentina* Hill

蕨麻 *Argentina anserina* (L.) Rydb. 别称 鹅绒委陵菜

形态特征 【根】木质，圆柱形，黑褐色。【根状茎】粗短，包被棕褐色托叶。【茎】匍匐，纤细，节上着生不定根、叶和花，节间长。【叶】基生叶多数，为不整齐的单数羽状复叶，长 5 ～ 15 cm，小叶间夹极小叶，大小叶 11 ～ 25；小叶无叶柄，矩圆形、椭圆形或倒卵形，长 1 ～ 3 cm，宽 5 ～ 8 mm，基部宽楔形，边缘具缺刻状锐锯齿，上面无毛或疏被柔毛，少被绢毛状毡毛，下面密被绢毛状毡毛或较稀疏；极小叶披针形或卵形，托叶膜质，黄棕色，矩圆形，先端钝圆，下半部与叶柄合生。【花】单生匍匐茎叶腋；花梗纤细，被长柔毛；花萼被绢状长柔毛，副萼片矩圆形，先端 2 ～ 3 裂或不分裂；萼片卵形，与副萼片等长或较短，先端锐尖；花瓣黄色，宽倒卵形或近圆形，先端圆形；花柱侧生，棍棒状；花托内部被柔毛。【果】瘦果近肾形，稍扁，褐色，表面微具皱纹。【成熟期】花果期 5 — 9 月。

生境分布 多年生匍匐耐盐中生草本。生于山麓湿地、山谷泉旁、溪边。贺兰山西坡山麓有分布。我国分布于东北、西北、西南及山西等地。世界分布于欧洲、亚洲、北美洲。

药用价值 全草入药，可凉血止血、解毒止痢、祛风湿；也可做蒙药。

山莓草属 *Sibbaldia* Linn

伏毛山莓草 *Sibbaldia adpressa* Bunge in Ledeb.

形态特征 【植株】高 1.5 ～ 10 cm，疏被绢毛。【根】粗壮，黑褐色。【地下茎】根顶部生出，细长，具分枝，黑褐色，节上着生不定根。【茎】花茎矮小，丛生。【叶】基生叶单数羽状复叶，小叶 2 对偶生 3 对，上面 1 对小叶基部下延与叶轴合生，连叶柄长 1.5 ～ 7 cm，叶柄被绢状糙伏毛；顶生小叶片，倒披针形或倒卵状长圆形，顶端截形，具 2 ～ 3 齿，基部楔形，侧生小叶全缘，长圆状披针形，顶端急尖，基部楔形，上面暗绿色，被稀疏柔毛或几无毛，下面绿色，被绢状糙伏毛；茎生叶 1 ～ 2，与基生叶相似；基生叶托叶膜质，暗褐色，外面几无毛，茎生叶托叶草质，绿色，披针形。【花】单花顶生，聚伞花序，具花 4 ～ 5 朵；萼片三角状卵形，顶端急尖；副萼片长椭圆形，与萼片等长或稍短，外面被绢状糙伏毛；花瓣黄色或白色，倒卵长圆形；雄蕊 10，与萼片等长或稍短；花柱近基生。【果】瘦果表面皱纹明显。【成熟期】花果期 5 — 8 月。

生境分布 多年生旱生草本。生于海拔 1 800 ～ 2 300 m 的沟谷干燥地、石质山坡。贺兰山西坡和东坡均有分布。我国分布于西北、西南及黑龙江、河北等地。世界分布于蒙古国、俄罗斯。

沼委陵菜属 *Comarum* Linn

西北沼委陵菜 *Comarum salesovianum* (Stephan) Asch. & Graebn.

形态特征 【植株】高 0.5 ～ 1.5 m，幼茎、叶下面、总花序梗，花梗及花萼均被粉质蜡层和柔毛。【茎】直立，具分枝。【叶】单数羽状复叶，连叶柄长 4 ～ 9 cm，小叶 7 ～ 11；小叶矩圆状披针形或倒披针形，长 13 ～ 25 mm，宽 3 ～ 8 mm，先端锐尖，基部宽楔形，边缘具尖锐锯齿，上面绿色，下面银灰色；托叶膜质，大部分与叶柄合生，先端长尾尖。【花】聚伞花序，顶生或腋生，具花 2 ～ 10 朵；花梗长；苞片条状披针形，先端长尾尖；萼片三角状卵形，先端尾尖；副萼片条状披针形，比萼片短；花瓣白色或淡红色，倒卵形，先端锐尖，基部具短爪；雄蕊淡黄色，比萼片短。【果】瘦果多，矩圆状卵形，被长柔毛，藏于长柔毛内。【成熟期】花期 7 — 8 月，果期 8 — 9 月。

生境分布 中生半灌木。生于海拔 2 100 ～ 2 300 m 的山地沟谷、砾石地。贺兰山西坡哈拉乌和东坡贺兰沟、大水沟等有分布。我国分布于甘肃、青海、新疆、西藏等地。世界分布于蒙古国、俄罗斯、印度。

地蔷薇属 *Chamaerhodos* Bunge

地蔷薇 *Chamaerhodos erecta* (L.) Bunge in Ledeb. 别称 直立地蔷薇、追风蒿

形态特征 【植株】高 8 ～ 38 cm。【根】较细，长圆锥形。【茎】单生，稀丛生，直立，上部具分枝，密被腺毛和短柔毛，或混被长柔毛。【叶】基生叶三回三出羽状全裂，长 1 ～ 2.5 cm，宽 1 ～ 3 cm，最终小裂片狭条形，先端钝，全缘，两面均为绿色，疏被伏柔毛，具长叶柄，果时枯萎；茎生叶与基生叶相似，叶柄短，上部几无叶柄，托叶 3 至多裂，基部与叶柄合生。【花】聚伞花序，着生茎顶端，多花，组成圆锥花序；花梗纤细，密被短柔毛与长柄腺毛；苞片 3 条裂；花小；花密被短柔毛与腺毛；花萼筒倒圆锥形；萼片三角状卵形或长三角形，与花萼筒等长，先端渐尖；花瓣粉红色，倒卵状匙形，先端微凹，基部有爪；雄蕊着生花瓣基部；雌蕊约 10，离生；花柱丝状，基生；子房卵形，无毛；花盘边缘和花托被长柔毛。【果】瘦果近卵形，淡褐色。【成熟期】花果期 7 — 9 月。

生境分布 一年生或二年生旱中生草本。生于海拔 1 800 ～ 2 300 m 的草原区砾质丘坡、丘顶、山坡。贺兰山西坡和东坡均有分布。我国分布于东北、华北、西北地区。世界分布于朝鲜、蒙古国、俄罗斯。

药用价值 全草入药，可祛风除湿；也可做蒙药。

砂生地蔷薇　*Chamaerhodos sabulosa* Bunge in Ledeb.

形态特征　【植株】高 5 ～ 15 cm。【根】直根，圆锥形，木质化，褐色。【茎】多数，丛生，纤细，斜升、斜倚或近直立，被腺毛和短柔毛，基部密被残余老叶柄。【叶】基生叶多数，丛生，长 1 ～ 3 cm，二回 3 深裂，小裂片条状倒披针形、倒披针形或条形，先端钝，全缘，两面灰绿色，密被绢状长柔毛、腺毛，或被短柔毛，果期不枯萎；叶柄被绢状长柔毛和腺毛；茎生叶互生，与基生叶同形，但叶柄较短，裂片较少。【花】聚伞状花序，顶生，疏松；花梗纤细，被长柔毛和短腺毛；花萼筒倒圆锥形；萼片三角状卵形，先端锐尖，外面被长柔毛和短腺毛；花瓣淡红色或白色，倒披针形，先端圆形，基部宽楔形；雌蕊 6 ～ 10，离生；子房卵形；花柱基生；花盘边缘位于萼筒中上部，其边缘密被长柔毛。【果】瘦果狭卵形，棕黄色，无毛。【成熟期】花期 6 — 7 月，果期 8 — 9 月。

生境分布　多年生旱生草本。生于海拔 1 600 ～ 1 800 m 的浅山区或荒漠区山丘、干河床、砂砾地。贺兰山西坡镇木关、黄渠口等有分布。我国分布于新疆、西藏等地。世界分布于蒙古国、俄罗斯。

李属 *Prunus* Linn

稠李 *Prunus padus* Linn

别称 臭李子

形态特征 【植株】高 4 ～ 6 m。【茎】树皮粗糙而多斑纹，老枝紫褐色或灰褐色，具浅色皮孔；小枝红褐色或带黄褐色，幼时被短茸毛，以后脱落无毛。【冬芽】卵圆形，无毛或仅边缘具睫毛。【叶】椭圆形、长圆形或长圆状倒卵形，长 4 ～ 10 cm，宽 2 ～ 4 cm，先端尾尖，基部圆形或宽楔形，边缘具不规则锐锯齿，或混具重锯齿，上面深绿色，下面淡绿色，两面无毛；下面中脉和侧脉均突起；叶柄长，幼时被短茸毛，后脱落，顶端两侧各具 1 腺体；托叶膜质，线形，先端渐尖，边缘具腺齿或细锯齿，早落。【花】总状花序，具多花，总花序梗和花梗无毛；花萼筒钟状，比萼片长；萼片三角状卵形；花瓣白色，长圆形，先端波状，基部楔形，具短爪，比雄蕊长 1 倍；雄蕊多数，花丝长短不等，排成紧密 2 轮；雌蕊 1；心皮无毛；柱头盘状，花柱比长雄蕊短 1 倍。【果】核果卵球形，顶端具尖头，红褐色至黑色，光滑；果梗无毛；萼片脱落；果核具褶皱。【植株】花期 4—6 月，果期 5—9 月。

生境分布 落叶中生小乔木。生于海拔 2 000 ～ 2 200 m 的山地沟谷。贺兰山东坡贺兰沟、贵房子有分布。我国分布于东北、华北、西北地区。世界分布于欧洲及日本、朝鲜、蒙古国、俄罗斯。

药用价值 果入药，可清肝利水、降压镇咳。

植株

花

果

山杏 *Prunus sibirica* Linn

别称 西伯利亚杏

形态特征 【植株】高 1 ～ 3 m。【茎】小枝灰褐色或淡红褐色，无毛或被疏柔毛。【叶】互生，叶片宽卵形或近圆形，长 3 ～ 7 cm，宽 3 ～ 5 cm，先端尾尖，基部圆形或近心形，边缘具细钝锯齿，两面无毛或下面脉腋间被短柔毛；具叶柄或小腺体。【花】单生，近无花梗；花萼筒钟状；萼片矩圆状椭圆形，先端钝，被短柔毛或无毛，花后反折；花瓣白色或粉红色，宽倒卵形或近圆形，先端圆形，基部具短爪；雄蕊多数，长短不一，比花瓣短；子房椭圆形，被短柔毛；花柱顶生，与雄蕊等长，或下部被短柔毛。【果】核果近球形，两侧扁，黄色带红晕，被短柔毛；果梗极短；果肉薄而干燥，离核，成熟时开裂；果核扁球形，表面平滑，腹棱增厚具纵沟，沟形成 2 条平行锐棱，背棱翅状突出，边缘极锐利呈刀状。【成熟期】花期 5 月，果期 7—8 月。

生境分布 旱中生小乔木或灌木。生于海拔 1 800 ～ 2 300 m 的陡石坡、山脊。贺兰山西坡哈拉乌和东坡小口子有分布。我国分布于东北、西北及河北、河南、山西等地。世界分布于蒙古国、俄罗斯。

药用价值 果入药，可润肺定喘、生津止渴；也可做蒙药。

新疆野杏 *Prunus armeniaca* var. *ansu* Maxim. 别称 野杏

形态特征 【植株】高 1 ～ 3.5 m，树冠开展。【茎】树皮暗灰色，纵裂，小枝暗紫红色，被短柔毛或近无毛，具光泽。【叶】互生，宽卵形至近圆形，长 3 ～ 6 cm，宽 2 ～ 5 cm，先端渐尖或骤尖，基部截形，近心形，稀宽楔形，边缘具钝浅锯齿，上面被短柔毛，或近无毛，下面无毛，脉腋被柔毛；叶柄被短柔毛或近无毛或具腺体；托叶膜质，微小，条状披针形，边缘具腺齿，被毛，早落。【花】单生，近无花梗；花萼筒钟状；萼片矩圆状椭圆形，先端钝，被短柔毛或近无毛；花瓣粉红色，宽倒卵形；雄蕊多数，长短不一，比花瓣短；子房密被短柔毛；花柱细长，被短柔毛或近无毛。【果】近球形，稍扁，密被柔毛，顶端尖；果肉薄，干燥，离核；果核扁球形，平滑，腹棱与背棱相似，腹棱增厚具纵沟，边缘具 2 条平行锐棱，背棱增厚具锐棱。【成熟期】花期 5 月，果期 7 — 8 月。

生境分布 耐旱落叶中生小乔木。生于海拔 1 800 ～ 2 300 m 的向阳石质陡坡、山脊。贺兰山西坡哈拉乌、南寺有分布。我国分布于东北、华北、西南及河北、河南、山东、山西等地。世界分布于蒙古国、俄罗斯。国家二级重点保护植物。

蒙古扁桃　*Prunus mongolica* Maxim.

形态特征　【植株】高 0.6 ～ 1.3 m。【茎】多分枝，枝条呈直角方向开展，小枝顶端长刺状；树皮暗红紫色或灰褐色，具光泽；嫩枝带红色，被短柔毛。【叶】小形，多簇生短枝或互生长枝，叶片近革质，倒卵形、椭圆形或近圆形，长 5 ～ 15 mm，宽 4 ～ 9 mm，先端圆钝，或具小尖头，基部楔形，边缘具浅钝锯齿，两面光滑无毛，下面中脉明显隆起；叶柄无毛；托叶条状披针形，无毛，早落。【花】单生短枝，花梗极短；花萼筒宽钟状，无毛；萼片矩圆形，与花萼筒等长，先端具小尖头，无毛；花瓣淡红色，倒卵形；雄蕊多数，长短不一；子房椭圆形，密被短毛；花柱细长，与雄蕊近等长，被短毛。【果】核果宽卵形，稍扁，顶端尖，被毡毛；果肉薄，干燥，离核；果核扁宽卵形，具浅沟。【种子】（核仁）扁宽卵形，淡棕褐色。【成熟期】花期 5 月，果期 6 — 7 月。

生境分布　强旱生灌木。生于海拔 1 400 ～ 2 300 m 的石质低山丘陵、山地沟谷、石质阳坡。贺兰山西坡和东坡均有分布。我国分布于宁夏、陕西、甘肃等地。世界分布于蒙古国。国家二级重点保护植物。

药用价值　种仁入药，可润肠通便、止咳化痰；也可做蒙药。

植株

花

叶

长梗扁桃　*Prunus pedunculata* (Pall.) Maxim.　　别称　柄扁桃

形态特征　【植株】高 0.5 ～ 1.3 m。【茎】多分枝，枝开展；树皮灰褐色，稍纵向剥裂，嫩枝浅褐色，被短柔毛；在短枝上 3 芽并生，中间叶芽，两侧花芽。【叶】互生或簇生短枝，倒卵形、椭圆形、近圆形或倒披针形，长 1 ～ 3 cm，宽 0.7 ～ 2 mm，先端锐尖或圆钝，基部宽楔形，边缘具锯齿，上面绿色，被短柔毛，下面淡绿色，被短柔毛；叶柄被短柔毛；托叶条裂，边缘具腺体，基部与叶柄合生，被短柔毛。【花】单生短枝，具花梗，被短柔毛；花萼筒宽钟状，外面近无毛，里面被长柔毛；萼片三角状卵形，比花萼筒短，先端钝，边缘具疏齿，近无毛，花后反折；花瓣粉红色，圆形，先端圆形，基部具短爪；雄蕊多数；子房密被长柔毛；花柱细长，与雄蕊近等长。【果】核果近球形，稍扁，成熟时暗紫红色，顶端具小尖头，被毡毛；果肉薄，干燥，离核；果核宽卵形，稍扁，平滑或稍具皱纹。【种子】核仁近宽卵形，稍扁，棕黄色。【成熟期】花期 5 月，果期 7 — 8 月。

生境分布　旱中生灌木。生于海拔 1 600 ～ 2 400 m 的山麓草原区、荒漠草原区。贺兰山西坡干树湾、乱柴沟等有分布。我国分布于宁夏、内蒙古等地。世界分布于蒙古国。

毛樱桃 *Prunus tomentosa* Thunb. 别称 山樱桃

形态特征 【植株】高 1.2 ～ 2.5 m。【茎】树皮片状剥裂，嫩枝密被短柔毛。【芽】腋芽 3 个并生，中间叶芽，两侧花芽。【叶】互生或簇生短枝，叶片倒卵形至椭圆形，长 2 ～ 4.5 cm，宽 1 ～ 2 mm，先端尖，基部宽楔形，边缘锯齿不整齐，上面具皱纹，被短柔毛，下面被毡毛；叶柄被短柔毛；托叶条状披针形，条状分裂，边缘具腺锯齿。【花】单生或 2 朵并生，与叶同时开放，花梗短，被短柔毛；花萼被短柔毛；花萼筒钟状管形；萼片卵状三角形，边缘具细锯齿；花瓣白色或粉红色，宽倒卵形，先端圆形或微凹，基部有爪；子房密被短柔毛。【果】核果近球形，红色，稀白色；果核近球形，稍扁，顶端具小尖头，表面平滑。【成熟期】花期 5 月，果期 7 — 8 月。

生境分布 中生灌木。生于海拔 1 800 ～ 2 300 m 的阔叶林区湿地、山地灌丛。贺兰山西坡和东坡均有分布。我国分布于东北、华北及陕西、甘肃、江苏等地。世界分布于朝鲜、日本等。

豆科　Leguminosae

苦参属　*Sophora* Linn

苦豆子　*Sophora alopecuroides* Linn　　别称　苦甘草、苦豆根

形态特征　【植株】高 0.8～1 m。【茎】基部木质化，被白色或淡灰白色长柔毛或贴伏柔毛。【叶】羽状复叶；托叶侧生小叶柄，钻状，早落；小叶 7～13，对生或近互生，纸质，披针状长圆形或椭圆状长圆形，长 15～30 mm，宽 8～10 mm，具小尖头，基部宽楔形或圆形，上面疏被柔毛，下面密被毛，中脉上面凹陷，下面隆起，侧脉不明显；叶柄长。【花】总状花序，顶生；花多数，密生；具花梗；苞片托叶状脱落；花萼斜钟状，5 萼齿不等大；花冠白色或淡黄色，旗瓣长圆状倒披针形或多变，基部狭成柄，翼瓣多单侧生，卵状长圆形，具皱褶，龙骨瓣与翼瓣相似，均具耳，先端突尖，背部龙骨状盖叠，柄纤细，为瓣片的 1/2；雄蕊 10，花丝合生或二体雄蕊，连合部位疏被短毛；子房密被白色贴伏柔毛；柱头圆点状，稀被柔毛。【果】荚果串珠状，直，种子多数。【种子】卵球形，扁，褐色或黄褐色。【成熟期】花期 6—7 月，果期 8—9 月。

生境分布　多年生旱中生草本或亚灌木。生于浅山沟谷、覆沙地。贺兰山西坡和东坡均有分布。我国分布于西北及山西、河南、西藏等地。世界分布于俄罗斯、阿富汗、伊朗、土耳其、巴基斯坦、印度等。

药用价值　根入药，可清热；也可做蒙药。

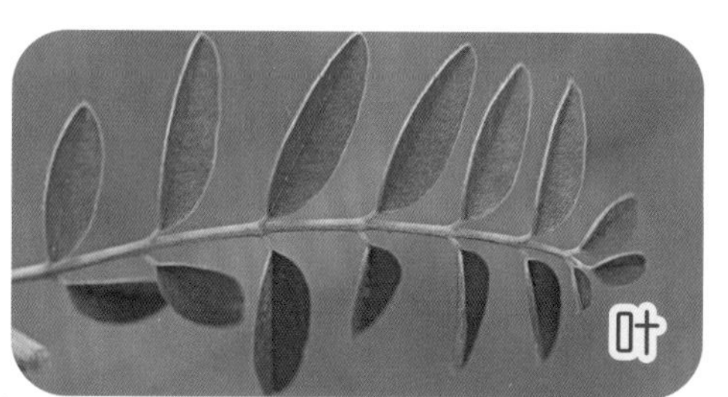

沙冬青属　*Ammopiptanthus* S. H. Cheng

沙冬青　*Ammopiptanthus mongolicus* (Maxim. ex Kom.) S. H. Cheng　　别称　蒙古黄花木

形态特征　【植株】高 1.5～2 m，多分枝，树皮黄色。【枝】粗壮，灰黄色或黄绿色，幼枝密被灰白色平伏绢毛。【叶】掌状三出复叶，少单叶；托叶小，三角形或三角状披针形，与叶柄合生而抱茎；叶柄密被银白色绢毛；小叶菱状椭圆形或卵形，长 18～35 mm，宽 6～20 mm，先端锐尖或钝、微凹，基部楔形或宽楔形，全缘，两面密被银灰色毡毛。【花】总状花序，顶生，具花 8～10 朵；苞片卵形，被白色绢毛；花梗近无毛；花萼钟状，稍革质，密被短柔毛，萼齿宽三角形，边缘具睫毛；花冠黄色，旗瓣宽倒卵形，边缘反折，顶端微凹，基部渐狭成短爪，翼瓣及龙骨瓣比旗瓣短，翼瓣近卵形，上部一侧稍内弯，爪长为瓣片的 1/2，耳短而圆形，龙骨瓣矩圆形，爪长为瓣片的 1/2，耳短而圆；子房披针形，具柄，无毛。【果】荚果扁平，矩圆，无毛，顶端尖，具种子 2～5 粒。【种子】球状肾形。【成熟期】花期 4—5 月，果期 5—6 月。

生境分布　强旱生常绿灌木。生于海拔 1 600～1 800 m 的石质低山丘陵、沟谷沙地。贺兰山西坡南部山麓和东坡汝箕沟有分布。我国分布于宁夏、甘肃。国家二级重点保护植物。

药用价值　枝和叶入药，可祛风、活血、止痛；也可做蒙药。

苦马豆属 *Sphaerophysa* DC.

苦马豆 *Sphaerophysa salsula* (Pall.) DC. 别称 羊尿泡

形态特征 【植株】高 20 ~ 60 cm。【茎】直立，具开展分枝，全株被灰白色短伏毛。【叶】单数羽状复叶，小叶 13 ~ 21；托叶披针形，先端锐尖或渐尖，被毛；小叶倒卵状椭圆形或椭圆形，长 5 ~ 15 mm，宽 3 ~ 7 mm，先端圆钝或微凹，有时具 1 刺尖，基部宽楔形或近圆形，两面均被平伏短柔毛，有时上面毛较少或近无毛；小叶柄极短。【花】总状花序，腋生，比叶长；总花序梗被毛；苞片披针形；花萼杯状，被白色短柔毛，萼齿三角形；花冠红色，旗瓣圆形，开展，两侧向外翻卷，顶端微凹，基部具短爪，翼瓣比旗瓣稍短，矩圆形，顶端圆，基部具爪及耳，龙骨瓣与翼瓣近等长；子房条状矩圆形，具柄，被柔毛；花柱稍弯，内侧具纵列须毛。【果】荚果宽卵形或矩圆形，膜质，膀胱状，具柄。【种子】肾形，褐色。【成熟期】花期 6—7 月，果期 7—8 月。

生境分布 多年生耐盐中生草本。生于海拔 1 600 ~ 1 800 m 的山坡、草原、荒地、沙滩、沟渠低湿地。贺兰山西坡和东坡均有分布。我国分布于东北、华北、西北地区。世界分布于蒙古国、俄罗斯。

药用价值 全草入药，可补肾固精、消肿止血。

野决明属 *Thermopsis* R. Br.

披针叶野决明 *Thermopsis lanceolata* R. Br. 别称 披针叶黄华、牧马豆

形态特征 【植株】高 10 ～ 30 cm。【根】主根深长。【根】直立，分枝，被平伏或开展白色柔毛。【叶】掌状三出复叶，小叶 3；托叶 2，卵状披针形，叶状，先端锐尖，基部稍合生，背面被平伏长柔毛；小叶矩圆状椭圆形或倒披针形，先端反卷，基部渐狭，上面无毛，下面疏被平伏长柔毛。【花】总状花序，顶生，花与花序轴每节 3 ～ 7 朵轮生；苞片卵形或线状卵形；具花梗；花萼钟状，萼齿披针形，被柔毛；花冠黄色，旗瓣近圆形，先端凹入，基部渐狭成爪，翼瓣与龙骨瓣比旗瓣短，具耳和爪；子房被毛。【果】荚果条形，扁平，疏被平伏短柔毛，沿缝线被长柔毛。【成熟期】花期 5—7 月，果期 6—10 月。

生境分布 多年生耐盐旱中生草本。生于海拔 1 800 ～ 2 300 m 的宽阔山谷、河滩地、坡脚。贺兰山西坡和东坡均有分布。我国分布于东北、华北、西北地区。世界分布于蒙古国、俄罗斯。

药用价值 全草入药，可祛痰、镇咳；也可做蒙药。

苜蓿属 *Medicago* Linn

紫苜蓿 *Medicago sativa* Linn 别称 紫花苜蓿、苜蓿

形态特征 【植株】高 0.2 ～ 1 m。【根】根系发达，主根粗长，入土深。【茎】直立或斜升，多分枝，无毛或疏被柔毛。【叶】羽状三出复叶，顶生小叶较大；托叶狭披针形或锥形，长渐尖，全缘或疏齿，下部与叶柄合生；小叶矩圆状倒卵形、倒卵形或倒披针形，先端钝或圆，具小刺尖，基部楔形，叶缘上部具锯齿，中下部全缘，上面无毛或近无毛，下面疏被柔毛。【花】短总状花序，腋生，具花 5 ～ 20 朵，密集，总花序梗超出叶，被毛；花梗短，被毛；苞片小，条状锥形；花萼筒状钟形，被毛，萼齿锥形或狭披针形，渐尖，与花萼筒近等长；花冠紫色或蓝紫色，旗瓣倒卵形，先端微凹，基部渐狭，翼瓣比旗瓣短，基部具长耳及爪，龙骨瓣比翼瓣短；子房条形，被毛或近无毛；花柱稍内弯，柱头头状。【果】荚果螺旋形，卷曲 1 ～ 2.5 圈，密被伏毛，具种子 1 ～ 10 粒。【种子】肾形，较小，黄褐色。【成熟期】花期 6—7 月，果期 7—8 月。

生境分布 多年生中生草本。生于海拔 1 600 ～ 2 000 m 的山地沟谷。贺兰山西坡哈拉乌和东坡黄旗沟、苏峪口有分布。我国分布于华北、东北、西北地区。

药用价值 全草入药，可开胃顺肠、利尿排石。

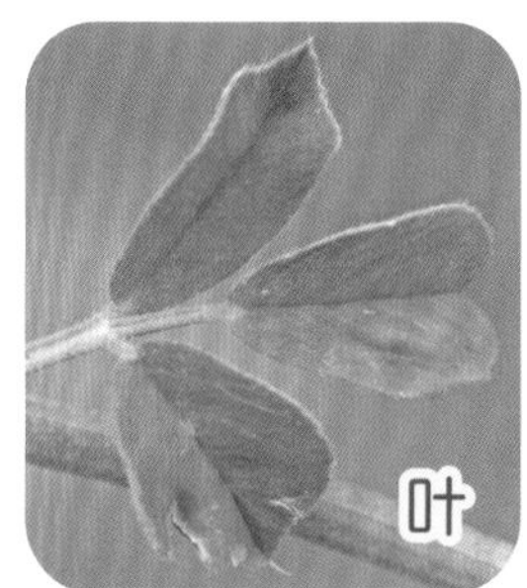

花苜蓿　*Medicago ruthenica* (L.) Trautv.　别称　扁蓿豆

形态特征　【植株】高 20 ～ 60 cm。【根状茎】粗壮。【茎】斜升、近平卧或直立，多分枝，茎、枝四棱形，疏被短毛。【叶】羽状三出复叶；托叶披针状锥形、披针形或半箭头形，顶端渐尖，全缘或基部具齿或裂片，被毛；小叶矩圆状披针形、矩圆状楔形或条状楔形，中下部小叶倒卵状楔形或倒卵形，长 5 ～ 25 mm，宽 2 ～ 7 mm，先端钝或微凹，具小尖头，基部楔形，中上部具锯齿，中下部偶具锯齿，上面近无毛，下面疏被伏毛，叶脉明显。【花】总状花序，腋生，稀疏，具花 4 ～ 12 朵；总花序梗超出叶，疏被短毛；苞片极小，锥形；花冠黄色，带深紫色；花梗被毛；花萼钟状，密被伏毛，萼齿披针形，比花萼筒短或近等长；旗瓣矩圆状倒卵形，顶端微凹，翼瓣短于旗瓣，近矩圆形，顶端钝而稍宽，基部具爪和耳，龙骨瓣短于翼瓣；子房条形，具柄。【果】荚果扁平，矩圆形或椭圆形，网纹明显，先端具短喙，具种子 2 ～ 4 粒。【种子】矩圆状椭圆形，淡黄色。【成熟期】花期 7—8 月，果期 8—9 月。

生境分布　多年生耐盐旱中生草本。生于海拔 1 600 ～ 2 000 m 的山地沟谷、溪边、灌丛。贺兰山西坡南寺、镇木关和东坡黄旗沟有分布。我国分布于东北、西北、西南及河北、山西等地。世界分布于朝鲜、蒙古国、俄罗斯等。

全草入药　可清热解毒、益肾愈疮。

野苜蓿 *Medicago falcata* Linn　　别称　黄花苜蓿、镰荚苜蓿

形态特征　【植株】高 30 ～ 90 cm。【根】粗壮，木质化。【茎】斜升或平卧，多分枝，被短柔毛。【叶】羽状三出复叶；托叶卵状披针形或披针形，长渐尖，下部与叶柄合生；小叶倒披针形、条状倒披针形、稀倒卵形或矩圆状卵形，先端钝圆或微凹，具小刺尖，基部楔形，上部具锯齿，下部全缘，上面近无毛，下面被长柔毛。【花】总状花序，密集呈头状，腋生，具花 5 ～ 20 朵；总花序梗长，超出叶；花冠黄色；花梗被毛；苞片条状锥形；花萼钟状，密被柔毛；萼齿狭三角形，长渐尖，比花萼筒稍长或与花萼筒近等长；旗瓣倒卵形，翼瓣比旗瓣短，耳较长，龙骨瓣与翼瓣近等长，具短耳及长爪；子房宽条形，稍弯或直立，被毛或近无毛；花柱内弯，柱头头状。【果】荚果稍扁，镰刀形，稀近直，被伏毛，具种子 2 ～ 4 粒。【成熟期】花期 7 — 8 月，果期 8 — 9 月。

生境分布　多年生耐寒耐旱中生草本。生于海拔 2 000 m 左右的低湿河滩、山地沟谷、河床溪边。贺兰山西坡乱柴沟沟口有分布。我国分布于东北、华北、西北地区。世界分布于欧洲、西伯利亚地区。

天蓝苜蓿 *Medicago lupulina* Linn　　别称　黑荚苜蓿

形态特征　【植株】高 10 ～ 30 cm。【茎】斜倚或斜升，细弱，被长柔毛或腺毛，稀无毛。【叶】羽状三出复叶；叶柄被毛；托叶卵状披针形或狭披针形，先端渐尖，基部边缘具齿，下部与叶柄合生，被毛；小叶宽倒卵形、倒卵形至菱形，长 7 ～ 14 mm，宽 4 ～ 14 mm，先端钝圆或微凹，基部宽楔形，上部具锯齿，下部全缘，上面疏被白色长柔毛，下面密被长柔毛。【花】8 ～ 15 朵密集组成头状花序，着生总花序梗顶端，总花序梗超出叶，被毛；花小，黄色；花梗短，被毛；苞片小，条状锥形；花萼钟状，密被柔毛，萼齿条状披针形或条状锥状，比花萼筒长 1 ～ 2 倍；旗瓣近圆形，顶端微凹，基部渐狭，翼瓣比旗瓣短，具内弯长爪及短耳，龙骨翼与翼瓣近等长或稍长；子房长椭圆形，内侧被毛；花柱内弯，柱头头状。【果】荚果肾形，成熟时黑色，表面具纵纹，疏被腺毛，或混被细柔毛，具种子 1 粒。【种子】较小，黄褐色。【成熟期】花期 7 — 8 月，果期 8 — 9 月。

生境分布　一年生或二年生中生草本。生于海拔 1 600 ～ 2 000 m 的山地沟谷、溪边。贺兰山西坡和东坡均有分布。我国分布于东北、华北、西北、中南地区。世界分布于亚洲西部地区、欧洲及朝鲜、蒙古国、俄罗斯等。

药用价值　全草入药，可清热利湿、凉血止血、舒筋活络；也可做蒙药。

草木樨属 *Melilotus* (L.) Mill.

白花草木樨 *Melilotus albus* Medik. 别称 白香草木樨

形态特征 【植株】高 1 m 以上。【茎】直立，圆柱形，中空，全株具香气。【叶】羽状三出复叶；托叶锥形或条状披针形；小叶椭圆形、矩圆形、卵状矩圆形或倒卵状矩圆形，长 15 ～ 30 mm，宽 6 ～ 11 mm，先端钝或圆，基部楔形，边缘具疏锯齿。【花】总状花序，腋生；花小，多数，稍密生；花萼钟状，萼齿三角形；花冠白色，旗瓣椭圆形，顶端微凹或近圆形，翼瓣比旗瓣短，比龙骨瓣稍长或近等长；子房无柄。【果】荚果小，椭圆形或近矩圆形，初时绿色，后变黄褐色至黑褐色，表面具网纹，具种子 1 ～ 2 粒。【种子】肾形，褐黄色。【成熟期】花果期 7 — 8 月。

生境分布 一年生或二年生中生草本。生于海拔 1 300 ～ 2 000 m 的沟谷、溪边、河床。贺兰山西坡峡子沟、乱柴沟、干树湾有分布。我国及亚洲其他国家、欧洲各国有栽培并逸生。

草木樨　*Melilotus officinalis* (L.) Pall.　别称　黄花草木樨、马层子

形态特征　【植株】高 0.5 ～ 1 m。【茎】直立，粗壮，多分枝，光滑无毛。【叶】羽状三出复叶；托叶条状披针形，基部不齿裂，靠近下部叶的托叶基部偶具 1 ～ 2 齿裂；小叶倒卵形、矩圆形或倒披针形，长 15 ～ 30 mm，宽 3 ～ 10 mm，先端钝，基部楔形或近圆形，边缘具不整齐疏锯齿。【花】总状花序，细长，腋生，具多数花；花黄色；花萼钟状，萼齿 5，三角状披针形，近等长，稍短于花萼筒；旗瓣椭圆形，先端圆或微凹，基部楔形，翼瓣比旗瓣短，与龙骨瓣略等长；子房卵状矩圆形，无柄；花柱细长。【果】荚果小，近球形或卵形，成熟时近黑色，表面具网纹，具种子 1 粒。【种子】近圆形或椭圆形，稍扁。【成熟期】花期 6 — 8 月，果期 7 — 10 月。

生境分布　一年生或二年生中生草本。生于海拔 1 600 ～ 2 000 m 的沟谷、溪边、灌丛。贺兰山西坡峡子沟、乱柴沟和东坡黄旗沟有分布。我国分布于东北、华北、西北地区。世界分布于朝鲜、日本、蒙古国、俄罗斯等。

药用价值　全草入药，可清热解毒、祛风除湿；也可做蒙药。

百脉根属　*Lotus* Linn

百脉根　*Lotus corniculatus* Linn

形态特征　【植株】高 15 ～ 50 cm，全株被稀疏白色柔毛或无毛。【根】主根明显。【茎】丛生，平卧或上升，实心，近四棱形。【叶】羽状复叶，小叶 5；叶轴疏被柔毛，顶端 3 小叶，基部 2 小叶呈托叶状，纸质，斜卵形至倒披针状卵形，长 5 ～ 15 mm，宽 4 ～ 8 mm，中脉不清晰；小叶柄短，密被黄色长柔毛。【花】伞形花序；总花序梗长；花 3 ～ 7 朵，密集着生总花序梗顶端；花梗短，基部具苞片 3；苞片叶状，与花萼等长，宿存；花萼钟形，无毛或稀被柔毛，萼齿近等长，狭三角形，渐尖，与花萼筒等长；花冠黄色或金黄色，干后变蓝色，旗瓣扁圆形，瓣片和瓣柄几等长，翼瓣和龙骨瓣等长，均略短于旗瓣，龙骨瓣呈直角三角形弯曲，喙部狭尖；二体雄蕊，花丝分离部略短于雄蕊筒；花柱直，等长于子房呈直角上指，柱头点状；子房线形，无毛，具胚珠 35 ～ 40 粒。【果】荚果直，线状圆柱形，褐色，2 瓣裂，扭曲，具多数种子。【种子】细小，卵圆形，灰褐色。【成熟期】花果期 5 — 10 月。

生境分布　多年生旱中生草本。生于弱碱性山坡、草地、田野、水沟。贺兰山西坡乱柴沟、巴彦浩特和东坡汝箕沟有分布。我国分布于西北地区。世界分布于欧洲及俄罗斯、蒙古国。

药用价值　全草入药，可清热解毒。

锦鸡儿属　　*Caragana* Fabr.

荒漠锦鸡儿　　*Caragana roborovskyi* Kom.　　别称　洛氏锦鸡儿

形态特征　【植株】高 30 ～ 50 cm。【枝】树皮黄褐色，略具光泽，呈不规则条状剥裂；小枝褐色，具灰色条棱，嫩枝密被白色长柔毛。【叶】托叶狭三角形，中肋隆起，边缘膜质，先端具刺尖，密被长柔毛；叶轴全部宿存并硬化呈针刺状，长 15 ～ 20 mm，密被长柔毛；小叶 6 ～ 10，羽状排列，宽倒卵形、倒卵形或倒披针形，先端圆形，具细尖，基部楔形，两面密被绢状长柔毛，下面叶脉明显。【花】单生；花梗短，密被长柔毛，基部具关节；花萼筒状，密被长柔毛，萼齿狭三角形，渐尖具刺尖；花冠黄色，被短柔毛，旗瓣倒宽卵形，顶端圆，具突尖，基部具短爪，翼瓣长椭圆形，爪长约为瓣片的 1/2，耳条形，与爪等长，龙骨瓣顶端锐尖，内弯，爪较瓣片稍短或近等长，耳较短；子房密被柔毛。【果】荚果圆筒形，被毛，顶端渐尖。【成熟期】花期 5 — 6 月，果期 6 — 7 月。

生境分布　强旱生矮灌木。生于海拔 1 600 ～ 2 200 m 的石质山坡、沟谷、河床、灌丛。贺兰山西坡和东坡均有分布。我国分布于宁夏、甘肃、青海等地。

狭叶锦鸡儿 *Caragana stenophylla* Pojark. 别称 羊柠角、红柠条

形态特征 【植株】高 15 ～ 70 cm。【茎】树皮灰色、黄褐色或深褐色，具光泽；小枝纤细，褐色或灰黄色，具条纹，幼时疏被柔毛，长枝托叶宿存硬化呈针刺状。【叶】长枝上的叶轴宿存并硬化呈针刺状，直伸或稍弯；短枝上的叶无叶轴，小叶 4，假掌状排列，条状倒披针形，先端锐尖或钝，具刺尖，基部渐狭，绿色，纵向折叠，两面无毛或近无毛。【花】单生；花梗较叶长，被毛，中下部具关节；花萼钟形或钟状筒形，基部稍偏斜，无毛或疏被柔毛，萼齿三角形，具针尖，长为花萼筒的 1/4，边缘被短柔毛；花冠黄色，旗瓣圆形或宽倒卵形，具短爪，长为瓣片的 1/5，翼瓣上端较宽呈斜截形，瓣片约为爪长的 1.5 倍，爪为耳长的 2 ～ 2.5 倍，龙骨瓣比翼瓣稍短，具长爪（与瓣片等长，或 1/2 以下），耳短钝；子房无毛。【果】荚果圆筒形，两端渐尖，无毛或被毛。【成熟期】花期 5 — 9 月，果期 6 — 10 月。

生境分布 矮小旱生灌木。生于海拔 1 600 ～ 2 300 m 的石质山坡、沟谷、灌丛。贺兰山西坡和东坡均有分布。我国分布于东北及内蒙古、河北、山西、陕西、宁夏、甘肃、新疆等地。世界分布于蒙古国、俄罗斯。

植株

叶

花

矮脚锦鸡儿 *Caragana brachypoda* Pojark. 别称 短脚锦鸡儿

形态特征 【植株】高 20 cm。【茎】枝条短而密集并多针刺；树皮黄褐色，具光泽；小枝近四棱形，褐色或黄褐色，具白色隆起纵条纹。【叶】长枝上的托叶宿存并硬化呈针刺状，叶轴宿存并硬化呈针刺状，稍弯；短枝上的叶无柄，小叶 4，假掌状排列，倒披针形，先端锐尖，具刺尖，基部渐狭，淡绿色，两面被短柔毛，上面毛较密，边缘具睫毛。【花】单生；花梗粗短，近中部具关节，被毛；花萼筒状，基部偏斜稍呈浅囊状，红紫色或带红褐色，被粉霜，疏被短毛；萼齿卵状三角形或三角形，具刺尖，边缘被短柔毛；花冠黄色，带红紫色，旗瓣倒卵形，中部黄绿色，顶端微凹，基部渐狭成爪，翼瓣与旗瓣等长，顶端斜截形，有与瓣片近等长的爪和短耳，龙骨瓣与翼瓣等长，具长爪与短耳；子房无毛。【果】荚果近纺锤形，基部狭长，顶端渐尖。【成熟期】花期 4 — 5 月，果期 6 月。

生境分布 矮小强旱生灌木。生于山麓覆沙地、山前平原、低山坡、固定沙地。贺兰山西坡山麓和东坡苏峪口有分布。我国分布于宁夏、甘肃、内蒙古等地。世界分布于蒙古国。

柠条锦鸡儿 *Caragana korshinskii* Kom. 别称 白柠条、毛条

形态特征 【植株】高 1.5 ~ 5 m。【茎】树皮金黄色，具光泽；枝条细长，小枝灰黄色，具条棱，密被绢状柔毛。【叶】长枝上的托叶宿存并硬化呈针刺状，长 5 ~ 7 mm，被毛；叶轴密被绢状柔毛，脱落；小叶 12 ~ 16，羽状排列，倒披针形或矩圆状倒披针形，长 7 ~ 13 mm，宽 3 ~ 6 mm，先端钝或尖锐，具刺尖，基部宽楔形，两面密生绢毛。【花】单生；具花梗，密被短柔毛，中部以上具关节；花萼钟状或筒状钟形，密被短柔毛，萼齿三角形或狭三角形；花冠黄色，旗瓣宽卵形，顶端圆，基部具短爪，翼瓣爪长为瓣片的 1/2，耳短，齿状，龙骨瓣矩圆形，爪长约与瓣片近等长，耳极短，瓣片基部呈截形；子房密生短柔毛。【果】荚果披针形或矩圆状披针形，略扁，革质，深红褐色，顶端短渐尖，近无毛。【成熟期】花期 5—6 月，果期 6—7 月。

生境分布 高大强旱生灌木。生于海拔 1 600 ~ 1 800 m 的北部荒漠区低山丘陵、覆沙山坡、河床。贺兰山西坡小松山和东坡北部龟头沟有分布。我国分布于宁夏、甘肃。

药用价值 根、花和种子入药，可滋阴养血、镇静止痒、通经。

毛刺锦鸡儿 *Caragana tibetica* Kom. 别称 康青锦鸡儿

形态特征 【植株】高 15 ～ 30 cm。【茎】树皮灰黄色，多裂纹；枝条短密，灰褐色，密被长柔毛。【叶】托叶卵形或近圆形，先端渐尖，膜质，褐色，密被长柔毛；叶轴全部宿存并硬化呈针刺状，带灰白色，无毛，嫩叶轴灰绿色，密被长柔毛；小叶 6 ～ 8，羽状排列，自叶轴呈锐角开展，条形，卷折呈管状，质较硬，长 6 ～ 15 mm，宽 1 mm，先端尖，具刺尖，密被绢状长柔毛，灰白色。【花】单生，几无花梗；花萼筒状，基部稍偏斜，密生长柔毛，萼齿卵状披针形，渐尖；花冠黄色，旗瓣倒卵形，顶端微凹，基部具爪，爪长为瓣片的 1/2，翼瓣爪约与瓣片等长或较瓣片稍长，耳短而狭，或钝圆，龙骨瓣的爪较瓣片长，耳短，呈齿状；子房密被柔毛。【果】荚果短，椭圆形，外面密被长柔毛，里面密被毡毛。【成熟期】花期 5 — 7 月，果期 7 — 8 月。

生境分布 矮小垫状旱生灌木。生于海拔 1 600 ～ 2 300 m 的石质山坡、沟谷、灌丛。贺兰山西坡和东坡均有分布。我国分布于宁夏、甘肃、青海、四川、西藏等地。世界分布于亚洲中部地区及蒙古国、俄罗斯等。

植株

花

叶

甘蒙锦鸡儿 *Caragana opulens* Kom.

形态特征 【植株】高 40 ～ 60 cm。【茎】树皮灰褐色，具光泽；直立，小枝细长，带灰白色，具条棱。【叶】长枝上的托叶宿存并硬化呈针刺状；短枝上的托叶脱落；长枝上的叶轴短硬化呈针刺状，直伸或稍弯；小叶 4，假掌状排列，倒卵状披针形，长 3 ～ 10 mm，宽 1 ～ 4 mm，先端圆形，具刺尖，基部渐狭，绿色，上面无毛或近无毛，下面疏被短柔毛。【花】单生，花梗无毛，中部以上具关节；花萼筒状钟形，基部显著偏斜呈囊状突起，无毛，萼齿三角形，具针尖，边缘被短柔毛；花冠黄色，略带红色，旗瓣宽倒卵形，顶端微凹，基部渐狭成爪，翼瓣长椭圆形，顶端圆，基部具爪及距状尖耳，龙骨瓣顶端钝，基部具爪及齿状耳；子房筒状，无毛。【果】荚果圆筒形，无毛，带紫褐色，顶端尖。【成熟期】花期 5 — 6 月，果期 6 — 7 月。

生境分布 喜暖旱中生灌木。生于海拔 1 700 ～ 2 100 m 的干山坡、沟谷、丘陵。贺兰山西坡和东坡均有分布。我国分布于陕西、宁夏、甘肃、山西、青海、西藏等地。

鬼箭锦鸡儿　*Caragana jubata* (Pall.) Poir.　别称　鬼见愁

形态特征　【植株】高 1 m 左右。【茎】直立或横卧，基部多分枝；树皮深灰色或黑色。【叶】托叶纸质，与叶柄基部合生，宿存，不硬化；叶轴全部宿存并硬化呈针刺状，细瘦，易折断，幼时密被长柔毛，深灰色；小叶 8～12，羽状排列，长椭圆形或条状长椭圆形，长 5～15 mm，宽 2～5 mm，先端钝或尖，具短刺尖，基部圆形，两面密被长柔毛或被疏柔毛。【花】单生，花梗短，基部具关节；苞片条形；花萼钟状筒形，密被长柔毛，萼齿披针形；花冠玫红色、淡粉红色或粉白色，旗瓣宽倒卵形，向基部渐狭成爪，翼瓣矩圆形，上端稍宽或等宽，耳与爪近等长或稍短，龙骨瓣先端斜截而稍凹，爪与瓣片近等长，耳短三角形；子房密被长柔毛。【果】荚果圆筒形，先端渐尖，密被长柔毛。【成熟期】花期 6 — 7 月，果期 8 — 9 月。

生境分布　耐寒多刺中生灌木。生于海拔 2 700～3 400 m 的高山草甸、灌丛。贺兰山主峰和山脊两侧有分布。我国分布于河北、山西、陕西、甘肃、青海、四川等地。世界分布于蒙古国、俄罗斯、印度等。

药用价值　花和根入药，可接筋续断、活血通络、消肿止痛。

雀儿豆属 *Chesneya* Lindl. ex Endl.

大花雀儿豆 *Chesneya macrantha* S. H. Cheng ex H. C. Fu 别称 红花海绵豆

形态特征 【植株】高 10 ～ 15 cm。【茎】多分枝，当年枝短缩。【叶】单数羽状复叶，小叶 7 ～ 11；托叶三角状披针形，革质，密被平伏短柔毛与白色绢毛，先端渐尖，与叶基部合生；长叶轴宿存并硬化呈针刺状；小叶椭圆形、菱状椭圆形或倒卵形，长 3 ～ 7 mm，宽 2 ～ 4 mm，先端钝或锐尖，基部宽楔形或近圆形，上面被浅黑色腺点，两面被平伏白色绢毛。【花】较大，紫红色；具花梗；小苞片条状披针形，褐色，对生，被白色缘毛；花萼管状钟形，二唇形，锈褐色，密被柔毛，萼齿条状披针形，被白色缘毛，里面密被白色长柔毛；旗瓣倒卵形，顶端微凹，基部渐狭，背面密被短柔毛，翼瓣顶端稍宽、钝，龙骨瓣顶端钝，基部均具长爪；子房被毛。【果】荚果矩圆状椭圆形，革质，顶端具短喙，密被长柔毛。【成熟期】花期 6 — 7 月，果期 8 — 9 月。

生境分布 垫状强旱生半灌木。生于海拔 1 600 ～ 1 700 m 的低山丘陵砾石地、山地石缝、剥蚀残丘、沙地。贺兰山西坡峡子沟、南寺、三关等沟口有分布。我国分布于内蒙古、新疆等地。世界分布于蒙古国。

米口袋属 *Gueldenstaedtia* Fisch.

米口袋 *Gueldenstaedtia verna* (Georgi) Boriss.

形态特征 【植株】高 5 ～ 15 cm，全株被白色长柔毛。【根】主根圆柱状，细长。【茎】短缩，在根颈上丛生。【叶】单数羽状复叶，小叶 7 ～ 19；托叶三角形，基部与叶柄合生，外面被长柔毛；小叶片矩圆形至条形，或春季小叶近卵形（夏季条状矩圆形或条形），长 2 ～ 20 mm，宽 2 ～ 6 mm，先端急尖或钝尖，具小尖头，全缘，两面被白色柔毛，花期毛较密，果期毛少或近无毛。【花】总花序梗数个，自叶丛间抽出，顶端各具花 2 ～ 4 朵，排列成伞形，花梗极短或无花梗；苞片及小苞片披针形；花粉紫色；花萼筒钟形，密被长柔毛，上 2 萼齿最大；旗瓣近圆形，先端微凹，基部渐狭成爪，翼瓣比旗瓣短。【果】荚果圆筒形，被白色长柔毛。【成熟期】花期 5 月，果期 5 — 7 月。

生境分布 多年生旱生草本。生于山前冲刷沟、山坡、路旁、田边。贺兰山西坡和东坡均有分布。我国分布于东北、华北、华东及陕西、甘肃等地。世界分布于俄罗斯、朝鲜等。

甘草属 *Glycyrrhiza* Linn

甘草 *Glycyrrhiza uralensis* Fisch. ex DC. 别称 甜草、甜甘草

形态特征 【植株】高 0.3 ～ 1 m。【根状茎】粗壮，向四周生出地下匍匐枝。【根】主根圆柱形，粗长，外皮褐色，里面淡黄色，具甜味。【茎】直立，多分枝，密被白色短毛及鳞片状、点状或刺毛状腺体。【叶】托叶三角状披针形，两面密被白色短柔毛；叶柄密被褐色腺点和短柔毛；小叶 5 ～ 17，卵形、长卵形或近圆形，长 1 ～ 5 cm，宽 0.8 ～ 3 cm，上面暗绿色，下面绿色，两面均密被黄褐色腺点及短柔毛，顶端钝，具短尖，基部圆，边缘全缘或微呈波状，反卷。【花】总状花序，腋生，花多数，总花序梗与花萼均密生褐色鳞片状腺点和短柔毛；苞片褐色膜质，外被黄色腺点和短柔毛；花萼钟状，基部偏斜膨大呈囊状，萼齿 5，与花萼筒等长，上部 2 齿深连合；花冠紫色、淡蓝色，旗瓣顶端凹，具短瓣柄，翼瓣短于旗瓣，龙骨瓣短于翼瓣；子房具刺毛状腺体。【果】荚果弯曲呈镰刀状或环状，密集成球，密生瘤状突起和刺毛状腺体。【种子】3 ～ 11 粒，暗绿色，圆形或肾形。【成熟期】花期 5 — 8 月，果期 7 — 9 月。

生境分布 多年生旱中生草本。生于山坡草地、盐渍地、河岸砂质地、干旱沙地。贺兰山西坡和东坡均有分布。我国分布于东北、华北、西北及山东等地。世界分布于蒙古国、俄罗斯等。

药用价值 根入药，补脾益气、清热解毒、祛痰止咳；也可做蒙药。

黄芪属　*Astragalus* Linn

哈拉乌黄芪　*Astragalus halawuensis* Y. Z. Zhao

形态特征　【植株】高 5～15 cm，全株（除花冠外）密被灰白色“丁”字形毛。【根】直而细长，黄褐色。【茎】丛生，直立或斜升。【叶】羽状复叶，小叶 9～17；托叶卵形或披针形，长 2～3 mm；小叶披针形或条状披针形，长 3～10 mm，宽 1～2 mm，长先端渐尖或锐尖，基部楔形，具小叶柄。【花】总状花序，顶生或腋生，具花 9～11 朵，密集或稍疏松；总花序梗比叶长；苞片条形；具花梗；花萼管状钟形，花萼筒钟形，萼齿细条形，被黑色“丁”字形毛；花冠紫红色或蓝紫色，旗瓣倒卵形，顶端凹缺，翼瓣顶端二凹缺，龙骨瓣最短；子房被毛。【果】荚果矩圆形，稍侧扁，密被贴伏“丁”字形毛，2 室。【成熟期】花期 5—6 月，果期 6—7 月。

生境分布　多年生旱中生草本。生于海拔 1 900～2 200 m 的荒漠区山地沟口、砾石质坡、山前冲积扇。贺兰山西坡和东坡均有分布。

植株

花

叶

草木樨状黄芪　*Astragalus melilotoides* Pall.　　别称　扫帚苗、层头

形态特征　【植株】高 0.3～1 m。【根】深，长，粗壮。【茎】多数由基部丛生，直立或稍斜升，多分枝，具条棱，疏被短柔毛或近无毛。【叶】单数羽状复叶，小叶 3～7；托叶三角形至披针形，基部彼此合生；叶柄被短柔毛；小叶矩圆形或条状矩圆形，长 5～15 mm，宽 1.5～3 mm，先端钝、截形或微凹，基部楔形，全缘，两面疏被白色短柔毛；小叶具短柄。【花】总状花序，腋生，比叶长；花小，粉红色或白色，多数，疏生；苞片甚小，锥形，比花梗短；花萼钟状，疏生短柔毛，萼齿三角形，比花萼筒显著短；旗瓣近圆形或宽椭圆形，基部具短爪，顶端微凹，翼瓣比旗瓣短，顶端不均等 2 裂，基部具耳和爪，龙骨瓣比翼瓣短；子房无毛，无柄。【果】荚果近圆形或椭圆形，顶端微凹，具短喙，表面具横纹，无毛，背部具深沟，2 室。【成熟期】花期 7—8 月，果期 8—9 月。

生境分布　多年生旱中生草本。生于海拔 1 700～2 300 m 的森林区或草原区山地沟谷、砂砾地。贺兰山西坡和东坡均有分布。我国分布于东北、华北、西北地区。世界分布于蒙古国、俄罗斯。

药用价值　全草入药，可祛风除湿、止痛；也可做蒙药。

阿拉善黄芪　*Astragalus alaschanus* Bunge ex Maxim.　　别称　阿拉善黄蓍

形态特征　【植株】高 3 ～ 30 cm。【茎】细弱，斜升，密被白色平伏短柔毛。【叶】单数羽状复叶，长 2 ～ 4 cm，小叶 11 ～ 17；托叶卵状三角形，被毛，先端渐尖，基部与叶柄稍合生；小叶倒卵状矩圆形、倒卵形或椭圆形，先端钝或稍尖，基部宽楔形或圆形，全缘，上面无毛或近无毛，下面被平伏白色短柔毛。【花】总状花序，腋生或顶生，具花 10 ～ 14 朵，排列紧密呈头状；总花序梗比叶长或与之近等长，密被平伏白色短柔毛，上部混生黑色短柔毛；苞片卵状披针形，膜质，先端尖，被毛；花萼钟状，被黑色平伏短柔毛，萼齿不等长，上萼齿 2，较短，狭三角形，下萼齿 3，较长，旗瓣宽倒卵形，顶端凹，翼瓣与旗瓣近等长，矩圆形，顶端全缘，基部具短爪和耳，龙骨瓣较短；子房无毛或有毛。【果】荚果近球形，稍被毛。【成熟期】花期 6 — 7 月。

生境分布　多年生矮小草本。生于海拔 2 400 ～ 2 800 m 的沟谷、林缘、溪边。贺兰山西坡水磨沟、哈拉乌和东坡苏峪口沟口有分布。我国分布于宁夏、甘肃、新疆等地。世界分布于蒙古国。

药用价值　根入药，清热、止血、治伤、生肌；也可做蒙药。

乌拉特黄芪　*Astragalus hoantchy* Franch.　别称　粗壮黄芪

形态特征　【植株】高达 1 m。【茎】直立，多分枝，具条棱，无毛或疏被白色、黑色长柔毛。【叶】单数羽状复叶，长 20 ~ 25 cm，叶柄疏被白色长柔毛，小叶 9 ~ 25；托叶卵状三角形，膜质，与叶柄分离，先端尖，被毛；小叶宽卵形、近圆形或倒卵形，先端圆形、微凹或截形，具小突尖，基部宽楔形或圆形，全缘，两面中脉疏被白色或黑色长柔毛或无毛，小叶柄短。【花】总状花序，腋生，疏具花 12 ~ 15 朵，总花序梗长；花紫红色，疏被长柔毛；苞片披针形，膜质，先端渐尖，较花梗长，被毛；花萼钟状筒形，近膜质，结果时基部一侧膨大呈囊状，外面疏被白色或黑色长柔毛，上萼齿 2，较短，近三角形，下萼齿 3，较长，披针形；旗瓣宽卵形，顶端微凹，基部渐狭成爪，翼瓣矩圆形，爪等于瓣长的 1/2，翼瓣和龙骨瓣均较旗瓣短；子房无毛，具柄；柱头被簇状毛。【果】荚果下垂，两侧扁平，具长柄，矩圆形，顶端渐狭，具网纹。【种子】矩圆状肾形，黑褐色，具光泽，一侧中上部具近三角状缺口。【成熟期】花期 6 月，果期 7 月。

生境分布　多年生旱中生草本。生于海拔 1 600 ~ 2 500 m 的沟谷、石质山坡。贺兰山西坡和东坡均有分布。我国分布于内蒙古、宁夏、甘肃、青海等地。

药用价值　根入药，可益表生肌、利水消肿、补中益气。

长齿狭荚黄芪　*Astragalus stenoceras* var. *longidentatus* S. B. Ho

形态特征　【植株】高 15 cm。【茎】主枝短缩，暗褐色，枝细弱，密被平伏“丁”字形毛，呈灰绿色。【叶】单数羽状复叶，小叶 11 ~ 21；托叶分离，卵状披针形，被平伏“丁”字形毛，混黑色毛；叶长 2 ~ 5 cm，叶柄短于叶轴，被平伏白色“丁”字形毛；小叶长椭圆形或近披针形，长 4 ~ 7 mm，宽 1 ~ 2 mm，先端渐尖或锐尖，基部宽楔形，两面密被平伏“丁”字形毛。【花】总花序梗长于叶的 1.5 ~ 2 倍，被平伏白色“丁”字形毛；短总状花序近伞房状，具花 4 ~ 10 朵，淡紫色；苞片披针形，较花梗长约 1 倍，疏被白色、黑色“丁”字形毛；花萼筒管状，密被平伏白色、黑色“丁”字形毛，萼齿丝状；旗瓣瓣片矩圆状倒卵形，顶端稍凹，中下部渐狭，爪短宽，翼瓣片矩圆形，顶端凹入或近全缘，龙骨瓣倒卵形，爪长与瓣片或与之近等长。【果】荚果条形，直或稍弯，革质，密被平伏白色、黑色“丁”字形毛，不完全 2 室。【成熟期】花期 5—6 月。

生境分布　多年生旱生草本。生于海拔 1 900 m 左右的山缘、石质山坡。贺兰山西坡哈拉乌、峡子沟沟口有分布。我国分布于甘肃、宁夏、内蒙古。

斜茎黄芪　*Astragalus laxmannii* Jacq.　别称　直立黄芪、马板肠

形态特征　【植株】高 20 ～ 60 cm，被黑色、褐色或白色“丁”字形毛。【根】粗壮，暗褐色。【茎】数个丛生，斜升，无毛或近无毛。【叶】单数羽状复叶，小叶 7 ～ 23；小叶卵状椭圆形、椭圆形或矩圆形，长 10 ～ 30 mm，宽 2 ～ 8 mm，先端钝、圆或稍尖，基部圆形或近圆形，全缘，上面无毛或近无毛，下面被白色“丁”字形毛；托叶三角形渐尖，基部稍合生或分离。【花】总状花序，腋生茎上部；总花序梗与叶近相等；花序圆柱形，花密集，蓝紫色、近蓝色或红紫色，稀近白色，花梗极短；苞片狭披针形至三角形，先端尖，比花萼筒短；花萼筒状钟形，被毛，萼齿披针状条形或锥形，长为花萼筒的 1/3 ～ 1/2；旗瓣倒卵状匙形，顶端深凹，基部渐狭，翼瓣比旗翼短，比龙骨瓣长；子房被毛，基部具短柄。【果】荚果矩圆形，具 3 棱扁，背部凹入成沟，顶具弯短喙，具短梗，表面被黑色、褐色、白色毛，或彼此混生，背缝线凹入将果隔为 2 室。【成熟期】花期 7 — 9 月，果期 8 — 10 月。

生境分布　多年生旱中生草本。生于海拔 1 600 m 左右的沟谷、林缘。贺兰山西坡小松山和东坡苏峪口、黄旗沟有分布。我国分布于东北、华北、西北、西南地区。世界分布于俄罗斯、朝鲜、日本、蒙古国。

药用价值　种子入药，可补肝益肾、固精明目；也可做蒙药。

变异黄芪　*Astragalus variabilis* Bunge ex Maxim.

形态特征　【植株】高 10 ～ 30 cm，全株被“丁”字形毛，呈灰绿色。【根】主根伸长，黄褐色，木质化。【茎】多数基部丛生，较细，直立或稍斜，具分枝，密被白色“丁”字形毛。【叶】单数羽状复叶，小叶 11 ～ 15；托叶小，三角形或卵状三角形，与叶柄分离；小叶矩圆形、倒卵状矩圆形或条状矩圆形，长 3 ～ 10 mm，宽 1 ～ 3 mm，先端钝、圆形或微凹，基部宽楔形或圆形，全缘，上面绿色，疏被平伏白色“丁”字形毛，下面灰绿色，毛较密。【花】总花序梗较叶短，被毛；短总状花序，腋生，花多数，紧密；花小，淡蓝紫色或淡红紫色，花梗短，被毛；苞片卵形或卵状披针形，近边缘疏被黑毛；花萼钟状筒形，萼齿条状锥形，被黑色或白色“丁”字形毛；旗瓣倒卵状矩圆形，顶端深凹，基部渐狭，翼瓣与旗瓣等长，龙骨瓣短，两者均具爪及耳；子房被毛。【果】荚果矩圆形，稍弯，两侧扁，先端锐尖，具短喙，表面密被平伏白色“丁”字形毛，2 室。【成熟期】花期 5—6 月，果期 6—8 月。

生境分布　多年生强旱生草本。生于浅山干河床、覆沙戈壁、浅洼地。贺兰山西坡峡子沟有分布。我国分布于宁夏、甘肃等地。世界分布于蒙古国。

白花黄芪　*Astragalus galactites* Pall.　　别称　乳白花黄耆

形态特征　【植株】高 5 ～ 10 cm。【茎】具短缩分枝地下茎，地上部分无茎或具短茎。【叶】单数羽状复叶，小叶 9 ～ 21；托叶下部与叶柄合生，离生部分卵状三角形，膜质，密被长毛；小叶矩圆形、椭圆形、披针形至条状披针形，长 5 ～ 15 mm，宽 1.5 ～ 3 mm，先端钝或锐尖，具小突尖，基部圆形或楔形，全缘，上面无毛，下面密被平伏白色“丁”字形毛。【花】近无花序梗，每叶腋具花 2 朵，密集叶丛基部如根生状；花白色或稍带黄色；苞片披针形至条状披针形，被白色长柔毛；萼筒状钟形，萼齿披针状条形或近锥形，为花萼筒长的 1/2 至近等长，密被开展白色长柔毛；旗瓣菱状矩圆形，顶端微凹，中部稍缢缩，中下部渐狭成爪，两侧呈耳状，翼瓣及龙骨瓣均具细长爪；子房被毛；花柱细长。【果】荚果小，卵形，先端具喙，包覆花萼内；幼果密被白毛，毛渐脱落，1 室；具种子 2 粒。【成熟期】花期 5—6 月，果期 6—8 月。

生境分布　多年生旱生草本。生于海拔 1 900 ～ 2 200 m 的砾石质、沙质地。贺兰山西坡哈拉乌和东坡苏峪口有分布。我国分布于东北、华北地区。世界分布于蒙古国、俄罗斯。

胀萼黄芪　*Astragalus ellipsoideus* Ledeb.

形态特征　【植株】高 10 ～ 30 cm，近无茎。【根】粗壮，褐色或黄褐色。【叶】单数羽状复叶，小叶 9 ～ 17；托叶卵形，基部与叶柄合生，密被白色“丁”字形毛；叶柄与叶轴等长或为叶轴长的 1/2；小叶椭圆形或倒卵形，先端锐尖或钝，基部宽楔形，两面密被平伏白色“丁”字形毛。【花】总花序梗与叶等长或稍长，被平伏白色“丁”字形毛；短总状花序，卵形、近球形或圆筒形，花密集，黄色；苞片条状披针形，被白色毛或黑色缘毛；花萼筒形，果时膨胀，萼齿条状锥形，被白色、黑色长柔毛；旗瓣矩圆状倒披针形，先端微凹或圆，中部渐窄，爪长为瓣片的 1/3 ～ 1/2；翼瓣比旗瓣短，瓣片条状矩圆形，为爪长的 2/3，龙骨瓣爪长于瓣片。【果】荚果卵状矩圆形，短渐尖，包覆花萼内，革质，2 室，密被开展白色“丁”字形毛。【成熟期】花期 5 月，果期 6 月。

生境分布　多年生旱生草本。生于海拔 1 700 ～ 2 200 m 的荒漠草原区或荒漠区砾质山坡、山前沙砾质地、石质残丘坡地、浅洼径流线。贺兰山西坡和东坡均有分布。我国分布于宁夏、甘肃、青海、新疆等地。世界分布于俄罗斯、蒙古国、哈萨克斯坦。

糙叶黄芪　*Astragalus scaberrimus* Bunge

形态特征　【植株】高 10 ～ 30 cm，全株密被白色“丁”字形毛，呈灰白色或灰绿色。【茎】地下具短缩而分枝的、木质化茎或横走木质化根状茎，无地上茎或地上茎极短或平卧地上茎。【叶】密集地表，呈莲座状；单数羽状复叶，长 5 ～ 10 cm，小叶 7 ～ 15；托叶与叶柄合生达 1/3 ～ 1/2，分离部狭三角形至披针形，渐尖；小叶椭圆形、近矩圆形或披针形，长 5 ～ 15 mm，宽 2 ～ 7 mm，先端锐尖或钝，具小凸尖，基部宽楔形近圆形，全缘，两面密被平伏白色“丁”字形毛。【花】总状花序，自基部腋生；总花序梗长，具花 3 ～ 5 朵；苞片披针形，长于花梗；花萼筒状，外面密被“丁”字形毛，萼齿条状披针形，长为花萼筒的 1/3 ～ 1/2；花冠白色或淡黄色，旗瓣倒卵状椭圆形，顶端微凹，中部以下渐狭，具短爪，翼瓣和龙骨瓣短，翼瓣顶端微缺；子房被短毛。【果】荚果矩圆形，稍弯，喙不明显，背缝线凹入成浅沟，果皮革质，密被白色“丁”字形毛，内具假隔膜，2 室。【成熟期】花期 5 — 8 月，果期 7 — 9 月。

生境分布　多年生旱生草本。生于海拔 1 600 ～ 1 800 m 的山坡草地、草甸草原、山地林缘。贺兰山西坡南寺、水磨沟等有分布。我国分布于东北、西北、华中及山东、青海、四川等地。世界分布于蒙古国、俄罗斯。

植株

花

叶

小果黄芪　*Astragalus tataricus* Franch.　　别称　皱黄芪

形态特征　【植株】高 10 ～ 30 cm，全株被白色单毛。【根】粗壮，直伸。【茎】多数，细弱，斜升或平伏，基部分枝，形成密丛。【叶】单数羽状复叶，小叶 13 ～ 21；托叶三角形至三角状披针形，长先端尖，与叶柄离生，表面及边缘被毛；小叶披针形至矩圆形，长 2 ～ 10 mm，宽 2 ～ 5 mm，先端钝或微凹，基部宽楔形，两面疏被贴伏白色柔毛。【花】短总状花序，腋生，具花 5 ～ 12 朵，着生总花梗顶端，紧密呈头状；总花序梗比叶长；苞片披针形，与花梗近等长，具黑色睫毛；花萼钟状，被贴伏黑色及白色柔毛，萼齿狭披针形，长较花萼筒短；花冠淡蓝紫色或天蓝色，旗瓣宽椭圆形，顶端凹，基部具短爪，翼瓣狭窄，与龙骨瓣近等长，均较旗瓣短；子房具柄，被毛。【果】荚果卵形或近椭圆形，微膨胀，顶端具短喙，果颈与萼近等长，密被平伏白色短柔毛。【成熟期】花期 6 — 7 月，果期 7 — 8 月。

生境分布　多年生旱中生草本。生于海拔 1 700 ～ 2 900 m 的森林区或草原区沟谷、灌丛、林缘。贺兰山西坡水磨沟、雪岭子和东坡兔儿坑有分布。我国分布于辽宁、内蒙古、河北、山东、宁夏等地。

灰叶黄芪 *Astragalus discolor* Bunge ex Maxim.　　别称　灰叶黄蓍

形态特征　【植株】高 30 ～ 50 cm；全株被“丁”字形毛，呈灰绿色。【根】主根直伸，木质化，具根头。【茎】直立或斜升，上部分枝，具条棱，密被平伏白色“丁”字形毛。【叶】单数羽状复叶，小叶 9 ～ 25；托叶三角形，先端尖，离生；小叶矩圆形或狭矩圆形，长 4 ～ 13 mm，宽 1 ～ 4 mm，先端钝或微凹，基部楔形，上面绿色，下面灰绿色，两面被贴伏白色“丁”字形毛，下面较密。【花】总状花序，着生上部分枝叶腋，具花 8 ～ 15 朵，疏散；小苞片卵形；花梗短；花萼筒状钟形，萼齿三角形，外面被贴伏黑色、白色毛；花冠蓝紫色，旗瓣倒卵形，顶端微凹，基部渐狭，翼瓣矩圆形，与旗瓣等长，顶端不均等 2 裂，龙骨瓣较翼瓣短；子房具柄，被毛。【果】荚果条状矩圆形，稍弯，侧扁，果颈较萼长，顶端具短喙，被贴伏黑白双色混生毛。【成熟期】花期 7 — 8 月，果期 8 — 9 月。

生境分布　多年生旱生草本。生于海拔 1 600 ～ 2 300 m 的沟谷、石质山坡。贺兰山西坡和东坡均有分布。我国分布于河北、山西、内蒙古、陕西、甘肃等地。

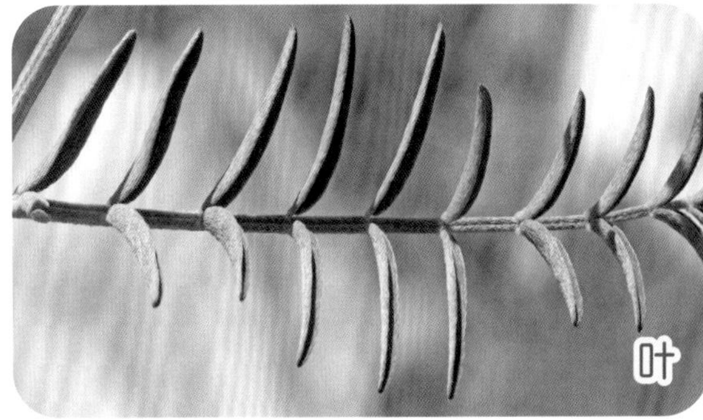

多枝黄芪　*Astragalus polycladus* Bureau & Franch.

形态特征　【植株】高 5 ~ 20 cm。【根】粗壮。【茎】纤细较多，平卧或上升，丛生，被贴伏灰白色毛，偶混生黑色毛。【叶】奇数羽状复叶，小叶 11 ~ 23；叶柄向上渐短；托叶披针形，离生；小叶披针形或近卵形，长 2 ~ 7 mm，宽 1 ~ 3 mm，先端钝尖，基部宽楔形，两面被贴伏白色毛，下面较密，具短柄。【花】总状花序，着生茎上部，腋生，花 10 余朵，密集呈头状；总花序梗较叶长；苞片膜质，线形，被贴伏白色或黑色毛；花梗短；花萼钟状，被贴伏白色或混生黑色短毛；萼齿线形，与花萼筒近等长；花冠青紫色，旗瓣倒卵形，先端微凹，基部渐狭成短爪，翼瓣与旗瓣近等长或稍短，具短耳，龙骨瓣较翼瓣短，瓣片半圆形；子房线形，具短柄，被毛。【果】荚果长圆形，微弯曲，先端尖，被贴伏白色或混生黑色柔毛，1 室，果颈较宿存花萼短。【成熟期】花期 7—8 月，果期 9 月。

生境分布　多年生旱中生草本。生于海拔 2 900 m 左右的林缘草甸、灌丛。贺兰山西坡哈拉乌和东坡黄渠沟有分布。我国分布于四川、云南、西藏、青海、甘肃、新疆等地。

短龙骨黄芪　*Astragalus parvicarinatus* S. B. Ho

形态特征　【植株】高 5 ~ 10 cm。【根】粗壮，褐色。【茎】短缩，叶、花密集地表，呈小丛状。【叶】单数羽状复叶，小叶 3 ~ 7；托叶狭卵形，下部 1/2 与叶柄合生，被白色长柔毛；小叶矩圆形或椭圆形，长 4 ~ 7 mm，宽 2 ~ 3 mm，先端钝，基部宽楔形，两面密被平伏白色“丁”字形毛。【花】基部腋生，无总花序梗；花冠白色或黄白色；苞片狭卵形，较花短，被长柔毛；花萼筒状，外面密被白色开展长柔毛，萼齿丝状；旗瓣倒披针形，先端微凹，基部渐狭成爪，翼瓣较旗瓣稍短，瓣片条状矩圆形，顶端微凹，爪丝状，长为瓣片的 1/2，龙骨瓣短，翼瓣为龙骨瓣长的 1.5 倍，瓣片半圆形，爪与瓣片近等长；子房具柄，被白色柔毛。【果】荚果矩圆形，先端锐尖，被贴伏白色“丁”字形毛。【成熟期】花期 5 月，果期 6 月。

生境分布　多年生矮小旱生草本。生于海拔 1 900 ~ 2 200 m 的山麓砾质地、沙地。贺兰山西坡南部有分布。我国分布于东北及内蒙古等地。世界分布于俄罗斯、蒙古国。

圆果黄芪　*Astragalus junatovii* Sanchir

形态特征　【植株】高 5 ～ 10 cm。【茎】地上部分无茎或具极短缩的茎。【叶】密集地表，呈小丛状；奇数羽状复叶，小叶 5 ～ 15，长 2 ～ 15 cm，叶柄与叶轴近等长，密被平伏“丁”字形毛；托叶下部与叶柄合生，离生部分披针形，密被白色硬毛；小叶椭圆形或披针形，长 8 ～ 16 mm，宽 2 ～ 4 mm，先端稍锐尖，两面密被贴伏白色毛，呈灰绿色。【花】短总状花序，无花序梗，每腋具花 2 ～ 4 朵；苞片披针状条形或条形，先端渐尖，被半开展长毛；花萼筒状，萼齿条状钻形，密被白色长柔毛；花冠粉白色，如白色则龙骨瓣淡紫色，旗瓣矩圆状倒卵形，顶端圆形或微凹，中部稍缩，中下部新狭成爪，翼瓣矩圆状条形，具爪及短耳，龙骨瓣矩圆状卵形，具爪及小耳。【果】荚果近球形或卵状球形，顶端具短喙，被白色柔毛，2 室。【种子】圆肾形，橙黄色。【成熟期】花期 5 — 6 月，果期 6 — 7 月。

生境分布　多年生强旱生草本。生于荒漠草原区砾质沙地。贺兰山西坡山麓有分布。我国分布于内蒙古、甘肃、宁夏等地。世界分布于蒙古国。

中宁黄芪　*Astragalus ochrias* Bunge ex Maxim.　　别称　乌拉特黄芪

形态特征　【植株】高 5 ～ 15 cm。【茎】地下茎短缩分枝，地上部分无茎。【叶】基生，形成大密丛，被平伏白色“丁”字形毛，呈灰绿色；单数羽状复叶，小叶 9 ～ 19；托叶卵形，基部与叶柄离生，密被白色“丁”字形毛；长 3 ～ 5 cm，叶柄与叶轴等长或近等长；小叶矩圆形或椭圆形，长 5 ～ 10 mm，宽 3 ～ 5 mm，先端锐尖或钝，基部宽楔形，两面密被平伏白色“丁”字形毛。【花】总花序梗粗壮，长为叶的 1 ～ 2 倍，平卧或斜卧，被白色毛；短总状花序，圆头形或卵圆形；花密集；苞片条状披针形，被白色或黑色毛；花萼筒形，果时膨胀，呈卵形，密被开展白色长柔毛，萼齿丝状条形，密被黑色毛；花冠紫红色，偶黄色，具红色红晕，旗瓣矩圆状倒披针形，先端微凹，下部渐狭，翼瓣矩圆形，爪较瓣片长，龙骨瓣与翼瓣近等长，瓣片近矩圆形，爪较之长，两者均具耳。【果】矩圆形，1 室，无柄，密被开展长柔毛。【成熟期】花期 5 — 6 月，果期 6 — 7 月。

生境分布　多年生旱生草本。生于海拔 1 600 ～ 2 200 m 的浅山、山缘、石质山坡、宽阔山谷、干燥阳坡。贺兰山西坡哈拉乌有分布。我国分布于内蒙古、宁夏、青海等地。世界分布于蒙古国。

莲山黄芪　*Astragalus leansanicus* Ulbr.

形态特征　【植株】高 15 ～ 35 cm。【茎】丛生，多分枝，具角棱，疏被白色“丁”字形毛。【叶】单数羽状复叶，小叶 9 ～ 17；托叶披针形至三角形；小叶椭圆形、矩圆形或狭披针形，长 5 ～ 10 mm，宽 1 ～ 3 mm，先端钝或锐尖，基部钝或楔形，两面被贴伏白色“丁”字形毛；具叶柄。【花】总状花序，腋生，具花 6 ～ 15 朵；总花序梗长于叶，疏被白色“丁”字形毛；苞片卵形膜质，被白色毛；花萼管状，萼齿狭三角形，被黑色或白色毛；花冠红色或蓝紫色，旗瓣匙形，先端微凹，基部渐狭，爪不明显；翼瓣较旗瓣短，瓣片矩圆形，稍长于爪，龙骨瓣较翼瓣短，瓣片先端稍尖，稍短于爪；子房具柄，疏被“丁”字形毛。【果】荚果棍棒状，直或稍弯，先端渐尖，背部具沟槽，腹部龙骨状，密被短“丁”字形毛。【成熟期】花果期 5 — 9 月。

生境分布　多年生旱中生草本。生于海拔 1 600 ～ 2 200 m 的荒漠区低山、宽阔干河床、溪边、砾质地。贺兰山西坡镇木关、小松山和东坡大水沟有分布。我国分布于山西、宁夏、陕西、甘肃、新疆等地。

淡黄芪　*Astragalus bihutus* Bunge　　别称　浅黄芪

形态特征　【植株】高 3 ～ 10 cm。【根】粗壮，多分枝，暗褐色，根颈具残存枯叶柄。【茎】无地上茎。【叶】基生，呈密丛状，全株密被白色“丁”字形毛；奇数羽状复叶，具小叶；托叶卵状披针形，下部合生，被白色粗毛；小叶椭圆形或倒卵形，先端稍尖，基部楔形，两面密被白色“丁”字形毛。【花】近头状总状花序，具花 3 ～ 6 朵；总花序梗比叶短或近等长，密被白毛；苞片卵状披针形，具毛；花萼初为筒状，果期为矩圆状卵形，被黑色和白色“丁”字形毛，萼齿条状锥形；花淡紫色，如淡黄色则龙骨瓣淡紫色，旗瓣矩圆状卵形，长顶端圆形或微凹，基部渐狭成爪，翼瓣较旗瓣短，龙骨瓣又较翼瓣短，两者均具爪和耳。【果】卵形或矩圆状披针形，密被开展白色长柔毛，包覆膨大花萼内。【成熟期】花期 6—7 月，果期 7—8 月。

生境分布　多年生矮小旱生草本。生于北部山麓荒漠区石质低山、丘陵。贺兰山西坡北部有分布。我国分布于西北地区。世界分布于亚洲中部地区及俄罗斯、蒙古国。

棘豆属 *Oxytropis* DC.

猫头刺 *Oxytropis aciphylla* Ledeb. 别称 刺叶柄棘豆

形态特征 【植株】高 10 ～ 15 cm。【根】粗壮，深入土中。【茎】开展多分枝，呈球状株丛。【叶】叶轴宿存，木质化，呈硬刺状，下部粗壮，向顶端渐细瘦而锐尖，老时淡黄色或黄褐色，嫩时灰绿色，密被平伏柔毛；托叶膜质，下部与叶柄合生，先端平截或尖，后撕裂，表面无毛，边缘被白色长毛；双数羽状复叶，小叶对生，小叶 4 ～ 6，条形，长 5 ～ 15 mm，宽 1 ～ 2 mm，先端渐尖，具刺尖，基部楔形，两面密被平伏银灰色柔毛，边缘内卷。【叶】总状花序，腋生，具花 1 ～ 2 朵；总花序梗短，密被平伏柔毛；苞片小膜质，披针状毡形；花萼筒状，花后稍膨胀，密被长柔毛，萼齿锥状；花冠蓝紫色、红紫色以至白色，旗瓣倒卵形，顶端钝，基部渐狭成爪，翼瓣短于旗瓣，龙骨瓣较翼瓣短，顶端具喙；子房圆柱形；花柱顶端弯曲，无毛。【果】荚果矩圆形，硬革质，密被白色长柔毛，背缝线深陷，隔膜发达。【成熟期】花期 5 — 6 月，果期 6 — 7 月。

生境分布 多刺丘垫状矮小强旱生半灌木。生于海拔 1 600 ～ 2 300 m 的石质低山、丘陵、沟谷。贺兰山西坡和东坡均有分布。我国分布于宁夏、陕西、甘肃、青海等地。世界分布于俄罗斯、蒙古国。

药用价值 茎和叶入药，可消肿、止痛；也可做蒙药。

急弯棘豆 *Oxytropis deflexa* (Pall.) DC.

形态特征 【植株】高 10 ～ 20 cm，全株被开展黄色柔毛，呈黄绿色。【茎】直立或斜升。【叶】单数羽状复叶，长 5 ～ 15 cm，小叶 25 ～ 45；托叶披针形，长渐尖，分离，基部与叶柄合生，密被长柔毛；叶柄比叶轴长；小叶卵状披针形，长 5 ～ 15 mm，宽 2 ～ 5 mm，先端尖，基部圆形，两面被半开展柔毛，下部叶向下弯垂。【花】总状花序，密生多花，后延伸，总花序梗与叶等长或稍长；苞片条形，膜质，与花萼筒近等长；花小，下垂；花萼钟状，被白色或黑色柔毛，萼齿条形；花冠淡蓝紫色，旗瓣卵形，先端微凹，翼瓣与旗瓣等长，龙骨瓣较翼瓣短，具喙。【果】荚果矩圆状卵形，果梗被黑白双色短柔毛。【成熟期】花期 6 — 7 月，果期 7 — 8 月。

生境分布 多年生旱中生草本。生于海拔 2 500 ～ 2 800 m 的山地沟谷、草原灌丛、砾质地。贺兰山西坡雪岭子和东坡苏峪口有分布。我国分布于山西、甘肃、青海、新疆、四川、西藏等地。世界分布于俄罗斯、蒙古国。

胶黄芪状棘豆　*Oxytropis tragacanthoides* Fisch. ex DC.

形态特征　【植株】高 5 ～ 20 cm。【根】粗壮，暗褐色。【茎】老枝粗壮，丛生，密被针刺状宿存叶轴，红褐色，形成半球状株丛，一年生枝短缩。【叶】单数羽状复叶，长 1.5 ～ 7 cm，小叶 7 ～ 13；托叶膜质，疏被白毛，脉明显，下部与叶柄合生，上部离生，先端三角状，具缘毛；叶柄稍短于叶轴，叶轴粗壮，初时密被平伏白色柔毛，叶落后变成无毛刺状；小叶卵形至距圆形，长 5 ～ 13 mm，宽 1 ～ 3 mm，先端钝，两面密被白色绢毛。【花】总状花序，具花 2 ～ 5 朵，紫红色，总花序梗短于叶；密被绢毛；苞片条状披针形，被黑白双色长柔毛；花萼管状，密被黑白双色长柔毛，萼齿条状钻形；旗瓣倒卵形，先端稍圆，爪长与瓣片相等，翼瓣上部宽，先端斜截形，具锐尖耳，爪较瓣片稍长，龙骨瓣爪长于瓣片，具喙。【果】荚果球状卵形，近无果柄，喙膨胀呈膀胱状，密被黑白双色长柔毛。【成熟期】花期 5 — 6 月，果期 7 — 8 月。

生境分布　丛生矮小强旱生半灌木。生于海拔 1 800 ～ 2 200 m 的山脊、石质干燥坡。贺兰山西坡乱柴沟、干树湾和东坡汝箕沟有分布。我国分布于甘肃、青海、新疆等地。世界分布于哈萨克斯坦、俄罗斯、蒙古国等。

内蒙古棘豆　*Oxytropis neimonggolica* C. W. Chang & Y. Z. Zhao

形态特征　【植株】高 3 ～ 7 cm。【根】主根粗壮，向下直伸，黄褐色。【茎】缩短。【叶】小叶 1；总叶柄密被贴伏白色绢状柔毛，先端膨大，宿存；托叶卵形，膜质，与总叶柄基部贴生较高，上部分离，先端尖，被白色长柔毛；小叶近革质，椭圆形或椭圆状披针形，长 1 ～ 3 cm，宽 3 ～ 6 mm，先端锐尖或近锐尖，基部楔形，全缘或边缘加厚，上面被贴伏白色疏柔毛或无毛，绿色，下面密被白色长柔毛，灰绿色，易脱落。【花】花葶较叶短，密被白色长柔毛，具花 1 ～ 2 朵；花梗密被白色长柔毛；苞片条形，密被白色长柔毛；花萼筒状，密被平伏白色长柔毛，并混生黑色短毛，萼齿三角状钻形；花冠白色或淡紫色，干后淡黄色；旗瓣匙形或近匙形，反折，先端近圆形，微凹或 2 浅裂，基部渐狭成爪，翼瓣矩圆形，爪长耳短，龙骨瓣上部蓝紫色，先端具外弯宽三角形短喙；子房被毛。【果】荚果卵球形，膨胀，先端尖具喙，密被白色长柔毛，近不完全 2 室。【种子】圆肾形，褐色。【成熟期】花期 4 — 5 月，果期 5 — 6 月。

生境分布　多年生矮小旱生草本。生于海拔 1 500 ～ 2 000 m 的山沟岩缝、山坡沙地、草原。贺兰山西坡哈拉乌、香池子、峡子沟和东坡甘沟、苏峪口有分布。我国分布于内蒙古、宁夏等地。世界分布于蒙古国。

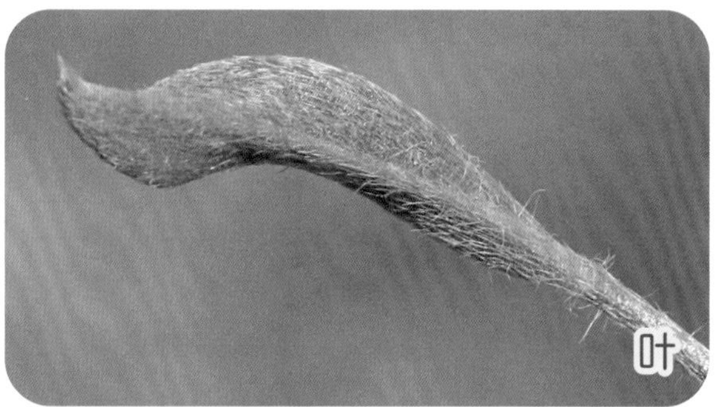

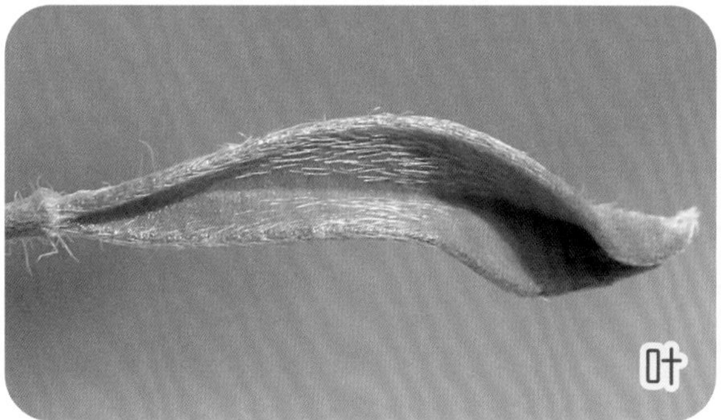

贺兰山棘豆　*Oxytropis holanshanensis* H. C. Fu

形态特征　【植株】高 5 ～ 9 cm。【根】主根粗壮，木质化，向下直伸，深褐色。【茎】短缩，多分枝，形成密丛，枝周围具多数褐色枯叶柄。【叶】单数羽状复叶，长 5 ～ 10 cm，小叶 7 ～ 19；叶轴密被长伏毛；托叶膜质，卵形，先端尖，密被长伏毛，与叶柄基部合生，宿存；小叶卵形或椭圆状卵形，长 2 ～ 3 mm，宽 1 mm，先端锐尖，基部近圆形，两面密被长伏毛，呈灰白色，反折。【花】黄色，花 10 ～ 15 朵密集排列成短总状花序，总花序梗纤细，密被长伏毛；苞片条状披针形，先端尖，两面被长伏毛；花梗极短；花萼钟状，外面密被黑白双色长伏毛，萼齿条形；旗瓣倒卵形，先端圆形，微凹，基部渐狭成爪，翼瓣比旗瓣短，顶端微缺，爪耳较短，龙骨瓣比翼瓣长，具喙；子房被毛，具子房柄；花柱弯曲。【果】荚果狭卵形，平展或下垂，顶端具短喙，被平伏柔毛；果梗与花萼筒近等长。【成熟期】花期 7 — 8 月。

生境分布　多年生旱生草本。生于海拔 2 000 ～ 2 400 m 的森林山麓、石质、山坡。贺兰山西坡南寺、范家营子和东坡苏峪口有分布。

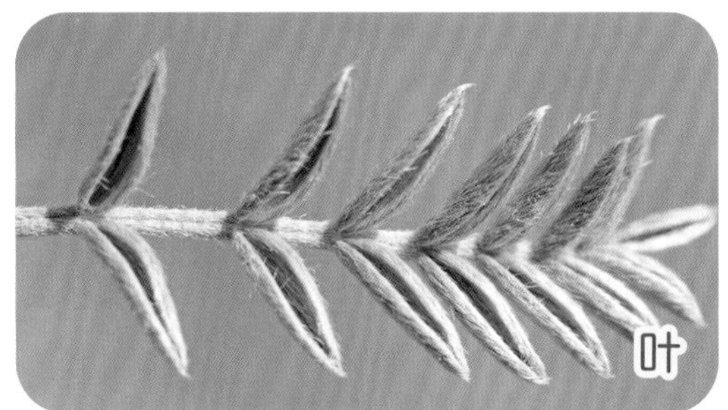

黄毛棘豆　*Oxytropis ochrantha* Turcz.　别称　毛白棘豆

形态特征　【植株】高 10 ～ 30 cm。【茎】无地上茎或茎极短缩。【叶】羽状复叶，长 8 ～ 25 cm，叶轴具沟，密被土黄色长柔毛；托叶膜质，中下部与叶柄合生，分离部分披针形，表面密被土黄色长柔毛；小叶 8 ～ 9，对生或 4 枚轮生，卵形、披针形、条形或矩圆形，长 5 ～ 20 mm，宽 3 ～ 9 mm，先端锐尖或渐尖，基部圆形，两面密被或疏被白色或土黄色长柔毛。【花】多数，密集排列成圆柱状总状花序；总花序梗与叶几等长，密被土黄色长柔毛；苞片披针状条形，与花近等长，先端渐尖，密被毛；花萼筒状，近膜质，萼齿披针状锥形，与花萼筒近等长，密被土黄色长柔毛；花冠白色或黄色，稀蓝色；旗瓣椭圆形，顶端圆形，基部渐狭成爪，翼瓣与龙骨瓣较雄蕊短，龙骨瓣顶端具喙；子房密被土黄色长柔毛。【果】荚果卵形，膨胀，1 室，密被土黄色长柔毛。【成熟期】花期 6 — 7 月，果期 7 — 8 月。

生境分布　多年生旱中生草本。生于海拔 1 600 ～ 2 700 m 的山坡林下、草地。贺兰山东坡大口子沟有分布。我国分布于河北、山西、陕西、宁夏、甘肃、青海、四川、西藏等地。世界分布于蒙古国。

砂珍棘豆　*Oxytropis racemosa* Turcz.

形态特征　【植株】高 5 ～ 15 cm。【根】圆柱形，伸长，黄褐色。【茎】短缩或几乎无地上茎。【叶】丛生，多数；托叶卵形，先端尖，密被长柔毛，大部分与叶柄合生；轮生小叶组成复叶，叶轴细弱，密生长柔毛，每复叶 6 ～ 12 轮，每轮 4 ～ 6 小叶，均密被长柔毛；小叶条形、披针形或条状矩圆形，长 3 ～ 9 mm，宽 1 ～ 2 mm，先端锐尖，基部楔形，边缘内卷。【花】总花序梗比叶长或与叶近等长；总状花序，近头状，着生总花序梗顶端；花较小，粉红色或带紫色；苞片条形，比花梗稍短；花萼钟状，密被长柔毛，萼齿条形，与花萼筒近等长或为花萼筒长的 1/3，密被长柔毛；旗瓣倒卵形，顶端圆或微凹，基部渐狭成短爪，翼瓣比旗瓣稍短，龙骨瓣比翼瓣稍短或近等长，顶端具长喙；子房被短柔毛；花柱顶端稍弯曲。【果】荚果宽卵形，膨胀，顶端具短喙，表面密被短柔毛，腹缝线内凹形成 1 条狭窄的假隔膜，为不完全 2 室。【成熟期】花期 5 — 7 月，果期 7 — 9 月。

生境分布　多年生沙旱生草本。生于海拔 1 600 ～ 1 800 m 的山麓冲刷沟、干河床。贺兰山西坡巴彦浩特附近有分布。我国分布于华北、东北及陕西、宁夏等地。世界分布于蒙古国、朝鲜等。

药用价值　全草入药，消食健脾。

宽苞棘豆　*Oxytropis latibracteata* Jurtzev

形态特征　【植株】高 5 ～ 15 cm。【根】主根粗壮，黄褐色。【茎】缩短或近无茎，少分枝，枝周围具多数褐色枯叶柄，形成密丛。【叶】单数羽状复叶，长 4 ～ 11 cm，叶轴及叶柄密被平伏或开展绢毛，小叶 7 ～ 23；托叶膜质，卵形或三角状披针形，先端渐尖，密被长柔毛，与叶柄基部合生；小叶卵形至披针形，长 5 ～ 12 mm，宽 3 ～ 5 mm，先端渐尖，基部圆形，两面密被平伏白色或黄褐色绢毛。【花】总状花序，近头状，具花 5 ～ 9 朵，总花序梗较细弱，与叶等长或长，密被短柔毛或混被长柔毛，上端混被黑色短毛；苞片宽椭圆形，两端尖，较花萼短，稀近等长，密被绢毛；花萼筒状，密被绢毛，并混被黑色短毛，萼齿披针形；花冠蓝紫色、紫红色或天蓝色，旗瓣倒卵状矩圆形或矩圆形，先端微凹，中部以下渐狭，翼瓣矩圆状倒卵形，先端钝，爪与瓣片近等长龙骨瓣爪较瓣片长 1.5 ～ 2 倍，具喙。【果】荚果卵状矩圆形，膨胀，先端具短喙，密被黑白双色短柔毛。【成熟期】花期 6 — 7 月。

生境分布　多年生耐寒旱中生草本。生于海拔 2 600 ～ 3 400 m 的亚高山灌丛、草甸、山前洪积滩地、冲积扇前缘、河漫滩、干旱山坡。贺兰山西坡和东坡均有分布。我国分布于甘肃、青海、四川等地。

药用价值　全草入药，可利尿消肿、清肺止咳；也可做蒙药。

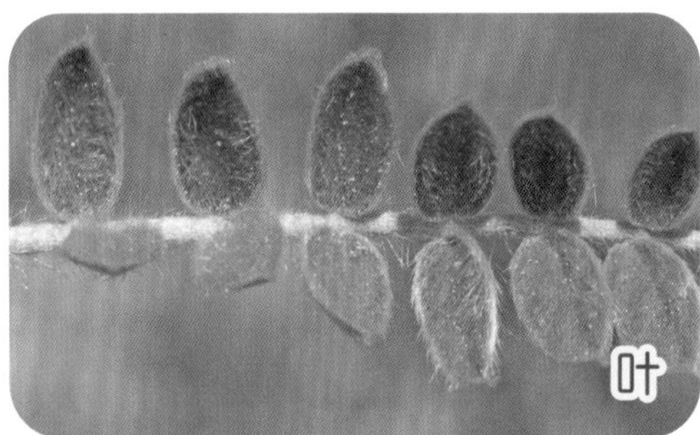

祁连山棘豆　*Oxytropis qilianshanica* C. W. Chang & C. L. Zhang ex X. Y. Zhu & H. Ohashi

形态特征　【植株】高 9 ～ 20 cm。【根】主根褐色。【茎】较短，近缩短，具分枝。【叶】羽状复叶长 6 ～ 15 cm；托叶膜质，三角形，于 1/3 处与叶柄贴生，彼此分离，先端渐尖，疏被开展白色长柔毛；叶柄与叶轴上面具沟，小叶之间被淡褐色腺点，密被长柔毛；小叶 19 ～ 29，草质，对生，长卵形，长 5 ～ 10 mm，宽 3 ～ 5 mm，先端急尖，基部圆形，边缘被毛，两面密被贴伏淡黄色和白色柔毛。【花】花 5 ～ 14 朵组成密总状花序，花后伸长；总花序梗直立，具沟纹，被白色柔毛，上面混被黑色短柔毛；苞片草质，狭披针形，先端渐尖，疏被柔毛；花萼钟状，被白色长柔毛，并混被黑色短柔毛，萼齿钻形；花冠蓝色，旗瓣卵圆形，先端微凹，龙骨瓣椭圆形，喙为瓣柄长的 1/5；子房长椭圆形，被疏柔毛或几无毛。【果】荚果硬纸质，圆柱状，褐色，下垂，先端具弯喙，腹缝具深沟，密被白色长柔毛，无隔膜，1 室，种子多数。【种子】圆肾形，褐色。【成熟期】花期 6—7 月，花期 7—8 月。

生境分布　多年生旱生草本。生于海拔 2 300 ～ 2 700 m 的山坡、山顶草地。贺兰山西坡水磨沟、哈拉乌、金星有分布。我国分布于甘肃、青海等地。

小花棘豆　*Oxytropis glabra* (Lam.) DC.

形态特征　【植株】高 20 ～ 30 cm。【茎】匍匐伸长，上部斜升，多分枝，疏被柔毛。【叶】单数羽状复叶，长 5 ～ 10 cm，小叶 5 ～ 19；托叶披针形、披针状卵形、卵形至三角形，草质，疏被柔毛，分离或基部与叶柄合生；小叶披针形、卵状披针形、矩圆状披针形至椭圆形，长 10 ～ 20 mm，宽 3 ～ 8 mm，先端锐尖、渐尖或钝，基部圆形，上面疏被平伏柔毛或近无毛，下面被平伏柔毛。【花】总状花序，腋生，花排列稀疏；总花序梗较叶长，疏被柔毛；苞片条状披针形，先端尖，被柔毛；具花梗，花小，淡蓝紫色；花萼钟状，被平伏白色柔毛，萼齿披针状钻形；旗瓣宽倒卵形，先端近截形，微凹或具细尖，翼瓣稍短于旗瓣，龙骨瓣稍短于翼瓣，具喙。【果】荚果长椭圆形，下垂，膨胀，背部圆，腹缝线稍凹，喙密被平伏短柔毛。【成熟期】花期 6 — 7 月，果期 7 — 8 月。

生境分布　多年生轻度耐盐中生草本。生于海拔 1 600 m 左右的山麓草原区或草原荒漠区低温地、盐碱 低地。贺兰山西坡巴彦浩特和东坡龟头沟有分布。我国分布于山西、甘肃、青海、新疆、西藏等地。世界分布于亚洲中部地区及蒙古国、俄罗斯等。

植株

花

叶

岩黄芪属　*Hedysarum* Linn

短翼岩黄芪　*Hedysarum brachypterum* Bunge　　别称　短翼岩黄蓍

形态特征　【植株】高 15 ～ 30 cm。【茎】斜升，被长柔毛，具纵沟。【叶】单数羽状复叶，小叶 11 ～ 25；托叶三角形，膜质，褐色，外面被长柔毛；小叶椭圆形、矩圆形或条状矩圆形，长 4 ～ 10 mm，宽 2 ～ 4 mm，先端钝，基部圆形或近宽楔形，全缘，纵向折叠，上面密布暗绿色腺点，近无毛，下面密被平伏灰白色长柔毛。【花】总状花序，腋生，具花 10 ～ 20 朵；花梗短，被毛；苞片披针形，膜质，褐色；小苞片条形，长为花萼筒的 1/2；花冠红紫色；花萼钟状，内外被毛，萼齿披针状锥形，下 2 萼齿较花萼筒稍长，上、中萼齿与花萼筒等长；旗瓣倒卵形，顶端微凹，无爪，翼瓣矩圆形，长为旗瓣的 1/2，具短爪，龙骨瓣长为翼瓣的 2 ～ 3 倍，具爪；子房被柔毛，具短柄。【果】荚果有 1 ～ 3 荚节，顶端具短尖，荚节宽卵形或椭圆形，被白色柔毛和针刺。【成熟期】花期 7 月，果期 7 — 8 月。

生境分布　多年生旱中生草本。生于海拔 1 800 ～ 2 300 m 的浅山石质山坡、沟谷砂砾地。贺兰山哈拉乌、镇木关、乱柴沟有分布。我国分布于内蒙古、河北等地。

贺兰山岩黄芪　*Hedysarum petrovii* Yakovlev　别称　六盘山岩黄芪

形态特征　【植株】高 3 ～ 18 cm，全株密被白色柔毛。【根】粗壮，木质化，暗褐色。【茎】多数短缩，密被开展与平伏白色柔毛。【叶】单数羽状复叶，长 4 ～ 12 cm，小叶 7 ～ 15；托叶卵状披针形，膜质，中部以上与叶柄合生，密被贴伏白色柔毛；小叶椭圆形或矩圆状卵形，长 3 ～ 15 mm，宽 2 ～ 8 mm，先端钝，基部圆形，上面近无毛或疏被长柔毛，密被腺点，下面密被平伏长柔毛。【花】总状花序，腋生，较叶长，具花 10 ～ 20 朵，密集；总花序梗密被开展和平伏柔毛；花梗短；苞片条状披针形，淡褐色，被长柔毛；花冠红色或红紫色；花萼钟状，密被白色柔毛，萼齿条状钻形，长为花萼筒的 3 倍以上；旗瓣倒卵形，顶端微凹，基部渐狭成短爪，翼瓣矩圆形，长不足旗瓣的 1/2，龙骨瓣与旗瓣近等长或短；子房被毛。【果】荚果具 1 ～ 4 荚节，荚节圆形，扁平，稍突起，表面具稀疏网纹，密被白色柔毛和硬刺。【成熟期】花果期 6 — 7 月。

生境分布　多年生旱中生草本。生于海拔 1 800 ～ 2 300 m 的浅山石质山坡、沟谷砂砾地。贺兰山西坡和东坡均有分布。我国分布于宁夏、陕西、甘肃等地。

宽叶岩黄芪 *Hedysarum polybotrys* var. *alaschanicum* (B. Fedtsch.) H. C. Fu et Z. Y. Chu　别称　宽叶岩黄蓍

形态特征　【植株】高达 1 m。【根】粗长，圆柱形，少分枝；主根外皮棕黄色、棕红色或暗褐色。【茎】直立，坚硬，稍分枝，被毛或无毛。【叶】单数羽状复叶，小叶 7 ～ 25；托叶三角状披针形或卵状披针形，基部彼此合生呈鞘状，膜质，褐色，无毛或近无毛；小叶卵状、卵状矩圆形或椭圆形，长 9 ～ 25 mm，宽 7 ～ 13 mm，先端近平截、微凹、圆形或钝，基部圆形或宽楔形，上面绿色，无毛，下面淡绿色，中脉上被长柔毛，小叶柄甚短。【花】总状花序，腋生，较叶长，果期伸长，具花 20 ～ 25 朵；花梗纤细，被长柔毛；苞片锥形，膜质，褐色；小苞片极小；花冠淡黄色；花萼斜钟状，被短柔毛，萼齿三角状钻形，最下面 1 枚萼齿长为其他萼齿的 1 倍，边缘被长柔毛；旗瓣矩圆状倒卵形，顶端微凹，翼瓣矩圆形，与旗瓣等长，耳条形，与爪等长，龙骨瓣较旗瓣及翼瓣长，顶端斜截形，基部具爪及短耳；子房被毛。【果】荚果具 3 ～ 5 荚节，荚节斜倒卵形或近圆形，边缘具狭翅，扁平，表面被稀疏网纹，疏被平伏短柔毛。【成熟期】花期 7—8 月，果期 8—9 月。

生境分布　多年生中生草本。生于海拔 1 800 ～ 2 500 m 的石质山坡、沟谷、灌丛、林缘。贺兰山西坡和东坡均有分布。我国分布于河北、宁夏等地。

羊柴属　*Corethrodendron* Fisch. et Basin

细枝羊柴　*Corethrodendron scoparium* (Fisch. & C. A. Mey.) Fisch. & Basiner　别称　细枝山竹子、花棒

形态特征　【植株】高达 2 m。【茎】下部枝紫红色或黄褐色，皮剥落，多分枝；嫩枝绿色或黄绿色，具纵沟，被平伏短柔毛或近无毛。【叶】单数羽状复叶，下部叶具小叶 7 ～ 11，上部叶具少数小叶，最上部叶轴上完全无小叶；托叶卵状披针形，较小，中部以上彼此合生，外面被平伏柔毛，早落；叶轴长；小叶矩圆状椭圆形或条形，长 1.5 ～ 3 cm，宽 4 ～ 6 mm，先端渐尖或锐尖，基部楔形，上面密被红褐色腺点和平伏短柔毛，下面密被平伏柔毛，灰绿色。【花】总状花序，腋生，总花序梗比叶长，花少数，排列疏散；具花梗；苞片小，三角状卵形，密被柔毛；花萼钟状筒形，萼齿长为花萼筒的 1/2 ～ 2/3，披针状钻形或三角形；花冠紫红色；旗瓣倒宽卵形，先端稍凹入，爪长约为瓣片的 1/3，耳长约为爪长的 1/2；龙骨瓣爪短于瓣片；子房被毛。【果】荚果具 2 ～ 4 荚节，荚节近球形，膨胀，密被毡状白色柔毛。【成熟期】花期 6—8 月，果期 8—9 月。

生境分布　高大沙生旱生半灌木。生于海拔 1 600 ～ 1 800 m 的山麓丘陵、荒漠区或半荒漠区沙丘。贺兰山西坡小松山有分布。我国分布于陕西、宁夏、甘肃、青海、新疆等地。世界分布于蒙古国、哈萨克斯坦等。

胡枝子属　*Lespedeza* Michx.

牛枝子　*Lespedeza potaninii* Vassilcz

形态特征　【植株】高 20 ～ 60 cm，全株被毛。【茎】斜升或伏生，基部多分枝，具细棱，被粗硬毛。【叶】疏生，托叶刺毛状，小叶 3；小叶矩圆形或倒卵状矩圆形，稀椭圆形至宽椭圆形，长 8 ～ 20 mm，宽 3 ～ 6 mm，先端钝圆或微凹，具小刺尖，基部稍偏斜，上面苍白绿色，无毛，下面被灰白色粗硬毛。【花】总状花序，腋生；总花序梗长，明显超出叶；花疏生；小苞片锥形；花萼密被长柔毛，5 深裂，裂片披针形，先端长渐尖呈刺芒状；花冠黄白色，超出花萼裂片；旗瓣中央及龙骨瓣先端带紫色，翼瓣较短；闭锁花腋生，无花梗或近无花梗。【果】荚果倒卵形，双凸镜状，密被粗硬毛，包覆宿存花萼内。【成熟期】花期 7 — 9 月，果期 9 — 10 月。

生境分布　旱生小半灌木。生于海拔 1 700 ～ 1 900 m 的荒漠草原区砾石质丘陵、干燥沙地。贺兰山西坡塔尔岭有分布。我国分布于西北、西南及河北、河南、山东、山西、江苏等地。

尖叶铁扫帚　*Lespedeza juncea* (L. f.) Pers.　别称　尖叶胡枝子

形态特征　【植株】高 30 ～ 80 cm，被伏毛，分枝或上部分枝呈扫帚状。【叶】托叶线形；羽状复叶，小叶 3；小叶倒披针形、线状长圆形或狭长圆形，长 1 ～ 3 cm，宽 2 ～ 7 mm，先端稍尖或钝圆，具小刺尖，基部渐狭，边缘稍反卷，上面近无毛，下面密被伏毛。【花】总状花序，腋生，稍超出叶，花 3 ～ 7 朵密集排列，近似伞形花序；总花序梗长；苞片及小苞片卵状披针形或狭披针形；花萼狭钟状，5 深裂，裂片披针形，先端锐尖，外面被白色伏毛，花开后具明显 3 脉；花冠白色或淡黄色，旗瓣基部带紫色斑，花期不反卷或稀反卷，龙骨瓣先端带紫色，旗瓣、翼瓣与龙骨瓣近等长，有时旗瓣较短；闭锁花簇生叶腋，近无梗。【果】荚果宽卵形，两面被白色伏毛，稍超出宿存花萼。【成熟期】花期 7 — 9 月，果期 9 — 10 月。

生境分布　旱中生小半灌木。生于海拔 1 700 ～ 2 000 m 的山地沟谷、灌丛。贺兰山西坡水磨沟、小松山、镇木关和东坡小口子有分布。我国分布于东北、华北和西北地区。世界分布于俄罗斯、朝鲜、日本。

药用价值　全草入药，可止泻、止血、利尿。

植株

花

叶

大豆属　*Glycine* Willd.

野大豆　*Glycine soja* Siebold & Zucc.　别称　乌豆、马料豆

形态特征　【茎】细弱，缠绕，被倒生黄色长硬毛。【叶】羽状三出复叶；托叶小，卵形，被毛；小叶薄纸质，狭卵形，长 1 ～ 5 mm，宽 1 ～ 2 cm，全缘，两面被平贴硬毛，背面沿脉密。【花】总状花序，极短，腋生；花小，淡紫色，2 朵；花萼钟形，被棕黄色长硬毛，萼齿披针形；花冠蓝紫色，旗瓣近圆形，翼瓣与旗瓣等长，龙骨瓣耳短，具爪；子房疏被毛；柱头头状。【果】荚果线状矩圆形，或稍弯呈镰刀形，两侧稍扁，被棕黄色长硬毛，种子间缢缩，具种子 2 ～ 4 粒。【种子】椭圆形，稍扁，黑色。【成熟期】花期 7 — 8 月，果期 8 — 9 月。

生境分布　一年生湿中生草本。生于海拔 1 600 ～ 2 600 m 的向阳矮灌丛、河岸疏林。贺兰山东坡汝箕沟有分布。我国分布于东北、西北、华北、中南地区。世界分布于俄罗斯、朝鲜、日本。国家二级重点保护植物。

药用价值　全草入药，可补气益血、强壮利尿、平肝敛汗。

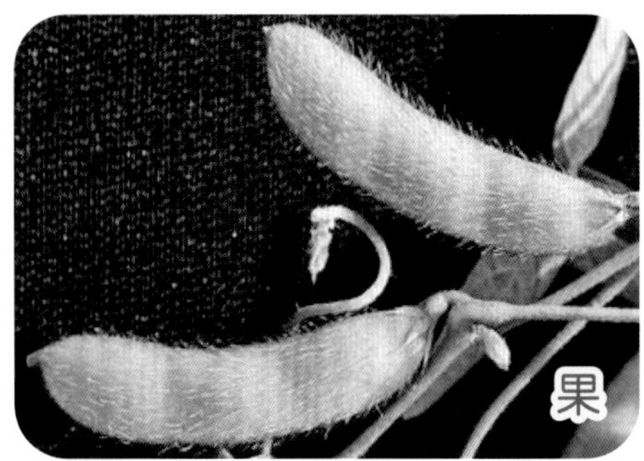

野豌豆属　*Vicia* Linn

新疆野豌豆　*Vicia costata* Ledeb.　　别称　肋脉野豌豆

形态特征　【植株】高 20 ～ 60 cm。【茎】攀缘或近直立，多分枝，具棱，无毛或疏被柔毛。【叶】双数羽状复叶，小叶 6 ～ 16；叶轴末端具分枝卷须；托叶半边箭头形，上部托叶披针形，脉纹凸出，被微毛；小叶矩圆形、椭圆形或近披针形，长 5 ～ 25 mm，宽 2 ～ 5 mm，互生，革质，灰绿色，先端钝或锐尖，具小刺尖，基部圆形或宽楔形，叶脉凸出，上面无毛，下面疏被短柔毛。【花】总状花序，腋生，具花 3 ～ 10 朵，排列于一侧，超出叶；花萼钟状，疏被柔毛或无毛，上萼齿短，三角形，下萼齿长，披针形；花冠淡黄色或白色，下垂，旗瓣倒卵状矩圆形，先端微凹，中部微缢缩，翼瓣短于旗瓣而长于龙骨瓣；子房条形，无毛；花柱急弯，上部周围被短柔毛，柱头头状。【果】荚果扁平，稍膨胀，无毛，椭圆状矩圆形，两端尖，具种子 1 ～ 3 粒。【种子】近球形，黑色。【成熟期】花期 6 — 7 月，果期 7 — 8 月。

生境分布　多年生旱中生草本。生于海拔 1 600 ～ 1 800 m 的山麓沟谷、河滩、砾石地、灌丛。贺兰山西坡和东坡均有分布。我国分布于西北及西藏等地。世界分布于俄罗斯、蒙古国。

救荒野豌豆　*Vicia sativa* Linn　　别称　巢菜、普通苕子

形态特征　【植株】高 20 ～ 80 cm。【茎】斜升或借卷须攀缘，单一或分枝，具棱，被短柔毛或近无毛。【叶】双数羽状复叶，小叶 8 ～ 16；叶轴末端具分枝卷须；托叶半边箭头形，具 1 ～ 3 个披针状齿裂；小叶椭圆形至矩圆形，或倒卵形至倒卵状矩圆形，长 9 ～ 25 mm，宽 5 ～ 10 mm，先端截形或微凹，具刺尖，基部楔形，全缘，两面疏被短柔毛。【花】具花 1 ～ 2 朵，腋生；花梗极短；花萼筒状，被短柔毛，萼齿披针状锥形至披针状条形，比花萼筒稍短或近等长；花冠紫色或红色，旗瓣长倒卵形，顶端圆形或微凹，中部微缢缩，向下渐狭，翼瓣短于旗瓣，显著长于龙骨瓣；子房被微柔毛；花柱很短，下弯，顶端背部被淡黄色髯毛。【果】荚果条形，稍压扁，具种子 4 ～ 8 粒。【种子】球形，棕色。【成熟期】花期 6 — 7 月，果期 7 — 9 月。

生境分布　一年生中生草本。生于海拔 1 800 ～ 2 400 m 的山脚草地、路旁、灌丛。贺兰山西坡和东坡均有分布。我国广布于各地。世界分布于欧洲、亚洲。

车轴草属　*Trifolium* Linn

白车轴草　*Trifolium repens* Linn　　别称　白花苜蓿

形态特征　【植株】高 10 ～ 30 cm，全株无毛。【根】主根短，侧根和须根发达。【茎】匍匐蔓生，上部稍上升，节上生根。【叶】掌状三出复叶；托叶卵状披针形，膜质，基部抱茎呈鞘状，离生部分锐尖；叶柄长；小叶倒卵形至近圆形，先端凹缺至钝圆，基部楔形渐窄至小叶柄，中脉下面隆起，侧脉 13 对，与中脉呈 50° 角展开，两面均隆起，近叶边分叉并伸达锯齿齿尖；小叶柄微被柔毛。【花】花序球形，顶生；总花序梗甚长，比叶柄长近 1 倍；具花 20 ～ 80 朵，密集；无总苞；苞片披针形，膜质，锥尖；花梗比花萼稍长或等长，开花即垂；花萼钟形，脉纹 10 条，萼齿 5，披针形，稍不等长，短于花萼筒，萼喉开张，无毛；花冠白色、乳黄色或淡红色，具香气，旗瓣椭圆形，比翼瓣和龙骨瓣长近 1 倍，龙骨瓣比翼瓣稍短；子房线状长圆形；花柱比子房略长，含胚珠 3 ～ 4 粒。【果】荚果长圆形。【种子】3 ～ 4 粒，阔卵形。【成熟期】花期 7 — 8 月，果期 8 — 9 月。

生境分布　多年生中生草本。生于 1 600 ～ 1 700 m 的宽阔山谷、溪边。贺兰山西坡巴彦浩特有分布。我国分布于东北、华北、华中、西南等温凉地区。世界分布于亚洲、欧洲、大洋洲。

药用价值　全草入药，可补气益血、平肝敛汗。

牻牛儿苗科　**Geraniaceae**

牻牛儿苗属　*Erodium* L' Herit.

牻牛儿苗　*Erodium stephanianum* Willd.　别称　太阳花、老鹳嘴

形态特征　【植株】高 10 ～ 60 cm。【根】直立，圆柱状。【茎】平铺地面或稍斜升，多分枝，被开展长柔毛或近无毛。【叶】对生，二回羽状深裂，轮廓长卵形或矩圆状三角形，长 6 ～ 7 cm，宽 3 ～ 5 cm，一回羽片 4 ～ 7 对，基部下延至中脉，小羽片条形，全缘或具 1 ～ 3 粗齿，两面疏被柔毛；叶柄具开展长柔毛或近无毛；托叶条状披针形，渐尖，边缘膜质，被短柔毛。【花】伞形花序，腋生，花序轴具花 2 ～ 5 朵；花梗长；萼片矩圆形或近椭圆形，具多数脉及长硬毛，先端具长芒；花瓣淡紫色或紫蓝色，倒卵形，基部具白毛；子房被灰色长硬毛。【果】蒴果顶端具长喙，成熟时 5 个果瓣与中轴分离，喙部呈螺旋状卷曲。【成熟期】花果期 8 — 9 月。

生境分布　一年生或二年生旱中生草本。生于海拔 1 400 ～ 2 000 m 的宽阔山谷、溪边、干河床、石砾地。贺兰山西坡和东坡均有分布。我国分布于东北、华北、西北、西南及长江流域。世界分布于朝鲜、蒙古国、俄罗斯、印度。

药用价值　全草入药，可祛风祛湿、活血通络；也可做蒙药。

老鹳草属 *Geranium* Linn

尼泊尔老鹳草 *Geranium nepalense* Sweet

别称 少花老鹳草、五叶草

形态特征 【植株】高 30 ～ 50 cm。【根状茎】直立，具多数斜生细长根。【茎】细弱，伏卧地面，上部斜上，或斜升，近四方形，具节，疏被倒柔毛，中部以上多分枝。【叶】对生，肾状五角形，长 2 ～ 4 cm，宽 3 ～ 5 cm，掌状 3 ～ 5 深裂，基部宽心形或近截形，裂片宽卵形、长椭圆形或倒卵形，边缘具不整齐锯齿状缺刻或浅裂，小裂片先端钝圆，顶端具短尖，两面被柔毛，初时上面具紫黑色斑点；叶柄细，下部叶叶柄长于叶片，上部叶叶柄较短，均疏被倒柔毛；托叶披针形或条状披针形。【花】聚伞花序，腋生，花序轴具花 1 ～ 3 朵，疏被倒柔毛；花梗细，密被倒柔毛，果期向上或向侧弯曲；萼片针形或矩圆状披针形，先端具短芒，边缘白色膜质，具 3 ～ 5 脉，背面疏被白色长毛；花瓣倒卵形，紫红色或淡红紫色，略长于萼片；花丝基部扩大部分被短柔毛，边缘膜质具缘毛；花柱合生部分极短，花柱分枝部分被短柔毛。【果】蒴果密被短柔毛。【种子】棕色，密生微细隆起。【成熟期】花期 6 — 7 月，果期 8 — 9 月。

生境分布 多年生中生草本。生于海拔 1 600 ～ 1 700 m 的山地阔叶林缘、灌丛、荒山草坡。贺兰山西坡哈拉乌、水磨沟、塔尔岭有分布。我国分布于西南、西北、华中、华东地区。世界分布于尼泊尔、印度、斯里兰卡、日本等。

植株

果

花

鼠掌老鹳草 *Geranium sibiricum* Linn

别称 块根老鹳草

形态特征 【植株】高 0.2 ～ 1 m。【根】垂直，圆锥状圆柱形。【茎】细长，伏卧或上部斜升，多分枝，被倒生毛。【叶】对生，肾状五角形，基部宽心形，长 3 ～ 6 cm，宽 4 ～ 8 cm，掌状 5 深裂；裂片倒卵形或狭倒卵形，上部羽状分裂或具齿状深缺刻；上部叶 3 深裂；叶片两面被疏伏毛，沿脉毛较密；基生叶和茎下部叶具长柄，茎上部叶具短柄，叶柄被倒生柔毛或伏毛。【花】单生叶腋，花梗被倒生柔毛，近中部具 2 枚披针形苞片，果期向侧方弯曲；萼片卵状椭圆形或矩圆状披针形，具 3 脉，沿脉疏被柔毛，顶端具芒，边缘膜质；花瓣淡红色或近于白色，与萼片等长，基部微被毛；花丝基部扩大部分具缘毛；花柱合生部分极短，花柱具分枝。【果】蒴果被短柔毛。【种子】种子具细网状隆起。【成熟期】花期 6 — 8 月，果期 8 — 9 月。

生境分布 多年生中生草本。生于海拔 1 600 ～ 2 200 m 的山地河谷、溪边、灌丛、林缘。贺兰山西坡和东坡均有分布。我国分布于东北、华北、西北及西藏、四川、湖北等地。世界分布于欧洲及朝鲜、俄罗斯、日本等。

药用价值 全草入药，可清热解毒、活血调经；也可做蒙药。

亚麻科　Linaceae

亚麻属　*Linum* Linn

宿根亚麻　*Linum perenne* Linn

形态特征　【植株】高 20 ～ 70 cm。【根】主根垂直，粗壮，木质化。【茎】基部丛生，直立或斜升，分枝，有或无不育枝。【叶】互生，条形或条状披针形，长 1 ～ 2 cm，宽 1 ～ 3 mm，基部狭窄，先端尖，具 1 脉，平或边缘稍卷，无毛；下部叶幼时较小，鳞片状；不育枝上叶较密，条形。【花】聚伞花序，花多数，暗蓝色或蓝紫色；花梗细长，稍弯曲，偏向一侧；萼片卵形，下部具 5 条突出脉，边缘膜质，先端尖；花瓣倒卵形，基部楔形；雄蕊与花柱异长，稀等长。【果】蒴果近球形，草黄色，开裂。【种子】矩圆形，栗色。【成熟期】花期 6 — 8 月，果期 8 — 9 月。

生境分布　多年生旱生草本。生于海拔 1 600 ～ 2 000 m 的干旱草原、干河滩、山地阳坡疏灌丛、草地。贺兰山西坡哈拉乌、水磨沟沟口和东坡苏峪口有分布。我国分布于东北、华北、西北、华东地区。世界分布于俄罗斯、朝鲜、日本。

药用价值　种仁入药，可祛风止痒、生发乌发、润肠通便；也可做蒙药。

白刺科　Nitrariaceae

白刺属　*Nitraria* Linn

白刺　*Nitraria tangutorum* Bobrov　别称　唐古特白刺、酸胖

形态特征　【植株】高 1 ～ 2 m。【茎】多分枝，开展或平卧，小枝灰白色，先端刺状。【叶】2 ～ 3 枚簇生，宽倒披针形或长椭圆状匙形，长 15 ～ 30 mm，宽 3 ～ 12 mm，先端圆钝，很少锐尖，全缘或不规则 2 ～ 3 齿裂。【花】花序顶生，花较稠密，黄白色，具短梗。【果】核果卵形或椭圆形，熟时深红色，果汁玫瑰色；果核卵形，上部渐尖。【成熟期】花期 5 — 6 月，果期 7 — 8 月。

生境分布　轻度耐盐潜水旱生灌木。生于海拔 1 600 m 左右的山麓覆沙地、干河床、盐碱沙地。贺兰山西坡山麓和东坡石炭井、龟头沟有分布。我国分布于西北及西藏等地。世界分布于亚洲中部地区及蒙古国。

药用价值　果入药，可健脾和胃、解表下乳；也可做蒙药。

植株

花

叶

小果白刺　*Nitraria sibirica* Pall.　别称　西伯利亚白刺

形态特征　【植株】高 0.5 ～ 1 m。【茎】多分枝，弯曲或直立，有时横卧，被沙埋压成小沙丘，枝上生不定根，小枝灰白色，尖端刺状。【叶】4 ～ 6 枚簇生嫩枝，倒卵状匙形，长 5 ～ 15 mm，宽 2 ～ 5 mm，全缘，顶端圆钝，具小突尖，基部窄楔形，无毛或嫩时被柔毛；无叶柄。【花】较小，黄绿色，排成顶生蝎尾状花序；萼片 5，绿色，三角形；花瓣 5，白色，矩圆形；雄蕊 10 ～ 15；子房 3 室。【果】核果近球形或椭圆形，两端钝圆，熟时暗红色，果汁暗蓝紫色；果核卵形，先端尖。【成熟期】花期 5 — 6 月，果期 7 — 8 月。

生境分布　耐盐旱生灌木。生于 1 600 m 左右的山麓盐碱低地、沙地。贺兰山西坡小松山等有分布。我国分布于东北、华北、西北地区。世界分布于蒙古国、俄罗斯。

药用价值　果入药，可健脾和胃、滋补强壮；也可做蒙药。

骆驼蓬属 *Peganum* Linn

多裂骆驼蓬 *Peganum multisectum* (Maxim.) Bobrov in Schischk. & Bobrov 别称 大臭蒿

形态特征 【植株】高 0.2 ～ 0.8 m，嫩时被毛，后无毛。【茎】平卧，基部多分枝，密被鳞片状腺点、刺毛状腺体、白色或褐色茸毛。【叶】互生，卵形，二至三回深裂，基部裂片与叶轴近垂直，裂片条形，长 1 ～ 3 cm，宽 1 ～ 1.5 mm。【花】单生，与叶对生；萼片 3 ～ 5 深裂，裂片条形或顶端分裂；花瓣淡黄色，倒卵状矩圆形；雄蕊 15，短于花瓣，花丝基部增宽；子房 3 室；花柱 3。【果】蒴果近球形，顶部稍扁平。【种子】多数，略呈三角形，稍弯，黑褐色，表面具小瘤状突起。【成熟期】花期 5 — 7 月，果期 7 — 9 月。

生境分布 多年生耐盐旱生草本。生于浅山沟谷、山麓冲刷沟、居民区、路边。贺兰山西坡和东坡均有分布。我国分布于陕西、内蒙古、宁夏、甘肃、青海等地。

药用价值 全草入药，可宣肺止咳、祛风祛湿；也可做蒙药。

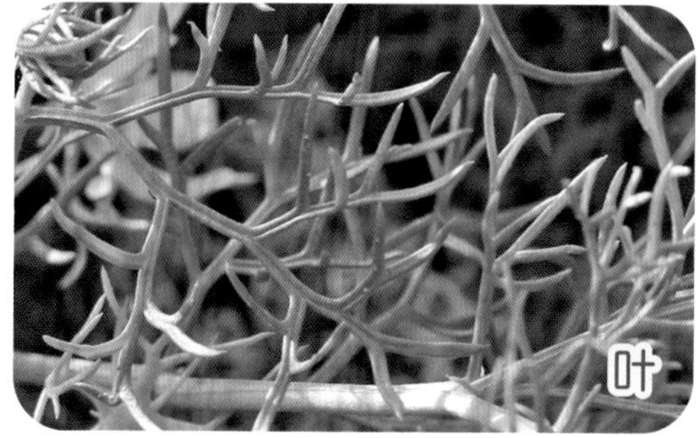

骆驼蒿　*Peganum nigellastrum* Bunge　　别称　匍根骆驼蓬

形态特征　【植株】高 10～25 cm，全株密被短硬毛。【茎】具棱，多分枝。【叶】二回或三回羽状全裂，裂片长约 1 cm；萼片稍长于花瓣，5～7 裂，裂片条形。【花】花瓣白色、黄色，倒披针形；雄蕊 15，花丝基部增宽；子房 3 室。【果】蒴果近球形，黄褐色。【种子】纺锤形，黑褐色，具小疣状突起。【成熟期】花期 5—7 月，果期 7—9 月。

生境分布　多年生根蘖性耐盐旱生草本。生于阳坡低草地、砾石质坡地、半荒漠草原、戈壁、岩石缝。贺兰山西坡和东坡均有分布。我国分布于西北地区。世界分布于蒙古国、俄罗斯。

药用价值　全草入药，可祛湿解毒、活血止痛、宣肺止咳；也可做蒙药。

骆驼蓬　*Peganum harmala* Linn　　别称　臭古朵

形态特征　【植株】高 30～80 cm，无毛。【茎】直立或开展，基部多分枝。【叶】互生，卵形，全裂为 3～5 条形或条状披针形裂片，长 1～3.5 cm，宽 1.5～3 mm。【花】单生，与叶对生；萼片稍长于花瓣，裂片条形，有时仅顶端分裂；花瓣黄白色，倒卵状矩圆形；雄蕊短于花瓣，花丝近基部增宽；子房 3 室；花柱 3。【果】蒴果近球形。【种子】三棱形，黑褐色，具小疣状突起。【成熟期】花期 5—6 月，果期 7—9 月。

生境分布　多年生耐盐旱生草本。生于山麓冲刷沟、低山坡、河谷沙丘、浅山、干旱草地、轻盐渍化沙地。贺兰山西坡北寺、南寺有分布。我国分布于宁夏、甘肃、新疆等地。世界分布于非洲北部地区及蒙古国、俄罗斯、伊朗。

药用价值　全草入药，可祛风祛湿；也可做蒙药。

蒺藜科　**Zygophyllaceae**

四合木属　*Tetraena* Maxim.

四合木　*Tetraena mongolica* Maxim.　别称　油柴

形态特征　【植株】高达 90 cm。【茎】老枝红褐色，稍具光泽或被短柔毛，小枝灰黄色或黄褐色，密被稍开展不规则白色“丁”字形毛，短节明显。【叶】双数羽状复叶，对生或簇生短枝，小叶 2，肉质，倒披针形，长 3 ~ 8 mm，宽 1 ~ 3 mm，顶端圆钝，具突尖，基部楔形，全缘，黄绿色，两面密被不规则“丁”字形毛，无叶柄；托叶膜质。【花】1 ~ 2 朵，着生短枝；萼片 4，卵形或椭圆形，被不规则“丁”字形毛，宿存；花瓣 4，白色具爪，瓣片椭圆形或近圆形；雄蕊 8，排成 2 轮，外轮 4 个短，内轮 4 个长，花丝近基部被白色薄膜状附属物，具花盘；子房上位，4 深裂，被毛，4 室；花柱单一，丝状，着生子房近基部。【果】下垂，具 4 个不开裂的分果爿。【种子】镰状披针形，表面密被褐色颗粒。【成熟期】花期 5—6 月，果期 7—8 月。

生境分布　强旱生落叶小灌木。生于北部石质浅山丘陵、覆沙坡地。贺兰山西坡宗别立有分布。我国分布于内蒙古、宁夏等地。国家二级重点保护植物。

驼蹄瓣属　*Zygopyllum* Linn

蝎虎驼蹄瓣　*Zygophyllum mucronatum* Maxim.　别称　蝎虎霸王

形态特征　【植株】高 10 ～ 30 cm。【茎】基部具沟棱，木质，枝条开展或铺散，具稀疏粗糙小刺。【叶】小叶 2 ～ 3 对，条形或条状矩圆形，顶端具刺尖，基部钝，具粗糙小刺，长 5 ～ 15 mm，宽 2 mm，绿色；叶轴具翼，扁平，有时与小叶等宽。【花】1 ～ 2 朵，腋生，直立；萼片 5，矩圆形或窄倒卵形，绿色，边缘膜质；花瓣 5，倒卵形，上部带白色，下部黄色，基部渐狭成爪；雄蕊长于花瓣，花药矩圆形，黄色，花丝绿色，鳞片白色膜质，倒卵形至圆形，为花丝长度的 1/2。【果】蒴果弯垂，具 5 棱，圆柱形，基部钝，顶端渐尖，上部弯。【成熟期】花果期 5 — 8 月。

生境分布　多年生强旱生肉质草本。生于海拔 1 500 ～ 1 600 m 的低山山坡、山前平原、冲积扇、河流阶地、黄土山坡。贺兰山西坡山麓和东坡石炭井、汝箕沟有分布。我国分布于西北等地。世界分布于亚洲中部地区及俄罗斯。

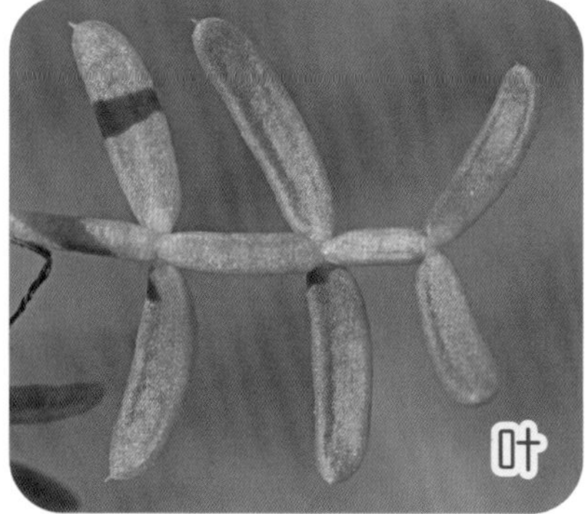

霸王属　*Sarcozygium*

霸王　*Sarcozygium xanthoxylon* Bunge

形态特征　【植株】高 0.7 ～ 1.5 m。【枝】疏展，弯曲，皮淡灰色，木材黄色，小枝先端刺状。【叶】在老枝上簇生，在嫩枝上对生；叶柄长 8 ～ 25 mm；小叶 2 枚，椭圆状条形或长匙形，顶端圆，基部渐狭。【花】萼片 4，倒卵形，绿色，边缘膜质；花瓣 4，黄白色，倒卵形或近圆形，顶端圆，基部渐狭成爪；雄蕊 8，长于花瓣，褐色，鳞片倒披针形，顶端浅裂，长为花丝长度的 2/5。【果】蒴果具 3 宽翅，偶具 4 翅或 5 翅，宽椭圆形或近圆形，不开裂，3 室，每室具种子 1 粒。【种子】肾形，黑褐色。【成熟期】花期 5 — 6 月，果期 6 — 7 月。

生境分布　强旱生灌木。生于石质浅山丘陵、覆沙坡地。贺兰山西坡山麓和东坡石炭井、汝箕沟、龟头沟有分布。我国分布于西北地区。世界分布于亚洲中部地区及蒙古国。

药用价值　根入药，可行气散结。

蒺藜属　*Tribulus* Linn

蒺藜　*Tribulus terrestris* Linn　　别称　白蒺藜

形态特征　【茎】由基部分枝，平铺地面，深绿色至淡褐色，长 1 m 左右，全株被绢状柔毛。【叶】双数羽状复叶，长 15 ~ 50 mm；小叶 10 ~ 14 对，对生，矩圆形，长 6 ~ 15 mm，宽 2 ~ 5 mm，顶端锐尖或钝，基部稍偏斜，近圆形，上面深绿色，较平滑，下面淡绿色，密被毛；萼片卵状披针形，宿存。【花】花瓣倒卵形；雄蕊 10，着生花盘；子房卵形，具浅槽，突起面密被长毛；花柱单一，短而膨大，柱头 5，下延。【果】由 5 个分果爿组成，每分果爿具长短棘刺各 1 对，背面具短硬毛及瘤状突起。【成熟期】花果期 5—9 月。

生境分布　一年生旱中生草本。生于沟谷、路旁、居民区。贺兰山西坡和东坡均有分布。我国广布于各地。世界分布于温带地区。

药用价值　果入药，可散风、平肝、明目；也可做蒙药。

芸香科　Rutaceae

拟芸香属　*Haplophyllum* Juss.

针枝芸香　*Haplophyllum tragacanthoides* Diels

形态特征　【植株】高 2 ～ 8 cm。【茎】基部地下部分粗大，分枝，木质，黑褐色；地上部分粗短，丛生多数宿存针刺状不分枝老枝，老枝淡褐色或淡棕黄色，当年生枝，淡灰绿色，密被短柔毛，直立，不分枝。【叶】矩圆状披针形、狭椭圆状或矩圆状倒披针形，长 3 ～ 6 mm，宽 1 ～ 2 mm，先端锐尖或钝，基部渐狭，边缘具细钝锯齿，两面灰绿色，厚纸质，具腺点；无叶柄。【花】单生枝顶端；花萼 5 深裂，裂片卵形或宽卵形，边缘具短睫毛；花瓣狭矩圆形，具腺点；雄蕊短于花瓣；子房扁球形，4 ～ 5 室。【果】蒴果成熟时顶部开裂。【种子】肾形，表面具皱纹。【成熟期】花期 6 月，果期 7 — 8 月。

生境分布　旱生小半灌木。生于海拔 1 600 ～ 2 300 m 的浅山、低山丘陵。贺兰山西坡和东坡均有分布。我国分布于内蒙古、宁夏、甘肃等地。

植株

叶

花

花

苦木科　Simaroubaceae

臭椿属　*Ailanthus* Desf.

臭椿　*Ailanthus altissima* (Mill.) Swingle　别称　椿树、樗

形态特征　【植株】高达 30 m，树皮平滑，具灰色条纹。【茎】小枝赤褐色，粗壮。【叶】单数羽状复叶，小叶 13 ～ 41，具短叶柄；小叶卵状披针形或披针形，长 7 ～ 12 cm，宽 2 ～ 4.5 cm，先端长渐尖，基部截形或圆形，不对称；叶缘波纹状，近基部具 2 ～ 4 粗齿，先端具腺体，挥发恶臭味，上面绿色，下面淡绿色，被白粉或柔毛。【花】较小，白色带绿色，杂性同株或异株；花序直立。【果】翅果扁平，长椭圆形，初时黄绿色，有时稍带红色，熟时褐黄色或红褐色。【成熟期】花期 6 — 7 月，果熟期 9 — 10 月。

生境分布　中生乔木。生于山缘、石质山坡、阳坡沟谷。贺兰山东坡黄旗沟、拜寺沟、小口子有分布。我国分布于除黑龙江、吉林、新疆、青海、宁夏、甘肃、海南以外的各地。世界各地均有分布。

药用价值　根和果皮入药，可清热利湿、收敛止痢、和胃益气。

远志科 **Polygalaceae**

远志属 *Polygala* Linn

西伯利亚远志 *Polygala sibirica* Linn

别称　卵叶远志

形态特征　【植株】高 10 ～ 30 cm，全株被短柔毛。【根】粗壮，圆柱形。【茎】丛生，被短曲柔毛，基部稍木质。【叶】茎下部叶较小，卵圆形，茎上部叶较大，狭卵状披针形，长 5 ～ 25 mm，宽 3 ～ 5 mm，先端具短尖头，基部楔形，两面被短曲柔毛；无叶柄或具短叶柄。【花】总状花序，腋生或顶生；花淡蓝色，侧生一侧；花梗基部具 3 个绿色小苞，易脱落；萼片 5，宿存，披针形，背部中脉凸起，绿色，被短柔毛，顶端紫红色，内侧萼片 2，花瓣状，倒卵形，绿色，顶端具紫色短突尖，背面被短柔毛；花瓣 3，其中侧瓣 2，长倒卵形，基部内被短柔毛，龙骨状瓣比侧瓣长，具流苏状缨；子房扁倒卵形，2 室；花柱稍扁，细长。【果】蒴果扁，倒心形，顶端凹陷，周围具宽翅，边缘具短睫毛。【种子】长卵形，扁平，2 粒，黄棕色，密被长茸毛；种阜明显，淡黄色，膜质。【成熟期】花期 6 — 7 月，果期 8—9 月。

生境分布　多年生旱中生草本。生于海拔 1 600 ～ 2 300 m 的石质山坡、沟谷、河滩。贺兰山西坡和东坡均有分布。我国分布于东北、华北、华东、华南、西南地区。世界分布于朝鲜、蒙古国、俄罗斯。

药用价值　根入药，可安神益智、祛痰消肿。

远志　*Polygala tenuifolia* Willd.　别称　细叶远志

形态特征　【植株】高 8 ～ 30 cm。【根】肥厚，圆柱形，外皮浅黄色或棕色。【茎】多数，较细，直立或斜升。【叶】条形至条状披针形，长 1 ～ 3 cm，宽 0.5 ～ 2 mm，先端渐尖，基部渐窄，两面近无毛或稍被短曲柔毛；近无叶柄。【花】总状花序，顶生或腋生；基部具苞片 3，披针形，易脱落；花淡蓝紫色；花梗长；萼片 5，外侧 3 片小，绿色，披针形，内侧 2 片大，呈花瓣状，倒卵形，背面近中脉具宽绿条纹，具爪；花瓣 3，紫色，两侧花瓣长倒卵形，中央龙骨状花瓣背面顶端具流苏状缨；子房扁圆形或倒卵形，2 室；花柱扁，上部明显弯曲，柱头 2 裂。【果】蒴果扁圆形，先端微凹，边缘具狭翅，表面无毛。【种子】椭圆形，2 粒，棕黑色，被白色茸毛。【成熟期】花期 7—8 月，果期 8—9 月。

生境分布　多年生广幅旱生草本。生于海拔 1 600 ～ 2 000 m 的山麓草原、山坡草地、灌丛、杂木林。贺兰山西坡峡子沟、古拉本和东坡插旗沟、甘沟有分布。我国分布于东北、华北、西北、华中及四川等地。世界分布于俄罗斯、蒙古国、朝鲜。

药用价值　根入药，可安神益智、祛痰消肿；也可做蒙药。

植株

花

叶

大戟科　Euphorbiaceae

地构叶属　*Speranskia* Baill.

地构叶　*Speranskia tuberculata* (Bunge) Baill.　别称　珍珠透骨草

形态特征　【植株】高 20 ～ 50 cm。【根】粗壮，木质。【茎】直立，由基部分枝，密被短柔毛。【叶】互生，披针形或卵状披针形，长 1.5 ～ 4 cm，宽 4 ～ 15 mm，先端渐尖或稍钝，基部钝圆，边缘疏具齿，上面幼时被柔毛，后脱落，下面被较密短柔毛；无叶柄或近无叶柄。【花】单性，雌雄同株；总状花序，顶生；花小，淡绿色，2 ～ 4 朵，簇生；苞片披针形；雄花萼片 5，卵状披针形，镊合状排列，外面及边缘被毛，花瓣 5，膜质，倒三角形，先端具睫毛，长不及花萼的 1/2，腺体 5，小，雄蕊 10 ～ 15，花丝直立，被疏毛；雌花萼片被毛，花瓣倒卵状三角形，背部及边缘被毛，长不及花萼的 1/2，膜质，腺体小，子房 3 室，被短毛及小瘤状突起，花柱 3，先端 2 深裂。【果】蒴果扁球状三角形，具 3 条沟纹，外被瘤状突起；果梗被短柔毛。【种子】卵圆形。【成熟期】花期 6 月，果期 7 月。

生境分布　多年生旱中生草本。生于海拔 1 600 ～ 2 200 m 的山坡草丛、灌丛。贺兰山东坡插旗沟有分布。我国分布于辽宁、吉林、内蒙古、河北、河南、山西、陕西、甘肃、山东、江苏、安徽、四川等地。

药用价值　全草入药，可散风祛湿、活血止痛。

大戟属 *Euphorbia* Linn

地锦草 *Euphorbia humifusa* Willd. ex Schltdl 别称 红头绳、铺地锦

形态特征 【茎】多分枝，纤细，平卧，长 10 ～ 30 cm，被柔毛或近光滑。【叶】单叶对生，矩圆形或倒卵状矩圆形，长 4 ～ 15 mm，宽 3 ～ 8 mm，先端钝圆，基部偏斜，一侧半圆形，一侧楔形，边缘具细齿，两面无毛或疏被毛，绿色，秋后带紫红色；托叶小，锥形，羽状细裂；无叶柄或近无叶柄。【花】杯状聚伞花序，单生叶腋；总苞倒圆锥形，边缘 4 浅裂，裂片三角形；腺体 4，横矩圆形；子房 3 室，具 3 纵沟；花柱 3，先端 2 裂。【果】蒴果三棱状圆球形，无毛，光滑。【种子】卵形，略具 3 棱，褐色，2 粒，外被白色蜡粉。【成熟期】花期 6 — 7 月，果期 8 — 9 月。

生境分布 一年生中生草本。生于海拔 1 600 ～ 2 300 m 的山麓山坡、沟谷、荒地、沙丘、田间。贺兰山西坡和东坡均有分布。我国广布于除海南以外的各地。世界分布于欧亚大陆温带地区。

药用价值 全草入药，可清热利湿、止血解毒；也可做蒙药。

乳浆大戟 *Euphorbia esula* Linn 别称 猫儿眼、烂疤眼

形态特征 【植株】高达 50 cm。【根】细长，褐色。【茎】直立，单一或分枝，光滑无毛，具纵沟。【叶】条形、条状披针形或倒披针状条形，长 1 ～ 4 cm，宽 2 ～ 4 mm，先端渐尖或稍钝，基部钝圆或渐狭，全缘，两面无毛；无叶柄；偶具不孕枝，不孕枝叶密而小。【花】总状花序，顶生；具 3 ～ 10 伞梗（有时由茎上部叶腋抽出单梗），基部具 3 ～ 7 轮生苞叶；苞叶条形、披针形、卵状披针形或卵状三角形，先端渐尖或钝，基部钝圆或微心形，少有基部两侧各具 1 小裂片（似叶耳），每伞梗顶端具一至二叉状小伞梗，小伞梗基部具 1 对苞片，三角状宽卵形、肾状半圆形或半圆形；杯状总苞片外面光滑无毛，先端 4 裂；腺体 4，与裂片相间排列，新月形，两端具短角，黄褐色或深褐色；子房卵圆形，3 室；花柱 3，先端 2 浅裂。【果】蒴果扁圆球形，具 3 沟，无毛，无瘤状突起。【种子】卵形。【成熟期】花期 5 — 7 月，果期 7 — 8 月。

生境分布 多年生广幅旱中生草本。生于海拔 1 600 ～ 2 300 m 的山坡、林下、沟边、荒山、沙丘、草地。贺兰山西坡和东坡均有分布。我国广布于除海南、贵州、云南、西藏以外的各地。世界广布于欧亚大陆，并且归化于北美洲。

药用价值 全草入药，可利尿清肿、拔毒止痒；也可做蒙药。

沙生大戟 *Euphorbia kozlovii* Prokh.

形态特征 【植株】高 15 ～ 20 cm，全株光滑无毛。【根】纤细，不分枝或末端少分枝。【茎】无毛具纵沟，直立，基部多分枝。【叶】互生，椭圆形至卵状椭圆形，长 5 ～ 13 mm，宽 3 ～ 8 mm，先端钝尖，基部楔形或近圆状楔形，全缘；主脉于叶背面凸出，侧脉 3 ～ 5 条，自主脉基部发出；无叶柄或近无叶柄；总苞叶 2，卵状长三角形，先端渐狭，基部耳状，无柄；伞幅 2；苞叶 2，与总苞叶同形，较小。【花】花序单生二歧聚伞分枝顶端，基部具柄；总苞阔钟状，光滑无毛，内侧被柔毛，边缘 5 裂，裂片三角状卵形；腺体 4，卵形或半圆形；雄花多数，苞片丝状；雌花 1，子房具柄，光滑无毛，花柱 3，分离，柱头 2 深裂，向外反卷。【果】蒴果球状或卵球状；果梗被短柔毛；成熟时分裂为 3 个分果爿。【种子】卵状，密被不明显皱脊；种阜大而明显，淡黄白色，盾状，具极细短柄。【成熟期】花果期 5 — 8 月。

生境分布 多年生旱生草本。生于山麓沙地、干河床，零星分布。贺兰山西坡哈拉乌有分布。我国分布于内蒙古、陕西、山西、甘肃、宁夏、青海等地。世界分布于蒙古国。

大戟 *Euphorbia pekinensis* Rupr. 别称 京大戟、猫儿眼

形态特征 【植株】高 30 ～ 60 cm。【根】粗壮。【茎】直立，基部多分枝，密被白色柔毛。【叶】互生，矩圆状条形、矩圆状披针形或倒针形，长 2 ～ 6 cm，宽 5 ～ 15 mm，先端钝圆或渐尖，基部楔形，全缘，有时下反卷，两面无毛；无叶柄或近无叶柄。【花】花序顶生；具 5 ～ 7 伞梗（茎上部叶也抽出花序梗），伞梗疏被白色柔毛，基部具 5 ～ 7 轮生苞叶；苞叶卵形、矩圆状卵形或披针形，各伞梗先端再分出 3 ～ 4 小伞梗，基部具 3 ～ 4 小苞叶，卵形或宽椭圆形；每小伞梗顶端具 2 卵形或近圆形苞片及 1 杯状聚伞花序；杯状总苞黄绿色，倒圆锥形，光滑无毛，顶端 4 裂；腺体 4，肾形；子房球形，3 室，表面具长瘤状突起；花柱 3，先端 2 裂。【果】蒴果三棱状球形，表面具明显瘤状突起。【种子】卵圆形，灰褐色。【成熟期】花期 6 月，果期 7 月。

生境分布 多年生中生草本。生于海拔 1 700 ～ 2 400 m 的山坡疏林、林缘、灌丛、路旁、荒地、草丛。贺兰山西坡镇木关、门洞子有分布。我国分布于除新疆、西藏、云南、台湾以外的各地。世界分布于日本、朝鲜。

药用价值 根入药，可逐水通便、消肿散结。

刘氏大戟　*Euphorbia lioui* C. Y. Wu & J. S. Ma

形态特征　【植株】高 5 ～ 15 cm。【根】细柱状，黄褐色。【茎】直立，中部以上多分枝，不育枝自基部发出。【叶】互生，线形至倒卵状披针形，长 2 ～ 6 cm，宽 3 ～ 7 mm，先端尖或渐尖，基部渐狭或平截，无叶柄；总苞叶 4 ～ 5，卵状披针形，先端尖或渐尖，基部平截或渐狭，无柄；伞幅 4 ～ 5，卵圆形或近三角状卵形，先端钝或具短尖，基部平截或微凹。【花】花序单生二歧分枝顶端，基部无柄；总苞杯状，高与直径相等，边缘 4 裂，裂片半圆形，截形或微凹，内侧具少许柔毛；腺体 4，边缘齿状分裂，褐色；雄花多数，伸出总苞外；雌花 1，子房具柄，光滑无毛，花柱 3，中部以下合生，柱头 2 深裂。【成熟期】花期 5 月。

生境分布　多年生旱中生草本。生于石质低山丘陵、浅山石质山前平原。贺兰山西坡北部山坡和东坡甘沟、插旗沟有分布。我国分布于内蒙古、宁夏等地。

叶下珠科　Phyllanthaceae

白饭树属　*Flueggea* Willd.

一叶萩　*Flueggea suffruticosa* (Pall.) Baill.　　别称　叶下珠、叶底珠

形态特征　【植株】高 1 ～ 2 m。【茎】上部分枝细密，当年生枝黄绿色，老枝灰褐色或紫褐色，光滑无毛。【叶】椭圆形或矩圆形，稀近圆形，先端钝或短尖，基部楔形，边缘全缘或具细齿，两面光滑无毛；托叶小形（萌生枝上的较大），脱落；具叶柄。【花】单性，雌雄异株；雄花几至数十朵簇生叶腋，萼片 5，矩圆形，光滑无毛，雄蕊 5，超出花萼或与花萼近等长，子房退化，先端 2 ～ 3 裂，腺体 5，具花梗；雌花单一或数朵簇生叶腋，子房圆球形，花柱很短，柱头 3 裂，向上逐渐扩大成扁平倒三角形，先端具凹缺。【果】蒴果扁圆形，淡黄褐色，表面具细网纹，具 3 条浅沟；果梗长。【种子】紫褐色，稍具光泽。【成熟期】花期 6—7 月，果期 8—9 月。

生境分布　喜暖中生灌木。生于海拔 1 700 ～ 1 900 m 的山地沟谷、阳坡灌丛、杂木林。贺兰山西坡喜鹊沟和东坡黄旗沟、苏峪口沟口有分布。我国分布于除新疆、甘肃、青海、西藏以外的各地。世界分布于朝鲜、日本、蒙古国、俄罗斯。

药用价值　叶和花入药，可祛风活血、补肾强筋。

卫矛科 Celastraceae

卫矛属 *Euonymus* Linn

矮卫矛 *Euonymus nanus* M. Bieb.

别称 卫矛

形态特征 【植株】高达 1 m。【茎】柔弱，先端稍下垂，绿色，光滑，具棱。【叶】互生，对生或 3 叶轮生，条形或条状披针形，长 1 ～ 4 cm，宽 2 ～ 5 mm，先端锐尖或具 1 刺尖头，全缘或稀具小齿，向下反卷；无叶柄。【花】聚伞花序，着生叶腋，具花 1 ～ 3 朵；总花序梗比花梗长 1 倍以上，均纤细，其上具条形苞片及小苞片；花紫褐色，4 基数。【果】蒴果熟时紫红色，4 瓣开裂，每室具种子 1 至数粒。【种子】棕褐色，基部被橘红色假种皮包围。【成熟期】花期 6 月，果期 8 月。

生境分布 中生小灌木。生于海拔 1 700 ～ 2 300 m 的山坡沟谷、阴坡、林缘。贺兰山西坡赵池沟、高山气象站和东坡小口子有分布。我国分布于陕西、甘肃、宁夏、山西等地。世界分布于欧洲及俄罗斯。

药用价值 根皮入药，可祛风散寒、除湿通络。

无患子科 Sapindaceae

槭属 *Acer* Linn

细裂槭 *Acer pilosum* var. *stenolobum* (Rehder) W. P. Fang 别称 大叶细裂槭

形态特征 【植株】高 5 m。【茎】当年生枝淡紫色，多年生枝淡褐色。【叶】近革质，较大，长 3～8 cm，宽 3～9 cm，基部近楔形、阔楔形或心形（萌生枝叶），3 深裂，裂片长圆状披针形，先端渐尖，全缘或具粗锯齿，绿色，上面脉腋被丛毛，其余均无毛，主脉 3 条，在下面尤显；叶柄细长，淡紫色，无毛。【花】伞房花序，着生小枝顶端；花淡绿色，杂性，雄花与两性花同株；萼片 5，卵形，边缘先端具纤毛；花瓣 5，矩圆形或线状矩圆形，与萼片近等长；雄蕊 5，着生花盘内侧裂缝间，雄花花丝长为萼片的 2 倍，两性花花丝与萼片近等长；花药卵圆形；两性花子房疏被柔毛，花柱 2 裂，柱头反卷。【果】小坚果突起，近卵圆形或球形，翅矩圆形，两果翅开展角度为钝角或近于直角。【成熟期】花果期 5—9 月。

生境分布 落叶中生小乔木。生于海拔 1 700～2 200 m 的阴坡湿沟谷、沟底、山坡疏林。贺兰山西坡峡子沟、赵池沟和东坡甘沟、小口子、黄旗沟有分布。我国分布于内蒙古、陕西、宁夏、甘肃、山西等地。

植株

果

叶

文冠果属 *Xanthoceras* Bunge

文冠果 *Xanthoceras sorbifolium* Bunge 别称 文官果、木瓜

形态特征 【植株】高达 8 m。【茎】树皮灰褐色，小枝粗壮，褐紫色，光滑或被短柔毛。【叶】单数羽状复叶，互生，小叶 9～19，无叶柄，窄椭圆形至披针形，长 2～6 cm，宽 1～1.5 cm，边缘具锐锯齿。【花】总状花序；萼片 5；花瓣 5，白色，内侧基部被黄色变紫红色斑纹；花盘 5 裂，裂片背面具 1 角状橙色附属体，长为雄蕊的 1/2；雄蕊 8，长为花瓣的 1/2；子房矩圆形；具短粗花柱，柱头 3 裂。【果】蒴果 3～4 室，每室具种子 1～8 粒。【种子】球形，黑褐色，种脐白色，种仁乳白色。【成熟期】花期 4—5 月，果期 7—8 月。

生境分布 中生小乔木或灌木。生于海拔 1 600～2 000 m 的沟谷石质阳坡、崖缝。贺兰山西坡北寺和东坡拜寺沟、汝箕沟有分布。我国分布于西北、西南及江苏、山东、山西、河南等地。

药用价值 枝和叶入药，可祛风除湿；也可做蒙药。

鼠李科 Rhamnaceae

枣属 *Ziziphus* Mill.

酸枣 *Ziziphus jujuba* var. *spinosa* (Bunge) Hu ex H. F. Chow 别称 角刺

形态特征 【植株】高达 4 m。【茎】小枝弯曲呈“之”字形，紫褐色，被柔毛，具细长刺，刺 2 种：一种狭长刺，另一种弯钩状刺。【叶】单叶互生，长椭圆状卵形至卵状披针形，长 1 ～ 5 cm，先端钝或微尖，基部偏斜，具 3 脉，边缘钝锯齿，齿端具腺点，上面暗绿色，无毛，下面浅绿色，沿脉被柔毛；叶柄被柔毛。【花】黄绿色，具花 2 ～ 3 朵，簇生叶腋；花梗短；花萼 5 裂；花瓣 5；雄蕊 5，与花瓣对生，比花瓣稍长；具明显花盘。【果】核果暗红色，后变黑色，卵形至长圆形；具短果梗；果核顶端钝。【成熟期】花期 5 — 6 月，果期 9 — 10 月。

生境分布 旱中生灌木或小乔木。生于海拔 1 550 ～ 1 700 m 的向阳坡、干燥山坡、丘陵、岗地、平原。贺兰山西坡和东坡均有分布。我国分布于辽宁、内蒙古、河北、山东、山西、河南、陕西、甘肃、宁夏、新疆、江苏、安徽等地。世界分布于朝鲜、俄罗斯等。

药用价值 种子、树皮和根皮入药，可安神养心；也可做蒙药。

鼠李属 *Rhamnus* Linn

小叶鼠李 *Rhamnus parvifolia* Bunge 别称 圆叶鼠李、金县鼠李

形态特征 【植株】高达 2 m。【茎】树皮灰色，片状剥落，多分枝，小枝细，对生或互生，当年生枝灰褐色，疏被毛或无毛，老枝黑褐色或淡黄褐色，顶端针刺状。【叶】单叶在短枝上密集丛生或在长枝上近对生，叶厚，小形，菱状卵形或倒卵形，长 1 ～ 3 cm，宽 0.8 ～ 2 cm，先端突尖或钝圆，基部楔形，边缘具细钝锯齿，齿端具黑色腺点，上面暗绿色，散被短柔毛或无毛，下面淡绿色，光滑，仅脉腋具簇被柔毛的腺窝，侧脉 2 ～ 3 对，显著，呈平行弧状弯曲；叶柄上面具槽，稍被毛或无毛。【花】单性，小形，黄绿色，排列成聚伞花序，花 1 ～ 3 朵，集生叶腋；花梗细；萼片 4，直立，无毛或散被短柔毛；花瓣 4；雄蕊 4，与萼片互生。【果】核果球形，成熟时黑色，具果核 2；每核各具种子 1 粒。【种子】侧扁，光滑，栗褐色，背面具种沟，种沟开口占种子长的 4/5。【成熟期】花期 5 月，果熟期 7 — 9 月。

生境分布 旱中生灌木。生于海拔 1 600 ～ 1 800 m 的沟谷、石质山坡。贺兰山东坡甘沟、苏峪口有分布。我国分布于东北、西北及山西、山东等地。世界分布于朝鲜、俄罗斯、蒙古国等。

药用价值 果入药，可清热泻下、消瘰疬；也可做蒙药。

植株

果

叶

黑桦树 *Rhamnus maximovicziana* J. J. Vassil. 别称 毛脉鼠李

形态特征 【植株】高达 2 m。【茎】多分枝；一年生枝细长，灰紫色，被柔毛，二年生枝粗壮，紫褐色，光滑，枝顶端具针刺。【叶】在长枝上对生或近对生，在短枝上丛生，椭圆形、倒卵形或宽卵形，长 15 ～ 25 mm，宽 4 ～ 13 mm，先端钝或短尖，基部宽楔形或近圆形，边缘疏具细圆齿，幼时被毛，后光滑，上面绿色，被柔毛，沿脉尤密，下面淡绿色，侧脉隆起，被柔毛，侧脉 2 ～ 3 对；叶柄被柔毛。【花】单性，小形，黄绿色，花 2 ～ 3 朵，簇生短枝；花萼外被细柔毛，花萼筒钟形，萼片 4，直立，长卵状披针形，先端渐尖；雄蕊 4，花丝短，花药长；无花瓣。【果】核果扁球形，具种子 2 粒。【种子】倒卵形，褐色，种沟开口占种子长的 1/2，开口顶部倒心形。【成熟期】花期 5 — 6 月，果期 6 — 9 月。

生境分布 旱中生灌木。生于海拔 1 600 ～ 2 300 m 的山地沟谷、阴坡、半阴坡林缘、灌丛。贺兰山西坡和东坡均有分布。我国分布于河北、山西、陕西、四川、宁夏、甘肃等地。世界分布于蒙古国。

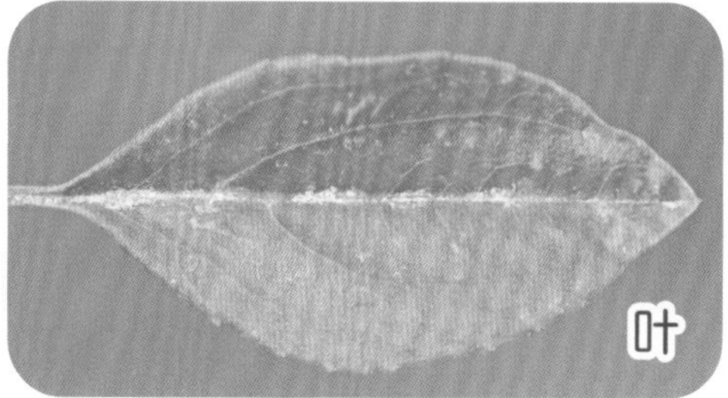

柳叶鼠李 *Rhamnus erythroxylon* Pall. 别称 红木鼠李、黑格兰

形态特征 【植株】高达 2 m，多分枝，具刺。【茎】当年生枝红褐色，稀被柔毛，枝顶端为针刺状，二年生枝灰褐色，光滑。【叶】单叶在长枝上互生或近对生，在短枝上簇生，条状披针形，长 2 ～ 9 cm，宽 3 ～ 12 mm，先端渐尖，少钝圆，基部楔形，边缘稍内卷，具疏细锯齿，齿端具黑色腺点，上面绿色，被毛，下面淡绿色，被细柔毛，中脉显著隆起，侧脉 4 ～ 6 对，不明显；叶柄被柔毛。【花】单性，黄绿色，花 10 ～ 20 朵，束生短枝；萼片 5；花瓣 5；雄蕊 5。【果】核果球形，熟时黑褐色；具果梗，具果核 2 ～ 3。【种子】倒卵形，背面具沟，种沟开口占种子长的 5/6。【成熟期】花期 5 月，果期 6 — 7 月。

生境分布 旱中生灌木。生于海拔 1 600 ～ 2 100 m 的山坡灌丛、干旱沙丘、荒坡、乱石堆。贺兰山西坡峡子沟、北寺和东坡甘沟有分布。我国分布于河北、山西、陕西、甘肃等地。世界分布于俄罗斯、蒙古国。

药用价值 叶入药，可清热除烦、消食化积；也可做蒙药。

葡萄科 Vitaceae

蛇葡萄属 *Ampelopsis* Michaux.

乌头叶蛇葡萄 *Ampelopsis aconitifolia* Bunge

别称 草白蔹

形态特征 【植株】长达 7 m。【茎】圆柱形，具纵棱，疏被柔毛；卷须 2 ～ 3 分叉，隔节与叶对生。【叶】掌状 3 ～ 5 深裂，小叶不分裂，边缘锯齿粗深，光滑无毛或下面微被柔毛，长 3 ～ 7 cm，宽 1 ～ 2 cm，顶端渐尖，基部楔形，中央小叶深裂，上面绿色，无毛或疏被短柔毛，下面浅绿色，无毛或脉上疏被柔毛；小叶侧脉 3 ～ 6 对，叶柄无毛或疏被柔毛；托叶褐色膜质，卵披针形，顶端钝，无毛或疏被柔毛。【花】疏散的伞房状复二歧聚伞花序，与叶对生或假顶生；花序梗无毛或疏被柔毛，具花梗；花蕾卵圆形，顶端圆形；花萼碟形，不分裂；花瓣 5，卵圆形，无毛；雄蕊 5，花药卵圆形，长、宽相等；花盘边缘波状；子房下部与花盘合生；花柱钻形。【果】浆果近球形，熟时橙色具斑点。【种子】2 ～ 3 粒，倒卵圆形，顶端圆形，基部具短喙。【成熟期】花期 6 — 7 月，果期 8 — 9 月。

生境分布 中生木质藤本。生于海拔 1 600 ～ 1 800 m 的沟边、山坡灌丛、草地。贺兰山西坡北寺和东坡小口子、插旗沟有分布。我国分布于内蒙古、河北、甘肃、陕西、山西、河南等地。

药用价值 根皮入药，可散淤消肿、祛腐生肌、接骨止痛。

植株

果

叶

锦葵科 Malvaceae

木槿属 *Hibiscus* Linn

野西瓜苗 *Hibiscus trionum* Linn

别称 小秋葵

形态特征 【植株】高 20 ～ 60 cm。【茎】直立，或下部分枝铺散，被白色星状粗毛。【叶】近圆形或宽卵形，长 3 ～ 8 cm，宽 2 ～ 9 cm，掌状 3 ～ 5 全裂，中裂片最长，长卵形，先端钝，基部楔形，边缘具不规则羽状缺刻，侧裂片歪卵形，基部两边各具小裂片，或裂至基部，上面近无毛，下面被星状毛；叶柄被星状毛；托叶狭披针形，边缘具硬毛。【花】单生叶腋；花梗密被星状毛及叉状毛；花萼卵形，膜质，基部合生，先端 5 裂，淡绿色，具紫色脉纹，沿脉纹密生二至三叉状硬毛，裂片三角形；副萼片 11 ～ 13，条形，边缘具长硬毛；花瓣 5，淡黄色，基部紫红色，倒卵形；雄蕊筒紫色，无毛；子房 5 室，胚珠多数；花柱顶端 5 裂。【果】蒴果圆球形，被长硬毛，花萼宿存。【种子】黑色，肾形，表面具粗糙小突起。【成熟期】花期 6 — 9 月，果期 7 — 10 月。

生境分布 一年生中生草本。生于海拔 1 600 m 左右的阔叶林、沟谷。贺兰山西坡巴彦浩特、乱柴沟和东坡汝箕沟有分布。我国广布于各地。世界分布于亚洲、欧洲。

药用价值 全草入药，可清热解毒、祛风除湿、消痰止咳；也可做蒙药。

锦葵属 *Malva* Linn

野葵 *Malva verticillata* Linn

别称 菟葵、冬苋菜

形态特征 【植株】高 0.4 ~ 1 m。【茎】直立或斜升，下部近无毛，上部被星状毛。【叶】近圆形或肾形，长 3 ~ 8 cm，宽 3 ~ 10 cm，掌状 5 浅裂，裂片三角形，先端圆钝，基部心形，边缘具圆钝重锯齿或锯齿，下部叶裂片或不明显，上面无毛，幼时稍被毛，下面疏被星状毛；下部及中部叶柄长，被星状毛；托叶披针形，疏被毛。【花】多数，近无花梗，簇生叶腋，少具短花梗；花萼 5 裂，裂片卵状三角形，长、宽相等，背面密被星状毛，边缘密被单毛；小苞片（副萼片）3，条状披针形，边缘被毛；花瓣淡紫色或淡红色，倒卵形，顶端微凹；雄蕊筒上部被倒生毛；雌蕊由 10 ~ 12 心皮组成，10 ~ 12 室，每室含胚珠 1 粒。【果】分果，背面稍具横皱纹，侧面具辐射状皱纹，花萼宿存。【种子】肾形，褐色。【成熟期】花期 7 — 9 月，果期 8 — 10 月。

生境分布 一年生中生草本。生于山麓、山坡、居民区、路边。贺兰山西坡和东坡中部有分布。我国广布于各地。世界分布于欧洲及印度、缅甸、锡金、朝鲜、埃及、埃塞俄比亚。

药用价值 全草入药，可利尿、下乳、通便；也可做蒙药。

柽柳科 Tamaricaceae

柽柳属 *Tamarix* Linn

多枝柽柳 *Tamarix ramosissima* Ledeb.

别称 红柳

形态特征 【植株】高 2 ~ 3 m。【茎】多分枝，去年生枝紫红色或红棕色。【叶】披针形或三角状卵形，长 0.5 ~ 2 mm，几乎贴生茎上。【花】总状花序，顶生当年枝，长 2 ~ 5 cm，宽 3 ~ 5 mm，组成大型圆锥花序；苞片卵状披针形或披针形；花梗短于或长于花萼；萼片 5，卵形，渐尖或微钝，边缘膜质；花瓣 5，倒卵圆形，粉红色或紫红色，直立，花后宿存；花盘 5 裂，每裂先端有深或浅的凹缺；雄蕊 5，着生花盘裂片间，超出或等长于花冠，花药钝或在顶端具钝的突起；花柱 3。【果】蒴果长圆锥形，熟时 3 裂。【种子】多数，顶端簇生毛。【成熟期】花期 5 — 8 月，果期 6 — 9 月。

生境分布 耐盐潜水中生灌木或小乔木。生于山麓盐碱地、冲刷沟、河床。贺兰山西坡乱柴沟、小松山和东坡大武口有分布。我国分布于东北、华北、西北地区。世界分布于欧洲及土耳其、伊朗、蒙古国、俄罗斯。

药用价值 枝和叶入药，可清热祛湿、透疹敛毒；也可做蒙药。

植株

花

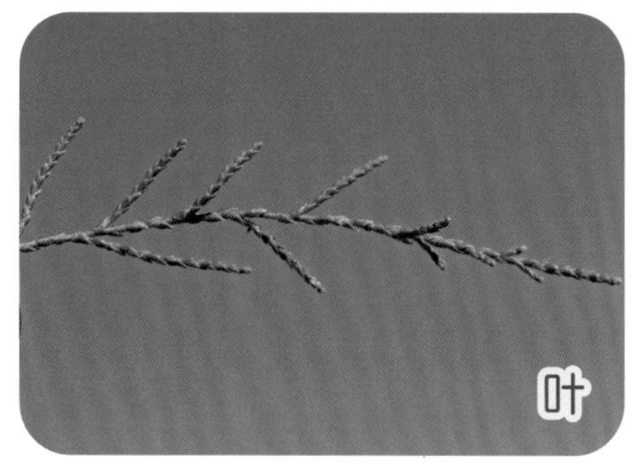
叶

红砂属 *Reaumuria* Linn

黄花红砂 *Reaumuria trigyna* Maxim.

别称 长叶红纱

形态特征 【植株】高 10 ~ 30 cm。【茎】树皮片状剥裂，多分枝，小枝略开展，老枝灰白色或灰黄色，当年枝自老枝顶端发出，较细，淡绿色。【叶】肉质，圆柱形，长 5 ~ 15 mm，微弯曲，2 ~ 5 簇生。【花】单生叶腋；花梗纤细；苞片 10，宽卵形，覆瓦状排列在花萼基部；萼片 5，离生，与苞片同形；花瓣 5，污白色，干后黄色，矩圆形，下半部具鳞片 2；雄蕊 15，花药紫红色，花丝钻形；子房卵圆形；花柱 3 ~ 5，长于子房。【果】蒴果矩圆形，光滑，3 瓣开裂。

生境分布 强旱生小灌木。生于干旱山坡、荒漠区砂砾地、石质地。贺兰山西坡和东坡北部有分布。我国分布于宁夏、甘肃等地。

药用价值 枝和叶入药，可祛湿止痒；也可做蒙药。

红砂　*Reaumuria soongarica* (Pall.) Maxim.　　别称　红虱、枇杷柴

形态特征　【植株】高 10 ～ 30 cm。【茎】多分枝，老枝灰黄色，幼枝色稍淡。【叶】肉质，圆柱形，上部稍粗，3 ～ 5 簇生，长 1 ～ 5 mm，宽 1 mm，先端钝，浅灰绿色。【花】单生叶腋或在小枝上组成稀疏的穗状花序，无柄；苞片 3，披针形，比花萼短 1/3 ～ 1/2；花萼钟形，中下部合生，上部 5 齿裂，裂片三角形，锐尖，边缘膜质；花瓣 5，开张，粉红色或淡白色，矩圆形，下半部具矩圆形鳞片 2；雄蕊 6 ～ 8，少有更多者，离生，花丝基部变宽，与花瓣近等长；子房长椭圆形；花柱 3。【果】蒴果长椭圆形，光滑，3 瓣开裂。【种子】3 ～ 4 粒，矩圆形，全体被淡褐色毛。【成熟期】花期 7—8 月，果期 8—9 月。

生境分布　强旱生小灌木。生于荒漠区或草原区山麓砂砾地。贺兰山西坡和东坡均有分布。我国分布于东北及宁夏、甘肃、青海、新疆、内蒙古等地。世界分布于蒙古国、俄罗斯。

药用价值　枝和叶入药，可祛湿止痒；也可做蒙药。

水柏枝属　*Myricaria* Desv.

宽苞水柏枝　*Myricaria bracteata* Royle　　别称　河柏、水柽柳

形态特征　【植株】高 1 ～ 2 m。【茎】老枝棕色，幼枝黄绿色。【叶】较小，窄条形，长 1 ～ 4 mm。【花】总状花序，由多花密集而成，多顶生，少侧生；苞片宽卵形或长卵形，等于或稍长于花瓣，先端具尾状长尖，边缘膜质，具圆齿，萼片 5，披针形或矩圆形，边缘膜质；花瓣 5，矩圆状椭圆形，粉红色；雄蕊 8 ～ 10，花丝中下部连合；子房圆锥形，无花柱。【果】蒴果狭圆锥形。【种子】簇生毛具柄。【成熟期】花期 6 — 7 月，果期 7 — 8 月。

生境分布　潜水中生灌木。生于海拔 1 600 ～ 2 000 m 的河谷砂砾河滩、溪边砂地、山前冲砾质戈壁。贺兰山西坡乱柴沟、小松山和东坡大水沟有分布。我国分布于甘肃、宁夏、陕西、内蒙古、山西、河北等地。世界分布于克什米尔地区及印度、巴基斯坦、阿富汗、俄罗斯、蒙古国。

药用价值　嫩枝入药，可补阳发散、解毒透疹；也可做蒙药。

植株

花

宽叶水柏枝　*Myricaria platyphylla* Maxim.　　别称　沙红柳

形态特征　【植株】高达 2 m。【茎】直立，具多数分枝；老枝紫褐色或棕色，幼枝浅黄绿色。【叶】疏生，卵形、心形或宽披针形，较大，长 5 ～ 12 mm，基部最宽可达 10 mm，先端渐尖，全缘，由叶腋生出小枝，小枝上叶较小。【花】总状花序，顶生或腋生；苞片宽卵形，先端长渐尖，淡绿色，中部具宽膜质边缘；萼片 5，披针形，边缘狭膜质；花瓣 5，紫红色，倒卵形；雄蕊 10，花丝合生至中部以上；雌蕊长于雄蕊，子房圆锥形，花柱不显。【果】蒴果 3 瓣裂。【种子】白色簇生毛具柄。

生境分布　潜水中生灌木。生于海拔 1 600 ～ 1 700 m 的宽阔山谷、河床沙地。贺兰山西坡乱柴沟、小松山、干树湾有分布。我国分布于内蒙古、宁夏、山西等地。

药用价值　嫩枝干后入药，可发表透疹。

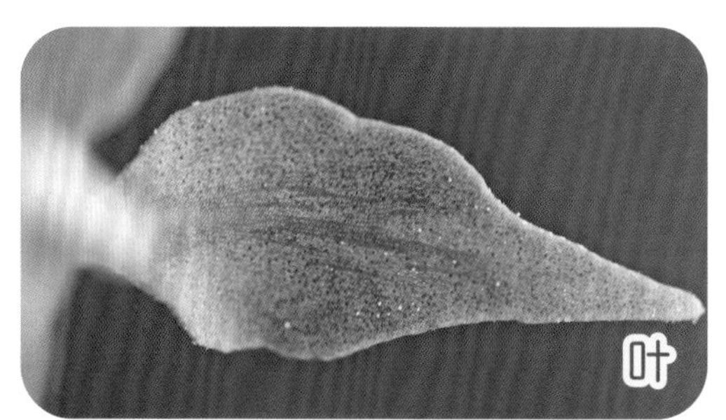

半日花科 Cistaceae

半日花属 *Helianthemum* Mill.

半日花 *Helianthemum songaricum* Schrenk ex Fisch. & C. A. Mey. 别称 鄂尔多斯半日花

形态特征 【植株】高 5 ～ 12 cm。【茎】多分枝，稍呈垫状；老枝褐色或灰褐色，小枝对生或近对生，幼时被紧贴短柔毛，后渐光滑，先端尖锐成刺状。【叶】单叶对生，革质，披针形或狭卵形，长 5 ～ 10 mm，宽 1 ～ 3 mm，先端钝或微尖，边缘反卷，两面被星状柔毛；具短柄或近无柄；托叶钻形。【花】单生枝顶，花梗长 5 ～ 10 mm，被星状柔毛；萼片 5，背面密被星状短柔毛，不等大，外面 2 个条形，里面 3 个卵形，背部具 3 条纵肋；花瓣 5，黄色，倒卵形；雄蕊多数，长为花瓣的 1/2，花药黄色；子房密被柔毛，花柱丝状。【果】蒴果卵形，被星状柔毛。【种子】卵形。【成熟期】花果期 7 — 9 月。

生境分布 矮小强旱生灌木。生于草原化荒漠区石质、砾质山坡。贺兰山西坡三关口和东坡北端有分布。我国分布于新疆、甘肃、宁夏、内蒙古等地。世界分布于俄罗斯等。国家二级重点保护植物。

堇菜科　Violaceae

堇菜属　*Viola* Linn

菊叶堇菜　*Viola albida* var. *takahashii* (Nakai) Nakai

形态特征　【植株】高 5 ～ 15 cm。【根状茎】短而较粗，具数条淡黄色细根，无地上茎。【叶】基生，3 ～ 8 枚；叶片卵形至矩圆状卵形，长 3 ～ 5 cm，宽 1.5 ～ 3 cm，基部浅心形，叶缘具不规则浅裂、中裂至深裂，总体呈羽状裂，侧裂片较短，中裂片较长，最终裂片披针形，两面无毛或仅叶脉上被柔毛；叶柄比叶片短，托叶近中部处与叶柄合生，离生部分披针形，边缘具细齿。【花】花梗与叶近等长，中部以下具 2 线状小苞片；萼片矩圆状披针形，基部附属物末端具整齐齿，边缘膜质，3 脉；花冠较大，白色，上瓣倒卵形，侧瓣里面基部疏被须毛，下瓣基部具囊状距，先端圆钝；子房无毛，花柱基部较细，柱头先端具短喙和细柱头孔。【成熟期】花期 5 — 7 月。

生境分布　多年生旱中生草本。生于海拔 2 000 ～ 2 600 m 的灌丛、林缘、草甸。贺兰山西坡长流水、峡子沟和东坡甘沟、拜寺沟有分布。我国分布于辽宁、宁夏、内蒙古等地。世界分布于朝鲜。

植株

花

叶

茜堇菜　*Viola phalacrocarpa* Maxim.　　别称　白果堇菜

形态特征　【植株】高 5 ～ 30 cm。【根状茎】短粗，垂直，生 2 至数条根，白色或淡黄褐色；无地上茎。【叶】基生，托叶 1/2 以上与叶柄合生，分离部分条状披针形或狭披针形，先端长渐尖，边缘具稀疏细齿；叶柄果期伸长，上部具宽翅，幼时被短毛；叶片卵形或卵圆形，长 1.5 ～ 5 cm，宽 1 ～ 2 cm，果期叶大，先端钝，基部心形或深心形，边缘钝齿，两面被短柔毛。【花】花梗细弱，与叶近等长或长，被短柔毛；苞片生花梗中部；萼片披针形或卵状披针形，基部附属物末端圆或截形，具不整齐齿，被短柔毛；花瓣堇色，具深紫色脉纹，上瓣倒卵形，侧瓣短圆状宽卵形，里面基部被长须毛，下瓣中下部带白色，距细长；子房被毛，花柱基部膝曲，向上渐粗，柱头顶略平，两侧具增厚边缘，前方具短喙。【果】蒴果椭圆形，被短柔毛，后渐疏。【成熟期】花果期 4 — 9 月。

生境分布　多年生中生草本。生于海拔 2 300 ～ 2 600 m 的向阳山坡、草地、灌丛、林缘。贺兰山西坡哈拉乌北沟、南寺、水磨沟有分布。我国分布于东北、西北、华中及河北、山西、山东、四川等地。世界分布于俄罗斯、朝鲜、日本。

双花堇菜　*Viola biflora* Linn　别称　二花堇菜、短距堇菜

形态特征　【植株】高 10 ～ 20 cm。【根状茎】根状茎细，斜生或匍匐，稀直立，具结节，生细根。【茎】纤弱，直立或上升，不分枝，无毛。【叶】肾形，少近圆形，长 1 ～ 3 cm，宽 1 ～ 4 cm，先端圆形，稀具突尖或钝，基部心形或深心形，边缘具钝齿，两面散被细毛，或仅一面及脉上被毛，或无毛；托叶卵形、宽卵形或卵状披针形，先端锐尖或稍尖，全缘，不与叶柄合生；叶柄细，无毛。【花】1 ～ 2 朵，着生茎叶腋，花梗细长；苞片披针形，甚小，生于花梗上部，果期脱落；萼片条状披针形或披针形，先端锐尖或稍钝，无毛或中下部边缘被纤毛，基部附属器不显著；花瓣淡黄色或黄色，矩圆状倒卵形，具紫色脉纹，侧瓣无须毛，距短小；子房无毛，花柱直立，基部较细，上半部深裂。【果】蒴果矩圆状卵形，无毛。【成熟期】花果期 5 — 9 月。

生境分布　多年生中生草本。生于海拔 2 000 ～ 2 600 m 的林缘、沟谷、溪边、石缝。贺兰山西坡和东坡均有分布。我国分布于东北、华北、西北地区。世界分布于欧洲、北美洲及朝鲜、俄罗斯。

药用价值　全草入药，可活血散瘀、止血；也可做蒙药。

库页堇菜　*Viola sacchalinensis* H. Boissieu　别称　库叶堇菜

形态特征　【植株】高 10 ~ 20 cm。【根状茎】具结节，被暗褐色鳞片。【根】多数，较细。【茎】下部托叶披针形，边缘流苏状，褐色，上部托叶卵状披针形、长卵形或宽卵形，边缘具不整齐细尖齿，绿色。【叶】长 0.5 ~ 4 cm，卵形、卵圆形或宽卵形，长、宽均为 1.5 ~ 3 cm，果期增长，基部心形，先端钝圆或稍渐尖，边缘具钝锯齿，上面无毛或被疏毛，下面无毛；基生叶柄长，为茎生叶柄长的 4 倍左右。【花】花梗着生茎叶腋，超出叶；苞片着生花梗上部；萼片披针形，先端锐尖，无毛，基部附属物发达，末端齿裂；花堇色、淡紫色，侧瓣密被须毛，下瓣长，距直或稍上弯；子房无毛，花柱基部微向前弯曲，向上渐粗，柱头呈钩状，被乳头状毛。【果】蒴果椭圆形，无毛。【成熟期】花果期 5 — 8 月。

生境分布　多年生中生草本。生于海拔 2 200 ~ 2 600 m 的针叶混交林或阔叶林、山地林、林缘。贺兰山西坡老树槐有分布。我国分布于东北地区。世界分布于朝鲜、日本、俄罗斯。

裂叶堇菜　*Viola dissecta* Ledeb.　别称　疔毒草

形态特征　【植株】高 5 ~ 30 cm。【根】数条，白色。【根状茎】短，垂直；无地上茎。【叶】托叶披针形，2/3 与叶柄合生，边缘疏具细齿；花期叶柄近无翅，无毛，果期叶柄具窄翅，无毛；叶片圆形或肾状圆形，长 1 ~ 8 cm，宽 1 ~ 9 cm，掌状 3 ~ 5 全裂或深裂并再裂，或近羽状深裂，裂片条形，两面无毛，下面脉明显凸出。【花】花梗比叶长，无毛，果期不超出叶；苞片条形，着生花梗中上部；花淡紫堇色，具紫色脉纹；萼片卵形或披针形，先端渐尖，具 3 ~ 7 脉，边缘膜质，下部被短毛，基部附属物小；全缘或具 1 ~ 2 缺口；侧瓣里面无须毛或稍被须毛；下瓣连距，距稍细，直或微弯，末端钝；子房无毛；花柱基部细，柱头前端具短喙，两侧具宽边缘。【果】蒴果圆状卵形或椭圆形至短圆形，无毛。【成熟期】花果期 5 — 9 月。

生境分布　多年生中生草本。生于海拔 1 600 ~ 2 200 m 的阴坡沟谷、石缝。贺兰山西坡和东坡均有分布。我国分布于东北、华北、西北地区。世界分布于亚洲中部地区及朝鲜、蒙古国、俄罗斯。

药用价值　全草入药，可清热解毒、消痈肿；也可做蒙药。

紫花地丁　*Viola philippica* Cav.　别称　辽堇菜、光瓣堇菜

形态特征　【植株】高 3 ～ 15 cm。【根状茎】较短，垂直；无地上茎。【根】主根较粗，白色至黄褐色，直伸。【叶】基生，卵状矩圆形、矩圆状披针形或卵状披针形，长 1 ～ 5 cm，宽 5 ～ 15 mm，先端钝，基部截形、钝圆或楔形，边缘具浅圆齿，两面被短柔毛，或仅脉上被毛或无毛，果期叶大，先端钝或稍尖，基部呈微心形；托叶膜质，1/2 ～ 2/3 与叶柄合生，分离部条状披针形，具睫毛；叶柄具窄翅，上部宽，被短柔毛或无毛，果期增长。【花】花梗超出叶或等于叶，被短柔毛或近无毛；苞片生于花梗中部附近；萼片卵状披针形，先端尖，具膜质狭边，基部附属物短，末端圆形、截形或不整齐，无毛，或被短毛；花瓣堇色，倒卵形或矩圆状倒卵形，侧瓣无须毛或被须毛，下瓣连细距，末端微上弯或直；子房无毛，花柱棍棒状，基部膝曲，上部渐粗，柱头顶略平，两侧及后方具薄边，前方具短喙。【果】蒴果椭圆形，无毛。【成熟期】花果期 5 — 9 月。

生境分布　多年生中生草本。生于海拔 1 200 ～ 2 200 m 的浅山区山沟、路旁。贺兰山东坡苏峪口沟、拜寺沟、小口子有分布。我国分布于东北、华北、西南、华南地区。世界分布于朝鲜、俄罗斯等。

药用价值　全草入药，可清热解毒、凉血消肿；也可做蒙药。

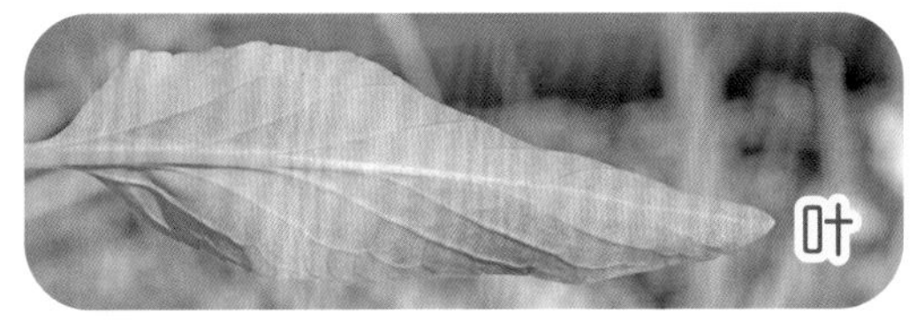

阴地堇菜　*Viola yezoensis* Maxim. in Bull.

形态特征　【植株】高 7 ～ 15 cm，无地上茎，全株被短毛。【根状茎】短粗，直伸或倾斜，白色或淡褐色。【叶】托叶披针形，先端锐尖，边缘具细齿，约 1/2 以上与叶柄合生；叶柄具狭翼，被短柔毛；叶片卵形、宽卵形或长卵形，长 2 ～ 5 cm，宽 1.6 ～ 4.5 cm，先端钝或锐尖，基部深心形或浅心形，两面被短柔毛。【花】白色；苞片着生花梗中上部；萼片宽披针形或卵状披针形，先端锐尖或钝，被刚毛或近无毛，附属物较发达，末端具疏齿；侧瓣里面被须毛或无毛，中下部具紫色脉纹；距较长，直或稍上弯，两侧具薄边，前方具短喙。【果】蒴果椭圆形，无毛。【成熟期】花果期 5 — 8 月。

生境分布　多年生中生草本。生于海拔 1 800 ～ 2 400 m 的针叶林下、林缘、山坡草地。贺兰山西坡哈拉乌、金星、南寺有分布。我国分布于辽宁、河北、山东、内蒙古、甘肃等地。世界分布于日本、朝鲜。

植株

叶

花

早开堇菜　*Viola prionantha* Bunge　　别称　光瓣堇菜

形态特征　【根】细长或稍粗，黄白色，向下伸展，有时近横生。【根状茎】较粗，无地上茎。【叶】矩圆状卵形或卵形，长 1 ～ 3 cm，宽 7 ～ 15 mm，先端钝或稍尖，基部钝圆状截形，稀宽楔形，边缘矩具钝锯齿，两面被柔毛、或仅叶脉上被毛、或无毛；果期叶大，无毛或稍被毛；托叶淡绿色至苍白色，1/2 ～ 2/3 与叶柄合生，上端分离部分呈条状披针形或披针形，边缘疏具细齿；叶柄翅在果期增长，被柔毛。【花】花梗 1 至多数，花期超出叶，果期比叶短，苞片着生花梗中部附近；萼片披针形或卵状披针形，先端锐尖或渐尖，具膜质窄边，基部附属物具不整齐齿或全缘，被纤毛或无毛；花瓣堇色或淡紫色，上瓣倒卵形，侧瓣矩圆状倒卵形，里面被须毛或无毛，下瓣中下部白色具紫色脉纹；距端粗，微上弯；子房无毛，花柱棍棒状，基部膝曲，上端粗，顶端平，两侧具薄边，前方具短喙。【果】蒴果椭圆形至矩圆形，无毛。【成熟期】花果期 5 — 9 月。

生境分布　多年生中生草本。生于海拔 1 600 ～ 2 200 m 的沟谷灌丛、阴坡溪边、石缝。贺兰山西坡南寺、峡子沟和东坡拜寺沟有分布。我国分布于北方、华东及河南、云南等地。世界分布于俄罗斯、朝鲜等。

药用价值　全草入药，可清热解毒、凉血消肿。

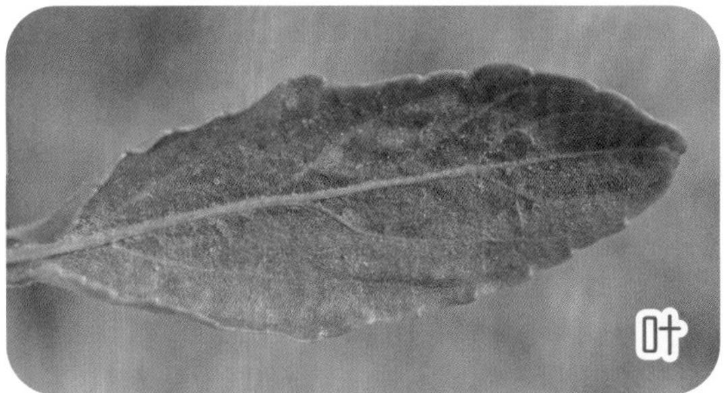

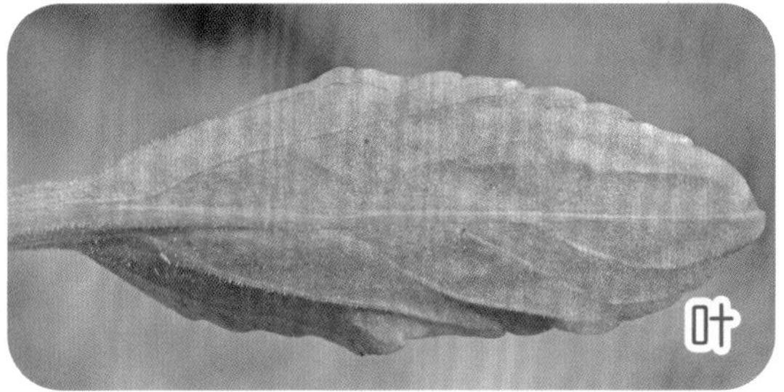

瑞香科 Thymelaeaceae

草瑞香属 *Diarthron* Turcz.

草瑞香 *Diarthron linifolium* Turcz.

别称 粟麻

形态特征 【植株】高 20 ～ 35 cm，全株光滑无毛。【茎】直立细瘦，具多数分枝，基部带紫色。【叶】长 1 ～ 2 cm，宽 1 ～ 3 mm，先端钝或稍尖，基部渐狭，全缘，边缘下反卷，疏被毛，具短柄或近无柄。【花】总状花序，顶生，花梗极短；花萼管下半部膨大部分浅绿色，上半部收缩部分绿色，裂片紫红色，矩圆状披针形；雄蕊 4，1 轮，着生花萼筒中部以上，花丝极短，花药矩圆形；子房扁，长卵形，1 室，黄色，无毛，花柱细，上部弯曲，柱头稍膨大。【果】小坚果长梨形，黑色，被残存花萼筒下部所包藏。【成熟期】花期 7—8 月。

生境分布 一年生中生草本。生于海拔 1 600 ～ 2 200 m 的沟谷滩地、坡脚、灌丛。贺兰山西坡和东坡浅山区有分布。我国分布于东北、华北、西北地区。世界分布于朝鲜、蒙古国、俄罗斯。

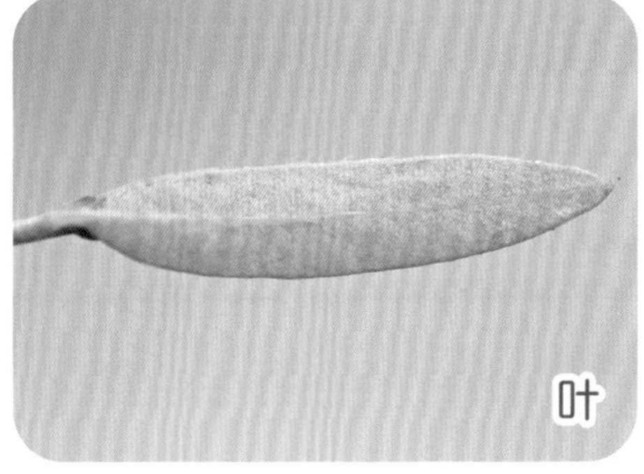

狼毒属 *Stellera* Linn

狼毒 *Stellera chamaejasme* Linn 别称 断肠草、红火柴头花

形态特征 【植株】高 20 ～ 50 cm。【根】粗大，木质，外包棕褐色。【茎】丛生，直立，不分枝，光滑无毛。【叶】密生，椭圆状披针形，长 1 ～ 3 cm，宽 2 ～ 8 mm，先端渐尖，基部钝圆或楔形，两面无毛。【花】头状花序，顶生；花萼筒细瘦，下部紫色，具明显纵纹，顶端 5 裂，裂片近卵圆形，具紫红色网纹；雄蕊 10，2 轮，着生萼喉部与萼筒中部，花丝极短；子房椭圆形，1 室，上部密被淡黄色细毛，花柱极短，近头状，子房基部一侧具圆形蜜腺。【果】小坚果卵形，棕色，上半部被细毛，果皮膜质，被花萼管基部所包藏。【成熟期】花期 6 — 7 月。

生境分布 多年生旱生草本。生于阳坡疏林、石砾干山坡、草原、干燥丘陵坡地。贺兰山东坡北端石嘴山的落石滩有分布。我国分布于东北、华北、西北、西南地区。世界分布于蒙古国、不丹、俄罗斯、尼泊尔等。

药用价值 根入药，可祛痰消积、止痛治癣；也可做蒙药。

柳叶菜科 Onagraceae

柳兰属 *Chamerion* (Raf.) Raf. ex Holub

柳兰 *Chamaenerion angustifolium* (L.) Holub

形态特征 【植株】高约 1 m。【根】粗壮，棕褐色。【根状茎】粗壮。【茎】直立，光滑无毛。【叶】互生，披针形，长 5 ～ 13 cm，宽 7 ～ 13 mm；上面绿色，下面灰绿色，全缘或具疏腺齿，无柄或具短柄。【花】总状花序，顶生；花序轴幼嫩时密被短柔毛，老时渐稀或无；苞片狭条形，花梗被短柔毛；花萼紫红色；花瓣倒卵形，紫红色，顶端钝圆，基部具短爪；雄蕊 8，花丝 4 枚，较长，基部加宽，被短柔毛；子房下位，密被毛，柱头 4 裂。【果】蒴果圆柱状，具长柄，密被毛。【种子】顶端具 1 簇白色种缨。【成熟期】花期 7 — 8 月，果期 8 — 9 月。

生境分布 多年生中生草本。生于海拔 2 200 ～ 2 800 m 的山地草甸、林缘。贺兰山西坡哈拉乌、南寺和东坡黄旗沟、小口子有分布。我国分布于北方、西南地区。世界分布于欧洲、北美洲及蒙古国、朝鲜、日本、俄罗斯等。

药用价值 全草入药，可调经活血、消肿止痛。

柳叶菜属　*Epilobium* Linn

细籽柳叶菜　*Epilobium minutiflorum* Hausskn.

形态特征　【植株】高 20 ～ 80 cm。【茎】直立，多分枝，下部无毛，上部疏被弯曲短毛。【叶】披针形或矩圆状披针形，长 3 ～ 5 cm，宽 6 ～ 12 mm，先端渐尖，基部楔形或宽楔形，边缘具不规则的锯齿，两面无毛，上部叶近无柄，下部叶具短柄，有时疏被短毛。【花】单生茎上部叶腋，粉红色；花萼被白色毛，裂片披针形；花瓣倒卵形，顶端 2 裂；花药椭圆形；子房密被白色短毛，柱头短棍棒状。【果】蒴果被稀疏白色弯曲短毛，果梗被白色弯曲短毛。【种子】棕褐色，倒圆锥形，顶端圆，具短喙，基部渐狭。【成熟期】花果期 7 — 8 月。

生境分布　多年生湿生草本。生于海拔 1 600 ～ 1 800 m 的中低山区溪边、水沟、河床、岸边、湿地。贺兰山西坡哈拉乌、南寺和东坡大水沟、插旗口有分布。我国分布于吉林、辽宁、内蒙古、河北、山西、陕西、宁夏、甘肃、新疆、西藏等地。世界分布于克什米尔、喜马拉雅、亚洲中部、小亚西亚等地区。

沼生柳叶菜　*Epilobium palustre* Linn　别称　水湿柳叶菜

形态特征　【植株】高 20 ～ 50 cm。【茎】直立，基部具匍匐枝或地下具匍匐枝；上部被曲柔毛，下部稀少或无。【叶】茎下部叶对生，上部互生，披针形或长椭圆形，长 2 ～ 6 cm，宽 3 ～ 15 mm，先端渐尖，基部楔形或宽楔形，上面被弯曲短毛，下面仅沿中脉密生弯曲短毛，全缘，边缘反卷；无柄。【花】单生茎上部叶腋，粉红色；花萼裂片披针形，外被短柔毛；花瓣倒卵形，顶端 2 裂；花药椭圆形；子房密被白色弯曲短毛，柱头头状。【果】蒴果被弯曲短毛，果梗疏被弯曲短毛。【种子】倒披针形，暗棕色；种缨淡综色或乳白色。【成熟期】花期 7 — 8 月，果期 8 — 9 月。

生境分布　多年生湿生草本。生于海拔 1 800 ～ 2 600 m 的亚高山或高山草地、湿地、河谷、溪沟边。贺兰山西坡北寺、黄土梁子、香池子、乱柴沟有分布。我国分布于东北、华北、西北、西南地区。世界分布于北半球温带和寒带地区湿地。

药用价值　全草入药，可清热消炎、养阴生津、去腐生肌。

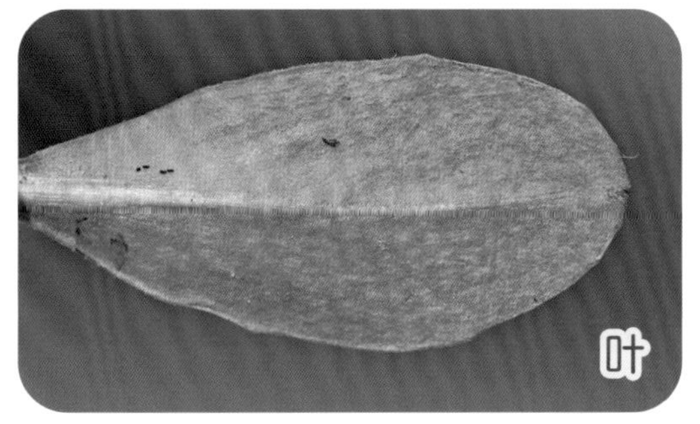

锁阳科　Cynomoriaceae

锁阳属　*Cynomorium* Linn

锁阳　*Cynomorium songaricum* Rupr.　别称　锁药、铁棒锤

形态特征　【植株】高 0.2 ～ 1 m；无叶绿素。【茎】圆柱状，茎埋于沙中，具细小须根；寄生根上着生大小不等芽体，近球形或椭圆形。【叶】鳞片状叶，卵状三角形，在中部或基部较密集，呈螺旋状排列，向上渐稀疏。【花】肉穗状花序，着生茎顶端，棒状矩圆形或狭椭圆形，着生非常密集的小花，花序中散生鳞片状叶；雄花、雌花和两性花相伴杂生，具香气；雄花花被片 4，下部白色，上部紫红色，蜜腺近倒圆锥形，鲜黄色，雄蕊 1；雌花花被片 5 ～ 6；两性花少见，花被片狭披针形，雄蕊 1，着生下位子房上方。【果】小坚果近球形或椭圆形，顶端具宿存浅黄色花柱，果皮白色。【种子】近球形。【成熟期】花期 5 — 7 月，果期 6 — 7 月。

生境分布　多年生寄生肉质草本。多寄生于白刺属和红砂属等植物根部。贺兰山西坡山麓小松山和东坡石炭井有分布。我国分布于西北地区。世界分布于亚洲中部地区及伊朗、蒙古国、俄罗斯等。国家二级重点保护植物。

药用价值　茎入药，可补肾助阳、益精润肠；也可做蒙药。

通泉草科　Mazaceae

野胡麻属　*Dodartia* Linn

野胡麻　*Dodartia orientalis* Linn

别称　紫花草、多德草

形态特征　【植株】高 15～50 mm，直立，无毛或幼时疏被柔毛。【根】粗壮，伸长，带肉质，须根少。【茎】单一或束生，近基部被棕黄色鳞片，基部至顶端，多回分枝，枝伸直，细瘦，具棱角，扫帚状。【叶】疏生，茎下部对生或近对生，上部互生，宽条形，长 0.5～4 cm，宽 1～3 mm，全缘或具疏齿。【花】总状花序，顶生，伸长，具花 3～7 朵，稀疏；花梗短；花萼近革质，萼齿宽三角形，近相等；花冠紫色或深紫红色，花冠筒长筒状，上唇短而伸直，卵形，2 浅裂，下唇褶襞密被多细胞腺毛，侧裂片近圆形，中裂片突出，舌状；雄蕊花药紫色，肾形；子房卵圆形，花柱伸直，无毛。【果】蒴果圆球形，褐色或暗棕褐色，具短尖头。【种子】卵形，黑色。【成熟期】花期 5—7 月，果期 8—9 月。

生境分布　多年生旱生草本。生于多沙山坡、田野。贺兰山东坡石炭井有分布。我国分布于新疆、甘肃、宁夏等地。世界分布于高加索地区、亚洲中部地区及俄罗斯、蒙古国、伊朗等。

药用价值　全草入药，可清热解毒、祛风止痒；也可做蒙药。

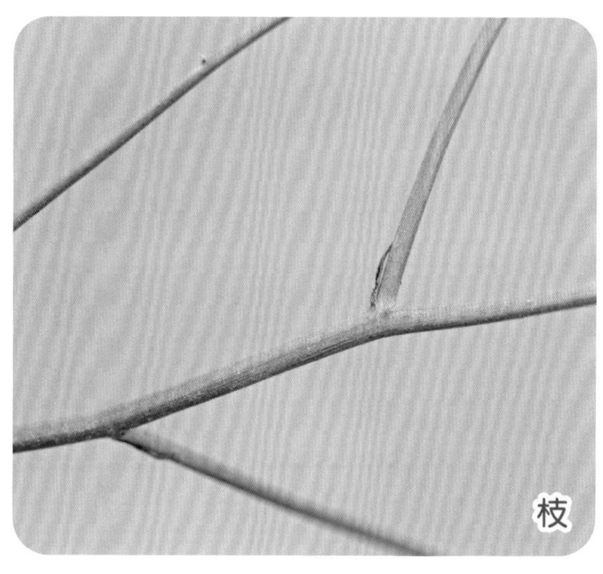

伞形科 Apiaceae

迷果芹属 *Sphallerocarpus* Bess. ex DC.

迷果芹 *Sphallerocarpus gracilis* (Besser ex Trevir.) Koso-Pol. 别称 小叶山红萝卜

形态特征 【植株】高 30 ~ 120 cm。【根】直根。【茎】直立，被长柔毛。【茎】下部叶具长柄，叶鞘三角形，抱茎，茎中部、上部叶柄部分或全部成叶鞘，叶柄和叶鞘被长柔毛；叶片三至四回羽状分裂。【花】复伞形花序，顶生或侧生；伞幅不等长，长的无总苞片；小伞形花序边缘具辐射瓣；花梗不等长，小总苞片 5，边缘具睫毛；花两性或雄性；萼齿很小，花瓣白色，倒心形。【果】矩圆状椭圆形，黑色，两侧压扁；背部具波状棱 5 条，每棱槽具油管 2 ~ 4 条，合生面具油管 4 ~ 6 条；胚乳腹面具深凹槽。【成熟期】花期 7—8 月，果期 8—9 月。

生境分布 一年生或二年生中生草本。生于海拔 1 600 ~ 2 600 m 的山麓村舍附近、山地沟谷、溪边、草甸。贺兰山西坡和东坡均有分布。我国分布于东北、华北、西北地区。世界分布于俄罗斯、蒙古国、朝鲜。

柴胡属 *Bupleurum* Linn

红柴胡 *Bupleurum scorzonerifolium* Willd. 别称 狭叶柴胡、软柴胡

形态特征 【植株】高 10 ~ 60 cm。【根】主根长圆锥形，红褐色。【根状茎】圆柱形，具横皱纹，不分枝，上部包被毛刷状叶鞘残留纤维。【茎】单一，直立，稍呈“之”字形弯曲，具纵细棱。【叶】基生叶与茎下部叶具长柄，叶片条形或披针状条形，长 5 ~ 10 cm，宽 3 ~ 5 mm，先端长渐尖，基部渐狭，具叶脉 5 ~ 7 条，叶脉在下面凸起；茎中上部叶与基生叶相似，无柄。【花】复伞形花序，顶生和腋生，纤细；总苞片不存在或 1 ~ 5，大小不相等，披针形、条形或鳞片状；小伞形花序，具花 8 ~ 12 朵；花梗不等长；小总苞片 5，披针形，先端渐尖，具 3 脉；花瓣黄色。【果】近椭圆形，果棱钝，每棱槽具油管 3 条，合生面具油管 4 条。【成熟期】花期 7—8 月，果期 8—9 月。

生境分布 多年生旱生草本。生于海拔 1 600 ~ 2 300 m 的灌丛边缘、砾石质坡。贺兰山西坡牦牛塘、南寺和东坡贺兰沟有分布。我国分布于东北、西北及山东、山西、江苏、安徽、广西等地。世界分布于俄罗斯、蒙古国、朝鲜、日本等。

小叶黑柴胡　*Bupleurum smithii* var. *parvifolium* Shan & Yin Li

形态特征　【植株】高 25 ～ 60 cm。【根】黑褐色。【茎】直立或斜升，纵棱显著，丛生。【叶】基生叶丛生，矩圆状倒披针形，长 10 ～ 20 cm，宽 3 ～ 7 mm，先端渐尖，具小突尖，基部渐狭成叶柄，叶基部紫红色，扩大抱茎，叶脉 7 ～ 9，叶缘白色，膜质；中部茎生叶狭矩圆形或倒披针形，先端渐尖，基部抱茎，叶脉 11 ～ 15；上部叶卵形，基部扩大，先端长渐尖，叶脉 21 ～ 31。【花】复伞形花序；总苞片 1 ～ 2 或无，小总苞片 6 ～ 9，卵形至卵圆形，先端具小短尖头，5 ～ 7 脉，黄绿色；小伞形花序具花梗；花瓣黄色；花柱干时紫褐色。【果】双悬果棕色，卵形，薄棱狭翼状，每棱槽具油管 3 条，合生面具油管 3 ～ 4 条。【成熟期】花果期 7—9 月。

生境分布　多年生中生草本。生于海拔 2 600 ～ 3 500 m 的亚高山灌丛、裸岩石缝、山坡草地。贺兰山主峰下及山脊两侧和西坡南寺有分布。我国分布于内蒙古、甘肃、宁夏、青海等地。

兴安柴胡 *Bupleurum sibiricum* Vest ex Roem. & Schult.

形态特征 【植株】高 15 ～ 60 cm。【根】长圆锥形，黑褐色，具支根。【根状茎】圆柱形，黑褐色，上部包被枯叶鞘与叶柄残留物，先端分出多数茎。【茎】直立，略呈“之”字形弯曲，具纵细棱，上部少分枝。【叶】叶片条状倒披针形，长 3 ～ 10 cm，宽 5 ～ 15 mm，先端钝或尖，具小突尖头，基部渐狭，具平行叶脉 5 ～ 7，叶脉在叶下面凸起，具长柄，叶鞘与叶柄下部带紫色；茎生叶与基生叶相似，无叶柄且较小。【花】复伞形花序，顶生和腋生；伞幅 6 ～ 12，不等长；总苞片 1 ～ 5，与上部叶相似，较小；小伞形花序，具花 10 ～ 20 朵；花梗不等长，小总苞片 5 ～ 8，黄绿色，椭圆形、卵状披针形或狭倒卵形，先端渐尖，具 3 ～ 7 脉，显著超出并包围伞形花序；萼齿不明显；花瓣黄色。【果】椭圆形，淡棕褐色，微被白霜，棱狭翼状，每棱槽具油管 3 条，合生面具油管 4 条。【成熟期】花期 7 — 8 月，果期 9 月。

生境分布 旱中生草本。生于海拔 2 000 ～ 2 500 m 的石质山坡、山脊石缝。贺兰山西坡牦牛塘叉沟和东坡苏峪口有分布。我国分布于内蒙古、宁夏、甘肃、青海、新疆等地。世界分布于俄罗斯、蒙古国等。

短茎柴胡 *Bupleurum pusillum* Krylov

形态特征 【植株】高 2 ～ 10 cm。【茎】丛生，分枝曲折。【叶】基生叶簇生，条形或狭倒披针形，长 2 ～ 5 cm，宽 1 ～ 4 mm，叶脉 3 ～ 5，先端锐尖，边缘干燥时内卷；茎生叶披针形或狭卵形，较大，叶脉 7 ～ 9，先端锐尖，无柄，抱茎。【花】复伞形花序，顶生和侧生；伞幅 3 ～ 6，花序具长梗，总苞片 1 ～ 4，卵状披针形，小总苞片 5，绿色，卵形，略长于小伞形花序，先端急尖，具硬尖叉，3 脉；小伞形花序，具花 10 ～ 15 朵，具花梗，花黄色，花柱基深黄色。【果】卵圆状椭圆形，每棱槽具油管 3 ～ 4 条，合生面具油管 4 条。【成熟期】花期 6 — 7 月，果期 8 — 9 月。

生境分布 多年生矮小旱中生草本。生于海拔 2 000 ～ 2 500 m 的向阳干山坡、草地、石砾堆、灌丛。贺兰山西坡南寺、牦牛塘和东坡苏峪口有分布。我国分布于内蒙古、宁夏、甘肃、青海、新疆等地。世界分布于俄罗斯、蒙古国等。

葛缕子属 *Carum* Linn

葛缕子 *Carum carvi* Linn 别称 野胡萝卜

形态特征 【植株】高 20 ～ 70 cm，全株无毛。【根】主根圆锥形、纺锤形或圆柱形，肉质，褐黄色。【茎】直立，具纵细棱，上部分枝。【叶】二至三回羽状全裂，条状矩圆形，长 5 ～ 8 cm，宽 15 ～ 35 mm；一回羽片 5 ～ 7 对，远离，卵形或卵状披针形，无柄；二回羽片 1 ～ 3 对，卵形至披针形，羽状全裂至深裂；最终裂片条形或披针形；基生叶和茎下叶具长柄，基部具长三角形、宽膜质叶鞘；中上部茎生叶渐小并简化，叶柄多叶鞘，具白色或深淡红色宽膜质缘。【花】复伞形花序；伞幅 4 ～ 10，不等长，具纵细棱；无总苞片；小伞形花序，具花 10 余朵，花梗不等长；无小总苞片；萼齿短小，先端钝；花瓣白色或粉红色，倒卵形。【果】椭圆形。【成熟期】花期 6 — 8 月，果期 8 — 9 月。

生境分布 二年生或多年生中生草本。生于海拔 1 900 ～ 2 500 m 的山地沟谷、溪边、湿地、林缘。贺兰山西坡照北沟、北寺和东坡贺兰沟有分布。我国分布于东北、西北、西南及华中地区。世界分布于亚洲、欧洲、地中海地区。

药用价值 全草入药，可健胃、理气、止痛驱风。

水芹属　*Oenanthe* Linn

水芹　*Oenanthe javanica* (Blume) DC.　别称　野芹菜

形态特征　【植株】高 30 ～ 70 cm，全株无毛。【根状茎】匍匐，中空，具多数须根，节部具横隔。【茎】直立，圆柱形，具纵条纹，少分枝。【叶】基生叶与下部叶具长柄，基部具叶鞘，上部叶柄渐短，一至二回羽状全裂，三角形或三角状卵形，最终裂片卵形、菱状披针形或披针形，长 1 ～ 5 cm，宽 1 ～ 2 cm，先端渐尖，基部宽楔形，边缘具疏锯齿。【花】复伞形花序，顶生或腋生，具总花梗；无总苞片；伞幅 6 ～ 10，不等长；小总苞片 5 ～ 10，条形；小伞形花序有多花，具花梗；萼齿条状披针形；花瓣白色，倒卵形，先端具反折小舌片；花柱基圆锥形。【果】双悬果矩圆形或椭圆形，果棱圆钝隆起，果皮厚，木栓质；每棱槽具油管 1 条，合生面具油管 2 条。【成熟期】花期 6 — 7 月，果期 8 — 9 月。

生境分布　多年生湿生草本。生于山麓、塘坝、水库、渠边、溪边。贺兰山西坡巴彦浩特和东坡拜寺沟有分布。我国广布于各地。世界分布于印度、缅甸、越南、马来西亚、菲律宾等。

药用价值　全草入药，可清热利湿、止血降压。

植株

花

阿魏属　*Ferula* Linn

硬阿魏　*Ferula bungeana* Kitag.　别称　沙茴香、假防风

形态特征　【植株】高 30 ～ 50 cm，被密集短柔毛，蓝绿色。【根】直伸，圆柱形。【根状茎】圆柱形，顶部包被淡棕色纤维状老叶残基。【茎】直立，分枝，表面具纵细棱，圆柱形，节间实心。【叶】基生叶多数，大型，莲座状丛生；具长叶柄与叶鞘，叶鞘条形，黄色，叶片质厚，坚硬，三至四回羽状全裂；长、宽均为 9 ～ 20 cm，茎中部叶较小且简化，顶生叶有时只剩叶鞘。【花】复伞形花序，多数；呈层轮状排列，伞幅 5 ～ 15；总苞片 1 ～ 4，或不存在；小苞片 3 ～ 5；萼片卵形；花瓣黄色。【果】矩圆形，背腹压扁，棱突起，每棱槽具油管 1 条，合生面具油管 2 条；果梗长。【成熟期】花期 6 — 7 月，果期 7 — 8 月。

生境分布　多年生喜沙旱中生草本。生于海拔 1 600 ～ 1 800 m 的山坡草地、干河床。贺兰山西坡和东坡均有分布。我国分布于东北、西北及河北、河南、山西等地。世界分布于蒙古国。

药用价值　全草入药，可养阴清热、清肿止痛、抗结核；也可做蒙药。

蛇床属 *Cnidium* Cuss.

碱蛇床 *Cnidium salinum* Turcz.

形态特征 【植株】高 20 ～ 50 cm。【根】主根圆锥形，褐色，具支根。【茎】直立或下部稍膝曲，上部分枝，具纵细棱，无毛，节部膨大，基部带红紫色。【叶】少数，基生叶和茎下部叶具长柄与叶鞘；叶片二至三回羽状全裂，卵形或三角状卵形；一回羽片 3 ～ 4 对，具柄，近卵形；二回羽片 2 ～ 3 对，无柄，披针状卵形；最终裂片条形，长 3 ～ 20 mm，宽 1 ～ 2 mm，顶端锐尖，边缘稍卷折，两面蓝绿色，光滑无毛，下面中脉隆起；茎中上部叶较小并简化，叶柄全部成叶鞘，叶片简化成一或二回羽状全裂。【花】复伞形花序，果时变大；伞幅 8 ～ 15，具纵棱，内侧微被短硬毛；无总苞片，稀具 1 ～ 2，条状锥形，与伞幅近等长；小伞形花序，具花 15 ～ 20 朵；花梗具纵棱，内侧微被短硬毛；小总苞片 3 ～ 6，条状锥形，比花梗长；萼齿不明显；花瓣白色，宽倒卵形，先端具小舌片，内卷呈凹缺状；花柱基短，圆锥形；花柱于花后延长，比柱基长。【果】双悬果近椭圆形或卵形，扩成翅状，边缘白色膜质，每棱槽具油管 1 条，合生面具油管 2 条。【成熟期】花期 8 月，果期 9 月。

生境分布 二年生或多年生耐盐中生草本。生于海拔 1 600 ～ 2 300 m 的山地沟谷、草地、渠边。贺兰山西坡哈拉乌和东坡拜寺口有分布。我国分布于黑龙江、河北、宁夏、甘肃、青海等地。世界分布于蒙古国、俄罗斯等。

前胡属　*Peucedanum* Linn

华北前胡　*Peucedanum harry-smithii* Fedde ex H. Wolff　别称　毛白花前胡

形态特征　【植株】高 0.3 ～ 1 m。【根】圆锥形，黑褐色，具支根；根颈粗壮，存留多数枯鞘纤维。【茎】圆柱形，上部分枝，具细条纹突起浅沟，被白色茸毛。【叶】基生叶花期枯萎，叶片广三角状卵形，二至三回羽状全裂，长 10 ～ 25 cm；一回羽片具柄；末回裂片为卵形至卵状披针形，基部截形至楔形，具 1 ～ 3 钝齿或锐齿，上面主脉凸起，疏生短毛，下面脉显著突起，密生短硬毛；茎生叶向上逐渐简化，叶鞘较宽，裂片更加狭窄。【花】复伞形花序顶侧生，分枝多；花序直径果期增大 2 倍，无总苞片，伞幅 10 ～ 20，不等长，内侧微被短硬毛；小伞形花序，具花 10 ～ 20 朵，花序梗粗壮，不等长，被短毛；小总苞片 6 ～ 10，披针形，先端长渐尖，边缘宽膜质，比花梗短，萼齿狭三角形；花瓣倒卵形，白色，外侧被白色稍长毛。【果】卵状椭圆形，密被短硬毛，背棱线形突起，侧棱成翅，每棱具油管 3 ～ 4 条，合生面具油管 6 ～ 8 条。【成熟期】花期 8 — 9 月，果期 9 — 10 月。

生境分布　多年生中生草本。生于海拔 2 200 ～ 2 500 m 的山坡林缘、山谷溪边、草地。贺兰山西坡南寺雪岭子、牦牛塘有分布。我国分布于内蒙古、河北、山西、河南、陕西、宁夏、甘肃、四川等地。

西风芹属　*Seseli* Linn

内蒙西风芹　*Seseli intramongolicum* Y. C. Ma　别称　内蒙邪蒿

形态特征　【植株】高 10 ～ 40 cm。【根】直根圆柱形，棕褐色。【根状茎】根颈短，被多数枝叶柄纤维。【茎】直立，二叉状多次分枝，灰蓝绿色，具细纵棱，无毛。【叶】基生叶多数，具长柄，基部具鞘，鞘卵形；叶片卵形或卵状披针形，二回羽状全裂，长 2 ～ 6 cm，宽 1 ～ 3 cm；一回羽片 3 ～ 5 对，具柄；二回羽片无柄，羽状全裂或深裂；最终裂片条形，具小突尖头，边缘反折，无毛；茎生叶较小极简化，无柄，仅具叶鞘。【花】复伞形花序；伞幅 2 ～ 5，呈棱角状突起，无毛；无总苞片；小伞形花序，具花 7 ～ 15 朵，花梗疏被乳头状毛；小总苞片 7 ～ 10，下半部合生，卵状披针形，边缘膜质，无毛；萼齿细小，三角形；花瓣白色，中脉黄棕色，倒卵圆形，顶端具内曲长方形小舌片；子房密被乳头状毛；花柱基扁圆锥形，基底呈皱纹状。【果】矩圆形，横断面五角状近圆形，密被乳头状毛，果棱条状突起，每棱槽具油管 1 条，合生面具油管 2 条。【成熟期】花期 7 — 8 月，果期 8 — 9 月。

生境分布　多年生嗜砾石旱生草本。生于海拔 1 600 ～ 2 700 m 的山地石质干燥坡、岩崖石缝。贺兰山西坡和东坡均有分布。我国分布于内蒙古、宁夏、甘肃等地。

贺兰芹属 *Helania* L. Q. Zhao et Y. Z. Zhao

贺兰芹 *Helania radialipetala* L. Q. Zhao et Y. Zhao sp.

形态特征 【植株】高 20 ～ 50 cm，全株具香气。【根状茎】细圆柱形，节稍膨大，节间长，节上生数条须根。【茎】直立，圆柱形，具纵条纹，上部少分枝。【叶】长 5 ～ 15 cm，宽 2 ～ 6 cm，三至四回羽状分裂；末回裂片矩圆状披针形，顶端具小尖头；茎上部叶简化，较小，两面光滑无毛或沿脉粗糙。【花】复伞形花序，顶生或侧生；总苞片 1 ～ 7，条形，全缘窄膜质，或顶端叶状羽状分裂，果期脱落；伞幅 5 ～ 12，近等长，边缘粗糙；小总苞片 5 ～ 10，线形，花期与小花梗等长或稍长，边缘粗糙；小伞形花序，具花 15 ～ 25 朵；花梗不等长，内侧粗糙；萼齿线形，果期易脱落；花瓣白色或淡粉红色；外缘花外侧具辐射瓣；花瓣先端具小舌片，内卷呈凹缺状；花柱基半球形，花柱 2，果期下反折，长为果的 1/2。【果】背腹压扁，椭圆形；背棱狭翼状，侧棱具狭翅；每棱槽具油管 1 条，合生面具油管 4 条；胚乳腹面平直。【成熟期】花果期 7 — 9 月。

生境分布 多年生中生草本。生于海拔 2 400 ～ 2 800 m 的山地沟谷、林缘。贺兰山西坡哈拉乌、南寺有分布。我国分布于内蒙古。

山茱萸科　Cornaceae

山茱萸属　*Cornus* Linn

沙棶　*Cornus bretschneideri* (L. Henry) Sojak in Novit. & Del.　别称　毛山茱萸

形态特征　【植株】高 1～2 m；小枝紫红色或暗紫色，被短柔毛。【叶】对生，椭圆形或卵形，长 3～7 cm，宽 2.5～5 cm，先端长渐尖或短尖，基部楔形或圆形；上面暗绿色，贴生弯曲短柔毛，各脉下陷，脉上被毛，弧形侧脉 5～7 对；下面灰白色，密被短毛，主脉、侧脉凸起，脉上被短柔毛；叶柄被柔毛。【花】圆锥状聚伞花序，顶生；花轴和花梗疏被柔毛，萼筒球形，密被柔毛；花瓣 4，白色；雄蕊 4，花丝比花瓣长 1/3；具花盘，子房位于花盘下方，花柱单生，柱头头状，顶部宽。【果】核果，球形，蓝黑色，核球状卵形，具条纹和微棱角。【成熟期】花期 6—7 月，果期 8—9 月。

生境分布　落叶中生灌木。生于海拔 1 800～1 900 m 的山地沟谷、灌丛、杂木林。贺兰山西坡巴彦浩特和东坡小口子有分布。我国分布于东北、西北及辽宁、河北、河南、山西、四川等地。

植株

果

叶

杜鹃花科　Ericaceae

鹿蹄草属　*Pyrola* Linn

肾叶鹿蹄草　*Pyrola renifolia* Maxim.

形态特征　【植株】高 10～25 cm，全株无毛。【根状茎】极细长，横走。【叶】2～4，生于花葶基部，薄革质，肾状圆形，长 1.3～3 cm，宽 2～4 cm，先端宽圆形，基部深心形，边缘具不明显疏腺锯齿；具长叶柄。【花】花葶细长，具花 3～9 朵；苞片披针形，膜质；花梗极短，果期可伸长；花萼 5 裂，裂片半圆形或扁三角形，约为花瓣长的 1/5；花瓣 5，白色或微带绿色；花冠直径大；雄蕊 10，约与花瓣等长；花药孔裂，顶孔管状；子房扁球形；花柱长，基部外倾，上部斜上，明显外露；柱头稍加粗。【果】蒴果扁圆球形，宿存花柱。【成熟期】花果期 6—8 月。

生境分布　多年生耐阴中生常绿草本。生于海拔 2 500～2 900 m 的森林区松林。贺兰山西坡水磨沟、哈拉乌有分布。我国分布于黑龙江、吉林、辽宁、河北等地。世界分布于日本、朝鲜、俄罗斯。

红花鹿蹄草　*Pyrola asarifolia* subsp. *incarnata* (DC.) E. Haber & H. Takahashi

形态特征　【植株】高 15 ～ 25 cm，全株无毛。【根状茎】细长，斜升。【叶】基部簇生叶 1 ～ 5，革质近圆形或卵状椭圆形，长、宽均为 2 ～ 4 cm，先端和基部圆形，近全缘，叶脉两面隆起；具叶柄。【花】花葶具 1 ～ 2 苞片，宽披针形至狭矩圆形；总状花序，具花 7 ～ 15 朵；花开展且俯垂；小苞片披针形，渐尖，膜质；花萼 5 深裂，萼裂片针形至三角状宽披针形，粉红色至紫红色，渐尖头；花瓣 5，倒卵形，粉红色至紫红色，先端圆形，基部狭窄；雄蕊 10，与花瓣近等长或稍短；花药粉红色至紫红色（干后赤紫色），椭圆形；花丝条状钻形，下部略宽；花柱超出花冠，基部下倾，上部上弯，顶端环状加粗成柱头盘。【果】蒴果扁球形。【成熟期】花期 6 — 7 月，果期 8 — 9 月。

生境分布　多年生耐阴中生常绿草本。生于海拔 2 400 ～ 2 900 m 的森林区针阔混交林、阔叶林灌丛。贺兰山西坡水磨沟、哈拉乌有分布。我国分布于东北及河南、山西、新疆等地。世界分布于日本、朝鲜、蒙古国、俄罗斯。

药用价值　全草入药，可除湿清热、止血消炎、强筋。

兴安鹿蹄草　*Pyrola dahurica* (Andres) Kom.

形态特征　【植株】高 13 ～ 20 cm。【根状茎】细长、分枝。【叶】2 ～ 7，簇生基部，叶片下面亮绿色，上面绿色，近圆形或宽卵形，长 2.2 ～ 4.5 cm，宽 2 ～ 4.3 cm，革质，基部宽楔形或圆形，边缘全缘或稍具圆齿，先端钝或圆形；具叶柄。【花】总状花序，具花 5 ～ 10 朵，花开展且俯垂，具花梗；苞片舌状或披针形；花萼舌状，或披针形，边缘具极稀疏小齿，先端急尖；花瓣白色，倒卵形，先端圆形；花丝短，光滑无毛；花药黄色，顶端具短管；花柱稍伸出花冠，上部上弯，顶端环状加粗，在果期尤为明显。【果】蒴果扁球形。【成熟期】花期 7 月，果期 8 月。

生境分布　多年生耐阴中生常绿草本。生于海拔 2 600 ～ 2 900 m 的森林区山地松林。贺兰山西坡水磨沟、哈拉乌有分布。我国分布于黑龙江、吉林、辽宁等地。世界分布于朝鲜、俄罗斯。

鹿蹄草　*Pyrola calliantha* Andres　　别称　鹿衔草、圆叶鹿蹄草

形态特征　【植株】高 10 ～ 30 cm，全株无毛。【根状茎】细长横走。【叶】基部簇生，3 ～ 6，革质，卵形、宽卵形或近圆形，长 2 ～ 4 cm，宽 1 ～ 3 cm，先端圆形或钝，基部宽楔形至近圆形，边缘具不明显疏圆齿或近全缘，上面暗绿色，下面带紫红色，两面叶脉清晰，尤以上面较显；具叶柄。【花】花葶由叶丛中抽出，圆柱形，具 1 ～ 2 枚膜质苞片；总状花序，着生花葶顶部，具花 5 ～ 15 朵，花开展且俯垂；具短梗；小苞片披针形，膜质，等于或长于花梗；花萼 5 深裂，裂片披针形至三角状披针形，先端渐尖，反折；花冠广展，白色或稍带蔷薇色，具香味；花瓣 5，倒卵形或宽倒卵形，先端钝圆，内卷；雄蕊内藏或与花瓣近等长；花药黄色，椭圆形；花丝条状钻形，下部略宽；花柱基部下倾，上部上弯，顶端环状加粗；柱头 5 浅裂，头状。【果】蒴果扁球。【种子】细小。【成熟期】花期 6—7 月，果期 8—9 月。

生境分布　多年生耐阴中生常绿草本。生于海拔 2 500 ～ 2 900 m 的针阔混交林、阔叶林灌丛。贺兰山西坡水磨沟、哈拉乌有分布。我国分布于东北、西北及河南、四川、西藏、云南等地。世界分布于欧洲及日本、朝鲜、蒙古国、俄罗斯。

药用价值　全草入药，可除湿清热、止血消炎、强筋。

单侧花属 *Orthilia* Rafin.

钝叶单侧花 *Orthilia obtusata* (Turcz.) H. Hara　　别称　团叶单侧花

形态特征 【植株】高 15 cm。【根状茎】细长而分枝。【叶】茎下部叶 3 ～ 8，排列 1 ～ 3 轮，宽卵形或近圆形，长 1 ～ 3 cm，宽 1 ～ 2 cm，先端钝或圆形，基部宽楔形或近圆形，边缘具圆齿，上面暗绿色，下面灰绿色，无毛。【花】花葶细长，具细乳头状突起，被 1 ～ 3 个鳞状苞片，卵状披针形；总状花序，花较少，偏向一侧；小苞片短小，宽披针形，花梗比花短；萼裂片宽三角形或扁圆形，边缘具小齿；花冠淡绿白色，半张开，近钟形；花瓣矩圆形，边缘具小齿；雄蕊 10，略长于花冠，花药矩圆形，具细小疣，成熟时顶端 2 孔裂，花丝丝状，其部略加宽；子房基部具花盘，10 浅齿裂，花柱直立，超出花冠，柱头盘状，5 浅裂。【果】蒴果扁球形。【成熟期】花期 7 月，果期 8 月。

生境分布 多年生耐阴中生常绿草本。生于海拔 2 500 ～ 2 800 m 的云杉林潮湿苔藓地。贺兰山西坡南寺雪岭子、哈拉乌有分布。我国分布于东北、西北、西南及山西等地。世界分布于朝鲜、蒙古国、俄罗斯。

越橘属 *Vaccinium* Linn

越橘 *Vaccinium vitis-idaea* Linn

形态特征 【植株】高 8 ～ 10 cm。【地下茎】匍匐。【茎】小枝细，灰褐色，被短柔毛。【叶】互生，革质椭圆形或倒卵形，长 1 ～ 2 cm，宽 8 ～ 10 mm，先端钝圆或微凹，基部宽楔形，边缘具细睫毛，中上部具微波状锯齿或全缘，稍反卷，上面深绿色，具光泽，下面淡绿色，散生腺点；具短叶柄。【花】2 ～ 8 朵组成短总状花序，着生去年生枝顶端；花轴及花梗密被细毛；小苞片 2，脱落；花短钟状，先端 4 裂；花冠钟状，白色或淡粉红色，4 裂，雄蕊 8，内藏，花丝有毛；子房下位，花柱超出花冠之外。【果】浆果球形，红色。【成熟期】花期 6—7 月，果期 8 月。

生境分布 中生常绿小灌木。生于海拔 2 400 ～ 2 700 m 的云杉林潮湿苔藓层。贺兰山西坡乱柴沟有分布。我国分布于东北及宁夏等地。世界分布于欧洲北部地区、北美洲及俄罗斯、蒙古国。

植株

花

果

独丽花属 *Moneses* Salisb. ex Gray

独丽花 *Moneses uniflora* (L.) A. Gray 别称 独立花

形态特征 【植株】高 6 ～ 8 cm。【根状茎】细长横走。【叶】基部对生，卵圆形或近圆形，长 7 ～ 12 mm，宽 5 ～ 11 mm，基部楔状渐狭，先端圆钝，边缘具细锯齿；叶柄与叶片等长或短。【花】花葶细长，上部具细乳头状突起；花单一，着生花葶顶部，外倾；仅具 1 苞片，卵状披针形，内卷抱花梗，边缘具微睫毛；花梗果期伸长下弯，具细乳头状突起；花萼裂片 1，卵状椭圆形，先端圆钝，边缘具微睫毛；花冠白色，花瓣平展，卵圆形，边缘具微齿；雄蕊花丝细长，基部略宽，花药直立，顶端具 2 个管状顶孔；花柱直立，5 裂，裂片矩圆形，先端尖或钝。【果】蒴果下垂，近圆球形，花柱宿存。【成熟期】花期 7 月，果期 8 月。

生境分布 多年生耐阴中生常绿小草本。生于海拔 2 500 ～ 2 800 m 的亚高山云杉林区潮混腐殖土层。贺兰山主峰下及山脊两侧和西坡雪岭子有分布。我国分布于东北、西北、西南及山西、台湾等地。世界分布于欧洲、北美洲及朝鲜、蒙古国、俄罗斯等地。

北极果属 *Arctous* (A. Gray) Nied.

红北极果 *Arctous ruber* (Rehder & E. H. Wilson) Nakai 别称 天栌、当年枯

形态特征 【植株】高 7 ～ 9 cm。【茎】匍匐地面，褐色，具残留叶柄和枯叶。【叶】簇生枝顶端，倒披针形或狭倒卵状披针形，长 2 ～ 4 cm，宽 6 ～ 12 mm，先端钝圆或微尖，基部楔形，边缘具细密钝齿，中下部稀疏被缘毛，上面深绿色，下面苍白色，均无毛，网脉较明显；具叶柄。【花】2 ～ 3 朵组成短总状花序或单一腋生；苞片披针形，具睫毛；花萼小，5 裂；花冠坛状，淡黄绿色，先端 5 浅裂；雄蕊 10，花丝具柔毛，花药背部具 2 突起；子房上位，花柱短于花冠，长于雄蕊。【果】浆果鲜红色，球形。【成熟期】花期 7 月，果期 8 月。

生境分布 耐寒中生矮小落叶灌木。生于海拔 3 000 m 左右的亚高山灌丛。贺兰山主峰、西坡水磨沟、哈拉乌有分布。我国分布于吉林、宁夏、甘肃、内蒙古等地。世界分布于北美洲及日本、朝鲜等。

报春花科　Primulaceae

报春花属　*Primula* Linn

寒地报春　*Primula algida* Adam

形态特征　【根】具多数纤维状长根。【根状茎】极短。【叶】倒卵状矩圆形，长 20 ~ 35 mm（包括叶柄），宽 5 ~ 15 mm，基部渐狭窄，边缘具锐尖小齿，下面被粉；叶柄具宽翅。【花】花葶纤细，近顶部被淡黄色薄粉层；伞形花序 1 轮，近头状，具花 3 ~ 12 朵；苞片线形多数，基部稍呈囊状；花萼钟状，具 5 棱，裂片矩圆形，暗紫色；花冠堇色，筒部带黄色或白色，喉部具环状附属物；花冠裂片倒卵形，先端 2 深裂；长花柱花，雄蕊着生花冠筒中下部，短花柱花，雄蕊着生花冠筒中部。【果】蒴果矩圆形，与花萼近等长。【成熟期】花期 5 — 6 月，果期 7 月。

生境分布　多年生中生草本。生于海拔 2 700 ~ 3 000 m 的亚高山草甸。贺兰山主峰附近、西坡哈拉乌有分布。我国分布于新疆、宁夏、内蒙古等地。世界分布于蒙古国、俄罗斯、阿富汗等。

粉报春　*Primula farinosa* Linn　　别称　红花粉叶报春

形态特征　【根状茎】极短，须根多数。【叶】丛生，倒卵状矩圆形、近匙形或矩圆状披针形，长 1.5 ~ 5 cm，宽 3 ~ 13 mm，基部渐狭，全缘或具钝齿，叶下面或被白色或淡黄色粉状物。【花】伞形花序，一般具花 3 ~ 10 朵；苞片狭披针形，基部膨大呈浅囊状；花萼绿色，钟形，里面具粉状物，边缘具短腺毛；花冠高脚碟状，淡紫红色，喉部黄色，花冠裂片先端 2 深裂；雄蕊 5；子房卵圆形，长花柱为短花柱的 3 倍。【果】蒴果圆柱形，长于花萼。【成熟期】花期 5 — 6 月，果期 7 — 8 月。

生境分布　多年生中生草本。生于海拔 2 300 ~ 2 500 m 的山地河谷溪边、山地草甸。贺兰山西坡哈拉乌有分布。我国分布于黑龙江、河北、新疆、内蒙古等地。世界分布于欧洲及蒙古国、俄罗斯、哈萨克斯坦。

药用价值　全草入药，可解毒疗疮；也可做蒙药。

天山报春　*Primula nutans* Georgi　别称　伞报春

形态特征　【植株】全株无粉状物。【根】具多数须根。【叶】质薄，具明显叶柄，叶片圆形、圆状卵形至椭圆形，长 5 ～ 25 mm，宽 4 ～ 12 mm，先端钝圆，基部圆形或宽楔形，全缘或微具浅齿，两面无毛；叶柄细弱，无毛。【花】花葶纤细，无毛，花后伸长；伞形花序 1 轮，具花 2 ～ 6 朵；苞片少数，边缘交迭，矩圆状倒卵形，先端渐尖，边缘密被短腺毛，外面或具黑色小腺点，基部具耳状附属物，紧贴花葶；花梗不等长；花萼筒状钟形，裂片短，矩圆状卵形，顶端钝尖，边缘密被短腺毛，外面具黑色小腺点；花冠淡紫红色，高脚碟状，花冠筒细长，喉部具小舌状突起，花冠裂片倒心形，顶端深 2 裂；子房椭圆形。【果】蒴果圆柱形，稍长于花萼。【成熟期】花期 5 — 7 月。

生境分布　多年生中生草本。生于海拔 1600 ～ 3000 m 的森林区山地草甸、河谷草甸。贺兰山东坡黄渠沟、大水沟有分布。我国分布于东北、华北、西北及四川等地。世界分布于欧洲、北美洲及俄罗斯、蒙古国。

樱草　*Primula sieboldii* E. Morren　别称　翠南报春

形态特征　【根状茎】短，斜伸，被膜质残叶柄，自根状茎生出多数细根。【叶】基生叶 3 ～ 8，卵形、卵状矩圆形至矩圆形，长 1.5 ～ 8 cm，宽 1 ～ 5 cm，先端钝圆，基部心形至圆形，两面被贴伏多细胞长柔毛，边缘不整齐；叶柄与叶等长或为叶长的 2 ～ 4 倍，纤细，具狭翅，密被浅棕色多细胞长柔毛。【花】花葶高，疏被柔毛；伞形花序 1 轮，具花 2 ～ 9 朵；苞片条状披针形，先端尖，短于花梗；花梗果期伸长，无毛或被短腺毛；花萼钟状，果期开展呈漏斗状，近中裂，先端锐尖，外面及边缘被短腺毛；花冠紫红色至淡红色，稀白色，高脚碟状，冠檐开展，裂片倒心形；顶端深 2 裂，花冠筒长为花萼的 1 倍，喉部具环状突起或无突起；雄蕊 5，花药基部着生；短花柱为长花柱的 1/2，子房球形。【果】蒴果圆筒形至椭圆形，长于花萼。【种子】多数，棕色，细小，不整齐多面体，种皮具无数蜂窝状凹眼呈网纹。【成熟期】花期 5 — 6 月，果期 7 月。

生境分布　多年生湿中生草本。生于海拔 1 600 ～ 2 600 m 的沟谷、阴坡林缘、灌丛。贺兰山西坡和东坡均有分布。我国分布于东北及宁夏、内蒙古等地。世界分布于日本、朝鲜、俄罗斯等。

药用价值　根入药，可祛痰、止咳、平喘；也可做蒙药。

点地梅属　*Androsace* Linn

大苞点地梅　*Androsace maxima* Linn

形态特征　【植株】全株被糙伏毛。【根】主根细长，淡褐色，稍具分枝。【叶】倒披针形、矩圆状披针形或椭圆形，长 4 ～ 15 mm，宽 1 ～ 5 mm，先端急尖，基部渐狭下延呈宽柄状，叶质较厚。【花】花葶 3 至多数，直立或斜升，带红褐色，花葶、苞片、花梗和花萼均被糙伏毛混生短腺毛；伞形花序，具花 2 ～ 10 朵；苞片大，椭圆形或倒卵状矩圆形；花梗超过苞片 1 ～ 3 倍；花萼漏斗状，裂达中部以下，裂片三角状披针形或矩圆状披针形，先端锐尖，花后花萼略增大呈杯状，萼筒光滑带白色，近壳质；花冠白色或淡粉红色，花冠筒长约为花萼的 2/3，喉部具环状隆起，裂片矩圆形，先端钝圆；子房球形，柱头头状。【果】蒴果球形，光滑，外被宿存膜质花冠，5 瓣裂。【种子】小多面体，背面较宽，10 余粒，黑褐色，种皮具蜂窝状凹眼。【成熟期】花期 5 月，果期 5 — 6 月。

生境分布　二年生矮小旱中生灌木。生于海拔 1 600 ～ 2 200 m 的山地沟谷、河滩、砾石山坡。贺兰山西坡和东坡均有分布。我国分布于西北及山东、山西等地。世界分布于亚洲中部地区、亚洲西南部地区、非洲北部地区、欧洲及蒙古国、俄罗斯、阿富汗等。

药用价值　全草入药，可愈伤消肿、清热解毒、生津；也可做蒙药。

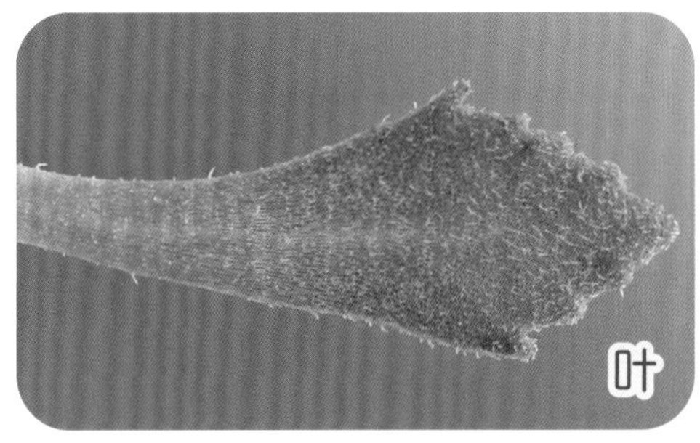

北点地梅　　*Androsace septentrionalis* Linn　　别称　雪山点地梅

形态特征　【根】主根直而细长，具少数支根。【叶】莲座状叶丛，单生；倒披针形或长圆状披针形，长 5 ~ 30 mm，宽 1.5 ~ 5 mm，先端钝或稍锐尖，下部渐狭，中部上缘具疏齿，上面被短毛，下面近无毛。【花】花葶 1 至数枚，直立，下部略带紫红色，具分叉短毛；伞形花序，多花，苞片小，钻形；花梗长短不等，花后至果时伸长，被短腺毛；花萼钟状或陀螺状，明显具 5 棱，分裂达全长的 1/3，裂片狭三角形，先端锐尖，颜色较筒部深；花冠白色，筒部短于花萼，裂片长圆形。【果】蒴果近球形，长于花萼。【成熟期】花期 5 — 6 月；果期 6 — 7 月。

生境分布　一年生中生草本。生于海拔 1 900 ~ 2 500 m 的山地沟谷河滩、山地林缘、灌丛。贺兰山西坡和东坡均有分布。我国分布于河北、山西、新疆等地。世界分布于欧洲、北美洲、亚洲中部地区、高加索地区及蒙古国、俄罗斯等。

药用价值　全草入药，可解毒消肿；也可做蒙药。

西藏点地梅 *Androsace mariae* Kanitz

形态特征 【根】主根暗褐色，具多数纤细支根。【茎】匍匐茎纵横蔓延，暗褐色，莲座状叶丛，集生成丛，基部具宿存老叶，新枝红褐色，顶端束生新叶。【叶】灰蓝绿色，矩圆形、匙形或倒披针形，长1～3 cm，宽2～5 mm，先端尖，具软骨质锐尖头，基部渐狭或下延成叶柄，两面无毛，边缘软骨质，具明显缘毛。【花】花葶1～2，直立，被柔毛和短腺毛；伞形花序，具花2～10朵；苞片披针形至条形，被柔毛，边缘软骨质，被缘毛；花梗直立或略弯，果期延伸；花萼钟状，外面密被柔毛和短腺毛，5中裂，裂片三角形，先端尖；花冠淡紫红色，喉部黄色，具绛红色环状隆起，边缘微缺，花冠裂片宽倒卵形，边缘微波状；子房倒圆锥形，花柱柱头稍膨大。【果】蒴果倒卵形，顶端5～7裂，稍超出花萼。【种子】数枚小，褐色，近矩圆形，背腹压扁，种皮具蜂窝状凹眼。【成熟期】花期5—6月，果期6—7月。

生境分布 多年生耐寒中生草本。生于海拔1 800～2 800 m的亚高山草甸、山地草甸。贺兰山西坡哈拉乌、北寺、南寺有分布。我国分布于山西、甘肃、青海、四川、云南、西藏等地。

药用价值 全草入药，可清热解毒、消炎止痛；也可做蒙药。

花
植株

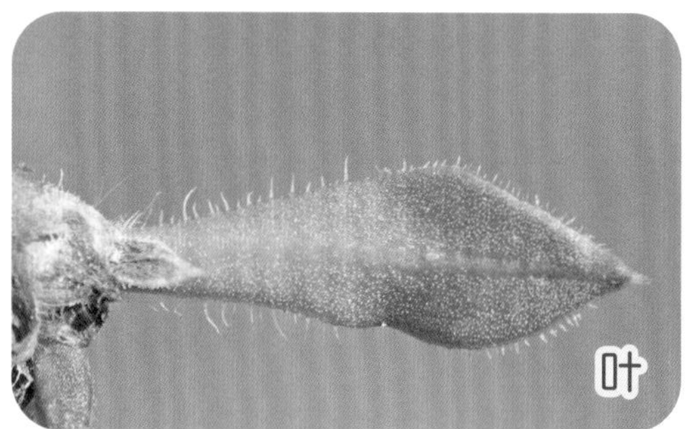
叶

叶

长叶点地梅 *Androsace longifolia* Turcz.　　别称　矮葶点地梅

形态特征 【植株】高15～30 mm；叶、苞片及萼裂片边缘均具软骨质与缘毛。【根】主根暗褐色，支根橘黄色，具劲直向上并被棕褐色鳞片的根状茎。【茎】莲座状叶丛，数个丛生，基部紧包多层暗褐色老叶。【叶】灰蓝绿色，外层叶短，近披针形，扁平，先端尖，内层叶长，条形或条状披针形，长2～5 cm，宽1～2 mm，上部质厚呈舟形不能平展。【花】花葶1，极短，藏于叶丛；苞片条形；伞形花序，具花5～8朵；花梗显著短于叶片，密被柔毛及稀疏短腺毛；花萼钟状，近中裂，裂片三角状披针形，先端锐尖，被疏短柔毛及腺毛；花冠白色或带粉红色，花冠筒喉部紫红色，裂片倒卵状椭圆形，先端近全缘；子房倒锥形，长、宽相等，柱头稍膨大。【果】蒴果倒卵圆形，长于宿存花萼，棕色，顶端5瓣裂，裂片反折。【种子】5～10粒，近椭圆形，压扁，腹面有棱，种皮具蜂窝状凹眼。【成熟期】花期5月，果期6—8月。

生境分布 多年生矮小旱生草本。生于海拔2 700 m左右的砾石山坡、岗顶、草原。贺兰山西坡高山气象站有分布。我国分布于黑龙江、河北、陕西、宁夏、内蒙古、山西等地。世界分布于蒙古国。

阿拉善点地梅　*Androsace alashanica* Maxim.

形态特征　【植株】高 2.5 ～ 4 cm。【根】主根粗壮，木质。【茎】地上部分反复叉状分枝，形成垫状密丛；枝被鳞片状枯叶丛覆盖，呈棒状。【叶】当年生叶丛位于枝顶端，叠生于老叶丛上；叶灰绿色，革质，线状披针形或近钻形，长 5 ～ 10 mm，宽 0.7 ～ 2 mm，先端渐尖，具软骨质边缘和尖头，基部稍增宽，近膜质，两面无毛，背面中肋隆起，边缘光滑或微被毛。【花】花葶单一，藏于叶丛中，被长柔毛，顶生，具花 1 ～ 2 朵；苞片 2，线形或线状披针形；花萼陀螺状或倒圆锥状，稍具 5 棱，近于无毛或沿棱脊两侧微被毛，分裂约达中部，裂片三角形，先端锐尖，被缘毛；花冠白色，筒部与花萼近等长，喉部收缩，稍隆起，裂片倒卵形，先端截形或微呈波状。【果】蒴果近球形，稍短于宿存花萼。【成熟期】花果期 6—8 月。

生境分布　多年生旱生草本。生于海拔 1 900 ～ 2 500 m 的山地岩缝、石质山坡。贺兰山西坡和东坡均有分布。我国分布于甘肃、宁夏、内蒙古等地。

海乳草属 *Glaux* Linn

海乳草 *Glaux maritima* Linn　　别称　西尚

形态特征　【植株】高 3 ～ 25 cm。【茎】直立或下部匍匐伏，节间短，具分枝。【叶】近于无柄，交互对生或互生，间距极短，或稍疏离；近茎基部叶 3 ～ 4 对鳞片状，膜质；上部叶肉质，线形、线状长圆形或近匙形，长 5 ～ 15 cm，宽 2 ～ 6 mm，先端钝或稍锐尖，基部楔形，全缘，无叶柄。【花】单生茎中上部叶腋；花梗长，或极短不明显；花萼钟形，白色或粉红色，花冠状，分裂达中部，裂片倒卵状长圆形，先端圆形；雄蕊 5，稍短于花萼；子房卵珠形，上半部密被小腺点，花柱与雄蕊等长或稍短。【果】蒴果卵状球形，先端稍尖，略呈喙状。【成熟期】花期 6 月，果期 7 — 8 月。

生境分布　耐盐中生草本。生于山麓盐碱湿地、山地沟谷溪边、沼泽草甸。贺兰山西坡和东坡均有分布。我国分布于东北、西北、西南及河北、山东、山西等地。世界分布于亚洲中部地区、欧洲、美洲及日本、蒙古国、俄罗斯等。

药用价值　根皮和叶入药，可散气止痛、退热祛风、消肿止痛。

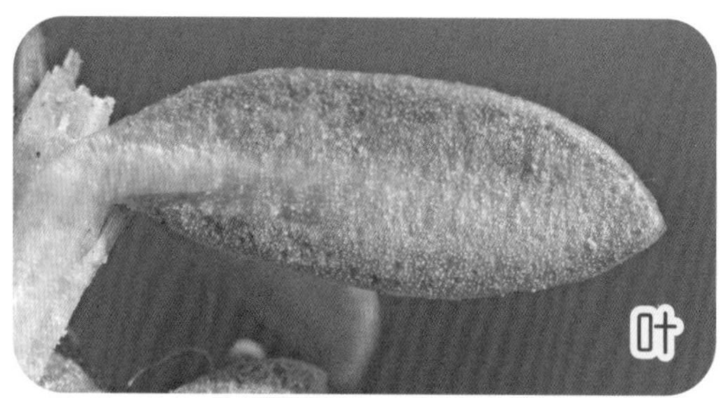

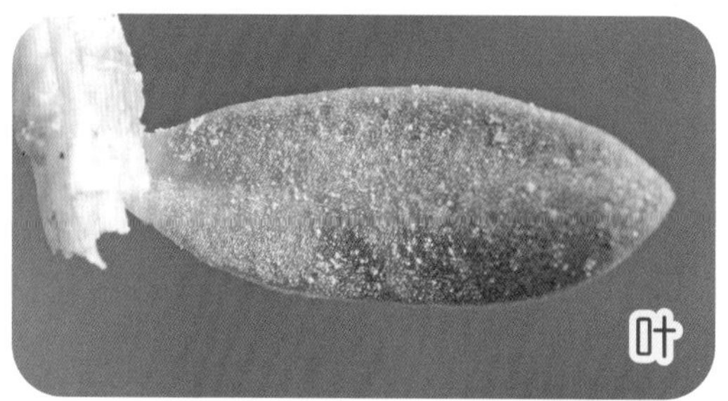

白花丹科 Plumbaginaceae

补血草属 *Limonium* Mill.

黄花补血草 *Limonium aureum* (L.) Hill　　别称　黄花矶松

形态特征　【植株】高 8 ～ 35 cm，全株除萼外均无毛。【根】皮红褐色至黄褐色。【茎】基部被残叶柄和红褐色芽鳞。【叶】基生（偶生于花序轴下部 1 ～ 2 节上），早凋，长圆状匙形至倒披针形，长 1 ～ 5 cm，宽 5 ～ 15 mm，先端圆或钝，或急尖，下部渐狭成平扁叶柄。【花】花序圆锥状，花序轴 2 至多数，绿色，密被疣状突起（或仅上部嫩枝具疣），由下部数回叉状分枝，呈“之”字形曲折，下部多分枝为不育枝，末级不育枝短而略弯；穗状花序，着生上部分枝顶端，由 3 ～ 7 个小穗组成；每小穗具花 2 ～ 3 朵；外苞宽卵形，先端钝，急尖；萼漏斗状，萼筒基部偏斜，全部沿脉和脉间密被长毛，萼檐金黄色（干后橙黄色），裂片正三角形，脉伸出裂片先端成 1 芒尖或短尖，沿脉微被柔毛，间生裂片不明显；花冠橙黄色。【成熟期】花期 6 — 8 月，果期 7 — 8 月。

生境分布　多年生耐盐旱生草本。生于海拔 1 600 ～ 1 700 m 的山麓盐质砾石滩、砂质地、黄土坡。贺兰山西坡三关、赵池沟和东坡石炭井、龟头沟有分布。我国分布于西北及河北、山西等地。世界分布于蒙古国、俄罗斯。

药用价值　花入药，可消炎止痛、补血；也可做蒙药。

细枝补血草　*Limonium tenellum* (Turcz.) Kuntze　别称　纤叶匙叶草、纤叶矶松

形态特征　【植株】高 5 ～ 30 cm，全株除萼和第 1 内苞外均无毛。【根】粗壮；皮黑褐色，易开裂脱落，露出纤维发状内层。【茎】基部木质，肥大具多头，被多数白色膜质芽鳞和残叶基部。【叶】基生，匙形、长圆状匙形至线状披针形，较小，长 5 ～ 15 mm，宽 1 ～ 3 mm，先端圆、钝或急尖，基部渐狭成扁叶柄。【花】花序伞房状，花序轴多数，细弱，自下部数回叉状分枝呈“之”字形曲折，其中多数为不育枝；穗状花序，位于部分小枝顶端，由 1 ～ 5 个小穗组成；每小穗具花 2 ～ 4 朵；外苞宽卵形，先端圆或钝，第 1 内苞初时密被白色长毛，后来渐脱落无毛；萼漏斗状，萼筒全部沿脉密被长毛，萼檐淡紫色，干后渐变白色，裂片先端钝或急尖，脉伸至裂片顶缘，沿脉被毛；具间生小裂片；花冠淡紫红色。【成熟期】花期 5 — 7 月，果期 7 — 9 月。

生境分布　多年生强旱生草本。生于海拔 1 550 ～ 1 800 m 的山麓荒漠区或草原化荒漠区砾石地、盐生砂质地。贺兰山西坡和东坡均有分布。我国分布于内蒙古、宁夏等地。世界分布于蒙古国、俄罗斯。

二色补血草　*Limonium bicolor* (Bunge) Kuntze　别称　苍蝇花

形态特征　【植株】高 6 ～ 45 cm，全株除萼外均无毛。【根】皮红褐色至黑褐色；根颈肥大，单头或 2 ～ 5 个头。【叶】基生，偶生于花序轴下部 1 ～ 3 节上，花期叶存在，匙形至长圆状匙形，长 2 ～ 12 cm，宽 0.5 ～ 2 cm，先端圆或钝，基部渐狭成扁平叶柄。【花】花序圆锥状；花序轴单生，或 2 ～ 5 个各由不同的叶丛中生出，具 3 ～ 4 棱或沟槽，少圆柱状，自中部以上数回分枝，末级小枝二棱形；不育枝少（花序受伤害时则下部生多数不育枝）而简单，位于分枝下部或单生于分叉处；穗状花序，具柄或无柄，排列在花序分枝上部至顶端，由 3 ～ 9 个小穗组成；每小穗具花 2 ～ 5 朵，长圆状宽卵形；萼漏斗状，萼筒全部或下半部沿脉密被长毛，萼檐初时淡紫红或粉红色，后变白色，宽为花萼全长的 1/2，开放时直径与萼长相等，裂片宽短而先端圆，偶具易落软尖，间生裂片明显，脉不达于裂片顶缘（向上变为无色），沿脉被微柔毛或无毛；花冠黄色。【成熟期】花期 5 — 7 月，果期 6 — 8 月。

生境分布　多年生旱生草本。生于海拔 1 600 ～ 2 200 m 的山地沟谷、灌丛。贺兰山西坡和东坡均有分布。我国分布于东北、西北、华中、华东地区。世界分布于蒙古国、俄罗斯。

药用价值　全草入药，可补气益血、止血调经、益脾健胃；也可做蒙药。

植株

花

叶

鸡娃草属　*Plumbagella* Spach

鸡娃草　*Plumbagella micrantha* (Ledeb.) Spach　别称　小蓝雪花

形态特征　【植株】高 10 ～ 30 cm。【茎】直立，多分枝，具纵棱，沿棱具小皮刺。【叶】披针形、倒卵状披针形、卵状披针形或狭披针形，长 2 ～ 5 cm，宽 5 ～ 12 mm，先端锐尖至渐尖，基部有耳抱茎而沿棱下延，边缘具细小皮刺；茎下部叶基无耳渐狭呈叶柄状。【花】花序含小穗 4 ～ 10 个；穗轴密被褐色多细胞腺毛；每小穗具花 2 ～ 3 朵；苞片 1，叶状，宽卵形；小苞片 2，膜质，矩圆状披针形；花小，具短梗；花萼筒部具 5 棱角，先端具 5 裂片，裂片狭长三角形，边缘具柄腺，结果时萼增大而变坚硬；花冠淡蓝紫色，狭钟状，先端 5 裂，裂片卵状三角形；雄蕊 5，长为花冠筒的 1/2，花丝贴生于花冠筒；子房卵形，花柱 1 条，柱头 5，伸长，指状，内侧具钉状腺质突起。【果】蒴果褐色，尖卵形，具 5 条纵纹。【种子】尖卵形，黄色，具 5 条纵棱。【成熟期】花期 7 — 8 月，果期 8 — 9 月。

生境分布　一年生中生草本。生于海拔 2 200 ～ 2 500 m 的山地沟谷、溪边。贺兰山西坡哈拉乌、镇木关有分布。我国分布于宁夏、甘肃、青海、西藏、四川等地。世界分布于亚洲中部地区及蒙古国、俄罗斯。

药用价值　全草入药，可解毒、杀虫。

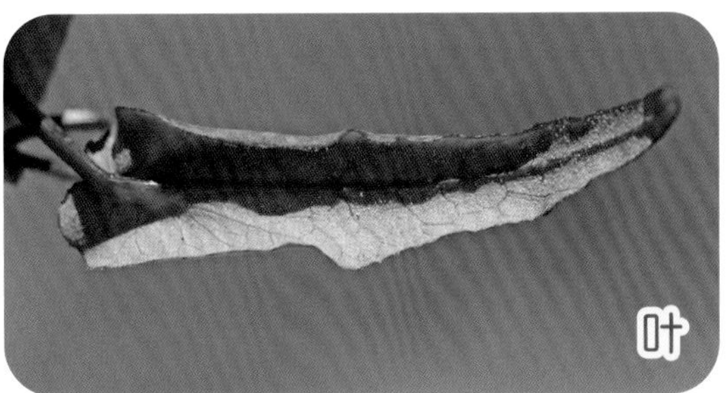

木樨科　　Oleaceae

丁香属　　*Syringa* Linn

紫丁香　　*Syringa oblata* Lindl.　　别称　丁香

形态特征　【植株】高达 4 m。【茎】粗壮，光滑无毛，二年生枝黄褐色或灰褐色，具散生皮孔。【叶】单叶对生，宽卵形或肾形，宽 5～15 cm 大于长，先端渐尖，基部心形或截形，边缘全缘，两面无毛；具叶柄。【花】圆锥花序，着生枝条先端侧芽；萼钟状，先端具 4 小齿，无毛；花冠紫红色，高脚碟状，花冠筒长，先端裂片 4，开展，矩圆形；雄蕊 2，着生花冠筒中部或中上部。【果】蒴果矩圆形，稍扁，先端尖，2 瓣开裂；具宿存花萼。【成熟期】花期 5—6 月，果期 7 月。

生境分布　中生灌木或小乔木。生于海拔 1 600～2 300 m 的山坡丛林、山沟溪边、路旁、滩地、水边。贺兰山西坡和东坡均有分布。我国分布于东北、华北及山东、甘肃、陕西、四川等地。世界分布于朝鲜。

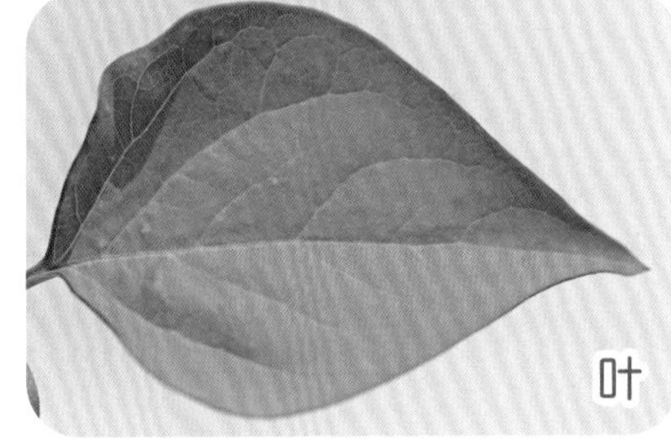

羽叶丁香　*Syringa pinnatifolia* Hemsl.　别称　贺兰山丁香

形态特征　【植株】高达 3 m。【茎】树皮薄纸质片状剥裂，内皮紫褐色，老枝黑褐色。【叶】单数羽状复叶，长 3 ～ 6 cm，小叶 5 ～ 7，矩圆形或矩圆状卵形，稀倒卵形或狭卵形，长 0.8 ～ 2 cm，宽 0.5 ～ 1 cm，先端钝圆，或具 1 小刺尖，稀渐尖，基部多偏斜，一侧下延，全缘，两面光滑无毛；近无叶柄。【花】花序侧生，着生去年生枝叶腋，光滑无毛；花萼三角形，先端锐尖；花冠淡紫红色，花冠管略呈漏斗状，先端 4 裂，裂片卵形；雄蕊 2，花药黄色，着生花冠管喉部。【果】蒴果披针状矩圆形，先端尖。【成熟期】花果期 5 — 10 月。

生境分布　喜暖中生落叶小乔木。生于海拔 1 700 ～ 2 100 m 的山地沟谷、土质阴坡、半阴坡。贺兰山西坡赵池沟、峡子沟和东坡榆树沟、甘沟有分布。我国分布于内蒙古、陕西、宁夏、甘肃、青海、四川等地。

药用价值　根皮入药，可清热镇静、降气、温中暖肾；也可做蒙药。

植株

花

叶

马钱科　Loganiaceae

醉鱼草属　*Buddleja* Linn

互叶醉鱼草　*Buddleja alternifolia* Maxim.　别称　白积芨、白芨

形态特征　【植株】高达 3 m。【茎】多分枝，枝幼时灰绿色，被密星状毛，后渐脱落，老枝灰黄色。【叶】单叶互生，披针形或条状披针形，长 3 ～ 6 cm，宽 4 ～ 6 mm，先端渐尖或钝，基部楔形，全缘，上面暗绿色，疏被星状毛，下面密被灰白色柔毛及星状毛；具短叶柄或近无叶柄。【花】多数着生去年生枝，数花簇生或呈圆锥状花序；花萼筒状，外面密被灰白色柔毛，先端 4 齿裂；花冠堇色，筒部外面疏被星状毛或近光滑，先端 4 裂，裂片卵形或宽椭圆形；雄蕊 4，无花丝，着生花冠筒中部；子房上位，光滑。【果】蒴果矩圆状卵形，深褐色，熟时 2 瓣开裂。【种子】多数，具短翅。【成熟期】花期 5 — 6 月。

生境分布　喜暖中生小灌木。生于海拔 1 600 ～ 2 300 m 的阳坡坡脚、干旱山地灌丛、河滩灌丛。贺兰山西坡喜鹊沟和东坡石灰窑、插旗沟有分布。我国分布于西北、西南及河北、河南、山西等地。

药用价值　根和茎入药，可收敛止血、消肿生肌；也可做蒙药。

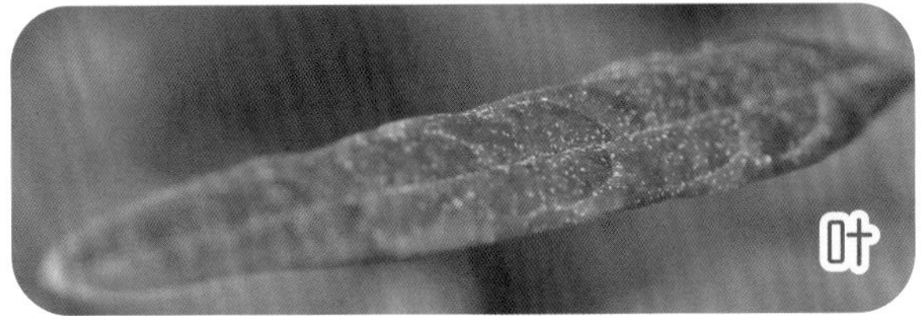

龙胆科 Gentianaceae

百金花属 *Centaurium* Hill

百金花 *Centaurium pulchellum* var. *altaicum* (Griseb.) Kitag. & H. Hara　　别称　麦氏埃蕾

形态特征　【植株】高 5 ～ 25 cm。【根】纤细，淡褐黄色。【茎】纤细，直立，分枝，具 4 条纵棱，光滑无毛。【叶】椭圆形至披针形，长 8 ～ 15 mm，宽 3 ～ 6 mm，先端锐尖，基部宽楔形，全缘，三出脉，两面平滑无毛；无叶柄。【花】疏散二歧聚伞花序；花具细短梗；花萼管状，5 裂片，裂片狭条形，先端渐尖；花冠近高脚碟状，管部白色，顶端具 5 裂片，裂片白色或淡红色，矩圆形。【果】蒴果狭矩圆形。【种子】近球形，棕褐色，表面具皱纹。【成熟期】花果期 7 — 8 月。

生境分布　一年生湿中生草本。生于海拔 1 600 ～ 2 000 m 的山地沟谷、溪边湿地、山麓涝坝。贺兰山西坡和东坡有分布。我国分布于东北、西北、华中、西南、华南地区。世界分布于亚洲中部地区及蒙古国、俄罗斯等。

药用价值　全草入药，可清热、退黄、利胆；也可做蒙药。

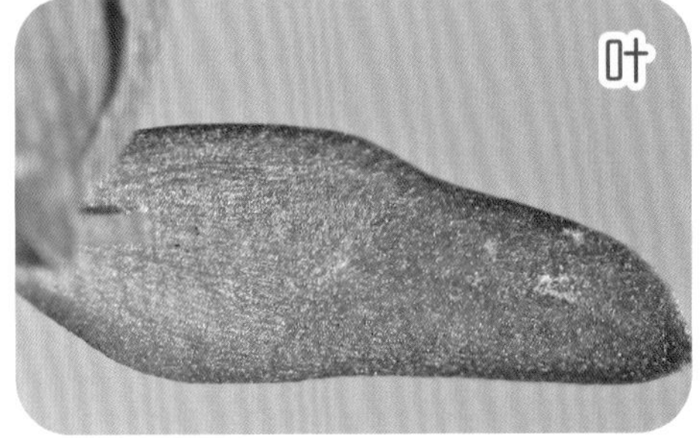

龙胆属 *Gentiana* (Tourn.) Linn

鳞叶龙胆 *Gentiana squarrosa* Ledeb. 别称 白花小龙胆、石龙胆

形态特征 【植株】高 2 ～ 7 cm。【茎】纤细，近四棱形，多分枝，密被短腺毛。【叶】边缘软骨质，稍粗糙或被短腺毛，先端反卷，具芒刺；基生叶大，卵圆形或倒卵状椭圆形，长 5 ～ 8 mm，宽 3 ～ 6 mm；茎生叶小，倒卵形至倒披针形，对生叶基部合生成筒，抱茎。【花】单生顶部；花萼管状钟形，5 裂，裂片卵形，先端反折，具芒刺，边缘软骨质，粗糙；花冠管状钟形，蓝色，裂片 5，卵形，先端锐尖，褶三角形，顶端 2 裂或不裂。【果】蒴果倒卵形或短圆状倒卵形，淡黄褐色，2 瓣开裂，果柄果期延长，伸出宿存花冠。【种子】多数，扁椭圆形，棕褐色，表面具细网纹。【成熟期】花果期 6 — 8 月。

生境分布 一年生中生小草本。生于海拔 1 900 ～ 2 600 m 的山地草甸、林缘沟谷。贺兰山西坡和东坡均有分布。我国分布于东北、西北、西南及河南、山东、山西等地。世界分布于亚洲中部地区及日本、朝鲜、蒙古国、俄罗斯。

药用价值 全草入药，可清热利湿、解毒消肿；也可做蒙药。

假水生龙胆 *Gentiana pseudoaquatica* Kusn.

形态特征 【植株】高 2 ～ 5 cm。【茎】纤细，近四棱形，分枝或不分枝，微被短腺毛。【叶】边缘软骨质，稍粗糙，先端稍反卷，具芒刺，下面中脉软骨质；基生叶大，卵形或近圆形，长 5 ～ 12 mm，宽 3 ～ 6 mm；茎生叶小，近卵形，对生叶基部合生成筒，抱茎；无叶柄。【花】单生枝顶；花萼具 5 条软骨质突起，管状钟形，5 裂，裂片直立，披针形，边缘软骨质，稍粗糙；花冠管状钟形，蓝色，裂片 5，卵圆形，先端锐尖，褶近三角形。【果】蒴果倒卵形或椭圆状倒卵形，顶端具狭翅，淡黄褐色，具长柄，外露。【种子】多数，椭圆形，表面细网状。【成熟期】花果期 6 — 9 月。

生境分布 一年生中生小草本。生于海拔 2 700 ～ 3 000 m 的亚高山地区灌丛、山脊石缝。贺兰山主峰及山脊有分布。我国分布于东北、西北及河南、山东、山西等地。世界分布于克什米尔地区及朝鲜、蒙古国、俄罗斯等。

达乌里秦艽 *Gentiana dahurica* Fischer　　　别称　达乌里龙胆

形态特征　【植株】高 10 ～ 30 cm。【根】直根圆柱形，深入地下，或稍分枝，黄褐色。【茎】斜升，基部被纤维状残叶基包围。【叶】基生叶大，条状披针形，长 20 cm，宽 2 cm，先端锐尖，全缘，平滑无毛，五出脉，主脉在下面明显凸起；茎生叶小，2 ～ 3 对，条状披针形或条形，三出脉。【花】聚伞花序，顶生或腋生；花萼管状钟形，管部膜质，或一侧纵裂，5 裂，裂片狭条形，不等长；花冠管状钟形，5 裂，裂片展开，卵圆形，先端尖，蓝色；褶三角形，对称，比裂片短 1/2。【果】蒴果条状倒披针形，稍扁，具短柄，包藏在宿存花冠内。【种子】多数，狭椭圆形，淡棕褐色，表面细网状。【成熟期】花果期 7 — 9 月。

生境分布　多年生旱中生草本。生于海拔 2 000 ～ 2 700 m 的山地林缘、灌丛、草甸。贺兰山西坡和东坡均有分布。我国分布于东北、西北、华中、西南地区。世界分布于蒙古国、俄罗斯。

药用价值　根入药，可祛风、退热、止痛；也可做蒙药。

秦艽　*Gentiana macrophylla* Pall.　别称　大叶龙胆

形态特征　【植株】高 30 ～ 60 cm。【根】粗壮，稍呈圆锥形，黄棕色。【茎】单一斜升或直立，圆柱形，基部被纤维状残叶基包围。【叶】基生叶大，狭披针形至狭倒披针形，少椭圆形，长 15 ～ 30 cm，宽 1 ～ 5 cm，先端钝尖，全缘，平滑无毛，五至七出脉，主脉在下面明显凸起；茎生叶小，3 ～ 5 对，披针形，三至五出脉。【花】聚伞花序，由数朵至多数花簇生枝顶端呈头状或腋生为轮状；花萼膜质，单侧裂开，萼齿 3 ～ 5 不等；花冠管状钟形，5 裂，裂片直立，蓝色或蓝紫色，卵圆形；褶常三角形，比裂片短 1/2。【果】蒴果长椭圆形，近无果梗，包藏在宿存花冠内。【种子】矩圆形，棕色，具光泽，表面细网状。【成熟期】花果期 7 — 10 月。

生境分布　多年生中生草本。生于海拔 2 300 ～ 2 500 m 的山地沟谷、林缘、草甸。贺兰山西坡哈拉乌和东坡苏峪口有分布。我国分布于东北、西北、华中地区。世界分布于蒙古国、俄罗斯。

药用价值　根入药，可祛风祛湿、止痛退热；也可做蒙药。

植株

花

叶

扁蕾属　*Gentianopsis* Y. C. Ma

湿生扁蕾　*Gentianopsis paludosa* (Munro ex Hook. f.) Ma

形态特征　【植株】高 3 ～ 40 cm。【根】主根明显。【茎】直立，基部分枝，不等长，下部节间短缩，上部花葶状，或主枝中部具分枝，或茎单生。【叶】基部叶 3 ～ 5 对，匙形，长 3 ～ 40 mm，宽 1 ～ 8 mm，先端圆形，基部渐狭成扁短叶柄；茎生叶 1 ～ 4 对，矩圆形或矩圆状披针形，长 5 ～ 40 mm，宽 1.5 ～ 10 mm，先端钝，离生，无叶柄。【花】4 基数，单生茎或枝顶端；花梗直立；花萼筒状钟形，长为花冠筒的 1/2，裂片 2 对，近等长，里面 1 对卵形，外面 1 对披针形，先端钝尖；花冠蓝色或上部蓝色、下部黄白色；裂片 4，长圆形，先端圆形，两侧具细条裂齿；花丝线形，花药黄色。【果】蒴果与花冠等长或外露，具果梗。【种子】褐色，表面密生指状突起。【成熟期】花果期 7 — 8 月。

生境分布　二年生中生草本。生于海拔 1 600 ～ 2 900 m 的高山草甸、灌丛、山坡丛林、草地、河滩。贺兰山西坡南寺雪岭子有分布。我国分布于西北、西南及山西、湖北等地。世界分布于尼泊尔、不丹、印度、锡金等。

卵叶扁蕾　*Gentianopsis paludosa* var. *ovatodeltoidea* (Burkill) Ma　别称　宽叶扁蓄

形态特征　【植株】高 20 ～ 45 cm。【根】主根明显。【茎】直立，上部分枝，不等长，下部节间短缩，上部花葶状，或主枝中部具分枝，或茎单生。【叶】基部叶 3 ～ 5 对，匙形，长 3 ～ 40 mm，宽 1 ～ 8 mm，先端圆形，基部渐狭成扁短叶柄；茎生叶 1 ～ 4 对，茎生叶卵状披针形或三角状披针形，先端钝，离生，无叶柄。【花】4 基数，单生茎或枝顶端；花梗直立；花萼筒状钟形，长为花冠筒的 1/2，裂片 2 对，近等长，里面 1 对卵形，外面 1 对披针形，先端钝尖；花冠蓝色或上部蓝色、下部黄白色；裂片 4，长圆形，先端圆形，两侧具细条裂齿；花丝线形，花药黄色。【果】蒴果与花冠等长或外露，具柄。【种子】褐色，表面密生指状突起。【成熟期】花果期 7—8 月。

生境分布　一年生中生草本。生于海拔 2 400 ～ 3 400 m 的高山或亚高山草甸、灌丛、山坡草地、林下湿地。贺兰山主峰及山脊两侧有分布。我国分布于西南及青海、甘肃、陕西、内蒙古、山西、河北、湖北等地。

药用价值　全草入药，可清热解毒；也可做蒙药。

扁蕾 *Gentianopsis barbata* (Froel.) Ma　别称　剪割龙胆

形态特征　【植株】高 20 ～ 50 cm。【根】细长圆锥形，稍分枝。【茎】具 4 纵棱，光滑无毛，具分枝，节部膨大。【叶】对生，条形，长 2 ～ 6 cm，宽 2 ～ 4 mm，先端渐尖，基部 2 对叶几相连，全缘，下部 1 条主脉明显凸起；基生叶匙形或条状倒披针形，早枯落。【花】单生分枝顶端，直立，花梗长；花萼管状钟形，具 4 棱，萼筒长；里面 1 对萼裂片披针形，先端尾尖，与萼筒近等长，外面 1 对萼裂片条状披针形，比里面裂片长；花冠管状钟形，裂片矩圆形，蓝色或蓝紫色，两旁边缘剪割状，无褶；蜜腺 4，着生花冠管近基部，近球形而下垂。【果】蒴果狭矩圆形，具柄，2 瓣裂开。【种子】椭圆形，棕褐色，密被小瘤状突起。【成熟期】花果期 7 — 9 月。

生境分布　一年生中生直立草本。生于海拔 2 000 ～ 2 300 m 的山地沟谷、河岸、溪边、灌丛。贺兰山西坡哈拉乌、北寺和东坡插旗沟有分布。我国分布于东北、西北、西南及山西、山东、河南等地。世界分布于亚洲中部地区及蒙古国、俄罗斯、日本等。

药用价值　全草入药，可清热利胆、退黄健胃。

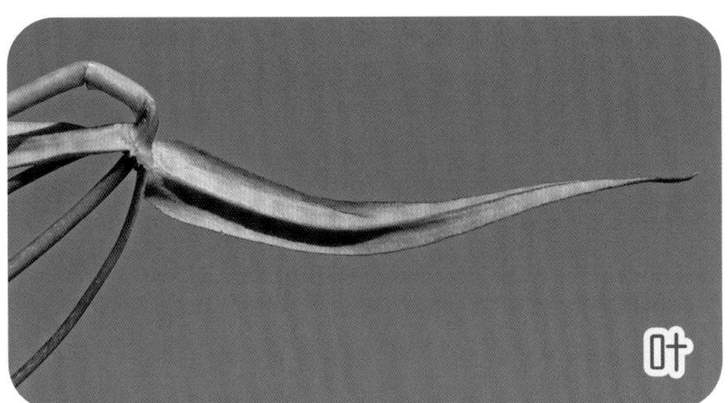

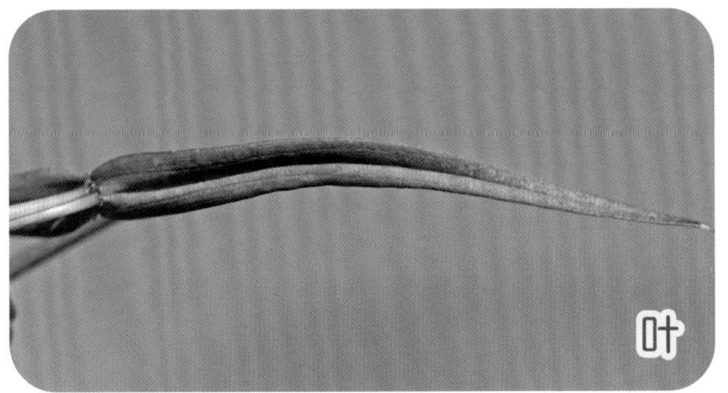

假龙胆属 *Gentianella* Moench

黑边假龙胆 *Gentianella azurea* (Bunge) Holub

形态特征　【植株】高 2 ～ 25 cm。【茎】直立，紫红色，具条棱，从基部或下部起分枝，枝开展。【叶】基生叶早落；茎生叶无柄，长 3 ～ 22 mm，宽 1.5 ～ 7 mm，矩圆形、椭圆形或矩圆状披针形，先端钝，边缘微粗糙，基部稍合生，中脉背面明显。【花】聚伞花序，顶生或腋生，稀单花顶生；花梗紫红色，不等长；花 5 基数；花萼绿色，长为花冠的 1/2，深裂，萼筒短，裂片卵状矩圆形、椭圆形或线状披针形，先端钝或急尖，边缘及背面中脉明显黑色，裂片间弯缺狭长；花冠蓝色或淡蓝色，漏斗形，近中裂，裂片矩圆形，先端钝，花冠筒基部具 10 个小腺体；雄蕊着生花冠筒中部，花丝线形，花药蓝色，矩圆形或宽矩圆形；子房无柄，披针形先端渐尖，与花柱界限不明显，柱头小。【果】蒴果无柄，先端稍外露。【种子】褐色，矩圆形，表面具极细网纹。【成熟期】花果期 7 — 9 月。

生境分布　一年生中生草本。生于海拔 3 500 m 左右的高山草甸、山坡草地、林下、灌丛。贺兰山西坡南寺、冰沟有分布。我国分布于甘肃、青海、四川、西藏、云南、新疆等地。世界分布于亚洲中部地区及不丹、蒙古国、俄罗斯。

尖叶假龙胆　*Gentianella acuta* (Michx.) Hultén　别称　尖叶喉毛花

形态特征　【植株】高 10 ～ 30 cm，全株无毛。【茎】直立，四棱形，多分枝。【叶】对生，披针形，长 1 ～ 3 cm，宽 3 ～ 7 mm，先端钝尖，全缘，基部近圆形，稍抱茎，三至五出脉，无叶柄；基部叶倒披针形或匙形，较小，花时早枯落。【花】聚伞花序，顶生或腋生；花蓝色或蓝紫色，花梗长，花 4 或 5 基数；花萼管长，裂片条形或条状披针形，先端渐尖；花冠管状钟形，裂片矩圆形；喉部鳞片流苏状；子房条状矩圆形，无柄，无花柱，柱头 2 裂。【果】蒴果长矩圆形，无柄，稍外露。【种子】多数，近球形，表面细网状，淡棕褐色。【成熟期】花果期 7—9 月。

生境分布　一年生中生草本。生于海拔 1 800 ～ 2 600 m 的山地沟谷、林缘、灌丛。贺兰山西坡哈拉乌、水磨沟和东坡苏峪口、小口子有分布。我国分布于东北、华北及陕西、宁夏、新疆等地。世界分布于北美洲及俄罗斯、蒙古国。

喉毛花属 *Comastoma* (Wettstein) Yoyokuni

柔弱喉毛花 *Comastoma tenellum* (Rottb.) Toyok. 别称 柔弱喉草花

形态特征 【植株】高 5 ～ 10 cm。【根】主根纤细。【茎】基部分枝，纤细斜升。【叶】基生叶少，匙状矩圆形，长 5 ～ 8 mm，宽 2 ～ 3 mm，先端圆形或全缘，基部楔形；茎生叶无柄，矩圆形或卵状矩圆形，长 4 ～ 10 mm，宽 2 ～ 4 mm，先端急尖，全缘，基部狭缩。【花】单生枝顶端，4 ～ 5 基数；花梗长；花萼深裂，裂片 4 ～ 5，2 大 3 小或 2 大 2 小；花冠淡蓝色，筒形，浅裂，裂片 4 ～ 5，矩圆形，先端稍钝，呈覆瓦状排列，喉部具 1 圈白色副冠，流苏状鳞片 8 ～ 10 个；雄蕊 5，着生花冠筒中下部，花药黄色，卵形，花丝钻形；子房狭卵形，先端渐狭，无明显花柱，柱头 2 裂，裂片长圆形。【果】蒴果略长于花冠，先端 2 裂。【种子】球形，表面光滑，边缘具乳突。【成熟期】花果期 6 — 8 月。

生境分布 一年生耐寒中生草本。生于海拔 2 500 ～ 3 500 m 的高山或亚高山灌丛、草甸。贺兰山主峰附近和西坡黄土梁子、冰沟有分布。我国分布于甘肃、青海、新疆、西藏等地。世界分布于欧洲、亚洲、北美洲及蒙古国、俄罗斯。

植株

花

叶

镰萼喉毛花 *Comastoma falcatum* (Turcz. ex Kar. & Kir.) Toyok. 别称 镰萼假龙胆

形态特征 【植株】高 3 ～ 12 cm，无毛。【茎】斜升，少直立，近四棱形，沿棱具翅，纤细，基部多分枝。【叶】基生叶莲座状，矩圆状倒披针形，长 1 ～ 2 cm，宽 3 ～ 6 mm，先端圆形，基部渐狭成短叶柄，全缘；茎生叶 1 ～ 2 对，矩圆形或倒披针形，先端钝，基部稍合生抱茎，具 1 ～ 3 脉。【花】单生枝顶端，5 基数；花梗细长稍弯曲，近四棱形；花萼宽钟状，深绿色，萼片 5，披针形至卵形，先端锐尖，基部内弯，稍呈镰形；花冠管状钟形，淡蓝色或淡紫色，喉管中部以上 5 中裂，裂片矩圆形；花冠喉部具 10 个流苏状鳞片。【果】蒴果狭矩圆形，无柄，稍外露。【种子】椭圆形，近平滑。【成熟期】花果期 7 — 9 月。

生境分布 一年生中生草本。生于海拔 2 600 ～ 3 400 m 的高山或亚高山区灌丛、石质山坡。贺兰山西坡黄土梁子和东坡口子沟有分布。我国分布于西南及河北、甘肃、宁夏、新疆等地。世界分布于亚洲中部地区及蒙古国、俄罗斯、印度等。

药用价值 全草入药，可利胆退黄、清热健胃；也可做蒙药。

皱边喉毛花　　*Comastoma polyclachm* (Diels ex Gilg) T. N. Ho.　　别称　林氏龙胆

形态特征　【植株】高 5 ～ 30 cm，无毛。【茎】纤细，近四棱形；沿棱稍粗糙，下部分枝，枝细长而斜升。【叶】对生，条状披针形至条状倒披针形，长 6 ～ 12 mm，宽 1 ～ 2 mm，先端锐尖或钝，基部楔形，边缘（干时）卷折与皱缩，具 1 脉；无叶柄。【花】单生顶端，5 基数；花梗细长柔弱；萼片 5，披针状条形或条形，先端骤尖，2 长 3 短，皱缩为黑色；花冠管状钟形，蓝色，5 裂，裂片矩圆状卵形，先端钝尖，花冠喉部具 10 个流苏状鳞片；雄蕊 5，不等长，内藏，着生花冠管中部。【成熟期】花期 8 月。

生境分布　一年生中生草本。生于海拔 2 400 ～ 2 600 m 的石质山坡、岩石缝隙。贺兰山西坡哈拉乌、南寺和东坡甘沟有分布。我国分布于宁夏、甘肃、青海、山西等地。世界分布于蒙古国、俄罗斯等。

花锚属 *Halenia* Borkh

卵萼花锚 *Halenia elliptica* D. Don

别称 椭圆叶花锚

形态特征 【植株】高 15 ～ 30 cm。【茎】直立，近四棱形，沿棱具狭翅，分枝，节间比叶长数倍。【叶】对生，椭圆形或卵形，长 1 ～ 3 cm，宽 5 ～ 12 mm，先端锐尖或钝，全缘，基部心形，具 5 脉，无叶柄；基生叶花时早枯落。【花】聚伞花序，顶生或腋生；花梗纤细，果期延长；花萼 4 裂，裂片椭圆形或卵形，先端锐尖，具 3 脉；花冠蓝色或蓝紫色，钟状，4 裂达 2/3 处，裂片椭圆形，先端尖，基部具平展的长距，较花冠长。【果】蒴果卵形，淡棕褐色。【种子】矩圆形，棕色，近平滑或细网状。【成熟期】花果期 7—9 月。

生境分布 一年生中生草本。生于海拔 1 600 ～ 2 100 m 的山地沟谷、河滩灌丛。贺兰山东坡插旗口、苏峪口、甘沟有分布。我国分布于西北、西南、华南、华中地区。世界分布于尼泊尔、不丹、缅甸、吉尔吉斯斯坦等。

药用价值 全草入药，可清热利湿、平肝利胆；也可做蒙药。

花 植株

叶

叶

獐牙菜属 *Swertia* Linn

歧伞獐牙菜 *Swertia dichotoma* Linn

别称 歧伞当药

形态特征 【植株】高 5 ～ 20 cm，全株无毛。【茎】纤弱，斜升，四棱形，沿棱具狭翅，自基部多分枝，上部二歧式分枝。【叶】基部叶匙形，长 8 ～ 15 mm，宽 5 ～ 8 mm，先端圆钝，全缘，基部渐狭成叶柄，具 5 脉；茎部叶卵形或卵状披针形，无叶柄或具短叶柄。【花】聚伞花序（具 3 花）或单花，顶生或腋生；花梗细长，花后伸长而弯垂；花萼裂片宽卵形或卵形，先端渐尖，具 7 脉；花冠白色或淡绿色，裂片卵形或卵圆形，先端圆钝，花后增大，宿存；腺洼圆形，黄色；花药蓝褐色。【果】蒴果卵圆形，淡黄褐色，具种子 10 余粒。【种子】宽卵形或近球形，淡黄色，近平滑。【成熟期】花果期 7—9 月。

生境分布 一年生中生草本。生于海拔 2 000 ～ 2 300 m 的山地沟谷、滩地、灌丛、阴坡山脚。贺兰山西坡和东坡均有分布。我国分布于华北、西北及新疆、湖北、四川等地。世界分布于亚洲中部地区及蒙古国、俄罗斯。

药用价值 全草入药，可清热、健胃、利湿。

四数獐牙菜　*Swertia tetraptera* Maxim.　　别称　假斗腺鳞草

形态特征　【植株】高 5 ～ 20 cm。【根】主根直伸，褐色。【茎】直立，四棱形，棱上具翅，基部分枝多，长短不一，纤细，铺散或斜升，上部分枝近等长。【叶】基生叶（花期枯萎）与茎下部叶具长柄，矩圆形或椭圆形，长 1 ～ 2.5 cm，宽 7 ～ 15 mm，先端钝，基部渐狭成柄，3 脉；具长柄，茎中上部叶无柄，较茎下部叶大，卵状披针形，先端急尖，基部近圆形，半抱茎，叶脉 3 ～ 5 条，分枝叶较小。【花】聚伞花序，圆锥状，多花，稀单花顶生；花梗细长；花 4 基数，异形，主茎花比基部分枝花大 2 ～ 3 倍；大花花萼叶状，裂片披针形或卵状披针形，先端急尖，基部稍狭缩具 3 脉；花冠黄绿色，或带蓝紫色，开展，异花传粉，裂片卵形，先端钝，齿蚀状，下部具 2 个腺窝，沟状，内侧边缘具短流苏；花丝扁平，基部略扩大，花药黄色；子房披针形，花柱明显，柱头裂片半圆形；小花花萼裂片宽卵形，先端钝，具小尖头；花冠黄绿色，闭合，闭花授粉，裂片卵形，先端钝圆，齿蚀状，腺窝不明显。【果】大花蒴果卵状矩圆形，小花蒴果卵圆形。【种子】小，矩圆形，表面光滑。【成熟期】花果期 5 — 7 月。

生境分布　一年生湿中生草本。生于海拔 2 200 ～ 2 600 m 的山坡沟谷、阴湿地。贺兰山西坡哈拉乌、水磨沟等有分布。我国分布于甘肃、青海、四川、西藏等地。

夹竹桃科　Apocynaceae

罗布麻属　*Apcoynum* Linn

罗布麻　*Apocynum venetum* Linn　　别称　茶叶花、红麻

形态特征　【植株】高 1 ～ 3 m，直立，具乳汁。【茎】圆筒形，对生或互生，光滑无毛，紫红色或淡红色。【叶】单叶对生，分枝处互生；椭圆状披针形至矩圆状卵形，先端钝，中脉延长成短尖头，基部圆形，边缘具细齿，两面光滑无毛；叶柄间具腺体，老时脱落。【花】聚伞花序，顶生；花梗被短柔毛，花 5 深裂，裂片边缘膜质，两面被柔毛；花冠紫红色或粉红色，钟形；花冠筒长；花冠裂片较花冠筒稍短，基部向右覆盖，每裂片具 3 条紫红色脉纹，花冠内基部副花冠及环状肉质花盘；雄蕊 5，着生花冠筒基部，与副花冠裂片互生，花药箭头形；雌蕊花柱短，柱头 2 裂。【果】蓇葖果 2，平行或叉生，筷状圆筒形。【种子】多数，卵状矩圆形，顶端被 1 簇白色绢毛。【成熟期】花期 6 — 7 月，果期 8 月。

生境分布　耐盐生半灌木或草本。生于海拔 12 500 ～ 1 600 m 的山麓冲刷地、河岸、戈壁荒滩、山谷盐碱地。贺兰山东坡有分布。我国分布于新疆、青海、甘肃、陕西、山西、河南、河北、江苏、山东、辽宁、内蒙古等地。世界分布于欧洲、亚洲热带地区。

药用价值　叶入药，可平肝安神、清热利水；也可做蒙药。

植株

花

鹅绒藤属　*Cynanchum* Linn

白首乌　*Cynanchum bungei* Decne. in A. DC.　　别称　何首乌、柏氏白前

形态特征　【块根】粗壮肉质肥厚，圆柱形或近球形，褐色。【茎】纤细而柔韧，被微毛。【叶】对生，薄纸质；戟形或矩圆状戟形，长 3 ～ 8 cm，基部宽 2 ～ 5 cm，顶端渐尖，全缘，基部心形，两侧裂片近圆形，上面绿色，被短硬毛，下面淡绿色，凸起的脉上被短硬毛；侧脉 6 对；叶柄被短硬毛，顶端具腺体。【花】伞状聚伞花序，腋生；具花 10 ～ 20 朵；总花梗长，顶端具披针形小苞片；花梗纤细如丝状；花萼裂片卵形或披针形，外面疏被短硬毛，先端尖；花冠白色或淡绿色，裂片披针形，向下反折；副花冠淡黄色，肉质，5 深裂，裂片披针形，内面中央具舌状片；花粉块每药室 1 个，椭圆形，下垂。【果】蓇葖果单生或双生，狭披针形，顶部长尖，长淡褐色，表面纵细纹。【种子】倒卵形，扁平，暗褐色；顶端种缨白色，绢状。【成熟期】花期 6 — 7 月，果期 8 — 9 月。

生境分布　缠绕攀缘中生半灌木。生于海拔 1 500 m 左右的岩石隙缝、灌丛、山坡、沟谷、冲刷沟、宽阔河坝。贺兰山西坡峡子沟和东坡甘沟有分布。我国分布于西北、西南及辽宁、河北、河南、山东、山西等地。世界分布于朝鲜。

药用价值　根入药，可养血养精、生肌敛疮；也可做蒙药。为滋补珍品。

华北白前　*Cynanchum mongolicum* (Maxim.) Hemsl.　别称　牛心朴子

形态特征　【植株】高 30 ～ 50 cm。【根】丛须状，黄色。【茎】基部密丛生，直立，不分枝或上部稍分枝，圆柱形，具纵细棱，基部带红紫色。【叶】带革质，无毛，对生，狭尖椭圆形，长 3 ～ 7 cm，宽 8 ～ 25 mm，先端锐尖或渐尖，全缘，基部楔形，主脉在下面明显隆起，侧脉不明显；具短叶柄。【花】伞状聚伞花序，腋生；具花 3 ～ 10 朵；总花梗长；花萼 5 深裂，裂片近卵形，先端锐尖，两面无毛；花冠黑紫色或红紫色，辐射状，5 深裂，裂片卵形，先端钝或渐尖；副花冠黑紫色，肉质，5 深裂，裂片椭圆形，背部龙骨状突起，与合蕊柱等长；花粉块每药室 1 个，椭圆形，下垂。【果】蓇葖果单生，纺锤状，向先端喙状渐尖。【种子】椭圆形或矩圆形，扁平，棕褐色；种缨白色，绢状。【成熟期】花期 6 — 7 月，果期 8 — 9 月。

生境分布　多年生旱生草本。生于山麓冲刷沟、覆沙地段。贺兰山西坡峡子沟、赵池沟和东坡石炭井有分布。我国分布于西北及河北等地。世界分布于蒙古国、俄罗斯、巴基斯坦。

药用价值　全株入药，可抗菌镇痛、止咳平喘、调节免疫力。

戟叶鹅绒藤 *Cynanchum acutum* subsp. *sibiricum* (Willd.) Rech. f. **别称** 羊角条子

形态特征 【根】粗壮木质，灰黄色。【茎】缠绕，下部多分枝，疏被短柔毛，节部较密，具纵细棱。【叶】对生，纸质；圆状戟形或三角状戟形，长 3 ～ 5 cm，宽 1.5 ～ 3.5 cm，先端渐尖或锐尖，基部心状戟形，两耳近圆形，上面灰绿色，下面浅灰绿色，掌状 5 ～ 6 脉在下面隆起，两面被短柔毛；叶柄被短柔毛。【花】聚伞花序，伞状或伞房状，腋生；花数朵至 10 余朵；总花梗长，花梗纤细，长短不一；苞片条状披针形，总花梗、花梗、苞片、花萼均被短柔毛；花萼裂片卵形，先端渐尖；花冠淡红色，裂片矩圆形或狭卵形，先端钝；副花冠杯状，具纵褶皱，顶部 5 浅裂，每裂片 3 裂，中央小裂片锐尖或尾尖，比合蕊柱长。【果】蓇葖果披针形或条形，表面被柔毛。【种子】矩圆状卵形；种缨白色，绢状。【成熟期】花期 6 — 7 月，果期 8 — 10 月。

生境分布 多年生缠绕旱生草质藤本。生于山麓干旱冲刷沟、荒漠灰钙土洼地。贺兰山西坡峡子沟、赵池沟和东坡石炭井有分布。我国分布于内蒙古、甘肃、新疆等地。世界分布于蒙古国、俄罗斯。

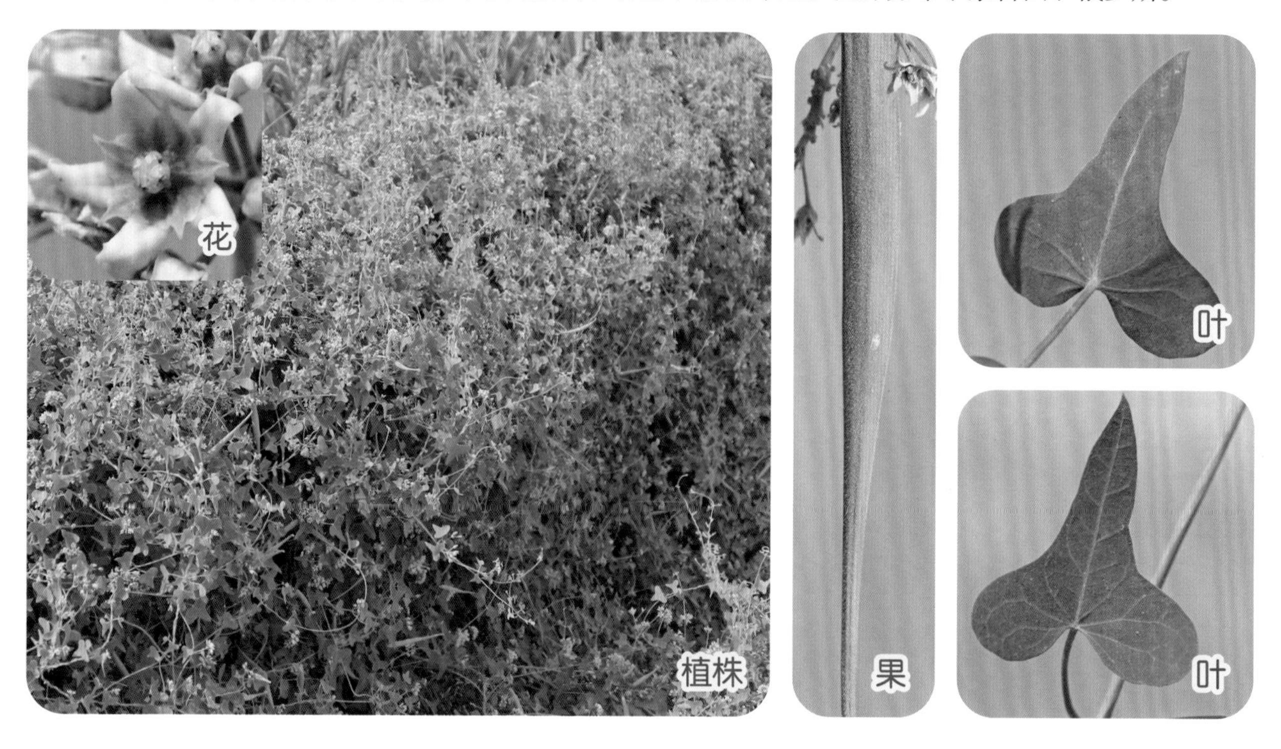

地梢瓜 *Cynanchum thesioides* (Freyn) K. Schum. in Engler & Prantl **别称** 细叶白前、地梢花

形态特征 【植株】高 15 ～ 30 cm。【根】细长，褐色，具横行绳状支根。【茎】基部多分枝，直立，圆柱形，具纵细棱，密被短硬毛。【叶】对生，条形，先端渐尖，全缘，基部楔形，上面绿色，下面淡绿色，中脉明显隆起，两面被短硬毛，边缘向下反折；近无叶柄。【花】伞状聚伞花序，腋生；具花 3 ～ 7 朵；花梗长短不一；花萼 5 深裂，裂片披针形，外面被短硬毛，先端锐尖；花冠白色，辐射状，5 深裂，裂片矩圆状披针形，外面或被短硬毛；副花冠杯状，5 深裂，裂片三角形，与合蕊柱近等长；花粉块每药室 1 个，矩圆形，下垂。【果】蓇葖果单生，纺锤形，先端渐尖，表面具纵细纹。【种子】近矩圆形，扁平，棕色；顶端种缨白色，绢状。【成熟期】花期 6 — 7 月，果期 7 — 8 月。

生境分布 多年生旱中生直立草本。生于山麓或浅山区坡地覆沙地、冲刷沟。贺兰山西坡和东坡均有分布。我国分布于东北、西北、西南、东南地区。世界分布于朝鲜、蒙古、俄罗斯、哈萨克斯坦等。

药用价值 果入药，可益气，通乳；也可做蒙药。

植株

果

叶

鹅绒藤　*Cynanchum chinense* R. Br.　别称　祖子花

形态特征　【根】圆柱形，灰黄色。【茎】缠绕，多分枝，稍具纵棱，被短柔毛。【叶】对生，薄纸质，宽三角状心形，长 3 ～ 7 cm，宽 3 ～ 6 cm，先端渐尖，全缘，基部心形，上面绿色，下面灰绿色，两面均被短柔毛；叶柄被短柔毛。【花】伞状二歧聚伞花序，腋生，具花 20 余朵；总花梗长；花萼 5 深裂，裂片披针形，先端锐尖，外面被短柔毛；花冠辐射状，白色，裂片条状披针形，先端钝；副花冠杯状，膜质，外轮顶端 5 浅裂，裂片三角形，裂片间具 5 条稍弯曲丝状体，内轮具 5 条短丝状体，外轮丝状体与花冠近等长；花粉块每药室 1 个，椭圆形，下垂；柱头近五角形，稍突起，顶端 2 裂。【果】蓇葖果 1 个发育，少双生，圆柱形，平滑无毛。【种子】矩圆形，压扁，黄棕色；顶端种缨白色，绢状。【成熟期】花期 6 — 7 月，果期 8 — 9 月。

生境分布　多年生缠绕中生草本。生于山地沟谷、砂砾地、灌丛、山麓居民区。贺兰山西坡和东坡均有分布。我国分布于辽宁、河北、河南、山东、山西、陕西、宁夏、甘肃、江苏、浙江等地。世界分布于朝鲜。

药用价值　根汁入药，可化瘀解毒；也可做蒙药。

植株

叶

花

旋花科　Convolvulaceae

旋花属　*Convolvulus* Linn

田旋花　*Convolvulus arvensis* Linn　别称　箭叶旋花、白花藤

形态特征　【植株】缠绕形成密丛。【茎】具条纹及棱角，无毛或上部疏被柔毛。【叶】形状变化很大，三角状卵形至卵状矩圆形，或为狭披针形，长 25 ~ 70 mm，宽 3 ~ 30 mm，先端微圆，具小尖头，基部戟形、心形或箭形；具叶柄。【花】花序腋生，具花 1 ~ 3 朵；花梗细弱，苞片 2，细小，条形，着生花下；萼片被毛，外萼片稍短，矩圆状椭圆形，钝，被短缘毛，内萼片椭圆形或近于圆形，钝或微凹，或具小短尖头，边缘膜质；花冠宽漏斗状，白色、粉红色，或白色具粉红色或红色的瓣中带，或粉红色具红色或白色的瓣中带；雄蕊花丝基部扩大，被小鳞毛；子房被毛。【果】蒴果卵状球形或圆锥形，无毛。【成熟期】花期 6—8 月，果期 7—9 月。

生境分布　多年生细弱蔓生缠绕中生草本。生于山麓冲刷沟、山谷河滩、农田。贺兰山西坡和东坡均有分布。我国分布于内蒙古、宁夏等地。世界广布种。

药用价值　全草入药，可活血调经、止痒、祛风；也可做蒙药。

植株

花

叶

银灰旋花　*Convolvulus ammannii* Desr. in Lam.　别称　阿氏旋花、小旋花

形态特征　【植株】高 2 ~ 10 cm，全株密生银灰色绢毛。【茎】少数或多数，平卧或上升。【叶】互生，条形或狭披针形，长 5 ~ 55 mm，宽 1 ~ 5 mm，先端锐尖，基部狭；无叶柄。【花】较小，单生枝顶端，具细花梗；萼片 5，不等大，外萼片矩圆形或矩圆状椭圆形，内萼片较宽，卵圆形，顶端具尾尖，密被贴生银色毛；花冠小，白色、淡玫瑰色或白色带紫红色条纹，外被毛；雄蕊 5，基部稍扩大；子房无毛或上半部被毛，2 室，柱头 2，条状。【果】蒴果球形，2 裂。【种子】种子卵圆形，淡褐红色，光滑。【成熟期】花期 7—9 月，果期 9—10 月。

生境分布　多年生矮小旱生草本。生于山麓荒漠区或草原区浅山干燥山坡、路旁。贺兰山西坡和东坡均有分布。我国分布于东北、西北、西南及河南、山西等地。世界分布于朝鲜、蒙古国、俄罗斯。

药用价值　全草入药，可解毒，止咳；也可做蒙药。

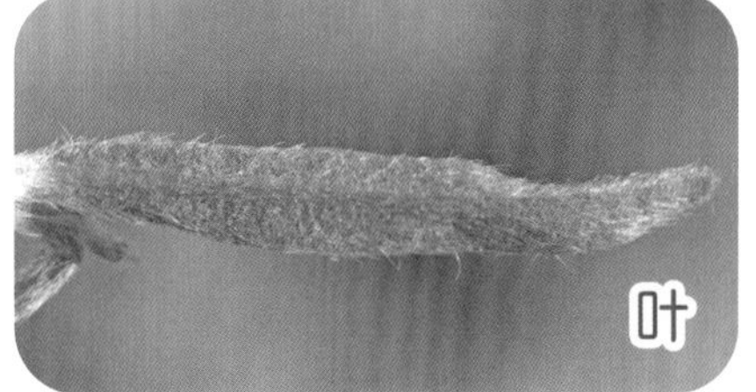

刺旋花　　*Convolvulus tragacanthoides* Turcz.　　别称　木旋花

形态特征　【植株】高 5 ～ 15 cm，全株被银灰色绢毛。【茎】密集分枝，铺散呈垫状，小枝坚硬，具刺；节间短。【叶】互生，狭倒披针状条形，长 5 ～ 19 mm，宽 0.5 ～ 1.6 mm，先端圆形，基部渐狭；无叶柄。【花】单生或 2 ～ 5 朵着生枝顶端，枝顶端无刺；花梗短；萼片卵圆形，外萼片稍区别于内萼片，顶端具小尖凸，外被棕黄色毛；花冠漏斗状，粉红色，稀白色，中带密被毛，顶端 5 浅裂；雄蕊 5，不等长，长为花冠的 1/2，基部扩大，无毛；子房被毛，2 室，柱头 2 裂，裂片狭长。【果】蒴果近球形，被毛。【种子】卵圆形，无毛。【成熟期】花期 7 — 9 月，果期 8 — 10 月。

生境分布　强旱生具刺半灌木。生于浅山区石质阳坡、石缝、戈壁滩。贺兰山西坡和东坡均有分布。我国分布于西北及四川等地。世界分布于蒙古国。

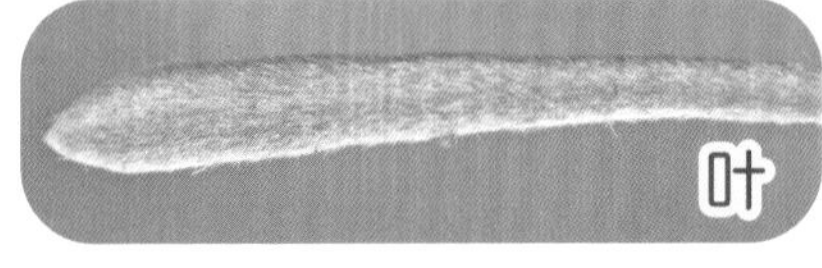

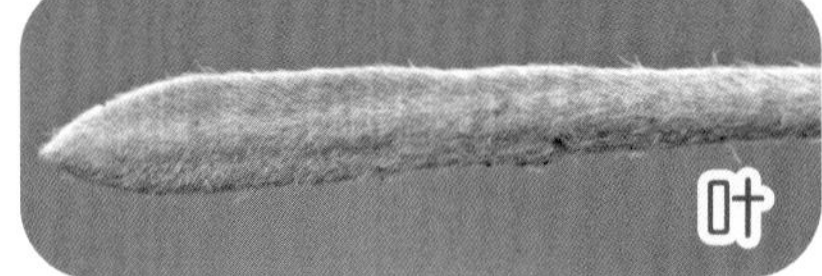

打碗花属 *Calystegia* R. Br.

藤长苗 *Calystegia pellita* (Ledeb.) G. Don

别称　兔耳苗、毛打碗花

形态特征　【茎】缠绕，圆柱形，少分枝，密被柔毛。【叶】互生，矩圆形或矩圆状条形，长 30 ～ 50 mm，宽 5 ～ 20 mm，两面被柔毛，或背面沿中脉密被长柔毛，全缘，顶端锐尖，具小尖头，基部平截或微呈戟形；叶柄短，被毛。【花】单生叶腋；花梗远长于叶，密被柔毛；苞片卵圆形，外面密被褐黄色短柔毛，有时被疏毛；萼片矩圆状卵形，几无毛；花冠粉红色，光滑，5 浅裂；雄蕊长为花冠的 1/2，花丝基部扩大，被小鳞毛；子房无毛，2 室，柱头 2 裂，裂片长圆形，扁平。【果】蒴果球形。【种子】卵圆形，无毛。【成熟期】花果期 6 — 9 月。

生境分布　多年生缠绕中生草本。生于海拔 1 600 ～ 1 700 m 的山地草甸、耕地、路边。贺兰山西坡小松山、水泥厂有分布。我国分布于东北、西北、华中及山西、四川等地。世界分布于俄罗斯、蒙古国、朝鲜、日本等。

植株

花

叶

打碗花 *Calystegia hederacea* Wall. in Roxb.

别称　兔耳草、蒲地参

形态特征　【植株】全体无毛，聚生成丛。【根状茎】细长，白色。【茎】具细棱，由基部分枝。【叶】三角状卵形、戟形或箭形，侧面裂片尖锐，近三角形，或 2 ～ 3 裂，中裂片矩圆形或矩圆状披针形，长 2 ～ 5 cm，基部（最宽处）宽 15 ～ 45 mm，微心形，先端渐尖，全缘，两面无毛。【花】单生叶腋；花梗长于叶柄，具细棱；苞片宽卵形；花冠漏斗状，淡粉红色或淡紫色；雄蕊花丝基部扩大，被细鳞毛；子房无毛，柱头 2 裂，裂片矩圆形，扁平。【果】蒴果卵圆形，微尖，光滑无毛。【成熟期】花期 7 — 9 月，果期 8 — 10 月。

生境分布　一年生缠绕或平卧中生草本。生于海拔 1 600 m 左右的浅山地、溪边、湿地。贺兰山西坡小松山、水泥厂有分布。我国广布于各地。世界分布于非洲东部地区、亚洲。

菟丝子属　*Cuscuta* Linn

菟丝子　*Cuscuta chinensis* Lam.　　别称　无娘藤、黄丝

形态特征　【茎】细弱，缠绕，黄色。【叶】无叶。【花】多数，近于无总花序梗，形成簇生状；苞片2，与小苞片均呈鳞片状；花萼杯状，中部以下合生，先端5裂，裂片卵圆形或矩圆形；花冠白色，壶状或钟状，长为花萼的2倍；先端5裂，裂片向外反曲，宿存；雄蕊花丝短；鳞片近矩圆形，边缘流苏状；子房近球形，花柱2，直立，柱头头状，宿存。【果】蒴果近球形，稍扁，成熟时被宿存花冠全部包住，盖裂。【种子】2～4粒，淡褐色，表面粗糙。【成熟期】花期7—8月，果期8—10月。

生境分布　一年生缠绕寄生草本。寄生于豆科和蒿属植物。贺兰山西坡和东坡均有分布。我国分布于除广东、广西、海南、台湾以外的各地。世界分布于亚洲西部地区、非洲、大洋洲及朝鲜、蒙古国、俄罗斯。

药用价值　种子入药，可补阳肝肾、益精明目、安胎；也可做蒙药。

金灯藤 *Cuscuta japonica* Choisy in Zoll. 别称 金丝草、飞来藤

形态特征 【茎】纤细，淡黄色或淡红色，缠绕。【叶】无叶。【花】花序球状或头状；花梗无或几乎无；苞片矩圆形，顶端尖；花萼杯状，4～5 裂，裂片卵状矩圆形，先端尖；花冠淡红色，壶形，裂片矩圆状披针形或三角状卵形，向外反折，宿存；雄蕊花丝与花药近等长，着生花冠中部；鳞片倒卵圆形，顶端 2 裂或不裂，边缘细齿状或流苏状；花柱 2，分叉，柱头条形棒状。【果】蒴果球形，成熟时稍扁。【种子】淡褐色，表面粗糙。【成熟期】花期 7—8 月，果期 8—9 月。

生境分布 一年生缠绕寄生草本。寄生于多种草本植物。贺兰山西坡和东坡有少量分布。我国分布于西北、西南及黑龙江、河北、山西等地。世界分布于亚洲西部地区、非洲北部地区、欧洲及朝鲜、蒙古国、俄罗斯。

药用价值 种子入药，可补肾益精、养肝明目；也可做蒙药。

植株

花

茎

紫草科 Boraginaceae

紫丹属 *Tournefortia* Linn

砂引草 *Tournefortia sibirica* Linn 别称 紫丹草

形态特征 【植株】高 8～25 cm。【根状茎】细长，匍匐或斜升。【茎】密被长柔毛，基部分枝。【叶】披针形或条状倒披针形，长 1.5～4 cm，宽 5～15 mm，先端尖，基部渐狭，两面密被长柔毛；无叶柄或几无叶柄。【花】伞房状聚伞花序，顶生；花密集，仅花序基部具 1 条苞片，被密柔毛；花萼 5 深裂，裂片披针形，密被白色柔毛；花冠白色，漏斗状，花冠筒 5 裂，裂片卵圆形，外被密柔毛，喉部无附属物；雄蕊 5，内藏，着生花冠筒近中下部；花药箭形，基部 2 裂，花丝短；子房不裂，4 室，每室具 1 胚珠，柱头长，浅 2 裂，其下具膨大环状物，花柱较粗。【果】矩圆状球形，先端平截，具纵棱，密被短柔毛。【成熟期】花期 5—6 月，果期 7 月。

生境分布 多年生旱中生草本。生于山坡道旁、山麓洪积扇冲刷沟、覆沙地。贺兰山西坡和东坡均有分布。我国分布于西北及辽宁、河北、山东、山西等地。世界分布于朝鲜、蒙古国、日本。

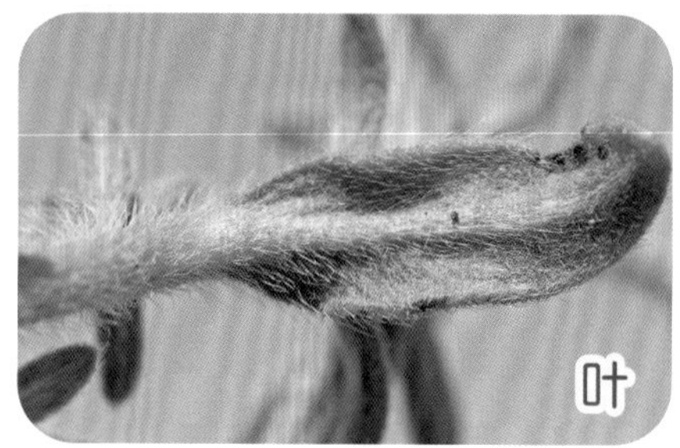

软紫草属 *Arnebia* Forsk.

黄花软紫草 *Arnebia guttata* Bunge 别称 假紫草、内蒙古紫草

形态特征 【植株】高 8 ～ 12 cm，基部分枝，被开展刚毛，混被短柔毛。【叶】茎下部叶窄，倒披针形或长匙形，长 15 ～ 20 mm，宽 3 ～ 10 mm，先端钝或尖，基部渐狭，上部叶条状披针形，先端尖，基部渐狭下延，两面均被硬毛，混被短柔毛。【花】花序密集；总花梗、苞片与花萼均被密硬毛；苞片条状披针形；花萼 5 裂，裂片裂至基部，细条状披针形；花冠黄色，被短密柔毛，花冠筒细；花柱异长；雄蕊在长柱花内着生花冠筒中上部，雄蕊在短柱花内着生花冠筒喉部；花柱稍超过喉部或较低，顶部 2 裂，柱头头状。【果】小坚果 4，卵形，具小瘤状突起，着生面位于果基部。【成熟期】花期 6 — 7 月，果期 8 — 9 月。

生境分布 多年生旱生草本。生于石质山坡、溪水砾石地、低山丘陵坡地、戈壁。贺兰山西坡峡子沟、黄渠口、赵池沟和东坡石炭井有分布。我国分布于西北及河北、西藏等地。世界分布于克什米尔地区、西伯利亚地区、亚洲中部地区及蒙古国、阿富汗。

药用价值 根入药，可清热凉血、消肿解毒，透疹通便；也可做蒙药。

疏花软紫草 *Arnebia szechenyi* Kanitz　　别称　疏花假紫草

形态特征　【植株】高 8 ~ 15 cm。【根】含紫色物质。【茎】分枝，密被开展刚毛，混被少数糙毛。【叶】上部叶矩圆形，下部叶较窄，长 1 ~ 2 cm，宽 4 ~ 8 mm，先端尖或钝，基部宽楔形或楔形，两面密被刚毛及短硬毛；几无叶柄。【花】具花序，花疏生；总花梗、苞片和花萼被密硬毛与短硬毛；苞片窄椭圆形；花萼 5 裂近基部，裂片条形；花冠黄色，喉部具紫红色斑纹，花冠筒外被短柔毛，裂片 5，矩圆形，带紫色斑纹，钝，外被短柔毛；雄蕊 5，在短柱花内着生花冠筒喉部，在长柱花内着生花冠筒中部或以上；花柱稍超过花冠筒中部以上，柱头稍扁。【果】小坚果 1，卵形，具小瘤状突起。【成熟期】花期 6—9 月，果期 8—9 月。

生境分布　多年生砾石生旱生草本。生于石质山坡、溪水砾石地、低山丘陵坡地、戈壁。贺兰山西坡峡子沟、黄渠口、赵池沟和东坡石炭井有分布。我国分布于内蒙古西部、宁夏、甘肃西北部、青海东部和南部。

植株

花

叶

灰毛软紫草 *Arnebia fimbriata* Maxim.　　别称　灰毛假紫草

形态特征　【植株】高 15 cm，全株密被灰白色长刚毛。【根】直根粗壮，暗褐色。【茎】多条自基部生出，上部稍分枝。【叶】矩圆状披针形或窄披针形，长 7 ~ 15 mm，宽 2 ~ 5 mm，两面被密灰白色长硬毛。【花】2 ~ 5 朵疏生一侧，被长硬毛；苞片条形；花萼长，裂片 5，窄条形；花冠蓝紫色、红色或粉色，外被短柔毛，5 裂，钝圆，裂片边缘具不规则小齿，花冠筒长；雄蕊 5，花药矩圆形，花丝极短，在短柱花内着生花冠筒喉部，在长柱花内着生花冠筒中部或以上；花柱稍超过花冠筒中部，或稍伸出花冠筒的喉部之外，柱头头状，2 裂。【果】小坚果 4，卵状三角形，具不规则小瘤状突起。【成熟期】花期 5—6 月。

生境分布　多年生旱生草本。生于山前冲积扇、砾石坡、戈壁。贺兰山西坡峡子沟、赵池沟和东坡榆树沟、甘沟有分布。我国分布于宁夏、甘肃、青海等地。世界分布于蒙古国。

药用价值　根入药，可清热解毒；也可做蒙药。

紫筒草属 *Stenosolenium* Turcz.

紫筒草 *Stenosolenium saxatile* (Pall.) Turcz.

形态特征 【植株】高 6 ~ 20 cm。【根】细长，具紫红色物质。【茎】多分枝，直立或斜升，密被粗硬毛，混被短柔毛，较开展。【叶】基生叶和下部叶倒披针状条形，近上部叶为披针状条形，长 15 ~ 30 mm，宽 2 ~ 4 mm，两面密被糙毛，混被短柔毛。【花】顶生总状花序，逐渐延长，密被糙毛；苞片叶状；花梗短；花萼 5 深裂，裂片窄卵状披针；花冠紫色、青紫色或白色，筒细长，基部具毛环，裂片 5，圆钝，比花冠筒短的多；子房 4 裂，花柱顶部 2 裂，柱头 2，头状。【果】小坚果 4，三角状卵形，着生面位于果基部，具短柄。【成熟期】花期 5 — 6 月，果期 6 — 8 月。

生境分布 多年生旱生草本。生于海拔 1 600 ~ 1 900 m 的山麓洪积扇砾石地、低山草地、丘陵。贺兰山西坡镇木关、门洞子有分布。我国分布于东北、西北及山东、河南、山西等地。世界分布于蒙古国、俄罗斯。

药用价值 全草入药，可祛风除湿；也可做蒙药。

糙草属　*Asperugo* Linn

糙草　*Asperugo procumbens* Linn

形态特征　【茎】淡褐色，中空，长达 80 cm，具 4 ～ 6 纵棱，沿棱具弯曲短刚毛，下部分枝。【叶】下部叶矩圆形，长 4 ～ 7 cm，宽 0.5 ～ 15 cm，先端微尖或钝，基部渐狭下延，下部分枝两面被硬毛，具叶柄；茎中部以上叶较小，狭矩圆形，先端尖，基部楔形，两面被短刚毛，近对生，无叶柄。【花】较小，单生叶腋；花梗短；花萼深 5 裂；裂片条状披针形，略等大，果期 2 裂片增大，掌状分裂；具不规则大齿状裂片，裂片具明显脉纹，被伏细刚毛；花冠紫色；裂片 5，钝圆；喉部具疣状突起。【果】小坚果 4，具小瘤状突起，长卵形，生于圆锥状雌蕊基部，着生面位于果中上部。【成熟期】花期 5 月，果期 6 — 7 月。

生境分布　一年生蔓生中生草本。生于海拔 1 600 ～ 2 600 m 的山地沟谷、河滩、废弃羊圈。贺兰山西坡水磨沟、北寺、黄土梁子有分布。我国分布于西北、西南及河北、山西、四川、西藏等地。世界分布于非洲中部地区、欧洲及蒙古国、俄罗斯、印度。

植株

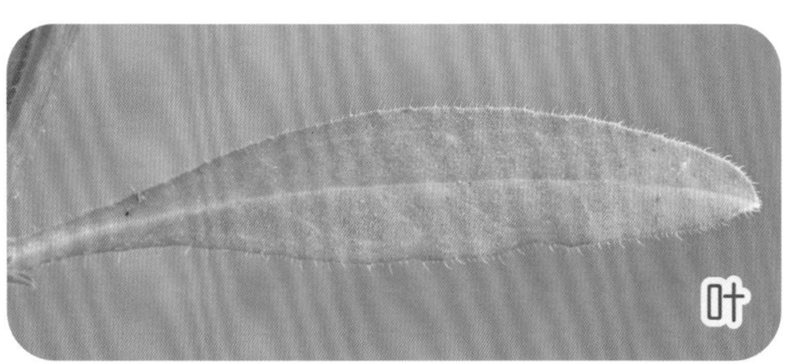
叶

花

牛舌草属　*Anchusa* Linn

狼紫草　*Anchusa ovata* Lehm.　别称　野旱烟

形态特征　【植株】高 10 ～ 45 cm。【茎】基部分枝，疏被刚毛。【叶】基生叶匙形、倒卵形或倒披针形，长 3.5 ～ 6 cm，宽 0.5 ～ 2 cm，先端钝圆或尖，基部渐狭下延，边缘具微波状小齿，两面疏被硬毛，具长叶柄，被刚毛；茎上部叶卵状矩圆形、卵状披针形或狭椭圆形，先端尖或钝圆，基部偏斜，稍半抱茎，边缘具不规则波状齿，两面疏被刚毛。【花】花序顶生；具苞片，苞片卵状披针形或狭卵形，两面疏被刚毛；花萼 5 深裂，裂片狭披针形，果时伸长，疏被刚毛；花冠蓝紫色，稀白色，5 裂，裂片宽圆形，先端钝圆，开展，花冠筒中部以下弯曲，喉部具 5 附属物；花柱柱头头状。【果】小坚果 4，长卵形，具网状皱纹，密被小瘤状突起，着生面位于果腹面近中部，纵椭圆形突起，周围具褐色边缘。【成熟期】花期 5 — 6 月，果期 6 — 8 月。

生境分布　一年生中生草本。生于山麓冲刷沟、山坡、河滩、居民区。贺兰山西坡和东坡均有分布。我国分布于西北及河北、河南、山西、西藏等地。世界分布于非洲、欧洲及蒙古国、俄罗斯。

药用价值　叶入药，可消炎止痛。

琉璃草属 *Cynoglossum* Linn

大果琉璃草 *Cynoglossum divaricatum* Stephan ex Lehm. 别称 展枝倒提壶、粘染子

形态特征 【植株】高 25 ~ 65 cm。【根】垂直，单一或稍分枝。【茎】密被贴伏短硬毛，上部多分枝。【叶】基生叶和下部叶矩圆状披针形或披针形，长 4 ~ 9 cm，宽 1 ~ 3 cm，先端尖，基部渐狭下延成长柄，两面密被贴伏短硬毛，具长叶柄；上部叶披针形，先端渐尖，基部渐狭，两面密被贴伏短硬毛，无叶柄。【花】花序长，具稀疏花；具苞片，狭披针形或条形，密被伏毛；花梗果期伸长；花萼 5 裂，裂片卵形，两面密被贴伏短硬毛，果期向外反折；花冠蓝色、红紫色，5 裂，裂片近方形，先端平截，具细脉纹，具 5 个梯形附属物，位于喉部以下；花药椭圆形，花丝短，内藏；子房 4 裂，花柱圆锥状，果期宿存，超出于果，柱头头状。【果】小坚果 4，扁卵形，密生锚状刺，着生面位于果腹面上部。【成熟期】花期 6—7 月，果期 9 月。

生境分布 二年生或多年生旱中生草本。生于海拔 1600 ~ 2500m 的干山坡、石滩、草地、路边沙地、沙丘。贺兰山西坡香池子、南寺、水磨沟有分布。我国分布于东北、华北、西北地区。世界分布于西伯利亚地区及俄罗斯、蒙古国。

药用价值 果入药，可收敛、止泻；也可做蒙药。

鹤虱属 *Lappula* Moench

蒙古鹤虱 *Lappula intermedia* (Ledeb.) Popov in Schischk. 别称 小粘染子、卵盘鹤虱

形态特征 【植株】高 10 ~ 40 cm，全株均密被白色细刚毛。【茎】单生，直立，中部以上分枝。【叶】茎下部叶条状倒披针形，长 8 ~ 15 mm，宽 2 ~ 3 mm，先端圆钝，基部渐狭，具叶柄；茎上部叶狭披针形或条形，向上渐缩小，先端渐尖，尖头稍弯，基部渐狭，无叶柄。【花】花序顶生；苞片狭披针形，在果期伸长；花梗短，果期伸长；花萼 5 裂至基部，裂片条状披针形，果期伸长，开展，先端尖；花冠蓝色，漏斗状，5 裂，裂片近方形，长、宽相等，喉部具 5 附属物；花药矩圆形；子房 4 裂，花柱柱头头状。【果】小坚果 4，三角状卵形，基部宽，背面中部具小瘤状突起，两侧具颗粒状突起，边缘弯向背面，具 1 行锚状刺，每侧 10 ~ 12 个，长短不等，基部 3 ~ 4 对较长，彼此分离，腹面具龙骨状突起，两侧具皱纹及小瘤状突起。【成熟期】花果期 5—8 月。

生境分布 一年生旱中生草本。生于山麓冲刷沟、山口河滩、砂砾地、干燥山坡。贺兰山西坡和东坡均有分布。我国分布于东北、西北、西南及山东、山西等地。世界分布于亚洲中部地区及蒙古国、俄罗斯。

药用价值 果入药，可杀虫消积；也可做蒙药。

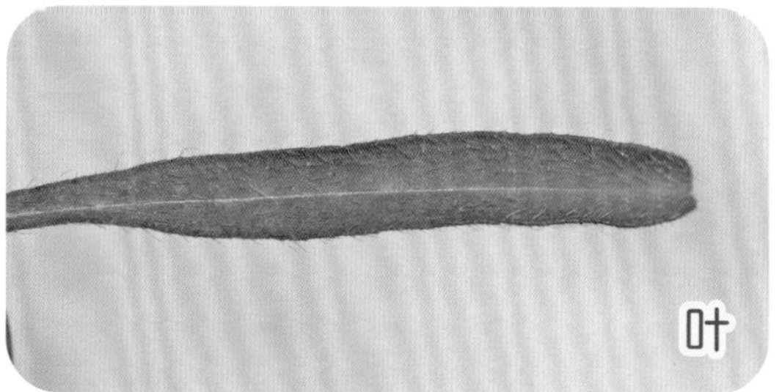

劲直鹤虱 *Lappula stricta* (Ledeb.) Gürke in Engler & Prantl 别称 小粘染子

形态特征 【植株】高 25 ~ 40 cm，全株（茎、叶、苞片、花梗、花萼）密被灰白色刚毛，开展或贴伏。【茎】多分枝，斜升。【叶】基生叶狭倒披针形，长 3 ~ 5.5 cm，宽 4 ~ 7 mm，先端钝或锐尖，基部渐狭下延成柄，具叶柄；茎生叶披针状条形，先端尖，基部渐狭，无叶柄。【花】由多数花序组成圆锥花序，花序长；苞片披针形；花梗短，果期伸长，稍开展；花萼 5 深裂，裂至基部，裂片披针状条形或披针形，先端尖；花冠蓝色，5 裂，裂片近圆形，喉部具 5 附属物；花药短圆形；子房 4 裂，花柱柱头扁球形。【果】小坚果 4，球状卵形或卵形，果背面狭披针形，具小瘤状突起，具光泽，无毛，略具棱缘，内卷，自其内生 1 行锚状刺，基部分离，彼此平行，每侧具 4 ~ 7 个，基部 3 ~ 4 对刺，腹面两侧具小瘤状突起，基部圆形，具皱棱，无毛，着生面位于果最下部，圆形，具硬边缘，具短果柄。【成熟期】花果期 5—6 月。

生境分布 一年生旱中生草本。生于山麓冲刷沟、山坡草地、路旁。贺兰山西坡和东坡均有分布。我国分布于新疆、甘肃、内蒙古等地。世界分布于西伯利亚地区、亚洲中部地区、帕米尔高原及蒙古国。

蓝刺鹤虱 *Lappula consanguinea* (Fisch. & C. A. Mey.) Gürke in Engler & Prantl 别称 小粘染子

形态特征 【植株】高 60 cm，全株（茎、叶、苞片、花梗、花萼）密被开展和贴伏刚毛。【茎】直立，上部分枝，斜升。【叶】基生叶条状披针形，长 5 ～ 8 cm，宽 5 ～ 8 mm，先端钝，基部渐狭，上面脉下陷，下面脉隆起，较开展，具长叶柄；茎生叶披针形或条状披针形，与基生叶大小相似，向上逐渐缩小，先端尖，基部渐狭，无叶柄。【花】花序果期伸长；苞片披针形；花梗很短，果期伸长；花萼 5 裂，裂至基部，裂片条状披针形，在果期稍扩大；花冠蓝色，稍带白色，漏斗状，5 裂，裂片矩圆形，喉部具 5 突起的附属物；花药矩圆形；子房 4 裂，花柱柱头扁球状。【果】小坚果 4，卵形，基部宽，背面稍平，具小瘤状突起，腹面具龙骨状突起，两侧具小瘤状突起，果棱缘具 2 行锚状刺，内行刺长，每侧 8 ～ 10 个，外行刺极短。【成熟期】花果期 6 — 8 月。

生境分布 一年生或二年生旱中生草本。生于海拔 1 600 ～ 2 200 m 的石质山坡、山前干旱坡、山地灌丛、田野村舍。贺兰山西坡和东坡均有分布。我国分布于新疆、甘肃、青海、宁夏、内蒙古、河北等地。世界分布于克什米尔地区及俄罗斯、蒙古国、巴基斯坦。

异刺鹤虱 *Lappula heteracantha* (Ledeb.) Gürke in Engler & Prantl 别称 东北鹤虱

形态特征 【植株】高 20 ～ 50 cm，全株（茎、叶、苞片、花梗、花萼）均被刚毛。【茎】1 至数条，单生或多分枝，分枝长，中上部分叉。【叶】基生叶莲座状，条状倒披针形或倒披针形，长 2 ～ 3 cm，宽 3 ～ 5 mm，先端锐尖或钝，基部渐狭，具叶柄，长 2 ～ 4 cm；茎生叶条形或狭倒披针形，向上逐渐缩小，先端弯尖，基部渐狭，无叶柄。【花】花序稀疏，果期伸长；苞片条状披针形，果期伸长；花梗短，果期伸长；花萼 5 深裂，裂至基部，裂片条状披针形，果期伸长，开展，先端尖；花冠淡蓝色，有时稍带白色或淡黄色斑，漏斗状，5 裂，裂片近圆形，喉部具 5 个矩圆形附属物；花药三棱状矩圆形；子房 4 裂，花柱柱头扁球状。【果】小坚果 4，长卵形，基部宽，背面较狭，中部具龙骨状突起，并且带小瘤状突起，两侧为小瘤状突起，边缘弯向背面，具 2 行锚状刺，内行刺每侧 6 ～ 7 个，相互分离，外行刺极短，腹面具龙骨状突起，两侧上部光滑，下部具皱棱及瘤状突起。【成熟期】花果期 5 — 8 月。

生境分布 一年生或二年生旱中生草本。生于海拔 1 600 ～ 1 800 m 的山地、沟谷、田野、村旁、路边。贺兰山西坡和东坡均有分布。我国分布于东北、西北、华北及河北、山东等地。世界分布于欧洲、克什米尔地区。

植株

花

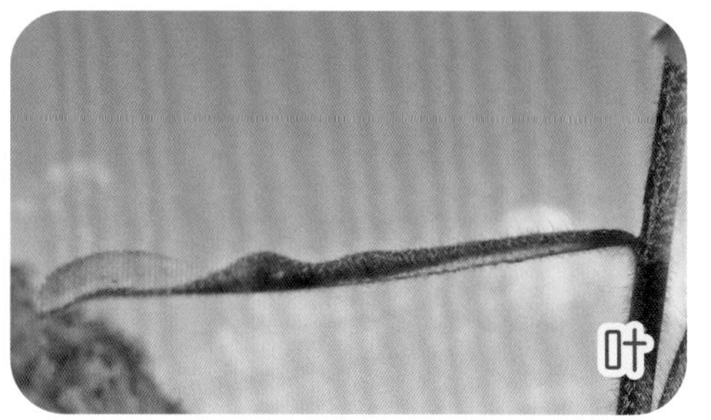
叶

鹤虱 *Lappula myosotis* Moench 别称 毛染染、小粘染子

形态特征 【植株】高 30 ～ 60 cm。【茎】直立，中上部分枝，密被白色短糙毛。【叶】基生叶长圆状匙形，全缘，先端钝，基部渐狭成长叶柄，两面密被具白色基盘的长糙毛；茎生叶短，狭披针形或线形，扁平或沿中肋纵折，先端尖，基部渐狭，无叶柄。【花】花序在果期伸长；苞片线形，较果实稍长；花梗果期伸长，直立而被毛；花萼 5 深裂，几达基部，裂片线形，急尖，被毛，果期增大呈狭披针形，星状开展或反折；花冠淡蓝色，漏斗状至钟状，裂片长圆状卵形，喉部附属物梯形。【果】小坚果卵状，背面狭卵形或长圆状披针形，具颗粒状疣突，稀平滑或沿中线龙骨状突起上具小棘突，边缘具 2 行近等长的锚状刺，内行刺长，基部不连合，外行刺较内行刺稍短或近等长，直立；小坚果腹面具棘状突起或小疣状突起；花柱伸出小坚果但不超过小坚果上方的刺。【成熟期】花果期 6 — 9 月。

生境分布 一年生或二年生旱中生草本。生于海拔 1 600 m 左右的山坡草地、山麓冲刷沟、居民区。贺兰山西坡北寺、巴彦浩特、哈拉乌有分布。我国分布于西北、华北、东南及辽宁、山西等地。世界分布于欧洲、北美洲及阿富汗、巴基斯坦、俄罗斯。

药用价值 果入药，可杀虫消积；也可做蒙药。

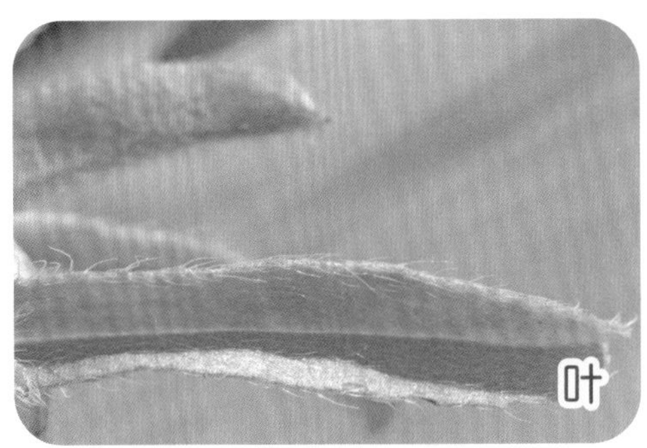

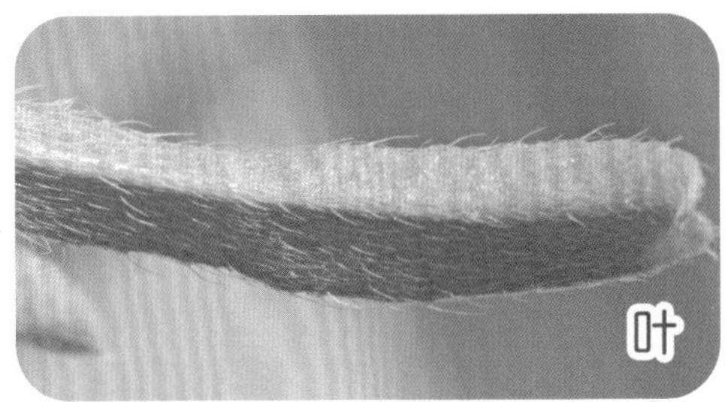

齿缘草属　*Eritrichium* Schrad. ex Gaudin

少花齿缘草　*Eritrichium pauciflorum* (Ledeb.) DC.　别称　石生齿缘草

形态特征　【植株】高 10 ～ 25 cm，全株密被绢状细刚毛，灰白色。【茎】数条丛生，基部具短分枝和基生叶及宿存枯叶，簇生较密，上部不分枝或近顶部形成花序分枝。【叶】基生叶狭匙形或狭匙状倒披针形，长 1.5 ～ 6 cm，宽 1 ～ 5 mm，先端锐尖或钝圆，基部渐狭下延成柄，具长叶柄；茎生叶狭倒披针形至条形，稍小于基生叶，先端尖或钝圆，基部渐狭，无叶柄。【花】花序顶生，2 ～ 4 个花序分枝，每分枝具花 10 余朵，花期后花序轴渐延伸，花着生苞片腋外；苞片条状披针形；花梗长，直立或稍开展；花萼裂片 5，条状披针形，先端尖或钝圆，花期直立，果期开展；花冠蓝色，辐射状；裂片 5；矩圆形或近圆形，喉部具 5 个附属物，半月形或矮梯形，明显伸出喉部；花药矩圆形；子房 4 裂，花柱柱头头状。【果】小坚果陀螺形，具瘤状突起和毛，棱缘具三角形小齿，齿端无锚状刺，偶具小短齿或长锚状刺。【成熟期】花果期 7 — 8 月。

生境分布　多年生旱中生草本。生于海拔 1 600 ～ 2 000 m 的石质山坡、干山坡、砾石缝、路边石质山坡。贺兰山西坡和东坡均有分布。我国分布于辽宁、河北、山西、宁夏、甘肃等地。世界分布于俄罗斯、蒙古国。

反折齿缘草 *Eritrichium deflexum* (Wahl.) Lian　别称　反折假鹤虱

形态特征　【植株】高 20 ～ 60 cm，密被弯曲柔毛。【茎】直立，单一，自中部以上分枝。【叶】基生叶匙形、倒披针形，长 1.5 ～ 3 cm，宽 5 ～ 9 mm，先端钝圆，基部渐狭成长柄，两面被开展糙伏毛；茎上部叶条状披针形、狭披针形，无叶柄。【花】花序顶生，花期延伸呈总状，花偏侧，仅基部具几个苞片，苞片叶状；花萼裂片卵形，果期向外反折；花冠蓝色，辐射状，裂片近圆形，近 2 倍于长，喉部具近梯形附属物；子房 4 裂，花柱短，柱头扁球状。【果】小坚果 4，背腹二面体，边缘锚状，基部连合，成翅，背面微突，腹面龙骨状突起，两面均具小瘤状突起及微硬毛，着生面卵形，位于果中部。【成熟期】花果期 6 — 8 月。

生境分布　一年生旱中生草本。生于海拔 1 600 ～ 2 000 m 的山地沟谷、砂砾地、石质阴坡灌丛。贺兰山东坡苏峪口、大水沟有分布。我国分布于东北、华北及新疆等地。世界分布于西伯利亚地区及俄罗斯、蒙古国。

药用价值　花和叶入药，可清热解毒；也可做蒙药。

斑种草属 *Bothriospermum* Bunge

狭苞斑种草 *Bothriospermum kusnezowii* Bunge ex DC.　别称　细叠子草

形态特征　【植株】高 13 ～ 35 cm，全株（茎、叶、苞片、花萼等）密被刚毛。【茎】斜升，基部分枝，茎数条。【叶】倒披针形，稀匙形或条形，长 3 ～ 8 cm，宽 4 ～ 8 mm，先端钝或微尖，基部渐狭下延成长叶柄。【花】花序果期延长；叶状苞片，条形或披针状条形，先端尖，无柄；花梗长；花萼裂片，狭披针形，果期内弯；花冠蓝色，花冠筒短，喉部具 5 个附属物，裂片 5，钝，开展；雌蕊基较平。【果】小坚果肾形，着生面位于果最下部，密被小瘤状突起，腹面具纵椭圆形凹陷。【成熟期】花期 5 月，果期 8 月。

生境分布　一年生中生草本。生于海拔 1 800 ～ 2 200 m 的山地沟谷、山谷林缘、河滩地、石质山坡。贺兰山西坡北寺和东坡贺兰沟有分布。我国分布于东北、西北及河南、河北、山西等地。

附地菜属　*Trigonotis* Stev.

附地菜　*Trigonotis peduncularis* (Trevis.) Benth. ex Baker & S. Moore　别称　伏地菜

形态特征　【植株】高 8 ～ 18 cm，被伏短硬毛。【茎】1 至数条，从基部分枝，直立或斜升。【叶】基生叶倒卵状椭圆形、椭圆形或匙形，长 5 ～ 35 mm，宽 3 ～ 8 mm，先端圆钝，基部渐狭下延成长叶柄，两面被伏细硬毛或细刚毛；茎下部叶与基生叶相似；茎上部叶椭圆状披针形，先端渐尖，基部楔形，两面被伏细硬毛，无叶柄。【花】花序仅在基部具 2 ～ 4 苞片，被伏细硬毛；花梗细，被短伏毛；花萼裂片椭圆状披针形，被短伏毛，先端尖；花冠蓝色，裂片钝，开展，喉部黄色，具 5 个附属物。【果】小坚果四面体，疏被短毛或无毛，具细短柄，棱尖锐。【成熟期】花期 5 月，果期 8 月。

生境分布　一年生旱中生草本。生于海拔 2 200 ～ 2 700 m 的山地沟谷、溪边、草甸。贺兰山西坡水磨沟、照北沟有分布。我国分布于东北、西北、华中、华南、西南地区。世界分布于亚洲中部地区、欧洲及俄罗斯、日本。

药用价值　全草入药，可温中健胃、消肿止痛、止血；也可做蒙药。

唇形科　Lamiaceae

牡荆属　*Vitex* Linn

荆条　*Vitex negundo* var. *heterophylla* (Franch.) Rehder

形态特征　【植株】高 1 ～ 2 m。【茎】幼枝四方形，老枝圆筒形，幼时微被柔毛。【叶】掌状复叶，具小叶 3 ～ 5，矩圆状卵形至披针形，长 3 ～ 7 cm，宽 5 ～ 25 mm，先端渐尖，基部楔形，边缘具缺刻状锯齿，浅裂至羽状深裂，上面绿色光滑，下面被灰色茸毛；具叶柄。【花】顶生圆锥花序，花小，蓝紫色，具短梗；花冠二唇形；花萼钟状，先端具 5 齿，外被柔毛；雄蕊 4，二强，伸出花冠；子房上位，4 室，柱头顶端 2 裂。【果】核果，包于宿存花萼内。【成熟期】花期 7 — 8 月，果期 9 月。

生境分布　喜暖中生灌木。生于海拔 1 600 ～ 1 900 m 的阔叶林区、山地阳坡、山坡灌丛。贺兰山东坡有分布。我国分布于西北、西南、东南及辽宁等地。世界分布于亚洲东南部地区及日本、印度。

药用价值　全草入药，可清热、止咳、化痰。

植株

花

莸属　*Caryopteris* Bunge

蒙古莸　*Caryopteris mongholica* Bunge

别称　白沙蒿、兰花茶

形态特征　【植株】高 15 ～ 40 cm。【茎】老枝灰褐色，具纵裂纹，幼枝紫褐色，初时密被灰白色柔毛。【叶】单叶对生，披针形、全缘，两面密被短柔毛；具短叶柄。【花】聚伞花序；花萼钟状，先端 5 裂，外被短柔毛，果熟时增长，宿存；花冠蓝紫色，筒状，外被短柔毛，先端 5 裂，其中 1 裂片较大，顶端撕裂，其余裂片先端钝圆或微尖；雄蕊 4，二强，花柱细长，柱头 2 裂。【果】果实球形，具 4 个小坚果，小坚果矩圆状三角形。【成熟期】花期 7 — 8 月，果熟期 8 — 9 月。

生境分布　旱生小灌木。生于海拔 1 600 ～ 2 400 m 的干燥石质阳坡、山麓砾石地。贺兰山西坡和东坡均有分布。我国分布于河北、陕西、山西、甘肃、宁夏、青海等地。世界分布于蒙古国。

药用价值　地上部分入药，可温中理气、祛风除湿、止痛利水；也可做蒙药。

黄芩属 *Scutellaria* Linn

黄芩 *Scutellaria baicalensis* Georgi

别称 黄芩茶

形态特征 【植株】高 20 ～ 35 cm。【茎】直立多分枝，疏被短柔毛。【叶】披针形或条状披针形，全缘，无毛或疏被短柔毛，密被凹腺点。【花】总状花序，顶生，偏一侧；花梗与花序轴被短柔毛；果时花萼伸长；花冠紫色、紫红色或蓝色，外面具腺质短柔毛，花冠筒基部膝曲，上唇盔状，先端微裂，里面被短柔毛，下唇 3 裂，中裂片近圆形，两侧裂片向上唇靠拢；雄蕊稍伸出花冠。【果】小坚果卵圆形，具瘤，腹部近基部具果脐。【成熟期】花期 7 — 8 月，果期 8 — 9 月。

生境分布 多年生广幅旱中生草本。生于海拔 1 700 ～ 2 000 m 的森林区或草原区干燥石质阳坡、山麓草地、休荒地。贺兰山西坡和东坡均有分布。我国东北、西北、华中及四川等地。世界分布于西伯利亚东部地区及蒙古国、朝鲜、日本。

甘肃黄芩　*Scutellaria rehderiana* Diels　别称　阿拉善黄芩

形态特征　【植株】高 12～30 cm。【根】主根木质，圆柱形。【茎】弧曲上升，被向下短柔毛，或混生腺毛。【叶】草质，卵形、卵状披针形或披针形，长 1～3 cm，宽 2～10 mm，先端圆或钝，基部宽楔形至圆形，全缘或中部以下每侧具 2～5 个不规则浅齿，中部以上全缘，两面被短毛或短柔毛，两面几无腺粒或具黄色腺粒；具叶柄。【花】花序总状，顶生；小苞片条形；花梗与花序轴被腺毛；花萼开花时伸长，盾片增高，被腺毛；花冠粉红色、淡紫色至紫蓝色，外面被腺毛，花冠筒近基部膝曲，上唇盔状，先端微缺，里面基部被腺毛，下唇中裂片近圆形；花丝中部以下被疏柔毛；子房 4 裂，表面瘤状突起；花盘肥厚，平顶。【成熟期】花期 6—8 月。

生境分布　多年生旱中生草本。生于海拔 1 600～2 200 m 的山地向阳草坡、沟谷、石质山坡。贺兰山西坡和东坡均有分布。我国分布于陕西、山西、宁夏、青海、甘肃等地。

药用价值　根入药，可清热解毒。

植株

花

叶

粘毛黄芩　*Scutellaria viscidula* Bunge　别称　黄花黄芩

形态特征　【植株】高 7～20 cm。【根】主根粗壮。【茎】直立或斜升，多分枝，密被短柔毛混生具腺短柔毛。【叶】条状披针形、披针形或条形，长 8～25 mm，宽 2～7 mm，先端稍尖或钝，基部楔形或近圆形，全缘，上面被极疏贴生短柔毛，下面密被短柔毛，两面均具多数黄色腺点；叶柄极短。【花】花序顶生，总状；花梗与花序轴被腺毛；苞片同叶形，向上变小，卵形至椭圆形，被腺毛；花萼、盾片果时伸长，被腺毛；花冠黄色，外面被腺毛，里面被长柔毛，花冠筒基部明显膝曲，上唇盔状，先端微缺，下唇中裂片宽大，近圆形，两侧裂片靠拢上唇，卵圆形；雄蕊伸出花冠，后对内藏，花丝扁平，中部以下被短柔毛或无毛；花盘肥厚。【果】小坚果卵圆形，褐色，腹部近基部具果脐。【成熟期】花期 6—8 月，果期 8—9 月。

生境分布　多年生旱中生草本。生于海拔 1 600～1 700 m 的山麓砾石地、撂荒地、草地。贺兰山西坡小松山、三关有分布。我国分布于宁夏、河北、山西、山东等地。

并头黄芩　*Scutellaria scordifolia* Fisch. ex Schrank　别称　头巾草

形态特征　【植株】高 10 ～ 30 cm。【根状茎】细长，淡黄白色。【茎】直立或斜升，四棱形，沿棱疏被微柔毛或近几无毛，单生或分枝。【叶】三角状披针形、条状披针形或披针形，长 15 ～ 30 mm，宽 3 ～ 11 mm，先端钝或稀微尖，基部圆形、浅心形、心形至截形，边缘具疏锯齿或全缘，上面被短柔毛或无毛，下面沿脉微被柔毛，具多数凹腺点；具短叶柄或几无叶柄。【花】单生茎上部叶腋内，偏向一侧；花梗近基部具 1 对针状小苞片；花萼疏被短柔毛，果后花萼与盾片延伸；花冠蓝色或蓝紫色，外面被短柔毛，花冠筒基部浅囊状膝曲，上唇盔状，内凹，下唇 3 裂；子房裂片等大，黄色，花柱细长，先端锐尖，微裂。【果】小坚果近圆形或椭圆形，褐色，具瘤状突起，腹部中间具果脐，隆起。【成熟期】花期 6—8 月，果期 8—9 月。

生境分布　多年生中生草本。生于海拔 1 700 ～ 2 100 m 的山地河滩林缘、草地、湿草甸。贺兰山西坡巴彦浩特有分布。我国分布于东北、华北、西北及山东等地。世界分布于俄罗斯、蒙古国、日本。

夏至草属 *Lagopsis* (Bunge ex Benth.) Bunge

夏至草 *Lagopsis supina* (Stephan ex Willd.) Ikonn. -Gal. ex Knorring

形态特征 【植株】高 15 ~ 30 cm。【茎】密被微柔毛，分枝。【叶】半圆形、圆形或倒卵形，3 浅裂或 3 深裂，裂片疏圆齿，两面密被微柔毛；叶柄密被微柔毛。【花】轮伞花序，具疏花；小苞片弯曲，刺状，密被微柔毛；花萼管状钟形，连齿外面密被微柔毛，里面中部以上被微柔毛，具 5 脉，齿近整齐，三角形，先端具浅黄色刺尖；花冠白色，稍伸出花萼筒，外面密被长柔毛，上唇密，里面与花丝基部扩大处被微柔毛，花冠筒基部靠上处内缢，上唇矩圆形，全绿，下唇中裂片圆形，侧裂片椭圆形；雄蕊着生花冠筒内缢处，不伸出，后对较短，花药卵圆形，后对较大；花柱先端 2 浅裂，与雄蕊等长。【果】小坚果长卵状三棱形，褐色，具鳞秕。【成熟期】花期 3 — 4 月，果期 5 — 6 月。

生境分布 多年生旱中生草本。生于海拔 1 600 ~ 2 500 m 的山地宽阔河谷、河滩、路旁。贺兰山西坡峡子沟、北寺和东坡大水沟、苏峪口有分布。我国分布于东北、西北、西南、华中地区。世界分布于日本、朝鲜、俄罗斯、蒙古国。

药用价值 全草入药，可养血调经；也可做蒙药。

植株

花

叶

叶

荆芥属 *Nepeta* Linn

多裂叶荆芥 *Nepeta multifida* Linn

别称 假苏

形态特征 【植株】高 30 ~ 40 cm。【根】主根粗壮，暗褐色。【茎】坚硬，被白色长柔毛，侧枝极短，或上部的侧枝发育，具花序。【叶】卵形，羽状深裂或全裂，或浅裂至全缘，长 20 ~ 25 mm，宽 15 ~ 20 mm，先端锐尖，基部楔形至心形，裂片条状披针形，全缘或具疏齿，上面疏被微柔毛，下面沿叶脉及边缘被短硬毛，具腺点；叶柄长，向上渐变短以至无叶柄。【花】花序为由多数轮伞花序组成的顶生穗状花序，下部 1 轮花序远离；苞叶深裂或全缘，向上渐变小，呈紫色，微被柔毛，小苞片卵状披针形，呈紫色，比花短；花萼紫色，外面被短柔毛，萼齿三角形，里面微被柔毛；花冠蓝紫色，花冠筒外面被短柔毛，花冠檐外面被长柔毛，下唇中裂片大，肾形；雄蕊前对较上唇短，后对略超出上唇，花药褐色；花柱伸出花冠，顶端等 2 裂，暗褐色。【果】小坚果扁，倒卵状矩圆形，腹面略具棱，褐色，平滑。【成熟期】花期 7 — 9 月，果期在 9 月以后。

生境分布 多年生旱中生草本。生于海拔 2 000 ~ 2 300 m 的森林区林缘、灌丛、石质山坡、丘陵坡地、沙质湿地。贺兰山西坡香池子、干树湾和东坡汝箕沟有分布。我国分布于东北、西北、华中地区。世界分布于俄罗斯、蒙古国。

药用价值 地上部分入药，可疏风解表、透疹。

植株

花

叶

叶

小裂叶荆芥　*Nepeta annua* Pall.　　　别称　细叶裂叶荆

形态特征　【植株】高 20 ～ 30 cm。【根】粗壮，圆锥形，木质，深褐色。【茎】多数，带紫红色，被白色柔毛。【叶】卵形或宽卵形，长 5 ～ 15 mm，宽 3 ～ 10 mm，一至二回羽状深裂，两面被白色疏短柔毛和少数黄色树脂腺点。【花】多数轮伞花序组成顶生穗状花序；苞片小，条状钻形；花萼外面被白色疏柔毛及黄色树脂腺点，里面疏被短柔毛，萼齿 5，三角状披针形；花冠淡紫色至白色，外面被具节长柔毛，里面无毛，花冠筒向喉部渐宽，花冠檐二唇形，上唇先端浅 2 圆裂，下唇 3 裂，中裂片较大，先端微凹，边缘具浅齿，侧裂片较小；雄蕊内藏。【果】小坚果倒长卵状三棱形。【成熟期】花期 6 — 8 月，果期在 8 月中旬以后。

生境分布　一年生旱中生草本。生于海拔 1 600 ～ 1 900 m 的宽阔山谷河床、丘陵坡地、干燥山谷。贺兰山西坡古拉本、峡子沟和东坡石炭井有分布。我国分布于东北、西北、华中地区。世界分布于俄罗斯、蒙古国。

药用价值　全草入药，可发汗散风、透疹止血。

植株

花

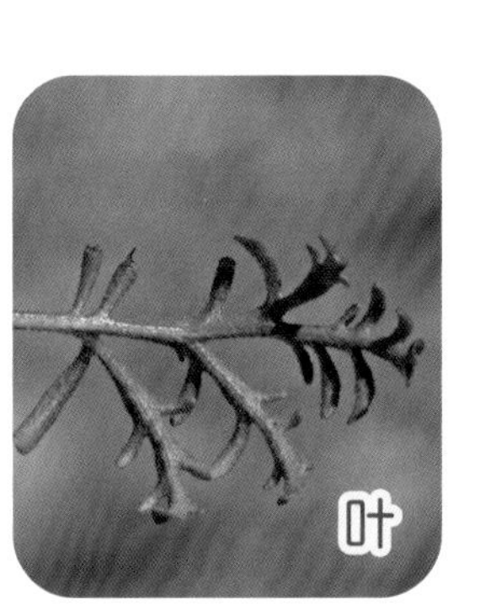
叶

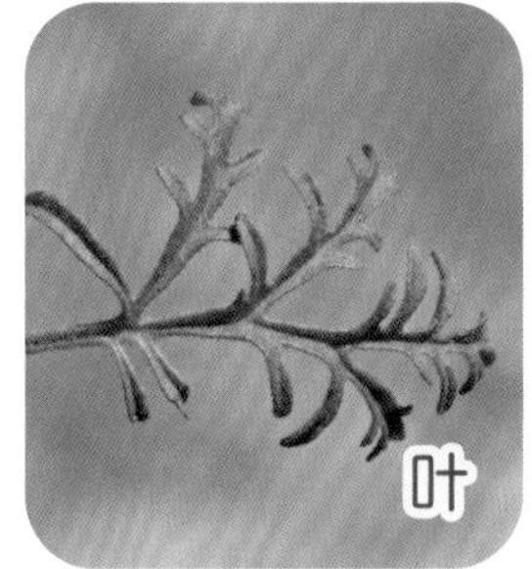
叶

大花荆芥　*Nepeta sibirica* Linn

形态特征　【植株】高 20 ～ 70 cm。【茎】多数，直立或斜升，被微柔毛，老时脱落。【叶】披针形、矩圆状披针形或三角状披针形，长 1.5 ～ 8 cm，宽 1 ～ 2 cm，先端锐尖或渐尖，基部截形或浅心形，边缘具锯齿，上面疏被微柔毛，下面密被黄色腺点和微柔毛；下部叶柄较长，向上变短。【花】轮伞花序，疏松排列于茎顶部，下部具明显总花梗，上部渐短；苞叶向上变小，披针形；苞片钻形，微被柔毛；花梗微被柔毛；花萼外面被短腺毛及黄色腺点，喉部极斜，上唇 3 裂，裂至本身长度的 1/2，裂片三角形，先端渐尖，下唇 2 裂至基部，披针形，先端渐尖；花冠蓝色或淡紫色，外面被短柔毛与腺点，花冠筒直立，花冠檐二唇形，上唇 2 裂，裂片椭圆形，下唇 3 裂，中裂片肾形，先端具弯缺，侧裂片矩圆形；雄蕊后对略长于上唇。【果】小坚果倒卵形，腹部略具棱，光滑，褐色。【成熟期】花期 8 — 9 月。

生境分布　多年生中生草本。生于海拔 1 600 ～ 2 500 m 的山地沟谷、林缘灌丛。贺兰山西坡和东坡均有分布。我国分布于宁夏、甘肃、青海、新疆等地。世界分布于亚洲中部地区及蒙古国、俄罗斯。

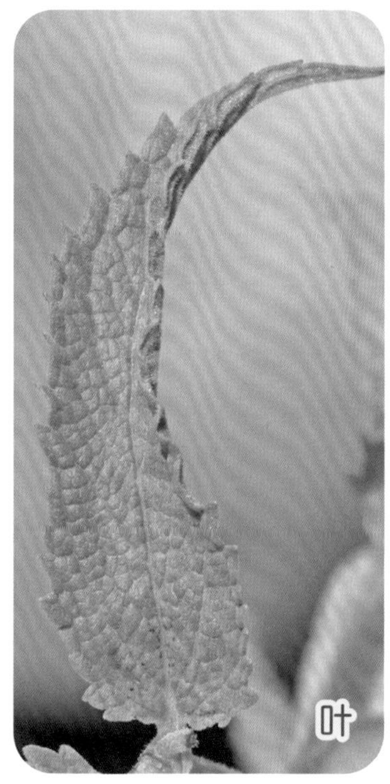

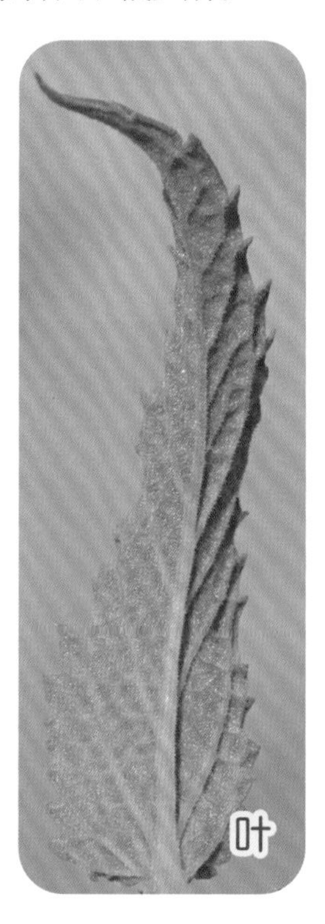

青兰属　*Dracocephalum* Linn

香青兰　*Dracocephalum moldavica* Linn　　**别称**　山薄荷、枝子花

形态特征　【植株】高 15 ～ 45 cm，被倒短柔毛。【茎】数条自根茎生出，直立，钝四棱形，中下部对向分枝。【叶】条形或披针状条形，长 1.5 ～ 4 cm，宽 5 ～ 10 mm，先端尖，基部渐狭，全缘，边缘向下略反卷，两面疏被短柔毛或无毛，具腺点；无叶柄或几无叶柄。【花】轮伞花序，着生茎上 3 ～ 5 节，密集；苞片卵状椭圆形，全缘，先端锐尖，密被睫毛；花萼外面密被短毛，里面疏被短毛，2 裂至本身长度的 2/5，上唇 3 裂至本身长度的 2/3 或 3/4，中齿卵状椭圆形，较侧齿宽，侧齿宽披针形，下唇 2 裂至本身基部，齿披针形，齿先端均锐尖，被睫毛，带紫色；花冠蓝紫色，外面被短柔毛；花药被短柔毛。【果】小坚果黑褐色，略呈三棱形。【成熟期】花期 7 月。

生境分布　多年生中生草本。生于海拔 1 600 m 左右的干燥山地、山谷、河滩多石处。贺兰山西坡巴彦浩特有分布。我国分布于东北、华中及甘肃、青海等地。世界分布于亚洲中部地区、欧洲及蒙古国、俄罗斯、印度。

药用价值　地上部分入药，可清肺解表、凉肝止血；也可做蒙药。

白花枝子花　*Dracocephalum heterophyllum* Benth.　　别称　祖帕尔

形态特征　【植株】高 10 ～ 25 cm。【根】粗壮。【茎】多数，倾卧或平铺地面，四棱形，密被倒向柔毛。【叶】茎下部叶宽卵形至长卵形，长 15 ～ 35 mm，宽 7 ～ 20 mm，先端钝或圆形，基部心形或截平，边缘具浅圆齿，上面疏被微柔毛，下面密被短柔毛，叶柄长；茎中部叶具等长或较短于叶片的叶柄，叶片与茎下部叶同形，边缘具浅圆齿或尖锯齿；茎上部叶变小，叶柄变短，锯齿齿尖具刺。【花】轮伞花序，着生茎上叶腋；苞片倒卵形或倒披针形，被短柔毛，边缘具小齿，齿尖具长刺，刺缘具短睫毛；花具短梗；花萼明显二唇形，外面疏被短柔毛，边缘具短睫毛，2 裂几至中部，上唇 3 裂至本身长度的 1/3 或 1/4，齿几等大，三角状卵形，先端具短刺，下唇 2 裂至本身长度的 2/3，齿披针形，先端具刺；花冠淡黄色或白色，外面密被短柔毛，二唇近等长；雄蕊无毛。【成熟期】花期 7 — 8 月。

生境分布　多年生旱中生草本。生于海拔 2 100 ～ 3 000 m 的石质山坡、灌丛、林缘、丘陵坡地。贺兰山西坡和东坡均有分布。我国分布于西北、西南地区。世界分布于亚洲中部地区及蒙古国、俄罗斯。

药用价值　全草入药，可清肝泄火、止咳散郁；也可做蒙药。

沙地青兰 *Dracocephalum psammophilum* C. Y. Wu & W. T. Wang 别称 灌木青兰

形态特征 【植株】高 20 cm。【根】粗壮。【茎】树皮灰褐色，不整齐剥裂，小枝近圆柱形或呈不明显的四棱形，略带紫色，密被倒向白色短毛。【叶】椭圆形或矩圆形，先端钝或圆，基部宽楔形或圆形，长 5 ～ 10 mm，宽 2 ～ 4 mm，全缘或每侧缘具 1 ～ 3 齿，齿端两面密被短毛及腺点；近花序处叶变小，苞片状；叶柄极短。【花】轮伞花序，着生茎顶端；花具短梗，密被倒向白色短毛；苞片长椭圆形，边缘每侧具 1 ～ 3 长刺齿，密被毛及腺点，边缘具短睫毛；花萼钟状管形，外面密被毛及腺点，里面疏被毛，2 裂至 1/3 处，上唇 3 裂至本身长度的 3/4 ～ 2/3，齿端锐尖，中齿较侧齿宽，下唇 2 裂至基部或稍过，齿披针状三角形，先端渐尖，花萼筒干时紫色；花冠淡紫色，外面密被短柔毛，花冠筒里面中下部具 2 行白色短柔毛，花冠檐二唇形，上唇宽椭圆形，先端 2 浅裂，下唇中裂片宽，中间 2 浅裂，侧裂片最小；雄蕊伸出，花丝疏被毛，花药深紫色。【成熟期】花果期 8 — 9 月。

生境分布 旱生小半灌木。生于海拔 1 600 ～ 2 100 m 的干旱砾石质山坡、低山丘陵坡。贺兰山西坡峡子沟和东坡甘沟有分布。我国分布于宁夏、内蒙古等地。世界分布于蒙古国、俄罗斯。

植株

花

叶

糙苏属 *Phlomoides* Moench

尖齿糙苏 *Phlomoides dentosa* (Franch.) Kamelin & Makhm.

形态特征 【植株】高 20 ～ 40 cm。【根】粗壮。【茎】直立，多分枝，茎下部疏被节刚毛，花序下部茎及上部分枝被星状毛。【叶】三角形或三角状卵形，长 4 ～ 10 cm，宽 2.5 ～ 6 cm，先端圆或钝，基部心形或近截形，边缘圆齿不整齐，上面被单毛、星状毛或近无毛，下面近无毛或仅脉上疏被星状柔毛；基生叶具长柄，茎生叶具短柄，苞叶近无柄。【花】轮伞花序，具多数花；苞片针刺状，略坚硬，密被星状柔毛、星状毛；花萼筒状钟形，外面密被星状毛，脉上被星状毛，萼齿 5，相等，齿顶端具钻状刺尖；花冠粉红色，外面近喉部被短柔毛，里面毛环间断，二唇形，上唇盔状，外面密被星状柔毛、长柔毛，边缘小齿不整齐，下唇 3 圆裂，中裂片宽倒卵形，较大，侧裂片卵形，较小，外面密被星状短柔毛及具节长柔毛；雄蕊 4，因上唇外翻而露出，花丝被毛，花丝基部在毛环上具反射的距状附属物；花柱先端具不等 2 裂。【果】小坚果顶端无毛。【成熟期】花期 6 — 8 月，果期 8 — 9 月。

生境分布 多年生中生草本。生于海拔 1 600 ～ 2 000 m 的山地沟谷、山麓冲刷沟、路旁。贺兰山东坡华溪沟、黄旗沟有分布。我国分布于甘肃、宁夏、青海、河北等地。

益母草属 *Leonurus* Linn

益母草 *Leonurus japonicus* Houtt. 别称 坤草、益母蒿

形态特征 【植株】高 30 ～ 80 cm。【茎】直立，钝四棱形，微具槽，被倒向糙伏毛，棱上密，基部近无毛，分枝。【叶】茎下部叶卵形，基部宽楔形，掌状 3 裂，裂片矩圆状卵形，长 2.6 ～ 6 cm，宽 5 ～ 12 mm，具叶柄；中部叶菱形，基部狭楔形，掌状 3 半裂或 3 深裂，裂片矩圆状披针形。【花】花序上苞叶条形或条状披针形，全缘或稀缺刻；轮伞花序，腋生；多花密集，圆球形，多数远离而组成长穗状花序；小苞片刺状，比花萼筒短；无花梗；花萼管状钟形，外面被微柔毛，里面在距离基部 1/3 处以上被微柔毛，齿 5，前 2 齿，较长，后 3 齿，较短；花冠粉红色至淡紫红色，伸出花冠筒外被柔毛，花冠檐二唇形，上唇直伸，下唇与上唇等长，3 裂；雄蕊 4，前对较长，花丝丝状；花柱丝状，无毛。【果】小坚果矩圆状三棱形。【成熟期】花期 6 — 9 月，果期 9 — 10 月。

生境分布 一年生或二年生中生草本。生于海拔 1 500 ～ 1 600 m 的森林草原区或草原区田舍、山麓向阳河滩地。贺兰山西坡北寺、赵池沟、峡子沟和东坡黄旗沟、甘沟有分布。我国分布于东北、西北、华中及河北、河南等地。世界分布于美洲、非洲及日本、朝鲜、俄罗斯、蒙古国。

细叶益母草 *Leonurus sibiricus* Linn 别称 龙串草、风葫芦草

形态特征 【植株】高 20 ～ 75 cm。【茎】钝四棱形，被贴生短糙伏毛，分枝或不分枝。【叶】从下到上变化大，下部叶早落，中部叶卵形，长 2.5 ～ 9 cm，宽 3 ～ 4 cm，掌状 3 全裂，在裂片上再羽状分裂（多 3 裂），小裂片条形；具叶柄；最上部的苞叶菱形，3 全裂成细裂片，呈条形。【花】轮伞花序，腋生；多花，轮廓圆球形，向顶端逐渐密集组成长穗状；小苞片刺状，向下反折；无花梗；花萼管状钟形，外面中部疏被柔毛，里面无毛，齿 5，前 2 齿长，稍开张，后 3 齿短；花冠粉红色，花冠檐二唇形，上唇矩圆形，直伸，全缘，外面密被长柔毛，里面无毛，下唇比上唇短，外面密被长柔毛，里面无毛，3 裂；雄蕊 4，前对较长，花丝丝状；花柱丝状，先端 2 浅裂。【果】小坚果矩圆状三棱形，褐色。【成熟期】花期 7—9 月，果期 9 月。

生境分布 一年生或二年生中生草本。生于海拔 1 500 m 左右的石质或砂质草地、松林。贺兰山西坡北寺、赵池沟、峡子沟和东坡黄旗沟、甘沟有分布。我国分布于东北、西北、华中及河北、河南、山西等地。世界分布于俄罗斯、蒙古国。

药用价值 全草入药，可活血调经、利尿消肿、清热解毒；也可做蒙药。

植株

花

花

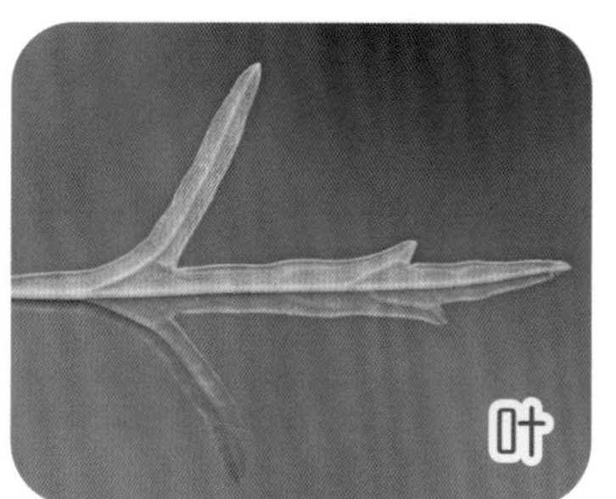
叶

脓疮草属 *Panzerina* Moench

脓疮草 *Panzerina lanata* var. *alashanica* (Kuprian.) H. W. Li 别称 阿拉善龙疮草

形态特征 【植株】高 10 ～ 35 cm。【茎】多分枝，基部发出，密被白色短茸毛。【叶】宽卵形，长 2 ～ 4 cm，宽 3 ～ 8 mm；茎生叶掌状 3 ～ 5 深裂，裂片分裂达基部，狭楔形，小裂片卵形至披针形，上面均密被贴生短毛，下面密被茸毛，呈灰白色，叶柄细长，被茸毛；苞叶较小，3 深裂。【花】轮伞花序，具多数花，组成密集穗状花序；小苞片钻形，先端具刺尖，被茸毛；花萼管状钟形，外面密被茸毛，里面无毛，萼齿 5，前 2 齿稍长，宽三角形，先端具短刺尖；花冠淡黄色或白色，外面被丝状长柔毛，里面无毛，二唇形，上唇盔状，矩圆形，基部收缩，下唇 3 裂，中裂片较大，倒心形，侧裂片卵形；雄蕊 4，前对稍长，花丝丝状，略被微柔毛，花药黄色，卵圆形，2 室，室平行；花柱略短于雄蕊，先端等 2 浅裂；花盘平顶。【果】小坚果卵圆状三棱形，具疣点，顶端圆。【成熟期】花期 6—7 月，果期 7—8 月。

生境分布 多年生旱生草本。生于宽阔山谷、干河床、山麓覆沙地、低山丘陵。贺兰山西坡和东坡均有分布。我国分布于宁夏、甘肃、陕西等地。世界分布于蒙古国、俄罗斯。

兔唇花属 *Lagochilus* Bunge

冬青叶兔唇花 *Lagochilus ilicifolius* Bunge 别称 兔唇花

形态特征 【植株】高 6 ～ 19 cm。【根】木质。【茎】分枝，直立或斜升，基部木质化，干后白绿色，被白色细短硬毛。【叶】楔状菱形，革质向上，灰绿色，长 10 ～ 15 mm，宽 5 ～ 9 mm，先端具 3 ～ 8 齿裂，齿端具短芒状刺尖，基部楔形，两面无毛，干后白绿色；无叶柄。【花】轮伞花序，具花 2 ～ 4 朵，着生中上部叶腋；苞片细针状，无毛，向上，叶腋内无苞片或具针状小苞片；花萼管状钟形，白绿色，硬革质，无毛，齿不相等，后齿较长，与其相对齿凹缺长度与之近相等，其余 4 齿每 2 齿间的齿凹缺较短，齿长圆状披针形，先端具极短刺尖；花冠淡黄色，网脉紫褐色，上唇直立，先端 2 裂，外面被白色绵毛，里面被白色糙伏毛，下唇长与中部宽相等，外面微被毛，里面无毛，3 深裂，中裂片大，倒心形，先端深凹，侧裂片小，卵圆形，先端具 2 齿；雄蕊着生花冠筒基部，后对短，前对长，花丝扁平，边缘膜质，基部被微柔毛；花柱近方柱形，先端等 2 短裂；花盘浅；子房无毛。【果】小坚果狭三角形，顶端截平。【成熟期】花期 6 — 8 月，果期 9 — 10 月。

生境分布 多年生旱生草本。生于海拔 1 600 ～ 2 000 m 的荒漠草原区、干燥石质山坡。贺兰山西坡和东坡均有分布。我国分布于宁夏、甘肃、陕西等地。世界分布于蒙古国、俄罗斯。

百里香属 *Thymus* Linn

百里香 *Thymus mongolicus* (Ronniger) Ronniger. 别称 地椒子

形态特征 【茎】多数，木质化匍匐或上升；不育枝从茎的末端或基部生出，匍匐或上升，被短柔毛。【花枝】高 0.5 ～ 15 cm，花序下密被下曲或平展疏柔毛，下部毛短疏。【叶】2 ～ 4 对，基部具脱落先出叶，卵圆形，长 3 ～ 10 mm，宽 0.5 ～ 2 mm，先端钝或稍锐尖，基部楔形或渐狭，全缘或稀具 1 ～ 2 对小锯齿，两面无毛，侧脉 2 ～ 3 对，下面微突起，具腺点；叶柄明显，靠下部叶柄长为叶片的 1/2，在上部则较短；苞叶与叶同形，边缘下部 1/3 处被缘毛。【花】花序头状；花梗短；花萼管状钟形或狭钟形，下部疏被柔毛，上部近无毛，下唇较上唇长或近相等，上唇齿短，齿不超过上唇全长的 1/3，三角形，被缘毛或无毛；花冠紫红色、紫色、淡紫色、粉红色，疏被短柔毛，花冠筒伸长，向上增大。【果】小坚果近圆形或卵圆形，压扁状，光滑。【成熟期】花期 7 — 8 月。

生境分布 旱生小半灌木。生于海拔 2 000 ～ 2 600 m 的石质山坡、山地阴坡。贺兰山西坡和东坡均有分布。我国分布于东北、西北、华中及山东等地。世界分布于日本、朝鲜、蒙古国、俄罗斯。

药用价值 全草入药，可祛风解表、行气止痛、止咳降压。

薄荷属 *Mentha* Linn

薄荷 *Mentha canadensis* Linn 别称 野薄荷、南薄荷

形态特征 【植株】高 30 ～ 60 cm。【茎】直立，四棱形，被柔毛。【叶】矩圆状披针形、椭圆形、椭圆状披针形或卵状披针形，长 2 ～ 9 cm，宽 1 ～ 3 cm，边缘具锯齿或浅锯齿；叶柄微被柔毛。【花】轮伞花序，腋生；总花梗极短；花萼管状钟形，萼齿 5，狭三角状钻形；花冠淡紫色或淡红紫色，外面微被柔毛，里面喉部微被柔毛，花冠檐 4 裂，上裂片先端 2 裂，较大，其余 3 裂片近等大；雄蕊 4，前对较长，伸出花冠外或等长。【果】小坚果卵球形，黄褐色。【成熟期】花期 7 — 8 月，果期 9 月。

生境分布 多年生湿中生草本。生于海拔 1 600 ～ 1 800 m 的浅山山口、山麓溪边、沟渠。贺兰山西坡火炬和东坡拜寺沟、插旗沟有分布。我国广布于各地。世界分布于北美洲及日本、朝鲜、蒙古国、俄罗斯。

药用价值 茎和叶入药，可利咽清目、疏肝行气；也可做蒙药。

香薷属 *Elsholtzia* Willd.

细穗香薷 *Elsholtzis densa* Benth

别称 密花香薷

形态特征 【植株】高 20 ～ 80 cm。【根】侧根密集。【茎】直立，基部分枝，被短柔毛。【叶】条状披针形或披针形，长 1 ～ 4 cm，宽 5 ～ 15 mm，先端渐尖，基部宽楔形或楔形，边缘具锯齿，两面被短柔毛；具叶柄。【花】轮伞花序，具多数花，密集组成穗状花序，圆柱形，密被紫色串珠状长柔毛；苞片倒卵形，顶端钝，边缘被串珠状疏柔毛；花萼宽钟状，外面及边缘密被紫色串珠状长柔毛，萼齿 5，近三角形，前 2 齿较短，果时花萼膨大，近球形；花冠淡紫色，二唇形，上唇先端微缺，下唇 3 裂，中裂片较侧裂片短，外面及边缘密被紫色串珠状长柔毛，里面具毛环；雄蕊 4，前对较长，微露出，花药近圆形；花柱微伸出。【果】小坚果卵球形，暗褐色，被极细微柔毛。【成熟期】花果期 7 — 10 月。

生境分布 一年生中生草本。生于海拔 1 600 ～ 2 600 m 的山地沟谷、河溪边、砂砾地、灌丛。贺兰山西坡南寺冰沟、北寺有分布。我国分布于东北、华北、西北、西南地区。世界分布于蒙古国、印度、巴基斯坦。

茄科 Solanaceae

曼陀罗属 *Datura* Linn

曼陀罗 *Datura stramonium* Linn

别称　万桃花

形态特征 【植株】高 0.5 ~ 1.5 m，全株平滑或幼嫩部分被短柔毛。【茎】粗壮，圆柱状，淡绿色或带紫色，下部木质化。【叶】单叶互生，广卵形，长 8 ~ 12 cm，宽 3 ~ 10 cm，顶端渐尖，基部不对称楔形，边缘具不规则波状浅裂，裂片顶端急尖，或波状齿，侧脉每边 3 ~ 5 条，直达裂片顶端；具叶柄。【花】单生枝杈间或叶腋，直立；花梗短；花萼筒状，花萼筒具 5 棱角，两棱间稍内陷，基部稍膨大，顶端紧围花冠筒，5 浅裂，裂片三角形，花后近基部断裂，宿存部分随果实增大并向外反折；花冠漏斗状，下半部带绿色，上部白色或淡紫色，花冠檐 5 浅裂，裂片具短尖头；雄蕊不伸出花冠，花丝长，花药短；子房密被柔针毛，花柱长。【果】蒴果直立，卵状，表面生硬针刺或无刺近平滑，成熟后淡黄色，规则 4 瓣裂。【种子】卵圆形，稍扁，黑色。【成熟期】花果期 7 — 9 月，果期 8 — 10 月。

生境分布 一年生高大中生草本或半灌木。生于海拔 1 600 m 左右的山麓洼地、村舍附近。贺兰山西坡塔尔岭、小松山有分布。我国广布于各地。世界广布种。

药用价值 花入药，可平喘镇咳、解痉止痛；也可做蒙药。

植株

花

叶

枸杞属 *Lycium* Linn

黑果枸杞 *Lycium ruthenicum* Murray

别称　黑枸杞、苏枸杞

形态特征 【植株】高 20 ~ 60 cm，多棘刺，多分枝。【茎】分枝斜升或横卧地面，白色或灰白色，呈“之”字形曲折，具不规则纵条纹，小枝顶端渐尖呈棘刺状，节间短，每节具短棘刺。【叶】2 ~ 6 枚簇生短枝上（幼枝为单叶互生），肥厚肉质，条形、条状披针形或条状倒披针形，长 0.5 ~ 3 cm，宽 2 ~ 7 mm，先端钝圆，基部渐狭，两侧或稍下卷，中脉不明显；近无叶柄。【花】1 ~ 2 朵着生短枝上；花梗细；花萼狭钟状，不规则 2 ~ 4 浅裂，裂片膜质，边缘疏被缘毛；花冠漏斗状，浅紫色，花冠筒向花冠檐稍扩大，先端 5 浅裂，裂片矩圆状卵形，长为花冠筒的 1/3 ~ 1/2，无缘毛；雄蕊稍伸出花冠，着生花冠筒中部，花丝离基部稍上疏被茸毛，花冠内壁与之等高处疏被茸毛；花柱与雄蕊近等长。【果】浆果紫黑色，球形，或顶端稍凹陷。【成熟期】花期 6 — 7 月。

生境分布 耐盐中生灌木。生于海拔 1 500 m 左右的山麓与北部山谷盐碱地。贺兰山西坡巴彦浩特和东坡石炭井有分布。我国分布于陕西、甘肃、宁夏、青海、西藏、新疆等地。世界分布于亚洲、欧洲、亚洲中部地区、高加索地区等。国家二级重点保护植物。

枸杞　*Lycium chinense* Mill.　　别称　菱叶枸杞

形态特征　【植株】高 0.5 ~ 1 m。【茎】多分枝，枝条细弱，弓状弯曲或俯垂，淡灰色，具纵条纹和棘刺，叶花的棘刺长，小枝顶端锐尖呈棘刺状。【叶】单叶互生或枝下数叶簇生；纸质或稍厚，卵状狭菱形至卵状披针形、卵形、长椭圆形，长 15 ~ 50 mm，宽 5 ~ 15 mm，先端锐尖，基部楔形，全缘，两面均无毛；具叶柄。【花】长枝上单生或双生叶腋，短枝上同叶簇生；花梗向顶端渐粗；花萼 3 中裂或 4 ~ 5 齿裂，裂片被缘毛；花冠漏斗状，淡紫色，花冠筒向上骤扩，稍短或等于花冠檐裂片，5 深裂，裂片卵形，顶端圆钝，平展或稍外反曲，边缘被缘毛，基部耳显著；雄蕊较花冠短，或因花冠裂片外展而伸出花冠，花丝在近基部处密被 1 圈茸毛并交织成椭圆状毛丛，花冠筒内壁也密被 1 环茸毛；花柱稍伸出雄蕊，上端弓弯，柱头绿色。【果】浆果卵形或矩圆形，深红色或橘红色。【种子】扁肾脏形，黄色。【成熟期】花期 7 — 8 月，果期 8 — 10 月。

生境分布　中生灌木。生于山麓冲刷沟、山口、宽阔山谷、坡脚。贺兰山西坡峡子沟、北寺、三关有分布。我国广布于除新疆、青海、甘肃以外的各地。世界分布于亚洲、欧洲。

药用价值　果和根皮入药，可滋补肝肾、益精明目；也可做蒙药。

天仙子属　*Hyoscyamus* Linn

天仙子　*Hyoscyamus niger* Linn　别称　莨菪、牙痛草

形态特征　【植株】高 30 ～ 80 cm，全株密被黏性腺毛及柔毛，具臭气。【根】纺锤状，粗壮肉质。【叶】茎基部丛生呈莲座状；茎生叶互生，长卵形或三角状卵形，长 3 ～ 14 cm，宽 1 ～ 7 cm，先端渐尖，基部宽楔形，无叶柄而半抱茎，或楔形狭细呈长柄状，边缘羽状深裂或浅裂，或疏齿，裂片呈三角状。【花】茎中部单生叶腋，茎顶端聚集组成蝎尾式总状花序，偏于一侧；花萼筒状钟形，密被细腺毛及长柔毛，先端 5 浅裂，裂片大小不等，先端锐尖具小芒尖，果时增大呈壶状，基部圆形与果贴近；花冠钟状，土黄色，具紫色网纹，先端 5 浅裂；子房近球形。【果】蒴果卵球状，中上部盖裂，藏于宿萼内。【种子】小，扁平，淡黄棕色，具小疣状突起。【成熟期】花期 6 — 8 月，果期 8 — 10 月。

生境分布　一年生或二年生中生草本。生于山麓冲刷沟、洼地、村舍。贺兰山西坡和东坡均有分布。我国分布于东北、西北、华中、西南地区。世界分布于非洲北部地区、欧洲及蒙古国、俄罗斯、朝鲜。

药用价值　种子入药，可解痉、止痛、安神；也可做蒙药。

茄属　*Solanum* Linn

青杞　*Solanum septemlobum* Bunge　别称　野枸杞、红葵

形态特征　【植株】高 20 ～ 50 cm。【茎】具棱角，多分枝，被白色具节弯卷短柔毛或近无毛。【叶】互生，卵形，长 3 ～ 7 cm，宽 2 ～ 5 cm，先端钝，基部楔形；不整齐羽状 5 ～ 7 深裂，裂片宽条形或披针形，先端尖，全缘或具齿，两面疏被短柔毛，叶脉及边缘毛较密；叶柄被短柔毛。【花】二歧聚伞花序，顶生或腋生；总花梗微被柔毛或近无毛，花梗纤细，近无毛，基部具关节；花萼小，杯状，外面疏被柔毛，5 裂，裂片三角形；花冠蓝紫色，花冠筒隐于萼内，先端深 5 裂，裂片矩圆形，开放时向外反折；花丝、花药黄色，长圆形，顶孔向内；子房卵形，花柱丝状，柱头头状，绿色。【果】浆果近球状，熟时红色。【种子】扁圆形。【成熟期】花期 7 — 8 月，果期 8 — 9 月。

生境分布　多年生中生草本。生于海拔 1 500 ～ 1 800 m 的山麓冲刷沟、向阳山坡、宽阔山谷。贺兰山西坡和东坡均有分布。我国分布于东北、西北、东南、西南、华中地区。世界分布于蒙古国、俄罗斯。

药用价值　地上部分入药，可清热解毒；也可做蒙药。

龙葵　*Solanum nigrum* Linn　　别称　野葡萄、天茄子

形态特征　【植株】高 0.2 ～ 1 m。【茎】直立，多分枝，小枝无棱或不明显，绿色或紫色，近无毛或微被柔毛。【叶】卵形，长 20 ～ 80 mm，宽 15 ～ 50 mm，先端短尖，基部楔形至阔楔形下延至叶柄，全缘或每边具不规则波状粗齿，光滑或两面疏被短柔毛，叶脉每边 5 ～ 6 条；具叶柄。【花】花序短蝎尾状，腋外生，下垂，具花 4 ～ 9 朵；总花梗长是花梗长的 2 ～ 5 倍，近无毛或被短柔毛；花萼小，浅杯状，齿卵圆形，先端圆，基部两齿间连接处成角度；花冠白色，花冠筒隐于花萼内，花冠檐 5 深裂，裂片卵圆形；花丝短，花药黄色，为花丝长度的 4 倍，顶孔向内；子房卵形，花柱中部以下被白色茸毛，柱头小，头状。【果】浆果球形，熟时黑色。【种子】近卵形，压扁状。【成熟期】花期 7 — 9 月，果期 8 — 10 月。

生境分布　一年生中生草本。生于山麓路旁、冲刷沟、村舍。贺兰山西坡和东坡均有分布。我国广布于各地。世界分布于欧洲、亚洲、美洲。

药用价值　全草入药，可清热解毒、消肿散瘀、止血利尿；也可做蒙药。

玄参科　Scrophulariaceae

玄参属　*Scrophularia* Linn

砾玄参　*Scrophularia incisa* Weinm.

形态特征　【植株】高 0.2 ～ 0.7 m，全株被短腺毛。【根】粗壮，木质剥裂，紫褐色。【茎】近圆形，无毛或上部被微腺毛，直立或斜升，多条丛生，基部木质化，带褐紫色，具棱。【叶】对生，狭矩圆形至卵状椭圆形，长 1 ～ 3 cm，宽 3 ～ 10 mm，顶端锐尖至钝，基部楔形至渐狭呈短柄状，边缘各异，浅齿至浅裂，或基部具 1 ～ 2 枚深裂片，无毛，仅脉上被糠秕状微毛；叶柄短。【花】聚伞花序，具花 1 ～ 7 朵；总梗和花梗微被腺毛；花萼无毛或基部微被腺毛，裂片近圆形，具狭膜质边缘；花冠玫瑰红色至暗紫红色，下唇色较浅，花冠筒球状筒形，长为花冠的 1/2，上唇裂片顶端圆形，下唇侧裂片长为上唇的 1/2；雄蕊约与花冠等长，退化雄蕊长矩圆形，顶端圆至略尖；花柱为子房长的 3 倍。【果】蒴果球形。【成熟期】花果期 6 — 7 月。

生境分布　多年生旱生草本。生于海拔 1 600 ～ 2 600 m 的河滩砾石地、湖边沙地、湿沟草坡。贺兰山东坡石炭井有分布。我国分布于宁夏、甘肃、青海、新疆等地。世界分布于西伯利亚地区、亚洲中部地区及蒙古国。

药用价值　全草入药，可清热解毒；也可做蒙药。

贺兰山玄参　*Scrophularia alaschanica* Batalin

形态特征　【植株】高 20 ～ 60 cm，全体被极短腺毛。【根】不膨大，细长，灰褐色。【茎】直立，四棱形，中空。【叶】对生，叶片质薄，椭圆状卵形或卵形，长 2 ～ 7 cm，宽 1 ～ 4 cm，先端钝尖或锐尖，基部楔形或截形，边缘具不规则重锯齿或粗齿，上面绿色，下面灰绿色，叶脉隆起；叶柄向上渐短，具微翅。【花】聚伞花序，顶生，近头状或 2 ～ 5 节对生；花序短，果期伸长；花梗短；苞片条状披针形；花萼 5 深裂，裂片宽矩圆形，先端近圆形，膜质边缘不明显；花冠黄色，上唇明显长于下唇，上唇 2 裂，裂片近圆形，下唇中裂片小，卵状三角形，侧裂片大，宽圆形，边缘波状；雄蕊内藏，退化雄蕊短匙形。【果】蒴果卵形，顶端具尖喙，近无毛。【种子】多数，卵形，黑褐色，表面粗糙，具小突起。【成熟期】花期 6 — 7 月，果期 7 月。

生境分布　多年生中生草本。生于海拔 1 700 ～ 2 500 m 的沟谷阴湿、山地草甸。贺兰山西坡和东坡均有分布。我国分布于宁夏、内蒙古等地。

紫葳科　Bignoniaceae

角蒿属　*Incarvillea* Juss.

角蒿　*Incarvillea sinensis* Lam.　　别称　羊角蒿、透骨草

形态特征　【植株】高 30 ～ 80 cm。【茎】直立，具黄色细条纹，被微毛。【叶】互生，菱形或长椭圆形，二至三回羽状深裂或全裂；羽片 4 ～ 7 对，下部的羽片再分裂成 2 对或 3 对，最终裂片为条形或条状披针形，上面绿色，被毛或无毛，下面淡绿色，被毛，边缘具短毛；叶柄疏被短毛。【花】红色或紫红色；花 4 ～ 18 朵组成顶生总状花序，短花梗密被短毛；苞片 1，小苞片 2，密被短毛，丝状；花冠筒状漏斗形，先端 5 裂；裂片矩圆形，里面具黄色斑点；雄蕊 4，着生花冠筒中下部；花丝长，无毛；花药 2 室，室水平叉开，被短毛，近花药基部及室两侧各具 1 硬毛；雌蕊着生扁平花盘，密被腺毛，花柱无毛，柱头扁圆状。【果】蒴果长角状弯曲，先端细尖，熟时瓣裂，具种子多数。【种子】褐色，具翅，白色膜质。【成熟期】花期 6 — 8 月，果期 7 — 9 月。

生境分布　一年生中生草本。生于海拔 1 500 ～ 2 500 m 的森林区或草原区山坡沟谷、河滩、田野、沙地。贺兰山西坡哈拉乌、巴彦浩特、北寺和东坡贺兰沟、插旗沟有分布。我国分布于东北、西北、西南、华中地区。

药用价值　地上部分入药，可祛风湿、活血止痛；也可做蒙药。

车前科 Plantaginaceae

杉叶藻属 *Hippuris* Linn

杉叶藻 *Hippuris vulgaris* Linn

形态特征 【植株】高 20 ～ 60 cm，具节，全株光滑无毛。【根状茎】匍匐，生于水和泥中。【茎】圆柱形，直立，不分枝。【叶】轮生，每轮 6 ～ 12 片，条形，长 2 ～ 6 cm，宽 1 mm，全缘；无叶柄；茎下部叶较短小。【花】较小，两性，稀单性；无花梗，单生叶腋；花萼与子房大部分合生；无花瓣；雄蕊 1，着生子房，略偏一侧，花药椭圆形；子房下位，椭圆形，花柱丝状，稍长于花丝。【果】核果矩圆形，平滑，无毛，棕褐色。【成熟期】花期 6 月，果期 7 月。

生境分布 多年生水生草本。生于海拔 1 600 ～ 1 700 m 的山麓泥塘、河岸湿地、浅水区。贺兰山西坡巴彦浩特有分布。我国分布于东北、西北、华北地区。世界分布于欧洲、亚洲、大洋洲。

药用价值 全草入药，可镇咳疏肝、凉血止血、养阴生津；也可做蒙药。

植株

叶

叶

婆婆纳属 *Veronica* Linn

婆婆纳 *Veronica polita* Fries

别称 豆豆蔓

形态特征 【植株】高 10 ～ 25 cm。【茎】铺散，多分枝，被长柔毛。【叶】对生，心形至卵形，长 5 ～ 10 mm，宽 6 ～ 7 mm，先端钝圆，基部浅心形或截形，边缘具钝齿，两面被白色长柔毛；具叶柄。【花】总状花序；苞片互生，叶状，或下部对生；花梗比苞片略短，果期伸长，下垂；花萼 4 深裂，两侧不裂到底，裂片卵形，顶端急尖，果期稍增大，三出脉，微被短硬毛；花冠淡紫色、蓝色或粉色，裂片圆形至卵形，裂片顶端圆，脉不明显；雄蕊比花冠短；宿存花柱与凹口平齐或略超。【果】蒴果强烈侧扁，近肾形，密被腺毛，略短于花萼，顶端凹口深，约呈 90°。【种子】背面具横纹。【成熟期】花果期 5 — 8 月。

生境分布 一年生中生小草本。生于海拔 1 450 ～ 1 600 m 的山麓冲积扇缘、山地沟谷、居民区、荒地。贺兰山西坡高山气象站、巴彦浩特有分布。我国分布于东南、西南、西北、华中、华东等地区。世界分布于欧亚大陆地区。

药用价值 全草入药，可补肾壮阳、凉血止血、理气止痛；也可做蒙药。

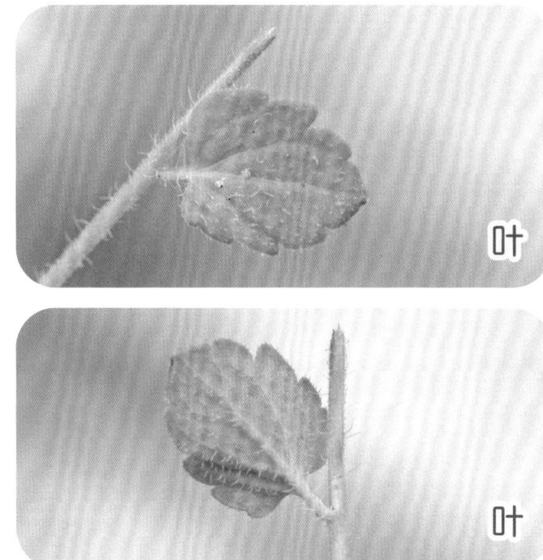

长果婆婆纳　*Veronica ciliata* Fisch.

形态特征　【植株】高 6～25 cm，被灰白色细柔毛，上部近花序处毛较密。【根状茎】短，具多数须根。【茎】斜升，单一或下部茎节生出 1～2 对对生分枝。【叶】对生，卵形至卵状披针形，长 5～30 mm，宽 3～10 mm，先端钝至锐尖，基部圆形或宽楔形，边缘具锯齿或全缘，两面被柔毛至近无毛；无叶柄或下部具叶柄。【花】总状花序，具花 2～4 朵，侧生茎顶端或分枝顶端叶腋，呈假顶生，花序短而花密集；具花梗，除花冠外花序各部分均密被长柔毛；苞片条状披针形，长于花梗；花萼 5 深裂，后方 1 枚裂片小，其余 4 枚裂片条状披针形；花冠蓝色或蓝紫色，4 裂，花冠筒长为花冠长的 1/3，后方 3 枚裂片倒卵圆形，前方 1 枚裂片小，卵形；雄蕊短于花冠；子房被长柔毛，花柱长，柱头头状。【果】蒴果长卵形或长卵状锥形，顶端钝而微凹，被长柔毛。【成熟期】花期 7—8 月，果期 8—9 月。

生境分布　多年生耐寒草本。生于海拔 3 000 m 左右的荒漠区高山草甸、高山草地。贺兰山西坡水磨沟、塔尔岭有分布。我国分布于西北及四川、西藏等地。世界分布于亚洲中部地区及蒙古国、俄罗斯。

药用价值　全草入药，可清热解毒、祛风利湿。

光果婆婆纳 *Veronica rockii* H. L. Li

形态特征 【植株】高 20 ～ 60 cm。【根状茎】粗短，具多数须根。【茎】直立，单一，不分枝，被长柔毛。【叶】对生，无叶柄；叶片披针形，长 20 ～ 65 mm，宽 6 ～ 16 mm，先端锐尖，基部圆形，边缘具浅锯齿，两面被长柔毛。【花】花序总状，2 ～ 4 枝侧着生茎顶端叶腋；花序较长而花疏离，具花梗，除花冠外花序各部均被长柔毛；苞片宽条形，比花梗长；花萼 5 深裂，裂片宽条形或卵状椭圆形，顶端圆钝，后方 1 枚远较其他 4 枚小的多或缺失；花冠紫色，略长于萼，4 裂，花冠筒长约为花冠长的 2/3，后方 3 枚裂片倒卵圆形，前方 1 枚椭圆形，较小；雄蕊较花冠短，花丝大部分与花冠筒贴生；子房无毛或疏被柔毛，花柱短。【果】蒴果长卵形，顶端渐狭而钝。【种子】卵圆形，黄褐色，半透明状。【成熟期】花期 7 月，果期 8 月。

生境分布 多年生中生草本。生于海拔 3 000 ～ 3 500 m 的高山或亚高山灌丛、草甸。贺兰山主峰有分布。我国分布于西南、西北、华中地区。世界分布于欧亚大陆地区。

药用价值 全草入药，可生肌愈疮；也可做蒙药。

植株

花

叶

北水苦荬 *Veronica anagallis-aquatica* Linn 别称 仙桃草

形态特征 【植株】高 15 ～ 60 cm，全株无毛。【根状茎】斜走，节上具须根。【茎】直立或基部倾斜，单一或分枝。【叶】对生，上部叶半抱茎，椭圆形或长卵形，少卵状椭圆形或披针形，长 1 ～ 7 cm，宽 0.5 ～ 2 cm，全缘或疏具锯齿，两面无毛；无叶柄。【花】总状花序，腋生，比叶长，多花；花梗弯曲斜升，与花序轴呈锐角，果期纤细；苞片狭披针形，比花梗略短；花萼 4 深裂，裂片卵状披针形，锐尖；花冠浅蓝色、淡紫色或白色，4 深裂，花冠筒极短，裂片宽卵形；雄蕊与花冠近等长或略长，花药紫色；子房无毛，花柱长。【果】蒴果近圆形或卵圆形，顶端微凹，与花萼近相等或略短。【种子】卵圆形，黄褐色，半透明状。【成熟期】花果期 7—9 月。

生境分布 多年生湿生草本。生于海拔 1 600 ～ 2 300 m 的高山或亚高山灌丛、草甸。贺兰山主峰有分布。我国分布于长江以北、西南等地区。世界分布于欧洲、亚洲温带地区。

药用价值 全草入药，可活血止血、解毒消肿；也可做蒙药。

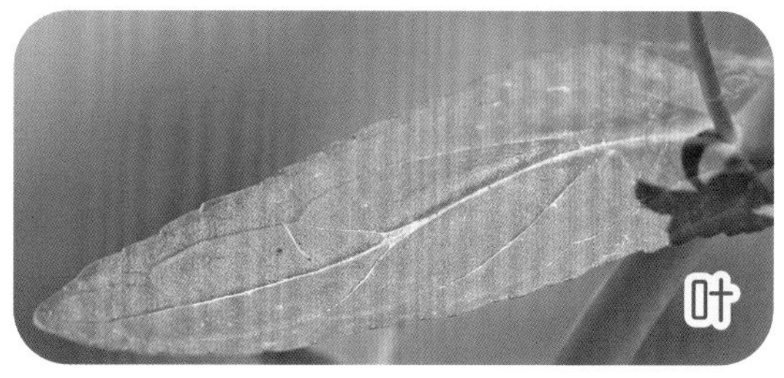

水苦荬　*Veronica undulata* Wall. ex Jack in Roxb.　别称　水菠草、芒种草

形态特征　【植株】高 10 ～ 30 cm，茎、花序轴、花梗、花萼、蒴果被大头针状腺毛。【根状茎】斜走，节上具须根。【茎】直立或基部倾斜，单一。【叶】对生，狭椭圆形或条状披针形，长 2 ～ 4 cm，宽 3 ～ 7 mm，先端钝尖或渐尖，基部半抱茎，边缘具疏生锯齿，两面无毛；无叶柄。【花】总状花序，腋生，比叶长，多花；花梗在果期挺直伸长，横叉开，与花序轴几呈直角，纤细；苞片披针形，长约为花梗的 1/2；花萼 4 深裂，裂片卵状披针形，锐尖；花冠浅蓝色或淡紫色，花冠筒极短，裂片宽卵形；雄蕊与花冠近等长，花药淡紫色；子房疏被腺毛或近无毛。【果】蒴果近圆球形，顶端微凹，与花萼近等长或稍短。【种子】卵圆形，半透明状。【成熟期】花果期 7 — 9 月。

生境分布　一年生或多年生湿生草本。生于水边、沼泽。贺兰山西坡水磨沟、北寺有分布。我国广布于各地。世界分布于朝鲜、日本、尼泊尔、印度、巴基斯坦等。

药用价值　全草入药，可活血止血、解毒消肿；也可做蒙药。

车前属 *Plantago* Linn

湿车前 *Plantago cornuti* Guebhard ex Decne.

形态特征 【根】圆柱状，黑褐色。【叶】基生，质较薄，椭圆形、狭卵形或倒卵形，长 5～11 cm，宽 1.5～3.5 mm，先端锐尖或钝尖，基部楔形或长楔形且下延，全缘或微波状缘，两面疏被短柔毛，弧行脉 5～7 条；叶柄疏被柔毛，基部扩大成鞘。【花】花葶 1 或少数，直立或斜升，具纵棱沟；穗状花序，圆柱形；苞片近圆形或宽卵形，光滑或上部边缘疏被短缘毛，龙骨状突起较宽，暗绿色，先端钝，边缘白色膜质；花萼裂片椭圆形或圆状椭圆形，无毛，先端钝，背部龙骨状突起宽，深绿色，边缘膜质；花冠裂片卵形或宽卵形，先端锐尖，稍反折。【果】蒴果椭圆形或椭圆状卵形，浅褐色，成熟时在中下部盖裂。【种子】椭圆形或卵状椭圆形，黑棕色或暗褐色，具多数网状小点，种脐稍凹陷。【成熟期】花期 7—8 月，果期 8—10 月。

生境分布 多年生湿中生草本。生于森林区或草原区湿地、碱性湿地、林缘草甸。贺兰山西坡和东坡均有分布。我国分布于宁夏、内蒙古等地。世界分布于西伯利亚地区、亚洲中部地区、欧洲及蒙古国。

植株

花

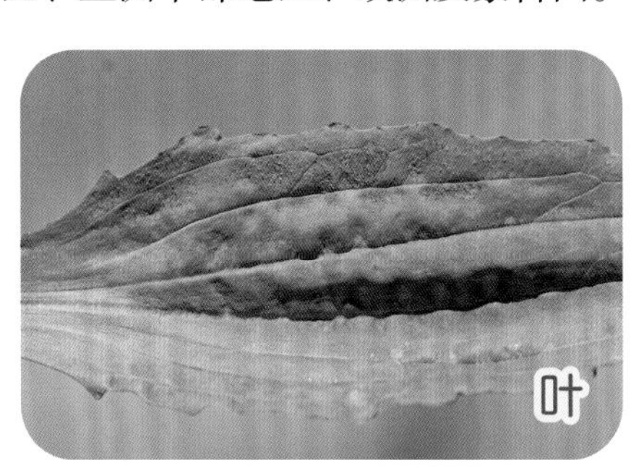
叶

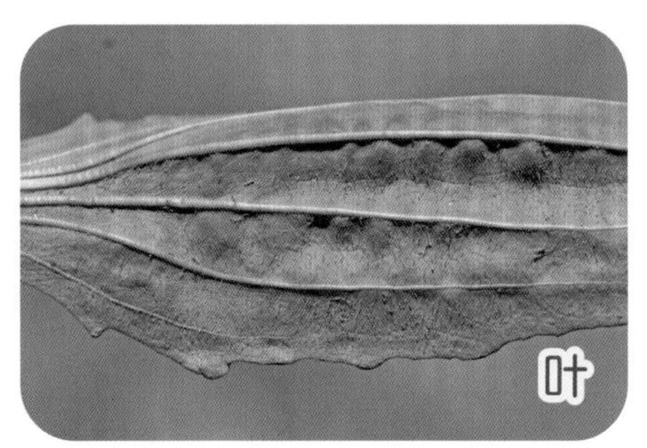
叶

小车前 *Plantago minuta* Pall. 别称 条叶车前

形态特征 【植株】高 4～18 cm，叶、花序梗、花序轴密被灰白色或灰黄色长柔毛。【根】直根细，黑褐色；根状茎短。【叶】基生呈莲座状，平卧或斜展；叶硬纸质，线形、狭披针形或狭匙状线形，长 3～10 cm，宽 1～5 mm，先端渐尖，全缘，基部渐狭下延扩成鞘，脉 3 条。【花】花葶 2 至多数；花序梗直立或弓曲上升，纤细；穗状花序，短圆柱状至头状，紧密；苞片宽卵形或宽三角形，宽大于长，龙骨突延及顶端，先端钝圆，干时变黑褐色，与萼片外面被长柔毛，或仅龙骨状及边缘被长柔毛，毛宿存或于花后脱落，稀近无毛；花萼龙骨突宽厚，延至萼片顶端，萼片椭圆形或宽椭圆形；花冠白色，无毛，花冠筒与萼片等长，裂片狭卵形，中脉明显，花后反折；雄蕊着生花冠筒内面顶端，花丝与花柱明显外伸，花药近圆形，先端具尖头，干后黄色；胚珠 2。【果】蒴果卵球形或宽卵球形，基部上方周裂。【种子】种子 2，椭圆状卵形或椭圆形，深黄色至深褐色，具光泽，腹面内凹呈船形。【成熟期】花期 6—8 月，果期 7—9 月。

生境分布 一年生或多年生旱生小草本。生于海拔 1 600～2 500 m 的山麓草原、戈壁滩、沙地、沟谷、河滩、盐碱地、田边。贺兰山西坡和东坡均有分布。我国分布于西北、西南地区。世界分布于亚洲中部地区、高加索地区及蒙古国。

药用价值 全草入药，可利尿、清热止咳。

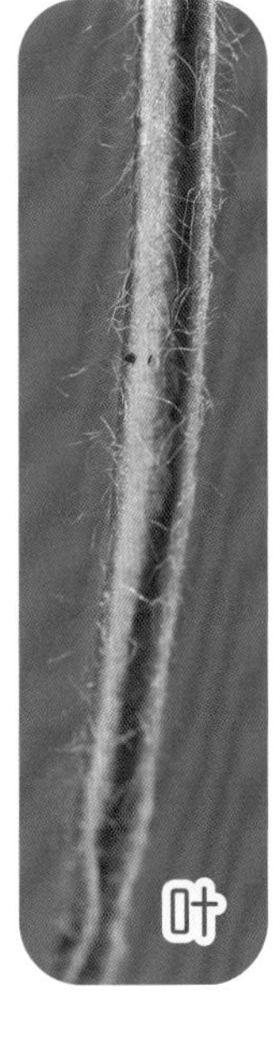

平车前　*Plantago depressa* Willd.　　　　别称　车前草、车串串

形态特征　【根】圆柱状，中下部多分枝，灰褐色或黑褐色。【叶】基生，直立或平铺，椭圆形、矩圆形、椭圆状披针形、倒披针形或披针形，长 3 ～ 13 cm，宽 1 ～ 5 cm，先端锐尖或钝尖，基部狭楔形且下延，边缘具稀疏小齿或不规则锯齿，有时全缘，两面被短柔毛或无毛，弧行纵脉 5 ～ 7 条；叶柄基部具叶鞘。【花】花葶直立或斜升，被疏短柔毛，具浅纵沟；穗状花序，圆柱形；苞片三角状卵形，背部具绿色龙骨状突起，边缘膜质；花萼裂片椭圆形或矩圆形，先端钝尖，龙骨状突起宽，绿色，边缘宽膜质；花冠裂片卵形或三角形，先端锐尖，或具细齿。【果】蒴果圆锥形，褐黄色，成熟时在中下部盖裂。【种子】矩圆形，黑棕色，光滑。【成熟期】花果期 6 — 10 月。

生境分布　一年生或多年生旱生小草本。生于海拔 1 600 ～ 2 500 m 的山地沟谷、溪边湿地。贺兰山西坡和东坡均有分布。我国分布于东北、华北、西北、西南及江苏、江西、湖北等地。世界分布于日本、朝鲜、俄罗斯、蒙古国、不丹等。

药用价值　全草入药，可清热利尿、祛痰明目；也可做蒙药。

车前 *Plantago asiatica* Linn 别称 大车前、车轱辘菜

形态特征 【根】具须根。【叶】基生，椭圆形、宽椭圆形、卵状椭圆形或宽卵形，长 4 ～ 12 cm，宽 3 ～ 9 cm，先端钝或锐尖，基部近圆形、宽楔形或楔形，下延，边缘全缘、波状或疏齿至弯缺，两面无毛或疏被短柔毛，具 5 ～ 7 条弧行脉；叶柄疏被短毛，基部扩成鞘。【花】花葶少数，直立或斜升，疏被短柔毛；穗状花序，圆柱形，具多花，上部密集；苞片宽三角形，较花萼短，背部龙骨状突起宽而呈暗绿色；花萼具短柄，裂片倒卵状椭圆形或椭圆形，先端钝，边缘白色膜质，背暗龙骨状突起宽而呈绿色；花冠裂片披针形或长三角形，先端渐尖，反卷，淡绿色。【果】蒴果椭圆形或卵形。【种子】矩圆形，黑褐色。【成熟期】花果期 6 — 10 月。

生境分布 多年生中生草本。生于山麓渠边、草地、河岸湿地、田边、居民区。贺兰山西坡小松山、塔尔岭有分布。我国广布于各地。世界分布于日本、朝鲜、马来西亚、印度尼西亚等。

药用价值 全草入药，可清热利尿、祛痰明目；也可做蒙药。

植株

果

叶

列当科 Orobanchaceae

马先蒿属 *Pedicularis* Linn

粗野马先蒿 *Pedicularis rudis* Maxim.

形态特征 【植株】高 0.6 ～ 1 m，上部分枝，干时变黑，多毛。【根状茎】粗壮，肉质，上部以细而鞭状的根状茎连着生在地表下而密生须根的根颈之上。【茎】中空，圆形，被柔毛或腺毛。【叶】茎生叶发达，下部小而早枯，中部最大，上部渐小变为苞片；叶片披针状线形，长 3 ～ 10 cm，宽 5 ～ 20 mm，羽状深裂至中脉的 1/3 处，裂片紧密，多达 24 对，矩圆形至披针形，边缘具胼胝质重锯齿，两面均被毛。【花】花序长穗状，其毛多具腺点；苞片下部叶状，线形具浅裂，上部渐变全缘卵形，长于花萼；花萼狭钟形，密被白色腺毛，具锯齿 5 枚，略相等，卵形；花冠白色，管中部前曲，花俯，呈舟形，与盔部均被密毛，盔部与管上部在同一直线上，指向前上方，上部紫红色，额部黄色，顶端稍上仰而成 1 小突喙，下缘被长须毛，下唇裂片 3 枚，卵状椭圆形，中裂稍大，被长缘毛，长与盔部等；花丝无毛；花柱不在喙端伸出。【果】蒴果宽卵圆形，侧扁，前端具刺尖。【种子】肾状椭圆形，具明显网纹。【成熟期】花期 7 — 8 月，果期 8 — 9 月。

生境分布 多年生中生草本。生于海拔 2 100 ～ 2 500 m 的山坡沟谷、草甸、林缘。贺兰山西坡哈拉乌、水磨沟和东坡贺兰沟有分布。我国分布于宁夏、青海、甘肃、四川、西藏等地。

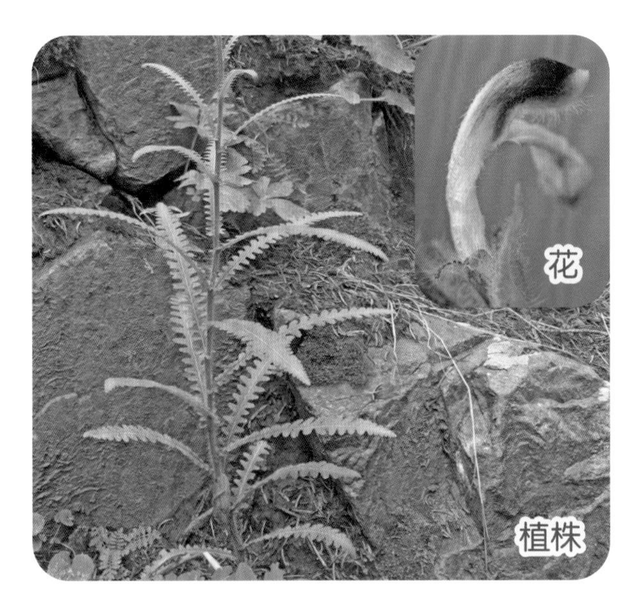

藓生马先蒿　*Pedicularis muscicola* Maxim.

形态特征　【植株】高 15 ～ 25 cm，干后变黑。【根】直根，少分枝。【茎】丛生，组成密丛，多弯曲斜升或斜倚，被毛。【叶】互生，椭圆形至披针形，长 1 ～ 5 cm，宽 0.8 ～ 2 cm；羽状全裂，裂片互生或近对生，每边 4 ～ 9 枚，卵形至披针形，缘具锐重锯齿，齿具胼胝质突尖，上面疏被柔毛，下面近光滑；叶柄近光滑或疏被毛。【花】腋生；花梗长；被毛至近光滑；花萼圆筒状，被柔毛，萼齿 5，基部三角形，中部渐细，全缘，上部变宽呈卵形，具锯齿；花冠玫瑰色，管部细长，被短毛，盔在基部即向左方扭折使其顶部向下，前端渐细卷曲成“S”字形长喙，喙反向上方卷曲，下唇宽大，中裂较小，矩圆形；花丝均无毛；花柱稍伸出喙端。【果】蒴果卵圆形，被宿存花萼包被。【种子】新月形或纺锤形，一面直，另一面弓曲，棕褐色，表面具网状孔纹。【成熟期】花期 6 — 7 月，果期 8 月。

生境分布　多年生中生草本。生于海拔 2 000 ～ 2 800 m 的山地阴坡云杉林、沟谷、阴坡山脚、阴湿石质山坡、石缝。贺兰山西坡和东坡均有分布。我国分布于青海、甘肃、山西、陕西、河北、河南、河北等地。

三叶马先蒿 *Pedicularis ternata* Maxim.

形态特征 【植株】高 25 ～ 50 cm，干后稍变黑。【根】肉质，粗壮，具分枝，根颈上端具隔年枯茎，基部宿存而形成大丛。【茎】多条，直立，基部具多数鳞片脱落的疤痕及卵形至披针形的鳞片，节间以中部最长，中下部光滑，上部被细柔毛。【叶】基生叶多数，成丛，无毛，披针形，长 6 cm，宽 1.5 cm，羽状全裂或深裂，叶轴具翅，裂片达 12 对，边缘具锐锯齿，或反卷，两面无毛，叶柄长；茎生叶 2 轮，每轮 3 ～ 4 枚，叶柄短，叶形与基生叶相似。【花】花序顶生，排列成极疏 1 ～ 4 轮，每轮花 2 朵；苞片下部长于花，上部与花等长，基部加宽，全缘，自中部以上变狭呈条形，边缘具锯齿，被白色绵毛；花萼矩圆状筒形，密被白色绵毛，萼齿 5，后方 1 枚狭三角形，其他 4 枚基部三角形，上方条形，先端锐尖；花冠深堇色至紫红色，在果期仍宿存，管长于萼，向前膝曲，使盔平置指向前方，额圆钝，下缘顶端略尖突，下唇 3 裂，侧裂片斜卵形，中裂片卵形；花丝无毛；花柱顶端 2 小裂，不伸出。【果】蒴果扁卵形，略伸出宿存膨大的花萼，顶端具歪指的刺尖。【种子】卵形，种皮淡黄白色，表面具整齐的蜂窝状孔纹。【成熟期】花期 7 月，果期 8 月。

生境分布 多年生耐寒中生草本。生于海拔 2 700 ～ 3 000 m 的亚高山林、灌丛。贺兰山主峰下及山脊两侧有分布。我国分布于甘肃、青海等地。我国特有种。

植株

果

花

阿拉善马先蒿 *Pedicularis alaschanica* Maxim.

形态特征 【植株】高 5 ～ 20 cm，干后稍变黑色。【根】直根，或分枝。【茎】基部多分枝，上部不分枝，斜升，中空，微具 4 棱，密被锈色茸毛。【叶】基生叶早枯，茎生叶下部对生，上部 3 ～ 4 枚轮生；叶片披针状矩圆形至卵状矩圆形，长 1 ～ 2 cm，宽 5 ～ 8 mm，羽状全裂，裂片条形，边缘具细锯齿，齿具白色胼胝；叶两面均近于光滑；具叶柄。【花】穗状花序，顶生；苞片叶状，边缘密生卷曲长柔毛；花萼管状钟形，具突起 10 脉，无网脉，沿脉被长柔毛，萼齿 5，后方 1 枚较短，三角形，全缘，其他三角状披针形，具胼胝质锯齿；花冠黄色，花冠筒居中上部稍前膝屈，下唇与盔等长，3 浅裂，中裂片甚小，盔稍镰状弓曲，额向前下方倾斜，顶端渐细成下弯的喙；前方 1 对花丝，顶端被长柔毛。【果】蒴果卵形，先端凸尖。【种子】狭卵形，具蜂窝状孔纹，淡黄褐色。【成熟期】花期 7 — 8 月，果期 8 — 9 月。

生境分布 多年生中生草本。生于海拔 2 000 ～ 2 500 m 的山地阴坡、云杉林缘、灌丛、沟谷、河滩。贺兰山西坡南寺、水磨沟有分布。我国分布于宁夏、青海、甘肃、四川、西藏等地。

药用价值 全草入药，可清热解毒、消肿涩精；也可做蒙药。

红纹马先蒿 *Pedicularis striata* Pall. 别称 细叶马先蒿

形态特征 【植株】高 20 ～ 80 cm，干后不变黑。【根】粗壮，多分枝。【茎】直立，单出或基部抽出数枝，密被短卷毛。【叶】基生叶成丛，叶柄较长，至开花时多枯落；茎生叶互生，向上叶柄渐短，叶片披针形，羽状全裂或深裂，长 3 ～ 13 cm，宽 1 ～ 4 cm，叶轴具翅，裂片条形，边缘具胼胝质浅齿，上面疏被柔毛或近无毛，下面无毛。【花】花序穗状，花序轴密被短毛；苞片披针形，下部叶状具齿，上部全缘，短于花，无毛；花萼钟状，薄革质，疏被毛或近无毛，萼齿 5，不等大，后方 1 枚较短，侧生者两两结合成先端有 2 裂的大齿，边缘具卷毛；花冠黄色，具绛红色脉纹，盔镰状弯曲，顶端下缘具 2 齿，下唇 3 浅裂，稍短于盔，侧裂片斜肾形，中裂片肾形，宽过于长，叠置于侧裂片之下；花丝 1 对，被毛。【果】蒴果卵圆形，具短凸尖，含种子 16 粒。【种子】矩圆形，扁平，具网状孔纹，灰黑褐色。【成熟期】花期 6 — 7 月，果期 8 月。

生境分布 多年生中生草本。生于海拔 2 000 ～ 2 500 m 的山地沟谷、石质山脚。贺兰山西坡哈拉乌、水磨沟和东坡黄旗沟有分布。我国分布于东北、西北、华中地区。世界分布于蒙古国、俄罗斯。

药用价值 全草入药，可利水涩精；也可做蒙药。

地黄属 *Rehmannia* Libosch. ex Fisch. et Mey.

地黄 *Rehmannia glutinosa* (Gaetn.) Libosch. ex Fisch. & C. A. Mey 别称 怀庆地黄

形态特征 【植株】高 10 ~ 30 cm，密被灰白色多细胞长柔毛和腺毛。【根状茎】肉质，先直下后横走，弯曲，鲜时黄色。【茎】单一或基部分生数枝，紫红色。【叶】基生呈莲座状，向上缩小成苞片，或变小在茎上互生，叶片卵形至长椭圆形，上面绿色，下面略紫色或紫红色，长 2 ~ 13 cm，宽 1 ~ 6 cm，边缘具不规则圆齿或钝锯齿；基部渐狭成叶柄；叶脉在上面凹陷，下面隆起。【花】花梗细弱，曲升，茎顶端排列成总状花序；花萼密被多细胞长柔毛和白色长毛，脉 10 条隆起；萼齿 5 枚，矩圆状披针形或卵状披针形；花冠筒曲，外面紫红色，被多细胞长柔毛，花冠裂片 5 枚，先端钝或微凹，内面黄紫色，外面紫红色，两面均被多细胞长柔毛；雄蕊 4，药室矩圆形，基部叉开，而使 2 药室排列成直线；子房幼时 2 室，老时因隔膜撕裂而成 1 室，无毛；花柱顶部扩大成 2 枚片状柱头。【果】蒴果卵形至长卵形。【成熟期】花期 5—6 月，果期 7 月。

生境分布 多年生旱中生草本。生于山麓坡脚、砂质壤土、荒山坡、山脚、路旁。贺兰山西坡三关、喜鹊沟有分布。我国分布于西北及辽宁、华北、山东、河南、江苏、湖北等地。

疗齿草属 *Odontites* Ludwig

疗齿草 *Odontites vulgaris* Moench 别称 齿叶草

形态特征 【植株】高 10 ~ 40 cm，全株被贴伏倒生白色细硬毛。【茎】上部四棱形，中上部分枝。【叶】上部互生，无叶柄，披针形至条状披针形，长 1 ~ 3 cm，宽 5 mm，先端渐尖，边缘具疏锯齿。【花】总状花序，顶生；苞叶叶状；花梗极短；花萼钟状，4 等裂，裂片狭三角形，被细硬毛；花冠紫红色，外面被白色柔毛，上唇直立，略呈盔状，先端微凹或 2 浅裂，下唇开展，3 裂，裂片倒卵形，中裂片先端微凹，两侧裂片全缘；雄蕊与上唇略等长，花药箭形，药室下面延成短芒。【果】蒴果矩圆形，略扁，顶端微凹，扁侧面各具 1 条纵沟，被细硬毛。【种子】多数，卵形，褐色，具数条纵狭翅。【成熟期】花期 7—8 月，果期 8—9 月。

生境分布 一年生广幅中生草本。生于海拔 1 800 ~ 2 200 m 的山地沟谷、溪边、河滩。贺兰山西坡水磨沟和东坡汝箕沟有分布。我国分布于东北、西北及河北、山西等地。世界分布于亚洲中部地区、欧洲及俄罗斯、蒙古国、伊朗等。

药用价值 全草入药，可清热燥湿、凉血止痛；也可做蒙药。

大黄花属　*Cymbaria* Linn

蒙古芯芭　*Cymbaria mongolica* Maxim.　　别称　光药大黄花

形态特征　【植株】高 5 ～ 8 cm，全株密被柔毛，带绿色。【根状茎】垂直向下，顶端多头。【茎】数条，丛生，弯曲而后斜升。【叶】对生，或茎上部近互生，矩圆状披针形至条状披针形，长 10 ～ 17 mm，宽 1 ～ 4 mm。【花】花冠黄色，着生中部叶腋，少数，外面被短细毛，二唇形，上唇略呈盔状，下唇 3 裂片近相等，倒卵形；小苞片全缘或具 1 ～ 2 小齿；花萼筒具脉棱 11 条，萼齿 5，条形或钻状条形，长为花萼筒的 2 ～ 3 倍，齿间具 1 ～ 3 长短不等的条状小齿或无；雄蕊着生花冠管内近基部，花丝基部被柔毛，花药外露，顶部无毛或疏被长柔毛，倒卵形；子房卵形，花柱细长，上唇下端弯向前方。【果】蒴果革质，长卵圆形。【种子】长卵形，扁平，具密小网眼。【成熟期】花期 5 — 8 月。

生境分布　多年生旱生草本。生于山麓干燥石坡、山缘、丘陵坡脚。贺兰山西坡水磨沟、峡子沟、赵池沟和东坡榆林沟有分布。我国分布于河北、陕西、山西、宁夏、青海、甘肃等地。

药用价值　全草入药，可祛风除湿、清热利尿、凉血止血；也可做蒙药。

小米草属 *Euphrasia* Linn

小米草 *Euphrasia pectinata* Ten.

形态特征 【植株】高 10 ～ 30 cm。【茎】直立，或中下部分枝，暗紫色、褐色或绿色，被白色柔毛。【叶】对生，卵形或宽卵形，长 5 ～ 15 mm，宽 3 ～ 8 mm，先端钝或尖，基部楔形，边缘具 2 ～ 5 对齿，两面被短硬毛；无叶柄。【花】穗状花序，顶生；苞叶叶状；花萼筒状，4 裂，裂片三角状披针形，被短硬毛；花冠二唇形，白色或淡紫色，上唇直立，2 浅裂，裂片顶部微 2 裂，下唇开展，3 裂，裂片叉状浅裂，被白色柔毛；雄蕊花药裂口露出白色须毛，药室在下面延长成芒。【果】蒴果扁，每侧面中央具 1 纵沟，长卵状矩圆形，被柔毛，上部边缘具睫毛，顶端微凹。【种子】多数，狭卵形，淡棕色，其上具 10 余条白色膜质纵向窄翅。【成熟期】花期 7 — 8 月，果期 9 月。

生境分布 一年生中生草本。生于海拔 2 000 ～ 2 800 m 的阴坡草甸、林缘、沟谷、溪水边。贺兰山西坡和东坡均有分布。我国分布于西北及河北、山西等地。世界分布于欧洲及俄罗斯、蒙古国。

药用价值 全草入药，可清热解毒；也可做蒙药。

肉苁蓉属 *Cistanche* Hoffmg. et Link

沙苁蓉 *Cistanche sinensis* Beck

形态特征 【植株】高 0.3 ～ 1.5 m。【茎】圆柱形，肉质，鲜黄色，基部分 2 ～ 6 枝，上部不分枝，下部粗，上部渐细。【叶】鳞片状叶在茎下部卵形，向上渐狭窄为披针形，长 5 ～ 15 mm，宽 10 ～ 15 mm。【花】穗状花序长；苞片矩圆状披针形至条状披针形，背面及边缘密被蛛丝状毛，较花萼长；小苞片条形或狭矩圆形，被蛛丝状毛；花萼近钟形，向轴面深裂几达基部，4 深裂，裂片矩圆状披针形，多少被蛛丝状毛；花冠淡黄色，或裂片带淡红色，干后变墨蓝色，管状钟形，其下部雄蕊着生处被 1 圈长柔毛；花药被皱曲长柔毛，顶端具聚尖头。【果】蒴果 2 深裂，具多数种子。【成熟期】花期 5 — 6 月，果期 6 — 7 月。

生境分布 多年生根寄生肉质草本。多寄生于红砂、珍珠柴、沙冬青、霸王、四合木、绵刺等小灌木上。贺兰山西坡和东坡均有分布。我国分布于宁夏、甘肃、新疆等地。

药用价值 肉质茎入药，可益肾壮阳、润肠；也可做蒙药。

列当属 *Orobanche* Linn

弯管列当 *Orobanche cernua* Loefl. 别称 欧亚列当

形态特征 【植株】高 15 ～ 35 cm，全株被腺毛。【茎】直立，单一，不分枝，圆柱形，褐黄色，基部具肉质根，增粗。【叶】鳞片状，三角状卵形或近卵形，长 7 ～ 12 mm，宽 5 ～ 7 mm，褐黄色，被腺毛，毛端尖。【花】穗状花序，圆柱形，具多数花；苞片卵状披针形或卵形，褐黄色，密被腺毛，先端渐尖；花萼钟状，向花序轴方向裂达基部，离轴方向深裂，每裂片再 2 尖裂，小裂片条形，先端尾尖，被腺毛，褐黄色；花冠二唇形，花冠管中部强烈向下弯曲，上唇 2 浅裂，下唇 3 浅裂，管部淡黄色（干时亮黄色），裂片带淡紫色或淡蓝色，疏被短柄腺毛；雄蕊 2 强，内藏，花药与花丝均无毛。【果】蒴果矩圆状椭圆形，褐色，顶端 2 裂。【种子】棕黑色，扁椭圆形，具光泽，网状。【成熟期】花期 6 — 7 月，果期 7 — 8 月。

生境分布 一年生或多年生根寄生肉质草本。寄生于草原区或荒漠区山地阳坡、水边沙地的蒿属植物根部。贺兰山西坡和东坡均有分布。我国分布于东北、西北、西南及河北、山西等地。世界分布于欧洲、亚洲、高加索地区、西伯利亚地区及蒙古国。

药用价值 全草入药，可补肾助阳、强筋骨。

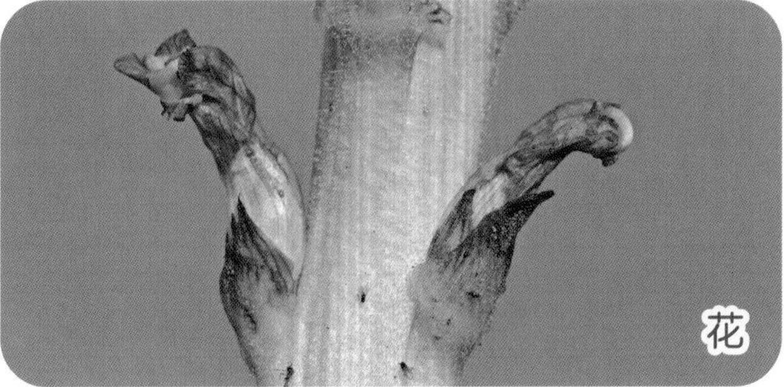

列当　　*Orobanche coerulescens* Stephan　　别称　兔子拐棍、独根草

形态特征　【植株】高 10 ～ 35 cm，全株被蛛丝状绵毛。【茎】不分枝，圆柱形，黄褐色，基部膨大。【叶】鳞片状，卵状披针形，黄褐色，长 8 ～ 15 mm，宽 2 ～ 6 mm。【花】穗状花序，顶生；苞片卵状披针形，先端尾尖，稍短于花，棕褐色；花萼 2 深裂至基部，每裂片 2 浅尖裂；花冠二唇形，蓝紫色或淡紫色，稀淡黄色，花冠管前曲，上唇宽阔，顶部微凹，下唇 3 裂，中裂片较大；雄蕊着生花冠管中部，花药无毛，花丝基部被长柔毛。【果】蒴果卵状椭圆形。【种子】黑褐色。【成熟期】花期 6 — 8 月，果期 8 — 9 月。

生境分布　二年生或多年生根寄生肉质草本。寄生于蒿属植物（冷蒿、白莲蒿、油蒿、南牡蒿等）根部。贺兰山西坡和东坡均有分布。我国分布于东北、西北、华中及云南等地。世界分布于亚洲中部地区、欧洲及蒙古国、俄罗斯、尼泊尔、朝鲜。

药用价值　全草入药，可补肾助阳、强筋骨；也可做蒙药。

植株

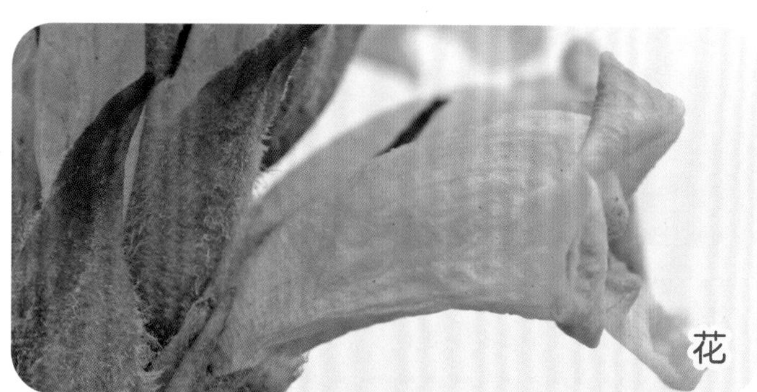
花

花

茜草科　　Rubiaceae

拉拉藤属　　*Galium* Linn

细毛拉拉藤　　*Galium pusillosetosum* H. Hara

形态特征　【植株】高 5 ～ 30 cm。【根】须根纤细，暗红色。【茎】纤细，簇生，近直立，基部平卧，四棱形，光滑无毛或疏被开展散硬毛。【叶】纸质，4 ～ 6 片轮生，倒披针形，长 3 ～ 10 mm，宽 1 ～ 2.5 mm，先端急尖或具刺状尖头，基部宽楔形，表面无毛，背面仅中脉上被硬毛，边缘反卷，疏被硬毛，基出脉 1 条，表面凹下，背面凸起。【花】聚伞花序，腋生或顶生，具少花；总花梗无毛；苞片小，叶状，花小，淡紫色；花梗无毛；花冠裂片卵形，先端渐尖；雄蕊 4，伸出花冠外；子房密被白色硬毛，花柱 2，柱头头状。【果】近球形，密被白色钩状硬毛。【成熟期】花期 6 — 7 月，果期 8 月。

生境分布　多年生中生草本。生于海拔 2 000 ～ 2 300 m 的林缘、沟谷边缘、灌丛。贺兰山西坡南寺、水磨沟和东坡黄旗沟、贺兰沟有分布。我国分布于西北、西南地区。世界分布于尼泊尔、不丹。

四叶葎　*Galium bungei* Steud.　　别称　小拉马藤

形态特征　【植株】高 10 ～ 50 cm。【根】主根纤细，须根丝状，红色。【茎】丛生，多分枝，近直立，具 4 棱，无毛或具稀少皮刺，节上被硬毛。【叶】4 枚轮生，近等大或其中 2 枚大于另外 2 枚，“十”字形交叉，卵状披针形或披针状矩圆形，长 5 ～ 15 mm，宽 2 ～ 5 mm，先端急尖或稍钝，基部楔形，上面具多数刺状硬毛，下面近无毛，仅中脉和边缘具刺状硬毛；近无叶柄。【花】聚伞花序，顶生或腋生，花疏散；花小，淡黄绿色；花梗纤细，无毛；小苞片条形；花萼具短钩毛，檐部近平截；花冠裂片 4，矩圆形；雄蕊 4，着生花冠筒上部；花柱 2 浅裂，柱头头状。【果】双球形，被短钩毛。【成熟期】花果期 7—9 月。

生境分布　多年生中生草本。生于海拔 1 700 ～ 2 500 m 的山地、丘陵、田间、沟谷林缘、灌丛、草地。贺兰山西坡干树湾、乱柴沟有分布。我国分布于华中、华南、东南及辽宁、河北、山西、陕西等地。世界分布于日本、朝鲜等。

北方拉拉藤 *Galium boreale* Linn

别称 砧草

形态特征 【植株】高 15 ～ 65 cm。【茎】直立，节部微被毛或近无毛，具 4 纵棱。【叶】4 片轮生，披针形或狭披针形，长 1 ～ 5 cm，宽 3 ～ 7 mm，先端钝，基部宽楔形，两面无毛，边缘稍反卷，微被柔毛，基出脉 3 条，表面凹下，背面明显凸起；无叶柄。【花】顶生聚伞圆锥花序；苞片具毛；花小，白色，花梗长；花萼筒密被钩状毛；花冠 4 裂，裂片椭圆状卵形、宽椭圆形或椭圆形，外被极稀疏短柔毛；雄蕊 4，花药椭圆形，光滑；子房下位，花柱 2 裂至近基部，柱头球状。【果】果小，扁球形，果爿单生或双生，密被黄白色钩状毛。【成熟期】花期 7 月，果期 9 月。

生境分布 多年生中生草本。生于海拔 1 700 ～ 2 500 m 的山地林缘、灌丛。贺兰山西坡南寺、强岗梁和东坡黄旗沟、小口子有分布。我国分布于东北、西北、华北地区。世界分布于日本、朝鲜、蒙古国、俄罗斯。

药用价值 全草入药，可止咳祛痰、祛湿止痛。

植株

花

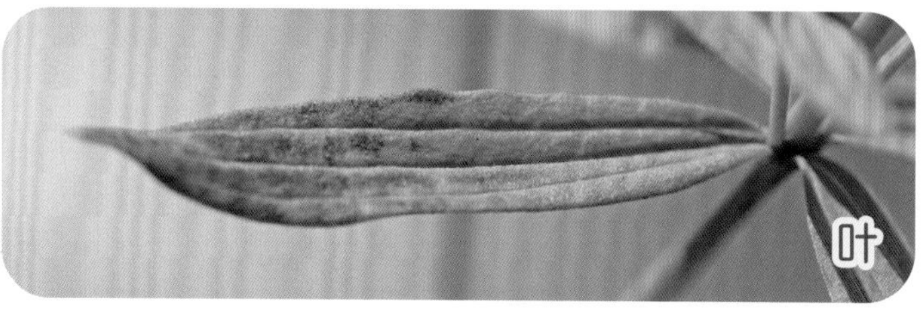
叶

蓬子菜 *Galium verum* Linn

别称 松叶草

形态特征 【植株】高 20 ～ 65 cm。【地下茎】横走，暗棕色。【茎】基部稍木质，具 4 纵棱，被短柔毛。【叶】6 ～ 10 片轮生，条形或狭条形，长 1 ～ 5 cm，宽 1 ～ 2 mm，先端尖，基部稍狭，上面深绿色，下面灰绿色，两面均无毛，中脉 1 条，背面突起，边缘反卷，无毛；无叶柄。【花】聚伞圆锥花序，顶生或着生上部叶腋；花小，黄色，花梗短，疏被短柔毛；花萼筒无毛；花冠裂片 4，卵形；雄蕊 4，花柱 2 裂至中部，柱头头状。【果】果小，果爿双生，近球形，无毛。【成熟期】花期 7 月，果期 8—9 月。

生境分布 多年生中生草本。生于海拔 1 800 ～ 2 300 m 的山地林区、河滩、沟边、草地、灌丛。贺兰山西坡哈拉乌和东坡黄旗沟、贺兰沟有分布。我国广布于除华南地区以外的各地。世界分布于亚洲、欧洲、北美洲。

药用价值 全草入药，可清热解毒、利湿止痒、行瘀消肿。

毛果蓬子菜　*Galium verum* var. *trachycarpum* DC.

形态特征　【植株】高 15 ～ 60 mm。【茎】近直立，基部稍木质，地下茎横走，暗棕色，具 4 纵棱，被短柔毛。【叶】6 ～ 10 片轮生，条形或狭条形，长 1 ～ 3 cm，宽 1 ～ 2 mm，先端尖，基部稍狭，上面深绿色，下面灰绿色，两面均无毛，中脉 1 条，背面凸起，边缘反卷，无毛；无叶柄。【花】聚伞圆锥花序，顶生或着生上部叶腋；花小，黄色，花梗短，被疏短柔毛；花萼筒密被短硬毛；花冠裂片 4，卵形；雄蕊 4；花柱 2 裂至中部，柱头头状。【果】较小，果爿双生，近球形，密被短硬毛。【成熟期】花期 7 月，果期 8 — 9 月。

生境分布　多年生中生草本。生于海拔 1 800 ～ 2 300 m 的山地林缘、灌丛、草甸。贺兰山西坡哈拉乌和东坡黄旗沟、贺兰沟有分布。我国分布于东北、西北及山西、浙江、四川、西藏等地。世界分布于欧洲及日本、朝鲜、俄罗斯。

药用价值　全草入药，可清热解毒、利湿止痒、行瘀消肿。

茜草属　*Rubia* Linn

茜草　*Rubia cordifolia* Linn　别称　红丝线、粘粘草

形态特征　【根】紫红色或橙红色。【茎】粗糙，基部稍木质化；小枝四棱形，棱上具倒生小刺。【叶】4～8 片轮生，纸质，卵状披针形或卵形，长 1～5.5 cm，宽 5～25 mm，先端渐尖，基部心形或圆形，全缘，边缘具倒生小刺，上面粗糙或疏被短硬毛，下面疏被刺状糙毛，叶脉上具倒生小刺，基出脉 3～5 条；叶柄沿棱具倒生小刺。【花】聚伞花序，顶生或腋生，组成大而疏松的圆锥花序；小苞片披针形；花小，黄白色，花梗短；花萼筒近球形，无毛；花冠辐射状，花冠筒极短，花冠檐 5 裂，裂片长圆状披针形，先端渐尖；雄蕊 5，着生花冠筒喉部，花丝极短，花药椭圆形；花柱 2 深裂，柱头头状。【果】近球形，橙红色，热时不变黑，具种子 1 粒。【成熟期】花期 7 月，果期 9 月。

生境分布　多年生攀缘中生草本。生于海拔 1 600～2 200 m 的山地沟谷、灌丛。贺兰山西坡和东坡均有分布。我国广布于除新疆以外的各地。世界分布于蒙古国、日本、朝鲜。

药用价值　根入药，可凉血止血、活血祛瘀；也可做蒙药。

野丁香属　*Leptodermis* Wall.

内蒙野丁香　*Leptodermis ordosica* H. C. Fu & E. W. Ma　别称　内蒙薄皮木

形态特征　【植株】高 20～40 cm，多分枝，开展。【叶】厚纸质，对生或假轮生，椭圆形、宽椭圆形以至狭长椭圆形，全缘；叶柄短，密被乳头状微毛；托叶三角状卵形或卵状披针形。【花】近无花梗，1～3 朵簇生；小苞片 2 枚；花萼筒倒卵形，花萼裂片具睫毛；花冠长漏斗状，紫红色；雄蕊着生花冠管喉部上方，裂片 4～5；花柱分长短，柱头 3，丝状。【果】蒴果椭圆形，黑褐色，宿存，外托以宿存小苞片。【种子】矩圆状倒卵形，黑褐色，外包以网状果皮内壁。【成熟期】花果期 7—8 月。

生境分布　旱生小灌木。生于海拔 1 600～2 300 m 的山地阳坡、浅山区、北部石质山坡。贺兰山西坡和东坡均有分布。我国分布于宁夏、内蒙古等地。

忍冬科　**Caprifoliaceae**

忍冬属　*Lonicera* Linn

小叶忍冬　*Lonicera microphylla* Willd. ex Schult.　别称　麻配

形态特征　【植株】高 1 ～ 1.5 m。【茎】小枝淡褐色或灰褐色，细条状剥落，光滑或被微柔毛。【叶】倒卵形、椭圆形或矩圆形，长 8 ～ 22 mm，宽 5 ～ 13 mm，先端钝或尖，基部楔形，边缘具睫毛，上下两面均密被柔毛，或光滑；叶柄被短柔毛。【花】苞片锥形，比花萼长，被柔毛，小苞片缺；总花梗单生叶腋，疏被毛，下垂；相邻 2 花的花萼筒合生，光滑无毛，花萼具不明显 5 齿，花萼檐呈杯状；花黄白色，外疏被毛或光滑，内被柔毛；花冠二唇形，4 浅裂，裂片矩圆形，边缘具毛，先端钝圆，外疏被柔毛，下唇 1 裂，长椭圆形，边缘被毛，花冠筒基部具浅囊；雄蕊 5，着生花冠筒中部，花药长椭圆形，花丝基部疏被柔毛，稍伸出花冠；花柱中下部被长毛。【果】浆果橙红色，球形。【成熟期】花期 5—6 月，果期 8—9 月。

生境分布　旱中生阳性灌木。生于海拔 1 600 ～ 2 600 m 的多石山坡、草地、灌丛、河谷疏林、林缘。贺兰山西坡和东坡均有分布。我国分布于西北、西南、华中地区。世界分布于亚洲中部地区及蒙古国、俄罗斯、印度、阿富汗。

葱皮忍冬 *Lonicera ferdinandi* Franch. 别称 秦岭金银花

形态特征 【植株】高 3 m。【冬芽】细长，具 2 枚舟形鳞片，被柔毛。【茎】幼枝被小刚毛，基部具鳞片状残留物；老枝光滑，具突起斑点，粗糙；叶柄间具托叶。【叶】卵形至卵状披针形，长 1.5 ~ 4 cm，宽 8 ~ 15 mm，先端渐尖，基部圆形或近心形，边缘具睫毛，全缘或浅波状，上面深绿色，疏被刚毛，中脉下凹，被短柔毛，下面灰绿色，疏被粗硬毛，沿脉混被短柔毛；叶柄密被毛。【花】总花梗短，与叶柄几等长，被密腺状粗硬毛；苞片披针形至卵形，边缘具长纤毛，其余散被小刚毛；小苞片合生，呈坛状壳斗，包围全部子房；花冠黄色，内被柔毛，外被腺毛及混被长柔毛，上唇 4 裂，下唇后反卷；花萼齿直立，密被纤毛（花后比花托短 5 倍）；雄蕊伸出花冠，光滑或散被柔毛；花柱上部被长柔毛；花托密被毡毛状长柔毛。【果】浆果红色，被细柔毛，卵圆形。【种子】卵形，密被蜂窝状小点。【成熟期】花期 5 — 6 月，果期 9 月。

生境分布 中生灌木。生于海拔 1 700 ~ 2 000 m 的山地沟谷、灌丛、丘陵。贺兰山西坡镇木关、峡子沟和东坡小口子有分布。我国分布于西北及山西、河北、河南、四川等地。

金花忍冬 *Lonicera chrysantha* Turcz. ex Ledeb. 别称 黄花忍冬

形态特征 【植株】高 1 ~ 2 m。【冬芽】窄卵形，具数对鳞片，边缘具睫毛，背部疏被柔毛。【茎】小枝被长柔毛，后变光滑。【叶】菱状卵形至菱状披针形或卵状披针形，长 4 ~ 7.5 cm，宽 1 ~ 4.5 cm，先端尖或渐尖，基部圆形或宽楔形，全缘，具睫毛，上面暗绿色，疏被短柔毛，沿中脉密，下面淡绿色，疏被短柔毛，沿中脉密；叶柄被柔毛。【花】苞片与子房等长或稍长，小苞片卵状矩圆形至近圆形，长为子房的 1/3 ~ 1/2，边缘具睫毛，背部被腺毛；总花梗被柔毛；花黄色；花冠外被柔毛，花冠筒基部一侧浅囊状，上唇 4 浅裂，裂片卵圆形，下唇长椭圆形；雄蕊 5，花丝中下部与花冠筒合生，密被柔毛，花药长椭圆形；花柱被短柔毛，柱头圆球状，子房矩圆状卵圆形，被腺毛。【果】浆果红色，种子多数。【成熟期】花期 6 月，果期 9 月。

生境分布 中生耐阴灌木。生于海拔 2 000 ~ 2 300 m 的山地阴坡、沟谷灌丛、杂木林。贺兰山西坡赵池沟、水磨沟和东坡小口子有分布。我国分布于东北、西北、西南、华中及山东等地。世界分布于蒙古国、朝鲜、俄罗斯等。

药用价值 花入药，可清热解毒、消散痈。

蓝果忍冬　*Lonicera caerulea* Linn　　别称　蓝靛果

形态特征　【植株】高 1 ~ 1.5 m。【茎】小枝红褐色，幼时被柔毛，髓心充实，基部具鳞片状残留物；老枝叶柄间具托叶。【冬芽】暗褐色，被 2 枚舟形外鳞片所包，光滑；老枝紫褐色，叶柄间具托叶。【叶】矩圆形、披针形或卵状椭圆形，长 15 ~ 55 mm，宽 10 ~ 20 mm，先端钝圆或钝尖，基部圆形或宽楔形，全缘，具短睫毛，上面深绿色，中下陷，网脉突起，疏被短柔毛，或仅脉上被毛，下面淡绿色，密被柔毛，脉上尤密；叶柄短，被长毛。【花】腋生；苞片条形，比花萼筒长 2 ~ 3 倍，小苞片合生成坛状花环，全包子房，成熟时肉质；相邻 2 花的花萼筒 1/2 至全部合生，齿小，被毛；花冠黄白色，带粉红色或紫色，外被短柔毛，基部具浅囊；雄蕊 5，稍伸出花冠；花柱较花冠长，无毛。【果】浆果球形或椭圆形，深蓝黑色。【成熟期】花期 5 月，果期 6 — 7 月。

生境分布　中生灌木。生于海拔 2 500 ~ 2 800 m 的山地阴坡、云杉林、灌丛。贺兰山西坡北寺、哈拉乌有分布。我国分布于西北、西南、华中地区。世界分布于欧洲、北美洲及朝鲜、蒙古国、俄罗斯。

缬草属 *Valeriana* Linn

小缬草 *Valeriana tangutica* Batalin 别称 西北缬草、小香草

形态特征 【植株】高 8 ～ 30 cm，全株无毛。【叶】小形，基生叶丛生，叶质薄，羽状全裂，裂片全缘，顶端叶裂片大，心状卵形、卵圆形或近于圆形，长 8 ～ 18 mm，宽 6 ～ 12 mm，两侧裂片 1 ～ 3 对，疏离，小于顶生裂片，近圆形，具长叶柄；茎生叶 2 对，疏离，对生，3 ～ 7 深裂，裂片条形，先端尖。【花】伞房状聚伞花序，密集成半球形；苞片及小苞片条形，全缘；花萼内卷；花冠白色，外面粉色，细筒状漏斗形，先端 5 裂，裂片倒卵圆形；雄蕊长于裂片，花药完全外露；子房狭椭圆形，无毛。【果】平滑，顶端具羽毛状宿萼。【成熟期】花期 6 月。

生境分布 多年生低矮细弱中生草本。生于海拔 2 000 ～ 2 700 m 的阴湿山坡、云杉林缘、岩石缝。贺兰山西坡和东坡均有分布。我国分布于宁夏、甘肃、青海等地。

药用价值 根和茎入药，可清热解毒、镇静、消肿止痛；也可做蒙药。

植株

花

叶

五福花科 Adoxaceae

荚蒾属 *Viburnum* Linn

蒙古荚蒾 *Viburnum mongolicum* (Pall.) Rehder in Sarg. 别称 暖白条

形态特征 【植株】高达 2 m。【茎】多分枝，幼枝、叶下面、叶柄、花序被簇状短毛，二年生小枝黄白色，浑圆，无毛。【叶】纸质，宽卵形至椭圆形，稀近圆形，长 2 ～ 5 cm，宽 1 ～ 2 cm，顶端尖或钝形，基部圆形或楔圆形，边缘具波状浅齿，齿顶具小突尖，上面绿色，被簇状或叉状毛，下面灰绿色，被星状毛，侧脉 4 ～ 5 对，近前缘分枝而互相网结，连同中脉上面略凹陷或不明显，下面凸起；叶柄密被星状毛。【花】聚伞状伞形花序，顶生；花轴、花梗被星状毛；总状花梗长，聚伞花序，具少数花，总花梗第 1 级辐射枝最多 5 条，花大部分着生第 1 级辐射枝；花萼筒矩圆筒形，无毛，萼齿波状；花冠淡黄白色，筒状钟形，无毛；雄蕊约与花冠等长，花药矩圆形。【果】核果椭圆形，红色后变黑色；核扁，具 2 条浅背沟和 3 条浅腹沟。【成熟期】花期 6 月，果期 9 月。

生境分布 喜阴中生灌木。生于海拔 1 600 ～ 2 300 m 的阴坡或半阴坡、沟谷、灌丛。贺兰山西坡南寺、拜寺沟、峡子沟和东坡贺兰沟有分布。我国分布于西北及辽宁、河北、河南、山西等地。

葫芦科　Cucurbitaceae

赤瓟属　*Thladiantha* Bunge

赤瓟　*Thladiantha dubia* Bunge

别称　赤包

形态特征　【块根】草褐色或黄色。【茎】少分枝，卷须不分枝，与叶对生，被毛。【叶】宽卵状心形，长 3 ～ 9 cm，宽 3 ～ 6 cm，两面被柔毛，具缘齿和叶柄。【花】单性，雌雄异株；单生叶腋；花梗被长柔毛；花萼裂片披针形；花冠 5 深裂，裂片矩圆形；雄蕊 5，离生；子房矩圆形或长椭圆形，密被长柔毛，花柱深 3 裂，柱头肾状；雄花具半球形退化子房；雌花具 5 个退化雄蕊。【果】浆果卵状矩圆形，鲜红色，具 10 条不明显纵纹。【种子】卵形，黑色。【成熟期】花期 7 — 8 月，果期 9 月。

生境分布　多年生攀缘中生草本。生于海拔 1 600 左右的山地沟谷、溪边、灌丛、山口居民区。贺兰山东坡贺兰沟、小口子有分布。我国分布于东北、华北、西北、西南及广东等地。世界分布于日本、朝鲜、俄罗斯。

药用价值　果和根入药，可理气活血、祛痰利湿；也可做蒙药。

桔梗科　Campanulaceae

沙参属　*Adenophora* Fisch.

石沙参　*Adenophora polyantha* Nakai　　别称　糙萼沙参

形态特征　【植株】高 0.2 ～ 1 m。【茎】直立，从根状茎基出 1 至数条，不分枝，无毛或被短毛。【叶】基生叶叶片心状肾形，边缘具不规则粗锯齿，基部沿叶柄下延；茎生叶互生完全无叶柄，狭卵形至披针形，极少为披针状条形，边缘具三角形疏离尖锯齿或刺状齿，无毛或疏被短毛，长 1 ～ 5 cm，宽 2 ～ 10 mm。【花】假总状花序，或短分枝组成狭圆锥花序；花梗短；整个花萼被毛或仅花萼筒被毛，被短毛，具乳头状突起，极少完全无毛的，浅裂；雄蕊 5，花药黄色条形，筒部倒圆锥状，裂片狭三角状披针形；花冠紫色或深蓝色，钟状，喉部稍缢，裂片短，不超过全长的 1/4，先直后反折；花盘筒状，疏被细柔毛；花柱稍伸出花冠，偶与花冠近等长。【果】蒴果卵状椭圆形。【种子】黄棕色，卵状椭圆形，稍扁，棱带狭翅。【成熟期】花期 7 — 8 月，果期 9 月。

生境分布　多年生旱中生草本。生于海拔 1 600 ～ 2 000 m 的石质山坡、阳坡草地。贺兰山西坡和东坡均有分布。我国分布于甘肃、陕西、宁夏、山西、辽宁、河北、山东、河南、安徽、江苏等地。世界分布于朝鲜。

宁夏沙参　*Adenophora ningxianica* D. Y. Hong

形态特征　【植株】高 13 ～ 30 cm。【茎】从根状茎基出数条，丛生，不分枝，无毛或被短硬毛。【叶】基生叶心形或倒卵形，早枯；茎生叶互生，披针形，长 5 ～ 20 mm，宽 1.5 ～ 4 mm，两面无毛或近无毛，边缘具锯齿；无叶柄。【花】花序无分枝，顶生或腋生，数朵花组成假总状花序；花梗纤细；花萼无毛，花萼筒倒卵形，裂片钻形或钻状披针形，边缘具 1 对疣状小齿，个别裂片全缘；花冠钟状，蓝色或蓝紫色，浅裂片卵状三角形；花盘短筒状，无毛；花柱稍长于花冠。【果】蒴果长椭圆状。【种子】黄色，椭圆状，稍扁，具 1 条翅状棱。【成熟期】花期 7 — 8 月，果期 9 月。

生境分布　多年生旱中生草本。生于海拔 1 600 ～ 2 500 m 的山坡沟谷、崖壁石缝。贺兰山西坡和东坡均有分布。我国分布于甘肃、内蒙古、宁夏等地。

药用价值　根入药，可消止痛肿、解痉；也可做蒙药。

细叶沙参　*Adenophora capillaris* subsp. *paniculata* (Nannf.) D. Y. Hong & S. Ge

形态特征　【植株】高 0.6 ～ 1.2 m。【茎】直立，粗壮，绿色或紫色，不分枝，无毛或近无毛。【叶】基生叶心形，边缘具不规则锯齿；茎生叶互生，条形或披针状条形，长 5 ～ 20 cm，宽 1.5 ～ 4 mm，全缘或极少具疏齿，两面疏被短毛或近无毛，无叶柄。【花】圆锥花序，顶生，多分枝，无毛或近无毛；花梗纤细，弯曲；花萼无毛，裂片 5，丝状钻形或近丝形；花冠口部收缢，筒状坛形，蓝紫色、淡蓝紫色或白色，无毛，5 浅裂；雄蕊露出花冠，花丝基部加宽，密被柔毛；花盘圆筒状，无毛或被毛；花柱明显伸出花冠。【果】蒴果卵形至卵状矩圆形。【种子】椭圆形，棕黄色。【成熟期】花期 7—9 月，果期 9 月。

生境分布　多年生中生草本。生于海拔 1 600 ～ 2 800 m 的山坡草地、山地林缘、灌丛、沟谷草甸。贺兰山西坡镇木关有分布。我国分布于山东、山西、河北、河南、陕西、内蒙古等地。

长柱沙参 *Adenophora stenanthina* (Ledeb.) Kitag.

形态特征 【植株】高 30 ～ 80 cm。【茎】直立，或数条丛生，密被极短糙毛。【叶】基生叶早落；茎生叶互生，多集中于中部，条形，长 1.5 ～ 4 cm，宽 2 ～ 4 mm，全缘，两面被极短糙毛，无叶柄。【花】圆锥花序，顶生，多分枝，无毛；花下垂；花萼无毛，裂片 5，钻形；花冠蓝紫色，筒状坛形，无毛，5 浅裂，裂片下部略收缢；雄蕊与花冠近等长；花盘长筒状，无毛或被柔毛；花柱明显超出花冠约 1 倍，柱头 3 裂。【成熟期】花期 7 — 9 月，果期 7 — 10 月。

生境分布 多年生旱中生草本。生于海拔 1 500 ～ 1 700 m 的高山灌丛、森林、草原。贺兰山西坡哈拉乌有分布。我国分布于东北、西北及河北、山西等地。世界分布于蒙古国、俄罗斯。

长柱沙参（变种） *Adenophora stenanthina* subsp. *stenanthina*

形态特征 【植株】高 30 ～ 80 cm。【茎】直立，或数条丛生，密被极短糙毛。【叶】基生叶早落；茎生叶互生，中部集中，叶披针形至卵形，长 1 ～ 4 cm，宽 2 ～ 5 mm，全缘或疏具刺状齿，两面被极短糙毛，无叶柄。【花】圆锥花序，顶生，多分枝，无毛；花下垂；花萼无毛，裂片 5，钻形；花冠蓝紫色，筒状坛形，无毛，5 浅裂，裂片下部略收缢；雄蕊与花冠近等长；花盘长筒状，无毛或被柔毛；花柱超出花冠约1倍，柱头 3 裂。【成熟期】花期 7 — 9 月，果期 7 — 10 月。

生境分布 多年生旱中生草本。生于海拔 1 600 ～ 1 800 m 的山坡草地、草滩、沙地、耕地。贺兰山西坡哈拉乌有分布。我国分布于东北、西北及山西等地。世界分布于蒙古国、俄罗斯。

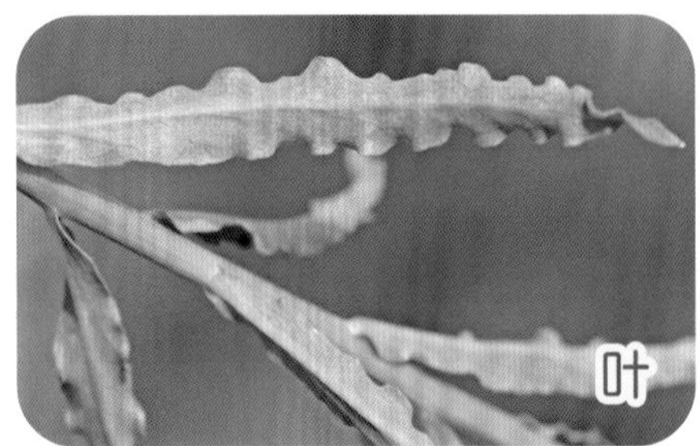

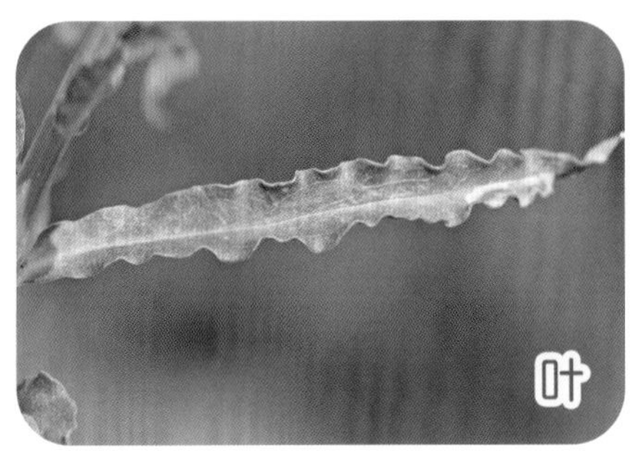

菊科 **Asteraceae**

联毛紫菀属 *Symphyotrichum* Nees

短星菊 *Symphyotrichum ciliatum* (Ledeb.) G. L. Nesom

形态特征 【植株】高 8 ～ 50 cm。【茎】直立，基部分枝，具纵条棱，下部紫红色，近无毛，上部及分枝被疏短糙毛。【叶】密集，基部叶花期凋落，无叶柄，线形或线状披针形，长 15 ～ 50 mm，宽 3 ～ 5 mm，先端尖或稍尖，基部半抱茎，全缘，上面被疏短毛或几无毛，边缘具糙缘毛；上部叶渐小变成总苞片。【花】头状花序，多在茎或枝顶端排列成总状圆锥花序；偶单生枝顶端，具短花序梗；总苞半球状钟形，总苞片 2 ～ 3 层，线形不等长，短于花盘，顶端尖，外层绿色，草质或反折，顶端及边缘具缘毛，内层下部边缘膜质，上部草质；雌花多数，花冠细管状，无色，连同花柱上端斜切，或具短舌片，上部及斜切口被微毛；两性花花冠管状，花冠管上端被微毛，无色或裂片淡粉色，花柱分枝披针形，花全部结实。【果】瘦果长圆形，基部缩小，红褐色，被密短软毛；冠毛白色 2 层，外层刚毛状，极短，内层糙毛状，褐色，顶端截形，基部渐狭。【成熟期】花果期 8—9 月。

生境分布 一年生耐盐中生草本。生于水塘、沟边、泉溪边。贺兰山西坡巴彦浩特有分布。我国分布于北方地区。世界分布于亚洲中部地区及日本、朝鲜、蒙古国、俄罗斯。

紫菀属 *Aster* Linn

阿尔泰狗娃花 *Aster altaicus* Willd.

别称 阿尔泰紫菀

形态特征 【植株】高 5 ～ 40 cm，全株被弯曲短硬毛和腺点。【根】多分枝，黄色或黄褐色。【茎】由基部分枝，斜升，也有茎单一而不分枝或由上部分枝；茎和枝均具纵条棱。【叶】疏生或密生，条形、条状矩圆形、披针形、倒披针形，或近匙形，长 5 ～ 45 mm，宽 1 ～ 4 mm，先端钝或锐尖，基部渐狭，无叶柄，全缘；上部叶渐小。【花】头状花序，单生枝顶端或排列成伞房状；总苞片草质，边缘膜质，条形或条状披针形，先端渐尖，外层短，内层长；舌状花淡蓝紫色；管状花裂片不等大，疏被毛。【果】瘦果矩圆状倒卵形，被绢毛；冠毛污白色或红褐色，为不等长的糙毛状。【成熟期】花果期 7 — 10 月。

生境分布 多年生旱中生草本。生于海拔 1 600 ～ 1 800 m 的干旱山地、草原、荒漠、沙地。贺兰山西坡和东坡均有分布。我国分布于东北、西北及河北、河南、四川、湖北、安徽、江西、浙江、台湾等地。世界分布于朝鲜、蒙古国、俄罗斯。

药用价值 全草入药，可清热降火、排脓止咳；也可做蒙药。

狗娃花 *Aster hispidus* Thunb.

形态特征 【植株】高 30 ～ 60 cm。【茎】直立，上部分枝，具纵条棱，多少被弯曲的短硬毛和腺点。【叶】基生叶倒披针形，长 4 ～ 10 cm，宽 1 ～ 1.5 cm，先端钝，基部渐狭，边缘具疏锯齿，两面疏被短硬毛，花期枯落；茎生叶倒披针形至条形，先端钝尖或渐尖，基部渐狭，全缘稍反卷，两面疏被细硬毛或无毛，边缘具伏硬毛，无叶柄；上部叶较小，条形。【花】头状花序；总苞片 2 层，草质，内层边缘膜质，条状披针形，或内层菱状针形，两者近等长，先端渐尖，背部及边缘疏被伏硬毛；舌状花约 30 朵，白色或淡红色，冠毛甚短，白色膜片状或部分红褐色，糙毛状；管状花冠毛糙毛状，与花冠近等长，先为白色，后变为红褐色。【果】瘦果倒卵形，具细棱，密被贴伏硬毛。【成熟期】花期 6 — 10 月。

生境分布 一年生或二年生中生草本。生于海拔 1 600 ～ 2 400 m 的山地林缘、草地、荒地、路旁。贺兰山西坡和东坡均有分布。我国分布于东北、西北及四川、湖北、安徽、江西、浙江、台湾等地。世界分布于朝鲜、蒙古国、俄罗斯等地。

药用价值 根入药，可解毒、消肿。

三脉紫菀　　*Aster ageratoides* Turcz.　　　　别称　三脉叶马兰、三褶脉紫菀

形态特征　【植株】高 40 ～ 60 cm。【根】根状茎横走，具多数褐色细根。【茎】直立，单一，带红褐色，具纵条棱，被伏短硬毛或柔毛，有时无毛，上部稍分枝。【叶】基生叶与茎下部叶卵形，基部急狭成长叶柄，花期枯萎凋落；中部叶纸质，长椭圆状披针形、矩圆状披针形至狭披针形，长 3 ～ 10 cm，宽 5 ～ 25 mm，先端渐尖，基部楔形，边缘具 3 ～ 7 对小刺尖的锯齿，上面绿色，粗糙，下面淡绿色，两面被短硬毛和腺点，离基三出脉，侧脉 3 ～ 4 对；上部叶小，披针形，具浅齿或全缘。【花】头状花序，在茎顶端排列成伞房状或圆锥伞房状；总苞钟状至半球形，3 层，外层短，内层长，条状矩圆形，先端尖或钝，上部草质，绿色或紫褐色，下部革质，具中脉 1 条，被缘毛；舌状花紫色、淡红色或白色，长为管状花的 1 倍。【果】瘦果被微毛；冠毛淡红褐色或污白色，与管状花近等长或稍短。【成熟期】花果期 8—9 月。

生境分布　多年生旱中生草本。生于海拔 1 700 ～ 2 800 m 的山地林缘、草地、丘陵。贺兰山西坡哈拉乌有分布。我国分布于除西藏、新疆以外的各地。世界分布于日本、朝鲜、俄罗斯、印度等。

药用价值　全草入药，可清热解毒、止咳祛痰、利尿止血。

紫菀木属 *Asterothamnus* Novopokr.

中亚紫菀木 *Asterothamnus centraliasiaticus* Novopokr. 别称 东亚紫菀木

形态特征 【植株】高 20 ～ 40 cm。【茎】下部多分枝，老枝木质化，灰黄色，腋芽小卵圆形，被短绵毛；小枝细长，灰绿色，被蛛丝状短绵毛，后光滑无毛。【叶】近直立或稍开展，矩圆状条形或近条形，长 8 ～ 15 mm，宽 1 ～ 2 mm，先端锐尖，基部渐狭，边缘反卷，两面密被蛛丝状绵毛，呈灰绿色，后脱落；上部叶变窄小。【花】头状花序，在枝顶端排列成疏伞房状，总花序梗细长；总苞宽倒卵形，总苞片外层卵形或卵状披针形，先端锐尖，内层矩圆形，先端稍尖或钝，上端紫红色，背部被蛛丝状短绵毛；舌状花淡蓝紫色，7 ～ 10 朵；管状花 11 ～ 15 朵。【果】瘦果倒披针形；冠毛白色，与管状花花冠等长。【成熟期】花果期 8 — 9 月。

生境分布 超旱生半灌木。生于海拔 1 600 ～ 2 300 m 的山地荒漠区或荒漠草原区砂质地、砾石地。贺兰山西坡和东坡均有分布。我国分布于内蒙古、宁夏、甘肃、新疆、青海等地。世界分布于蒙古国。

植株

花

叶

飞蓬属 *Erigeron* Linn

假泽山飞蓬 *Erigeron pseudoseravschanicus* Botsch.

形态特征 【植株】高 5 ～ 60 cm。【根】根状茎木质，垂直或斜上，分枝，具纤维状根，根颈被残叶基。【茎】少数，直立。【叶】绿色，全缘，两面被开展的疏长节毛和具柄腺毛，倒披针形，长 2 ～ 15 cm，宽 0.3 ～ 16 mm，顶端尖或稍钝，基部渐狭成长叶柄，中上部叶无叶柄，披针形，顶端急尖。【花】头状花序，多数，排列成伞房状总状花序，花序梗长；总苞半球形；总苞片 3 层，稍短于花盘，绿色，线状披针形，顶端急尖，外层短于内层的 1/2；雌花二型，外层小花舌状，上部被疏微毛，舌片淡红色或淡紫色，顶端全缘；较内层小花细管状，无色，上部被贴微毛，花柱伸出管部；两性小花管状，黄色，檐部狭锥形，被贴微毛，裂片淡红色或淡紫色。【果】瘦果长圆状披针形，扁压，密被贴短毛；冠毛刚毛状白色，2 层。【成熟期】花期 7 — 9 月。

生境分布 多年生中生草本。生于海拔 1 700 ～ 2 800 m 的高山或亚高山草地、林缘。贺兰山西坡水磨沟有分布。我国分布于新疆、内蒙古、宁夏等地。世界分布于亚洲中部地区、西伯利亚地区及俄罗斯。

飞蓬　*Erigeron acer* Linn　　别称　北飞蓬

形态特征　【植株】高 10 ～ 60 cm。【茎】直立，单一，具纵条棱，绿色或带紫色，密被伏柔毛并混被硬毛。【叶】绿色，两面被硬毛，基生叶与茎下部叶倒披针形，长 1.5 ～ 10 cm，宽 3 ～ 15 mm，先端钝或稍尖并具小尖头，基部渐狭成具翅的长叶柄，全缘或具少数小尖齿；中部叶及上部叶披针形或条状矩圆形，长 4 ～ 70 mm，宽 2 ～ 8 mm，先端尖，多全缘。【花】头状花序，多在茎顶端排列成密集的伞房状或圆锥状；总苞半球形；总苞片 3 层，条状披针形，外层短，内层长，先端长渐尖，边缘膜质，背部密被硬毛；雌花二型，外层小花舌状，舌片淡红紫色，内层小花细管状，无色；两性小花管状。【果】瘦果矩圆状披针形，密被短伏毛；冠毛 2 层，污白色或淡红褐色，外层甚短，内层长。【成熟期】花果期 7 — 9 月。

生境分布　二年生中生草本。生于海拔 2 500 m 左右的山地林缘、沟谷。贺兰山西坡哈拉乌有分布。我国分布于东北、华北、西北及四川、西藏等地。世界分布于欧洲及俄罗斯、蒙古国。

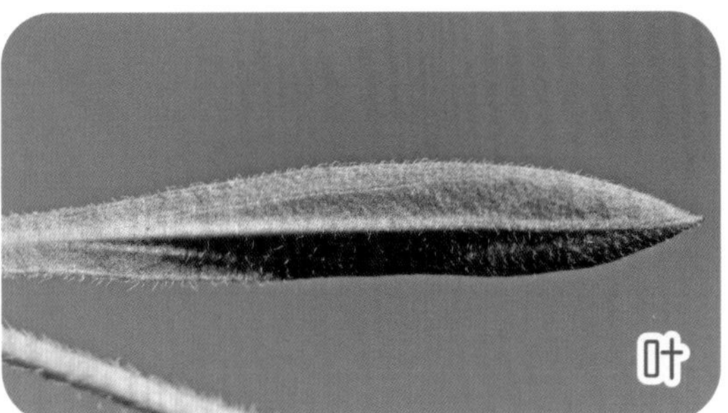

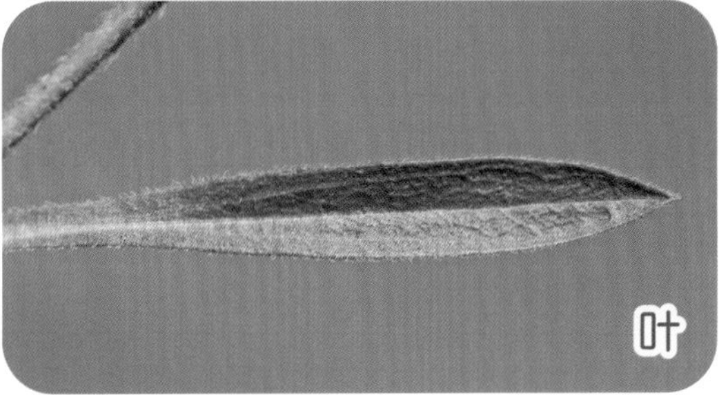

长茎飞蓬 *Erigeron acris* subsp. *politus* (Fr.) H. Lindb. 别称 紫苞飞蓬

形态特征 【植株】高 10 ～ 50 cm。【茎】直立，带紫色或少有绿色，被微毛，上部分枝。【叶】质硬，全缘；基生叶与茎下部叶矩圆形或倒披针形，长 1 ～ 10 cm，宽 1 ～ 10 mm，先端锐尖或钝，基部下延成叶柄，全缘，两面无毛，边缘具硬毛，花后凋萎；中部与上部叶矩圆形或披针形，长 0.3 ～ 7 cm，宽 0.7 ～ 8 mm，先端尖，无叶柄。【花】头状花序，少数在茎顶端排列成伞房状圆锥状，花序梗细长；总苞半球形；总苞片 3 层，条状披针形，外层短，内层长，先端尖，紫色，偶有绿色，背部被腺毛，有时混被硬毛；雌花二型，外层小花舌状，先端钝，淡紫色，内层小花细管状，无色；两性小花管状，顶端裂片暗紫色；3 种花冠管上端均被微毛。【果】瘦果矩圆状披针形，密被短伏毛；冠毛 2 层，白色，外层短，内层长。【成熟期】花果期 6 — 9 月。

生境分布 多年生中生草本。生于海拔 2 500 ～ 3 000 m 的山地林缘、灌丛、沟谷、溪边。贺兰山西坡南寺雪岭子、黄土梁子有分布。我国分布于北方地区。世界分布于亚洲中部地区、欧洲及蒙古国、朝鲜、俄罗斯。

药用价值 全草入药，可解毒、消肿、活血。

棉苞飞蓬 *Erigeron eriocalyx* (Ledeb.) Vierh.

形态特征 【植株】高 20 cm 左右。【根】纤维状。【根状茎】直立或斜上，根颈被暗褐色残叶柄。【茎】数个，稀单生，直立，不分枝，或有时上部分枝，绿色或淡紫红色，被较密开展的长软毛和贴短毛，上部毛较密；节间长。【叶】绿色，全缘，叶柄边缘和两面被长软毛；基部叶密集，莲座状，花期枯萎，倒披针形，长 15 ～ 93 mm，宽 2 ～ 13 mm，顶端钝或稍尖，基部狭成长叶柄，具 3 脉；下部叶与基部叶同形，但叶柄较短；中部和上部叶披针形或线状披针形，无叶柄，顶端尖，基部多少抱茎，上部叶渐小。【花】头状花序，单生，少有 2 ～ 3 个排列成伞房状；总苞半球形；总苞片 3 层，约与花盘等长或稍短于花盘，线状披针形，顶端长渐尖，紧贴，全部暗紫色，背面被密且具暗隔膜的乱长毛，外层短，内层长；外围的雌花舌状，2 ～ 3 层，花管上部疏被短毛，舌片紫色或淡紫色，极少白色，不开展，干时内卷呈管状，顶端具 2 小齿；中央的两性花管状，黄色，圆柱形，下部急狭成细管，裂片短，与舌片同色，无毛，管部上部疏被微毛；花药不伸出花冠。【果】瘦果狭长圆形，被贴伏短毛；冠毛淡白色，2 层，刚毛状，外层短，内层长。【成熟期】花期 7 — 9 月。

生境分布 多年生中生草本。生于海拔 2 500 ～ 3 000 m 的高山灌丛、草甸。贺兰山主峰东西两侧有分布。我国分布于甘肃、新疆等地。世界分布于欧洲及俄罗斯、蒙古国。

堪察加飞蓬 *Erigeron acris* subsp. *kamtschaticus* (DC.) H. Hara

形态特征 【植株】高 3.5 ～ 90 cm。【茎】直立，单一，较粗壮，带紫红色，具纵条棱，疏被多细胞长毛或近无毛，中上部分枝。【叶】基生叶与茎下部叶倒披针形，长 2 ～ 10 cm，宽 2 ～ 10 mm，先端锐尖，基部狭，边缘具不规则小锯齿，两面及边缘疏被硬毛，具叶柄；中上部叶密生，披针形，先端锐尖，全缘，两面被短柔毛，或叶面及边缘疏被多细胞长毛，无叶柄。【花】头状花序，多在茎顶端排列成圆锥状；总苞片 3 层，条状披针形，外层短，内层长，先端长渐尖，边缘膜质，背部被短腺毛，有时混被长硬毛；雌花二型，外层小花舌状，淡紫色，内层小花细管状，无色；两性小花管状；3 种花冠管上端均被微毛。【果】瘦果矩圆状披针形，密被短伏毛；冠毛 2 层，污白色，外层短，内层长。【成熟期】花果期 7—9 月。

生境分布 二年生中生草本。生于海拔 1 800 ～ 2 500 m 的山地林缘、沟谷、林间草甸。贺兰山西坡乱柴沟、干树湾有分布。我国分布于东北、西北及河南、山西等地。世界分布于蒙古国、俄罗斯。

小蓬草 *Erigeron canadensis* Linn　　　别称　飞逢、加拿大飞蓬

形态特征　【植株】高 40 ～ 90 cm。【根】圆锥形。【茎】直立，具纵条棱，淡绿色，被硬毛，上部多分枝。【叶】条状披针形或矩圆状条形，长 2 ～ 10 cm，宽 1 ～ 10 mm，先端渐尖，基部渐狭，全缘或具微锯齿，两面及边缘被硬毛，无明显叶柄。【花】头状花序，花序梗短，在茎顶端密集成长形的圆锥状或伞房式圆锥状；总苞片条状披针形，外层短，内层长，先端渐尖，背部近无毛或疏被硬毛；舌状花直立，舌片条形，先端不裂，淡紫色；管状花与舌状花等长。【果】瘦果矩圆形，被短伏毛；冠毛污白色，与花冠近等长。【成熟期】花果期 6—9 月。

生境分布　一年生中生草本。生于海拔 1 800 ～ 2 200 m 的山麓旷野、荒地、田边、村舍。外来入侵种，原产于北美洲。我国广布于各地。世界广布种。

药用价值　全草入药，可消炎止血、祛风湿。

短舌菊属　*Brachanthemum* DC.

星毛短舌菊　*Brachanthemum pulvinatum* (Hand. -Mazz.) C. Shih

形态特征　【植株】高 10 ～ 30 cm。【茎】自基部分枝，开展，呈垫状株丛，树皮灰棕色，呈不规则条状剥裂；小枝圆柱状或近四棱形，灰棕褐色，密被星状毛，后脱落。【叶】灰绿色，密被星状毛，羽状或近掌状 3 ～ 5 深裂，裂片狭条形或丝状条形，长 3 ～ 10 mm，宽 1 mm，先端钝。【花】头状花序，单生枝顶端，半球形，花序梗细长；总苞片卵圆形，先端圆形，边缘宽膜质，褐色，外层被星状毛，内层无毛；花冠舌状，黄色，舌片椭圆形，先端钝或截形，有的具 2 ～ 3 小齿或腺点。【果】瘦果圆柱状，无毛。【成熟期】花期 8 月。

生境分布　超旱生半灌木。生于海拔 1 800 ～ 2 000 m 的山麓砾石质丘陵、坡地。贺兰山西坡巴彦浩特有分布。我国分布于宁夏、甘肃、青海、新疆等地。

花花柴属 *Karelinia* Less.

花花柴 *Karelinia caspia* (Pall.) Less. 别称 胖姑娘

形态特征 【植株】高 50 ～ 100 cm。【茎】直立，中空粗壮，多分枝，小枝具沟，老枝无毛具疣状突起。【叶】肉质，卵形、矩圆状卵形、矩圆形或长椭圆形，长 1.3 ～ 5 cm，宽 6 ～ 20 mm，先端钝，基部具圆形或戟形小耳，抱茎，全缘或具短齿。【花】头状花序，3 ～ 7 朵排列成伞房式聚伞状；总苞短柱形；总苞片 5 ～ 6 层，外层卵圆形，内层条状披针形，背部被毡状毛，具缘毛；花序托平，被毛；异形小花紫红色或黄色；雌花花冠丝状，花柱分枝细长；两性花花冠细管状，上端有 5 裂片，花药顶端钝，基部小箕头，花柱分柱短，顶端尖。【果】瘦果圆柱形，具 4 ～ 5 棱，深褐色，冠毛 1 或多层。【成熟期】花果期 7 — 10 月。

生境分布 多年生耐盐肉质旱中生草本。生于海拔 1 600 ～ 1 700 m 的山麓戈壁滩、沙丘、草甸盐碱地。贺兰山西坡峡子沟、小松山有分布。我国分布于甘肃、青海、宁夏、新疆等地。世界分布于亚洲中部地区、欧洲及蒙古国、俄罗斯、伊朗、土耳其等。

火绒草属 *Leontopodium* R. Br.

矮火绒草 *Leontopodium nanum* (Hook. f. & Thomson ex C. B. Clarke) Hand. -Mazz.

形态特征 【植株】高 2 ～ 8 cm。【茎】垫状丛生或自根状茎分枝，被褐色鳞片状枯叶鞘，具顶生的莲座状叶丛；无花茎或花茎短，直立，细弱或粗壮，被白色绵毛。【叶】基生叶被枯叶鞘包围；茎生叶匙形或条状匙形，长 5 ～ 25 mm，宽 2 ～ 6 mm，先端圆形或钝，基部渐狭成短窄的鞘部，两面被长柔毛状密绵毛；苞叶少数，与花序等长，直立，不开展组成星状苞叶群。【花】头状花序，单生或 3 个密集；总苞被灰白色绵毛；总苞片 4 ～ 5 层，披针形，先端尖或稍钝，周边深褐色或褐色；小花异形，雌雄异株；雄花花冠狭漏斗状；雌花花冠细丝状。【果】瘦果椭圆形，被微毛或无毛；冠毛亮白色，远较花冠和总苞片长。【成熟期】花果期 5 — 7 月。

生境分布 多年生矮小耐寒中生草本。生于海拔 2 700 ～ 3 500 m 的高山或亚高山草甸、灌丛。贺兰山主峰山脊两侧有分布。我国分布于甘肃、青海、新疆、陕西、四川、西藏等地。世界分布于亚洲中部地区及印度、尼泊尔。

绢茸火绒草 *Leontopodium smithianum* Hand. -Mazz.

形态特征 【植株】高 10 ～ 30 cm。【根状茎】短，粗壮，被灰白色或上部被白色绵毛或黏结绢状毛；具少数簇生的花茎和不育茎。【叶】下部叶在花期枯萎；中上部叶条状披针形，长 2.5 ～ 5 cm，宽 3 ～ 8 mm，无叶柄，稍开展或直立，上面被灰白色柔毛，下面被白色密绵毛或黏结绢状毛。【花】头状花序，3 ～ 20 个密集，或排列成伞房状；苞片较花序长，两面被白色密绵毛；总苞半球形，被白色密绵毛；总苞片 3 ～ 4 层，披针形；小花异形，雄花少数，或雌雄异株；雄花花冠管状漏斗状；雌花花冠丝状。【果】瘦果矩圆形；冠毛白色，较花冠稍长。【成熟期】花果期 7 — 10 月。

生境分布 多年生旱中生草本。生于海拔 1 600 ～ 2 900 m 的亚高山草地、干燥草地、低山。贺兰山西坡哈拉乌有分布。我国分布于西北及河北、河南、山西、青海等地。

火绒草　*Leontopodium leontopodioides* (Willd.) Beauv.　别称　火线蒿、大头毛香

形态特征　【植株】高 8 ～ 36 cm。【根状茎】粗壮，包裹在枯萎短叶鞘中，多数簇生花茎和根。【茎】直立或稍弯曲，较细，不分枝，被灰白色长柔毛或白色绢状毛。【叶】下部叶密，花期枯萎宿存；中上部叶疏，多直立，条形或条状披针形，长 1 ～ 3 cm，宽 2 ～ 4 mm，先端尖或稍尖，具小尖头，基部稍狭，无叶鞘，无叶柄，边缘有时反卷呈波状，上面绿色，被柔毛，下面被白色或灰白色密绵毛；苞叶少数，矩圆形或条形，与花序等长或为花序长的 1.5 ～ 2 倍，两面或下面被白色或灰白色厚绵毛，雄株多少开展组成苞叶群，雌株苞叶散生不排列成苞叶群。【花】头状花序，3 ～ 7 个密集，或具较长的花序梗而排列成伞房状；总苞半球形，被白色绵毛；总苞片约 4 层，披针形，先端无色或浅褐色；小花雌雄异株，少同株；雄花花冠狭漏斗状；雌花花冠丝状。【果】瘦果矩圆形，具乳头状突起或被微毛；冠毛白色，基部稍黄色，雄花冠毛上端不粗厚，具毛状齿。【成熟期】花果期 7 — 10 月。

生境分布　多年生旱生草本。生于海拔 1 800 ～ 2 500 m 的干燥山坡、林缘、灌丛。贺兰山西坡和东坡均有分布。我国分布于北方及四川、江苏等地。世界分布于西伯利亚地区及朝鲜、日本、蒙古国。

药用价值　地上部分入药，可清热凉血、利尿；也可做蒙药。

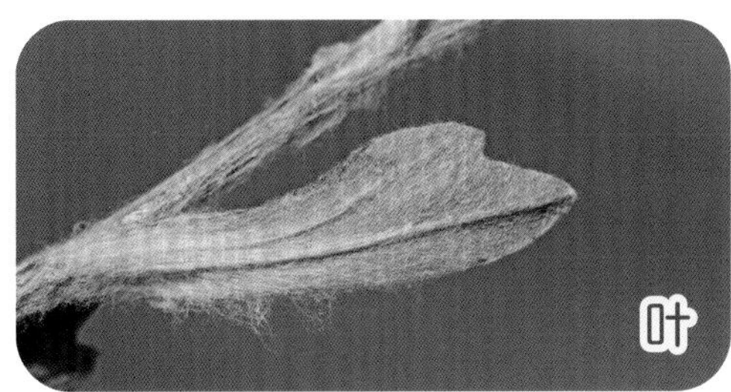

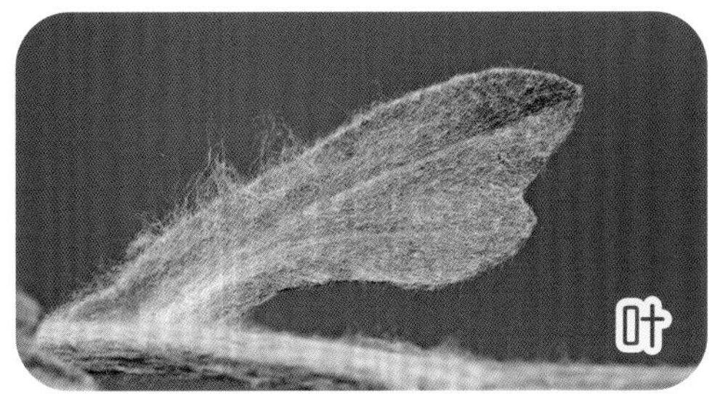

香青属　*Anaphalis* DC.

乳白香青　*Anaphalis lactea* Maxim.　别称　大矛香艾

形态特征　【植株】高 10 ～ 27 cm。【根状茎】粗壮，灌木状，上端残存枯叶。【茎】具顶生的莲座状叶丛或花茎，直立，不分枝，被白色或灰白色绵毛。【叶】莲座状叶披针形或匙状矩圆形，长 6 ～ 13 cm，宽 3 ～ 17 mm，下部渐狭成基部鞘状长柄翅；茎下部叶较莲座状叶稍小；中上部叶直立，长椭圆形、条状披针形或条形，先端渐尖，具长尖头，基部稍狭，沿茎下成狭翅，叶均密被白色或灰白色绵毛，具离基三出脉或 1 脉。【花】头状花序，多数，在茎顶端排列成复伞房状，具花序梗；总苞钟状；总苞片 4 ～ 5 层，外层卵圆形，浅褐色或深褐色，被蛛丝状毛，内层卵状矩圆形，乳白色，顶端圆形，最内层狭矩圆形，具长爪；花序托被缝状短毛；雌株头状花序具多层雌花，中央具 2 ～ 3 个雄花；雄株头状花序全部具雄花。【果】瘦果圆柱形，冠毛较花冠稍长。【成熟期】花果期 8 — 9 月。

生境分布　多年生中生草本。生于海拔 1 900 ～ 2 600 m 的山坡草地、砾石地、山沟、路旁。贺兰山西坡哈拉乌有分布。我国分布于甘肃、青海、四川等地。

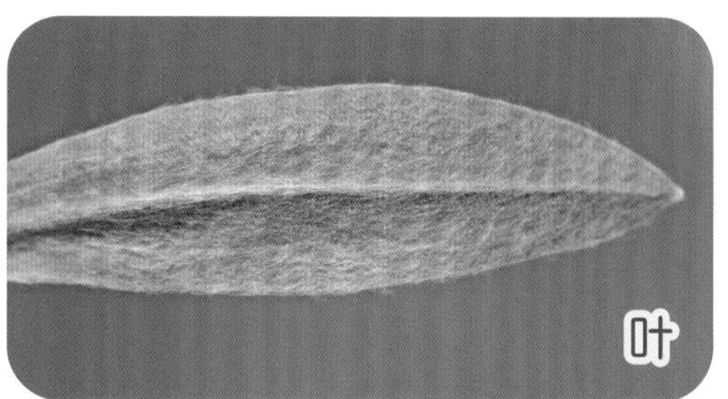

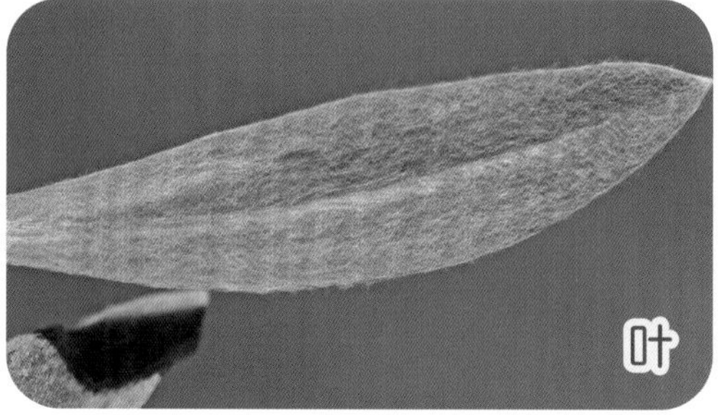

旋覆花属　*Inula* Linn

旋覆花　*Inula japonica* Thunb.　别称　金佛花、六月菊

形态特征　【植株】高 20 ～ 70 cm。【根】具粗壮须根，基部偶具不定根。【根状茎】短，横走或斜升。【茎】直立，1 ～ 3 个簇生，具纵沟棱，被长柔毛，上部具分枝，稀不分枝。【叶】基生叶和下部叶在花期枯萎，长椭圆形或披针形，长 3 ～ 11 cm，宽 1 ～ 2.5 cm，下部渐狭成短叶柄或长叶柄；中部叶披针形或矩圆状披针形，先端锐尖或渐尖，基部狭窄，具半抱茎的小耳，无叶柄，心形，半抱茎，边缘具小尖头的疏浅齿或近全缘，上面无毛或被疏伏毛，下面和总苞片被伏毛或短柔毛；上部叶渐小线状披针形。【花】头状花序，4 至 10 余个；花序梗细长，苞叶条状披针形；总苞半球形；总苞片 4 ～ 5 层，外层条状披针形，先端长渐尖，基部稍宽，草质，被长柔毛、腺点和缘毛，内层条形，除中脉外干膜质；舌状花黄色，舌片条形；管状花具三角状披针形裂片。【果】瘦果具浅沟，被短毛；冠毛 1 层，白色，与管状花花冠等长。【成熟期】花果期 7 — 10 月。

生境分布　多年生中生草本。生于海拔 1 900 ～ 2 200 m 的山麓河溪边、山地沟谷、塘坝湿地。贺兰山西坡和东坡均有分布。我国分布于东北、西北、西南、东南、华北地区。世界分布于欧洲及俄罗斯、蒙古国、朝鲜、日本等。

药用价值　根、叶和花入药，可平喘镇咳、健胃祛痰；也可做蒙药。

叶

叶

蓼子朴　*Inula salsoloides* (Turcz.) Ostenf.　别称　山猫眼、秃好草

形态特征　【植株】高 15 ～ 45 cm。【根状茎】横走，木质化，具膜质鳞片状叶。【茎】直立、斜升或平卧，圆柱形，基部稍木质，具纵条棱，由基部向上多分枝，细而弯曲，被糙硬毛混生长柔毛和腺点。【叶】披针形或矩圆状条形，长 3 ～ 7 mm，宽 1 ～ 2.5 mm，先端钝或稍尖，基部心形或具小耳，半抱茎，全缘，边缘平展或卷，稍肉质，上面无毛，下面被长柔毛和腺点，有时两面均被长柔毛和腺点。【花】头状花序，单生枝顶端；总苞倒卵形；总苞片 4 ～ 5 层，外层小，披针形、长卵形或矩圆状披针形，先端渐尖，内层长，条形或狭条形，先端锐尖或渐尖，全部干膜质，基部稍革质，黄绿色，背部无毛或被长柔毛和腺点，上部或全部具缘毛和腺点；舌状花瓣浅黄色，椭圆状条形；管状花长约为舌状花的 1/2。【果】瘦果具多数细沟，被腺体；冠毛白色，与花冠近等长。【成熟期】花果期 6 — 9 月。

生境分布　多年生旱生草本。生于海拔 1 600 ～ 1 800 m 的山麓农舍区、盐碱地、覆沙地。贺兰山西坡和东坡均有分布。我国分布于东北、华北、西北地区。世界分布于亚洲中部地区及蒙古国、俄罗斯。

药用价值　全草入药，可解热、利尿；也可做蒙药。

苍耳属　*Xanthium* Linn

苍耳　*Xanthium strumarium* Linn　别称　粘头婆、苍耳儿

形态特征　【植株】高 20 ～ 60 cm。【茎】直立，粗壮，下部圆柱形，上部具纵沟棱，被白色硬伏毛，不分枝或少分枝。【叶】三角状卵形或心形，长 4 ～ 9 cm，宽 3 ～ 9 cm，先端锐尖或钝，基部近心形或截形，与叶柄连接处呈楔形，不分裂或有 3 ～ 5 不明显浅裂，边缘具缺刻及不规则粗锯齿，基出 3 脉，上面绿色，下面苍绿色，两面均被硬状毛和腺点；叶柄长。【花】雄头状花序，近无花序梗，总苞片矩圆状披针形，被短柔毛，花冠钟状；雌头状花序椭圆形，外层总苞片披针形，被短柔毛，内层总苞片宽卵形或椭圆形，成熟的具瘦果的总苞变坚硬，绿色、淡黄绿色或带红褐色，连同喙部延长，外面疏具钩状刺，基部微增粗或不增粗，被短柔毛，具腺点，或均无毛；喙坚硬，锥形，上端略弯曲，不等长。【果】瘦果灰黑色。【成熟期】花期 7 — 8 月，果期 9 — 10 月。

生境分布　一年生中生草本。生于海拔 1 600 ～ 1 800 m 的山麓山地、农田、村舍。贺兰山西坡和东坡均有分布。我国广布于各地。世界广布种。

药用价值　果入药，可发汗利尿、镇痉止痛、散风通窍；也可做蒙药。

植株

果

叶

鬼针草属　*Bidens* Linn

狼杷草　*Bidens tripartita* Linn　别称　鬼针、鬼叉

形态特征　【植株】高 0.2 ～ 1.5 m。【茎】直立或斜升，圆柱状或具钝棱而稍呈四方形，无毛或疏被短硬毛，绿色或带紫色，上部具分枝或自基部分枝。【叶】对生，下部叶小，不分裂，花期枯萎；中部叶 3 ～ 5 深裂，侧裂片披针形至狭披针形，顶生裂片大，椭圆形或长椭圆状披针形，长 5 ～ 11 cm，宽 1.1 ～ 3 cm，两端渐尖，裂片均具不整齐疏锯齿，两面无毛或下面具极稀短硬毛，叶柄具窄翅；上部叶小，3 深裂或不分裂，披针形。【花】头状花序，单生，花序梗较长；总苞盘状；外层苞片 5 ～ 9，狭披针形或匙状倒披针形，先端钝，全缘或具粗锯齿和缘毛，叶状，内层苞片长椭圆形或卵状披针形，膜质，背部具褐色或黑灰色纵条纹，具透明而淡黄色边缘；托片条状披针形，与瘦果等长，背部具褐色条纹，边缘透明；无舌状花；管状花顶端 4 裂。【果】瘦果扁，倒卵状楔形，边缘具倒刺毛，顶端具芒刺 2 ～ 4，两侧具倒刺毛。【成熟期】花果期 9 — 10 月。

生境分布　一年生湿中生草本。生于海拔 1 700 ～ 1 900 m 的山麓荒野、水边、湿地。贺兰山东坡有分布。我国广布于各地。世界分布于朝鲜、日本、菲律宾、印度尼西亚、印度、尼泊尔等。

药用价值　全草入药，可清热解毒、养阴益肺、收敛止血。

菊属　*Chrysanthemum* Linn

蒙菊　*Chrysanthemum mongolicum* Y. Ling

形态特征　【植株】高 20 ～ 30 cm。【根状茎】具地下匍匐根状茎。【茎】单生或簇生，直立，具纵沟棱，中上部或基部分枝，下部或中下部紫红色或全茎紫红色，被稀疏柔毛，上部毛稍多。【叶】中下部茎叶二回羽状或掌式羽状分裂，全形宽卵形、近菱形或椭圆形，长 2 ～ 3 cm，宽 15 ～ 18 mm，一回为深裂，侧裂片 1 ～ 2 对，二回为浅裂，二回裂片三角形；上部茎叶长椭圆形，羽状半裂，裂片 2 ～ 8 对；叶均具叶柄，中下部叶柄长，两面无毛或疏被短柔毛，末回裂片顶端芒尖状。【花】头状花序，2 ～ 7 个在茎、枝顶端排列成伞房花序，极少单生；总苞碟状；总苞片 5 层，外层或中外层大，苞叶状，叶质，长椭圆形，羽状浅裂或半裂，裂片顶端芒尖，中内层长椭圆形，边缘白色膜质；舌状花粉红色或白色，舌片长。【果】瘦果。【成熟期】花果期 8 — 9 月。

生境分布　多年生旱中生草本。生长于海拔 1 500 ～ 2 000 m 的石质或砾石质山坡。贺兰山西坡哈拉乌有分布。我国分布于宁夏、内蒙古、山西等地。

小红菊　*Chrysanthemum chanetii* H. Lév.　　别称　山野菊花

形态特征　【植株】高 15 ～ 60 cm。【根状茎】具地下匍匐根状茎。【茎】直立或基部弯曲，基部或中部分枝；茎、枝均被稀疏毛，茎顶端和头状花序着生处毛稍多。【叶】中部茎叶肾形、半圆形、近圆形或宽卵形，宽略等于长，3 ～ 5 掌状或掌式羽状浅裂或半裂，少有深裂；侧裂片椭圆形，顶裂片较大，全部裂片边缘钝齿、尖齿或芒状尖齿；根生叶及下部茎叶与茎中部叶同形，较小；上部茎叶椭圆形或长椭圆形，花序下部叶长椭圆形或宽线形，羽裂、齿裂或不裂；中下部茎叶基部稍心形或截形，叶柄长具窄翅，两面几同形，被稀疏柔毛至无毛。【花】头状花序，3 ～ 12 个在茎顶端排列成疏松伞房状花序，偶单生茎顶端；总苞碟形；总苞片 4 ～ 5 层，外层宽线形，仅顶端膜质或膜质圆形扩大，边缘缝状撕裂，外面被疏长柔毛，中内层渐短，宽倒披针形或三角状卵形至线状长椭圆形；全部苞片边缘白色或褐色膜质；舌状花白色、粉红色或紫色，舌片顶端 2 ～ 3 齿裂。【果】瘦果顶端斜截，下部收窄，4 ～ 6 条脉棱。【成熟期】花果期 7 — 9 月。

生境分布　多年生中生草本。生于海拔 1 800 ～ 2 400 m 的山地林缘、灌丛、山地草甸。贺兰山西坡和东坡均有分布。我国分布于东北、西北、华北及四川等地。世界分布于朝鲜、俄罗斯等。

植株

花

叶

楔叶菊　*Chrysanthemum naktongense* Nakai

形态特征　【植株】高 10 ～ 50 cm。【根状茎】具地下匍匐根状茎。【茎】直立，自中部分枝，分枝斜升，或仅在茎顶端有短花序分枝，极少不分枝；枝均被稀疏柔毛。【叶】中部茎叶长椭圆形、椭圆形或卵形，长 1 ～ 3 cm，宽 1 ～ 2 cm，掌式羽状或羽状 3 ～ 7 浅裂、半裂或深裂；叶腋有簇生叶；基生叶和下部茎叶与中部茎叶同形，较小；上部茎叶倒卵形、倒披针形或长倒披针形，3 ～ 5 裂或不裂；茎叶基部楔形或宽楔形，具长叶柄。【花】头状花序，2 ～ 9 个在茎枝顶端排列成疏松伞房花序，少单生；总苞碟状；总苞片 5 层，外层线形或线状披针形，顶端圆形膜质扩大，中内层椭圆形或长椭圆形，边缘及顶端白色或褐色膜质，中外层外面疏被柔毛或几无毛；舌状花白色、粉红色或淡紫色，舌片顶端全缘或具 2 齿。【成熟期】花期 7 — 8 月。

生境分布　多年生中生草本。生于海拔 2 000 ～ 2 300 m 的山坡沟谷、灌丛。贺兰山西坡峡子沟、乱柴沟有分布。我国分布于东北及山东、宁夏等地。世界分布于朝鲜、日本、俄罗斯。

女蒿属 *Hippolytia* Poljakov

贺兰山女蒿 *Hippolytia kaschgarica* (Krasch.) Poljakov

形态特征 【植株】高 30 cm。【茎】较粗壮，多分枝，树皮灰褐色，具不规则纵裂纹，当年枝棕褐色或灰褐色，略具纵棱，密被贴伏短柔毛，后脱落。【叶】矩圆状倒卵形，长 15 ～ 25 mm，宽 4 ～ 10 mm，羽状深裂或浅裂，顶裂片矩圆形或楔状矩圆形，先端钝或具 3 齿，侧裂片 2 ～ 3 对，矩圆形或倒卵状矩圆形，先端钝或尖，全缘或具 1 ～ 2 小齿，叶基部渐狭，楔形，叶柄长，上面绿色，被腺点和疏短柔毛，下面灰白色，密被贴伏短柔毛，主脉明显而隆起；上部叶小，倒披针形或楔形，全缘或 3 浅裂。【花】头状花序，钟状，4 ～ 8 个在枝顶端排列成伞房状；总苞片 4 层，外层卵形或卵圆形，先端钝，背部被短柔毛，边缘浅褐色，膜质，内层倒卵状矩圆形，边缘宽膜质；管状花 18 ～ 24 朵，花冠外面具腺点。【果】瘦果矩圆形，扁三棱状，近无毛。【成熟期】花果期 7 — 10 月。

生境分布 强旱生小半灌木。生于海拔 1 600 ～ 2 400 m 的石质山坡、悬崖石缝。贺兰山西坡和东坡均有分布。我国分布于内蒙古、宁夏、甘肃、新疆等地。

岩参属　*Cicerbita* Wallr.

川甘岩参　*Cicerbita roborowskii* (Maxim.) Beauverd　别称　川甘毛鳞菊

形态特征　【植株】高约 80 cm。【茎】直立，具纵条纹，无毛，单一，不分枝。【叶】矩圆状披针形，长 5 ～ 15 cm，宽 2 ～ 4 cm，大头羽状深裂或半裂，顶裂片三角形或卵形，先端渐尖或稍钝，侧裂片 2 ～ 6 对，斜三角形或菱形，全缘或少数具浅齿，裂片及齿端均具小尖头，上面深绿色，下面灰绿色，两面近无毛；最上部叶不分裂，条形；下部叶具叶柄，基部扩大而半抱茎，上部叶无叶柄，基部扩大成耳形或戟形，抱茎。【花】头状花序，具小花 10 ～ 12 朵，多数在茎、枝顶端排列成疏散圆锥状；花序梗细，被短毛；总苞狭卵形；总苞片近 3 层，先端钝，背部近无毛，仅顶部被短缘毛，外层披针形，内层条状披针形；舌状花紫色或淡紫色。【果】瘦果矩圆形，压扁，暗褐色，每面具 3 条较粗纵肋，上部近顶处被微硬毛，向上收缩成喙状；冠毛白色，2 层，外层短冠状，内层长毛状。【成熟期】花果期 7 — 9 月。

生境分布　多年生中生草本。生于山地沟谷、村舍、寺庙。贺兰山西坡哈拉乌、北寺有分布。我国分布于青海、甘肃、四川等地。

植株

花

叶

小甘菊属　*Cancrinia* Kar. & Kir.

小甘菊　*Cancrinia discoidea* (Ledeb.) Poljakov ex Tzvelev.　别称　金纽扣

形态特征　【植株】高 5 ～ 15 cm。【茎】纤细，直立或斜升，被灰白色绵毛，自基部分枝。【叶】肉质，灰白色，密被绵毛至近无毛，矩圆形或卵形，长 3 ～ 4 cm，宽 1 ～ 1.5 cm，一至二回羽状深裂，侧裂片 2 ～ 5 对，每个裂片又有 2 ～ 5 个浅裂或深裂片，稀全缘，小裂片卵形或宽条形，钝或短渐尖；叶柄长，基部扩大。【花】头状花序，单生花序梗；总苞半球形，草质，疏被绵毛；外层总苞片少数，条状披针形，先端尖，边缘窄膜质，内层条状矩圆形，先端钝，边缘宽膜质；花序托锥状球形；管状花花冠黄色。【果】瘦果灰白色，无毛，具 5 条纵棱；顶端具膜质小冠，5 浅裂。【成熟期】花果期 6 — 8 月。

生境分布　二年生或多年生旱生草本。生于山坡、荒地、戈壁。贺兰山西坡小松山有分布。我国分布于甘肃、新疆、宁夏、西藏等地。世界分布于蒙古国、俄罗斯、哈萨克斯坦等。

亚菊属 *Ajania* Poljakov

束伞亚菊 *Ajania parviflora* (Grüning.) Y. Ling 别称 小花亚菊

形态特征 【植株】高 7 ~ 25 cm。【茎】老枝水平伸出，不定芽发出花茎和不育茎，或老枝短缩，花茎、不育茎密集成簇；花茎不分枝，仅在枝顶端有束伞状短分枝，被稀疏短微毛。【叶】中部茎叶卵形，长 2.5 cm，宽 2 cm；二回羽状分裂，一回侧裂片 1 ~ 2 对，二回为叉裂或 3 裂；在矮小植株中，有时掌状或二回三出全裂；上部和中下部叶 3 ~ 5 羽状全裂；不育枝上叶密集簇生；末回裂片线形，宽 0.5 ~ 1 mm；叶均两面异色，上面淡绿色，被稀疏短柔毛，下面淡灰白色，被稠密短柔毛。【花】头状花序，少数，5 ~ 10 个在茎顶端排列成规则束状伞房花序；总苞圆柱状；总苞片 4 层，麦秆黄色，具光泽，外层披针形，内中层长椭圆形；全部苞片硬草质，顶端急尖，边缘白色膜质，仅外层基部被微毛，其余无毛；边缘雌花 4 朵，花冠与两性花花冠同形，管状，顶端 5 深裂，裂片反折，裂片外面偶染红色。【果】瘦果。【成熟期】花果期 8—9 月。

生境分布 强旱生小半灌木。生于海拔 1 500 ~ 1 600 m 的低山、丘陵、沟谷。贺兰山西坡和东坡均有分布。我国分布于河北、山西等地。

蓍状亚菊 *Ajania achilleoides* (Turcz.) Poljakov ex Grubov 别称 蓍状艾菊

形态特征 【植株】高 10 ～ 20 cm。【根】木质。【茎】老枝短缩，自不定芽发出多数花枝；花枝分枝或仅上部有伞房状花序分枝，被贴伏顺向短柔毛，向下的毛稀疏。【叶】中部茎叶卵形或楔形，长 0.5 ～ 1 cm；二回羽状分裂，一回、二回全部全裂，一回侧裂片 2 对，末回裂片线形或线状长椭圆形；自中部向上或向下叶渐小，具叶柄，两面同色，白色或灰白色，被稠密顺向贴伏短柔毛。【花】头状花序，小，少数在茎、枝顶端排列成复伞房花序，或多数复伞房花序组成大型复伞房花序；总苞钟状；总苞片 4 层，具光泽，麦秆黄色，外层长椭圆状披针形，中内层卵形至披针形，长 2.5 mm，中外层外面被微毛；全部苞片边缘白色膜质，顶端钝或圆；边缘雌花约 6 朵，花冠细管状，顶端 4 深裂，具尖齿；中央两性花花冠管状，外面具腺点。【成熟期】花期 8 — 9 月。

生境分布 强旱生小半灌木。生于山麓草原、荒漠草原。贺兰山西坡和东坡均有分布。我国分布于宁夏、内蒙古等地。世界分布于蒙古国。

灌木亚菊 *Ajania fruticulosa* (Ledeb.) Poljakov 别称 灌木艾菊

形态特征 【植株】高 8 ～ 40 cm。【茎】老枝麦秆黄色，花枝灰白色或灰绿色，被短柔毛，上部及花序、花梗上毛多或密。【叶】中部茎叶圆形、扁圆形、三角状卵形、肾形或宽卵形，长 0.5 ～ 3 cm，宽 1 ～ 2.5 cm，二回掌状或掌式羽状 3 ～ 5 全裂，一回、二回全部全裂，一回侧裂片 1 对或不明显 2 对，二至五出；中部附近叶掌状 3 ～ 4 全裂或掌状 5 裂，或全部茎叶 3 裂；全部具叶柄，末回裂片线钻形、宽线形、倒长披针形，两面同色，灰白色或淡绿色，被等量、顺向贴伏短柔毛；叶耳无柄。【花】头状花序，小，在枝顶端排列成伞房花序或复伞房花序；总苞钟状；总苞片 4 层，外层卵形或披针形，中内层椭圆形；全部苞片边缘白色或带浅褐色膜质，顶端圆或钝，外层基部或外层被短柔毛，其余无毛，麦秆黄色，具光泽；边缘雌花 5 朵，花冠细管状，顶端 3 ～ 5 齿。【果】瘦果。【成熟期】花果期 6 — 10 月。

生境分布 强旱生小半灌木。生于低山丘陵、石质坡地。贺兰山西坡小松山、峡子沟有分布。我国分布于陕西、甘肃、青海、新疆、西藏等地。世界分布于亚洲中部地区及蒙古国。

铺散亚菊　*Ajania khartensis* (Dunn) C. Shih

形态特征　【植株】高 10 ～ 30 cm，全体密被灰白色绢毛。【茎】基部发出单一不分枝或分枝的花枝或不育枝，枝细，弯曲，密被灰色绢毛。【叶】沿枝密集排列，扇形或半圆形，长 4 ～ 6 mm，宽 5 ～ 7 mm，二回掌状或近掌状 3 ～ 5 全裂，小裂片椭圆形，先端锐尖，两面密被灰白色短柔毛，叶基部渐狭成短叶柄，叶柄基部具 1 对短条形假托叶。【花】头状花序，少数，在枝顶端排列成复伞房状；总苞钟状；总苞片 4 层，外层卵形或卵状披针形，内层矩圆形；全部苞片边缘棕褐色膜质，背部密被绢质长柔毛；边缘雌花约 7 朵，花冠细管状；中央两性花 40 余朵，花冠管状；全部花冠黄色。【成熟期】花果期 8—9 月。

生境分布　多年生强旱生草本。生于海拔 1 400 ～ 2 300 m 的山地沟谷、砾石地、石质坡。贺兰山西坡峡子沟、南寺和东坡甘沟、黄旗沟、苏峪口有分布。我国分布于西北、西南地区。世界分布于印度。

蒿属 *Artemisia* Linn

大籽蒿 *Artemisia sieversiana* Ehrhart ex Willd.　　别称　山艾、苦蒿

形态特征　【植株】高 30 ～ 100 cm。【根】主根垂直，狭纺锤形，侧根多。【茎】单生，直立，具纵条棱，多分枝；茎、枝均被灰白色短柔毛。【叶】基生叶在花期枯萎；茎中下部叶宽卵形或宽三角形，长 4 ～ 10 cm，宽 3 ～ 8 cm，二至三回羽状全裂，稀深裂，侧裂片 2 ～ 3 对，小裂片条形或条状披针形，先端钝或渐尖，两面被短柔毛和腺点；基部有小型假托叶；上部叶及苞叶羽状全裂或不分裂，条形或条状披针形，无叶柄。【花】头状花序，较大，半球形或近球形；具短花序梗，稀无花序梗，下垂；有条形小苞叶，多数在茎上排列成开展或稍狭窄的圆锥状；总苞片 3 ～ 4 层，近等长，外层、中层长卵形或椭圆形，背部被灰白色短柔毛或近无毛，中肋绿色，边缘狭膜质，内层椭圆形，膜质；边缘雌花 2 ～ 3 层，20 ～ 30 朵，花冠狭圆锥状；中央两性花 80 ～ 120 朵，花冠管状；花序托半球形，密被白色托毛。【果】瘦果矩圆形，褐色。【成熟期】花果期 7 — 10 月。

生境分布　一年生或二年生中生草本。生于海拔 1 600 ～ 2 200 m 的森林草原、干山坡、林缘、路旁、山地冲刷沟、村舍。贺兰山西坡和东坡均有分布。我国分布于东北、华北、西北、西南地区。世界分布于亚洲中部地区、欧洲及朝鲜、蒙古国、俄罗斯、阿富汗、巴基斯坦、印度。

药用价值　全草入药，可祛风、清热、利湿。

植株

花

叶

莳萝蒿 *Artemisia anethoides* Mattf.

形态特征　【植株】高 30 ～ 80 cm，具浓烈香气。【根】主根单一，狭纺锤形，侧根多。【茎】单生具纵条棱，红色，分枝多，具小枝；茎、枝均被灰白色短柔毛。【叶】被白色茸毛，基生叶与茎下叶长卵形，长 3 ～ 5 cm，宽 2 ～ 4 cm，三至四回羽状全裂，小裂片狭线形或狭线状披针形，叶柄长，花期凋落；中部叶宽卵形，二至三回羽状全裂，每侧裂片 1 ～ 3 枚，小裂片丝线形，先端钝尖，近无叶柄，基部裂片半抱茎；上部叶与苞叶 3 全裂或不分裂，狭线形。【花】头状花序，多数，球形，具短花序梗，下垂，基部小苞叶狭线形，在茎上组成开展的圆锥花序；总苞片边缘膜质 3 ～ 4 层，外层、中层椭圆形或披针形，背面密被白色短柔毛，具绿色中肋，内层长卵形，背面无毛；花序托具毛；雌花 3 ～ 6 朵，花冠狭管状，花柱线形，伸出花冠外，先端 2 叉锐尖；两性花 8 ～ 16 朵，花冠管状，花药线形，先端尖，长三角形，基部钝或短尖，花柱与花冠近等长，先端 2 叉截形，具睫毛。【果】瘦果近倒卵形，上端略斜，冠状附属物不对称。【成熟期】花果期 7 — 10 月。

生境分布　一年生或二年生盐生中生草本。生于海拔 1 600 ～ 2 500 m 的干山坡、河边沙地、荒地、路旁。贺兰山西坡和东坡均有分布。我国分布于东北、西北及河北、山西、山东、河南、四川等地。世界分布于蒙古国、俄罗斯。

冷蒿　*Artemisia frigida* Willd.　　别称　小白蒿、兔毛蒿

形态特征　【植株】高 10 ～ 50 cm，全株密被灰白色或淡灰黄色绢毛，茎毛稍脱落。【根】主根木质化，侧根多。【根状茎】具多数营养枝。【茎】与营养枝组成株丛，基部木质化。【叶】矩圆形或倒卵状矩圆形，长、宽 9 ～ 15 mm；茎下部叶与营养枝叶二至三回羽状全裂，侧裂片 2 ～ 4 对，小裂片条状披针形或条形，具叶柄；中部叶一至二回羽状全裂，侧裂片 3 ～ 4 对，小裂片披针形或条状披针形，先端锐尖，基部裂片半抱茎，呈假托叶状，无叶柄；上部叶与苞叶全裂，裂片披针形或条状披针形。【花】头状花序，半球形、球形或卵球形，具短花序梗，下垂，在茎上排列成总状或狭窄的总状花序式圆锥状；总苞片 3 ～ 4 层，外层、中层卵形或长卵形，背部具绿色中肋，边缘膜质，内层长卵形或椭圆形，背部近无毛，膜质；边缘雌花 8 ～ 13 朵，花冠狭管状；中央两性花 20 ～ 30 朵，花冠管状；花序托被白色毛。【果】瘦果矩圆形或椭圆状倒卵形。【成熟期】花果期 8 — 10 月。

生境分布　多年生广幅旱生半灌木状草本。生于海拔 1 600 ～ 2 500 m 的山地石质、土质山坡、山麓荒漠草原群落。贺兰山西坡和东坡均有分布。我国分布于东北、华北、西北及西藏等地。世界分布于亚洲中部地区、欧洲、美洲及蒙古国、土耳其、俄罗斯等。

药用价值　全草入药，可祛风利湿、化痰止喘、消炎止痛；也可做蒙药。

紫花冷蒿　*Artemisia frigida* var. *atropurpurea* Pamp.

形态特征　【植株】高 10 ～ 18 cm，全株密被灰白色或淡灰黄色绢毛，茎毛稍脱落。【根】主根木质化，侧根多。【茎】根状茎具多数营养枝；茎与营养枝组成株丛，基部木质化。【叶】矩圆形或倒卵状矩圆形；茎下部叶与营养枝叶二至三回羽状全裂，侧裂片 2 ～ 4 对，条状披针形或条形，具叶柄；中部叶一至二回羽状全裂，侧裂片 3 ～ 4 对，披针形或条状披针形，先端锐尖，基部裂片半抱茎，呈假托叶状，无叶柄；上部叶与苞叶全裂，裂片披针形或条状披针形。【花】头状花序，半圆形，具短花序梗，下垂，在茎上多组成穗状花序；总苞片 3 ～ 4 层，外层、中层卵形或长卵形，背部具绿色中肋，边缘膜质，内层长卵形或椭圆形，背部近无毛，膜质；边缘雌花 8 ～ 13 朵，花冠狭管状，檐部紫色；中央两性花 20 ～ 30 朵，花冠管状；花序托被白色毛。【果】瘦果矩圆形或椭圆状倒卵形。【成熟期】花果期 8 — 10 月。

生境分布　多年生旱中生半灌木状矮小草本。生于海拔 2 000 ～ 2 600 m 的石质山坡。贺兰山西坡哈拉乌、北寺、南寺和东坡黄渠口、甘沟有分布。我国分布于宁夏、甘肃、青海、新疆等地。

植株

花

叶

黄花蒿　*Artemisia annua* Linn　　别称　臭蒿、青蒿

形态特征　【植株】高 1 m，具浓烈挥发性香气。【根】单生，垂直。【茎】单生，粗壮，直立，具纵沟棱，幼嫩时绿色，后红褐色，多分枝；茎、枝无毛或疏被短柔毛。【叶】纸质，绿色；茎下部叶宽卵形或三角状卵形，长 3 ～ 7 cm，宽 2 ～ 6 cm，三至四回栉齿状羽状深裂，侧裂片 5 ～ 8 对，长椭圆状卵形，再次分裂，栉齿状深裂齿，中肋明显，中轴两侧具狭翅，具腺点及小凹点；叶柄基部具假托叶；中部叶二至三回栉齿状羽状深裂，具短叶柄；上部叶与苞叶一至二回栉齿状羽状深裂，近无叶柄。【花】头状花序，球形，具花序梗，下垂或倾斜，在茎上排列成开展而呈金字塔形的圆锥状；总苞片 3 ～ 4 层，外层长卵形或长椭圆形，中肋绿色，边缘膜质，中层、内层宽卵形或卵形，边缘宽膜质；边缘雌花 10 ～ 20 朵，花冠狭管状，外面具腺点；中央两性花 10 ～ 30 朵，花冠管状；花序托突起，半球形。【果】瘦果椭圆状卵形，红褐色。【成熟期】花果期 8 — 10 月。

生境分布　一年生中生草本。生于海拔 2 300 m 以下的山地沟谷、山麓冲刷沟、村舍。贺兰山西坡和东坡均有分布。我国广布于各地。世界广布种。

药用价值　全草入药，可清热解暑、凉血健胃；也可做蒙药。

细裂叶莲蒿　　*Artemisia gmelinii* Weber ex Stechm.　　别称　两色万年蒿

形态特征　【植株】高 10 ～ 40 cm。【根状茎】木质。【茎】丛生，紫红色或红褐色，营养枝木质而多。【叶】上面初时被灰白色短柔毛，后渐稀疏或近无毛，暗绿色，具凹穴与白色腺点或凹皱纹，背面密被灰色或淡灰黄色蛛丝状柔毛；茎中下部与营养枝叶卵形或三角状卵形，长 2 ～ 4 cm，宽 1 ～ 2 cm，二至三回栉齿状羽状分裂，第一至二回为羽状全裂，每侧裂片 4 ～ 5 枚，裂片间排列紧密，小裂片栉齿状短线形或短线状披针形，边缘具数枚小栉齿，基部具小型栉齿状分裂的假托叶；上部叶一至二回栉齿状羽状分裂；苞叶呈栉齿状羽状，披针形或披针状线形。【花】头状花序，近球形，排列成总状圆锥状，下垂；总苞片 3 ～ 4 层；花冠具腺点；边缘雌花 10 ～ 12 朵；中央两性花多数；花序托突起，无毛。【果】瘦果矩圆形。【成熟期】花果期 8 — 10 月。

生境分布　石生旱生半灌木。生于海拔 1 600 ～ 2 500 m 的石质山坡、沟谷石壁、林缘、灌丛。贺兰山西坡和东坡均有分布。我国分布于西北及四川、西藏等地。世界分布于亚洲中部地区、欧洲及蒙古国、俄罗斯。

密毛细裂叶莲蒿 *Artemisia gmelinii* var. *messerschmidiana* (Besser) Poljakov 别称 白万年蒿

形态特征 【植株】高 0.6 ～ 1.5 m，全株初时被微柔毛，后脱落，留小凹穴。【根】粗，木质。【根状茎】壮，营养枝木质。【茎】小丛，灰褐色，具纵棱，下部木质，剥裂或脱落，分枝。【叶】两面被灰白色或淡灰黄色短柔毛，茎中下部叶三角状卵形或长椭圆状卵形，长 3 ～ 10 cm，宽 3 ～ 8 cm，二至三回栉齿状羽状全裂，每侧数枚栉齿，叶柄基部具小栉齿状假托叶；上部叶小，一至二回栉齿状羽状分裂，具短叶柄或无叶柄；苞叶栉齿状羽状分裂，线形或线状披针形。【花】头状花序，近球形，下垂，短花序梗或无花序梗；总苞片膜质 3 ～ 4 层，外层披针形或长椭圆形，初时密被柔毛，后脱落；中层、内层椭圆形，背面无毛；雌花 10 ～ 12 朵，花冠狭管状或狭圆锥状，花柱线形，伸出花冠外，先端 2 叉锐尖；两性花 20 ～ 40 朵，花冠管状，外被小腺点，花药椭圆状披针形，基部圆钝或具短尖头，先端 2 叉，具短睫毛，花药与花冠管近等长。【果】瘦果狭椭圆状卵形或狭圆锥形。【成熟期】花果期 8 — 10 月。

生境分布 旱中生半灌木。生于海拔 1 600 ～ 1 700 m 的山坡、林缘。贺兰山西坡和东坡均有分布。我国分布于东北、西北及河北、江苏、河南等地。世界分布于亚洲中部地区、欧洲、美洲及朝鲜、蒙古国、俄罗斯。

植株

叶

叶

艾 *Artemisia argyi* H. Lév. & Vaniot 别称 艾蒿、家艾

形态特征 【植株】高 0.3 ～ 1 m，具浓烈香气。【根】主根粗长，侧根多。【根状茎】横卧，具营养枝。【茎】单生或少数，具纵条棱，褐色或灰黄褐色，基部稍木质化，分枝少数；茎、枝密被灰白色蛛丝状毛。【叶】厚纸质，基生叶花期枯萎；茎下部叶具叶柄，近圆形或宽卵形，羽状深裂，侧裂片 2 ～ 3 对，每裂片具 2 ～ 3 个小裂齿；中部叶三角状卵形，长 5 ～ 8 cm，宽 3 ～ 7 cm，叶柄基部具卵形小假托叶或无，一至二回羽状半裂至深裂，侧裂片 2 ～ 3 对，或具 1 ～ 2 个缺齿；被灰白色短柔毛；上部叶与苞叶羽状裂，披针形或条状披针形。【花】头状花序，椭圆形，无花序梗或近无花序梗，花后下倾，多数在茎上排列成狭窄、尖塔形的圆锥状；总苞片 3 ～ 4 层，外层、中层卵形或狭卵形，背部密被蛛丝状绵毛，边缘膜质，内层质薄，背部近无毛；边缘雌花 6 ～ 10 朵，花冠狭管状；中央两性花 8 ～ 12 朵，花冠管状或高脚杯状，檐部紫色；花序托小。【果】瘦果矩圆形或长卵形。【成熟期】花果期 7 — 10 月。

生境分布 多年生中生草本。生于森林草原区或草原区荒地、路旁、河边、山坡地。贺兰山西坡和东坡山麓有分布。我国分布于除极干旱与高寒地区以外的各地。世界分布于蒙古国、朝鲜、俄罗斯。

植株

叶

线叶蒿　*Artemisia subulata* Nakai in Bot.　别称　钻形叶蒿

形态特征　【植株】高 25 ～ 65 cm，全株初被蛛丝状薄柔毛，后无毛。【根】纤细，侧根少。【根状茎】细，匍匐，多数营养枝直立。【茎】少或单生，具细纵棱，褐色，不分枝或茎上部具花序短枝。【叶】厚纸质，全缘，上面无毛；基生叶与茎下部叶倒披针形或倒披针状线形，或疏锯齿，基部狭楔形呈柄状，花期叶凋落；中部叶线形或镰状线形，长 5 ～ 11 cm，宽 5 ～ 10 mm，先端钝尖，或具小锯齿，反卷无叶柄，基部具小假托叶；上部叶与苞叶小，线形。【花】头状花序，长圆形或宽卵状椭圆形，具短花序梗或无花序梗，基部具线条形小苞叶；总苞片 3 层，外层小，卵形，中层长卵形，内层倒卵状披针形，半膜质，背面毛少或近无毛；雌花 10 ～ 11 朵，花冠狭管状，檐部 2 裂齿，花柱伸出花冠外，先端 2 叉尖；两性花 10 ～ 15 朵，花冠管状，檐部紫红色，花药线形，先端尖，长三角形，基部短尖，花柱与花冠近等长，先端稍叉截形，具睫毛。【果】瘦果长卵形或椭圆形。【成熟期】花果期 8 — 10 月。

生境分布　多年生中生草本。生于山坡湿地、林缘、河岸、沼泽边缘、草甸。贺兰山西坡有分布。我国分布于东北及内蒙古、河北、山西等地。世界分布于朝鲜、日本、俄罗斯。

植株

果

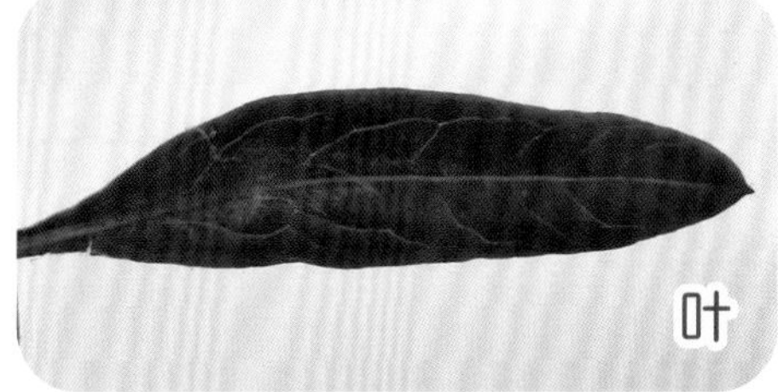
叶

蒙古蒿 *Artemisia mongolica* (Fisch. ex Besser) Nakai 别称 蒙蒿

形态特征 【植株】高 0.3 ～ 1.2 m，全株初时密被灰白色蛛丝状柔毛，后稀疏。【根】纤细，侧根多。【根状茎】短，半木质化。【茎】少或单生，具纵棱；分枝多，斜展。【叶】纸质，上面绿色；下部叶卵形，二回羽状全裂或深裂，第一回每侧裂片 2 ～ 3 枚，次羽状深裂，叶柄长，两侧具小裂齿，花期叶凋落；中部叶卵形或椭圆状卵形，长 3 ～ 8 cm，宽 2 ～ 5 cm，一至二回羽状全裂，第一回裂片 2 ～ 3 对，次羽状小裂片先端锐尖，边缘不反卷，基部渐狭成短叶柄，具小假托叶；上部叶与苞叶卵形或长卵形，羽状全裂，无叶柄。【花】头状花序，多，椭圆形，无花序梗，小苞叶线形；总苞片 3 ～ 4 层，覆瓦状排列，外层小，边缘狭膜质，中层长，边缘宽膜质，内层椭圆形，半膜质，背面近无毛；边缘雌花 5 ～ 10 朵，花冠狭管状，檐部紫色，花柱伸出花冠外，先端 2 叉反卷；两性花 8 ～ 15 朵，花冠管状，背面具黄色小腺点，檐部紫红色，花药线形，先端尖，花柱与花冠近等长，先端 2 叉截形，具睫毛。【果】瘦果短圆状倒卵形。【成熟期】花果期 8 — 10 月。

生境分布 多年生中生草本。生于山麓边缘村舍、山谷河滩、沙质地。贺兰山西坡和东坡均有分布。我国分布于东北、西北、华中、华南、西南地区。世界分布于蒙古国、朝鲜、日本、俄罗斯。

药用价值 全草入药，可调经止血、安胎止崩、散寒除湿。

植株

茎

叶

龙蒿 *Artemisia dracunculus* Linn 别称 狭叶青蒿

形态特征 【植株】高 1 ～ 2 m，茎、枝初时微被短柔毛，后脱落。【根】粗大，木质，垂直。【根状茎】粗，木质，直立斜上，地下茎短。【茎】多成丛，褐色或绿色，具纵棱，下部木质，稍弯，分枝多，开展斜上。【叶】初时两面微被短柔毛，后无毛，下部叶花期凋落；中部叶线状披针形或线形，长 3 ～ 6 cm，宽 2 ～ 6 mm，先端渐尖，基部渐狭，全缘；上部叶与苞叶略小，线形或线状披针形，无叶柄。【花】头状花序，多数，卵球形，具短花序梗或无花序梗，斜展略垂，基部具线形小苞叶；总苞片卵形，3 层，外层小，背面绿色，中层、内层边缘宽膜质或全膜质；花序托小，突起；雌花 6 ～ 10 朵，狭圆锥状，檐部具裂齿，花柱伸出花冠外，先端尖；两性花 8 ～ 14 朵，不育，花冠管状，花药线形，先端尖，长三角形，基部圆钝，花柱短，上端棒状，2 裂，退化子房小。【果】瘦果倒卵形或椭圆状倒卵形。【成熟期】花果期 7 — 10 月。

生境分布 中生半灌木状草本。生于海拔 1 600 ～ 2 300 m 的山麓石质山坡、沟谷、岩石缝。贺兰山西坡峡子沟和东坡大水沟有分布。我国分布于东北、华北、西北地区。世界分布于亚洲中部地区、西伯利亚地区、欧洲、北美洲及蒙古国、印度、巴基斯坦。

白莲蒿　*Artemisia stechmanniana* Besser　　别称　万年蒿、铁杆蒿

形态特征　【植株】高 0.6 ～ 1.5 m，初时被微柔毛，后脱落，留小凹穴。【根】粗大，木质，垂直。【根状茎】壮，营养枝木质。【茎】小丛，灰褐色，具纵棱，下部木质，剥裂或脱落，分枝。【叶】茎中下部叶三角状卵形或长椭圆状卵形，长 2 ～ 9 cm，宽 2 ～ 8 cm，二至三回栉齿状羽状全裂，每侧数枚栉齿，叶柄基部具小栉齿状假托叶；上部叶小，一至二回栉齿状羽状分裂，具短叶柄或无叶柄；苞叶栉齿状羽状分裂，线形或线状披针形。【花】头状花序，近球形，下垂，短花序梗或无花序梗；总苞片膜质，3 ～ 4 层，外层披针形或长椭圆形，初时密被柔毛，后脱落；中层、内层椭圆形，背面无毛；边缘雌花 10 ～ 12 朵，花冠狭管状或狭圆锥状，花柱线形，伸出花冠外，先端 2 叉锐尖；两性花 20 ～ 40 朵，花冠管状，外被小腺点，花药椭圆状披针形，基部圆钝或具短尖头，先端 2 叉，具短睫毛，花药与花冠管近等长。【果】瘦果狭椭圆状卵形或狭圆锥形。【成熟期】花果期 8 — 10 月。

生境分布　旱生半灌木状草本。生于海拔 1 600 ～ 2 500 m 的石质山坡、沟谷石壁、林缘、灌丛。贺兰山西坡和东坡均有分布。我国分布于东北、西北、西南及山西等地。世界分布于亚洲中部地区、欧洲、美洲及朝鲜、蒙古国、俄罗斯。

阿克塞蒿　*Artemisia aksaiensis* Y. R. Ling

形态特征　【植株】高 25 ～ 50 cm，全株初时被灰白色平贴短柔毛，后稀疏。【根】主根粗，木质，垂直，侧根多。【根状茎】木质，营养枝多。【茎】丛生，多数，黄褐色，下部木质较高；分枝多，具小枝。【叶】纸质，上面具白色小腺点与小凹点，后脱落；茎中部叶卵圆形，长 18 ～ 25 mm，宽 15 ～ 20 mm，二至三回栉齿状羽状全裂，裂片 3 ～ 4 枚，再次羽状全裂，具 3 ～ 4 枚小裂片，小裂片偶有再裂，叶柄基部稍宽，假托叶不明显；上部叶与苞叶一至二回羽状全裂，小裂片小，椭圆形或呈栉齿状，叶柄长，具假托叶。【花】头状花序，半球形或近球形，具长花序梗，基部具线条形小苞叶；总苞片 3 ～ 4 层，外层披针形或卵形，中层、内层卵形，外层、中层背面微被灰白色平贴短柔毛，边缘膜质，内层半膜质，背面近无毛；雌花 6 ～ 11 朵，花冠狭管状，檐部 2 齿裂或无，花柱长，伸出花冠外，先端 2 叉尖；两性花 12 ～ 18 朵，花冠管状，花药线形，先端附属物尖，长三角形，基部圆钝，花柱近与花冠等长，先端略叉；花序托突起。【果】瘦果倒卵形。【成熟期】花果期 8 — 10 月。

生境分布　旱生半灌木状草本。生于海拔 2 800 ～ 3 000 m 的高山或亚高山坡地。贺兰山西坡南寺冰沟和东坡插旗沟有分布。我国分布于甘肃、内蒙古、宁夏等地。

植株

花

叶

白莎蒿　*Artemisia blepharolepis* Bunge　　别称　糜蒿、白里蒿

形态特征　【植株】高 0.3 ～ 1 m，具臭味，全株密被灰白色短柔毛。【根】垂直，单一，细。【茎】单生，分枝多，下部枝长，平展，上部枝短，斜向上。【叶】茎下部叶与中部叶长卵形，长 2 ～ 8 cm，宽 1.8 ～ 5 cm，二回栉齿状羽状裂，裂片均为 5 ～ 8 枚栉齿，第一回全裂，近倒卵形，边缘略卷，第二回栉齿状深裂；叶柄基部小栉齿状分裂为假托叶；上部叶与苞叶椭圆状披针形或披针形，边缘具栉齿。【花】头状花序，椭圆形，具短花序梗及小苞叶，下垂，小枝上排列成穗状式短总状花序，在茎上组成开展的圆锥花序；总苞片 3 ～ 5 层，外层小，卵形，背面绿色，疏被灰白色柔毛，边缘膜质，中层、内层长卵形，背面疏被白色柔毛，边缘宽膜质；雌花花冠狭圆锥形，花柱伸出花冠外，先端尖；两性花不育，花冠短管状，花药线形，先端尖，长三角形，基部圆钝，花柱短，先端圆，2 裂，不叉开，退化子房细小。【果】瘦果卵形，黄褐色。【成熟期】花果期 7 — 10 月。

生境分布　沙生超旱生半灌木。生于干山坡、草地、荒漠草原、荒地、河岸沙滩。贺兰山西坡小松山、塔尔岭有分布。我国分布于西北地区。世界分布于蒙古国。

药用价值　果入药，可消炎、杀虫。

碱蒿　*Artemisia anethifolia* Weber ex Stechm.　　别称　大莳萝蒿、臭蒿

形态特征　【植株】高 10 ～ 40 cm，具浓烈香气，初时被短柔毛，后脱落。【根】垂直，狭纺锤形。【茎】单生，直立，具纵条棱，带红褐色，下部分枝，开展。【叶】基生叶椭圆形或长卵形，长 3 ～ 5 cm，宽 1.5 ～ 3 cm，二至三回羽状全裂，侧裂片 3 ～ 4 对，小裂片狭条形，先端钝尖，叶柄花期渐枯萎；中部叶卵形、宽卵形或椭圆状卵形，一至二回羽状全裂，侧裂片 3 ～ 4 对，裂片或小裂片狭条形；上部叶与苞叶无叶柄，5 或 3 全裂或不分裂，狭条形。【花】头状花序，半球形或宽卵形，具短花序梗，下垂或倾斜，具小苞叶，多数在茎上排列成疏散而开展的圆锥状；总苞片 3 ～ 4 层，外层、中层椭圆形或披针形，背部疏被白色短柔毛或近无毛，具绿色中肋，边缘膜质，内层卵形，近膜质，背部无毛；雌花 3 ～ 6 朵，花冠狭管状；两性花 18 ～ 28 朵，花冠管状；花序托突起，半球形，被白色毛。【果】瘦果椭圆形或倒卵形。【成熟期】花果期 8 — 10 月。

生境分布　一年生或二年生盐生中生草本。生于山麓盐碱地、村舍。贺兰山西坡和东坡均有分布。我国分布于东北、西北及山西等地。世界分布于蒙古国、俄罗斯。

黑沙蒿 *Artemisia ordosica* Krasch. 别称 油蒿、鄂尔多斯蒿

形态特征 【植株】高 0.5～1 m。【根】主根粗长，木质，侧根多。【根状茎】粗壮，具多数营养枝。【茎】老枝黑灰色，外皮薄片状剥落；当年生枝黄褐色至黑紫色；茎、枝和营养枝组成大密丛。【叶】稍肉质，初时两面疏被短柔毛，后无毛；茎下部叶宽卵形或卵形，一至二回羽状全裂，侧裂片 3～4 对，基部裂片最长，小裂片丝状条形，叶柄短；中部叶卵形或宽卵形，长 3～8 cm，宽 2～4 cm，一回羽状全裂，侧裂片 2～3 对，丝状条形；上部叶 3～5 全裂，丝状条形，无叶柄，苞叶 3 全裂或不裂，丝状条形。【花】头状花序，卵形，具短花序梗及小苞叶，斜升或下垂；总苞片 3～4 层，外层、中层卵形或长卵形，背部黄绿色，无毛，边缘膜质，内层长卵形或椭圆形，半膜质；边缘雌花 5～7 朵，花冠狭圆锥状；中央两性花 10～14 朵，花冠管状；花序托半球形。【果】瘦果倒卵形，黑色或黑绿色。【成熟期】花果期 7—10 月。

生境分布 沙生旱生半灌木。生于山麓河床沙地、覆沙地。贺兰山西坡小松山、塔尔岭有分布。我国分布于山西、陕西、宁夏、甘肃等地。世界分布于蒙古国。

药用价值 全草入药，可祛风消肿、清热止痛。

植株

花

叶

米蒿 *Artemisia dalai-lamae* Krasch. 别称 白沙蒿、白里蒿

形态特征 【植株】高 20～60 cm，具臭味，全株密被灰白色短柔毛，呈灰白色。【根】较细，垂直。【茎】单生，直立，自基部分枝，下部枝长，近平展，上部枝较短，斜向上。【叶】茎中下部叶长卵形或矩圆形，长 1.5～4 cm，宽 3～8 mm，二回栉齿状羽状分裂，第一回全裂，侧裂片 5～8 对，长卵形或近倒卵形，边缘反卷，第二回为栉齿状深裂，裂片每侧具 5～8 个栉齿，叶柄基部具栉齿状假托叶；上部叶与苞叶栉齿状羽状深裂、浅裂或不分裂，椭圆状披针形或披针形，边缘具若干栉齿。【花】头状花序，椭圆形或长椭圆形，具短花序梗及小苞叶，下垂，在茎上排列成开展的圆锥状；总苞片 4～5 层，外层小，卵形，背部绿色，疏被柔毛，边缘膜质，中层、内层长卵形，疏被柔毛，边缘宽膜质；雌花狭圆锥状，2～3 朵；两性花钟状管形或矩圆形，3～6 朵，红褐色；花序托突起。【果】瘦果椭圆形，淡褐色。【成熟期】花果期 7—10 月。

生境分布 一年生或二年生盐生中生草本。生于北部荒漠浅山区干河床、覆沙地。贺兰山西坡北端小松山、塔尔岭有分布。我国分布于陕西、宁夏、内蒙古等地。世界分布于蒙古国。

南牡蒿　　*Artemisia eriopoda* Bunge　　别称　牡蒿

形态特征　【植株】高 20 ～ 60 cm。【根】主根明显，粗短。【根状茎】肥厚，短圆柱状，具短营养枝。【茎】直立，单生或少数，多分枝，具细条棱，绿褐色或带紫褐色，基部密被短柔毛，其余无毛。【叶】纸质，上面绿色，无毛，下面淡绿色，稍被短毛或近无毛；基生叶与茎下部叶，近圆形或倒卵形，长 3 ～ 5 cm，宽 2 ～ 6 cm，叶基部渐狭，楔形；苞叶 3 深裂或不分裂，条状披针形，具长叶柄。【花】头状花序，宽卵形或近球形，近无花序梗，在茎上排列成开展、稍大型的圆锥状；总苞片 3 ～ 4 层，外层、中层卵形或长卵形，背部绿色或稍带紫褐色，无毛，边缘膜质，内层长卵形，半膜质；边缘雌花狭圆锥状，3 ～ 8 朵；中央两性花管状，5 ～ 11 朵；花序托突起。【果】瘦果矩圆形。【成熟期】花果期 7 — 10 月。

生境分布　多年生旱中生草本。生于海拔 1 600 ～ 2 500 m 的石质山坡灌丛、林缘、石缝。贺兰山西坡峡子沟、皂刺沟和东坡插旗沟、汝箕沟有分布。我国分布于东北、华北、华东、华中及陕西、四川、云南等地。世界分布于蒙古国、朝鲜、日本等。

药用价值　叶入药，可治疗关节浮肿、头痛、咬伤。

牛尾蒿 *Artemisia dubia* Wall. ex Besser 别称 荻蒿

形态特征 【植株】高 0.8～1 m。【根】主根粗壮，木质，侧根多。【根状茎】粗壮，具营养枝。【茎】多丛生，直立或斜上，基部木质，具纵条棱，紫褐色，分枝开展，呈屈曲延伸；茎、枝幼时被短柔毛，后脱落。【叶】纸质；基生叶与茎下叶大，卵形或矩圆形，羽状 5 深裂，偶具小裂片，花期枯萎；中部叶卵形，长 5～10 cm，宽 2～6 cm，羽状 5 深裂，椭圆状披针形、矩圆状披针形或披针形，先端尖，全缘，基部渐狭成短叶柄，具小型假托叶；叶上近无毛，下面密被短柔毛；上部叶与苞叶指状 3 深裂或不裂，椭圆状披针形或披针形。【花】头状花序，球形或宽卵形，无花序梗或具短花序梗，基部具条形小苞叶；总苞片 3～4 层，外层小，外层、中层卵形或长卵形，背部无毛，具绿色中肋，边缘膜质，内层半膜质；雌花 6～9 朵，圆锥花冠狭小；两性花 2～10 朵，花冠冠状；花序托突起。【果】瘦果小，矩圆形或倒卵形。【成熟期】花果期 8—9 月。

生境分布 多年生中生草本。生于山地溪边、湿地、干河床。贺兰山东坡插旗沟口有分布。我国分布于西北、西南、东北及河南、湖北、广西、贵州等地。世界分布于克什米尔地区及印度、尼泊尔等。

药用价值 地上部分入药，可清热解毒、理肺止咳；也可做蒙药。

内蒙古旱蒿 *Artemisia xerphytica* Krasch. 别称 旱蒿

形态特征 【植株】高 5～35 cm。【根】主根粗壮，木质。【根状茎】粗短，具多数营养枝。【茎】多数，丛生，主茎粗壮，扭曲，裂劈，树皮纤维状剥裂；老枝褐色或灰黄色；当年枝灰白色，密被绢状柔毛。【叶】小叶半肉质；中部叶卵圆形，长 10～15 mm，宽 12～15 mm，二回羽状全裂，侧裂片 2～3 对，先端钝，两面密被灰黄色短茸毛；上部叶与苞叶羽状全裂或 3～5 全裂，裂片狭匙形或倒披针形。【花】头状花序，近球形，在茎、枝顶端排列成稍开展的圆锥状；总苞片 3～4 层，外层狭小，狭卵形，背部被灰黄色短柔毛，具绿色中肋，边缘膜质，内层半膜质，背部无毛；小花雌性，近狭圆锥状，4～10 朵，外面被短柔毛；两性花管状，10～20 朵，檐部被短柔毛，两者均为紫红色；花序托突起，被白色毛。【果】瘦果倒卵状矩圆形。【成熟期】花果期 8—9 月。

生境分布 强旱生半灌木状草本。生于海拔 1 600～1 900 m 的半荒漠草原、戈壁、半固定沙丘。贺兰山西坡峡子沟有分布。我国分布于陕西、宁夏、甘肃、青海、新疆等地。世界分布于蒙古国。

华北米蒿　*Artemisia giraldii* Pamp.　　别称　艾蒿、灰蒿

形态特征　【植株】高 50 ～ 80 m。【根】主根粗壮，侧根多。【根状茎】粗短，直立或斜上。【茎】成丛，直立，具纵棱，分枝多；茎、枝幼时被微柔毛。【叶】纸质，灰绿色，叶面疏被灰白色或淡灰色短柔毛，背面初时密被柔毛，后渐脱落；茎下叶卵形或长卵形，指状 3 深裂，少 5 深裂，裂片披针形或线状披针形，短叶柄或近无叶柄，花期凋落；中部叶椭圆形，长 2 ～ 5 cm，宽 1 ～ 2 cm，指状 3 深裂，裂片线形或线状披针形，或略反卷，叶基渐狭成短叶柄；上部叶与苞叶 3 深裂或不分裂，线形或线状披针形。【花】头状花序，多数，宽卵形、近球形或长圆形，无花序梗或具极短的花序梗，具小苞叶，在分枝上排成穗状的总状或复总状花序，在茎上开展成圆锥花序；总苞片 3 ～ 4 层，外层略小；雌花 4 ～ 8 朵，边缘狭管状或长卵形；两性花 5 ～ 7 朵，不孕育，花冠管状，檐部黄色或红色，花药线形，先端附属物尖，长三角形，基部圆钝，花柱短，先端棒状，不叉开，退化子房不明显。【果】瘦果倒卵形。【成熟期】花果期 7 — 10 月。

生境分布　多年生半灌木状草本。生于海拔 1 600 ～ 2 300 m 的森林草原、灌丛、林中空地、林缘。贺兰山西坡和东坡均有分布。我国分布于西北及河北、山西、四川等地。

药用价值　地上部分入药，可清热解毒、利肺。

猪毛蒿 *Artemisia scoparia* Waldst. & Kit. 别称 黄蒿

形态特征 【植株】高 0.4 ～ 1 m，具浓烈的香气。【根】主根单一，狭纺锤形，垂直，半木质化。【根状茎】粗短，直立，营养枝密生叶。【茎】单生，红褐色，具纵纹，开展；上枝斜展；茎、枝幼时被柔毛，后脱落。【叶】基生叶与营养枝叶两面被柔毛；叶近圆形、长卵形，二至三回羽状全裂，具长叶柄，花期凋落；茎下叶长卵形或椭圆形，二至三回羽状全裂，裂片 3 ～ 4 枚，再裂小裂片 1 ～ 2 枚，狭线形，具叶柄；中部叶长圆或长卵形，一至二回羽状全裂，裂片 2 ～ 3 枚，不分裂或再 3 全裂，丝线形或为毛发状，稍弯曲；茎上叶与分枝叶及苞叶 3 ～ 5 全裂或不分裂。【花】头状花序，近球形，多数，具短花序梗或无花序梗，基部具线形小苞叶，并排列成复总状或复穗状花序；总苞片 3 ～ 4 层，背面绿色，无毛，边缘膜质，中层、内层总苞片长卵形或椭圆形，半膜质；花序托小，突起；雌花 5 ～ 7 朵，花冠狭圆锥状或狭管状，花冠檐具 2 裂齿，花柱线形，伸出花冠外，先端尖 2 叉；两性花 4 ～ 10 朵，不育，花药线形，花柱短，先端膨大，2 裂，子房退化。【果】瘦果倒卵形或长圆形，褐色。【成熟期】花果期 7 — 10 月。

生境分布 一年生或多年生旱生草本。生于海拔 1 800 ～ 2 400 m 的山坡、林缘、路旁、草原、黄土高原、荒漠边缘。贺兰山西坡和东坡均有分布。我国广布于各地。世界分布于欧亚大陆温带与亚热带地区及朝鲜、土耳其、阿富汗、巴基斯坦、俄罗斯。

药用价值 全草入药，可清热利湿、利胆退黄；也可做蒙药。

植株

果

栉叶蒿属 *Neopallasia* Poljakov

栉叶蒿 *Neopallasia pectinata* (Pall.) Poljakov 别称 篦齿蒿

形态特征 【植株】高 15 ～ 30 cm。【茎】茎单一或基部以上分枝，被白色绢毛。【叶】茎生叶矩圆状椭圆形，长 1 ～ 2 cm，宽 5 ～ 10 mm，一至二回栉齿状羽状全裂，小裂片刺芒状，质稍坚硬，无毛，无叶柄；苞叶栉齿状羽状全裂。【花】头状花序，卵形或宽卵形，几无花序梗，3 至数个在分枝或茎顶端排列成稀疏穗状，在茎上再组成狭窄圆锥状；总苞片 3 ～ 4 层，椭圆状卵形，边缘膜质，背部无毛；边缘雌花 3 ～ 4 朵，结实，花冠狭管状，顶端截形或微凹，无明显裂齿；中央小花两性，9 ～ 16 朵，4 ～ 8 朵着生花序托下部，其余着生花序托顶部，易脱落，全部两性花花冠管状钟形，5 裂；花序托圆锥形，裸露。【果】瘦果椭圆形，深褐色，具不明显纵肋，在花序托下部排成 1 圈。【成熟期】果期 8 — 9 月。

生境分布 一年生或二年生旱中生草本。生于山麓草原化荒漠、荒漠草原、山地沟谷、干河床、干山坡。贺兰山西坡和东坡均有分布。我国分布于北方、西南地区。世界分布于亚洲中部地区、西伯利亚地区及蒙古国。

药用价值 地上部分入药，可清利肝胆、消炎止痛。

革苞菊属　*Tugarinovia* Iljin

革苞菊　*Tugarinovia mongolica* Iljin

形态特征　【植株】有胶黏汁液。【根状茎】粗壮，基部包被多数绵毛状叶柄残余纤维，呈簇团状。【茎】基部被污白色厚绵毛，具柔弱花茎，不分枝，密被白色厚绵毛，无叶。【叶】基生，具纵沟棱，莲座叶丛生；叶片革质，长椭圆形或矩圆状披针形，长 7 ～ 15 cm，宽 2 ～ 4 cm，羽状深裂或全裂，裂片宽短皱曲，边缘具浅齿，齿端具硬刺，两面被蛛丝状毛或绵毛，下面中脉稍凸起；具长叶柄，基部稍扩大，被毛；内层叶较狭。【花】花葶柔弱，密被白色绵毛；头状花序，单生花茎顶端，下垂或直立，雌雄异株；雄头状花序小，具多数同型两性花，易脱落，总苞片 3 ～ 4 层，花序托中央突起，具多数小窝孔，小花花冠管状，白色，5 裂，花药粉红色或淡紫色，花柱分枝短，卵圆形，下部稍膨，冠毛少 1 层，污白色，子房无毛；雌头状花序大，具多数同型的退化两性花（即雌花），总苞钟状或宽钟状，4 层，花柱顶端膨大，分枝短，先端钝。【果】瘦果密被绢质长柔毛，冠毛多层，淡褐色。【成熟期】花果期 5 — 6 月。

生境分布　多年生低矮强旱生草本。生于山麓砾石坡、干旱草地。贺兰山西坡水磨沟和东坡三关有分布。我国分布于宁夏、内蒙古等地。世界分布于蒙古国。国家二级重点保护植物。

苓菊属　*Jurinea* Cass.

蒙疆苓菊　*Jurinea mongolica* Maxim.　别称　地棉花、鸡毛狗

形态特征　【植株】高 6 ～ 20 cm。【根】粗壮，暗褐色，根颈残存枯叶柄，被极厚白色团状绵毛。【茎】丛生，被蛛丝状绵毛。【叶】丛生，具纵条棱，分枝，被蛛丝状绵毛；基生叶与下部叶矩圆状披针形至条状披针形，长 2 ～ 6 cm，宽 3 ～ 10 mm，羽状深裂或浅裂，侧裂片不分裂时具疏齿或近全缘，边缘曲卷，叶两面被蛛丝状绵毛，下面密生腺点，主脉隆起呈白黄色，具叶柄；中上部叶小，具短叶柄或无叶柄。【花】头状花序；总苞片钟状，黄绿色，紧贴直立，被蛛丝状绵毛、腺体及小刺状微毛，先端长渐尖，具刺尖，麦秆黄色，边缘具短刺状缘毛，外层短，卵状披针形，中层披针形，内层长，条状披针形；管状花红紫色，管部向上扩展成漏斗状檐部，外面具腺体，裂片条状披针形。【果】瘦果褐色；冠毛污黄色，糙毛状，被短羽毛。【成熟期】花果期 6 — 8 月。

生境分布　多年生强旱生草本。生于山麓草原化荒漠区、覆沙地、干河床。贺兰山西坡小松山有分布。我国分布于宁夏、陕西、新疆等地。世界分布于蒙古国。

药用价值　茎毛入药，可止血。

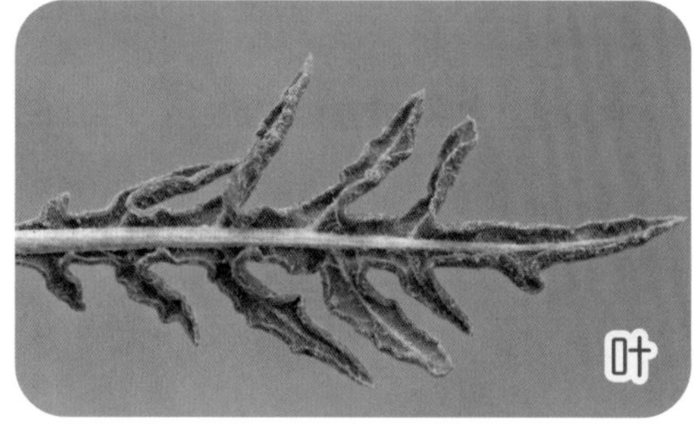

合耳菊属　*Synotis* (C. B. Clarke) C. Jeffrey & Y. L. Chen

术叶合耳菊　*Synotis atractylidifolia* (Y. Ling) C. Jeffrey & Y. L. Chen　别称　术叶千里光

形态特征　【植株】高 25 ～ 50 cm。【地下茎】粗壮，木质。【茎】丛生或基部分枝，光滑，具纵条棱，下部木质，上部分枝。【叶】基生叶花期枯萎；中上部叶披针形或狭披针形，长 3 ～ 8 cm，宽 5 ～ 15 mm，先端渐尖，基部渐狭，边缘具细锯齿，两面近无毛或被短柔毛，细脉明显；无叶柄。【花】头状花序，多数，在茎顶端密集成复伞房状，花序梗纤细，苞叶条形；总苞钟形；总苞片 8 ～ 10 层，披针形，光滑，边缘膜质，外层小总苞片 1 ～ 3，长为总苞片的 1/2；舌状花亮黄色，3 ～ 5 朵，舌片长椭圆形；管状花 10 朵。【果】瘦果圆柱形，具纵沟纹，光滑或被微毛；冠毛白色。【成熟期】花果期 7 — 9 月。

生境分布　多年生中生亚灌木。生于海拔 1 600 ～ 2 400 m 的山地沟谷、林缘、灌丛。贺兰山西坡和东坡均有分布。我国分布于内蒙古、宁夏等地。

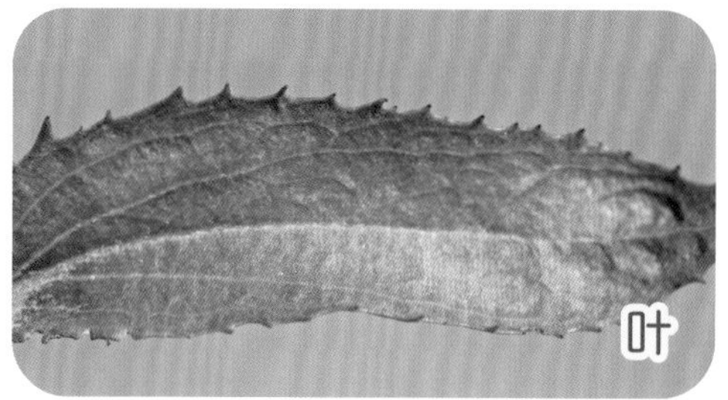

橐吾属 *Ligularia* Cass.

掌叶橐吾 *Ligularia przewalskii* (Maxim.) Diels

形态特征 【植株】高 60 ～ 90 cm。【茎】直立，具纵沟棱，无毛，或上部疏被柔毛，基部被褐色枯叶纤维。【叶】基生叶掌状深裂，宽 15 ～ 20 cm，长 12 ～ 16 cm，基部近心形，裂片 7，近菱形，中裂片 3，侧裂片 2 ～ 3，先端渐尖，边缘具不整齐小裂片，上面深绿色，下面淡绿色，两面无毛或沿叶脉及裂片边缘疏被柔毛，叶柄基部扩大抱茎；茎生叶少数，掌状深裂，短叶柄基部扩大抱茎，或具 2 ～ 3 裂披针形的苞叶状。【花】头状花序，多数，在茎顶端排列成总状，苞叶条形；总苞圆柱形；总苞片 5 ～ 7 层，外层条形，内层矩圆形，先端钝或稍尖，上部被微毛；舌状花 2 朵，舌片匙状条形，先端具 3 齿；管状花 3 ～ 5 朵。【果】瘦果褐色，圆柱形；冠毛紫褐色。【成熟期】花期 7 — 8 月。

生境分布 多年生中生草本。生于海拔 2 400 m 左右的山麓林缘、林下、灌丛、河滩。贺兰山西坡水磨沟有分布。我国分布于四川、青海、甘肃、宁夏、陕西、山西、内蒙古、江苏等地。

药用价值 根、叶和花入药，可润肺止咳、化痰催吐、利胆退黄。

蓝刺头属 *Echinops* Linn

火烙草 *Echinops przewalskii* Iljin

形态特征 【植株】高 25 ～ 35 cm。【根】粗壮，木质。【茎】直立，具纵沟棱，密被白色绵毛。【叶】革质；茎中下部叶长椭圆形、长椭圆状披针形或长倒披针形，二回羽状深裂，一回裂片具小裂片、或小齿，边缘小刺黄色、粗硬，上面黄绿色，疏被蛛丝状毛，下面密被灰白色绵毛，叶脉凸起，叶柄短，边刺短；上部叶变小，椭圆形，羽状分裂，无叶柄。【花】头状花序，单生枝顶端，蓝色；基毛多数，白色，不等长，比头状花序短；总苞片 18 ～ 20 层，无毛；外层短细，基部条形，先端匙形具小尖头，边缘具长睫毛；中层矩圆形或条状菱形，先端细尖，边缘膜质，中上边缘具睫毛；内层长椭圆形，基部狭，先端具短刺和睫毛；花冠白色，花冠裂片条形，蓝色。【果】瘦果圆柱形，密被黄褐色柔毛；冠毛黄色，鳞片状，由中部连合。【成熟期】花果期 6 — 8 月。

生境分布 多年生嗜砂砾质强旱中生草本。生于低山带草原、石质或砾石质山坡。贺兰山西坡和东坡均有分布。我国分布于山西、甘肃、山东等地。世界分布于蒙古国。

砂蓝刺头 *Echinops gmelin* Turcz.

别称 火绒草、刺头

形态特征 【植株】高 13 ～ 35 cm。【茎】直立，稍具纵沟棱，白色或淡黄色，无毛或疏被腺毛或腺点。【叶】条形或条状披针形，长 1 ～ 5 cm，宽 2 ～ 8 mm，先端锐尖或渐尖，基部半抱茎，无叶柄，边缘具白色硬刺齿，刺长，两面均为淡黄绿色，具腺点，或被极疏的蛛丝状毛、短柔毛，或无毛、无腺点，上部叶被腺毛，下部叶密被绵毛。【花】复头状花序，单生枝顶端，白色或淡蓝色；基毛多数，污白色，不等长，糙毛状；外层总苞片短，条状倒披针形，先端尖，中上缘具睫毛，背部被短柔毛；中层长，长椭圆形，先端渐尖呈芒刺状，边缘具睫毛；内层长矩圆形，先端芒裂，基部深褐色，背部被蛛丝状长毛；花冠管状，白色，被毛和腺点，花冠裂片条形，淡蓝色。【果】瘦果倒圆锥形，密被贴伏棕黄色长毛；冠毛下部连合。【成熟期】花期 6 月，果期 8 — 9 月。

生境分布 一年生喜沙旱生草本。生于山麓草原化荒漠区覆沙地、干河床。贺兰山西坡和东坡均有分布。我国分布于东北、西北及河北、山西等地。世界分布于西伯利亚地区及蒙古国。

药用价值 根入药，可清热解毒、消痈通乳；也可做蒙药。

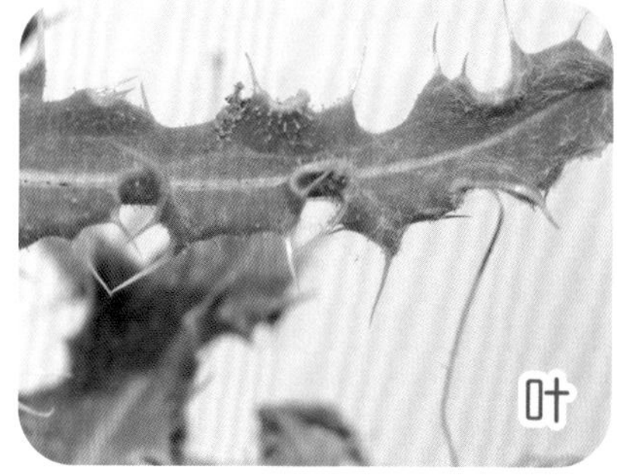

风毛菊属　*Saussurea* DC.

禾叶风毛菊　*Saussurea graminea* Dunn

形态特征　【植株】高 10 ～ 25 cm。【根状茎】粗壮，扭曲，黑褐色，根颈被褐色鳞片状残叶，自根颈生出少数或多数不孕枝和花枝，形成密丛。【茎】直立，具纵沟棱，密被白色绢毛。【叶】纸质，狭条形，长 3 ～ 10 cm，宽 2 ～ 3 cm；先端渐尖，基部渐狭呈柄状，柄基稍宽呈鞘状，全缘，边缘反卷，上面疏被绢状柔毛或几无毛，下面密被白色毡毛；茎生叶少数，具短叶柄。【花】头状花序，单生茎顶端；总苞钟形；总苞片 4 ～ 5 层，被绢状长柔毛，外层卵状披针形，顶端长渐尖，基部宽，反折，内层条形，直立，带紫色；花冠粉紫色，狭管为檐部长的 2/3。【果】瘦果圆柱形；冠毛淡褐色，2 层，内层长。【成熟期】花果期 8 — 9 月。

生境分布　多年生耐寒中生草本。生于海拔 3 000 ～ 3 500 m 的高山草甸、灌丛。贺兰山主峰两侧有分布。

药用价值　全草入药，可清热凉血。

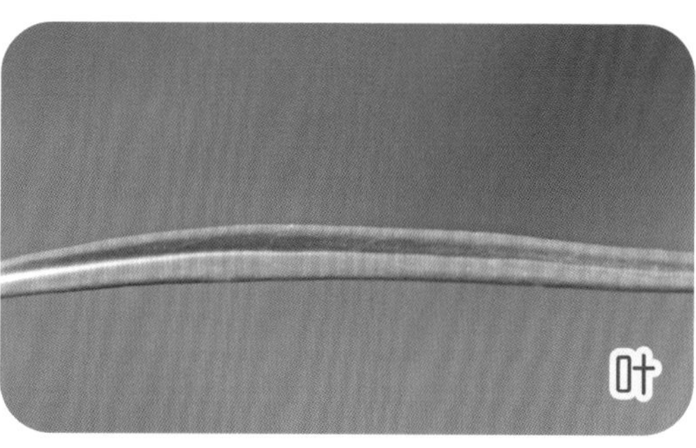

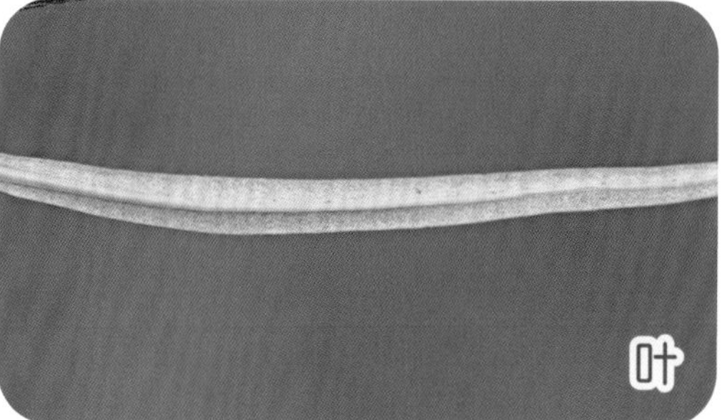

翼茎风毛菊 *Saussurea japonica* var. *pteroclada* (Nakai & Kitag.) Raab-Straube

形态特征 【植株】高 0.5 ～ 1.5 m。【根】纺锤状，黑褐色。【茎】直立，具纵沟棱，疏被短柔毛和腺体，上部多分枝。【叶】基生叶与茎下部叶矩圆形或椭圆形，沿茎下延成翅，具齿或全缘，长 10 ～ 18 cm，宽 2 ～ 5 cm，羽状半裂或深裂，顶裂片披针形，侧裂片 7 ～ 8 对，矩圆形、矩圆状披针形或条状披针形至条形，先端钝或锐尖，全缘，具长叶柄，叶两面疏被短毛和腺体；茎中部叶向上渐小；上部叶条形、披针形或长椭圆形，羽状分裂或全缘，无叶柄。【花】头状花序，多数，在茎、枝顶端排列成密集伞房状；总苞筒状钟形，疏被蛛丝状毛；总苞片 6 层，外层小，卵形，先端钝尖；中层、内层条形或条状披针形，先端具附片，带紫红色；花冠紫色，狭管部与檐部稍长或相等。【果】瘦果暗褐色，圆柱形；冠毛 2 层，淡褐色，外层短，内层长。【成熟期】花果期 8—9 月。

生境分布 二年生中生草本。生于草原区山地、草甸草原、路旁、撂荒地。贺兰山西坡和东坡均有分布。我国分布于东北、华北、西北、华南、华东地区。世界分布于朝鲜、日本。

植株

花

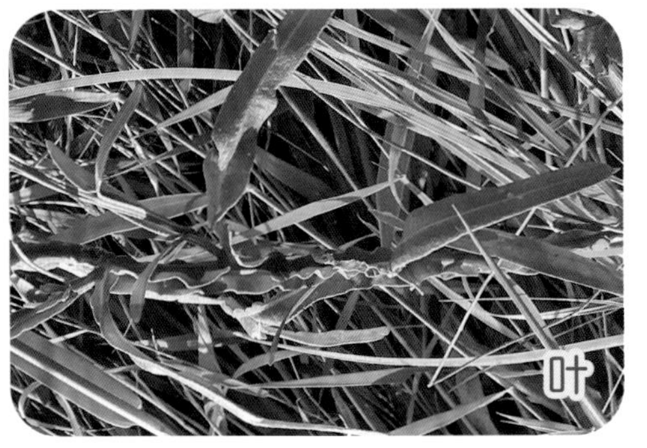
叶

碱地风毛菊 *Saussurea runcinata* DC. 别称 倒羽叶风毛菊

形态特征 【植株】高 3 ～ 45 cm。【根】粗壮，根颈被褐色纤维状残叶鞘。【茎】直立，具纵沟，分枝。【叶】基生叶与茎下部叶椭圆形、倒披针形、披针形、条状倒披针形，长 3 ～ 15 cm，宽 3 ～ 50 mm，大头羽状全裂或深裂，稀上部全缘，下部边缘具缺刻状或小裂片，全缘或具齿，两面具腺点和长柄，基部扩大呈鞘状；中上部叶较小，全缘或具疏齿，无叶柄。【花】头状花序，排列成伞房状，苞叶条形；总苞片 4 层，内层顶端具紫红色膜质附片，背部被短柔毛和腺体；花冠紫红色，具腺点。【果】瘦果圆柱形；冠毛 2 层，淡黄褐色。【成熟期】花果期 8—9 月。

生境分布 多年生耐盐中生草本。生于山麓溪边、湿地。贺兰山西坡巴彦浩特和东坡中段有分布。我国分布于东北及河北、山西、陕西、宁夏等地。世界分布于西伯利亚地区及蒙古国。

裂叶风毛菊　*Saussurea laciniata* Ledeb.

形态特征　【植株】高 15 ～ 35 cm。【根】粗壮，木质化，根颈被棕褐色纤维状残叶柄。【茎】直立，具纵沟棱，狭翅具齿，疏被多细胞皱曲柔毛，由基部或上部分枝。【叶】基生叶矩圆形，长 3 ～ 10 cm，二回羽状深裂，裂片矩圆状卵形或矩圆形，先端锐尖，边缘具齿或小裂片，齿端具软骨质小尖头，两面疏被多细胞皱曲柔毛和腺点，羽轴具疏齿和小裂片，具长叶柄，叶柄基部扩大呈鞘状；中上部叶向上渐小，羽状深裂。【花】头状花序，少数在枝顶端排列成伞房状，具长花序梗；总苞筒状钟形；总苞片 4 ～ 5 层，外层卵形，顶端具不规则小齿，背部被皱曲柔毛，内层条形或披针状条形，顶端具淡紫色反折的附片，密被皱曲长柔毛，背部毛较疏，密布腺点；花冠紫红色，狭管部长于檐部。【果】瘦果圆柱形，深褐色；冠毛 2 层，污白色，内层长。【成熟期】花果期 7 — 8 月。

生境分布　多年生旱中生草本。生于山麓荒漠草原、盐碱地。贺兰山西坡和东坡山麓均有分布。我国分布于内蒙古、陕西、宁夏、甘肃、新疆等地。世界分布于哈萨克斯坦、俄罗斯、蒙古国等。

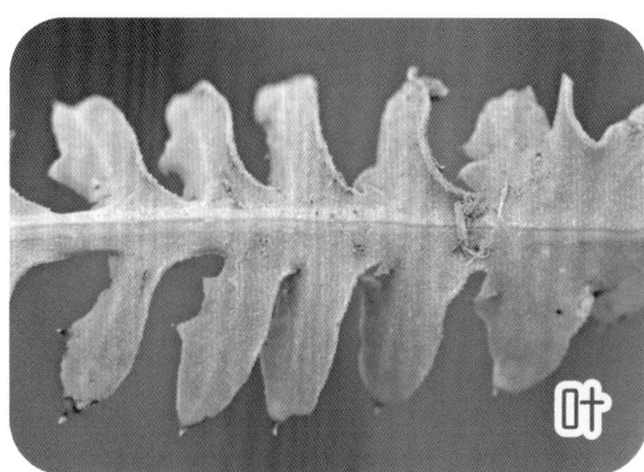

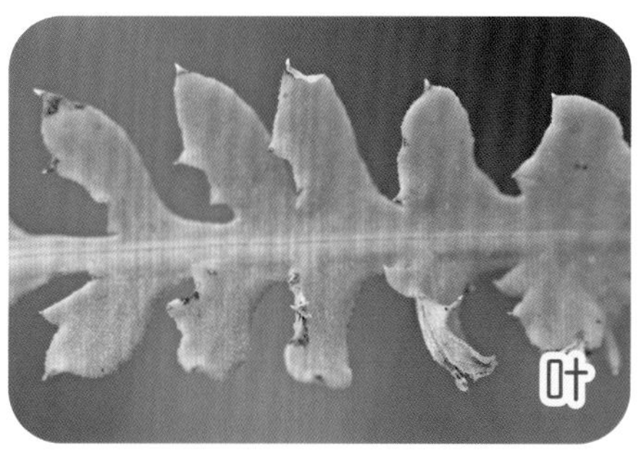

盐地风毛菊 *Saussurea salsa* (Pall.) Spreng.

形态特征 【植株】高 10 ~ 40 cm。【根】粗壮，根颈被褐色残叶柄。【茎】单一或数个，具纵沟棱，被短柔毛或无毛。【叶】质厚；基生叶与下部叶较大，卵形或宽椭圆形，长 5 ~ 20 cm，宽 3 ~ 5 cm，大头羽状深裂或全裂，顶裂片大，箭头状，具波状浅齿、缺刻状裂片或全缘，侧裂片较小，三角形、披针形、菱形或卵形，全缘或具小齿及小裂片，上面疏被短糙毛或无毛，下面具腺点，叶柄基部扩大呈鞘状；茎生叶向上渐变小，无叶柄，矩圆形、披针形以至条状披针形，全缘或具疏齿。【花】头状花序，多数，在茎顶端排列成伞房状或复伞房状，具短花序梗；总苞狭筒状；总苞片 5 ~ 7 层，粉紫色，无毛或被疏蛛丝状毛，外层卵形，顶端钝，内层矩圆状条形，顶端钝或稍尖；花冠粉紫色，狭管部长于檐部。【果】瘦果圆柱形；冠毛 2 层，白色，内层长。【成熟期】花果期 8—9 月。

生境分布 多年生耐盐中生草本。生于山麓盐生草甸、盐碱地。贺兰山东坡山麓有分布。我国分布于新疆等地。世界分布于西伯利亚地区、亚洲中部地区及蒙古国。

西北风毛菊 *Saussurea petrovii* Lipsch.

形态特征 【植株】高 12 ~ 25 cm。【根】木质，外皮纵裂呈纤维状。【茎】丛生，直立，纤细，具纵沟棱，不分枝或上部分枝，密被柔毛，基部被多数褐色鳞片状残叶柄。【叶】条形，长 5 ~ 10 cm，宽 2 ~ 4 mm，先端长渐尖，基部渐狭，边缘疏具小齿，齿端具软骨质小尖头，上部叶全缘，上面绿色，中脉明显，黄色，下面被白色毡毛。【花】头状花序，少数在茎顶端排列成复伞房状；总苞筒形或筒状钟形；总苞片 4 ~ 5 层，被蛛丝状短柔毛，边缘带紫色，外层和中层卵形，顶端具小短尖，内层披针状条形，顶端渐尖；花冠粉红色，狭管部稍长或等长于檐部。【果】瘦果圆柱形，褐色，具斑点；冠毛 2 层，白色，内层长。【成熟期】花果期 8—9 月。

生境分布 多年生强旱生草本。生于海拔 2 000 m 左右的石质山坡。贺兰山西坡峡子沟和东坡甘沟、汝箕沟有分布。我国分布于甘肃、宁夏、内蒙古等地。

药用价值 全草入药，可消炎止痛、止血化瘀；也可做蒙药。

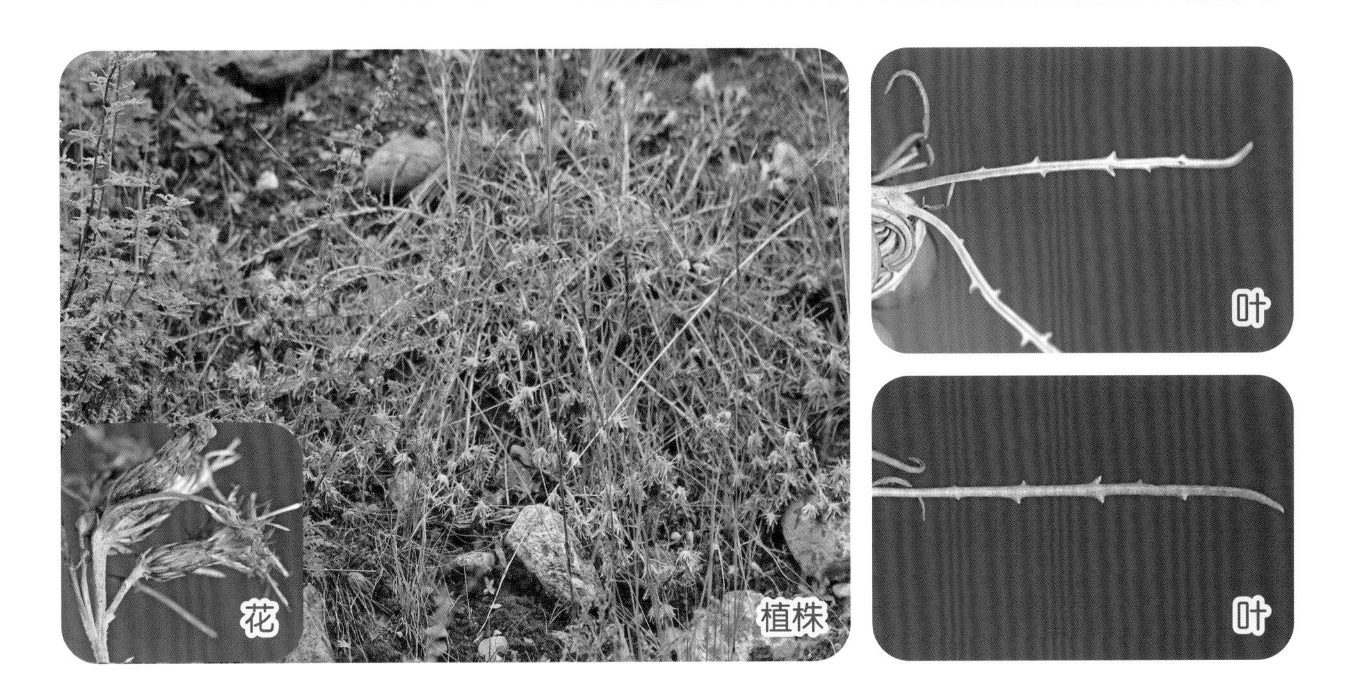

阿拉善风毛菊　*Saussurea alaschanica* Maxim.

形态特征　【植株】高 20 ～ 30 cm。【根状茎】短，倾斜。【茎】单生，较细，直立或斜升，具纵沟棱，疏被蛛丝状毛，带紫红色。【叶】基生叶或下部叶椭圆形或卵状椭圆形，长 2 ～ 13 cm，宽 1 ～ 5 cm，先端渐尖，基部浅心形、宽楔形或近圆形，边缘具短尖齿，上面绿色，下面被白色毡毛，长叶柄具翅；中部叶向上渐小，具短叶柄；上部叶披针形或椭圆状披针形，无叶柄。【花】头状花序，1 ～ 3 个，在茎顶端密集排列成伞房状，花序梗极粗短，被蛛丝状毛；总苞钟状筒形；总苞片 4 ～ 5 层，暗紫色，被长柔毛，外层卵形或卵状披针形，顶端长渐尖，内层条形，顶端长渐尖；花冠紫红色，狭管部与檐部等长或为檐部长的 2/3。【果】瘦果圆柱形，黑褐色，具纵条纹；冠毛 2 层，白色，内层长。【成熟期】花期 7—8 月，果期 8—9 月。

生境分布　多年生中生草本。生于海拔 2 000 ～ 2 800 m 的山地林缘、山坡灌丛、岩石缝。贺兰山西坡雪岭子、水磨沟和东坡插旗沟有分布。我国分布于内蒙古。世界分布于蒙古国。

羽裂风毛菊　*Saussurea pinnatidentata* Lipsch.

形态特征　【植株】高 18 ～ 25 cm，全株灰绿色。【根】纺锤形。【茎】直立，狭翼具锯齿，基部具残存黑褐色叶柄，上部伞房花序状分枝或基部分枝。【叶】披针形、倒披针形或长圆状披针形，长 3 ～ 10 cm，宽 0.5 ～ 1.5 cm，羽状裂，顶裂片三角形，侧裂片 1 ～ 5 对，线形或长圆形，下弯，全部裂片顶端尖，两面粗糙，被短糙毛或上面无毛，具叶柄；上部叶，线状披针形，不分裂，无叶柄。【花】头状花序，多数，在茎顶端排列成伞房花序或圆锥花序，具小花梗；总苞钟状或卵状钟形，疏被蛛丝状茸毛或无毛；总苞片 4 ～ 5 层，外层卵形，顶端具叶质附片，中层、内层线状披针形，顶端具膜质紫红色附片，干后反折；花冠紫色。【果】瘦果淡褐色；冠毛 2 层，外层短，糙毛状，内层长，羽毛状。【成熟期】花果期 8 — 10 月。

生境分布　多年生中生草本。生于海拔 1 800 ～ 2 200 m 的荒坡草地、盐碱地、农田。贺兰山西坡马连井子、金星等有分布。我国分布于甘肃、内蒙古、青海等地。

小花风毛菊　*Saussurea parviflora* (Poir.) DC.　　别称　燕尾风毛菊

形态特征　【植株】高 30 ～ 60 cm。【根状茎】横走。【茎】直立，具纵沟棱，具狭翅，无毛或疏被短柔毛，单一或上部分枝。【叶】质薄，基生叶在花期凋落；中下部叶长椭圆形或矩圆状椭圆形，长 6 ～ 10 cm，宽 15 ～ 20 mm，先端长渐尖，基部渐狭而下延成狭翅，边缘具尖锯齿，上面绿色，下面灰绿色，无毛或被疏或密的灰白色蛛丝状毛，边缘具糙硬毛；上部叶披针形或条状披针形，具细齿或近全缘，无叶柄。【花】头状花序，多数，在茎或枝顶端密集成伞房状，具短花序梗，近无毛；总苞筒状钟形；总苞片 3 ～ 4 层，顶端黑色，无毛或具睫毛，外层卵形或卵圆形，顶端钝，内层矩圆形，顶端钝；花冠紫色。【果】瘦果；冠毛 2 层，白色，内层长。【成熟期】花果期 7 — 9 月。

生境分布　多年生中生草本。生于海拔 2 100 m 左右的山地林缘、灌丛。贺兰山东坡大水沟有分布。我国分布于东北、西北及河北、山西、四川等地。世界分布于西伯利亚地区及蒙古国。

达乌里风毛菊　*Saussurea davurica* Adams in Nouv.

形态特征　【植株】高 3 ～ 15 cm，全株灰绿色。【根】细长，黑褐色。【茎】直立，1 ～ 3 个，具脉纹或棱，无毛或疏被短柔毛。【叶】两面灰绿色，肉质，无毛，具稠密淡黄色小腺点；基生叶披针形或长椭圆形，长 2 ～ 10 cm，宽 0.5 ～ 2 cm，顶端急尖，基部楔形或宽楔形，边缘不规则，侧裂片宽三角形，叶柄基部扩大；下部叶与基生叶同形，较小，基部楔形，渐狭成叶柄或无叶柄；上部叶更小，无叶柄。【花】头状花序，在茎顶端排列成球形或半球形伞房花序；总苞圆柱状；总苞片 6 ～ 7 层，上部带紫红色，外层卵形或椭圆形，中层长椭圆形，内层线形，边缘被短柔毛；小花粉红色，细管部长，檐部短。【果】瘦果圆柱状，顶部具小冠；冠毛 2 层，白色。【成熟期】花果期 8 — 9 月。

生境分布　多年生中生草本。生于海拔 2 500 m 的森林草原区盐化草甸、河岸湿地。贺兰山西坡高山气象站有分布。我国分布于甘肃、宁夏、内蒙古、青海、新疆等地。世界分布于蒙古国、俄罗斯。

阿右风毛菊 *Saussurea jurineoides* H. C. Fu in Ma

形态特征 【植株】高 10 ～ 20 cm。【根】粗壮，暗褐色，根颈密被暗褐色鳞片状残存枯叶柄。【茎】单生或少数丛生，直立，具纵条棱，密被多细胞皱曲长柔毛，不分枝。【叶】椭圆形或披针形，长 5 ～ 8 cm，宽 1.5 ～ 2 cm，不规则羽状深裂或全裂，顶裂片先端渐尖，全缘；侧裂片 4 ～ 8 对，平展，先端渐尖，具小尖头，全缘或疏具小齿，两面被多细胞皱曲柔毛及腺点，下面中脉明显，黄白色；短叶柄，基部扩大，半抱茎；上部叶小，披针形或条状披针形，疏具小齿，或呈不规则羽状浅裂或深裂，接近头状花序。【花】头状花序，单生茎顶端；总苞宽钟状；总苞片 5 层，黄绿色，先端具刺尖，反折，密被长柔毛和腺点，外层卵状披针形，中层披针形，内层条状披针形；托片条状钻形；花冠粉红色，狭管部稍长于檐部；花药尾部具绵毛。【果】瘦果圆柱形，褐色，具纵肋，疏被短柔毛及腺点；冠毛 2 层，白色。【成熟期】花果期 7 — 8 月。

生境分布 多年生盐生强旱生草本。生于海拔 1 700 ～ 2 200 m 的石质山坡、石缝。贺兰山西坡哈拉乌、黄渠口和东坡苏峪口有分布。我国分布于内蒙古、宁夏等地。

草地风毛菊 *Saussurea amara* (L.) DC. **别称** 驴耳风毛菊、羊耳朵

形态特征 【植株】高 15 ～ 60 cm。【茎】直立，无翼，被白色稀疏短柔毛或无毛，伞房花序状分枝。【叶】基生叶与下部叶具叶柄，叶片披针状长椭圆形、椭圆形、长圆状椭圆形或长披针形，长 8 ～ 18 cm，宽 1 ～ 6 cm，基部楔形渐狭，全缘或具不等大齿；中上部叶渐小，椭圆形或披针形，基部具小耳，两面绿色，下面色淡，两面被稀疏的短柔毛及稠密的金黄色小腺点。【花】头状花序，在茎、枝顶端排列成伞房状或伞房圆锥花序；总苞钟状或圆柱形；总苞片 4 层，外层披针形或卵状披针形，顶端急尖，具黑绿色，具细齿或 3 裂，外层被稀疏短柔毛，中层、内层线状长椭圆形或线形，外面疏被白色短柔毛，顶端具淡紫红色圆形附片，苞片外面绿色或淡绿色，疏具金黄色小腺点或无腺点；小花淡紫色，檐部为细管部的 2/3。【果】瘦果长圆形，具 4 肋；冠毛白色，2 层，外层短，糙毛状，内层长，羽毛状。【成熟期】花果期 7 — 10 月。

生境分布 多年生中生草本。生于浅山区、村旁、路边。贺兰山西坡小松山、塔尔岭有分布。我国分布于东北、华北、西北等地区。世界分布于西伯利亚地区、亚洲中部地区、欧洲及蒙古国。

牛蒡属　*Arctium* Linn

牛蒡　*Arctium lappa* Linn　　别称　恶实、大力子

形态特征　【植株】高 1 m。【根】肉质，呈纺锤状。【茎】直立，粗壮，具纵沟棱，被微毛，上部多分枝。【叶】基生叶大型，丛生，宽卵形或心形全缘，长 30 ～ 50 cm，宽 22 ～ 35 cm，波状或具齿，上面绿色，疏被短毛，下面密被灰白色绵毛，叶柄粗壮，具纵沟，被疏绵毛；中下部叶宽卵形，具短叶柄；上部叶渐小。【花】头状花序，单生枝顶端，或多数排列成伞房状；总苞球形；总苞片边缘被短刺状缘毛，先端钩刺状；花冠红紫色。【果】瘦果椭圆形或倒卵形，灰褐色；冠毛白色。【成熟期】花果期 6 — 8 月。

生境分布　二年生大型中生草本。生于山坡、山谷、林缘、林中、灌丛、河边湿地、村庄路旁、荒地。贺兰山西坡南寺、巴彦浩特和东坡小口子有分布。我国广布于各地。世界分布于欧亚大陆温带地区。

药用价值　果入药，可散风透疹、利咽消肿、解毒；也可做蒙药。

猬菊属 *Olgaea* Iljin

蝟菊 *Olgaea lomonosowii* (Trautv.) Iljin

形态特征 【植株】高 15 ～ 30 cm。【根】木质。【茎】直立，密被灰白色绵毛。【叶】革质；基生叶矩圆状披针形，长 8 ～ 15 cm，宽 2 ～ 4 cm，基部渐狭成叶柄，羽状浅裂或深裂，裂片边缘具小刺齿，上面浓绿色，具光泽，无毛，叶脉凹陷，下面密被灰白色毡毛，叶脉隆起；茎生叶矩圆形或矩圆状倒披针形，羽状分裂或具齿缺，具小刺尖，基部沿茎下延成窄翅，翅缘具小针刺；上部叶条状披针形。【花】头状花序，单生枝顶端；总苞碗形或宽钟形；总苞片多层，暗紫色，背部被蛛丝状毛，具短刺状缘毛；花冠紫红色；花药尾部结合呈鞘状，包围花丝。【果】瘦果矩圆形；冠毛污黄色。【成熟期】花果期 8—9 月。

生境分布 多年生旱中生草本。生于海拔 2 000 m 左右的砾石质山坡、干河床。贺兰山西坡南寺、峡子沟和东坡苏峪口有分布。我国分布于东北、华北、西北地区。世界分布于蒙古国。

药用价值 全草入药，可清热解毒、凉血止血。

火媒草 *Olgaea leucophylla* (Turcz.) Iljin 别称 鳍蓟

形态特征 【植株】高 10 ～ 60 cm。【根】粗壮。【茎】粗壮，密被白色绵毛，基部被褐色枯纤维。【叶】长椭圆形或椭圆状披针形，长 5 ～ 20 mm，宽 2 ～ 3 mm，具不规则疏齿或羽状浅裂，外缘均具不等长针刺，下面密被灰白色毡毛；茎生叶基部下延成宽翅，翅缘具刺齿；基生叶具长叶柄。【花】头状花序，单生枝顶端，果后延长，或具侧生头状花序 1 ～ 2，较小；总苞钟状或卵状钟形；总苞片多层，先端具长刺尖；花冠粉红色。【果】瘦果矩圆形，苍白色，具隆起的纵纹与褐斑；冠毛黄褐色。【成熟期】花果期 6—9 月。

生境分布 多年生砾石旱生草本。生于海拔 1 600 ～ 1 700 m 的山麓草地、渠边、田地。贺兰山西坡和东坡均有分布。我国分布于东北、华北、西北地区。世界分布于蒙古国。

药用价值 全草入药，可破血行瘀、凉血止血。

蓟属　*Cirsium* Mill.

莲座蓟　*Cirsium esculentum* (Sievers) C. A. Meyer　别称　食用蓟

形态特征　【植株】无茎或近无茎草本。【根状茎】短，粗壮，具多数褐色须根。【叶】基生叶簇生，矩圆状倒披针形，长 5 ～ 20 cm，宽 2 ～ 6 cm，先端钝或尖，具刺，基部渐狭成具翅的叶柄，羽状深裂，裂片卵状三角形，钝头，全部边缘具钝齿与针刺，两面被皱曲多细胞长柔毛，下面沿叶脉较密。【花】头状花序，数个密集组成莲座状叶丛，无花序梗或具短花序梗，长椭圆形；总苞无毛，基部具 1 ～ 3 个披针形或条形苞叶；总苞片 6 层，外层条状披针形，刺尖头，具睫毛，中层矩圆状披针形，先端具长尖头，内层长条形，长渐尖；花冠红紫色，狭管部短于花冠。【果】瘦果矩圆形，褐色，被毛；冠毛白色下部带淡褐色，与花冠近等长。【成熟期】花果期 7 — 9 月。

生境分布　多年生湿中生草本。生于海拔 1 700 ～ 2 200 m 的山麓湿地、水边、平原。贺兰山西坡哈拉乌有分布。我国分布于东北及内蒙古、新疆等地。世界分布于俄罗斯、蒙古国。

药用价值　根入药，可排脓止血、止咳消痰。

刺儿菜 *Cirsium arvense* var. *integrifolium* Wimmer & Grab. 别称 大刺儿菜

形态特征 【植株】高 0.5 ～ 1 cm。【茎】根状茎长；茎直立，上部分枝，具纵沟棱，近无毛或疏被蛛丝状毛。【叶】基生叶花期枯萎；中下部叶矩圆形或长椭圆状披针形，长 5 ～ 10 cm，宽 2 ～ 5 cm，先端钝，具刺尖，基部渐狭，边缘具缺刻状粗锯齿或羽状浅裂，具细刺，上面绿色，下面浅绿色，两面无毛或疏被蛛丝状毛，无叶柄或具短叶柄；上部叶渐小，矩圆形或披针形，全缘或具齿。【花】雌雄异株，头状花序，集生茎上，排列成疏松伞房状；总苞钟形；总苞片 8 层，外层卵状披针形，先端具刺尖，内层长，条状披针形，先端略扩外曲，干膜质，边缘细裂具尖头，两者均为暗紫色，背部被微毛，边缘具睫毛；花冠紫红色；雄株头状花序小，雌株头状花序大；雌花管长为檐部的 4 ～ 5 倍，花冠裂片深裂至檐基部。【果】瘦果倒卵形或矩圆形，浅褐色或无色；冠毛卵状或基部带褐色，果熟时较花冠长。【成熟期】花果期 7 — 9 月。

生境分布 多年生中生草本。生于山坡、溪边、荒地、田间。贺兰山西坡和东坡均有分布。我国分布于西北、华北、东北地区。世界分布于欧洲及俄罗斯、蒙古国、朝鲜、日本。

药用价值 全草入药，可凉血止血、消痈祛毒。

绒背蓟 *Cirsium vlassovianum* Fisch. ex DC.

形态特征 【植株】高 30 ～ 90 cm。【根】具指状块根。【茎】直立，具条棱，单生，上部分枝，茎、枝均疏被多细胞长节毛或上部混生疏茸毛。【叶】茎生叶披针形或椭圆状披针形，顶端尖或钝；中部叶大，长 2 ～ 10 cm，宽 6 ～ 18 mm，或稍抱茎，叶缘密生细刺或刺齿，上面绿色，疏被多细胞长节毛，下面密被灰白色蛛丝状丛毛，或无毛，无叶柄；上部叶小。【花】头状花序单生茎顶端或花序顶端，或排成疏伞房花序、或近不发育的穗状花序；总苞长卵形，直立；总苞片约 7 层，紧密覆瓦状排列，向内层渐长，最内层宽线形，顶端膜质长渐尖，中层披针形，顶端急尖成短针刺，中外层顶端针刺短，最外层长三角形，顶端短针刺，全部苞片外具黑色黏腺；小花紫色，花冠檐部不等 5 深裂，细管部稍短。【果】瘦果矩圆形，麦秆黄色，具紫色条纹；冠毛淡褐色。【成熟期】花果期 6 — 9 月。

生境分布 多年生中生草本。生于海拔 1 700 ～ 2 000 m 的山坡林中、林缘、河边、湿地。贺兰山西坡三关口、喜鹊沟有分布。我国分布于东北及河南、山西等地。世界分布于蒙古国、俄罗斯、朝鲜。

丝路蓟　*Cirsium arvense* (L.) Scop.　别称　野刺儿菜

形态特征　【植株】高 15 ～ 40 cm。【根】直伸。【茎】直立，上部分枝，被蛛丝状毛。【叶】基生叶花期枯萎；下部叶椭圆形或椭圆状披针形，长 5 ～ 15 cm，宽 1 ～ 2.5 cm，羽状浅裂或半裂，基部渐狭，侧裂片偏斜三角形或偏斜半椭圆形，边缘具 2 ～ 3 刺齿，齿顶及齿缘具细刺，上面绿色或浅绿色，无毛或疏被蛛丝状毛，下面浅绿色，被蛛丝状绵毛；中部叶及上部叶渐小，长椭圆形或披针形。【花】雌雄异株，头状花序，较多数集生茎上，排列成圆锥状伞房花序；总苞钟形；总苞片约 5 层，外层短，卵形，先端具刺尖，内层长，长披针形至宽条形，先端膜质渐尖；小花紫红色，雌花花冠长，狭管部长为檐部的 3 倍；两性花狭管部长为檐部的 2 倍，花冠裂片深裂几达檐基部。【果】瘦果近圆柱形，淡黄色；冠毛污白色，果时延长。【成熟期】花果期 7—9 月。

生境分布　多年生中生草本。生于山麓湿地、水塘。贺兰山西坡和东坡山麓有分布。我国分布于新疆、甘肃、西藏、宁夏、内蒙古等地。世界分布于亚洲中南部地区、欧洲。

牛口刺 *Cirsium shansiense* Petrak. 别称 硬条叶蓟

形态特征 【植株】高 25 ～ 60 cm。【根】直伸。【茎】直立，全部茎、枝具条棱，被多细胞长节毛或混生茸毛，中上部密被茸毛。【叶】中部叶披针形、长椭圆形或线状长椭圆形，长 3 ～ 10 cm，宽 1 ～ 2 cm，羽状不等裂，基部渐狭，具叶柄或无叶柄，基部扩大抱茎，侧裂片 3 ～ 6 对，中裂片大，2 齿裂，全部裂片具针刺，顶端针刺长；中上部叶渐小，等分裂，具等样齿裂；全部茎生叶同形，上面绿色，被毛，下面灰白色，密被茸毛。【花】头状花序，多在茎、枝顶端排列成伞房花序，少单生茎顶端或仅 1 头状花序；总苞卵形或卵球形，无毛；总苞片 7 层，覆瓦状排列，向内渐长，最外层长三角形，顶端尖成针刺，中层顶端针刺贴伏或开展，内层、最内层披针形，顶端膜质扩大，红色，苞片外具黑黏腺；小花粉红色或紫色，檐部不等 5 深裂，狭管部稍短。【果】瘦果偏斜椭圆状倒卵形，顶偏截形；冠毛浅褐色，多层，长羽毛状，基部连合成环，向顶端渐细。【成熟期】花果期 5 — 8 月。

生境分布 多年生中生草本。生于海拔 1 600 ～ 1 800 m 的沟谷、灌丛、河边、湿地。贺兰山西坡和东坡均有分布。我国广布于各地。世界分布于印度、不丹、朝鲜、越南等。

飞廉属 *Carduus* Linn

飞廉 *Carduus nutans* Linn

形态特征 【植株】高 60 ～ 85 cm。【茎】直立，具纵沟棱，具绿色纵向下延的翅，翅具齿刺，疏被多细胞皱缩长柔毛，上部分枝。【叶】下部叶椭圆状披针形，长 5 ～ 15 cm，宽 3 ～ 5 cm，先端尖或钝，基部狭，羽状半裂或深裂，裂片卵形或三角形，先端钝，边缘具缺刻状齿，齿端、叶缘具不等长细刺，上面绿色，无毛或疏被皱缩柔毛，下面浅绿色，被皱缩长柔毛，沿中脉较密；中上部叶渐小，矩圆形或披针形，羽状深裂，边缘具刺齿。【花】头状花序，2 ～ 3 个聚生枝顶端；总苞钟形；总苞片 7 ～ 8 层，外层披针形短，中层条状披针形，先端长渐尖呈刺状，向外反曲，内层条形，先端近膜质，稍带紫色，三者背部均被微毛，边缘具小刺状缘毛；管状花冠紫红色，稀白色，狭管部与具裂片的檐部近等长，花冠裂片条形。【果】瘦果长椭圆形，褐色，顶端平截，基部稍狭；冠毛白色或灰白色。【成熟期】花果期 6 — 8 月。

生境分布 二年生中生草本。生于海拔 1 600 ～ 2 300 m 的山麓山谷、田边、草地。贺兰山西坡和东坡均有分布。我国广布于各地。世界分布于欧洲、亚洲、北美洲。

药用价值 全草入药，可清热解毒、凉血止血；也可做蒙药。

麻花头属　*Klasea* Cass.

麻花头　*Klasea centauroides* (L.) Cass. ex Kitag.　别称　花儿柴

形态特征　【植株】高 0.3 ～ 0.8 m。【根状茎】横走，黑褐色。【茎】直立，少分枝，中部以下被节毛，基部被纤维状残叶柄。【叶】两面粗糙，被节毛；基生叶及下部叶长椭圆形，长 8 ～ 12 cm，宽 2 ～ 5 cm，羽状深裂，侧裂片 5 ～ 8 对，全部裂片长椭圆形至宽线形，全缘或锯齿，顶端急尖，具叶柄；中部叶与基生叶、下部叶同形，裂片全缘或少锯齿；上部叶小，5 ～ 7 羽状深裂，裂片全缘，线形。【花】头状花序，少数，单生枝顶端，花序梗或枝伸长；总苞卵形或长卵形，上部稍收缢；总苞片 10 ～ 12 层，覆瓦状排列，向内渐长，顶端急尖，具短针刺或刺尖，最内层最长，上部淡黄白色，硬膜质；小花红色、红紫色或白色，花冠长，细管部比檐部短，花冠裂片长。【果】瘦果楔状长椭圆形，褐色，具 4 条高肋棱；冠毛褐色，刚毛糙毛状，分散脱落。【成熟期】花果期 6 — 8 月。

生境分布　多年生旱中生草本。生于海拔 2 000 m 左右的低山丘陵石质山坡。贺兰山西坡峡子沟、南寺有分布。我国分布于东北、华北及陕西、甘肃、山东等地。世界分布于俄罗斯、蒙古国。

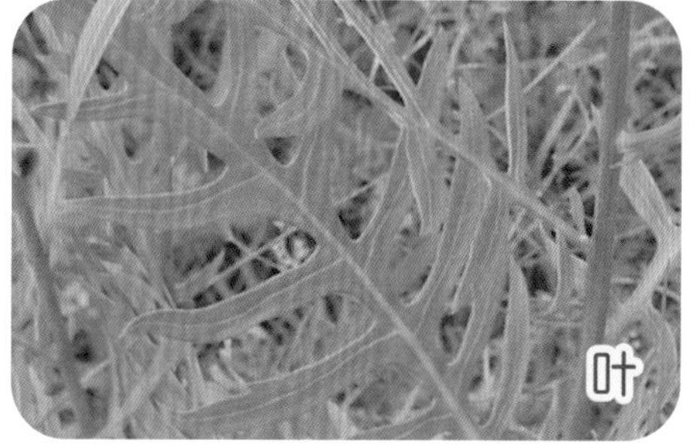

缢苞麻花头　*Klasea centauroides* subsp. *strangulata* (Iljin) L. Martins　别称　蕴苞麻花头

形态特征　【植株】高 20 ～ 80 cm。【根状茎】粗壮，直伸或斜下，具多数须根，根颈被纤维状残叶柄。【茎】直立，单一或上部少分枝，具纵棱沟，下部疏被皱曲毛。【叶】基生叶与下部叶椭圆形，长 8 ～ 15 cm，宽 3 ～ 5 cm，先端渐尖，下部渐狭，下部或下半部边缘羽状浅裂至深裂，上半部边缘具尖齿，或先端呈大头羽裂状，两面被皱曲毛，边缘具短缘毛，叶柄基扩展，带红紫色；茎中上部叶大头羽状深裂，顶裂片三角状卵形或卵状披针形，边缘具不规则齿，侧裂片披针形或矩圆形，先端渐尖，全缘或具少数齿，近无叶柄。【花】头状花序，单生茎顶端，花序梗长；总苞半球形；总苞片 5 ～ 6 层，上半部紫褐色，外层、中层卵形，锐尖头，内层矩圆形，顶端具伸长黄色附片；花冠紫红色，筒部与檐部近等长。【果】瘦果褐色，具纵肋；冠毛浅棕色，糙毛状。【成熟期】花果期 6—9 月。

生境分布　多年生旱生草本。生于海拔 2 400 ～ 2 600 m 的石质山坡、岩石缝。贺兰山西坡南寺和东坡苏峪口有分布。我国分布于陕西、甘肃、青海、四川等地。

漏芦属　*Rhaponticum* Vaill

漏芦　*Rhaponticum uniflorum* (L.) DC.　别称　祁州漏芦

形态特征　【植株】高 15 ～ 50 cm。【根】主根粗大，圆柱形，黑褐色。【茎】直立，单一，具纵沟棱，被白色绵毛或短柔毛，基部密被褐色残叶柄。【叶】基生叶与下部叶长椭圆形，长 10 ～ 20 cm，宽 2 ～ 6 cm，羽状深裂至全裂，裂片矩圆形、卵状披针形或条状披针形，先端尖或钝，边缘具不规则齿，或再分出少数深裂或浅裂片，裂片及齿端具短尖头，两面被蛛丝状毛与粗糙短毛，叶柄密被绵毛；中上部叶较小，具短叶柄或无叶柄。【花】头状花序；总苞宽钟状，基部凹入；总苞片上部干膜质，外层、中层卵形或宽卵形，掌状撕裂，内层披针形或条形；管状花花冠淡紫红色，狭管部与具裂片的檐部近等长。【果】瘦果棕褐色；冠毛淡褐色，不等长，被羽状短毛。【成熟期】花果期 6—8 月。

生境分布　多年生旱中生草本。生于海拔 1 600 ～ 2 700 m 的山坡丘陵、松林、桦木林。贺兰山西坡峡子沟、镇木关和东坡大水沟、甘沟有分布。我国分布于东北、华北地区。世界分布于俄罗斯、日本、朝鲜、蒙古国。

药用价值　根入药，可清热解毒、消痈通乳；也可做蒙药。

顶羽菊　*Rhaponticum repens* (L.) Hidalgo　别称　苦蒿

形态特征　【植株】高 30 ～ 60 cm。【根】粗壮，侧根发达，横走或斜伸。【茎】1 ～ 3，丛生直立，具纵沟棱，密被蛛丝状毛和腺体，基部分枝。【叶】质地坚硬，长椭圆形、匙形或线形，长 2 ～ 10 cm，宽 2 ～ 15 mm，顶端钝或急尖具小尖头，边缘全缘，无锯齿或具少数细尖齿，侧裂片三角形，两面灰绿色，疏被蛛丝毛或脱毛；上部叶短小。【花】头状花序，多，在茎、枝顶端排列成伞房花序或伞房圆锥花序；总苞卵形或椭圆状卵形；总苞片 8 层，覆瓦状排列，向内层渐长，外层、中层卵形或宽倒卵形，上部具圆钝附属物，内层披针形或线状披针形，顶端附属物小，全部苞片附属物白色，透明，两面被稠密长直毛；全部小花两性，管状，花冠粉红色或淡紫色，细管部与檐部等长。【果】瘦果倒长卵形，淡白色，顶端圆形，无喙，基底着生面稍见偏斜；冠毛白色，多层，内层渐长，或分散脱落，短羽毛状。【成熟期】花果期 6 — 8 月。

生境分布　多年生耐盐强旱生草本。生于山坡、丘陵、平原，农田、荒地。贺兰山西坡小松山有分布。我国分布于山西、河北、陕西、甘肃、青海、新疆等地。世界分布于亚洲中部地区、西伯利亚地区及蒙古国、伊朗。

鸦葱属 *Scorzonera* Linn

拐轴鸦葱 *Scorzonera divaricata* Turcz. 别称 苦葵鸦葱、女苦奶

形态特征 【植株】高 15～30 cm，灰绿色，被白粉。【茎】自根颈发出多数铺散茎，基部多分枝，形成半球形株丛，具纵条棱，近无毛或疏被皱曲柔毛，枝细，被微毛及腺点。【叶】条形或丝状条形，长 1～9 cm，宽 1～5 mm，先端长渐尖，反卷弯曲呈钩状，或平展；上部叶短小。【花】头状花序，单生枝顶端，具花 4 朵以上；总苞圆筒状；总苞片 3～4 层，被霉状蛛丝状毛，外层卵形，先端尖，内层矩圆状披针形，先端钝；舌状花黄色，干后蓝紫色。【果】瘦果圆柱形，具 10 条纵肋，淡褐黄色；冠毛基部不连合成环，非整体脱落，淡黄褐色。【成熟期】花果期 6—8 月。

生境分布 多年生旱生草本。生于海拔 1 500～1 600 m 的干河床、沟谷、沙间低地、固定沙丘。贺兰山西坡和东坡均有分布。我国分布于河北、山西、陕西等地。世界分布于蒙古国。

药用价值 汁液入药，可消肿散结。

帚状鸦葱 *Scorzonera pseudodivaricata* Lipsch. 别称 假叉枝鸦葱

形态特征 【植株】高 10～40 cm，灰绿色或黄绿色。【根】根颈被鞘状或纤维状撕裂残叶，自根颈发出多数直立或铺散茎。【茎】中部呈帚状分枝，细长，具纵条棱，无毛或被短柔毛，生长后期变硬。【叶】基生叶条形，长达 17 cm，基部扩大成棕褐色或麦秆黄色的鞘；茎生叶偶对生枝基部，多少呈镰状弯曲、条形或狭条形，先端渐尖，或反卷弯曲；上部叶短小，呈鳞片状。【花】头状花序，单生枝顶端，具小花 7～12 朵，多数在茎顶端排列成疏松聚伞圆锥状；总苞圆筒状；总苞片 5 层，无毛或被霉状蛛丝状毛，外层小，三角形，先端稍尖，中层卵形，内层矩圆状披针形，先端钝；舌状花黄色。【果】瘦果圆柱形，淡褐色，或稍弯，仅在顶端被疏柔毛，肋上具棘瘤状突起物或无突起物；冠毛污白色或淡黄褐色。【成熟期】花果期 7—8 月。

生境分布 多年生强旱生草本。生于 1 600～3 000 m 的干山坡、石质山丘、荒漠砾石地、戈壁、沙地。贺兰山西坡和东坡山丘有分布。我国分布于西北及山西等地。世界分布于亚洲中部地区及蒙古国。

蒙古鸦葱　*Scorzonera mongolica* Maxim.　别称　羊角菜

形态特征　【植株】高 5 ～ 15 cm，灰绿色，无毛。【根】直伸，圆柱状，黄褐色；根颈被鞘状残叶，褐色或乳黄色，里面被绵毛。【茎】直立或基部斜升，不分枝或上部分枝。【叶】肉质，具不明显 3 ～ 5 脉；基生叶披针形或条状披针形，长 3 ～ 10 cm，宽 1 ～ 8 mm，先端渐尖或锐尖，具短尖头，基部渐狭成短叶柄，叶柄基部扩大呈鞘状；茎生叶互生，偶对生，向上变小，条状披针形或条形，无叶柄。【花】头状花序，单生茎、枝顶端，具小花 12 ～ 15 朵；总苞圆筒形；总苞片 3 ～ 4 层，无毛或被微毛及蛛丝状毛，外层卵形，内层长椭圆状条形；舌状花黄色，干后红色，稀白色。【果】瘦果圆柱状，黄褐色，顶端被疏柔毛，无喙；冠毛淡黄色。【成熟期】花期 6 — 7 月。

生境分布　多年生旱生草本。生于海拔 1 600 ～ 1 800 m 的山麓草甸、盐化沙地、盐碱地、溪边、草滩、河滩。贺兰山西坡香池子、南寺和东坡汝箕沟、苏峪口有分布。我国分布于西北及辽宁、河北、山西、山东、河南等地。世界分布于哈萨克斯坦、蒙古国。

药用价值　根入药，可清热解毒、活血消肿；也可做蒙药。

绵毛鸦葱 *Scorzonera capito* Maxim. 别称 头序鸦葱

形态特征 【植株】高 5 ~ 15 cm。【根状茎】粗壮，圆锥形，木质，褐色；根颈被枯叶鞘，里面被白色绵毛。【茎】稍弯曲，斜升，具纵条棱，疏被皱曲长柔毛。【叶】革质，灰绿色，具 3 ~ 5 脉，边缘呈波状皱曲，呈镰状弯卷，两面被蛛丝状短柔毛；基生叶卵形、长椭圆形或披针形，长 3 ~ 15 cm，宽 1 ~ 3 cm，先端尾状渐尖，基部渐狭成叶柄，叶柄基部扩大呈鞘状；茎生叶 1 ~ 3，较小，卵形、披针形或条状披针形，基部无叶柄，半抱茎。【花】头状花序，单生茎、枝顶端，具多花；总苞钟状或筒状；总苞片 4 ~ 5 层，顶端锐尖，带红紫色，边缘膜质呈白色或淡黄色，背部密被蛛丝状短柔毛，外层卵状三角形或卵状椭圆形，内层披针形或条状披针形；舌状花黄色，干后红色。【果】瘦果圆柱形，棕褐色，稍弯，上部疏被长柔毛，具纵肋，肋棱具瘤状突起；冠毛白色。【成熟期】花果期 5 — 8 月。

生境分布 多年生砾石生旱生草本。生于海拔 1 600 ~ 2 200 m 的山麓石质山坡、岩石缝。贺兰山西坡和东坡均有分布。我国分布于宁夏、内蒙古等地。世界分布于蒙古国。

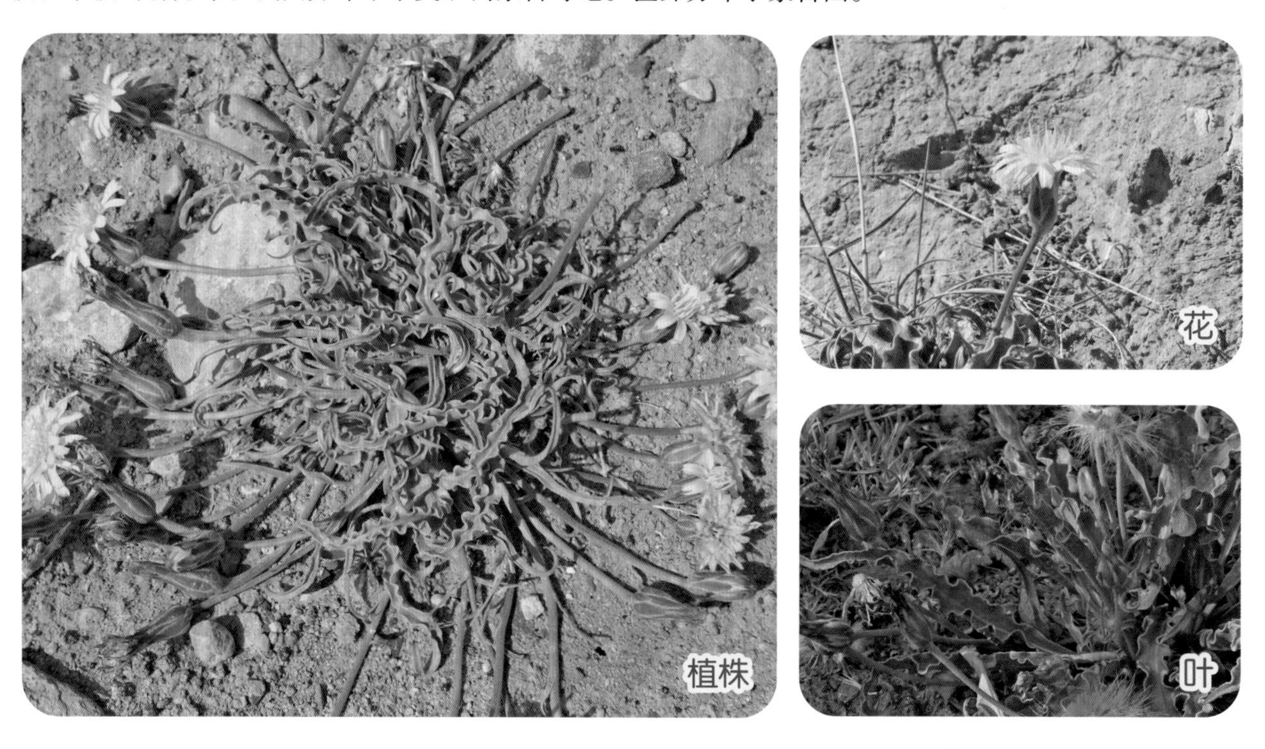

鸦葱 *Scorzonera austriaca* Willd. 别称 奥国鸦葱

形态特征 【植株】高 5 ~ 30 cm。【根】粗壮，圆柱形，深褐色；根颈被稠密而厚实的纤维状残叶，黑褐色。【茎】直立，具纵沟棱，无毛。【叶】基生叶灰绿色，条形、条状披针形、长椭圆状卵形，长 3 ~ 30 cm，宽 0.3 ~ 5 cm，先端长渐尖，基部渐狭成翅柄，叶柄基部扩大呈鞘状，边缘平展或稍呈波状皱曲，两面无毛或基部边缘被蛛丝状柔毛；茎生叶 2 ~ 4，较小，条形或披针形，无叶柄，基部扩大而抱茎。【花】头状花序，单生茎顶端，总苞宽圆柱形，4 ~ 5 层，无毛或顶端被微毛及缘毛，边缘膜质，外层卵形或三角状卵形，先端钝或尖，内层长椭圆形或披针形，先端钝；舌状花黄色，干后紫红色，舌片宽。【果】瘦果圆柱形，黄褐色，稍弯曲，无毛或顶端被疏柔毛，具纵肋，肋棱具瘤状突起或光滑；冠毛污白色至淡褐色。【成熟期】花果期 5 — 7 月。

生境分布 多年生旱中生草本。生于海拔 2 000 ~ 2 500 m 的山坡、草滩、河滩。贺兰山西坡南寺、水磨沟和东坡甘沟有分布。我国分布于东北、西北及山西等地。世界分布于欧洲中部地区、亚洲中部地区及俄罗斯、蒙古国。

药用价值 根入药，可清热解毒、活血消肿；也可做蒙药。

千里光属 *Senecio* Linn

北千里光 *Senecio dubitabilis* C. Jeffrey & Y. L. Chen. 别称 疑千里光

形态特征 【植株】高 5 ～ 30 cm。【茎】直立或斜升，具纵条棱，疏被白色长柔毛，分枝。【叶】矩圆状针形或矩圆形，长 2 ～ 4 cm，宽 2 ～ 10 mm，羽状分裂或疏锯齿，裂片卵形、矩圆形，两面疏被白色长柔毛；上部叶条形，疏锯齿或全缘。【花】头状花序，多数，在茎、枝顶端排列成松散的伞房状，花序梗长；苞叶无或 4 ～ 5，狭条形，密集排列在头状花序基部，似总苞外层的小苞片；总苞狭钟形；总苞片 15 层，条形，背部光滑，边缘膜质，无外层小苞片；管状花花冠黄色。【果】瘦果圆柱形，被微短柔毛；冠毛白色。【成熟期】花果期 5 — 9 月。

生境分布 一年生中生草本。生于海拔 1 700 ～ 2 200 m 的砂石地、田边。贺兰山西坡干树湾有分布。我国分布于西北及河北、山西、云南等地。世界分布于亚洲中部地区及俄罗斯。

欧洲千里光 *Senecio vulgaris* Linn

形态特征 【植株】高 15 ～ 40 cm。【茎】直立，稍肉质，具纵沟棱，被蛛丝状毛或无毛，多分枝。【叶】基生叶与下部叶倒卵状匙形或矩圆状匙形，具浅齿和叶柄，花期枯萎；中部叶倒卵状匙形、倒披针形至矩圆形，长 3 ～ 10 cm，宽 1 ～ 3 cm，羽状浅裂或深裂，边缘具波状小浅齿，先端钝或圆形，渐狭，基部扩大抱茎，两面近无毛；上部叶较小，条形，具齿或全缘。【花】头状花序，多数，在茎、枝顶端排列成伞房状，花序梗细长，被蛛丝状毛；苞叶条形或狭条形；总苞近钟状；总苞片可达 20 层，披针状条形，先端渐尖，边缘膜质，外层小总苞片 7 ～ 11 层，披针状条形，先端渐尖，呈黑色；无舌状花；管状花黄色。【果】瘦果圆柱形，具纵沟，被微毛；冠毛白色。【成熟期】花果期 7 — 8 月。

生境分布 一年生中生草本。生于海拔 1 700 ～ 2 000 m 的山麓草原区或荒漠草原区冲刷沟、低洼地、路旁。贺兰山西坡塔尔岭、金星有分布。我国分布于东北及山西、四川、云南、西藏、台湾等地。世界分布于欧洲、亚洲、北美洲、非洲北部地区等。

植株

花

蒲公英属 *Taraxacum* F. H. Wigg.

斑叶蒲公英 *Taraxacum variegatum* Kitag.

形态特征 【根】粗壮，深褐色，圆柱状。【叶】倒披针形或长圆状披针形，近全缘，不分裂或具倒向羽状深裂，顶端裂片三角状戟形，每侧裂片 4 ～ 5 片，三角形或长三角形，全缘具小尖齿或缺刻状齿，两面蛛丝状毛或无毛，叶面具暗紫色斑点，基部渐狭成叶柄。【花】花葶上端疏被蛛丝状毛；头状花序；总苞钟状；外层总苞片卵形或卵状披针形，先端具轻微的短角状突起，内层总苞片线状披针形，先端增厚或具短小角，边缘白色膜质；舌状花黄色，边缘花舌片背面具暗绿色宽带。【果】瘦果倒披针形或矩圆状披针形，淡褐色，上部具刺状突起，下部具小钝瘤，顶端突然缢缩为圆锥形至圆柱形喙基，喙长；冠毛白色。【成熟期】花果期 5 — 7 月。

生境分布 多年生中生草本。生于海拔 1 700 ～ 2 000 m 的山麓山地、草甸、轻盐渍草甸。贺兰山西坡哈拉乌、南寺有分布。我国分布于东北及河北、宁夏等地。

光苞蒲公英　*Taraxacum lamprolepis* Kitag.

形态特征　【植株】高 10 ～ 25 cm。【根】圆锥状，淡褐色。【叶】倒披针形至线形，长 5 ～ 10 cm，宽 10 ～ 15 mm，倒向羽状深裂；顶裂片小，三角状戟形，先端长渐尖；侧裂片 6 ～ 8 对，三角形至长圆形，先端锐尖或钝，全缘或上部边缘具齿；具翼状叶柄。【花】花葶花期与叶近等长，紫红色，微被蛛丝状毛；总苞钟形，长 16 ～ 20 m；外层总苞片短，卵形或长圆状卵形，全缘或边缘具不整齐小齿，无缘毛或仅先端具蛛丝状缘毛，背部先端微具胼胝或短角状突起，内层总苞片线形，先端黑紫色；舌状花深黄色，边缘花舌片背部具黑色条纹。【果】倒卵状长圆形，稍压扁；冠毛白色。【成熟期】果期 4 — 5 月。

生境分布　多年生中生草本。生于山麓向阳坡地、草甸。贺兰山西坡和东坡均有分布。我国分布于黑龙江、吉林、辽宁、内蒙古等地。

华蒲公英　*Taraxacum sinicum* Kitag.　别称　碱地蒲公英

形态特征　【植株】高 5 ～ 20 cm。【根颈】被褐色残叶基。【叶】倒卵状披针形或狭披针形，稀线状披针形，长 4 ～ 12 cm，宽 6 ～ 20 mm，边缘叶羽状浅裂或全缘，具波状齿，内层叶倒向羽状深裂，顶裂片较大，长三角形或戟状三角形，每侧裂片 3 ～ 7 片，狭披针形或线状披针形，全缘或具小齿，平展或倒向，两面无毛；叶柄和下面叶脉紫色。【花】花葶 1 至数个，长于叶，顶端被蛛丝状毛或近无毛；头状花序；总苞小；总苞片 3 层，淡绿色，先端淡紫色，偶轻微增厚，外层总苞片卵状披针形，具白色膜质边缘，内层总苞片披针形，为外层总苞片长的 2 倍；舌状花黄色，稀白色，边缘花舌片背面具紫色条纹。【果】瘦果倒卵状披针形，淡褐色，上部具刺状突起，下部具稀疏钝小瘤，顶端逐渐收缩为圆锥形至圆柱形喙基；冠毛白色。【成熟期】花果期 6 — 8 月。

生境分布　多年生耐盐中生草本。生于海拔 1 600 ～ 2 900 m 的林缘草甸、砾石地、山麓盐湿地。贺兰山西坡塔尔岭、小松山有分布。我国分布于东北、华北、西北及河南、四川、云南等地。世界分布于俄罗斯、蒙古国。

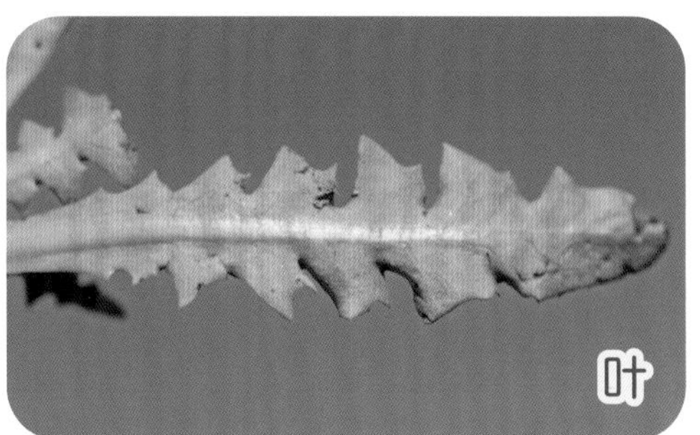

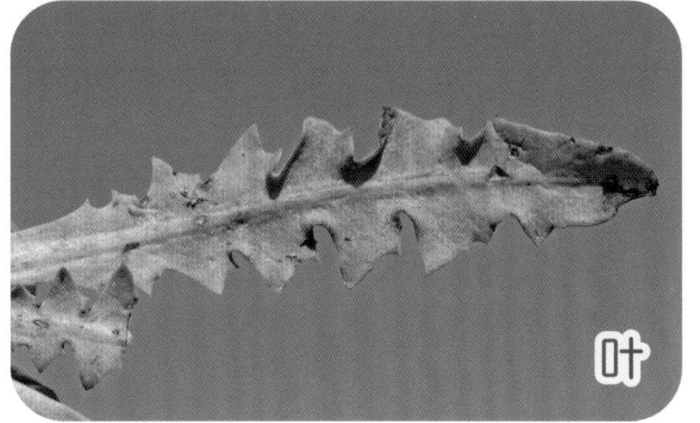

多裂蒲公英　*Taraxacum dissectum* (Ledeb.) Ledeb.

形态特征　【植株】高 5 ～ 25 cm。【根颈】密被黑褐色残叶基。【叶】叶腋被褐色细毛；线形，稀披针形，长 2 ～ 5 cm，宽 3 ～ 10 mm，羽状全裂，顶端裂片长三角状戟形，全缘，先端钝或急尖，每侧裂片 3 ～ 7 片，裂片线形，裂片先端钝或渐尖，全缘，裂片间无齿或小裂片，两面被蛛丝状短毛，叶基紫红色。【花】花葶 1 ～ 6 个，长于叶，花时被丰富蛛丝状毛；头状花序；总苞钟状；总苞片绿色，先端紫红色，无角，外层总苞片卵圆形至卵状披针形，伏贴，中央部分绿色，具宽膜质边缘，内层总苞片长为外层总苞片的 2 倍；舌状花黄色或亮黄色，花冠喉部外面疏被短柔毛，基部筒边缘花舌片背面具紫色条纹，柱头淡绿色。【果】瘦果淡灰褐色，中部以上具小刺，以下具小瘤状突起，顶端逐渐收缩为喙基；冠毛白色。【成熟期】花果期 6 — 9 月。

生境分布　多年生耐盐中生草本。生于海拔 1 600 m 左右的高山湿草甸、山麓沟谷湿地。贺兰山西坡干树湾、香池子有分布。我国分布于山西、陕西、甘肃、青海、新疆、西藏等地。世界分布于俄罗斯、蒙古国。

药用价值　全草入药，可清热解毒、通利小便、凉血散结；也可做蒙药。

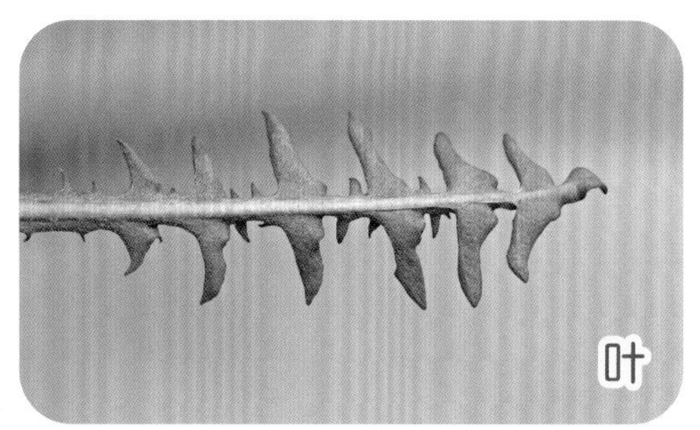

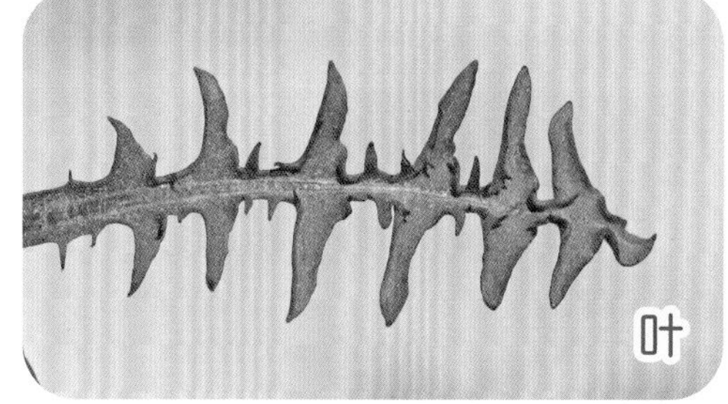

亚洲蒲公英　*Taraxacum asiaticum* Dahlst.

形态特征　【植株】高 5 ～ 25 cm。【根颈】被暗褐色残叶基。【叶】线形或狭披针形，长 4 ～ 20 cm，宽 3 ～ 9 mm，具波状齿，羽状浅裂至羽状深裂，顶裂片较大，戟形或狭戟形，两侧小裂片狭尖，侧裂片三角状披针形至线形，裂片间具缺刻或小裂片，无毛或疏被柔毛。【花】花葶数个，与叶等长或稍长，顶端光滑或被蛛丝状柔毛；头状花序，直立；总苞基部卵形；外层总苞片宽卵形、卵形或卵状披针形，具宽膜质边缘，先端具紫红色突起或小角，内层总苞片线形或披针形，长为外层总苞片的 2 ～ 2.5 倍，先端具紫色略钝突起或不明显小角；舌状花黄色，稀白色，边缘花舌片背面具暗紫色条纹，柱头淡黄色或暗绿色。【果】瘦果倒卵状披针形，麦秆黄色或褐色，上部具短刺状小瘤，下部近光滑，顶端逐渐收缩为圆柱形喙基；冠毛污白色。【成熟期】花果期 4 — 9 月。

生境分布　多年生中生草本。生于林地边缘、草甸、河滩。贺兰山西坡和东坡均有分布。我国分布于东北、华北、西北及湖北、四川等地。世界分布于俄罗斯、蒙古国。

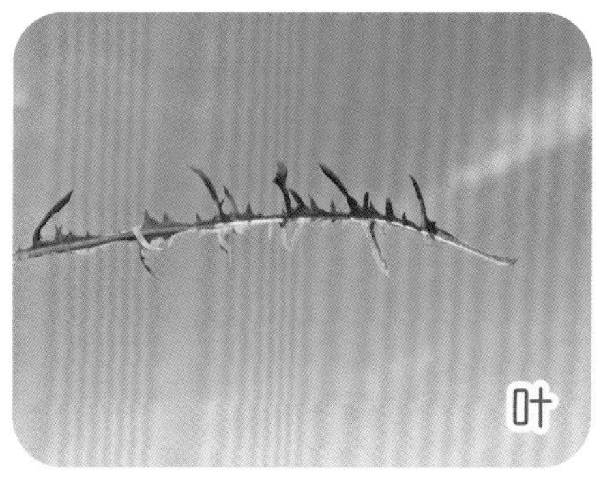

东北蒲公英　*Taraxacum ohwianum* Kitam.

形态特征　【叶】倒披针形，长 10 ～ 30 cm，先端尖或钝，不规则羽状浅裂至深裂，顶端裂片菱状三角形或三角形，每侧裂片 4 ～ 5 片，稍向后，裂片三角形或长三角形，全缘或边缘疏具齿，两面疏被短柔毛或无毛。【花】花葶多数，花期超出叶或与叶近等长，微被柔毛，近顶端处密被白色蛛丝状毛；头状花序；外层总苞片花期伏贴，宽卵形，先端锐尖或稍钝，暗紫色，边缘干色膜质，内层总苞片线状披针形，长为外层总苞片的 2 ～ 2.5 倍，先端钝，无角状突起；舌状花黄色，边缘花舌片背面具紫色条纹。【果】瘦果长椭圆形，麦秆黄色，上部具刺状突起，向下近平滑，顶端缢缩为圆锥形至圆柱形喙基；喙纤细；冠毛污白色。【成熟期】花果期 4 — 6 月。

生境分布　多年生中生草本。生于海拔 2 300 ～ 2 800 m 的山地沟谷、溪旁湿地。贺兰山西坡哈拉乌、南寺雪岭子有分布。我国分布于东北、华北地区。

白缘蒲公英　*Taraxacum platypecidum* Diels

形态特征　【植株】高 15 ～ 23 cm。【根颈】被黑褐色残叶柄。【叶】宽倒披针形或披针状倒披针形，长 8 ～ 25 cm，宽 2 ～ 4 cm，羽状分裂，每侧裂片 5 ～ 8 片，裂片三角形，全缘或具疏齿，侧裂片较大，三角形，疏被蛛丝状柔毛或几无毛。【花】花葶 1 至数个，上部密被白色蛛丝状绵毛；头状花序，大型；总苞宽钟状；总苞片 3 ～ 4 层，外层总苞片宽卵形，中央具暗绿色宽带，边缘宽白色膜质，上端粉红色，被疏睫毛，内层总苞片长圆状线形或线状披针形，长为外层总苞片的 2 倍；舌状花黄色，边缘花舌片背面有紫红色条纹，花柱和柱头暗绿色，干时稍黑色。【果】瘦果淡褐色，上部具刺状小瘤，顶端缢缩为圆锥形至圆柱形喙基；喙纤细；冠毛白色。【成熟期】花果期 5 — 6 月。

生境分布　多年生中生草本。生于海拔 1 800 ～ 2 200 m 的山坡草地、路旁。贺兰山西坡北寺和东坡苏峪口、黄旗沟有分布。我国分布于东北、华北、西北及河南、湖北、四川等地。世界分布于俄罗斯、日本、朝鲜等。

药用价值　全草入药，可清热解毒。

粉绿蒲公英　*Taraxacum dealbatum* Hand. -Mazz.

形态特征　【植株】高 10 ～ 20 cm。【根颈】被黑褐色残叶基。【叶】叶基腋部被褐色皱曲毛；叶倒披针形或倒披针状线形，长 5 ～ 15 cm，宽 5 ～ 20 mm，羽状深裂，顶裂片线状戟形，全缘，先端急尖或渐尖，每侧裂片 4 ～ 9 片，平展或倒向，裂片先端渐尖，全缘；叶柄紫红色。【花】花葶 1 ～ 7 个，花时等长或稍长于叶，果时伸长于叶，带粉红色，顶端密被蛛丝状短毛；头状花序；总苞钟状，紫红色；外层淡绿色，卵状披针形至披针形，伏贴，边缘白色膜质，等宽或稍宽于内层总苞片，内层绿色，长为外层的 2 倍；舌状花淡黄色或白色，基部、喉部及舌片下部外面被短柔毛，边缘花舌片背面具紫色条纹，柱头深黄色。【果】瘦果淡黄褐色或浅褐色，上部 1/3 具小刺，其余部分具小瘤状突起；喙具喙基；冠毛白色。【成熟期】花果期 6—8 月。

生境分布　多年生中生草本。生于海拔 1 800 ～ 2 200 m 的山麓河滩、草甸、农田、渠边。贺兰山西坡北寺和东坡黄旗沟有分布。我国分布于新疆、宁夏、内蒙古等地。世界分布于俄罗斯、哈萨克斯坦、蒙古国。

蒲公英 *Taraxacum mongolicum* Hand. -Mazz. 别称 蒙古蒲公英

形态特征 【根】圆柱状，黑褐色，粗壮。【叶】倒卵状披针形，长 5 ~ 15 cm，宽 5 ~ 20 mm，先端尖，边缘具波状齿或羽状深裂，顶端裂片大，三角形或三角状戟形，全缘或具齿，每侧裂片 3 ~ 5 片，具齿，平展或倒向，裂片夹生小齿，基部渐狭成叶柄；叶柄及主脉带红紫色，疏被蛛丝状白色柔毛或几无毛。【花】花葶 1 至数个，与叶等长或稍长，上部紫红色，密被蛛丝状白色长柔毛；头状花序；总苞钟状，淡绿色；总苞片 2 ~ 3 层，外层总苞片卵状披针形或披针形，边缘宽膜质，基部淡绿色，上部紫红色，先端增厚或具角状突起，内层总苞片线状披针形，先端紫红色，具小角状突起；舌状花黄色，边缘花舌片背面具紫红色条纹，花药和柱头暗绿色。【果】瘦果倒卵状披针形，暗褐色，上部具小刺，下部具成行排列的小瘤，顶端逐渐收缩为圆锥形至圆柱形喙基；喙纤细；冠毛白色。【成熟期】花果期 5 — 7 月。

生境分布 多年生中生草本。生于海拔 1 700 ~ 2 000 m 的山坡草地、路边、田野、河滩。贺兰山西坡和东坡均有分布。我国分布于东北、西北、西南、东南及河北、山西、山东、江苏、安徽、河南、湖北、湖南等地。世界分布于朝鲜、蒙古国、俄罗斯。

药用功效 全草入药，可清热解毒、消肿散结、利尿通淋。

植株

花

叶

苦苣菜属 *Sonchus* Linn

花叶滇苦菜 *Sonchus asper* (L.) Hill 别称 花叶苣荬菜

形态特征 【植株】高 20 ~ 75 cm。【根】倒圆锥状，侧根多。【茎】单生或少数簇生，直立，具纵纹或纵棱，上部总状、伞房状花序分枝，或花序枝极短，茎、枝光滑无毛或仅花梗被头状腺毛。【叶】基生叶与茎生叶同型，稍小；中下部叶长椭圆形、倒卵形、匙状或匙状椭圆形，长 5 ~ 10 cm，宽 1 ~ 3 cm，基部渐狭成翼柄，叶柄基部耳状抱茎或基部无叶柄；上部叶披针形，不裂，基部扩大，圆耳状抱茎；或下部叶或全部茎生叶羽状浅裂、半裂或深裂，侧裂片 4 ~ 5 对，椭圆形、三角形、宽镰刀形或半圆形；全部叶及裂片与抱茎的圆耳边缘具尖齿刺，两面光滑无毛，质地薄。【花】头状花序，排列成伞房状，花序梗及总苞背部被腺毛；总苞钟状；总苞片 2 ~ 3 层，暗绿色，先端急尖，外层卵状披针形，内层椭圆状披针形；舌状花黄色。【果】瘦果长椭圆形，褐色，压扁，边缘无微齿，每面具 3 条纵肋，肋间无横纹；冠毛白色，柔软，基部连合成环，脱落。【成熟期】花果期 7 — 9 月。

生境分布 一年生中生草本。生于海拔 1 600 ~ 2 100 m 的浅山草原区、荒地、路边。贺兰山西坡香池子、二矿、水磨沟有分布。我国分布于东北、华北、西南及湖北、新疆等地。世界分布于欧洲、美洲、非洲及日本、蒙古国、印度等。

苣荬菜　*Sonchus wightianus* DC.　　别称　甜苣

形态特征　【植株】高 20 ～ 80 cm。【茎】直立，具纵沟棱，无毛，下部带紫红色，不分枝。【叶】灰绿色，基生叶与下部叶宽披针形、矩圆状披针形或长椭圆形，长 4 ～ 20 cm，宽 1 ～ 3 cm，先端钝或锐尖，具小尖头，基部渐狭成柄，叶柄基部稍扩大，半抱茎，具稀疏波状齿或羽状浅裂，裂片三角形，边缘具小刺尖齿，两面无毛；中部叶与基生叶相似，无叶柄，基部呈耳状，抱茎；最上部叶小，披针形或条状披针形。【花】头状花序，在茎顶端排列成伞房状，或单生；总苞钟状；总苞片 3 层，先端钝，背部被短柔毛或微毛，外层短，长卵形，内层长，披针形；舌状花黄色。【果】瘦果矩圆形，褐色，稍扁，两面各具 3 ～ 5 条纵肋，微粗糙；冠毛白色。【成熟期】花果期 6 — 9 月。

生境分布　多年生中生草本。生于海拔 1 600 ～ 2 300 m 的山坡草地、林间草地、湿地、村边或河边砾石滩。贺兰山西坡和东坡均有分布。我国分布于西北、西南、东南、华中地区。世界分布于朝鲜、日本、蒙古国、俄罗斯。

药用价值　全草入药，可清热解毒、去痰止痛、消痈排脓；也可做蒙药。

苦苣菜　　*Sonchus oleraceus* Linn　　别称　苦菜

形态特征　【植株】高 30～80 cm。【根】圆锥形或纺锤形。【茎】直立，中空，具纵沟棱，无毛或上部疏被腺毛，不分枝或上部分枝。【叶】柔软，无毛，长椭圆状披针形，长 10～25 cm，宽 3～6 cm，羽状深裂、大头羽状全裂或羽状半裂，顶裂片大，宽三角形，侧裂片矩圆形或三角形，或侧裂片与顶裂片等大，偶不分裂，边缘具不规则刺状尖齿；下部叶具短叶柄翅，叶柄基部扩大抱茎；中上部叶无叶柄，基部宽大成戟状耳形而抱茎。【花】头状花序，数个，在茎顶端排列成伞房状，花序梗或总苞下部疏被腺毛；总苞钟状，暗绿色；总苞片 3 层，先端尖，背部疏被腺毛和微毛，外层卵状披针形，内层披针形或条状披针形；舌状花黄色。【果】瘦果长椭圆状倒卵形，压扁，褐色或红褐色，边缘具微齿，两面各具 3 条隆起的纵肋，肋间具细皱纹；冠毛白色。【成熟期】花果期 6—9 月。

生境分布　一年生或二年生中生草本。生于山谷林缘、林下、山坡、田间湿地。贺兰山西坡和东坡均有分布。我国广布于各地。世界广布种。

药用价值　全草入药，祛湿、清热解毒；也可做蒙药。

植株

花

叶

百花蒿属　　*Stilpnolepis* Krasch.

百花蒿　　*Stilpnolepis centiflora* (Maxim.) Krasch.

形态特征　【植株】高 50～80 cm，具强烈臭味。【根】粗壮，褐色。【茎】粗壮，淡褐色，具纵沟棱，被“丁”字形毛，多分枝。【叶】稍肉质，狭条形，长 3～10 cm，宽 2～4 mm，先端渐尖，具 3 脉，两面被“丁”字形毛或近无毛，下部或基部边缘具 2～3 对稀疏的托叶状羽状小裂片。【花】头状花序，半球形，花序梗下垂，单生枝顶端，多数排列成疏散的复伞房状；总苞片 4～5 层，宽倒卵形，内层、外层近等长或外层短于内层，先端圆形，淡黄色，具光泽，全部膜质或边缘宽膜质，疏被长柔毛；花极多（100 余朵），为结实的两性花；花冠高脚杯状，淡黄色，具棕色或褐色腺体，顶端 5 裂，裂片长三角形，外卷；雄蕊花药顶端的附片卵形，先端钝尖；花柱分枝长，斜展，顶端截形；花序托半球形，裸露。【果】瘦果长棒状，肋纹不明显，具棕褐色腺体。【成熟期】花果期 9—10 月。

生境分布　一年生强旱生草本。生于海拔 1 400～1 600 m 的山麓流动沙丘、丘间低地。贺兰山西坡小松山有分布。我国分布于陕西、内蒙古、甘肃等地。

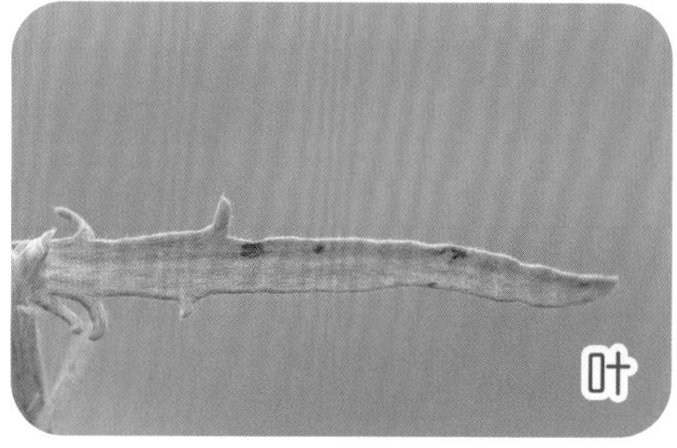

紊蒿 *Stilpnolepis intricata* (Franch.) C. Shih 别称 博尔－图柳格

形态特征 【植株】高 15 ～ 35 cm，从基部多分枝形成球状株丛。【茎】具纵条纹，淡红色或黄褐色，疏被短柔毛，枝细，斜升或平卧。【叶】羽状全裂，中下部叶长 1 ～ 3 cm，裂片 7，其中 4 裂片对生叶基呈托叶状，3 裂片位于叶片先端，裂片条形或条状丝形，上部叶 3 ～ 5 裂或不分裂，叶两面疏被短柔毛；无叶柄。【花】头状花序，半球形或近球形，具长花序梗，多数，单生分枝顶端；总苞杯状球形；总苞片 3 ～ 4 层，内外层近等长或外层稍短，卵形或宽卵形，先端尖，中肋绿色，边缘宽膜质，背部疏被柔毛；小花多数，60 ～ 100 枚，全为两性，花冠管状钟形，淡黄色，具腺体，顶端 5 裂，裂片三角形，外卷；雄蕊花药顶端附片为三角状卵形，先端钝尖；花柱分枝条形，顶端近截形；花序托近圆锥形，裸露。【果】瘦果斜倒卵形，成熟时具 15 ～ 20 条纵沟纹。【成熟期】花果期 9 — 10 月。

生境分布 一年生中生草本。生于山麓荒漠区或草原区。贺兰山北部山麓西坡小松山有分布。我国分布于宁夏、甘肃、青海、新疆等地。世界分布于蒙古国。

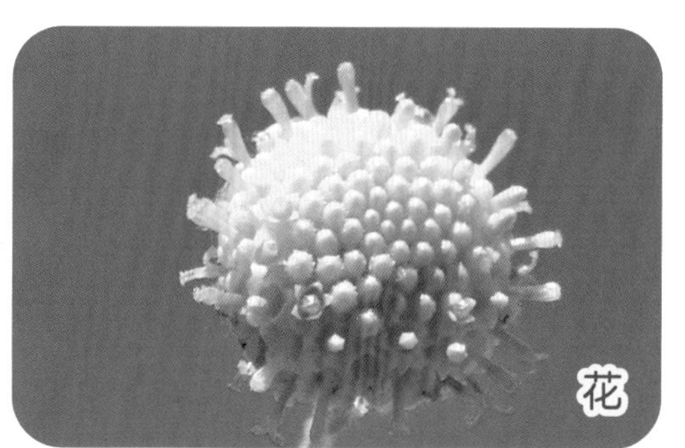

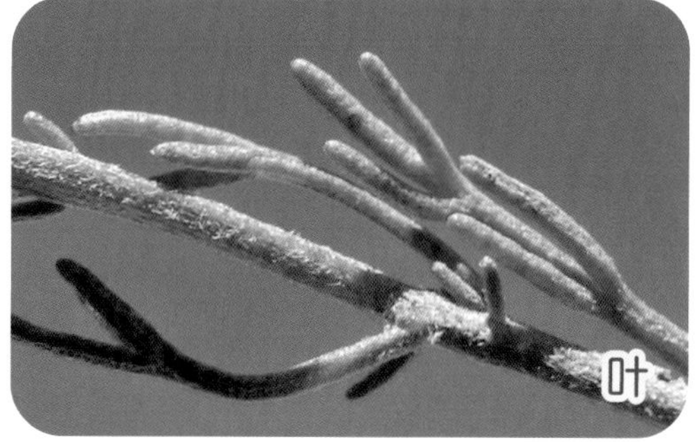

莴苣属 *Lactuca* Linn

乳苣 *Lactuca tatarica* (L.) C. A. Meyer 别称 蒙山莴苣

形态特征 【植株】高 10 ~ 70 cm。【根状茎】长，垂直或稍弯曲。【茎】直立，具纵沟棱，无毛。【叶】下部叶稍肉质，灰绿色，长椭圆形、矩圆形或披针形，长 3 ~ 14 cm，宽 0.5 ~ 3 cm，先端尖或渐尖，有小尖头，基部渐狭成短叶柄，叶柄基部扩大而半抱茎，羽状或倒向羽状深裂或浅裂，侧裂片三角形或披针形，边缘具浅刺状小齿，上面绿色，下面灰绿色，无毛；中下部叶同形，少分裂或全缘，先端渐尖，基部具短叶柄或无叶柄抱茎，边缘具刺状小齿；上部叶小，披针形或条状披针形，或全缘。【花】头状花序，多数，在茎顶端排列成开展圆锥状，花序梗不等长，纤细；总苞片 4 层，紫红色，先端稍钝，背部被微毛，外层卵形，内层条状披针形，边缘膜质；舌状花蓝紫色或淡紫色。【果】瘦果矩圆形或长椭圆形，稍压扁，灰色至黑色，无边缘或狭窄边缘，具 5 ~ 7 条纵肋；喙灰白色；冠毛白色。【成熟期】花果期 6 — 9 月。

生境分布 多年生中生草本。生于海拔 1 450 ~ 1 700 m 的山麓河滩、湖边、草甸、田边、固定沙丘、砾石地。贺兰山西坡和东坡均有分布。我国分布于北方各地。世界分布于欧洲、亚洲中部地区及俄罗斯、伊朗、蒙古国。

还阳参属 *Crepis* Linn

还阳参 *Crepis rigescens* Diels

形态特征 【植株】高 5 ~ 30 cm，全株灰绿色。【根】木质化，直下或倾斜，深褐色，根颈被枯叶柄。【茎】直立，疏被腺毛及短柔毛。【叶】基生叶丛生，倒披针形，长 2 ~ 15 cm，宽 0.6 ~ 2 cm，基部渐狭成叶柄翅，边缘具波状齿，倒向锯齿至羽状半裂；上部叶披针形或条形，全缘或羽状分裂，无叶柄；最上部叶小，苞叶状。【花】头状花序，单生枝顶端，或 2 ~ 4 个在茎顶端排列成疏伞房状；总苞钟状，混被蛛丝状毛、长硬毛以及腺毛，外层总苞片 2 层；花冠黄色。【果】瘦果纺锤形，暗紫色或黑色，具 10 ~ 12 条纵肋，上部具小刺；冠毛白色。【成熟期】花果期 6 — 7 月。

生境分布 多年生旱中生草本。生于海拔 1 600 ~ 2 500 m 的山坡林缘、溪边、路边荒地。贺兰山西坡和东坡均有分布。我国分布于东北、华北及西藏等地。世界分布于蒙古国、俄罗斯。

药用价值 全草入药，可补肾、益气、健脾。

苦荬菜属 *Ixeris* (Cass.) Cass.

中华小苦荬 *Ixeris chinensis* (Thunb.) Kitag. 别称 山苦荬

形态特征 【植株】高 10 ～ 30 cm，全体无毛。【根状茎】极短缩。【茎】簇生，直立，或斜升，或斜倚。【叶】基生叶长椭圆形、倒披针形、线形或舌形，包括叶柄长 2.5 ～ 15 cm，宽 2 ～ 5.5 cm，顶端钝或急尖或向上渐窄，基部渐狭成具翼的柄，全缘，或羽状分裂，侧裂片 2 ～ 7 对，长三角形、线状三角形或线形，中部侧裂片最大，基部侧裂片为锯齿状；茎生叶 2 ～ 4 枚，长披针形或长椭圆状披针形，边缘全缘，顶端渐狭，基部扩大，耳状抱茎或至少茎生叶的基部具耳状抱茎，叶两面均无毛。【花】头状花序，多数，排列成稀疏伞房状，花序梗细；总苞圆筒状或长卵形；总苞片无毛，先端尖，外层 6 ～ 8，短小，三角形或宽卵形，内层 7 ～ 8，较长，条状披针形；舌状花 20 ～ 25 朵，花冠黄色、白色或淡紫色。【果】瘦果狭披针形，稍扁，红棕色，具喙；冠毛白色。【成熟期】花果期 6 — 7 月。

生境分布 多年生中生草本。生于山地沟谷、林缘、灌丛、农田、村舍。贺兰山西坡和东坡均有分布。我国广布于各地。世界分布于朝鲜、日本、俄罗斯。

药用价值 全草入药，可清热解毒、凉血活血、排脓化瘀；也可做蒙药。

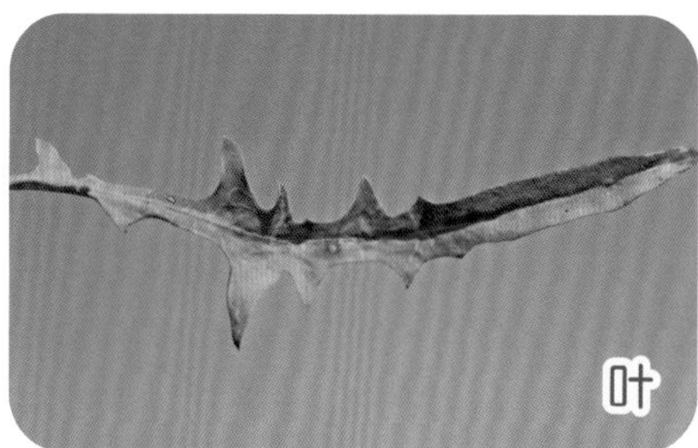

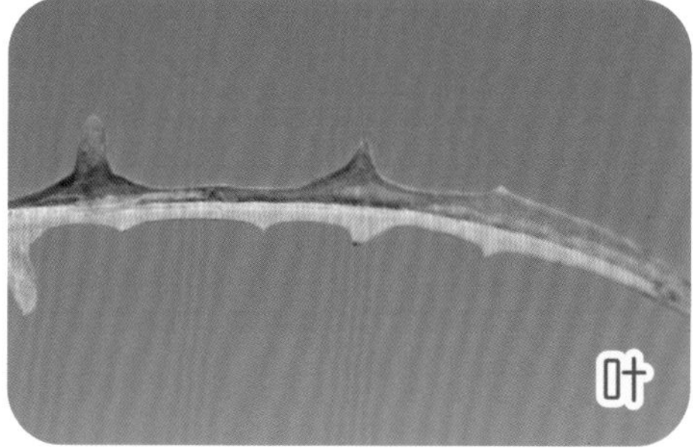

苦荬菜 *Ixeris polycephala* Cass. ex DC. 别称 丝叶山苦荬

形态特征 【植株】高 10 ~ 80 cm，无毛。【根】直伸，垂直，须根多。【茎】直立，上部伞房花序状分枝，分枝弯曲斜升，全部茎枝无毛。【叶】基生叶花期凋萎；中下部叶质薄，倒长卵形、宽椭圆形、矩圆形或披针形，长 3 ~ 10 cm，宽 1 ~ 2 cm，先端锐尖或钝，基部渐狭成短叶柄，或无叶柄抱茎，边缘疏具波状浅齿，稀全缘，上面绿色，下面灰绿色，具白粉；最上部叶变小，基部宽具圆耳而抱茎。【花】头状花序，多数，在茎、枝顶端排列成伞房状，花序梗细；总苞圆柱状，果期扩大成卵球形；总苞片 3 层，外层及最外层极小，卵形，顶端急尖，内层卵状披针形，顶端急尖或钝，外面近顶端具鸡冠状突起或无鸡冠状突起；舌状小花黄色，极少白色，10 ~ 25 朵。【果】瘦果压扁，褐色，长椭圆形，无毛，具 10 条尖翅肋，顶端急尖成细丝状喙；冠毛白色，纤细，微糙，不等长。【成熟期】花果期 8 — 9 月。

生境分布 一年生旱生草本。生于海拔 2 200 m 以下的山坡林缘、灌丛、草地、田野路边。贺兰山西坡和东坡均有分布。我国分布于东北、华北、西北地区。世界分布于尼泊尔、日本。

假还阳参属 *Crepidiastrum* Nakai

叉枝假还阳参 *Crepidiastrum akagizz* (Kitag.) J. Zhang & N. Kilian 别称 细茎黄鹌菜

形态特征 【植株】高 8 ~ 30 cm。【根】粗壮，直伸，木质。【茎】多数，铺散，无毛，自基部二叉状分枝。【叶】基生叶多数，长 2 ~ 5 cm，宽 1 ~ 2 cm，倒向大头羽状分裂，裂片三角形或三角状披针形，先端锐尖，全缘，两面无毛，基部渐狭；茎生叶狭条形，全缘。【花】头状花序，排列成伞房状；总苞圆筒形，无毛；外层总苞片短小，卵状披针形或披针形，顶端急尖，内层总苞片较长，狭披针形，边缘膜质，顶端渐尖；舌状花淡黄色。【果】瘦果顶端无喙；冠毛白色。【成熟期】花果期 8 — 9 月。

生境分布 多年生旱生草本。生于海拔 1 800 ~ 2 500 m 的石质山坡、岩石缝。贺兰山西坡北寺、哈拉乌、南寺和东坡苏峪口、大水沟有分布。我国分布于河北、山西、宁夏、甘肃、青海、新疆等地。世界分布于蒙古国、俄罗斯。

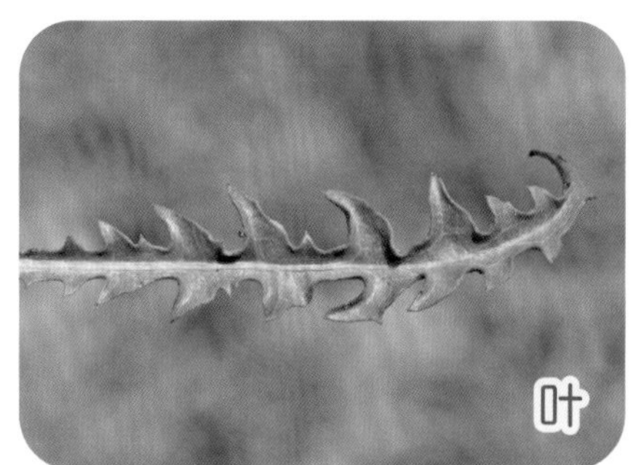

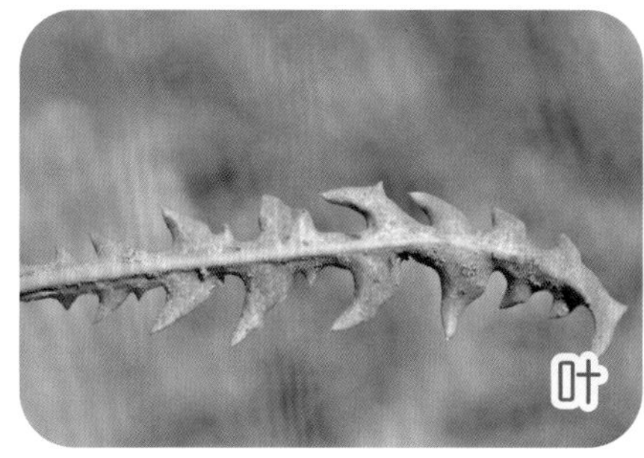

尖裂假还阳参 *Crepidiastrum sonchifolium* (Maxim.) Pak & Kawano. 别称 抱茎小苦荬

形态特征 【植株】高 30 ～ 50 cm，无毛。【根】圆锥形，伸长，褐色。【茎】直立，具纵条纹，上部分枝。【叶】基生叶多数，铺散，矩圆形，长 3.5 ～ 8 cm，宽 1 ～ 2 cm，先端锐尖或钝圆，基部渐狭成具翅叶柄，边缘具锯齿或缺刻状齿，或不规则羽状深裂，上面被微毛；茎生叶较狭小，卵状矩圆形或矩圆形，先端尖，基部扩大成耳形或戟形抱茎，羽状浅裂或深裂或具不规则缺刻状齿。【花】头状花序，多数，排列成密集或疏散伞房状，具细花序梗；总苞圆筒形；总苞片无毛，先端尖，外层 5，短小，卵形，内层 8 ～ 9，较长，条状披针形，背部各具中肋 1 条；舌状花黄色。【果】瘦果纺锤形，黑褐色；喙短，约为果身的 1/4，黄白色；冠毛白色。【成熟期】花果期 6 — 7 月。

生境分布 多年生中生草本。生于海拔 1 600 ～ 2 700 m 的山坡、路旁、河滩、岩石缝。贺兰山西坡和东坡均有分布。我国分布于西北及辽宁、河北、山西、山东、江苏、浙江、湖北、四川、贵州等地。

药用价值 全草入药，可清热解毒、消肿止痛；也可做蒙药。

细叶假还阳参　*Crepidiastrum tenuifolium* (Willd.) Sennikov　别称　细叶黄鹌菜

形态特征　【植株】高 10 ～ 20 cm。【根】粗壮，木质，黑褐色，根颈被枯叶柄及褐色绵毛。【茎】少直立，较粗，上部分枝，具纵沟棱，无毛或微被毛。【叶】基数或单生叶多数，丛生，长 5 ～ 20 cm，宽 2 ～ 6 cm，羽状全裂或深裂，侧裂片 6 ～ 12 对，条状披针形或条形，全缘，具疏锯齿或条状尖裂片，两面无毛或微被毛，具长叶柄，叶柄基部稍扩大；中下部叶与基生叶相似，较小，叶柄短；上部叶不分裂，条形或条状丝形，或具不整齐锯齿，无叶柄。【花】头状花序，多数，在茎上排列成聚伞圆锥状，花序梗细；总苞圆柱形；总苞片顶部密被柔毛，顶端具角状突起，外层 5 ～ 8，短小，条状披针形，内层 6 ～ 9，较长，矩圆状条形，边缘宽膜质；小花 8 ～ 15 朵，舌状花冠。【果】瘦果纺锤形，黑色，具 10 ～ 12 条纵肋，被向上的小刺毛，顶端收缩成喙状；冠毛白色。【成熟期】花果期 7 — 9 月。

生境分布　多年生石生旱中生草本。生于海拔 2 600 ～ 2 900 m 的岩石缝、石质山坡。贺兰山西坡高山气象站有分布。我国分布于东北、华北及新疆、西藏等地。世界分布于俄罗斯、蒙古国。

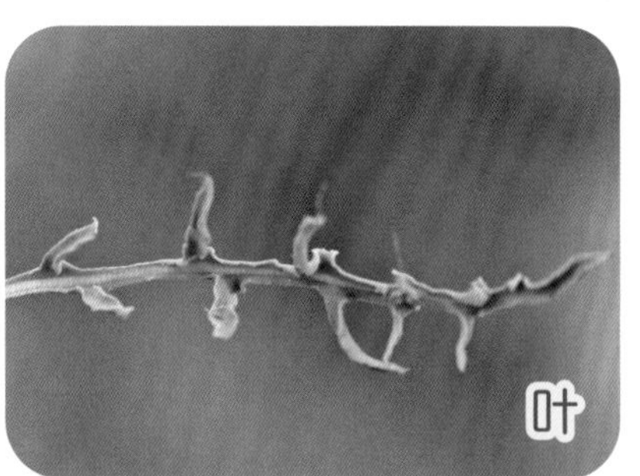

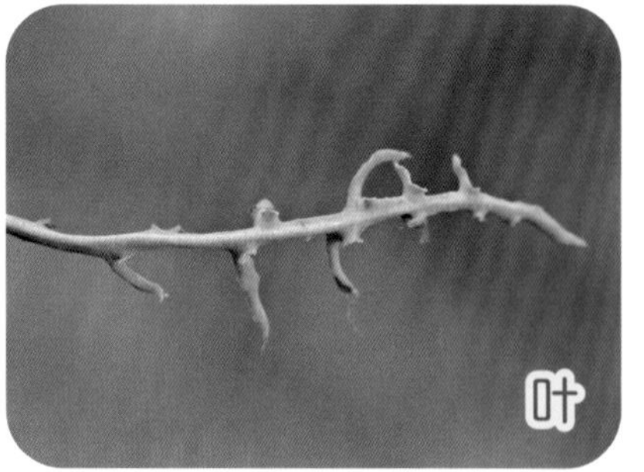

大丁草属　*Leibnitzia* Cass.

大丁草　*Leibnitzia anandria* (L.) Turcz.

形态特征　【植株】春秋二型，春型高 5 ～ 15 cm，秋型高 30 cm。【根】簇生，粗而略带肉质。【叶】基生，莲座状，花期全部发育；形状多变，倒披针形或倒卵状长圆形，顶端钝圆，具短尖头，基部渐狭、截平或浅心形，边缘具齿、深波状或琴状羽裂，裂片疏离，凹缺圆，顶裂大，卵形，具齿，上面被蛛丝状毛或近无毛，下面密被蛛丝状绵毛；侧脉 4 ～ 6 对，纤细，顶裂基部具 1 对下部分枝侧脉；叶柄被白色绵毛。【花】头状花序，单生花葶，倒锥形；总苞略短于冠毛；总苞片 3 层，外层线形，内层长线状披针形，顶端均钝，带紫红色，背部被绵毛；花托平；雌花花冠舌片长圆形，顶端具不整齐 3 齿或钝圆，带紫红色，内 2 裂丝状，花冠管纤细，无退化雄蕊；两性花花冠管状二唇形，外唇阔，顶端具 3 齿，内唇 2 裂丝状，花药顶端圆，基部具尖的尾部，花柱分枝，内侧扁，顶端钝圆；秋型头状花序外层雌花管状二唇形，无舌片。【果】瘦果；冠毛淡棕色。【成熟期】春型花期 5 — 6 月，秋型花期 7 — 9 月。

生境分布　多年生中生草本。生于海拔 1 800 ～ 2 400 m 的山地沟谷、林缘、灌丛。贺兰山西坡和东坡均有分布。我国广布于各地。世界分布于俄罗斯、蒙古国、朝鲜等。

药用价值　全草入药，可清热利湿、解毒消肿、止咳止血。

香蒲科 Typhaceae

香蒲属 *Typha* Linn

无苞香蒲 *Typha laxmannii* Lepech. 别称 拉氏香蒲

形态特征 【植株】高 0.6 ～ 1 m。【根状茎】褐色，横走泥中。【根】须根多数，纤细，圆柱形，土黄色。【茎】直立。【叶】狭条形，长 25 ～ 50 cm，宽 2 ～ 9 mm，基部具长鞘，两边稍膜质。【花】穗状花序，雌雄花序不连接；雄花序长圆柱形，雄花具雄蕊 2 ～ 3，花药矩圆形，花丝丝状，下部合生，花粉单粒，花序轴被毛；雌花序圆柱形，成熟后雌花无小苞片，不育雌蕊倒卵形，先端圆形，褐色，比毛短，子房条形，花柱很细，柱头菱状披针形，棕色，向一侧弯曲，基部被乳白色长毛，比柱头短。【果】狭椭圆形，褐色，具细长果柄。【成熟期】花果期 7 — 9 月。

生境分布 多年生湿生草本。生于森林区山麓塘坝、水沟、河边。贺兰山西坡巴彦浩特有分布。我国分布于华北、东北、西北及山东、江苏、河南、四川等地。世界分布于欧亚大陆地区及蒙古国、俄罗斯。

小香蒲草 *Typha minima* Funk. ex Hoppe

形态特征 【植株】高 20 ～ 50 cm。【根状茎】横走泥中，褐色。【茎】直立。【叶】长 35 ～ 40 cm，宽 1 ～ 2 mm，条形，基部具褐色宽叶鞘，边缘膜质，花茎下具膜质叶鞘。【花】穗状花序，雌雄花序不连接；雄花序圆柱形，基部具淡褐色膜质苞片，雄花具 1 雄蕊，基部无毛，花药长矩圆形，花粉四合体；雌花序长椭圆形，基部具 1 褐色膜质的叶状苞片，较花序长，子房长椭圆形，具柄，柱头条状。【果】褐色，椭圆形，具长柄。【成熟期】花果期 5 — 7 月。

生境分布 多年生湿生草本。生于山麓沼泽、沟塘。贺兰山西坡巴彦浩特和东坡大武口有分布。我国分布于东北、西北、华北等地。世界分布于欧洲、亚洲。

药用价值 全草入药，可利水消肿、排脓消痈；也可做蒙药。

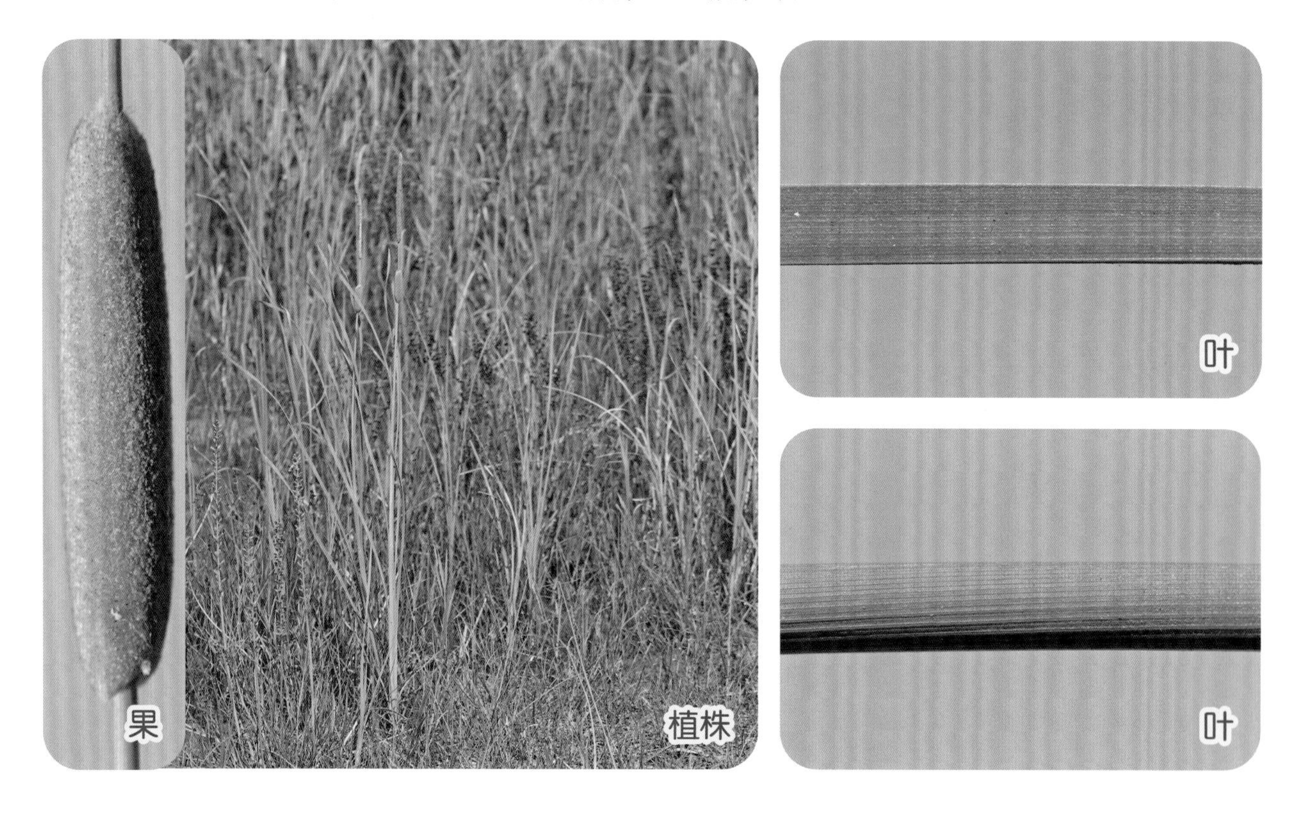

长苞香蒲 *Typha angustata* Bory et Chaubard.

形态特征 【植株】高 1.5 ～ 2 m。【根状茎】短，粗壮。【根】须根多数，褐色，圆柱形。【茎】直立，具白色髓部。【叶】长 3 ～ 10 cm，宽 3 ～ 8 mm，上部扁平，中下部背面渐隆起，下部横切面半圆形，细胞间隙大，海绵状；叶鞘长，抱茎。【花】雌雄花序远离；雄花序轴被弯曲柔毛，先端齿裂或不裂，叶状苞片 1 ～ 2 枚，与雄花先后脱落；雌花序位于下部，叶状苞片比叶宽，花后脱落；雄花具 2 ～ 3 雄蕊，花药矩圆形，花粉粒单体，球形、卵形或钝三角形，花丝细弱，下部合生成短柄；雌花具小苞片，孕性雌花柱头宽条形至披针形，比花柱宽，子房披针形，子房柄细弱；不孕雌花子房近倒圆锥形，具褐色斑点，先端呈凹形，不发育柱头凹陷其中，白色丝状毛极多，着生子房柄基部，或上延，短于柱头。【果】坚果纺锤形，纵裂，果皮具褐色斑点。【种子】黄褐色。【成熟期】花果期 6 — 8 月。

生境分布 多年生水生或沼生草本。生于山麓水边、沼泽。贺兰山西坡巴彦浩特和东坡大武口、龟头沟有分布。我国广布于除新疆、广东、广西以外的各地。世界分布于欧亚大陆地区、北美洲等。

药用价值 全草入药，可利水消肿、排脓消痈。

泽泻科 **Alismataceae**

慈姑属 *Sagittaria* Linn

野慈菇 *Sagittaria trifolia* Linn 别称 剪刀慈姑

形态特征 【根状茎】球状；须根多数，绳状。【叶】箭形，连同裂片长 5 ～ 20 cm，基部宽 1 ～ 4 cm，先端渐尖，基部具 2 裂片，两面光滑，具 3 ～ 7 条弧形脉，脉间具多数横脉，叶柄基部具宽叶鞘，叶鞘边缘膜质，2 枚裂片较叶片狭长，或条形。【花】花茎单一或分枝，花 3 朵轮生，形成总状花序，花梗长；苞片卵形，宿存；花单一，萼片 3，卵形，宿存；花瓣 3，近圆形，明显大于萼片，白色，膜质，果期脱落；雄蕊多数，花药多数；心皮多数，聚成球形。【果】瘦果扁平，斜倒卵形，具宽翅。【成熟期】花期 7 月，果期 8 — 9 月。

生境分布 多年生水生草本。生于山麓草坡、石隙、地边、田头。贺兰山西坡巴彦浩特和东坡大武口有分布。我国广布于各地。世界分布于亚洲、欧洲。

药用价值 球茎入药，可行血通淋。

眼子菜科　Potamogetonaceae

篦齿眼子菜属　*Stuckenia* Börner

篦齿眼子菜　*Stuckenia pectinatus* (L.) Börner

形态特征　【根状茎】纤细，伸长，淡黄白色，节部生多数不定根，秋季于顶端生出白色卵形块茎。【茎】丝状，长短与粗细变化较大，淡黄色，分枝，上部分枝多，节间长。【叶】互生，淡绿色，狭条形，长 3 ~ 10 cm，宽 0.3 ~ 1 mm，先端渐尖，全缘，具 3 脉；鞘状托叶绿色，与叶基部合生，顶部分离，呈叶舌状，白色膜质。【花】花序梗淡黄色，与茎等粗，基部具 2 膜质总苞，早落；穗状花序，疏松或间断。【果】棕褐色，斜宽倒卵形，背部外突具脊，腹部直，顶端具短喙。【成熟期】花果期 7—9 月。

生境分布　多年生水生草本。生于微酸或中性水质的清水河沟。贺兰山西坡巴彦浩特有分布。我国广布于各地。世界广布种。

药用价值　全草入药，可清热解毒。

眼子菜属　*Potamogeton* Linn

穿叶眼子菜　*Potamogeton perfoliatus* Linn　　别称　抱茎眼子菜

形态特征　【根状茎】横生，伸长，淡黄白色，节部生出许多不定根。【茎】多分枝，稍扁，节间长。【叶】全部沉水，互生，花序梗基部叶对生，质较薄，宽卵形或披针状卵形，长 1 ~ 5 cm，宽 1 ~ 2 cm，先端钝或渐尖，基部心形且抱茎，全缘且波状皱褶，中脉在下面明显凸起，每边具弧状侧脉 1 ~ 2 条，侧脉间具细脉 2 条，无叶柄；托叶透明膜质，白色，宽卵形，与叶分离，早落。【花】花序梗圆柱形；穗状花序，密生多花。【果】小坚果扁斜宽卵形，腹面明显突出，具锐尖的脊，背部具 3 条圆形的脊，但侧脊不明显。【成熟期】花期 6—7 月，果期 8—9 月。

生境分布　多年生沉水草本。生于微酸或中性水质的湖泊、池塘、灌渠、河流。贺兰山西坡巴彦浩特和东坡拜寺沟沟口有分布。我国广布于各地。世界广布种。

药用价值　全草入药，可渗湿解表。

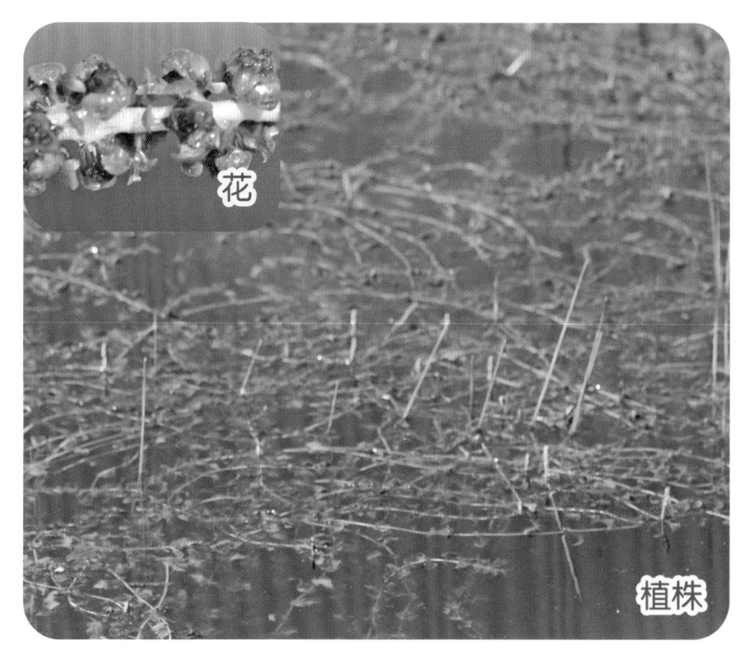

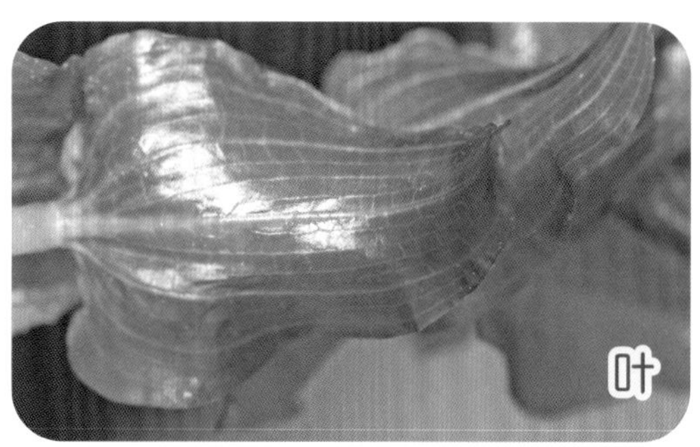

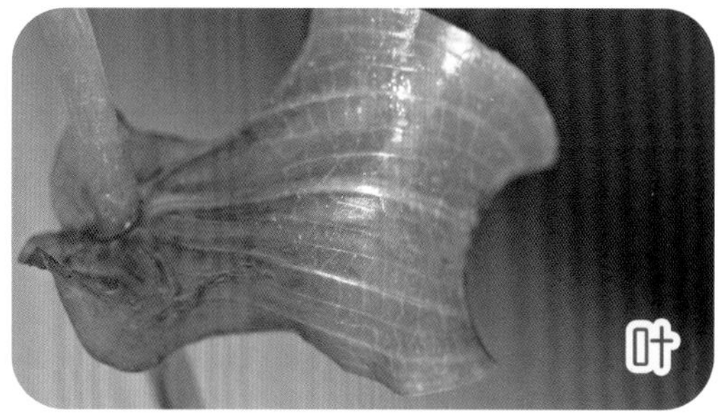

菹草　*Potamogeton crispus* Linn　　别称　马藻

形态特征　【根状茎】近圆柱形，匍匐，横生。【茎】稍扁，多分枝，近基部匍匐地面，自节处生出疏或稍密的须根。【叶】条形，长 3 ～ 8 cm，宽 3 ～ 10 mm，先端钝圆，基部与托叶合生，不形成叶鞘，叶缘呈浅波状，具细锯齿；叶脉 3 ～ 5 条，平行，顶端连接，中脉近基部两侧伴有通气组织形成的细纹，次级叶脉疏而显见；无叶柄；托叶膜质，与叶分离，淡黄白色，早落；繁殖芽着生叶腋，球形，密生多数叶，叶宽卵形，肥厚，坚硬，边缘具齿。【花】穗状花序，顶生；具花 2 ～ 4 轮，初时每轮 2 朵对生，穗轴伸长不对称；花序梗棒状，较茎细；花小，花被片 4，淡绿色；雌蕊 4，基部合生。【果】卵形，果喙长，向后弯曲，背部龙骨状突起，具齿。【成熟期】花果期 6 — 7 月，果期 8 — 9 月。

生境分布　多年生沉水草本。生于微酸或中性水质的池塘、水沟、灌渠、缓流河。贺兰山东坡汝箕沟有分布。我国广布于各地。世界广布种。

药用价值　全草入药，可清热解毒、利尿消积。

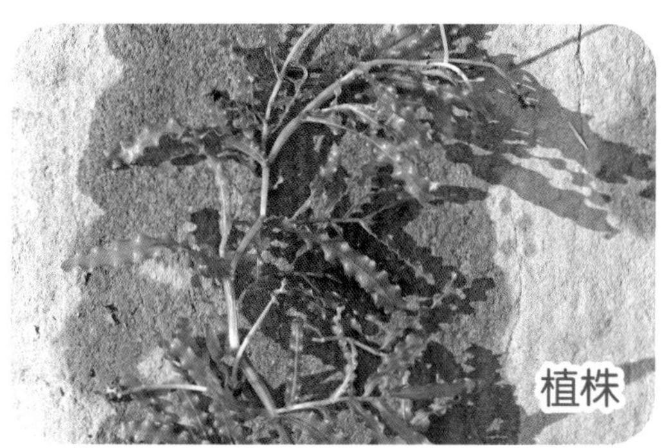

水麦冬科　Juncaginaceae

水麦冬属　*Triglochin* Linn

海韭菜　*Triglochin maritima* Linn　别称　圆果水麦冬

形态特征　【植株】高 20 ～ 50 cm。【根状茎】粗壮，斜生或横生，被棕色残叶鞘，具多数须根。【叶】基生，条形，横切面半圆形，长 5 ～ 25 cm，宽 1 ～ 2 mm，较花序短，肉质，光滑，生于花葶两侧，基部具宽叶鞘；叶舌长。【花】花葶直立，圆柱形，光滑，中上部着生多花；总状花序；花梗在果熟后可延长；花小；花被片 6，两轮排列，卵形，内轮较狭，绿色；雄蕊 6；心皮 6，柱头毛刷状。【果】蓇果椭圆形或卵形，具 6 棱。【成熟期】花期 6 月，果期 7 — 8 月。

生境分布　多年生耐盐湿生草本。生于湿砂地、水边盐滩。贺兰山西坡巴彦浩特和东坡插旗沟、拜寺沟有分布。我国分布于东北、华北、西北、西南地区。世界广布种。

药用价值　全草入药，可清热养阴、生津止渴。

植株　果　叶

水麦冬　*Triglochin palustris* Linn

形态特征　【根状茎】缩短，秋季增粗，具细密须根。【叶】基生，条形，一般较花葶短，长 10 ～ 40 cm，宽 1.5 mm；基部具宽叶鞘，叶鞘边缘膜质，宿存叶鞘纤维状；叶舌膜质；叶片光滑。【花】花葶直立，圆柱形，光滑；总状花序，顶生，花多数，排列疏散，具花梗；花小，花被片 6，鳞片状，宽卵形，绿色；雄蕊 6，花药 2 室，花丝短；心皮 3，柱头毛刷状。【果】棒状条形。【成熟期】花期 6 月，果期 7 — 8 月。

生境分布　多年生耐盐湿生草本。生于山溪、水边、湿地。贺兰山西坡巴彦浩特和东坡拜寺沟沟口、汝箕沟有分布。我国分布于东北、西北、西南、河北、山东等地。世界分布于北美洲、欧洲、亚洲。

药用价值　果入药，可消炎、止泻。

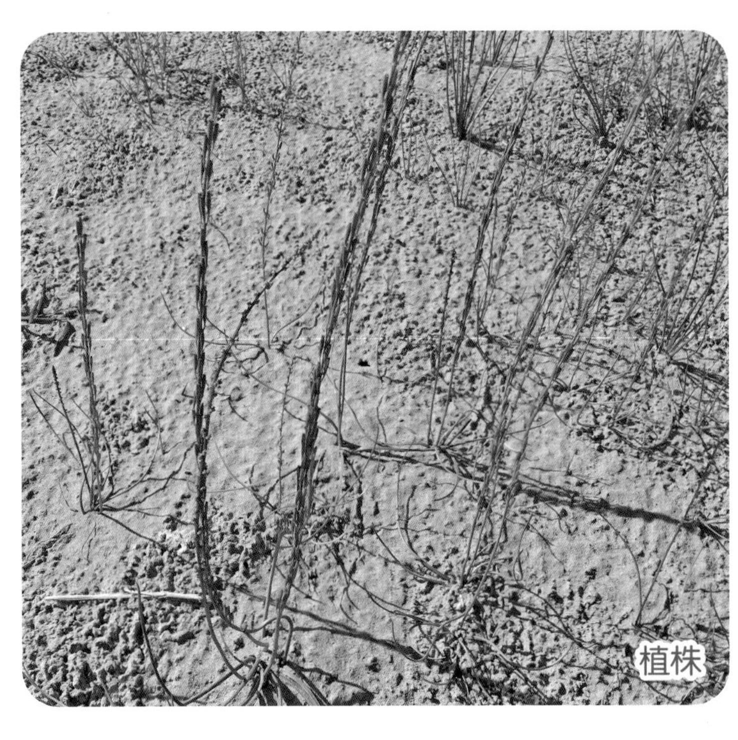

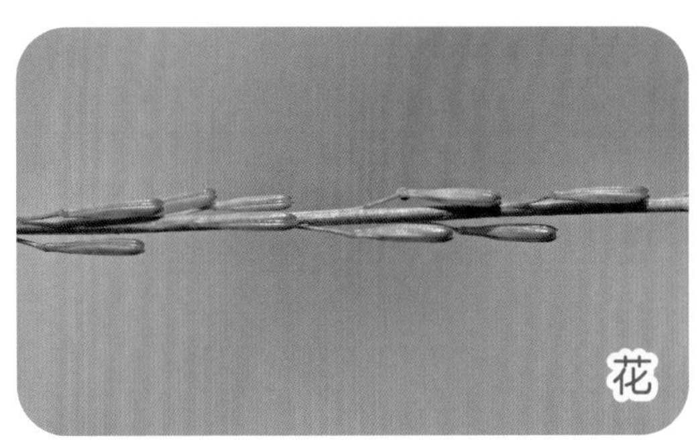

禾本科　Gramineae

芦苇属　*Phragmites* Adans.

芦苇　*Phragmites australis* (Cav.) Trin. ex Steud.　　别称　芦草

形态特征　【植株】高 0.5 ～ 2.5 m，节下被白粉。【秆】直立，坚硬。【叶】叶鞘无毛或被细毛；叶舌短，类似横的线痕，密被短毛；叶片扁平，长 15 ～ 35 cm，宽 1 ～ 3.5 cm，光滑或边缘粗糙。【花】圆锥花序，稠密，开展下垂，分枝及小枝粗糙；小穗含小花 3 ～ 5 朵；2 颖均具 3 脉，第 1 颖短，第 2 颖长；外稃具 3 脉，第 1 小花为雄花，其外稃狭长披针形，为内稃长的 3 倍；第 2 外稃先端长渐尖，基盘细长，被长柔毛；内稃脊上粗糙。【成熟期】花果期 7 — 9 月。

生境分布　多年生广幅湿生草本。生于山麓涝坝、池塘、渠岸、低湿地。贺兰山西坡和东坡均有分布。我国广布于各地。世界广布种。

药用价值　根状茎入药，可利尿、解毒；也可做蒙药。

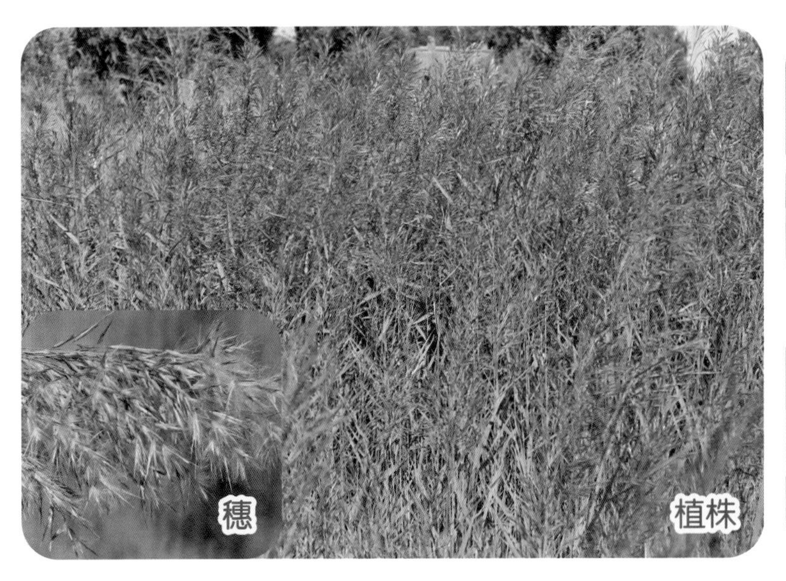

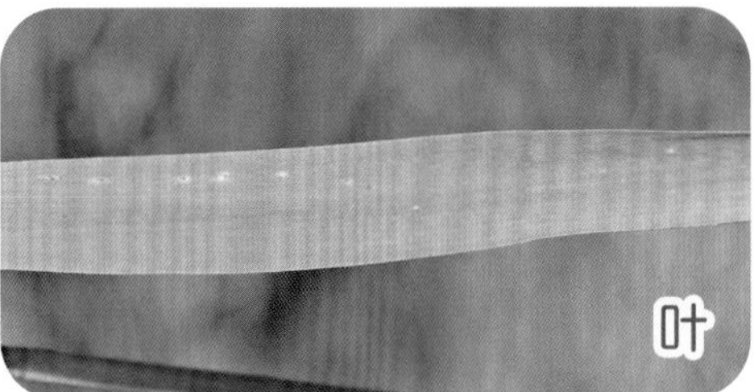

臭草属 *Melica* Linn

臭草 *Melica scabrosa* Trin. 别称 枪草、肥马草

形态特征 【植株】高 30 ～ 60 cm。【秆】密丛生，直立或基部膝曲。【叶】叶鞘粗糙；叶舌膜质透明，顶端撕裂；叶片长 5 ～ 15 cm，宽 1 ～ 6 mm，上面疏被柔毛，下面粗糙。【花】圆锥花序，狭窄；小穗柄短而弯曲，上部被微毛；小穗含能育小花 2 ～ 4 朵；颖狭披针形，几相等，膜质，具 3 ～ 5 脉；第 1 外稃卵状矩圆形，长 5 ～ 6 mm，背部颗粒状粗糙；内稃短于外稃或相等，倒卵形；花药短。【成熟期】花果期 6 — 8 月。

生境分布 多年生中生草本。生于海拔 2 000 ～ 2 400 m 的山坡草地、荒田、渠边、路旁。贺兰山西坡喜鹊沟、水磨沟和东坡插旗沟、黄旗沟有分布。我国分布于华北、西北地区。世界分布于朝鲜。

植株

穗

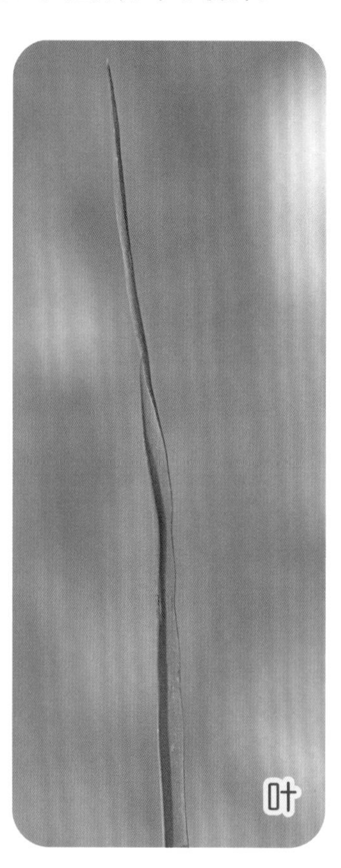
叶

抱草 *Melica virgata* Turcz. ex Trin.

形态特征 【植株】高 30 ～ 70 cm。【秆】丛生，细而硬。【叶】叶鞘无毛；叶舌短；叶片内卷，长 7 ～ 15 cm，宽 2 ～ 4 mm，上面被柔毛，下面微粗糙。【花】圆锥花序，细长，分枝直立或斜上升；小穗柄先端膨大，微被毛；小穗长，含能育小花 2 ～ 3 朵，顶端不育外稃聚集呈棒状，成熟后紫色；颖先端尖，第 1 颖卵形，较短，具 3 ～ 5 不明显脉，第 2 颖长，宽披针形，具明显 5 脉；外稃披针形，顶端钝，具 7 脉，背部被长柔毛，第 1 外稃长于第 2 颖；内稃与外稃等长或略短；花药较短。【成熟期】花果期 7 — 9 月。

生境分布 多年生旱中生草本。生于海拔 2 000 ～ 2 200 m 的山坡草地、阳坡砾石地、沟地、路边。贺兰山西坡峡子沟、哈拉乌和东坡黄旗沟、苏峪口有分布。我国分布于内蒙古、河北、宁夏、甘肃、青海、四川、西藏等地。世界分布于蒙古国、俄罗斯。

细叶臭草　*Melica radula* Franch.

形态特征　【植株】高 30 ～ 40 cm。【秆】密丛生，直立，较细弱。【叶】叶鞘微粗糙；叶舌短；叶片内卷成条形，长 5 ～ 12 cm，宽 1 ～ 2 mm，下面粗糙。【花】圆锥花序，狭窄；稀少小穗；小穗含能育小花 2 朵；颖矩圆状披针形，先端尖，几等长，第 1 颖具明显 1 脉 (侧脉不明显)，第 2 颖具 3 ～ 5 脉；外稃矩圆形，先端稍钝，具 7 脉，第 1 外稃与颖等长；内稃短于外稃，卵圆形，脊具纤毛；花药短。【成熟期】花果期 6 — 8 月。

生境分布　多年生中生草本。生于海拔 1 700 ～ 2 300 m 的山地沟谷、阴坡干河床。贺兰山西坡和东坡均有分布。我国分布于华北及陕西、宁夏等地。

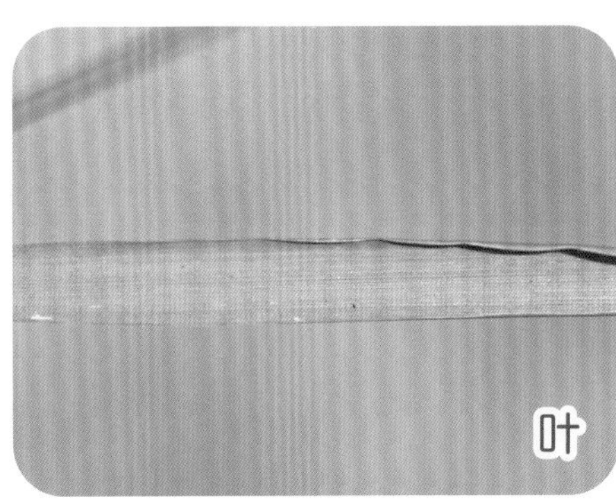

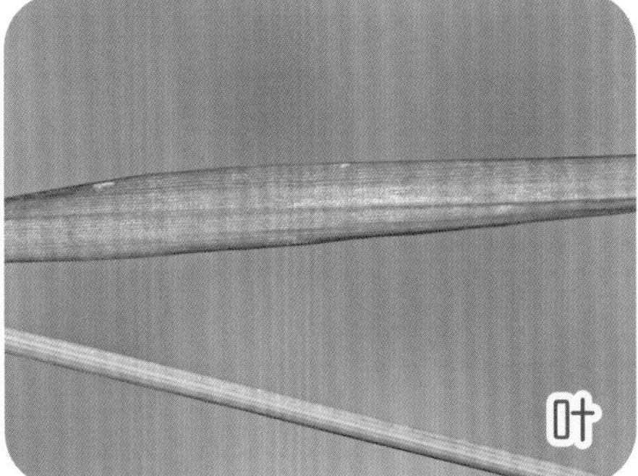

三芒草属 *Aristida* Linn

三芒草 *Aristida adscensionis* Linn 别称 三枪茅

形态特征 【植株】高 10 ～ 35 cm，基部具分枝。【秆】直立或斜倾，膝曲。【叶】叶鞘光滑；叶舌膜质，被纤毛；叶片纵卷如针状，长 3 ～ 16 cm，宽 1 ～ 1.5 mm，上面脉上密被微刺毛，下面粗糙或微被刺毛。【花】圆锥花序，较紧密，分枝单生，细弱；小穗灰绿色或带紫色；颖膜质，具 1 脉，脊上粗糙，第 1 颖短，第 2 颖长于外稃，中脉被微小刺毛；芒粗糙无毛，主芒长，侧芒短，基盘，被向上细毛；内稃透明膜质，微小，被外稃所包卷。【成熟期】花果期 6 — 9 月。

生境分布 一年生旱中生草本。生于山麓干山坡、黄土坡、河滩沙地、石缝。贺兰山西坡和东坡均有分布。我国分布于东北、华北、西北、河南等地。世界分布于温带地区。

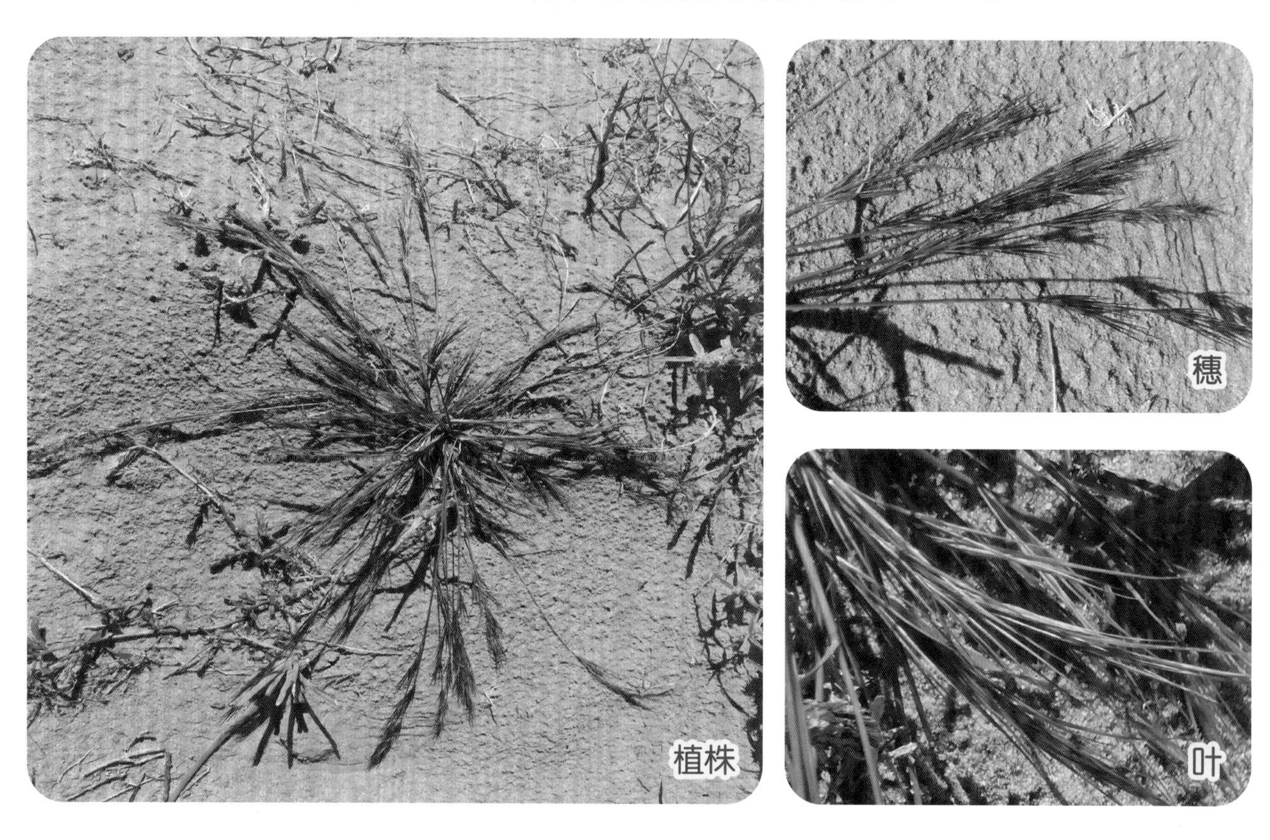

早熟禾属 *Poa* Linn

垂枝早熟禾 *Poa szechuensis* var. *debilior* (Hitchc.) Soreng & G. H. Zhu

形态特征 【植株】高 50 ～ 80 cm。【秆】较细弱，直立，具 4 ～ 5 节。【叶】叶鞘垂落，长于节间，顶生叶鞘，长于叶片；叶舌先端截平，具不规则微齿；叶片质软，扁平或上部对称，上面微粗糙，下面光滑。【花】圆锥花序，疏松开展，分枝 2 ～ 3 着生各节，上部小枝密生小穗 2 ～ 5 枚，下部裸露，弯曲下垂，微粗糙；小穗含小花 3 朵，灰绿色；颖狭披针形，先端尖，脊上微粗糙，第 1 颖具 1 脉，第 2 颖具 3 脉，较宽；外稃先端尖，具少膜质，5 脉明显，脊下中部与边脉下部 1/4 被短柔毛，基盘绵毛稀少；内稃稍短于外稃，沿脊粗糙。【果】颖果三棱形。【成熟期】花果期 5 — 8 月。

生境分布 多年生丛生中生草本。生于海拔 2 900 m 左右的亚高山草甸、山坡草地。贺兰山西坡哈拉乌有分布。我国分布于青藏高原及甘肃、青海等地。

草地早熟禾　*Poa pratensis* Linn

形态特征 【植株】高 25 ～ 70 cm。【根状茎】具发达匍匐的根状茎。【秆】单生或疏丛生，直立。【叶】叶鞘平滑或糙涩，长于节间，并较其叶片长；叶舌膜质，蘖生叶舌短；叶片线形，扁平或内卷，长 5 ～ 15 cm，宽 2 ～ 5 mm，顶端渐尖，平滑或边缘与上面微粗糙，蘖生叶片较狭长。【花】圆锥花序，金字塔形或卵圆形；分枝开展，每节 3 ～ 5 枚，微粗糙或下部平滑，二歧分枝，小枝上着生 3 ～ 6 枚小穗，基部主枝中部以下裸露；小穗柄短；小穗卵圆形，绿色至草黄色，含小花 3 ～ 4 朵；颖卵圆状披针形，顶端尖，平滑，或脊上部微粗糙，第 1 颖具 1 脉，第 2 颖具 3 脉；外稃膜质，顶端稍钝，具少许膜质，脊与边脉在中部以下密被柔毛，间脉明显，基盘被稠密长绵毛；第 1 外稃长于第 1 颖，内稃短于外稃，脊粗糙或被纤毛。【果】颖果纺锤形，具 3 棱。【成熟期】花期 6 — 7 月，果期 7 — 8 月。

生境分布 多年生中生草本。生于海拔 2 200 ～ 2 500 m 的山地草坡、湿润草甸、沙地。贺兰山西坡哈拉乌、南寺、水磨沟和东坡苏峪口有分布。我国分布于东北及河北、山西、甘肃、山东、 四川、江西等地。世界分布于北半球温带地区。

粉绿早熟禾 *Poa pratensis* subsp. *pruinosa* (Korotky) W. B. Dickoré 别称 密花早熟禾

形态特征 【植株】高 35 ～ 60 cm。【根】具根状茎，须根纤细，根外具砂套。【秆】直立，单生或疏丛生，平滑无毛。【叶】叶鞘松弛裹茎，平滑无毛；叶舌膜质，先端稍尖；叶片对折或扁平，长 3 ～ 12 cm，宽 1 ～ 5 mm，上面稍粗糙，下面平滑无毛。【花】圆锥花序，卵状矩圆形，开展，每节具 2 ～ 5 分枝，分枝上端密生多数小穗；小穗矩圆形，含小花 5 ～ 7 朵；颖先端尖，稍粗糙或脊上微粗糙，第 1 颖短于第 2 颖；外稃矩圆形，先端稍膜质，脊下部约 2/3 与边脉基部 1/3 被长柔毛，脉间点状粗糙，基盘被长绵毛，第 1 外稃与第 2 颖等长；内稃短于或等于外稃，先端微凹，脊上被短纤毛，脊间稍粗糙，花药短。【成熟期】花期 6 — 7 月。

生境分布 多年生中生草本。生于山坡湿润草地。贺兰山西坡哈拉乌、香池子、峡子沟和东坡甘沟、黄旗沟有分布。我国分布于华北、西北及河南等地。世界分布于俄罗斯。

植株

穗

喜马早熟禾 *Poa hylobates* Bor 别称 喜巴早熟禾

形态特征 【植株】高 25 ～ 60 cm。【根】须状，根外具砂套。【秆】直立，密丛生，稍粗糙。【叶】叶鞘长于节间，稍粗糙；叶舌膜质；叶片扁平或对折，长 8 ～ 15 cm，宽 1 ～ 2 mm，两面均粗糙。【花】圆锥花序，狭窄，每节具 2 ～ 3 分枝，粗糙；小穗含小花 2 ～ 4 朵；小穗轴粗糙；颖披针形，先端尖，具 3 脉，第 1 颖短于第 2 颖；外稃矩圆形，先端膜质，间脉不甚明显，脊下部 1/4 与边脉基部 1/5 疏被微毛，基盘无毛，第 1 外稃与第 2 颖等长；内稃稍短于外稃，脊上被短纤毛。【成熟期】花期 8 月。

生境分布 多年生中生草本。生于海拔 2 200 ～ 2 500 m 的山地林缘、沟谷。贺兰山西坡哈拉乌、水磨沟有分布。我国分布于青海、甘肃、西藏等地。世界分布于尼泊尔。

堇色早熟禾　*Poa araratica* subsp. *lanthina* (Keng ex Shan Chen) Olonova & G. H. Zhu

形态特征　【植株】高 30 ～ 45 cm，近花序下部稍粗糙。【秆】直立，密丛生。【叶】叶鞘长于节间，粗糙，基部带紫红色；叶舌膜质，先端尖具撕裂，叶片扁平或内卷，两面均粗糙，长 3 ～ 15 cm，宽 1 ～ 2 mm。【花】圆锥花序，狭矩圆形，暗紫色，每节具 2 ～ 3 分枝，粗糙或微被毛；小穗狭卵形，含小花 3 ～ 4 朵；小穗轴微被毛；颖卵状披针形，先端锐尖，脊上部粗糙，紫色且白色膜质边缘，第 1 颖短于第 2 颖；外稃卵状披针形，先端稍钝，紫色顶端，黄铜色膜质边缘，脊下部 1/2 与边脉间脉 1/3 被柔毛，基部脉间或疏被微毛，基盘被少量绵毛，第 1 外稃与第 2 颖等长；内稃稍短于或等于外稃，先端微凹，脊上微被纤毛，脊间稍粗糙；花药比子房长。【成熟期】花期 6—9 月。

生境分布　多年生中生草本。生于海拔 1 800 ～ 2 500 m 的干燥山坡、草地。贺兰山西坡哈拉乌、水磨沟和东坡苏峪口有分布。我国分布于山西、河北、内蒙古、云南、宁夏等地。

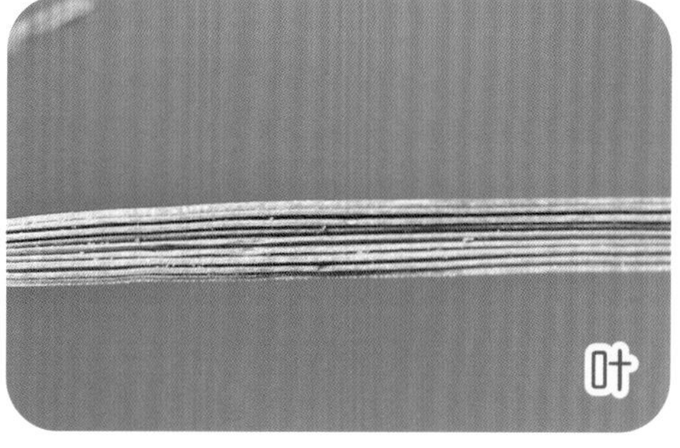

贫叶早熟禾　*Poa araratica* subsp. *oligophylla* (Keng) Olonova & G. H. Zhu

形态特征　【植株】高 20 ～ 50 cm。【根】具短根状茎，须根外具砂套。【秆】疏丛生，具 2 节，顶节位于秆基处，紧接花序以下糙涩。【叶】顶生叶鞘短于其叶片，微粗糙；叶舌膜质，叶片长 2 ～ 10 cm，宽 1 ～ 2 mm，先端渐尖，上面粗糙。【花】圆锥花序，狭窄，每节具 2 ～ 4 分枝；基部主枝粗糙，下部 1/2 或 1/3 裸露；小穗含小花 3 朵，带紫色；小穗轴疏被微毛；颖具 3 脉，脊上部粗糙，先端尖，第 1 颖短于第 2 颖，长于第 1 外稃；外稃长 3.5 mm，间脉不明显，脊上部粗糙，中部以下与边脉下部 1/3 被长柔毛，基盘被绵毛；内稃短，脊粗糙；花药黄色。【成熟期】花期 7 — 8 月。

生境分布　多年生旱中生草本。生于海拔 2 900 m 的山地草甸、山坡草地。贺兰山主峰下及西坡哈拉乌、高山气象站、水磨沟有分布。我国分布于陕西、四川、宁夏、内蒙古等地。世界分布于俄罗斯。

渐尖早熟禾　*Poa attenuata* Trin.　　别称　渐狭早熟禾

形态特征　【植株】高 5 ～ 50 cm。【根】须根纤细。【秆】直立，坚硬，密丛生，近花序部分稍粗糙。【叶】叶鞘无毛，微粗糙，基部带紫色；叶舌膜质，微钝；叶片狭条形，内卷、扁平或对折，上面微粗糙，下面近于平滑，长 15 ～ 75 mm，宽 0.5 ～ 2 mm。【花】圆锥花序，紧缩，长圆形；分枝单生或孪生，斜升，粗糙；小穗卵状椭圆形，含小花 2 ～ 4 朵；小穗轴无毛；2 颖狭披针形，近相等，具 3 脉，顶端渐尖或呈尾状，脊上部微粗糙；外稃长圆状披针形，渐尖，脉不明显，脉间无毛，脊与边脉下部被柔毛，基盘被绵毛或无；内稃 2 脊被短纤毛。【果】颖果纺锤形。【成熟期】花果期 6 — 8 月。

生境分布　多年生旱生草本。生于海拔 2 500 ～ 2 700 m 的高山草甸、干旱草原。贺兰山西坡哈拉乌、水磨沟有分布。我国分布于西北、西南及河北、山西等地。世界分布于俄罗斯、蒙古国。

法氏早熟禾　*Poa faberi* Rendle　　别称　法试早熟禾

形态特征　【植株】高 20 ～ 50 cm。【根】须根纤细，根外或具砂套。【秆】直立，密丛生，具 2 节，近花序下微粗糙。【叶】叶鞘微粗糙，基部呈紫褐色，多数长于节间，顶生者长于其叶片；叶舌膜质，先端尖，易撕裂；叶片条形，多对折，上面粗糙，下面近于平滑，长 5 ～ 10 cm，宽 1 ～ 1.5 mm。【花】圆锥花序，较紧密，条状矩圆形；小穗披针状矩圆形，含小花 3 ～ 7 朵；颖披针形，先端尖，边缘膜质，膜质以下绿色或稍带紫色，脊上粗糙，第 1 颖稍短于第 2 颖；外稃矩圆形，先端稍黄色膜质，膜质下呈紫色，脊下部 1/2 与边脉基部 1/3 被柔毛，基盘被绵毛，第 1 外稃与第 2 颖等长；内稃等长或短于外稃，脊上被微纤毛。【成熟期】花期 6 月，果期 7 月。

生境分布　多年生中生草本。生于海拔 2 000 ～ 2 300 m 的山顶林缘、沟谷旁、山坡、灌丛、草地、沙滩、田边。贺兰山西坡哈拉乌、水磨沟和东坡小口子有分布。我国分布于黑龙江、甘肃、青海、四川、西藏、云南等地。世界分布于亚洲中部地区及俄罗斯、巴基斯坦、阿富汗等。

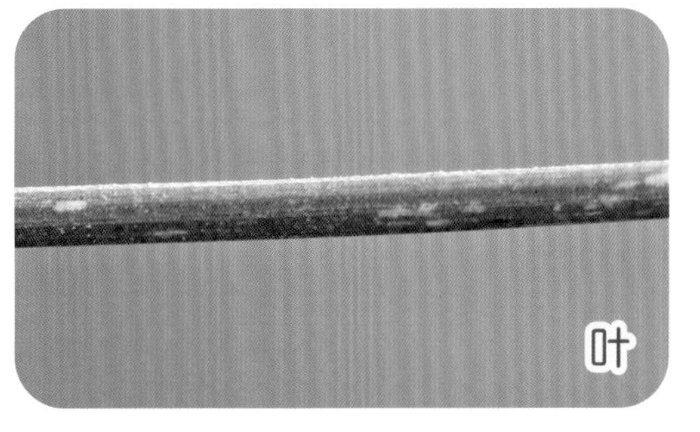

碱茅属　*Puccinellia* Parl.

星星草　*Puccinellia tenuiflora* (Griseb.) Scribn. & Merr.

形态特征　【植株】高 30 ～ 40 cm。【秆】直立，疏丛生，具 3 ～ 4 节，节膝曲，顶节位于下部 1/3 处。【叶】叶鞘短于节间，顶生平滑无毛；叶舌膜质，钝圆；叶片对折或稍内卷，长 2 ～ 7 cm，宽 1 ～ 3 mm，上面微粗糙。【花】圆锥花序，疏松开展，主轴平滑；分枝 2 ～ 3，下部裸露，细弱平展，微粗糙；小穗柄短而粗糙；小穗含小花 2 ～ 4 朵，带紫色；小穗轴节间长；颖质地较薄，边缘具纤毛状细齿裂，第 1 颖 1 脉，顶端尖，第 2 颖具 3 脉，顶端稍钝；外稃具不明显 5 脉，顶端钝，基部无毛；内稃等长于外稃，平滑无毛或脊上数个小刺；花药线形。【成熟期】花果期 6 — 8 月。

生境分布　多年生耐盐中生草本。生于山麓盐湿地、草地、盐碱地、田埂、渠边。贺兰山西坡和东坡均有分布。我国分布于东北、华北、西北地区。世界分布于亚洲中部地区及俄罗斯、蒙古国。

植株

穗

雀麦属　*Bromus* Linn

加拿大雀麦　*Bromus ciliatus* Linn　　别称　缘毛雀麦

形态特征　【植株】高 0.5 ～ 1 m。【根状茎】短，被柔毛。【秆】丛生，直立或基部倾斜，具 6 节，节被倒生柔毛。【叶】叶鞘上被倒柔毛，长于节间，基部枯萎宿存；叶舌膜质，极短；叶片扁平，长 10 ～ 18 cm，宽 3 ～ 10 mm，质薄，无毛或上面粗糙。【花】圆锥花序，下垂，宽卵形；分枝 2 ～ 3，生 1 节，分枝弯曲，着生小穗 1 ～ 3 枚；小穗绿色，具黄褐色先端，含小花 6 ～ 7 朵；小穗轴疏被柔毛；颖脊糙，第 1 颖具 1 脉，第 2 颖具 3 脉，狭窄；外稃具 5 ～ 7 脉，近边缘中部以下被柔毛，或中脉下部 粗糙；内稃脊被纤毛；花药黄色。【成熟期】花果期 7 — 9 月。

生境分布　多年生中生草本。生于海拔 2 000 ～ 2 800 m 的中山坡、低湿林地、草甸。贺兰山西坡黄土梁子、水磨沟有分布。我国分布于东北、西北地区。世界分布于北美洲及蒙古国、俄罗斯。

无芒雀麦　*Bromus inermis* Leyss.　　别称　禾萱草、无芒草

形态特征　【植株】高 0.4 ～ 1 m。【根状茎】短而横走。【秆】直立，节无毛或节下被倒毛。【叶】叶鞘闭合，无毛或短毛；叶舌短；叶片扁平，长 5 ～ 30 cm，宽 3 ～ 9 mm，先端渐尖，两面与边缘粗糙，无毛或边缘疏被纤毛。【花】圆锥花序，较密集，花后开展；分枝长，微粗糙，着生小穗 2 ～ 6 枚，3 ～ 5 枚轮生主轴各节；小穗含小花 6 ～ 12 朵；小穗轴节间着生小刺毛；颖披针形，边缘膜质，第 1 颖短具 1 脉，第 2 颖长具 3 脉；外稃披针形，具 5 ～ 7 脉，无毛，基部微粗糙，顶端无芒，钝或浅凹缺；内稃膜质，短于外稃，脊被纤毛，花药长。【果】颖果长圆形，褐色。【成熟期】花果期 7—9 月。

生境分布　多年生中生草本。生于海拔 1 800 ～ 2 000 m 的林缘草甸、山坡、谷地、河边、路旁。贺兰山西坡南寺和东坡贺兰沟、小口子有分布。我国分布于东北、华北、西北、西南地区。世界分布于欧亚大陆温带地区。

披碱草属 *Elymus* Linn

老芒麦 *Elymus sibiricus* Linn

形态特征 【植株】高 50 ～ 80 cm。【根】须状。【秆】单生或疏丛生，直立或基部倾斜，粉红色，下部节呈膝曲状。【叶】叶鞘光滑；叶片扁平，上面粗糙，下面平滑，长 8 ～ 20 cm，宽 2 ～ 8 mm。【花】穗状花序，疏松下垂，每节具小穗 2 枚，或上部各节具小穗 1 枚；穗轴边缘粗糙或被小纤毛；小穗灰绿色或稍带紫色，含小花 3 ～ 5 朵；颖狭披针形，具 3 ～ 5 明显脉，脉上粗糙，背部无毛，先端渐尖或具短芒；外稃披针形，背部粗糙无毛或密被微毛，具 5 脉，基部不明显，第 1 外稃顶端芒粗糙，展开或反曲；内稃与外稃等长，先端 2 裂，脊上被小纤毛，脊间被微短毛。【成熟期】花果期 6 — 9 月。

生境分布 多年生中生草本。生于海拔 2 200 ～ 2 500 m 的山麓山坡、路边。贺兰山西坡和东坡均有分布。我国分布于华北、东北、西北及四川、西藏等地。世界分布于俄罗斯、蒙古国、朝鲜、日本。

植株

穗

叶

缘毛鹅观草 *Elymus pendulinus* (Nevski) Tzvelev

形态特征 【植株】高 20 ～ 50 cm。【秆】直立，或基部节膝曲，平滑无毛，节上不被毛。【叶】叶鞘平滑无毛，顶端具叶耳，边缘无毛；叶舌截平；叶片扁平，长 8 ～ 20 cm，宽 2 ～ 8 mm，两面均无毛。【花】穗状花序，穗轴棱被纤毛；小穗贴生，含小花 5 ～ 8 朵；小穗轴被细短毛；颖披针形，平滑无毛，具 4 ～ 6 脉，先端渐尖，第 1 颖短于第 2 颖；外稃宽披针形，上部明显 5 脉，背部平滑无毛，或疏被微细毛，基盘两侧髭毛短，第 1 外稃先端芒细直或微弯曲，粗糙；内稃与外稃等长，先端微凹，脊上被短纤毛，脊间先端被微毛。【成熟期】花期 6 — 7 月。

生境分布 多年生中生草本。生于海拔 1 900 ～ 2 200 m 的山地林下、灌丛、河边、山沟。贺兰山西坡哈拉乌有分布。我国分布于东北、西北及山西、四川等地。世界分布于日本、朝鲜、俄罗斯。

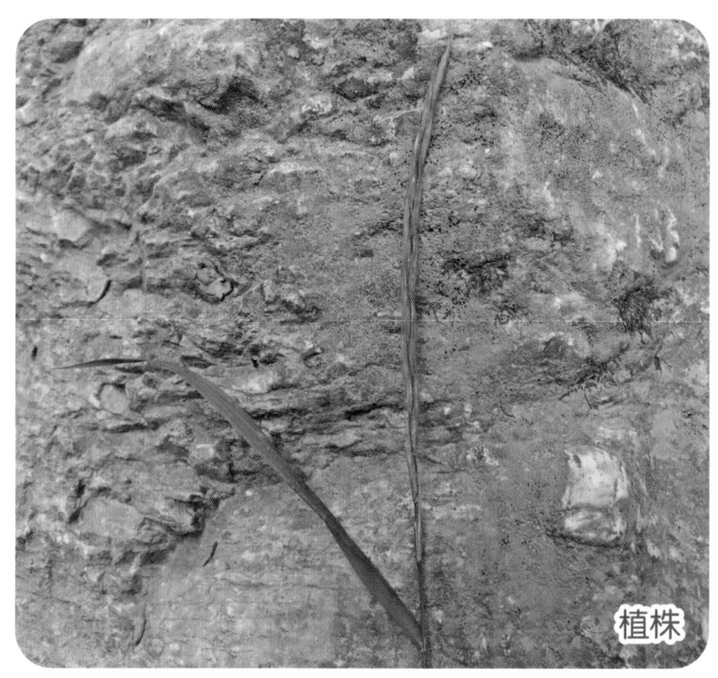

阿拉善披碱草　*Elymus alashanicus* (Keng ex Keng & S. L. Chen) S. L. Chen　别称　阿拉善鹅观草

形态特征　【植株】高 40 ～ 65 cm。【根状茎】具鞘外分蘖，横走或下伸。【秆】质刚硬，疏丛生，直立或基部斜。【叶】叶鞘紧密裹茎，基生碎裂呈纤维状；叶舌透明膜质；叶片坚韧直立，内卷呈针状，长 5 ～ 15 cm，宽 1 ～ 2 mm，两面均微被毛或下面平滑无毛。【花】穗状花序，劲直，狭细，穗轴棱边微糙涩；小穗淡黄色，无毛，贴靠穗轴，含小花 4 ～ 6 朵；小穗轴平滑；颖矩圆状披针形，平滑无毛，具 3 脉，先端尖或膜质钝圆，边缘膜质，第 1 颖短于第 2 颖；外稃披针形，平滑，脉不明显或近顶处 3 ～ 5 脉，先端尖或钝头，无芒，基盘平滑无毛；内稃与外稃等长或长于外稃，先端凹陷，脊上微糙涩，或下部近于平滑；花药乳白色。【成熟期】花果期 7 — 9 月。

生境分布　多年生旱中生草本。生于海拔 1 800 ～ 2 200 m 的草原带和草原荒漠带山地石质坡、岩崖、岩缝、山麓山坡、草地。贺兰山西坡和东坡均有分布。我国分布于内蒙古、陕西、宁夏、甘肃、新疆等地。国家二级重点保护植物。

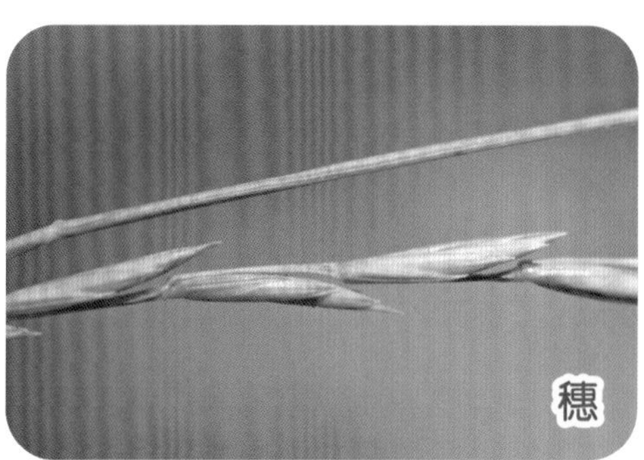

短颖鹅观草 *Elymus burchan-buddae* (Nevski) Tzvelev 别称 垂穗鹅观草

形态特征 【植株】高 20 ～ 40 cm，基部分蘖密集形成根头。【秆】细而质坚，光滑。【叶】叶鞘疏松，光滑；叶舌几乎缺少；叶片长 3 ～ 15 cm，宽 1.5 ～ 2.5 mm，内卷，无毛或上面疏被柔毛。【花】穗状花序，下垂，弯曲呈蜿蜒状，穗轴细弱，无毛或棱边被小纤毛，基部 2 ～ 4 节不具小穗；小穗草黄色，含小花 3 ～ 5 朵；小穗轴微被毛；颖披针形，质较薄，先端尖，具 3 脉，平滑或脉上微糙涩，第 1 颖短于第 2 颖；外稃披针形，被短刺毛，上部具明显 5 脉，基盘两侧被短毛，第 1 外稃长于第 2 颖，芒粗壮，糙涩，反曲；内稃与外稃等长或稍短，脊上半部粗糙被短纤毛，脊间被微毛；花药黑色。【成熟期】花果期 7 — 10 月。

生境分布 多年生丛生中生草本。生于山地草甸、水边湿地、草地。贺兰山西坡和东坡均有分布。我国分布于青海、新疆、四川、西藏等地。世界分布于印度、尼泊尔。

黑紫披碱草 *Elymus atratus* (Nevski) Hand. -Mazz.

形态特征 【植株】高 40 ～ 60 cm。【秆】直立，较细弱，基部呈膝曲状。【叶】叶鞘光滑无毛；叶片多少内卷，长 3 ～ 15 cm，宽 2 mm，两面无毛；基生叶被柔毛。【花】穗状花序，较紧密，曲折下垂；小穗偏于一侧，成熟后紫黑色，含小花 2 ～ 3 朵，小花仅 1 ～ 2 朵发育；颖甚小，几等长，狭长圆形或披针形，先端渐尖，稀具小尖头，具 1 ～ 3 脉，主脉粗糙，侧脉不显著；外稃披针形，密被微小短毛，具 5 脉，第 1 外稃长，顶端芒粗糙，反曲或展开；内稃与外稃等长，先端钝圆，脊上被纤毛。【成熟期】花果期 7 — 9 月。

生境分布 多年生疏丛生中生草本。生于海拔 2 900 ～ 3 000 m 的高山或亚高山草甸、灌丛。贺兰山主峰下缓坡有分布。我国分布于甘肃、青海、新疆、西藏、四川等地。国家二级重点保护植物。

垂穗披碱草　*Elymus nutans* Griseb.

形态特征　【植株】高 40 ～ 70 cm。【秆】直立，基部稍呈膝曲状。【叶】基部和根出的叶鞘被柔毛；叶片扁平，上面疏被柔毛，下面粗糙或平滑，长 5 ～ 10 cm，宽 3 ～ 5 mm。【花】穗状花序，较紧密，曲折先端下垂，穗轴边缘粗糙或被小纤毛，基部 1、2 节无发育小穗；小穗绿色，成熟后带紫色，每节着生 2 枚，顶端及下部节着生 1 枚，偏生穗轴一侧，近无柄或具短柄，含小花 3 ～ 4 朵；颖长圆形，2 颖几相等，先端渐尖或具短芒，具 3 ～ 4 脉，脉明显粗糙；外稃长披针形，具 5 脉，脉基部不明显，全部微被小短毛，第 1 外稃顶端延伸成芒，芒粗糙，向外反曲或展开；内稃与外稃等长，先端钝圆或截平，脊上被纤毛，基部毛渐少，脊间微被小短毛。【成熟期】花果期 6 — 8 月。

生境分布　多年生疏丛生中生草本。生于海拔 1 700 ～ 2 200 m 的山地林缘、灌丛、石质山坡。贺兰山 西坡和东坡均有分布。我国分布于西北、华北及四川、西藏等地。世界分布于亚洲中部地区及印度、俄罗斯、蒙古国。

冰草属 *Agropyron* Gaertn.

冰草 *Agropyron cristatum* (L.) Gaertn.

形态特征 【植株】高 15 ～ 75 cm。【根】须根稠密，外具砂套。【秆】疏丛生或密丛生，直立或基部节膝曲，上部被短柔毛。【叶】叶鞘紧密裹茎，粗糙或边缘微短毛；叶舌膜质，顶端截平具微细齿；叶片质较硬粗糙，边缘内卷，长 3 ～ 18 cm，宽 2 ～ 5 mm。【花】穗状花序，粗壮，矩圆形或两端微窄，穗轴被短毛，节间短；小穗紧密平行排列成 2 行，整齐呈篦齿状，含小花 3 ～ 7 朵；颖舟形，脊上或连同背部脉间被长柔毛，第 1 颖为第 2 颖长的 1/2，具芒，短或长于颖；外稃舟形，被稠密长柔毛或被柔毛，边缘狭膜质，被短刺毛，第 1 外稃顶端具芒；内稃与外稃等长，先端尖 2 裂，脊被短刺毛。【成熟期】花果期 7—9 月。

生境分布 多年生旱生草本。生于海拔 1 600 ～ 2 100 m 的干燥山坡草地、疏林、灌丛。贺兰山西坡和东坡均有分布。我国分布于东北、华北、西北地区。世界分布于北半球温带地区。

沙芦草 *Agropyron mongolicum* Keng 别称 蒙古冰草

形态特征 【植株】高 20 ～ 60 cm。【秆】基部节膝曲，疏丛生，直立，基部横卧而节生根，呈匍匐茎状，具 2 ～ 6 节。【叶】叶鞘紧密裹茎，无毛；叶舌截平，被小纤毛；叶片内卷呈针状，长 5 ～ 15 cm，宽 1.5 ～ 3.5 mm，光滑无毛。【花】穗状花序，穗轴节间光滑或被微毛；小穗向上斜升，含小花 3 ～ 8 朵；颖两侧不对称，具 3 ～ 5 脉，第 1 颖略短于第 2 颖，先端具短尖头，外稃无毛或疏被微毛，具 5 脉，先端具短尖头，第 1 外稃长于第 2 颖；内稃脊被短纤毛。【成熟期】花果期 7—9 月。

生境分布 多年生旱生草本。生于山麓干燥草原、沙地、沟谷。贺兰山西坡峡子沟、哈拉乌和东坡黄旗沟有分布。我国分布于内蒙古、陕西、宁夏、甘肃。国家二级重点保护植物。

赖草属　*Leymus* Hochst.

赖草　*Leymus secalinus* (Georgi) Tzvelev　别称　老披碱、厚穗碱草

形态特征　【植株】高 45 ～ 90 cm。【根状茎】下生和横走。【秆】单生或疏丛生，质硬，直立，上部密被柔毛，花序下部多毛。【叶】叶鞘光滑，或幼嫩上部边缘具纤毛，叶耳长；叶舌膜质，截平；叶片扁平或干时内卷，长 6 ～ 25 cm，宽 2 ～ 6 mm，上面及边缘粗糙或被短柔毛，下面光滑微糙涩，或两面均被微毛。【花】穗状花序，直立，灰绿色，穗轴被短柔毛，每节具小穗 2 ～ 4 枚；小穗含小花 5 ～ 7 朵；小穗轴被微柔毛；颖锥形，先端尖如芒状，具 1 脉，上半部粗糙，边缘具纤毛，第 1 颖短于第 2 颖，外稃披针形，背部被短柔毛，边缘毛长密，先端渐尖或具短芒，脉中上部明显，基盘被短毛，第 1 外稃与第 1 颖等长；内稃与外稃等长，先端微 2 裂，脊上半部被纤毛。【成熟期】花果期 6—9 月。

生境分布　多年生旱中生草本。生于山地草原、沙地、平原。贺兰山西坡和东坡均有分布。我国分布于东北、华北、西北及西藏等地。世界分布于俄罗斯、朝鲜、日本。

药用价值　根入药，可清热、止血、利尿。

毛穗赖草 *Leymus paboanus* (Claus) Pilger

形态特征 【植株】高 45 ~ 90 cm。【根状茎】下生。【秆】单生或少数丛生，基部残留枯黄色、纤维状叶鞘，具 3 ~ 4 节，光滑无毛。【叶】叶鞘无毛；叶舌短；叶片长 8 ~ 30 cm，宽 3 ~ 6 mm，扁平或内卷，上面微粗糙，下面光滑。【花】穗状花序，直立，穗轴较细弱，上部密被柔毛，向下渐无毛，边缘具睫毛；每节具小穗 2 ~ 3 枚，含小花 3 ~ 5 朵；小穗轴节间密被柔毛；颖近锥形，与小穗等长或稍长，微被细小刺毛，或平滑无毛，边缘背脊稍粗糙，下部稍扩展，不具膜质边缘；外稃披针形，背部密被白色细柔毛，先端渐尖或具短芒；内稃与外稃近等长，脊上半部被毛。【成熟期】花果期 6 — 7 月。

生境分布 多年生旱中生草本。生于山麓荒漠平原、沟边。贺兰山西坡哈拉乌和东坡大武口有分布。我国分布于新疆、甘肃、青海等地。世界分布于亚洲中部地区及俄罗斯、蒙古国。

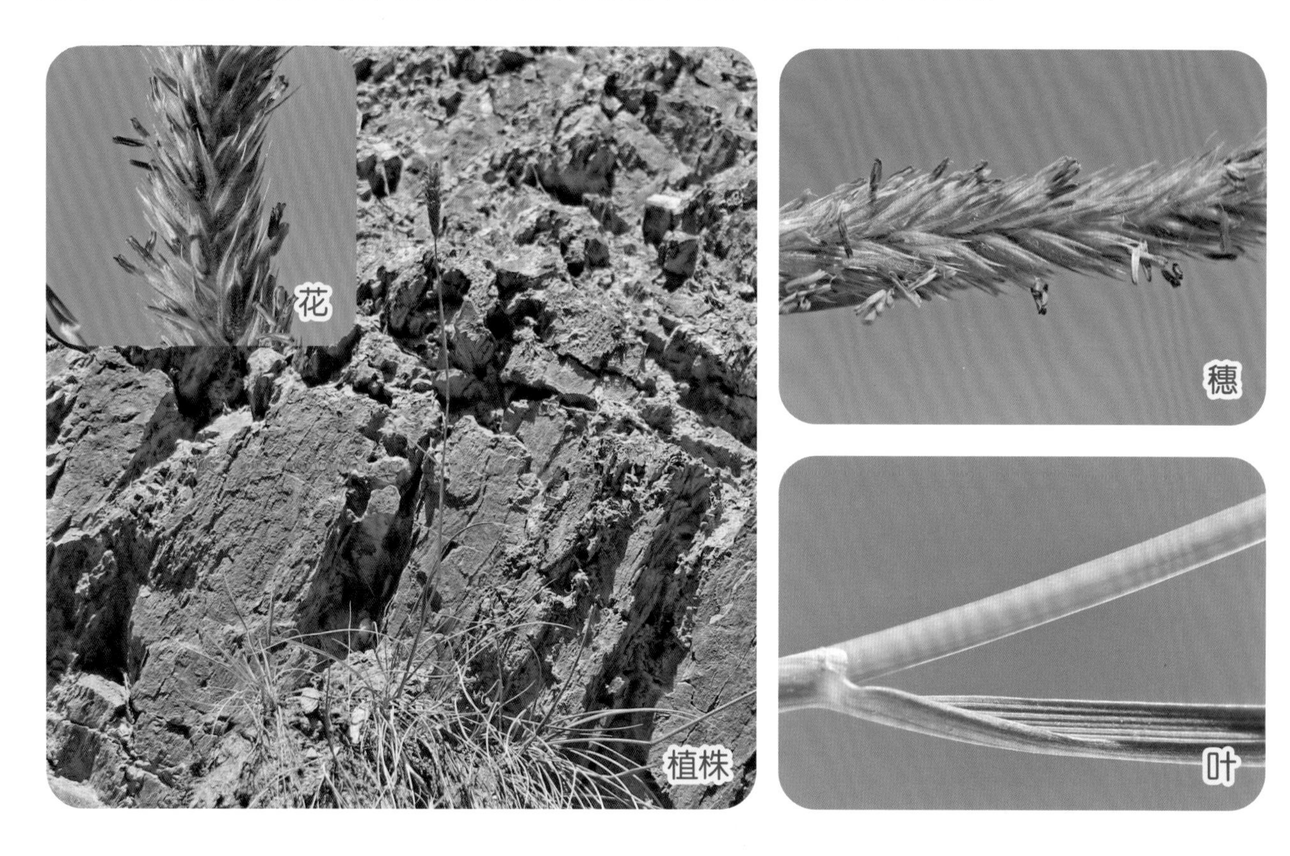

大麦属 *Hordeum* Linn

紫大麦草 *Hordeum roshevitzii* Bowden

别称 小药大麦草

形态特征 【植株】高 30 ~ 70 cm。【根状茎】较短。【秆】直立，丛生，光滑无毛，质较软，具 3 ~ 4 节。【叶】叶鞘基部长于上部短于节间；叶舌膜质；叶片扁平，长 2 ~ 12 cm，宽 1 ~ 4 mm。【花】穗状花序，绿色或带紫色；穗轴节间长，边缘具纤毛；三联小穗两侧具柄；中间小穗无柄；颖刺芒状；外稃披针形，背部光滑，先端具芒；内稃与外稃等长。【成熟期】花果期 6 — 9 月。

生境分布 多年生耐盐中生草本。生于山麓河边、草地、沙质地。贺兰山西坡哈拉乌、巴彦浩特有分布。我国分布于陕西、甘肃、宁夏、青海、新疆等地。世界分布于亚洲中部地区及俄罗斯、蒙古国。

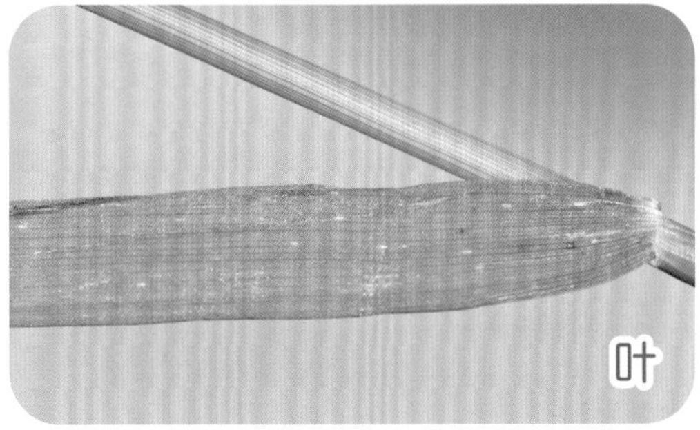

溚草属　*Koeleria* Pers.

芒溚草　*Koeleria iitvinowii* Domin　　别称　郦氏落草

形态特征　【植株】高 10 ～ 40 cm。【秆】具 1 ～ 3 节，花序以下密被短柔毛，基部密集枯叶纤维。【叶】叶鞘被柔毛；叶舌膜质；叶片扁平，长 2 ～ 5 cm，宽 2 ～ 4 mm，上面粗糙无毛或被毛，下面被短柔毛；分蘖叶长为其他叶片的 3 ～ 5 倍。【花】圆锥花序，紧密呈穗状，草绿色或带紫褐色，具光泽；小穗含小花 2 ～ 3 朵；小穗轴节间被柔毛；颖矩圆状披针形，第 1 颖具 1 脉，第 2 颖具 3 脉；外稃披针形，具 3 ～ 5 脉，第 1 外稃自稃体顶端以下生出 1 细短芒；内稃稍短于外稃。【成熟期】花果期 6 — 7 月。

生境分布　多年生旱生草本。生于干旱区石砾质山地草原。贺兰山西坡黄渠口、峡子沟有分布。我国分布于甘肃、青海、新疆、四川、西藏等地。世界分布于亚洲中部地区及蒙古国。

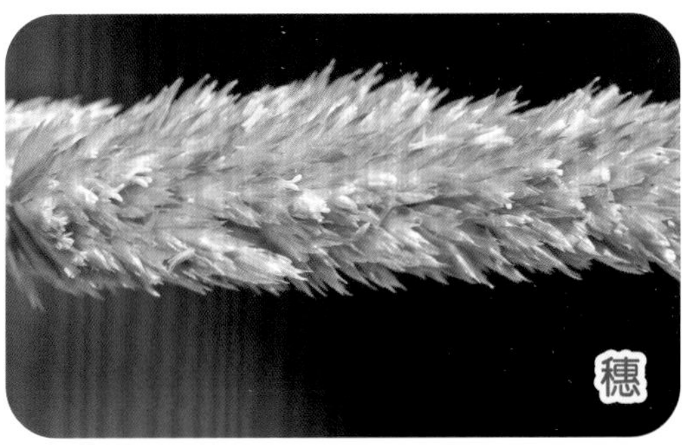

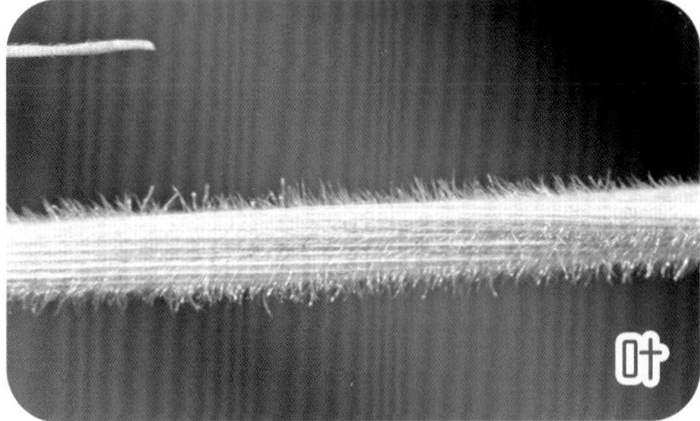

溚草 *Koeleria macrautha* (Ledeb.) Schult.

形态特征 【植株】高 20 ～ 60 cm。【秆】直立，具 2 ～ 3 节，花序下密被短柔毛，基部密集枯叶鞘。【叶】叶鞘无毛或被短柔毛；叶舌膜质；叶片扁平或内卷，灰绿色，长 1 ～ 7 cm，宽 1 ～ 2 mm，分蘖叶密集，被短柔毛或上面无毛，上部叶近无毛。【花】圆锥花序，紧缩呈穗状，下部间断，具光泽，草黄色或黄褐色，分枝长；小穗含小花 2 ～ 3 朵；小穗轴微被毛或近无毛；颖长圆状披针形，边缘膜质，先端尖，第 1 颖具 1 脉，第 2 颖具 3 脉；外稃披针形，第 1 外稃近等于第 2 颖，背部微粗糙，无芒，先端尖或具短尖头；内稃短于外稃。【成熟期】花果期 6 — 7 月。

生境分布 多年生旱生草本。生于海拔 1 900 ～ 2 300 m 的山地草原、干山坡。贺兰山西坡南寺、北寺、哈拉乌有分布。我国分布于东北、华北、西北、青藏高原等地区。世界分布于喜马拉雅山区、亚洲中部地区、北美洲及蒙古国、日本、伊朗、俄罗斯。

阿尔泰溚草 *Koeleria altaica* (Domin.) Krylov

形态特征 【植株】高 10 ～ 45 cm。【根状茎】短或具短根头。【秆】花序以下被柔毛，基部具枯叶纤维。【叶】叶鞘密被短柔毛；叶舌近膜质；叶片长 4 ～ 5 cm，宽 1 ～ 2 mm，上面被短柔毛，下面被长柔毛，分蘖叶。【花】圆锥花序，顶生，紧缩呈穗状，下部有间断，黄绿色或黄褐色，具光泽；小穗含小花 2 ～ 3 朵；颖披针形或矩圆状披针形，第 1 颖具 1 脉，第 2 颖具 3 脉；外稃披针形，背部被长柔毛，第 1 外稃与第 2 颖等长，具 3 ～ 5 脉，顶端无芒，具短尖头；内稃短于外稃。【成熟期】花果期 6 — 7 月。

生境分布 多年生旱生草本。生于海拔 2 500 ～ 3 400 m 的高山或亚高山灌丛、草甸。贺兰山主峰下和西坡哈拉乌有分布。我国分布于甘肃、青海、新疆、西藏、四川等地。世界分布于蒙古国、俄罗斯、哈萨克斯坦。

三毛草属 *Trisetum* Pers.

三毛草 *Trisetum bifidum* (Thunb.) Ohwi

别称 蟹钓草

形态特征 【植株】高 0.3 ～ 1 m。【秆】直立或基部膝曲，光滑无毛，具 2 ～ 5 节。【叶】叶鞘松弛，无毛，短于节间；叶舌膜质；叶片扁平，长 5 ～ 15 cm，宽 3 ～ 6 mm，无毛。【花】圆锥花序，疏展，长圆形，具光泽，黄绿色或褐绿色，分枝纤细，光滑无毛，每节多枚，多上升，稍开展，长；小穗含小花 2 ～ 3 朵；小穗轴节间长，被白色或浅褐色短毛，下部稀疏；颖膜质，不相等，先端尖，背脊粗糙，第 1 颖具 1 脉，第 2 颖具 3 脉；外稃黄绿色、褐色，纸质，先端浅 2 裂，裂片边缘膜质，背部点状粗糙，第 1 外稃基盘被短毛，顶端下生芒，芒细弱，向外反曲；内稃透明膜质，短于外稃，背部向外拱作弧形，先端微 2 裂，具 2 脊，脊被小纤毛；鳞被 2，透明膜质，先端齿裂；雄蕊 3，花药黄色。【成熟期】花果期 7—9 月。

生境分布 多年生中生草本。生于 2 400 ～ 2 800 m 的森林荒漠区山坡草地、高山草甸。贺兰山西坡哈拉乌有分布。我国分布于西北、西南、东南及河南、安徽、湖北、湖南等地。世界分布于朝鲜、日本。

异燕麦属 *Helictotrichon* Bess. ex Schult. et J. H. Schult.

蒙古异燕麦 *Helictotrichon mongolicum* (Roshev.) Henrard

形态特征 【植株】高 10 ～ 55 cm。【根】须根较粗壮且长。【秆】直立，丛生，光滑或粗糙，具 1 ～ 2 节。【叶】叶鞘粗糙或被微毛，长于节间；秆生叶叶舌较短，平截，顶端被微毛；分蘖叶叶舌长，披针形，被微毛；叶片窄线形，纵卷，基生叶长 15 ～ 30 cm，茎生叶长 2 ～ 5 cm，宽 1 ～ 2 mm，光滑或粗糙。【花】圆锥花序，偏向一侧，紧缩或稍展，花序轴粗糙或被短毛，每节具 2 枚分枝，分枝短，被短毛；小穗披针形，含小花 3 朵，顶花退化，淡褐色或稻黄色均带紫红色；小穗轴节间被长柔毛；颖近相等，紫红色，披针形，先端长渐尖，边缘膜质，第 1 颖具 1 脉，第 2 颖具 3 脉；外稃狭披针形，长 8 ～ 10 mm，具 5 ～ 7 脉，先端齿裂，基盘被短毛，芒自稃体中部伸出，膝曲，芒柱扭转；内稃较外稃短，2 脊粗糙；雄蕊 3，花药黄色或带紫色；子房顶端密被柔毛。【成熟期】花果期 7 — 9 月。

生境分布 多年生耐寒中生草本。生于海拔 2 800 ～ 3 400 m 的高山或亚高山草甸、灌丛。贺兰山主峰两侧有分布。我国分布于新疆、青海、甘肃、宁夏等地。世界分布于亚洲。

植株

穗

天山异燕麦 *Helictotrichon tianschanicum* (Roshev.) Henrard

形态特征 【植株】高 10 ～ 40 cm。【根】须根粗短。【秆】细，直立，密丛生，基部具残叶鞘。【叶】叶鞘裹茎，鞘缘膜质，被微毛；秆生叶叶舌短，被短毛；分蘖叶叶舌披针形，被短毛，先端渐尖或齿裂；叶片窄，细线形，纵卷如针，长为茎的 1/8 ～ 1/2，光滑或粗糙，多着生茎下部，上部稀疏。【花】圆锥花序，紧缩，短分枝被微毛，每分枝具少数小穗；小穗黄褐色，含小花 2 ～ 3 朵；小穗轴节间短，被长柔毛；颖不等，宽披针形，脉上微粗糙，第 1 颖具 1 ～ 3 脉，第 2 颖具 3 ～ 5 脉；第 1 外稃宽披针形，稍带紫色，顶端齿裂，具 5 ～ 7 脉，基盘被柔毛，芒自稃体中上部伸出，膝曲，芒柱扭转；内稃稍短于外稃，顶端齿裂，两脊上被短纤毛；雄蕊 3；子房密被茸毛。【成熟期】花果期 7 — 9 月。

生境分布 多年生耐寒中生草本。生于海拔 2 500 ～ 3 000 m 的高山或亚高山山坡阴坡、林中。贺兰山主峰山脊两侧有分布。我国分布于甘肃、青海、新疆、宁夏、内蒙古等地。世界分布于俄罗斯。

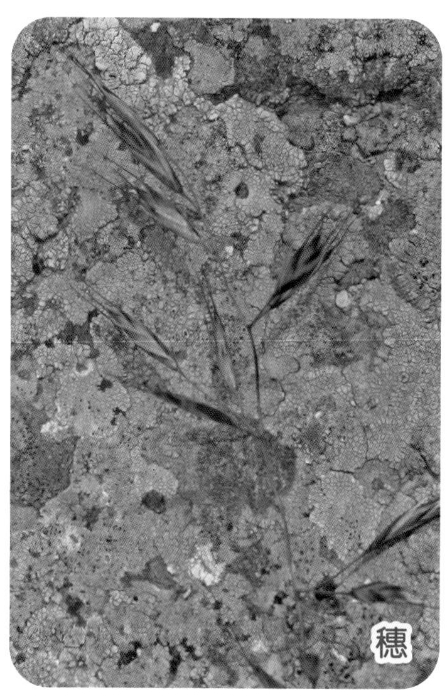

燕麦属 *Avena* Linn

野燕麦 *Avena fatua* Linn

别称 燕麦、燕麦草

形态特征 【植株】高 0.6 ～ 1.2 m。【根】须根坚韧。【秆】直立，光滑无毛，具 2 ～ 4 节。【叶】叶鞘松弛，光滑或基部被微毛；叶舌透明膜质；叶片扁平，长 10 ～ 30 cm，宽 3 ～ 12 mm，微粗糙，或上面及边缘疏被柔毛。【花】圆锥花序，开展，金字塔形，分枝具棱角，粗糙；小穗含小花 2 ～ 3 朵，柄弯曲下垂，顶端膨胀；小穗轴密被淡棕色或白色硬毛，其节脆硬易断落，第 1 节间长；颖草质，几相等，具 9 脉；外稃质地坚硬，第 1 外稃背面中部被淡棕色或白色硬毛，芒自稃体中部稍下部伸出，膝曲，芒柱棕色，扭转。【果】颖果被淡棕色柔毛，腹面具纵沟。【成熟期】花果期 5—9 月。

生境分布 一年生中生草本。生于山麓荒漠、山坡草地、路旁、农田。贺兰山西坡哈拉乌、巴彦浩特和东坡大水沟有分布。我国广布于各地。世界分布于欧洲、非洲北部地区、亚洲。

药用价值 全草入药，可补虚、敛汗、止血；也可做蒙药。

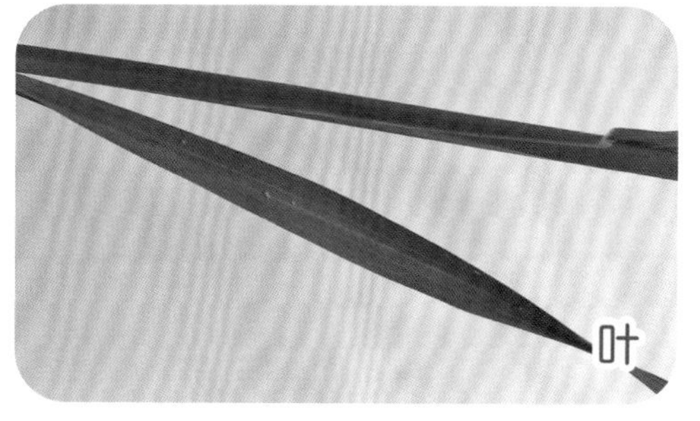

黄花茅属 *Anthoxanthum* Linn

光稃茅香 *Anthoxanthum glabrum* (Trin.) Veldkamp

形态特征 【植株】高 15 ～ 40 cm。【根状茎】黄色，细弱。【秆】直立，无毛。【叶】叶鞘密被微毛或平滑无毛；叶舌透明膜质，先端钝；叶片扁平，长 2.5 ～ 10 cm，宽 1.5 ～ 5 mm，两面无毛或粗糙，边缘微被小刺状纤毛。【花】圆锥花序，卵形至三角状卵形，分枝细，无毛；小穗黄褐色，具光泽；颖膜质，具 1 脉，第 1 颖短于第 2 颖；雄花外稃长于颖或与第 2 颖等长，先端具膜质而钝，背部平滑至粗糙，向上渐被微毛，边缘具密粗纤毛；雌花外稃披针形，先端渐尖，密被纤毛，其余部分光滑无毛；内稃与外稃等长或较短，具 1 脉，脊上部疏被微纤毛。【成熟期】花果期 7—9 月。

生境分布 多年生中生草本。生于森林草原区河谷草甸、湿润草地、田野。贺兰山西坡哈拉乌有分布。我国分布于辽宁、河北、青海等地。世界分布于蒙古国、日本、俄罗斯。

看麦娘属 *Alopecurus* Linn

苇状看麦娘 *Alopecurus arundinaceus* Poir.

别称 大看麦娘

形态特征 【植株】高 20 ～ 50 cm，具根状茎。【秆】直立，单生或少数丛生，具 3 ～ 5 节。【叶】叶鞘松弛，多数短于节间；叶舌膜质，长 5 mm；叶片斜上升，长 5 ～ 20 cm，宽 1 ～ 3 mm，上面粗糙，下面平滑。【花】圆锥花序，长圆状圆柱形，灰绿色或成熟后黑色；小穗卵形；颖基部约 1/4 互相连合，顶端尖，稍向外张开，脊上被纤毛，两侧无毛或疏被短毛；外稃较颖短，先端钝，被微毛，芒近光滑，自稃体中部伸出，隐藏或稍露出颖外；雄蕊 3，花药黄色。【成熟期】花果期 7—9 月。

生境分布 一年生湿中生草本。生于山麓溪边、沟渠、山坡草地。贺兰山西坡巴彦浩特有分布。我国分布于东北及甘肃、内蒙古、青海、新疆等地。世界分布于欧亚大陆寒温带地区。

拂子茅属 *Calamagrostis* Adans.

拂子茅 *Calamagrostis epigeios* (L.) Roth

形态特征 【植株】高 0.7 ～ 1.3 m，具根状茎。【秆】直立，平滑无毛或花序下粗糙。【叶】叶鞘平滑或粗糙，节间基部长于节间；叶舌膜质，长圆形，先端易破裂；叶片长 9 ～ 27 cm，宽 5 ～ 13 mm，扁平或边缘内卷，上面及边缘粗糙，下面平滑。【花】圆锥花序，紧密，圆筒形，劲直，具间断，中部分枝粗糙，直立或斜升；小穗淡绿色或带淡紫色；2 颖近等长或第 2 颖短，先端渐尖，第 1 颖具 1 脉，第 2 颖具 3 脉，主脉粗糙；外稃透明膜质，长为颖的 1/2，顶端具 2 齿，基盘柔毛与颖等长，芒自稃体背中部伸出，细直；内稃长为外稃的 2/3，顶端细齿裂；小穗轴不延伸于内稃后，或仅内稃基部残留微小痕迹；雄蕊 3，花药黄色。【成熟期】花果期 6 — 9 月。

生境分布 多年生中生草本。生于山麓、溪边湿地、干河床、浅水砂质地。贺兰山西坡和东坡均有分布。我国广布于各地。世界分布于欧亚大陆温带、寒带地区。

药用价值 全草入药，可催产助生。

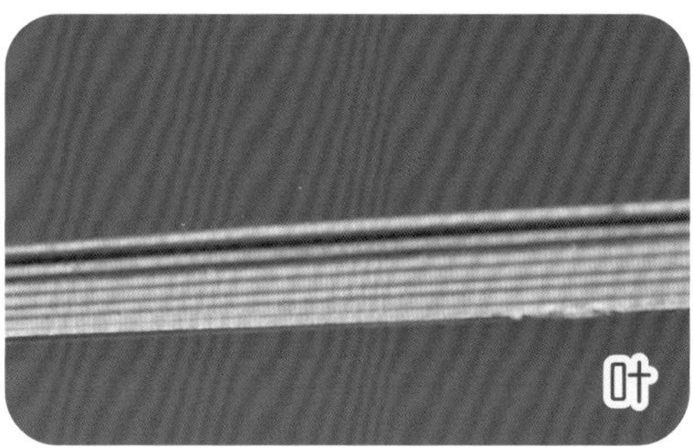

假苇拂子茅　*Calamagrostis pseudophragmites* (Haller f.) Koeler

形态特征 【植株】高 20 ～ 60 cm。【秆】直立，平滑无毛。【叶】叶鞘平滑无毛，或粗糙，短于节间，或下部长于节间；叶舌膜质，长圆形，顶端钝易破碎；叶片长 6 ～ 15 cm，宽 2 ～ 7 mm，扁平或内卷，上面及边缘粗糙，下面平滑。【花】圆锥花序，长圆状披针形，疏松开展，分枝簇生，直立，细弱，糙涩；小穗草黄色或紫色；颖线状披针形，成熟后张开，顶端长渐尖，不等长，第 2 颖较第 1 颖短，具 1 脉或第 2 颖具 3 脉，主脉粗糙；外稃透明膜质，具 3 脉，顶端全缘，稀微齿裂，芒自顶端或稍下处伸出，细直，细弱，基盘柔毛等长或短于小穗；内稃膜质透明，长为外稃的 1/3 ～ 2/3；雄蕊 3。【成熟期】花果期 7 — 9 月。

生境分布 多年生中生草本。生于海拔 1 800 ～ 2 500 m 的山坡草地、河岸湿地。贺兰山西坡和东坡均有分布。我国分布于东北、华北、西北及四川、湖北、贵州、云南等地。世界分布于欧亚大陆温带地区。

植株

穗

野青茅属　*Deyeuxia* Clarion ex P. Beauv.

野青茅　*Deyeuxia pyramidalis* (Host) Veldkamp

形态特征 【植株】高 0.5 ～ 1.2 m。【秆】直立，节膝曲，丛生，基部具被鳞片的芽，平滑。【叶】叶鞘疏松，被长柔毛或仅鞘口及边缘被长柔毛；叶舌干膜质，背面粗糙，先端撕裂；叶片扁平或向上内卷，长 15 ～ 40 cm，宽 2 ～ 9 mm，上面无毛或疏被长柔毛，下面粗糙。【花】圆锥花序，紧缩似穗状，分枝 3 或数枚簇生，直立贴生，与小穗柄均粗糙；小穗草黄色或带紫色；颖片披针形，先端尖，粗糙，两颖近等长，或第 1 颖长，具 1 脉，第 2 颖具 3 脉；外稃稍粗糙，顶端微齿裂，基盘两侧柔毛的长度超过稃体，芒自外稃基部或下部 1/5 处伸出，中部膝曲，芒柱扭转；内稃近等长或短于外稃；延伸小穗轴与其所被柔毛等长。【成熟期】花果期 6 — 8 月。

生境分布 多年生中生草本。生于山地草甸、林缘、山坡草地、荫蔽地。贺兰山西坡水磨沟有分布。我国广布于各地。世界分布于欧亚大陆温带地区。

剪股颖属 *Agrostis* Linn

巨序剪股颖 *Agrostis gigantea* Roth

别称 小糠草

形态特征 【植株】高 0.5 ～ 1.2 cm。【根状茎】匍匐。【秆】2 ～ 6 节，平滑，丛生，直立或下部节膝曲斜升。【叶】叶鞘短于节间；叶舌干膜质，长圆形，先端具缺刻状齿裂，背部微粗糙；叶片扁平，线形，长 5 ～ 20 cm，宽 3 ～ 7 mm，边缘和叶脉粗糙。【花】花序长圆形或尖塔形，疏松或紧缩，每节具 5 至多数分枝，稍粗糙，基部不裸露；小穗基部腋生，草绿色或带紫色，穗柄粗糙；颖片舟形，2 颖等长或第 1 颖长，先端尖，背部具脊，脊上部或颖先端粗糙；外稃先端钝圆，无芒；基盘两侧被簇状长毛；内稃短于外稃，长圆形，顶端圆或具不明显齿。【成熟期】花期 6 — 8 月。

生境分布 多年生中生草本。生于林缘沟谷、山沟湿地、溪边、草甸。贺兰山西坡哈拉乌和东坡大水沟、汝箕沟有分布。我国分布于东北、华北、西北、西南、华东地区。世界分布于欧亚大陆温带、寒带地区。

棒头草属　*Polypogon* Desf.

长芒棒头草　*Polypogon monspeliensis* (L.) Desf.

形态特征　【植株】高 15 ～ 38 cm。【秆】直立，基部膝曲，光滑无毛，具 4 ～ 5 节。【叶】叶鞘疏松裹茎，微被细刺毛或粗糙，长于节间；叶舌膜先端深 2 裂或不规则撕裂，背部微被细短刺毛；叶片长 3 ～ 8 cm，宽 1.7 ～ 3 cm，两面及边缘被微小短刺毛或下面粗糙。【花】圆锥花序，穗状；小穗淡灰绿色，成熟后枯黄色；颖片倒卵状长圆形，被短纤毛，先端 2 浅裂，芒自裂口处伸出，细长粗糙；外稃光滑无毛，先端具微齿，中脉延伸成与稃体等长而易脱落细芒；雄蕊 3，花药长。【果】颖果倒卵状长圆形。【成熟期】花果期 7 — 9 月。

生境分布　一年生湿中生草本。生于海拔 1 600 ～ 1 800 m 的沟谷、溪边、湿地。贺兰山西坡南寺和东坡大水沟、插旗沟有分布。我国广布于各地。世界分布于北半球温带、寒带地区。

菵草属　*Beckmannia* Host

菵草　*Beckmannia syzigachne* (Steud.) Fernald

形态特征　【植株】高 45 ～ 65 cm。【秆】基部节膝曲，具 2 ～ 4 节，平滑。【叶】叶鞘无毛，长于节间；叶舌透明膜质，先端尖或撕裂；叶片扁平，长 5 ～ 12 cm，宽 2 ～ 6 mm，两面无毛或粗糙或被微细状毛。【花】圆锥花序，分枝稀疏，直立或斜升；小穗扁平，圆形，灰绿色，含小花 1 朵；颖草质；边缘质薄，白色，背部灰绿色，具淡色横纹；外稃披针形，具 5 脉，具伸出颖外的短尖头；花药黄色。【果】颖果黄褐色，长圆形，先端被短毛。【成熟期】花果期 6 — 9 月。

生境分布　一年生湿中生草本。生于海拔 2 000 m 左右的沟谷、溪边。贺兰山东坡大水沟有分布。我国广布于各地。世界广布种。

针茅属 *Stipa* Linn

大针茅 *Stipa grandis* P. A. Smirn.

形态特征　【植株】高 0.5 ～ 1 m。【秆】直立。【叶】叶鞘粗糙或老时平滑，下部长于节间；基生叶叶舌短，钝圆，边缘具睫毛，披针形；叶片纵卷似针状，上面微被毛，下面光滑；基生叶长达植株的 1/2。【花】圆锥花序，基部包藏于叶鞘内，分枝细弱，直立上举；小穗淡绿色或紫色；颖尖披针形，先端丝状，第 1 颖具 3 ～ 4 脉，第 2 颖具 5 脉；外稃长具 5 脉，顶端关节处生 1 圈短毛，背部被贴生纵短毛，基盘尖锐，被柔毛，芒二回膝曲扭转，微糙涩，第 1 芒柱长为第 2 芒柱的 3 倍，芒针丝状卷曲；内稃与外稃等长，具 2 脉；花药长。【成熟期】花果期 7 — 8 月。

生境分布　多年生丛生旱生草本。生于海拔 2 000 ～ 2 400 m 的干燥山坡。贺兰山西坡和东坡均有分布。我国分布于东北、西北及山西、河北等地。世界分布于蒙古国、日本、俄罗斯。

狼针草　*Stipa baicalensis* Roshev.　别称　贝加尔针茅

形态特征　【植株】高 50 ～ 80 cm。【秆】直立，丛生，具 3 ～ 4 节，基部宿存枯萎叶鞘。【叶】叶鞘平滑或糙涩，下部长于节间；基生叶叶舌平截或 2 裂，秆生叶叶舌钝圆或 2 裂，均具睫毛；叶片纵卷成线形；基生叶长达 40 cm，下面平滑，上面疏被柔毛。【花】圆锥花序，基部藏于叶鞘内，分枝细，直立上举；小穗灰绿色或紫褐色；颖尖披针形，先端细丝状，第 1 颖具 3 脉，第 2 颖具 5 脉；外稃顶端关节处被 1 圈短毛，背部被贴生成纵行短毛，基盘尖锐，密被柔毛，芒二回膝曲，光亮无毛，边缘微粗糙，第 1 芒柱扭转，第 2 芒柱稍扭转，芒针长；内稃具 2 脉；花药黄色。【成熟期】花果期 7 — 8 月。

生境分布　多年生丛生旱生草本。生于海拔 2 000 ～ 2 500 m 的山麓山坡、草地。贺兰山西坡雪岭子、峡子沟和东坡贺兰沟有分布。我国分布于东北、华北、西北及四川、西藏等地。世界分布于俄罗斯、蒙古国。

沙生针茅　*Stipa caucasica* subsp. *glareosa* (P. A. Smirn.) Tzvelev

形态特征　【植株】高 10 ～ 50 cm。【根】须根粗韧，外具砂套。【秆】粗糙，斜生或直立，具 1 ～ 2 节，基部宿存枯叶鞘。【叶】叶鞘被密毛；基生叶与秆生叶叶舌短而钝圆，边缘具纤毛；叶片纵卷如针，下面粗糙或被微柔毛；基生叶长为秆高的 2/3。【花】圆锥花序，包藏于顶生叶鞘内，分枝短，具 1 小穗；颖尖披针形，先端细丝状，基部具 3 ～ 5 脉；外稃长为颖的 1/2 以下，背部毛呈条状，顶端关节处被 1 圈短毛，基盘尖锐，密被柔毛，芒一回膝曲扭转，芒柱被长柔毛，芒针短于柔毛；内稃与外稃近等长，具 1 脉，背部稀被短柔毛。【成熟期】花果期 6 — 8 月。

生境分布　多年生旱生草本。生于海拔 1 600 ～ 2 500 m 的石质山坡、丘间洼地、河滩砾石地、砂砾地。贺兰山西坡和东坡均有分布。我国分布于西北及西藏、河北等地。世界分布于波罗的海、帕米尔高原、西伯利亚地区及蒙古国。

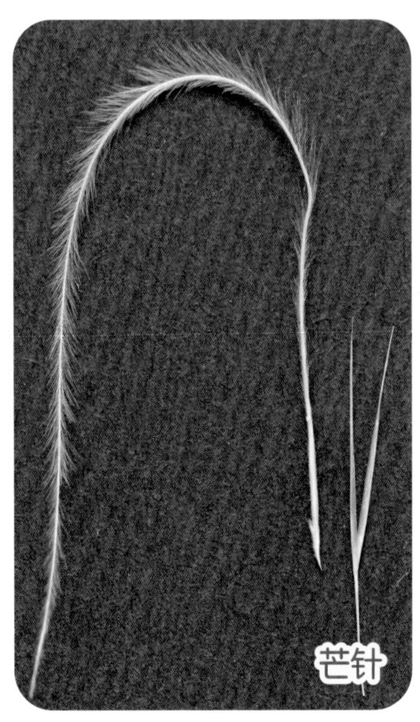

紫花针茅　*Stipa purpurea* Griseb.

形态特征　【植株】高 20 ～ 50 cm。【秆】直立。【叶】叶鞘光滑；叶舌披针形，膜质，叶光滑；秆生叶稀少，长 3.5 ～ 5 cm；基生叶稠密，长 10 cm。【花】圆锥花序，基部被顶生叶鞘包裹，分枝稀少，细弱，弯曲，光滑；小穗稀疏；颖宽披针形，深紫色，光滑，中上部具白色膜质边缘，顶端延伸呈芒状，2 颖近等长，具 3 脉；外稃短于颖，顶端关节处被稀疏短毛，基盘密被白色柔毛，芒二回膝曲，均被白色长柔毛，第 1 芒柱扭转，第 2 芒柱芒针扭曲。【成熟期】花果期 7 — 8 月。

生境分布　多年生丛生旱生草本。生于海拔 1 900 ～ 2 200 m 的山坡草甸、山前洪积扇、河谷阶地。贺兰山西坡和东坡均有分布。我国分布于西北及西藏、四川等地。世界分布于帕米尔高原、亚洲中部地区。

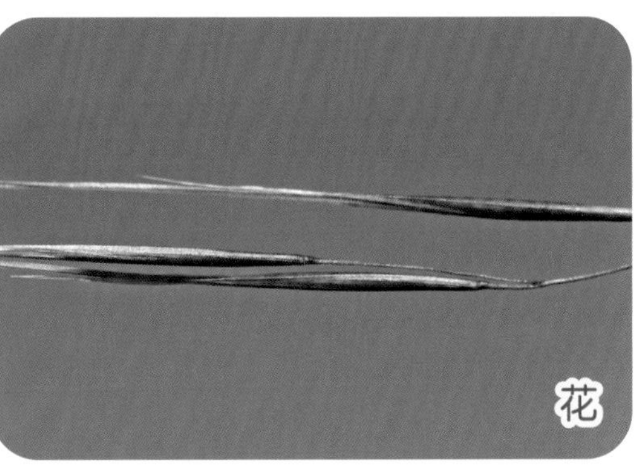

短花针茅 *Stipa breviflora* Griseb.

形态特征 【植株】高 30 ～ 60 cm。【根】须根坚韧，细长。【秆】直立，基部节膝曲，具 2 ～ 3 节。【叶】叶鞘短于节间，基部被短柔毛；基生叶叶舌钝；秆生叶叶舌长，顶端两裂，被缘毛；叶片纵卷如针状；基生叶长 10 ～ 15 cm。【花】圆锥花序，狭窄，被基部顶生叶鞘包藏，分枝细而光滑，孪生，上部可再分枝而具少数小穗；小穗灰绿色或浅褐色；颖披针形，先端渐尖具 3 脉，等长或第 1 颖稍长；外稃长具 5 脉，顶端关节处生 1 圈短毛，其下被微小硬刺毛，背部被条状毛，基盘尖锐，密被柔毛，芒二回膝曲扭转，第 1 芒柱长于第 2 芒柱，被柔毛，芒针被羽状毛；内稃与外稃近等长，具 2 脉，背部疏被柔毛。【果】颖果长圆柱形，绿色。【成熟期】花果期 6 — 7 月。

生境分布 多年生旱生草本。生于海拔 1 700 ～ 1 800 m 的石质山坡、干山坡、河谷阶地。贺兰山西坡和东坡均有分布。我国分布于西北、西南及山西、河北等地。世界分布于尼泊尔。

石生针茅 *Stipa tianschanica* var. *klemenzii* (Roshev.) Norl.

别称 小针茅

形态特征 【植株】高 10 ～ 40 cm。【秆】斜升或直立，基部节膝曲。【叶】叶鞘光滑或微粗糙；叶舌膜质，边缘被长纤毛；叶片上面光滑，下面脉被短刺毛；秆生叶长 2 ～ 4 cm；基生叶长达 20 cm。【花】圆锥花序，被膨大的顶生叶鞘包裹，顶生叶鞘超出圆锥花序，分枝细弱，粗糙，直伸，单生或孪生；小穗稀疏；颖狭披针形，绿色，上部及边缘宽膜质，顶端延伸成丝状尾尖，2 颖近等长，第 1 颖具 3 脉，第 2 颖具 3 ～ 4 脉；外稃短于颖，芒针顶端关节处光滑，不具环毛，基盘尖锐，密被柔毛，芒一回膝曲，芒柱扭转，光滑，芒针弧状弯曲，被柔毛，顶端柔毛短。【成熟期】花果期 6 — 7 月。

生境分布 多年生丛生旱生草本。生于海拔 1 700 m 左右的干山坡、砾石堆。贺兰山西坡和东坡均有分布。我国分布于甘肃、青海、新疆等地。世界分布于俄罗斯、蒙古国。

戈壁针茅　*Stipa tianschanica* var. *gobica* (Roshev.) P. C. Kuo & Y. H. Sun

形态特征　【植株】高 10 ～ 50 cm。【秆】斜升或直立，基部膝曲。【叶】叶鞘光滑或粗糙；叶舌膜质，边缘被长纤毛；叶上面光滑，下面脉被短刺毛；秆生叶长 2 ～ 4 cm；基生叶长达 20 cm。【花】圆锥花序，下部被顶生叶鞘包裹，分枝细弱，光滑，直伸，单生或孪生；小穗绿色或灰绿色；颖狭披针形，上部及边缘宽膜质，顶端延伸成丝状长尾尖，2 颖近等长，第 1 颖具 1 脉，第 2 颖具 3 脉；外稃长为颖的 1/3，顶端关节处光滑，不具毛环，基盘尖锐，密被柔毛，芒一回膝曲，芒柱扭转，光滑，芒针急折弯曲近呈直角，非弧状弯曲，被柔毛，顶端柔毛渐短。【成熟期】花果期 6 — 7 月。

生境分布　多年生旱生草本。生于海拔 2 000 ～ 2 200 m 的干山坡、砾石堆。贺兰山西坡和东坡均有分布。我国分布于宁夏、甘肃、新疆、青海、陕西、山西、河北等地。世界分布于蒙古国。

稗属　*Echinochloa* P. Beauv.

稗　*Echinochloa crusgalli* (L.) P. Beauv.　别称　扁扁草

形态特征　【植株】高 0.4 ～ 1.5 m。【秆】丛生，直立，基部膝曲，光滑无毛。【叶】叶鞘疏松裹秆，平滑无毛，下部长于上部短于节间；叶舌缺；叶片扁平，线形，长 15 ～ 45 cm，宽 5 ～ 17 mm，无毛，边缘粗糙。【花】圆锥花序，直立，近尖塔形；主轴具棱；分枝斜上举或贴向主轴，或再分小枝；穗轴粗糙，基部被硬刺疣毛；小穗卵形，脉上密被硬刺疣毛，具短柄或近无柄，密集穗轴一侧；第 1 颖三角形，长为小穗的 1/3 ～ 1/2，具 3 ～ 5 脉，脉上被硬刺疣毛，基部包卷小穗，先端尖；第 2 颖与小穗等长，先端渐尖或具小尖头，具 5 脉，脉上被硬刺疣毛；第 1 小花中性，外稃草质，上部具 7 脉，脉上被硬刺疣毛，顶端延伸成粗壮长芒，内稃薄膜质，狭窄，具 2 脊；第 2 外稃椭圆形，平滑，光亮，成熟后变硬，顶端具小尖头，尖头上被 1 圈细毛，边缘内卷，包着同质的内稃，但内稃顶端露出。【成熟期】花果期 6 — 9 月。

生境分布　一年生湿生草本。生于山麓水田、渠道、沟边。贺兰山西坡和东坡均有分布。我国广布于各地。世界分布于温带地区。

药用价值　全草入药，可调经止血、益气健脾、透疹止咳、补中利水。

植株

穗

芨芨草属　*Achnatherum* P. Beauv.

芨芨草　*Achnatherum splendens* (Trin.) Nevski　别称　积机草

形态特征　【植株】高 0.7 ～ 2.0 m。【根】粗，须根坚韧，具砂套。【秆】直立，坚硬，内具白色髓，形成大密丛，基部节多，具 2 ～ 3 节，平滑无毛，基部宿存枯萎的黄褐色叶鞘。【叶】叶鞘无毛，具膜质边缘；叶舌三角形或尖披针形；叶片纵卷，质坚韧，长 30 ～ 60 cm，宽 3 ～ 6 mm，上面脉纹凸起，微粗糙，下面光滑无毛。【花】圆锥花序，开花时呈金字塔形开展，主轴平滑，或具角棱，微粗糙，分枝细弱，2 ～ 6 簇生，平展或斜升，基部裸露；小穗灰绿色，基部带紫褐色，成熟后变草黄色；颖膜质，披针形，顶端尖或锐尖，第 1 颖具 1 脉，第 2 颖具 3 脉；外稃长，厚纸质，顶端具 2 微齿，背部密被柔毛，具 5 脉，基盘钝圆，被柔毛，芒自外稃齿间伸出，直立或微弯，粗糙，不扭转，易断落；内稃短，具 2 脉无脊，脉间被柔毛；花药顶端被毫毛。【成熟期】花果期 6 — 9 月。

生境分布　多年生高大旱中生草本。生于海拔 1 600 ～ 1 800 m 的微碱性草滩、砂土山坡。贺兰山西坡和东坡均有分布。我国分布于西北、东北及山西、河北等地。世界分布于亚洲、欧洲。

药用价值　茎、花和根入药，可利尿清热。

京芒草　*Achnatherum pekinense* (Hance) Ohwi　别称　京羽茅

形态特征　【植株】高 0.5 ～ 1.2 m。【秆】直立，坚硬，疏丛生，光滑无毛。【叶】叶鞘松弛，光滑无毛，边缘膜质；叶舌膜质，截平，顶端具裂齿；叶片质地较软，扁平或边缘内卷，长 20 ～ 50 cm，宽 5 ～ 11 mm，先端渐尖，上面和边缘粗糙，下面平滑。【花】圆锥花序，疏松开展，每节具分枝 2 ～ 6，分枝细长，直立，成熟后水平开展，微粗糙，呈半环状簇生，下部裸露；小穗草绿色或灰绿色，成熟后变成紫色或浅黄色，矩圆状披针形，穗柄微粗糙；颖等长或第 1 颖短，膜质，矩圆状披针形，先端短尖或稍钝，具 3 脉，光滑无毛，上部边缘透明；外稃顶端具不明显 2 微齿，背部密被白色柔毛，具 3 脉，脉于顶端汇合，基盘钝圆，密被短柔毛，芒二回膝曲，芒柱扭转，疏被细小刺毛；内稃与外稃近等长，脉间被白色短柔毛；花药条形，顶端被毫毛。【成熟期】花果期 7 — 9 月。

生境分布　多年生疏丛生中生草本。生于海拔 1 500 ～ 1 600 m 的低山坡草地、林下、河滩、路旁。贺兰山东坡小口子有分布。我国分布于东北、华北、西北及安徽等地。世界分布于俄罗斯、朝鲜、日本。

醉马草 *Achnatherum inebrians* (Hance) Keng ex Tzvelev　　别称　醉针茅

形态特征　【植株】高 0.5～1.2 m。【秆】丛生，直立，具 3～4 节，节下被微毛，基部具鳞芽。【根】须根柔韧。【叶】叶鞘粗糙，上部短于节间，叶鞘口被微毛；叶舌厚膜质，顶端平截或具裂齿；叶片质地较硬，直立，边缘卷折，上面及边缘粗糙；茎生叶长 8～35 cm；基生叶长达 30 cm，宽 2～10 mm；叶片平展或内卷。【花】圆锥花序，紧密呈穗状；小穗灰绿色或基部带紫色，成熟后变褐铜色；颖膜质，等长，先端尖破裂，微粗糙，具 3 脉；外稃背部密被柔毛，顶端具 2 微齿和 3 脉，脉于顶端汇合且延伸成芒，芒一回膝曲，芒柱扭转且被微短毛，基盘钝，被短毛；内稃具 2 脉，脉间被柔毛；花药顶端被毫毛。【果】颖果圆柱形。【成熟期】花果期 7—9 月。

生境分布　丛生旱中生草本。生于海拔 1 800～2 200 m 的山麓草原、山坡草地、田边、路旁、河滩。贺兰山西坡和东坡均有分布。我国分布于西北、西南地区。世界分布于蒙古国。

药用价值　全草入药，可解毒消肿；也可做蒙药。有毒植物。

植株

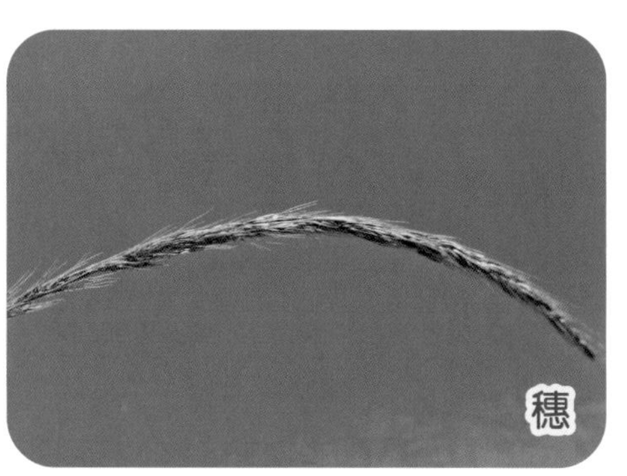
穗

叶

羽茅 *Achnatherum sibiricum* (L.) Keng ex Tzvelev　　别称　光颖芨芨草

形态特征　【植株】高 0.5～1.5 m。【根】须根较粗。【秆】直立，平滑，疏丛生，具 3～4 节，基部具鳞芽。【叶】叶鞘松弛，光滑，上部短于节间；叶舌厚膜质，平截，顶端具裂齿；叶片扁平或边缘内卷，质地较硬，上面与边缘粗糙，下面平滑，长 20～60 cm，宽 2～6 mm。【花】圆锥花序，紧缩，分枝 3 至数枚簇生，稍弯曲或直立斜上伸，微被毛，基部着生小穗；小穗草绿色或紫色，颖膜质，长圆状披针形，顶端尖，等长或第 2 颖短，背部微粗糙，具 3 脉，脉纹上被短刺毛；外稃顶端具 2 微齿，被长柔毛，背部密被短柔毛，具 3 脉，脉顶端汇合，基盘尖，被毛，芒一回或不明显的二回膝曲，芒柱扭转微被细毛；内稃等长于外稃，背部圆形，无脊，具 2 脉，脉间被短柔毛；花药条形，顶端被毫毛。【果】颖果圆柱形。【成熟期】花果期 6—9 月。

生境分布　多年生疏丛生旱中生草本。生于海拔 2 000～2 400 m 的山坡草地、林缘、路旁。贺兰山西坡和东坡均有分布。我国分布于东北、华北、西北及河南、西藏等地。世界分布于亚洲温带地区。

钝基草　*Achnatherum saposhnikovii* (Roshev.) Nevski　别称　帖木儿草

形态特征　【植株】高 15 ～ 60 cm。【根状茎】较短。【秆】密丛生，细弱，具 2 ～ 3 节，基部具宿存枯叶鞘。【叶】叶鞘紧密抱茎，平滑，短于节间；叶舌薄膜质；叶片质地较硬，直立，纵卷如针状，长 5 ～ 15 cm。【花】圆锥花序，狭窄，紧密呈穗状，分枝微粗糙，贴向主轴，基部着生小穗；小穗草黄色；颖披针形，先端渐尖，背部点状粗糙，具 3 脉，中脉甚粗糙，第 1 颖较第 2 颖稍长；外稃短圆状披针形，背部被短毛，顶端 2 裂，具 3 脉，侧脉顶端裂口与中脉汇合，向上延伸成芒，芒短直或基部稍扭转，微粗糙，基盘短钝，被髭毛；内稃等长或短于外稃，具 2 脉，脉间被短毛；鳞被 3 层；花药顶端无毛。【果】颖果纺锤形。【成熟期】花果期 6 — 9 月。

生境分布　多年生旱生草本。生于海拔 2 900 m 以上的高山或亚高山灌丛、草甸。贺兰山主峰下山脊西侧三关口有分布。我国分布于内蒙古、甘肃、新疆等地。世界分布于俄罗斯、蒙古国。

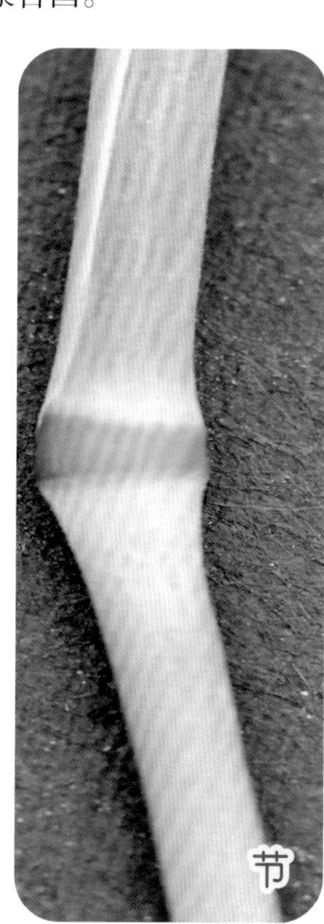

细柄茅属 *Ptilagrostis* Griseb.

双叉细柄茅 *Ptilagrostis dichotoma* Keng ex Tzvelev

形态特征 【植株】高 15～45 cm。【根】须根细而坚韧。【秆】直立，紧密丛生，光滑，具 1～2 节，基部具宿存枯萎叶鞘。【叶】叶鞘微粗糙；叶舌膜质，三角形或披针形，两侧下延与叶鞘边缘合生；叶片丝线状；茎生叶长 2～25 cm；基生叶长 20 cm。【花】圆锥花序，开展，裸露于鞘外，分枝细弱呈丝状，基部主枝长，单生，上部 1～3 次二叉状分枝，叉顶着生小穗；小穗灰褐色，具小穗柄；穗柄及分枝腋间具枕；颖膜质透明，先端稍钝，具 3 脉，侧脉见于基部；外稃先端 2 裂，下部被柔毛，上部微糙涩或被微毛，基盘稍钝，被短毛，芒长膝曲，芒柱扭转，被柔毛，芒针被短毛；内稃约等长于外稃，背部圆形，被柔毛；花药顶端被毫毛。【成熟期】花果期 7—8 月。

生境分布 多年生丛生寒旱生草本。生于海拔 2 800 m 以上的高山草甸、山坡草地、高山针叶林、灌丛。贺兰山主峰下山脊两侧有分布。我国分布于陕西、甘肃、青海、西藏、宁夏、内蒙古等地。世界分布于亚洲中部地区。

植株

穗

中亚细柄茅 *Ptilagrostis pelliotii* (Danguy) Grubov

别称 贝尔细柄茅

形态特征 【植株】高 15～45 cm。【根】须根较粗且坚韧。【秆】直立，密丛生，光滑，具 2～3 节，基部具宿存枯萎叶鞘。【叶】叶鞘紧密抱茎，粗糙，具狭膜质边缘，浅褐色；叶舌截平或中部稍凸出，顶端及边缘被细纤毛，下面疏被微毛；叶片质地较硬，粗糙，长 2～5 cm（分蘖叶长 5～12 cm）。【花】圆锥花序，疏松开展，分枝细弱，细丝形，每节具 3～5 分枝，或孪生；小穗披针形或矩圆状披针形，浅草黄色或带绿白色；小穗柄细长，微粗糙，后平滑；颖几相等或第 1 颖长，披针形，先端渐尖，侧脉达中上部，上部边缘透明；外稃被白色柔毛，基盘顶端钝，被短柔毛，芒自外稃顶端裂齿间伸出，下部膝曲扭转，均被白色细柔毛；内稃与外稃等长或稍短，被白色柔毛，其毛上部长而密生；花药顶端无毛。【成熟期】花果期 6—8 月。

生境分布 多年生丛生寒旱生草本。生于海拔 2 800 m 以上的浅山区低丘陵、石质山坡。贺兰山西坡和东坡均有分布。我国分布于宁夏、甘肃、青海、新疆等地。世界分布于亚洲中部地区及蒙古国。

沙鞭属　*Psammochloa* Hitchc.

沙鞭　*Psammochloa villosa* (Trin.) Bor　别称　沙竹

形态特征　【植株】高 1 ～ 2 m。【根状茎】较长，横生。【秆】直立，光滑，基部具黄褐色枯萎叶鞘。【叶】叶鞘光滑，包裹全部植株；叶舌膜质，披针形；叶片坚硬，扁平，先端纵卷，平滑无毛，长 35 ～ 50 cm，宽 5 ～ 10 mm。【花】圆锥花序，紧密直立，分枝数枚着生主轴一侧，斜升，微粗糙，小穗柄短；小穗淡黄白色；2 颖等长或第 1 颖短，披针形，被微毛，具 3 ～ 5 脉，其中 2 边脉短不明显；外稃背部密被长柔毛，具 5 ～ 7 脉，顶端 2 微齿，基盘钝，无毛，芒直立，易脱落；内稃近等长于外稃，背部被长柔毛，圆形无脊，具 5 脉，中脉不明显，边缘内卷，不被外稃紧密包裹；鳞被 3 层，卵状椭圆形；雄蕊 3，花药顶端被毫毛。【成熟期】花果期 5 — 9 月。

生境分布　多年生旱生草本。生于山麓草原化荒漠区覆沙地。贺兰山北端山麓有分布。我国分布于内蒙古、甘肃、新疆、青海、陕西等地。世界分布于蒙古国。

九顶草属　*Enneapogon* Desv. ex P. Beauv.

九顶草　*Enneapogon desvauxii* P. Beauv.　别称　冠芒草

形态特征　【植株】高 5 ～ 20 cm，基部鞘内具隐藏小穗。【秆】节膝曲，被柔毛。【叶】叶鞘密被短柔毛，鞘内分枝；叶舌极短，顶端被纤毛；叶片长 2.5 ～ 10 cm，宽 1 ～ 2 mm，内卷，密被短柔毛；基生叶呈刺毛状。【花】圆锥花序，短穗状，紧缩呈圆柱形，铅灰色或熟后呈草黄色；小穗含小花 2 ～ 3 朵，顶端小花明显退化；小穗轴节间无毛；颖披针形，质薄，边缘膜质，先端尖，背部被短柔毛，具 3 ～ 5 脉，中脉形成脊，第 1 颖短于第 2 颖；第 1 外稃短于第 2 颖，被柔毛，缘毛多，基盘被柔毛，顶端具 9 条直立羽状芒，不等长；内稃与外稃等长或稍长，脊上被纤毛。【成熟期】花果期 8 — 10 月。

生境分布　多年生喜暖中生草本。生于海拔 1 700 ～ 1 900 m 的干燥山坡、草地。贺兰山西坡和东坡均有分布。我国分布于辽宁、内蒙古、宁夏、新疆、青海、山西、河北、安徽等地。世界分布于亚洲、非洲、北美洲。

植株

穗

叶

獐毛属　*Aeluropus* Trin.

獐毛　*Aeluropus sinensis* (Debeaux) Tzvelev　别称　马牙头

形态特征　【植株】高 15 ～ 35 cm，基部密生鳞片状叶。【秆】直立或倾斜，基部膝曲，花序下微细毛，节上被柔毛。【叶】叶鞘无毛或被毛，鞘口密被长柔毛；叶舌被 1 圈纤毛；叶片狭条形，尖硬，长 15 ～ 55 mm，宽 1.5 ～ 3 mm，扁平或先端内卷如针状，两面粗糙，疏被细纤毛。【花】圆锥花序，穗状，分枝单生，短，紧贴主轴；小穗卵形至宽卵形，含小花 4 ～ 7 朵；颖宽卵形，边缘膜质，脊上粗糙，微被细毛，第 1 颖短于第 2 颖；外稃具 9 脉，先端中脉成脊，粗糙，延伸成小芒尖，边缘膜质，无毛或先端粗糙或被微细毛，第 1 外稃长于第 2 颖；内稃先端具缺刻，脊上微被纤毛。【成熟期】花果期 7 — 9 月。

生境分布　多年生耐盐旱中生草本。生于山麓荒漠、田野、路边。贺兰山西坡和东坡均有分布。我国广布于各地。世界分布于温带地区。

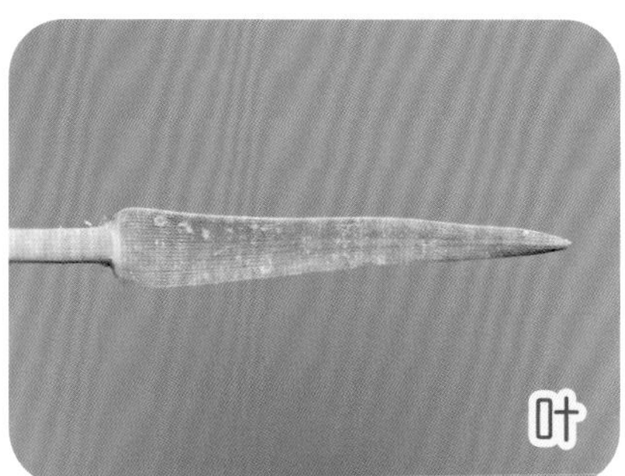

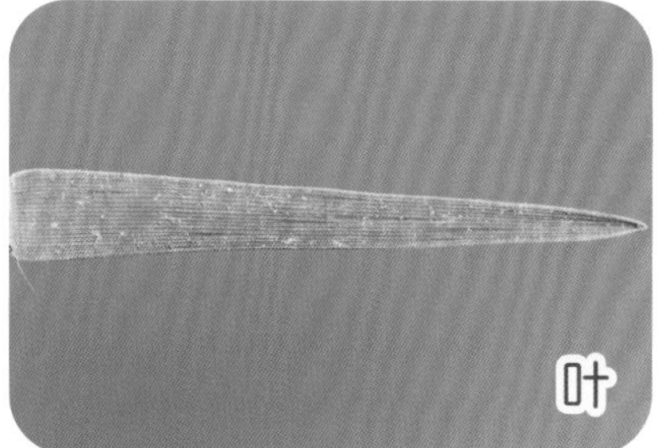

画眉草属　*Eragrostis* Wolf

小画眉草　*Eragrostis minor* Host

形态特征　【植株】高 9 ～ 30 cm。【秆】纤细，丛生，膝曲上升，具 3 ～ 4 节，节下具 1 圈腺体。【叶】叶鞘较节间短，疏松裹茎，叶鞘脉上具腺体，鞘口被长毛；叶舌被 1 圈长柔毛；叶片线形，平展或卷缩，长 3 ～ 15 cm，宽 2 ～ 4 mm，下面光滑，上面粗糙疏被柔毛，主脉及边缘具腺体。【花】圆锥花序，开展而疏松，每节具 1 分枝，分枝平展或上举，腋间无毛，花序轴、小枝及柄上具腺体；小穗长圆形，含小花 3 ～ 16 朵，绿色或深绿色；小穗柄具腺体；颖锐尖，具 1 脉，脉上具腺点，第 1 颖短于第 2 颖；第 1 外稃广卵形，先端圆钝，具 3 脉，侧脉明显并靠近边缘，主脉上具腺体；内稃比外稃短，弯曲，脊上被纤毛，宿存；雄蕊 3。【果】颖果红褐色，近球形。【成熟期】花果期 7 — 9 月。

生境分布　一年生旱中生草本。生于海拔 1 600 ～ 1 700 m 的山麓荒漠、田野、草地、路旁。贺兰山西坡和东坡均有分布。我国广布于各地。世界分布于温带地区。

药用价值　全草入药，可清热解毒、疏风利尿。

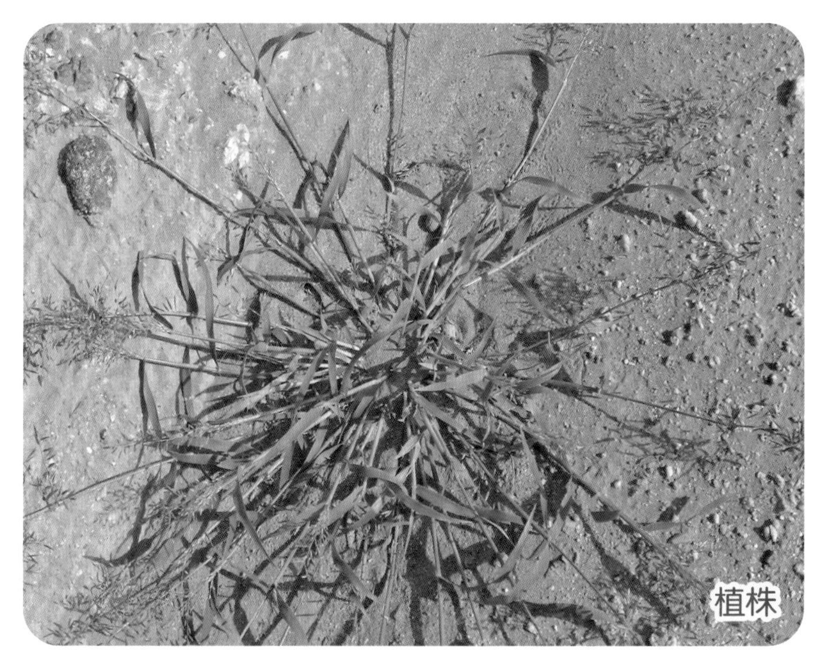

大画眉草 *Eragrostis cilianensis* (All.) Vignolo-Lutati ex Janch.

形态特征 【植株】高 25 ～ 50 cm。【秆】直立，基部具节，膝曲向外开展，节下具 1 圈腺体。【叶】叶鞘稍扁压，具脊，脉上具腺体并被疣毛，鞘口被长柔毛；叶舌被 1 圈细纤毛；叶片扁平，长 5 ～ 25 cm，宽 3 ～ 6 mm，上面被微刺毛，下面粗糙，疏被疣基细长柔毛，边缘具腺体。【花】圆锥花序，开展，分枝单生，水平伸展，分枝腋间及小穗柄上均具淡黄色腺体，或腋间被细柔毛；小穗绿色或带绿白色，含小花 5 至数朵；颖先端尖，第 1 颖具 1 脉，第 2 颖具 1 ～ 3 脉；外稃侧脉明显，先端稍钝，脊上有时具腺点，第 1 外稃长于第 2 颖；内稃长为外稃的 3/4，脊上微被细纤毛。【成熟期】花果期 7 — 9 月。

生境分布 一年生中生草本。生于海拔 1 600 ～ 2 100 m 的浅山砾石滩、撂荒地、路边。贺兰山西坡和东坡均有分布。我国分布于东北、西北、西南、华中、华南及台湾等地。世界分布于温带、热带地区。

药用价值 全草入药，可清热解毒、疏风止痒。

植株

叶

穗

画眉草 *Eragrostis pilosa* (L.) P. Beauv. 别称 星星草

形态特征 【植株】高 10 ～ 45 cm。【秆】丛生，直立或基部膝曲，具 4 节，光滑。【叶】叶鞘疏松裹茎，扁压，鞘缘近膜质，鞘口被长柔毛；叶舌被 1 圈纤毛；叶片线形扁平或卷缩，长 5 ～ 15 cm，宽 1.5 ～ 3.5 mm，无毛。【花】圆锥花序，开展或紧缩，分枝单生，簇生或轮生，多直立向上，腋间被长柔毛；小穗具柄，含小花 4 ～ 14 朵；颖膜质，披针形，先端渐尖，第 1 颖无脉，第 2 颖长于第 1 颖，具 1 脉；第 1 外稃长于第 2 颖，广卵形，先端尖，具 3 脉；内稃短于外稃，弓形弯曲，脊上被纤毛，迟落或宿存；雄蕊 3。【果】颖果长圆形。【成熟期】花果期 7 — 9 月。

生境分布 一年生中生草本。生于海拔 1 600 ～ 2 100 m 的山麓草地、田野。贺兰山西坡和东坡均有分布。我国分布于华东、华南、华中、东北、西北及山西、云南、台湾等地。世界分布于亚洲、非洲、欧洲。

药用价值 全草入药，可清热解毒、疏风止痒。

隐子草属 *Cleistogenes* Keng

无芒隐子草 *Cleistogenes songorica* (Roshev.) Ohwi

形态特征 【植株】高 12 ～ 45 cm。【秆】丛生，直立或稍倾斜，基部具密集枯叶鞘。【叶】叶鞘无毛，鞘口被长柔毛；叶舌被短纤毛；叶片条形，长 2 ～ 6 cm，宽 1.5 ～ 2.5 mm，上面粗糙，扁平或边缘稍内卷。【花】圆锥花序，开展，分枝平展或稍斜上，分枝腋间被柔毛；小穗含小花 3 ～ 6 朵，绿色或带紫褐色；颖卵状披针形，先端尖，具 1 脉，第 1 颖短，第 2 颖长；外稃卵状披针形，边缘膜质，第 1 外稃与第 2 颖等长，5 脉，先端无芒或具短尖头；内稃短于外稃；花药黄色或紫色。【成熟期】花果期 7 — 9 月。

生境分布 多年生疏丛生旱生草本。生于山麓草原、荒漠或半荒漠沙质地。贺兰山西坡和东坡均有分布。我国分布于陕西、宁夏、甘肃、青海、新疆等地。世界分布于亚洲中部地区及蒙古国、日本、俄罗斯。

糙隐子草　*Cleistogenes squarrosa* (Trin.) Keng

形态特征　【植株】高 10 ～ 30 cm，绿色，秋后呈红褐色。【秆】密丛生，直立或铺散，纤细，干后呈蜿蜒状或螺旋状弯曲。【叶】叶鞘层层包裹，直达花序基部；叶舌被短纤毛；叶片狭条形，长 3 ～ 6 cm，宽 1 ～ 2 mm，扁平或内卷，粗糙。【花】圆锥花序，狭窄；小穗含小花 2 ～ 3 朵，绿色或带紫色；颖具 1 脉，边缘膜质，第 1 颖短，第 2 颖长；外稃披针形，5 脉，第 1 外稃长于第 2 颖，先端具短芒；内稃狭窄，与外稃等长。【成熟期】花果期 7 — 9 月。

生境分布　多年生丛生旱生草本。生于海拔 1 600 ～ 2 400 m 的干旱山坡、疏林、灌丛。贺兰山西坡和东坡均有分布。我国分布于东北、华北、西北及山东等地。世界分布于欧洲及俄罗斯、蒙古国。

植株

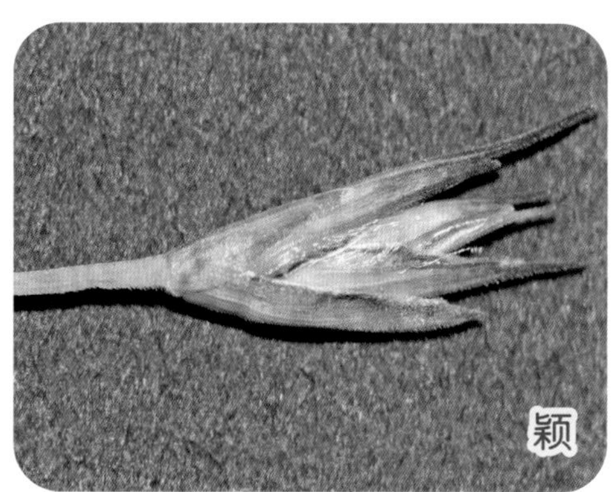
颖

叶

草沙蚕属　*Tripogon* Roem. et Schult.

中华草沙蚕　*Tripogon chinensis* (Franch.) Hack.

形态特征　【植株】高 8 ～ 25 cm。【根】须根纤细而稠密。【秆】直立，细弱，光滑无毛。【叶】叶鞘鞘口处被白色长柔毛；叶舌膜质，被纤毛；叶片狭条形，内卷呈刺毛状，上面微粗糙，基部疏被柔毛，下面平滑无毛，长 5 ～ 15 cm，宽 1 mm。【花】穗状花序，细弱，穗轴三棱形，多平滑无毛；小穗条状披针形，铅绿色，含小花 3 ～ 5 朵；颖具宽而透明的膜质边缘，第 1 颖短，第 2 颖长；外稃质薄似膜质，先端 2 裂，具 3 脉，主脉延伸成短直芒，侧脉延伸成芒状小尖头，第 1 外稃长于第 2 颖，基盘被柔毛；内稃膜质，等长或短于外稃，脊上粗糙，微被小纤毛。【成熟期】花果期 7 — 9 月。

生境分布　多年生砾石生密丛生旱生草本。生于海拔 1 600 ～ 2 200 m 的干燥山坡、岩石。贺兰山西坡和东坡均有分布。我国分布于东北、西北及河北、山西、山东等地。世界分布于俄罗斯、蒙古国、朝鲜。

虎尾草属　*Chloris* Sw.

虎尾草　*Chloris virgata* Sw.　别称　盘草

形态特征　【植株】高 10 ～ 35 cm。【秆】无毛，斜升、铺散或直立，基部具节，膝曲。【叶】叶鞘背部具脊，上部叶鞘膨大而包藏花序；叶舌膜质，顶端截平，具微齿；叶片长 2 ～ 15 cm，宽 1.5 ～ 5 mm，平滑无毛或上面及边缘粗糙。【花】穗状花序，数枚簇生秆顶端；小穗灰白色或黄褐色；颖膜质，第 1 颖短，第 2 颖长，先端具芒；第 1 外稃等长于第 2 颖，具 3 脉，脊上微曲，边缘近顶处被长柔毛，背部主脉两侧及边缘下部被柔毛，芒自顶端稍下处伸出；内稃稍短于外稃，脊上微被纤毛；不孕外稃狭窄，顶端截平，芒长。【成熟期】花果期 6 — 9 月。

生境分布　一年生中生草本。生于海拔 1 500 ～ 1 700 m 的山麓沟谷、路旁、荒野、河岸沙地。贺兰山西坡和东坡均有分布。我国广布于各地。世界分布于除欧洲以外的各地。

药用价值　全草入药，可祛风除湿、解毒杀虫。

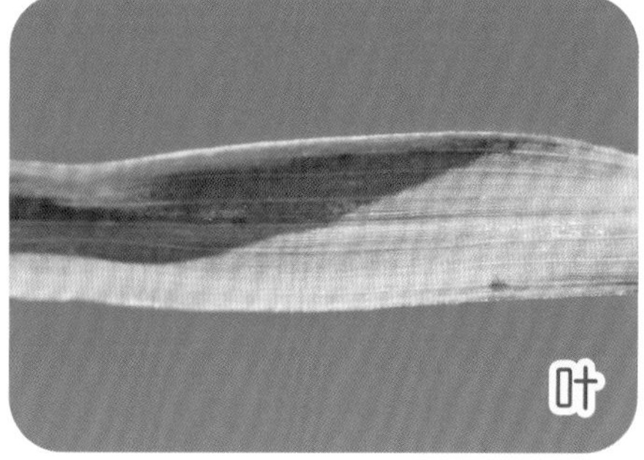

隐花草属 *Crypsis* Aiton

隐花草 *Crypsis aculeata* (L.) Aiton 别称 扎股草

形态特征 【植株】高 5 ～ 25 cm。【根】须根细弱。【秆】平卧或斜上升，具分枝，光滑无毛。【叶】叶鞘短于节间，松弛或膨大；叶舌短小，顶生纤毛；叶片线状披针形，扁平或对折，边缘内卷，先端呈针刺状，上面微糙涩，下面平滑，长 2 ～ 8 cm，宽 1 ～ 5 mm。【花】圆锥花序，短缩成头状或卵圆形，下面紧托 2 枚膨大的苞片状叶鞘；小穗长，淡黄白色；颖膜质，不等长，顶端钝，具 1 脉，脉上粗糙或生纤毛，第 1 颖短，窄线形，第 2 颖长，披针形；外稃等长于第 2 颖，薄膜质，具 1 脉；内稃与外稃同质，等长或长于外稃，具接近不明显 2 脉；雄蕊 2，花药黄色。【果】囊果长圆形或楔形。【成熟期】花果期 6—9 月。

生境分布 一年生耐盐中生草本。生于山麓盐湿地、河岸、沟旁、盐碱地。贺兰山西坡和东坡均有分布。我国分布于河北、山西、陕西、甘肃、新疆、山东、江苏、安徽等地。世界分布于欧亚大陆寒温带地区。

植株

穗

花

锋芒草属 *Tragus* Haller

锋芒草 *Tragus mongolorum* Ohwi

形态特征 【植株】高 5 ～ 25 cm。【根】须根细弱。【秆】丛生，直立或基部膝曲伏卧地面。【叶】叶鞘无毛，鞘口被细柔毛；叶舌被 1 圈细柔毛；叶片长 2 ～ 5 cm，宽 2 ～ 5 mm，两面无毛，边缘被刺毛。【花】花序紧密呈穗状；小穗长，3 个簇生，其中 1 个退化，或几残存为柄状；第 1 颖退化或极微小，薄膜质，第 2 颖革质，背部具 5 ～ 7 肋，肋上具钩刺，顶端具伸出刺外的小头；外稃膜质，具 3 条不太明显的脉；内稃较外稃短，脉不明显；雄蕊 3；花柱 2 裂，柱头 2，帚状，均较简短。【果】颖果棕褐色，稍扁。【成熟期】花果期 7—9 月。

生境分布 一年生中生草本。生于山麓荒野、山坡草地、路旁、丘陵。贺兰山西坡和东坡均有分布。我国分布于河北、山西、内蒙古、宁夏、甘肃、青海、四川、云南等地。世界分布于温带地区。

马唐属 *Digitaria* Haller

止血马唐 *Digitaria ischaemum* (Schreb.) Muhl.

形态特征 【植株】高 15 ～ 45 cm。【秆】直立或倾斜，基部膝曲，细弱。【叶】叶鞘疏松裹茎，具脊，或带紫色，无毛或疏被细软毛，鞘口被长柔毛；叶舌干膜质，先端钝圆，不规则撕裂；叶片扁平，长 2 ～ 12 cm，宽 1 ～ 6 mm，先端渐尖，基部圆形，两面均贴生微细毛，或上面疏被细弱柔毛。【花】总状花序 2 ～ 4，秆顶端接近或最下 1 枚远离；穗轴边缘稍呈波状，微被小刺毛；小穗灰绿色或带紫色，每节生 2 ～ 3 个；小穗柄无毛，稀被细微毛；第 1 颖微小或不存在，透明膜质；第 2 颖短于小穗或等长，具 3 脉，脉间及边缘密被柔毛；第 1 外稃具 5 脉，全部被柔毛；谷粒成熟后呈黑褐色。【成熟期】花果期 7—9 月。

生境分布 一年生中生草本。生于山麓田野、河边湿地。贺兰山西坡巴彦浩特和东坡均有分布。我国分布于东北、华北、西北及西藏、山西、河北、四川、台湾等地。世界分布于欧亚大陆温带地区。

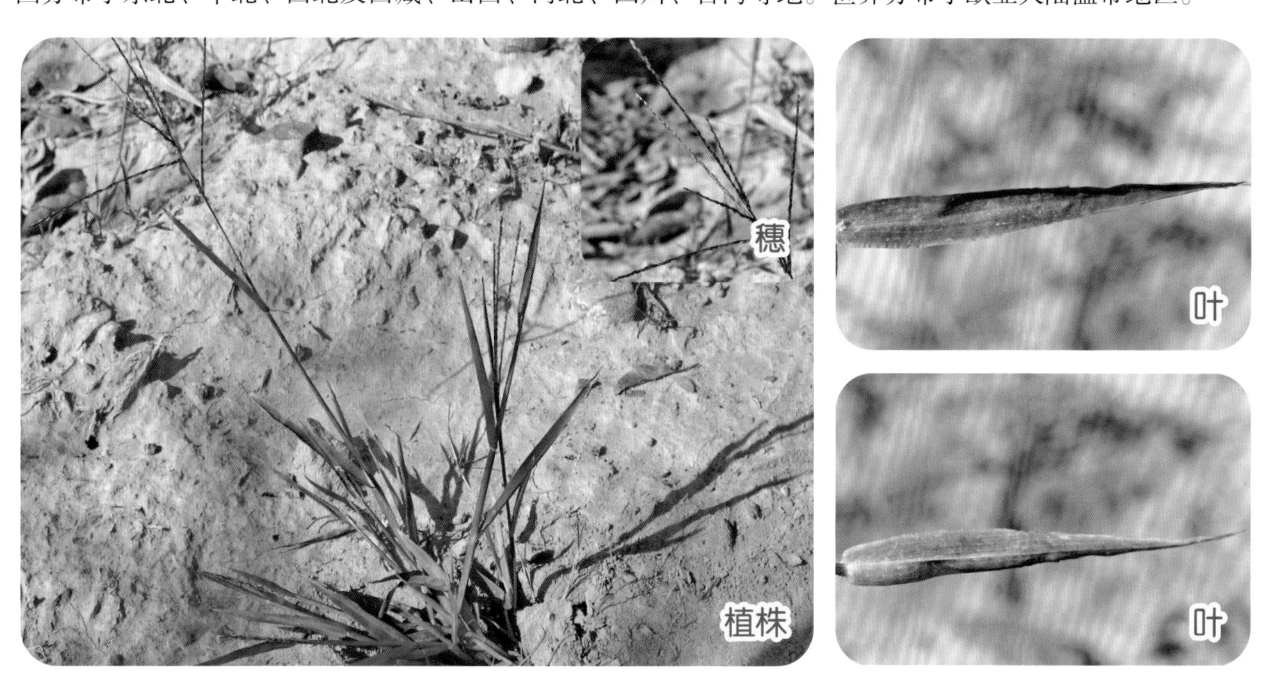

狗尾草属　*Setaria* P. Beauv.

金色狗尾草　*Setaria pumila* (Poir.) Roem. & Schult.

形态特征　【植株】高 20 ～ 80 cm，单生或丛生。【秆】直立或基部倾斜膝曲，近地面节可生根，光滑无毛，花序下粗糙。【叶】叶鞘下部扁压具脊，上部圆形，光滑无毛，边缘薄膜质，光滑无纤毛；叶舌被 1 圈纤毛；叶片线状披针形或狭披针形，长 5 ～ 20 cm，宽 2 ～ 6 mm，先端长渐尖，基部钝圆，上面粗糙，下面光滑，近基部疏被长柔毛。【花】圆锥花序，紧密，呈圆柱状或狭圆锥状，直立；主轴具短细柔毛，刚毛金黄色或稍带褐色，粗糙，先端尖，每簇具发育小穗 1 枚；第 1 颖卵形，较短，短于小穗，先端尖，具 3 脉；第 2 颖宽卵形，短于小穗，长于第 1 颖，先端钝，具 5 ～ 7 脉；第 1 小花雄性或中性，第 1 外稃与小穗等长，具 5 脉，内稃膜质，等长等宽于第 2 小花，具 2 脉，含雄蕊 3 或无；第 2 小花两性，外稃革质，先端尖，成熟时背部隆起，具明显横皱纹；鳞被楔形；花柱基部联合。【成熟期】花果期 7 — 9 月。

生境分布　一年生中生草本。生于林边、山坡、路边、荒野。贺兰山西坡和东坡均有分布。我国广布于各地。世界分布于欧亚大陆温带、热带地区。

植株

穗

狗尾草　*Setaria viridis* (L.) P. Beauv.　　别称　毛莠莠

形态特征　【植株】高 20 ～ 60 cm。【秆】直立或基部膝曲，单生或疏丛生，较细弱，花序下方多少粗糙。【叶】叶鞘松弛，无毛或被柔毛；叶舌被 1 圈纤毛；叶片扁平，条形或披针形，长 10 ～ 30 cm，宽 2 ～ 15 mm，绿色，先端渐尖，基部略呈钝圆形或渐窄，上面粗糙，下面稍粗糙，边缘粗糙。【花】圆锥花序，紧密，呈圆柱状或基部疏离，直立或弯垂；主轴被长柔毛，刚毛粗糙，绿色、褐黄色、紫红色或紫色；小穗 2 ～ 5 枚簇生主轴，多数小穗着生短枝，椭圆形，先端钝，铅绿色；第 1 颖卵形、宽卵形，长为小穗的 1/3，先端钝或稍尖，具 3 脉；第 2 颖与小穗等长，椭圆形，具 5 ～ 7 脉；第 1 外稃与小穗等长，具 5 ～ 7 脉，先端钝；内稃短小狭窄；第 2 外稃椭圆形，顶端钝，具细点状皱纹，边缘内卷，狭窄；鳞被楔形，顶端微凹；花柱基部分离。【果】颖果灰白色。【成熟期】花期 6 — 9 月。

生境分布　一年生中生草本。生于海拔 2 700 m 以下的山坡、路边、灌丛。贺兰山西坡和东坡均有分布。我国广布于各地。世界分布于温带、热带地区。

药用价值　全草入药，可祛风明目、清热利尿；也可做蒙药。

狼尾草属 *Pennisetum* Rich.

白草 *Pennisetum flaccidum* Griseb.

形态特征 【植株】高 30 ～ 50 cm。【根状茎】具横走根状茎。【秆】单生或丛生，直立或基部略倾斜，节处被髭毛。【叶】叶鞘无毛或鞘口及边缘被纤毛，基部叶鞘密被微细倒毛；叶舌膜质，顶端被纤毛；叶片条形，长 5 ～ 22 cm，宽 3 ～ 8 mm，无毛或被柔毛。【花】穗状圆锥花序，呈圆柱形，直立或微弯曲；主轴具棱，无毛或微被毛；小穗总梗极短，刚毛绿白色或紫色，被向上微小刺毛；小穗多数单生，或 2 ～ 3 枚簇生，总梗不显著；第 1 颖先端尖或钝，脉不明显，第 2 颖长为第 1 颖的 5 倍，先端尖，具 3 ～ 5 脉；第 1 外稃与小穗等长，具 7 ～ 9 脉，先端渐尖成芒状小尖头；内稃膜质短或退化，具 3 雄蕊或退化；第 2 外稃与小穗等长，先端也具芒状小尖头，具 3 脉，脉向下渐不明显；内稃短。【成熟期】花果期 7—9 月。

生境分布 多年生旱中生草本。生于山麓山坡、干河床、山麓覆沙地、浅山区。贺兰山西坡和东坡均有分布。我国分布于东北、华北、西北、西南地区。世界分布于喜马拉雅山区、亚洲中部地区及日本。

荩草属 *Arthraxon* P. Beauv.

荩草 *Arthraxon hispidus* (Thunb.) Makino 别称 绿竹

形态特征 【植株】高 30 ～ 60 cm。【秆】细弱，无毛，基部倾斜，具多节分枝，基部节近地面易生根。【叶】叶鞘短于节间，被短硬疣毛；叶舌膜质，边缘被纤毛；叶片卵状披针形，长 2 ～ 4 cm，宽 3 ～ 15 mm，基部心形，抱茎，下部边缘被疣基毛。【花】总状花序，细弱，2 ～ 10 枚呈指状排列或簇生秆顶端；总状花序轴节间无毛，长为小穗的 3/4 ～ 2/3；无柄小穗卵状披针形，呈两侧压扁，灰绿色或带紫色；2 颖等长，第 1 颖草质，边缘膜质，包第 2 颖的 2/3，具 7 ～ 9 脉，脉上粗糙或被疣基毛，顶端及边缘毛多，先端锐尖；第 2 颖膜质，舟形，脊上粗糙，具 3 脉，2 侧脉不明显，先端尖；第 1 外稃长圆形，透明膜质，先端尖，长为第 1 颖的 2/3；第 2 外稃与第 1 外稃等长，透明膜质，近基部伸出膝曲芒；芒下下部扭转；雄蕊 2，花药黄色或带紫色。【果】颖果长圆形，与稃体等长；有柄小穗退化，针刺状。【成熟期】花果期 7 — 9 月。

生境分布 一年生中生草本。生于海拔 2 000 ～ 2 400 m 的山地灌丛、沟谷、山坡。贺兰山西坡牦牛塘、哈拉乌和东坡贺兰沟有分布。我国广布于各地。世界分布于朝鲜、日本、俄罗斯。

植株

穗

叶

孔颖草属 *Bothriochloa* Kuntze

白羊草 *Bothriochloa ischaemum* (L.) Keng

形态特征 【植株】高 25 ～ 60 cm。【秆】丛生，直立或基部倾斜，具 3 至多节，节上无毛或被白色髯毛。【叶】叶鞘无毛，密集基部相互跨覆，短于节间；叶舌膜质，被纤毛；叶片狭条形，长 1 ～ 10 cm，宽 1 ～ 3 mm，顶生，缩短，先端渐尖，基部圆形，两面疏被疣基柔毛或下面无毛。【花】总状花序，4 至多数着生秆顶端，呈指状，纤细，灰绿色或淡紫褐色；总状花序轴节间与小穗柄两侧被白色丝状毛；无柄小穗长圆状披针形，基盘被髯毛；第 1 颖草质，背部中央略下凹，具 5 ～ 7 脉，下部 1/3 被丝状柔毛，边缘内卷成 2 脊，脊上粗糙，先端钝或带膜质；第 2 颖舟形，中部以上被纤毛；脊上粗糙，边缘膜质；第 1 外稃长圆状披针形，先端尖，边缘上部疏被纤毛；第 2 外稃退化成条形，先端延伸呈膝曲扭转芒；鳞被 2 层，楔形；雄蕊 3；具柄小穗雄性；第 1 颖背部无毛，具 9 脉；第 2 颖具 5 脉，背部扁平，两侧内折，边缘被纤毛。【成熟期】花果期 7 — 9 月。

生境分布 多年生旱中生草本。生于海拔 1 600 ～ 1 700 m 的山坡草地、湿地。贺兰山西坡和东坡大水沟有分布。我国广布于各地。世界分布于亚洲中部、西部地区、地中海地区及俄罗斯、朝鲜。

羊茅属 *Festuca* Linn

远东羊茅 *Festuca extremiorientalis* Ohwi

形态特征 【植株】高 0.4 ～ 1 m。【根状茎】疏丛生。【秆】直立，平滑无毛，具 2 ～ 4 节。【叶】叶鞘短于节间；叶舌膜质，长 2 ～ 4 mm；叶片扁平，柔软，两面平滑无毛，长 15 ～ 30 cm，宽 1 ～ 2 mm。【花】圆锥花序，开展，顶端弯垂，每节着生 1 ～ 2 分枝，粗糙，基部主枝长，上中部再分枝并着生小穗；小穗轴节间被短毛；小穗绿色或带紫色，含小花 2 ～ 5 朵；颖背部平滑，边缘膜质，顶端渐尖，第 1 颖短，具 1 脉，第 2 颖长，具 3 脉；外稃外背部平滑或上部粗糙，具 5 脉，顶端渐尖或微 2 裂，具细弱芒，第 1 外稃长于第 2 颖；内稃短于或等于外稃，具 2 脊，脊上部粗糙；子房顶端被短毛。【成熟期】花果期 6 — 7 月。

生境分布 多年生高大中生草本。生于海拔 1 600 ～ 2 800 m 的山麓林下、沟谷、河边、草丛。贺兰山西坡哈拉乌、雪岭子有分布。我国分布于东北、华北、西北地区。世界分布于俄罗斯、朝鲜。

莎草科　Cyperaceae

荸荠属　*Eleocharis* R. Br.

槽秆荸荠　*Eleocharis mitracarpa* Steud.

形态特征　【植株】高 15 ～ 35 cm。【根状茎】匍匐。【秆】直立，丛生，灰绿色，具明显突出的肋棱。【叶】叶鞘长筒形，长可达 10 cm，顶部截平，下部紫红色。【花】小穗矩圆状卵形或披针形，淡褐色，基部具 2 枚中空无花鳞片，每枚包小穗基部 1/2 以下；花两性，多数；可育花鳞片膜质，卵形或矩圆状卵形，先端近急尖，具 1 中脉，上面被紫红色条纹；下位刚毛 4 条，超出小坚果，具倒刺；雄蕊 3；花柱基宽卵形，海绵质，柱头 2。【果】小坚果宽倒卵形，光滑。【成熟期】花期 6 — 7 月，果期 7 — 8 月。

生境分布　多年生湿生草本。生于山地湿沟谷、溪边、渠边。贺兰山西坡塔尔岭水库和东坡汝箕沟有分布。我国分布于河北、山东、山西、贵州、云南等地。世界分布于亚洲中部地区、亚洲西南部地区、欧洲、克什米尔地区及阿富汗、巴基斯坦等。

植株

穗

花

三棱草属　*Bolboschoenus* (Asch.) Palla

扁秆荆三棱　*Bolboschoenus planiculmis* (F. Schmidt) T. V. Egorova

形态特征　【植株】高 10 ～ 80 cm。【根状茎】匍匐。【秆】较细，三棱形，平滑，靠近花序部分粗糙，基部膨大，具秆生叶。【叶】扁平，宽 2 ～ 5 mm，向顶部渐狭，具长叶鞘；叶状苞片 1 ～ 3 枚，长于花序，边缘粗糙。【花】长侧枝聚伞花序，短缩呈头状，或具少数辐射枝，具小穗 1 ～ 6 个；小穗卵形或长圆状卵形，锈褐色，具多数花；鳞片膜质，长圆形或椭圆形，褐色或深褐色，外面被稀柔毛，背面具 1 条宽中肋，顶端缺刻状撕裂，具芒；下位刚毛 4 ～ 6 条，具倒刺，长为小坚果的 1/2 ～ 2/3；雄蕊 3，花药线形，药隔稍突出花药顶端；花柱长，柱头 2。【果】小坚果宽倒卵形或倒卵形，扁平，或中部稍凹，具光泽。【成熟期】花期 7 — 8 月，果期 8 — 9 月。

生境分布　多年生湿生草本。生于海拔 2 000 ～ 2 400 m 的山地沟谷、溪边。贺兰山东坡插旗沟口、苏峪口有分布。我国分布于东北及河北、山西、甘肃等地。世界分布于亚洲中部地区及朝鲜、日本、俄罗斯。

扁穗草属　*Blysmus* Panz. ex Schult.

华扁穗草　*Blysmus sinocompressus* Tang & F. T. Wang

形态特征　【植株】高 3 ～ 35 cm。【根状茎】匍匐，黄色，光亮，具节，节上生根，鳞片黑色。【秆】近散生，扁三棱形，具槽，中下部生叶，基部具褐色或紫褐色老叶鞘。【叶】扁平，边内卷具疏细小齿，向顶端渐狭，顶端三棱形，短于秆，宽 1.5 ～ 3 mm；叶舌很短，白色，膜质。【花】苞片叶状，高出花序；小苞片呈鳞片状，膜质；穗状花序 1 个，顶生，长圆形或狭长圆形；小穗 3 ～ 10 个，排成 2 列，密，最下部小穗远离；小穗卵披针形、卵形或长椭圆形，含两性花 2 ～ 9 朵；鳞片 2 行排列，长卵圆形，顶端急尖，锈褐色，膜质，背部具 3 ～ 5 条脉，中脉呈龙骨状突起，绿色；下位刚毛 3 ～ 6 条，卷曲，高出小坚果约 2 倍，具倒刺；雄蕊 3，花药狭长圆形，顶端具短尖；柱头 2，长于花柱 1 倍。【果】小坚果倒卵形，平凸状。【成熟期】花果期 6 — 9 月。

生境分布　多年生湿生草本。生于海拔 1 500 ～ 1 600 m 的山麓溪边、河床、沼泽、草地。贺兰山西坡三关有分布。我国分布于华北、西北、西南地区。世界分布于蒙古国。

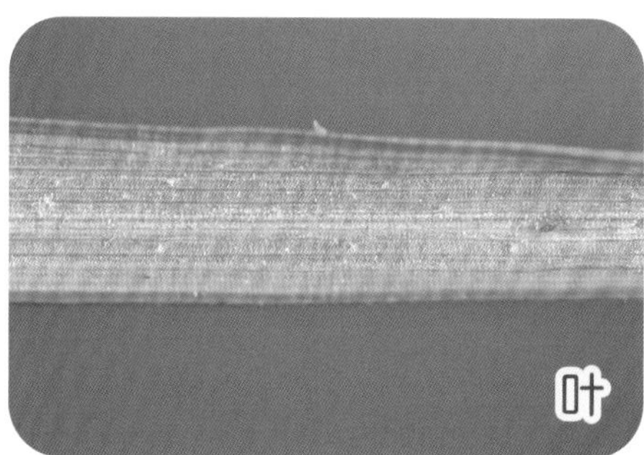

水葱属　*Schoenoplectus* (Rchb.) Palla

水葱　*Schoenoplectus tabernaemontani* (C. C. Gmel.) Palla

形态特征　【植株】高 10 ～ 50 cm。【根状茎】粗壮，匍匐，具许多须根。【秆】高大，圆柱状，平滑，中空。【叶】叶鞘疏松，3 ～ 4 个，着生叶基，管状，膜质，最上面 1 个叶鞘具叶片；叶片线形，长 1.5 ～ 11 cm；苞片 1 ～ 2 枚，其中 1 枚由秆延长，直立，钻状，短于花序。【花】长侧枝聚伞花序，简单或复出，假侧生，具 4 ～ 13 个或更多辐射枝；辐射枝长，一面凸，一面凹，边缘具锯齿；小穗 1 ～ 3 个簇生辐射枝顶端，卵形或长圆形，顶端急尖或钝圆，具多数花；鳞片椭圆形或宽卵形，顶端稍凹，具短尖，膜质，棕色或紫褐色，或基部色淡，背面具铁锈色突起小点，脉 1 条，边缘具缘毛；下位刚毛 6 条，等长于小坚果，红棕色，具倒刺；雄蕊 3，花药线形，药隔突出；柱头 2 ～ 3，长于花柱。【果】小坚果倒卵形或椭圆形，双凸状，少有三棱形。【成熟期】花果期 6 — 9 月。

生境分布　多年生湿生草本。生于浅水沼泽、草甸、湖边、浅水塘。贺兰山西坡水磨沟有分布。我国分布于东北、西北、西南及山西、河北、江苏等地。世界分布于大洋洲、南美洲、北美洲及朝鲜、日本。

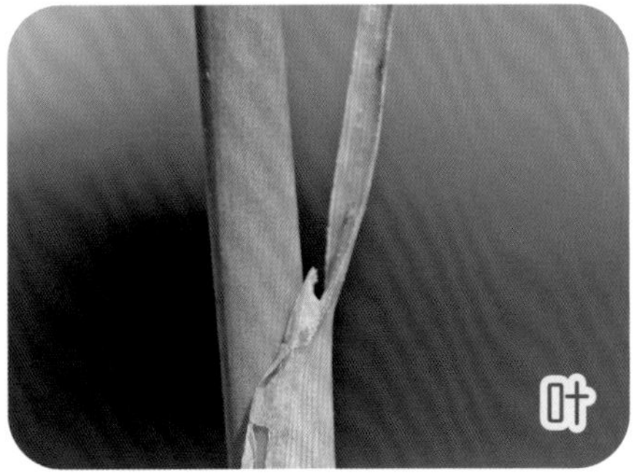

莎草属　*Cyperus* Linn

密穗莎草　*Cyperus fuscus* Linn

别称　褐穗莎草

形态特征　【植株】高 5 ～ 25 cm。【根】具须根。【秆】丛生，细弱，锐三棱形，平滑，基部具少数叶。【叶】短于秆或与秆等长，宽 1 ～ 4 mm，平张或内折，边缘不粗糙。【花】苞片 2 ～ 3 枚，叶状，长于花序；长侧枝聚伞花序，复出或简单，具 3 ～ 5 个第 1 次辐射枝；小穗一般 5 ～ 10 个密聚成近头状花序，线状披针形或线形，稍扁平，含小花 8 ～ 24 朵；小穗轴无翅；鳞片覆瓦状排列，膜质，宽卵形，顶端钝，背面中间较宽 1 条黄绿色，两侧深紫褐色或褐色，具 3 条不明显脉；雄蕊 2，花药短，椭圆形，药隔不突出于花药顶端；花柱短，柱头 3 个。【果】小坚果椭圆形，三棱形，长为鳞片的 2/3，淡黄色。【成熟期】花果期 7 — 10 月。

生境分布　一年生湿生草本。生于海拔 2 000 ～ 2 400 m 的山地沟谷、溪边。贺兰山东坡插旗沟沟口、苏峪口有分布。我国分布于东北及河北、山西、甘肃等地。世界分布于亚洲中部地区及朝鲜、日本、俄罗斯。

花穗水莎草　　*Cyperus pannonicus* Jacq.

形态特征　【植株】高 6 ～ 18 cm。【根状茎】短须根，多数。【秆】密丛生，扁三棱形，平滑，基部具 1 枚叶。【叶】基部叶鞘 3 ～ 4，红褐色，仅上部 1 枚具叶片；叶片狭条形，宽 0.5 ～ 1 mm。【花】苞片 2，下部长，上部短，下部苞片基部宽，直立，似秆状延伸；简单长侧枝聚散花序，头状，具 1 ～ 8 个小穗；小穗无柄，卵状长圆形或长圆形，稍肿胀，含花 10 ～ 22 朵；小穗宽，近四棱形；鳞片紧密覆瓦状排列，近纸质，圆盘状卵形，顶端钝，或具极短尖，背面黄绿色，具多数脉，两侧暗血红色，里面具红褐色斑纹；雄蕊 3，花药线形，药隔伸出花药顶端；花柱长，露出鳞片外，柱头 2。【果】小坚果近圆形、椭圆形或倒卵形，平凸状，短于鳞片，黄色，表面具网纹。【成熟期】花果期 7 — 9 月。

生境分布　多年生湿生草本。生于山麓沟边、河旁、沼泽、盐化草甸。贺兰山西坡塔尔岭有分布。我国分布于黑龙江、吉林、新疆、河北、山西、河南、陕西等地。世界分布于欧洲及俄罗斯。

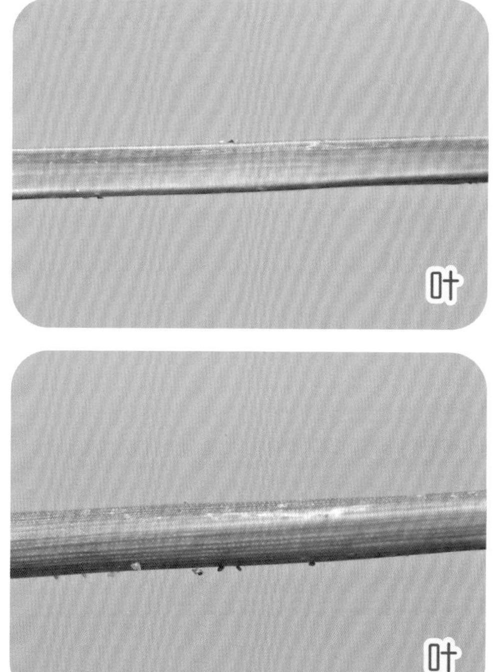

褐穗扁莎　*Cyperus fuscus* Linn　　别称　北莎草

形态特征　【植株】高 5～45 cm。【根】具须根。【秆】丛生，稀单生，三棱形，平滑。【叶】叶鞘红褐色，具纵肋；叶片条形，扁平，短于秆，宽 1～3 mm。【花】苞片 2～3，叶状，不等长，长为花序的 1～2 倍；长侧枝聚伞花序，短缩呈头状或具 1～4 个不等长的辐射枝，辐射枝着生多数小穗；小穗长卵形或矩圆形，含花 5～15 朵；鳞片 2 行，卵圆形，长、宽基本相等，背部绿色，具 3 脉，两侧具淡绿色宽槽，外侧紫红色，边缘白色膜质；雄蕊 3；柱头 2。【果】小坚果倒卵形，双凸状，灰褐色，具细点。【成熟期】花果期 7—9 月。

生境分布　一年生湿生草本。生于山地沟谷、溪边、山前水库、涝坝。贺兰山西坡巴彦浩特和东坡黄旗沟、汝箕沟有分布。我国广布于各地。世界分布于朝鲜、日本、俄罗斯、尼泊尔、不丹、印度等。

扁莎属　*Pycreus* P. Beauv.

球穗扁莎　*Pycreus flavidus* (Retz.) T. Koyama

形态特征　【植株】高 5～20 cm。【根状茎】短，具须根。【秆】丛生，细弱，钝三棱形，一面具沟，平滑。【叶】叶鞘红褐色；叶片条形，短于秆，宽 1～2 mm，边缘稍粗糙。【花】苞片 2～4 枚，细长，较长于花序；长侧枝聚伞花序具 1～6 个辐射枝，辐射枝长短不等，或极短缩呈头状；每一辐射枝具小穗 5～20 个；小穗密集于辐射枝上端呈球形，辐射展开，线状长圆形或线形，极压扁，含花 12～60 朵；小穗轴近四棱形，两侧具横隔槽；鳞片疏松排列，膜质，长圆状卵形，顶端钝，背面龙骨状突起，绿色，具 3 脉，两侧黄褐色、红褐色或暗紫红色，具白色透明狭边；雄蕊 2，花药短，长圆形；花柱中长，柱头 2，细长。【果】小坚果倒卵形，顶端具短尖，双凸状，稍扁，长为鳞片的 1/3，褐色或暗褐色，具白色透明有光泽的细胞层和微凸起细点。【成熟期】花果期 7—9 月。

生境分布　多年生湿生草本。生于山麓沟旁、田边、湿沙地、溪边。贺兰山西坡巴彦浩特有分布。我国广布于除西藏、新疆以外的各地。世界分布于欧亚大陆地区、非洲、大洋洲。

薹草属　*Carex* Linn

嵩草　*Carex myosuroides* Vill.

形态特征 【植株】高 7 ～ 35 cm。【根状茎】短。【秆】密丛生，纤细，钝三棱形，基部具褐色光泽宿存老叶鞘。【叶】狭窄丝状，与秆近等长或短于秆，宽 0.5 ～ 2 mm，腹面具沟。【花】穗状花序，线状圆柱形；小穗 10 ～ 20 个，疏生，顶生雄性，侧生雄雌顺序，基部雌花的上部具雄花 1 ～ 2 朵，稀雌花上无雄花；鳞片卵形或长圆形，具 1 脉，先端钝或急尖，栗褐色，纸质，具光泽，白色膜质边缘；先出叶卵形、椭圆形，腹侧边缘下部 1/3 处愈合，顶端近截形，膜质，背面具微粗糙 2 脊；雄蕊 3。【果】小坚果倒卵形或长圆形，双凸状或扁三棱状，褐色，具光泽，顶端具短喙。【成熟期】花果期 6 — 8 月。

生境分布 多年生中生草本。生于海拔 1 700 ～ 3 400 m 的云杉疏林林缘、高山灌丛、草甸。贺兰山主峰下山脊两侧有分布。我国分布于东北、西南、西北及河北、山西等地。世界分布于欧洲、北美洲及俄罗斯、哈萨克斯坦、朝鲜、日本、蒙古国。

高山薹草 *Carex parvula* O. Yano

形态特征 【植株】高 1～2 cm。【根状茎】短，木质。【秆】密丛生，稍坚实，近圆柱形，具钝棱，平滑。【叶】基部密集暗棕褐色叶鞘；叶片刚毛状，内卷，与秆近等长，宽 0.5 mm，腹面具沟，边缘粗糙。【花】穗状花序简单，雄雌顺序，椭圆形；小穗 5～7 个，顶生雄性，侧生雌性；鳞片宽卵形或矩圆形，先端圆钝，具绿色粗糙芒尖，具 1 脉，沿脉淡绿色，两侧褐色，白色膜质边缘狭窄；先出叶椭圆形，先端微凹，腹侧边缘分离达基部，具 2 脊；退化小穗轴扁；花柱短，柱头 3。【果】小坚果椭圆形或卵状椭圆形，扁三棱形，无喙。【成熟期】花果期 6—7 月。

生境分布 多年生中生矮小草本。生于海拔 2 800～3 500 m 的高山灌丛、高山草甸。贺兰山主峰和西坡哈拉乌有分布。我国分布于西南及河北、山西、甘肃、新疆等地。世界分布于克什米尔地区及不丹、尼泊尔、印度。

植株

穗

矮生嵩草 *Carex alatauensis* S. R. Zhang

别称 矮嵩草

形态特征 【植株】高 3～16 cm。【根状茎】短，木质。【秆】密丛生，钝三棱形。【叶】基部老叶鞘具叶片，锈褐色，纤维状细裂；叶片扁平，基部对折，弧状弯曲，灰绿色，短于秆或近等长，宽 1～2 mm，边缘粗糙。【花】穗状花序，简单，卵形或椭圆形，稍压扁，淡锈褐色，基部或具 1～2 个不显著分枝；苞片鳞片状；小穗 4～8 个，顶生雄性，侧生雄雌顺序，基部雌花的上部具雄花 2～5 朵；鳞片宽卵形至卵状椭圆形，淡锈褐色，中部色浅或绿色，具 3 脉，先端急尖或钝，具白色膜质宽边缘；先出叶矩圆形或长椭圆形，淡棕褐色，2 脊微粗糙，腹侧边缘仅基部愈合，长于小坚果；柱头 2～3。【果】小坚果矩圆形或倒卵状矩圆形，双凸状或平凸状，具短喙。【成熟期】花果期 6—8 月。

生境分布 多年生中生草本。生于海拔 2 400～3 000 m 的谷底草甸、林缘草甸。贺兰山西坡哈拉乌有分布。我国分布于吉林、河北、山西、甘肃、青海、新疆等地。世界分布于欧洲、北美洲及朝鲜、蒙古国、俄罗斯。

高原嵩草 *Carex coninux* (F. T. Wang & Tang) S. R. Zhang

形态特征 【植株】高 3 ～ 12 cm。【根状茎】短木质。【秆】密丛生，钝三棱形；基部具褐色宿存老叶鞘。【叶】钢毛状扁平，对折，短于秆，宽 1 ～ 2 mm，边缘粗糙。【花】穗状花序，简单，椭圆形或卵形，或基部具 1 ～ 2 个不显著分枝；小穗 4 ～ 8 个，顶生雄性，侧生雄雌顺序，基部雌花的上部具雄花 2 ～ 4 朵；鳞片卵形至椭圆形，先端极尖或钝纸质，两侧淡褐色，中部绿色，具 3 脉，具白色膜质边缘；先出叶长圆形或椭圆形，膜质，淡褐色，2 脊微粗糙，腹侧边缘分离至基部。【果】小坚果长圆形或倒卵形双凸状或平凸状，基部无柄，顶端具短喙，暗灰褐色具光泽，柱头 2。【成熟期】花果期 6 — 8 月。

生境分布 多年生矮小中生草本。生于海拔 2 900 ～ 3 500 m 的高山灌丛、高山草甸。贺兰山主峰下山脊两侧有分布。我国分布于河北、甘肃、青海、四川、西藏等地。

细叶薹草 *Carex duriuscula* subsp. *stenophylloides* (V. I. Krecz.) S. Yun Liang & Y. C. Tang 别称 砾薹草

形态特征 【植株】高 5 ～ 20 cm。【根状茎】细长，匍匐，黑褐色。【秆】疏丛生，纤细，近钝三棱形，具纵棱槽，平滑。【叶】基部叶鞘无叶片，灰褐色，具光泽，细裂呈纤维状；叶片内卷呈针状，刚硬，灰绿色，短于秆，宽 1 ～ 2 mm，两面平滑，边缘稍粗糙。【花】穗状花序，卵形或宽卵形；苞片鳞片状，短于小穗；小穗 3 ～ 7 个，雄雌顺序，密生，卵形，具少数花；雌花鳞片宽卵形或宽椭圆形，锈褐色，先端锐尖，具白色膜质狭边缘，短于果囊；花柱短，基部膨大，柱头 2。【果囊】革质，宽卵形或近圆形，平凸状，褐色或暗褐色，成熟后微具光泽，两面无脉或 1 ～ 5 不明显脉，边缘无翅，基部近圆形，具海绵状组织及短柄，顶端急收缩为短喙；喙缘粗糙，喙口斜形，白色，膜质，浅 2 齿裂。【果】小坚果疏松包于果囊中，宽卵形或宽椭圆形。【成熟期】花果期 4 — 7 月。

生境分布 多年生旱生草本。生于山麓草原、山坡、河岸湿地、路边。贺兰山西坡和东坡均有分布。我国分布于华北、西北、西南地区。世界分布于朝鲜、伊拉克、蒙古国、俄罗斯。

干生薹草 *Carex aridula* V. I. Krecz.

形态特征 【植株】高 3 ～ 20 cm。【根状茎】具细长的地下匍匐茎。【秆】丛生，纤细，扁三棱形，下部平滑，棱粗糙，基部具红褐色老叶鞘，老叶鞘细裂呈纤维状。【叶】细长，扁平，外卷，短于秆或稍长于秆，上面和边缘均粗糙，或边缘卷曲。【花】苞片鳞片状，最下面苞片顶端长芒，基部抱秆；小穗 2 ～ 3 个，最上面的雌小穗与雄小穗间距很短，最下面的小穗稍疏远，顶生小穗为雄小穗，近无穗柄；其余小穗为雌小穗，密生花几朵至十余朵，无柄；雄花鳞片长圆状倒卵形或狭长圆形，顶端近圆形，红褐色，边缘白色透明，具 1 ～ 3 细脉；雌花鳞片膜质，红褐色，边缘白色透明，具 1 中脉；花柱基部增粗，柱头 3。【果囊】初期斜展，后平开，球状倒卵形，钝三棱形，淡黄绿色，成熟时带淡褐色，平滑，具光泽，基部宽楔形，顶端皱缩为很短的喙，喙口斜截形，具白色膜质边缘。【果】小坚果倒卵形或宽倒卵形，三棱形，暗棕色，基部楔形，顶端具小短尖。【成熟期】花果期 6 — 9 月。

生境分布 多年生旱中生草本。生于海拔 3 000 m 左右的高山草甸、山坡、沟边滩地。贺兰山主峰两侧和西坡北寺、哈拉乌有分布。我国分布于内蒙古、甘肃、青海、西藏、四川等地。

灰脉薹草　Carex appendiculata (Trautv.) Kük.

形态特征　【植株】高 35 ～ 75 cm。【根状茎】短，形成踏头。【秆】密丛生，平滑或粗糙。【叶】基部叶鞘无叶，茶褐色或褐色，具光泽，老时细裂呈纤维状；叶片扁平或有时内卷，淡灰绿色，与秆等长或稍长，宽 2 ～ 4.5 mm，两面平滑，边缘具微细齿。【花】苞叶无鞘，与花序等长；小穗 3 ～ 5 个，上部 1 ～ 3 个为雄小穗，条形，其余为雌小穗（或部分小穗顶端具少数雄花），条状圆柱形，最下部小穗具短穗柄；雌花鳞片宽披针形，中部具 1 ～ 3 脉，2 侧脉不明显，淡绿色，两侧紫褐色至黑紫色，先端渐尖，边缘白色膜质，短于果囊，狭窄；花柱基部不膨大，柱头 2。【果囊】薄革质，椭圆形，平凸状，具 5 ～ 10 细脉，顶端具短喙，喙口微凹。【果】小坚果紧包于果囊中，宽倒卵形或近圆形，平凸状。【成熟期】果期 6 — 7 月。

生境分布　多年生湿生草本。生于山麓湿地、沼泽。贺兰山西坡水磨沟、塔尔岭有分布。我国分布于黑龙江、吉林、内蒙古等地。世界分布于蒙古国、朝鲜、俄罗斯。

无脉薹草 *Carex enervis* C. A. Mey. in Ledebour

形态特征 【植株】高 13～42 cm。【根状茎】长，匍匐，褐色。【秆】1～3 散生，较细，三棱形，下部平滑，上部粗糙，下部着生叶。【叶】基部叶鞘无叶片，灰褐色，无光泽；叶片扁平或对折，灰绿色，短于秆，宽 2～3 mm，先端长渐尖，边缘粗糙。【花】穗状花序，矩圆形或矩圆状卵形，下方小穗 1～2 个疏生；苞片刚毛状，短于小穗；小穗 5～10 个，雄雌顺序，卵状披针形；雌花鳞片矩圆状卵形或卵状披针形，锈褐色，中脉明显，先端渐尖，边缘白色膜质部分较宽，稍短于果囊；花柱基部不膨大，柱头 2。【果囊】膜质，卵状椭圆形或矩圆状卵形，平凸状，下部黄绿色，上部及两侧锈色，背腹两面脉不明显或无脉，边缘肥厚，向腹侧弯曲，近圆形或楔形，具短柄，顶端急缩为长喙；喙缘粗糙，喙口白色膜质，短 2 齿裂。【果】小坚果疏松包于果囊中，矩圆形或椭圆形，呈双凸状，浅灰色，具光泽。【成熟期】果期 6—7 月。

生境分布 多年生湿中生草本。生于海拔 2 500～3 000 m 的山地沟谷、溪边、湿地。贺兰山西坡哈拉乌、水磨沟有分布。我国分布于东北、华北、西北、西南地区。世界分布于亚洲中部地区及俄罗斯、蒙古国。

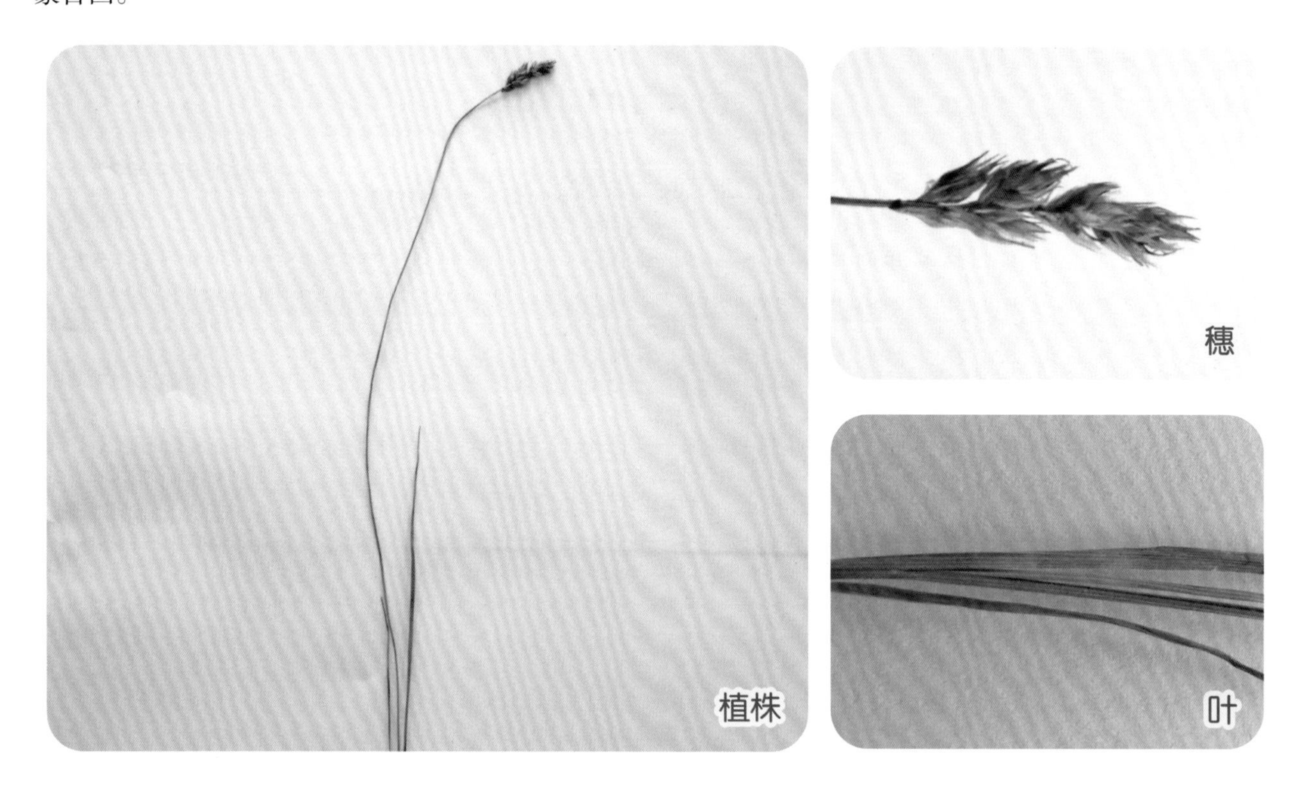

双辽薹草 *Carex platysperma* Y. L. Chang & Y. L. Yang

形态特征 【植株】高 25～45 cm。【根状茎】短，具长匍匐茎。【秆】纤细，平滑。【叶】基部叶鞘褐色，具光泽，稍呈网状细裂；叶片扁平，短于秆，宽 2～3 mm，边缘粗糙。【花】叶状，最下 1 片与花序近等长，无苞鞘；小穗 3～4 个，上部 1～2 个为雄小穗，条形，其余为雌小穗，圆柱形，近生，无穗柄，花密生；雌花鳞片矩圆形，紫红褐色，中部具 1 脉，沿脉淡绿色，先端钝，或具短凸尖，短于果囊；柱头 2。【果囊】近膜质，广倒卵形或近圆形，平凸状，具狭边，黄锈色，具 3～5 细脉，基部具短柄，顶端急缩为短喙，喙口微凹。【果】小坚果紧密包于果囊中，圆倒卵形或圆形，近双凸状，顶端具小尖。【成熟期】果期 7 月。

生境分布 多年生湿生草本。生于石质湿地、沼泽、草原。贺兰山西坡水磨沟有分布。我国分布于吉林等地。

大披针薹草　*Carex lanceolata* Boott

形态特征　【植株】高 10 ～ 35 cm。【根状茎】粗短，斜升。【秆】密丛生，纤细，扁三棱形，上部粗糙，下部着生叶。【叶】基部叶鞘深褐色带红褐色，细裂呈丝网状；叶片扁平，质软，短于秆，花后延伸，宽 1.5 ～ 2 mm。【花】苞片佛焰苞状，锈色，背部淡绿色，具白色膜质宽边缘；小穗 3 ～ 5 个，离生，顶生为雄小穗，与上方雌小穗近生，条状披针形；雄花鳞片披针形，深锈色，先端渐尖，宽边缘白色膜质；其余为雌小穗，矩圆形，含小花 4 ～ 7 朵，稀疏，具细柄，最下 1 枚长小穗轴“之”字形膝曲，稀近直；雌花鳞片披针形或卵状披针形，红锈色，中部具 3 脉，脉间淡棕色，先端渐尖，但不突出，宽边缘白色膜质，比果囊长 1/3 ～ 1/2；花柱基部稍膨大，向背侧倾斜，柱头 3。【果囊】果囊倒卵形，圆三棱形，淡绿色至淡黄绿色，两面各具 8 ～ 9 明显凸脉，被短柔毛，基部渐狭为绵质外弯长柄，顶端圆形，急缩为短喙；喙口微凹，紫褐色。【果】小坚果紧包于果囊中，倒卵形，三棱状。【成熟期】果期 6 — 7 月。

生境分布　多年生中生草本。生于海拔 1 900 ～ 2 400 m 的山麓林下、林缘、草地、阳坡干草地。贺兰山西坡和东坡均有分布。我国分布于东北、华北、西北、华东、西南及河南等地。世界分布于俄罗斯、蒙古国、朝鲜、日本。

黄囊薹草 *Carex korshinskii* Kom.

形态特征 【植株】高 20 ～ 36 cm。【根状茎】细长，匍匐。【秆】密丛生，纤细，高 20 ～ 36 cm，扁三棱形，上部粗糙，下部平滑。【叶】基部具褐红色叶鞘，细裂呈纤维状；叶片狭，宽 1 ～ 2 mm，扁平或对折，短于秆或等长，边缘粗糙。【花】苞片鳞片状，最下面先端具长芒；小穗 2 ～ 3 个，顶生为雄小穗，棒形，与相邻雌小穗接近；雄花鳞片披针形，先端急尖，褐色，边缘白色膜质；侧生为雌小穗，近球形或卵形，含小花 5 ～ 12 朵，无柄；雌花鳞片卵形，先端急尖，淡棕色，边缘白色膜质，与果囊近等长；花柱基部粗，柱头 3。【果囊】果囊倒卵形或椭圆形，三棱形，革质，金黄色，背面具多数脉，腹面脉少，平滑，具光泽，基部近楔形，顶端急缩为短喙；喙平滑，喙口膜质，斜截形。【果】小坚果紧包于果囊中，椭圆形，灰褐色。【成熟期】花果期 6 — 8 月。

生境分布 多年生旱中生草本。生于海拔 2 000 ～ 2 400 m 的山麓草原、山坡、沙丘地带。贺兰山西坡峡子沟和东坡黄旗沟有分布。我国分布于东北、华北、西北地区。世界分布于俄罗斯、蒙古国、朝鲜。

植株

穗

紫喙薹草 *Carex serreana* Hand. -Mazz.

形态特征 【植株】高 20 ～ 30 cm。【根状茎】短，匍匐，细。【秆】丛生，三棱形，纤细，坚实，下部着生叶。【叶】基部具紫褐色叶鞘；叶片扁平，质软，短于秆，宽 2 ～ 3 mm，边缘粗糙。【花】刚毛状，短于花序，无鞘；小穗 2 ～ 3 个，接近，顶生雌雄顺序，卵形；侧生小穗雌性，卵形，穗柄纤细，下部柄长；雌花鳞片卵形或卵状披针形，暗紫红色，先端钝或尖，狭白色膜质边缘，背面具 3 脉，短于果囊；花柱长，基部不增粗，柱头 3。【果囊】倒披针形或椭圆状披针形，三棱状，不膨胀，黄绿色或黄褐色，脉明显，基部楔形渐狭为短柄，顶端缩为短喙；喙暗紫色，喙口具 2 小齿。【果】小坚果长圆形，三棱状。【成熟期】花果期 7 — 8 月。

生境分布 多年生中生草本。生于海拔 3 000 ～ 3 400 m 的高山灌丛、草甸。贺兰山主峰下山脊两侧有分布。我国分布于河北、山西、甘肃、青海等地。

楔囊薹草　*Carex reventa* V. Krecz　　别称　柞薹草

形态特征　【植株】高 15 ～ 30 cm。【根状茎】斜升，分枝匍匐。【秆】丛生，纤细，三棱形，粗糙。【叶】短于秆或与秆等长，平展，宽 1 ～ 2 mm，基部具褐色纤维状宿存叶鞘。【花】佛焰苞状，苞鞘下部褐色，背部绿色，上缘白色膜质，苞叶短，或刚毛状；小穗 3 ～ 4 个，长圆形或长圆状圆柱形，密生花，顶生 1 个雄穗，侧生 2 ～ 3 个雌穗，穗柄不伸出或微伸出苞鞘外；小穗轴直；鳞片纸质，两侧褐色，白色膜质宽边缘，中间绿色；雄花长圆形渐尖，具 1 脉；雌花倒卵形、卵状长圆形钝或急尖，具短尖或短芒，具 1 ～ 3 脉；花柱基部增粗，柱头 3 。【果囊】稍短于鳞片，倒卵形或倒卵状长圆形，钝三棱形，淡绿色，密被白色短柔毛，背腹两面均具多条突起纵脉，顶端圆，皱缩为外弯短喙；喙口微凹。【果】小坚果倒卵状三棱形，熟时黄褐色，基部具短柄，顶端具极短外弯喙。【成熟期】果期 6 — 7 月。

生境分布　多年生湿中生草本。生于海拔 1 800 ～ 2 400 m 的森林区、山地采伐地、湿地、水边。贺兰山西坡哈拉乌、沙塘子有分布。我国分布于黑龙江、吉林、内蒙古等地。世界分布于朝鲜、俄罗斯。

麻根薹草 *Carex arnellii* Christ in Scheutz

形态特征 【植株】高 30 ～ 70 cm。【根状茎】粗短，复而斜升，木质化，密被深褐色细裂呈纤维状残存老叶鞘。【秆】丛生，三棱形，平滑，上部纤细，下垂。【叶】基部叶鞘褐色，纤维状细裂；叶片扁平，柔软，淡绿色，与秆等长，具苞鞘。【花】小穗 4 ～ 5 个，上部 2 ～ 3 个为雄性小穗，接近生，披针形；雄花鳞片倒披针形，淡锈色，具 1 脉，先端尖，膜质；其余为雌性小穗，圆柱形，花稀疏或上部密，具粗糙细长穗柄；雌花鳞片卵状披针形，淡锈色，中部具 3 脉，脉间绿色，先端渐尖并延伸成粗糙芒状尖，与果囊稀等长；花柱弯曲，基部不膨大，柱头 3。【果囊】薄革质，倒卵形至椭圆形，淡黄绿色，具光泽，具数条不明显脉，基部楔形，顶端急缩为喙；喙缘微粗糙，喙口白色膜质，2 齿裂。【果】小坚果疏松包于果囊中，椭圆状倒卵形，淡棕色，三棱状。【成熟期】果期 6 — 7 月。

生境分布 多年生中生草本。生于海拔 1 600 ～ 1 700 m 的山坡、林下、草甸、水边湿地。贺兰山西坡三关、黄渠口有分布。我国分布于黑龙江、吉林、河北、山西等地。世界分布于日本、朝鲜、蒙古国、俄罗斯。

植株

穗

圆囊薹草 *Carex orbicularis* Boott

形态特征 【植株】高 10 ～ 25 cm。【根状茎】短，具匍匐茎。【秆】丛生，纤细，三棱形，粗糙，基部具栗色老叶鞘。【叶】短于秆，宽 2 ～ 3 mm，平展，边缘粗糙。【花】苞片基部刚毛状，短于花序，无鞘，上部鳞片状；小穗 2 ～ 4 个，顶生 1 个雄性小穗，圆柱形，侧生小穗雌性，卵形或长圆形，花密生，最下部具短柄，上部无穗柄；雌花鳞片长圆形或长圆状披针形，顶端钝，暗紫红色或红棕色，具白色膜质边缘，中脉色淡；花柱基部不膨大，柱头 2。【果囊】稍长于鳞片而较鳞片宽 2 ～ 3 倍，近圆形或倒卵状圆形，平凸状，下部淡褐色，上部暗紫色，具瘤状小突起，脉不明显，顶端具短喙；喙口微凹，疏具小刺。【果】小坚果卵形。【成熟期】花果期 7 — 8 月。

生境分布 多年生湿中生草本。生于海拔 2 200 ～ 2 600 m 的山麓河滩、盐生湿草甸、沼泽草甸。贺兰山西坡水磨沟有分布。我国分布于甘肃、青海、新疆、西藏等地。世界分布于亚洲中部、西部地区及俄罗斯、印度、巴基斯坦。

无穗柄薹草　*Carex ivanoviae* T. V. Egorova　别称　青海薹草

形态特征　【植株】高 8 ～ 20 cm。【根状茎】较长，匍匐或斜升。【秆】密丛生，近于半圆柱形，平滑，基部具褐色残存老叶片和叶鞘，细裂呈纤维状。【叶】叶短于秆，宽 0.5 ～ 1 mm，刚毛状内卷，具短鞘。【花】小穗 2 ～ 4 个，距短，密生秆上端；顶生小穗为雄小穗，狭披针形，无穗柄；侧生小穗为雌小穗，卵形，密生花，无穗柄；雄花鳞片长圆状卵形或卵形，顶端渐尖，膜质，棕色，上端边缘色淡，具 1 黄色中脉；雌花鳞片卵形，顶端急尖，具短尖，膜质，暗棕色，上部具白色膜质边缘，具 1 淡黄色中脉；花柱短，基部增粗，柱头 3。【果囊】近直立或斜展，短于或等长于鳞片，卵形，钝三棱形，薄革质，暗棕色，具光泽；基部楔形，具短柄，顶端急缩为短喙；喙口淡黄色，具 2 小齿。【果】小坚果近椭圆形，三棱形，淡褐黄色，顶端具小短尖，基部无柄。【成熟期】花果期 6 — 7 月。

生境分布　多年生旱生草本。生于山坡草地、河边草地、高山、山前沙地。贺兰山西坡小松山有分布。我国分布于青海、甘肃、西藏、新疆等地。世界分布于克什米尔地区及印度、巴基斯坦、俄罗斯。

异鳞薹草 *Carex heterolepis* Bunge

形态特征 【植株】高 40 ～ 70 cm。【根状茎】短，具长匍匐茎。【秆】三棱形，上部粗糙，基部具黄褐色细裂网状老叶鞘。【叶】与秆近等长，宽 2 ～ 5 mm，上面绿色，具明显侧脉，平张，边缘粗糙。【花】苞片叶状，最下部 1 枚长于花序，基部无鞘；小穗 3 ～ 6 个，圆柱形，雄性小穗顶生，穗柄长，雌性小穗侧生，无穗柄或下部具短穗柄；雌花鳞片狭披针形或狭长圆形，淡褐色，具 1 ～ 3 脉，顶端渐尖；花柱基部不膨大，柱头 2。【果囊】稍长于鳞片，倒卵形或椭圆形，扁双凸状，淡褐绿色，具密的乳头状突起和树脂状点线，基部楔形，上部急缩为短喙；喙口具 2 齿。【果】小坚果紧包于果囊中，宽倒卵形或倒卵形，暗褐色。【成熟期】花果期 6 — 7 月。

生境分布 多年生湿生草本。生于山麓水边、沼泽。贺兰山西坡塔尔岭水库和东坡汝箕沟有分布。我国分布于华北、西北地区。世界分布于欧亚大陆地区、北美洲温带、寒带地区。

植株

穗

尖叶薹草 *Carex oxyphylla* Franch.

形态特征 【植株】高 20 ～ 40 cm。【根状茎】具匍匐茎。【叶】长于秆，宽 2 ～ 4 mm，平张，边缘粗糙，先端渐尖。【花】苞片叶状，下部具鞘，上部具短鞘或无；小穗 3 ～ 5 个，长圆形或圆柱形，具短柄；雄性小穗顶生，先端稍尖；雌性小穗侧生，顶端具雄花；鳞片卵形或卵状披针形，中脉绿色；雄花淡锈色，边缘白色膜质；雌花淡白色，顶端延伸成芒，柱头 3。【果囊】与鳞片相等，卵状三棱形，绿褐色，顶端缩为短喙；喙口具 2 齿。【果】小坚果倒卵形或宽卵形，顶端圆形，三棱形，成熟时表面具透明颗粒状突起。【成熟期】花果期 5 — 6 月。

生境分布 多年生中生草本。生于海拔 2 000 ～ 2 400 m 的山地林缘、溪边、泉边、阴坡灌丛。贺兰山西坡和东坡均有分布。我国分布于东北、华北、西北地区。世界分布于俄罗斯、蒙古国、朝鲜。

糙喙薹草　*Carex scabrirostris* Kük.

形态特征　【植株】高 25 ～ 70 cm。【根状茎】垂直向下延。【秆】平滑，基部具暗褐色分裂纤维状老叶鞘。【叶】短于秆，宽 1 ～ 3 mm，平张，边缘稍粗糙。【花】苞片叶状，短于花序，具长鞘；小穗 3 ～ 5 个，上部 1 ～ 3 个雄性小穗，接近，圆柱形；雌花鳞片卵形或卵状披针形，顶端渐尖，具短尖，暗褐色，具白色膜质边缘，具 1 脉，或背面脉上粗糙；花柱细长，疏被毛，柱头 3。【果囊】长于鳞片近 2 倍，披针形，稍扁三棱形，下部麦秆黄色，上部暗褐色，膜质，脉不明显，两侧边缘被短糙毛，上部急缩为长喙，喙口斜截形，白色膜质。【果】小坚果倒卵状长圆形，扁三棱形，淡褐色。【成熟期】花果期 7—8 月。

生境分布　多年生耐寒中生草本。生于海拔 3 000 ～ 3 500 m 的高山灌丛、草甸、沼泽、湿地、云杉林。贺兰主峰山脊下两侧有分布。我国分布于陕西、甘肃、青海、四川、西藏等地。

短鳞薹草　*Carex augustinowiczii* Meinsh. ex Korsh.　别称　钝鳞薹草

形态特征　【植株】高 30 ～ 50 cm。【根状茎】具短的匍匐茎。【秆】密丛生，三棱形，纤细。【叶】基部叶鞘无叶片，紫红褐色，稍细裂呈纤维状；叶短于或与秆等长，宽 2 ～ 3 mm，绿色扁平。【花】苞片最下 1 枚叶状，其余均为刚毛状；小穗 3 ～ 5 个，圆柱形，顶生 1 个雄性小穗，侧生数个雌性小穗，最下 1 个具短穗柄；雌花鳞片矩圆状椭圆形，顶端稍尖或钝，中间淡绿色，两侧暗血红色或紫红色；花柱细长，基部不增大，柱头 3。【果囊】长于鳞片，卵状披针形或长圆状披针形，不明显三棱形，淡灰绿色或黄绿色，具多条细脉，基部近楔形，具极短柄；喙口微凹。【果】小坚果椭圆状三棱形。【成熟期】花果期 6 — 7 月。

生境分布　多年生湿中生草本。生于海拔 2 000 ～ 2 500 m 的山麓林下、河边、沙质湿地。贺兰山西坡水磨沟、乱柴沟有分布。我国分布于黑龙江、吉林、辽宁、河北等地。

柄状薹草　*Carex pediformis* C. A. Mey.　别称　脚薹草

形态特征　【植株】高 17 ～ 35 cm。【根状茎】斜升。【秆】丛生，纤细，三棱形，稍糙。【叶】短于或与秆等长，平张，宽 1 ～ 3 mm，基部具褐色纤维状宿存叶鞘。【花】苞片佛焰苞状，苞鞘下部褐色，背部绿色，上缘白色膜质，苞叶短，或刚毛状；小穗 3 ～ 4 个，长圆形或长圆状圆柱形，密生花，顶生 1 个雄性小穗，侧生 2 ～ 3 个雌性小穗，穗柄或微伸出苞鞘外；小穗轴直；鳞片纸质，两侧褐色，具白色膜质宽边缘，中间绿色；雄花长圆形渐尖，具 1 脉；雌花倒卵形、卵形、卵状长圆形或长圆形钝或急尖，具短尖或短芒，有 1 ～ 3 脉；花柱基部增粗，柱头 3。【果囊】稍短于鳞片，倒卵形或倒卵状长圆形，钝三棱形，淡绿色，密被白色短柔毛，腹面 2 侧脉并具数细或短脉，少无脉，顶端圆，皱缩为外弯短喙；喙口微凹。【果】小坚果倒卵状三棱形，熟时黄褐色，基部具短柄，顶端喙极短外弯。【成熟期】花果期 5 — 7 月。

生境分布　多年生旱中生草本。生于海拔 2 000 ～ 2 600 m 的草原、山坡、疏林、林间坡地。贺兰山西坡干树湾、老树槐有分布。我国分布于东北、西北及山西、河北等地。世界分布于俄罗斯、蒙古国。

天南星科　**Araceae**

浮萍属　*Lemna* Linn

浮萍　*Lemna minor* Linn　　别称　田萍

形态特征　【植株】漂浮于水面。【叶状体】对称，表面绿色，背面浅黄色、绿白色或紫色，近圆形、倒卵形或倒卵状椭圆形，全缘，长 3 ～ 6 mm，宽 2 ～ 3 mm，上面稍突起或沿中线隆起，3 脉，不明显，背面垂生丝状根 1 条。【根】白色，根冠钝圆，根鞘无翅；假根纤细。【花】着生叶状体边缘开裂处；膜质苞鞘囊状，内有雌花 1 朵和雄花 2 朵；雌花具 1 胚珠，弯生。【果】圆形，近陀螺状，具深纵脉纹，无翅或具狭翅。【种子】仅 1 粒，胚乳突出具 12 ～ 15 条纵肋。【成熟期】花期 6 — 7 月。

生境分布　一年生浮水草本。生于山麓水田、池沼、其他静水水域。贺兰山西坡水磨沟有分布。我国广布于各地。世界广布种。

药用价值　全草入药，可发汗祛风、利水消肿。

灯心草科 Juncaceae

灯心草属 *Juncus* Linn

小灯心草 *Juncus bufonius* Linn

形态特征 【植株】高 5 ～ 25 cm。【根】具多数细弱、浅褐色须根。【茎】丛生，细弱，直立或斜升，或下弯，基部红褐色。【叶】基生和茎生，茎生叶 1 枚；叶片线形，扁平，长 1 ～ 9 cm，宽 1 mm，顶端尖；叶鞘具膜质边缘，向上渐狭，无明显叶耳。【花】花序呈二歧聚伞状，或排列成圆锥状，着生茎顶端，长占植株的 1/4 ～ 4/5，花序分枝细弱微弯；叶状总苞片短于花序；花排列疏松，具花梗和小苞片；小苞片 2 ～ 3 枚，三角状卵形，膜质；花被片披针形，外轮长背部中间绿色，边缘宽膜质，白色，顶端锐尖，内轮短，膜质，顶端尖；雄蕊 6，长为花被的 1/3 ～ 1/2；花药长圆形，淡黄色，花丝丝状；雌蕊具短花柱，柱头 3，外向弯曲，闭花受精。【果】蒴果三棱状椭圆形，黄褐色，顶端稍钝，3 室。【种子】椭圆形，两端细尖，黄褐色，具纵纹。【成熟期】花果期 6—9 月。

生境分布 一年生湿生草本。生于山麓草地、湖岸、河边、沼泽。贺兰山西坡巴彦浩特和东坡大水沟有分布。我国分布于东北、华北、西北、华东、西南地区。世界分布于美洲、亚洲西部、南部地区及俄罗斯、蒙古国、朝鲜。

植株

花

叶

栗花灯心草 *Juncus castaneus* Sm.

别称 三头灯心草

形态特征 【植株】高 20 ～ 45 cm。【根状茎】较长，具黄褐色须根。【茎】直立，单生或丛生，圆柱形，具纵沟纹，绿色。【叶】基生和茎生；红褐色；基生叶 2 ～ 4 枚，长 6 ～ 25 cm，宽 3 ～ 6 mm，顶端尖，边缘内卷或折叠，叶鞘长，边缘膜质，松弛抱茎，无叶耳；茎生叶 1 枚或缺，较短，叶片扁平或边缘内卷。【花】由 2 ～ 8 个头状花序排列成顶生聚伞状，花序梗不等长；叶状总苞片 1 ～ 2 枚，线状披针形，顶端细长，超出花序；头状花序，含花 4 ～ 10 朵；苞片 2 ～ 3 枚，披针形，短于花；具花梗；花被片披针形，顶端渐尖，外轮背脊明显，稍长于内轮，暗褐色至淡褐色；雄蕊 6，短于花被片，花药黄色，花丝线形；花柱柱头 3 分叉，线状。【果】蒴果三棱状长圆形，顶端逐渐变细呈喙状，果实超出花被片，具 3 隔膜，成熟时深褐色。【种子】长圆形，黄色，锯屑状，两端各具白色附属物。【成熟期】花果期 7—9 月。

生境分布 多年生湿生草本。生于海拔 2 100 ～ 3 100 m 的山地草甸、溪边、灌丛。贺兰山西坡巴彦浩特和东坡拜寺沟有分布。我国分布于西北、西南及吉林、河北、山西等地。世界分布于日本、朝鲜、蒙古国、俄罗斯。

细灯心草　*Juneus gracillimus* A. Camus　　别称　扁茎灯心草

形态特征　【植株】高 30 ～ 50 cm。【根状茎】横走，密被褐色鳞片。【茎】丛生，直立，绿色。【叶】基生叶 2 ～ 3 枚，茎生叶 1 ～ 2 枚；叶片狭条形，长 5 ～ 15 cm，宽 0.5 ～ 1 mm；叶鞘松弛抱茎，顶部具圆形叶耳。【花】复聚伞花序，着生茎顶端，具多数花；总苞片叶状，1 枚，超出花序；从总苞片腋部发出多个花序分枝，顶部有一至数回聚伞花序；花小，彼此分离；小苞片 2 枚，三角状卵形或卵形，膜质；花被片近等长，卵状披针形，先端钝圆，边缘膜质，内卷呈兜状；雄蕊 6，短于花被片，花药狭矩圆形，与花丝近等长；花柱短，柱头 3 分叉。【果】蒴果卵形或近球形，超出花被片，先端具短尖，褐色，具光泽。【种子】褐色，斜倒卵形，表面具纵向梯纹。【成熟期】花果期 6—8 月。

生境分布　多年生湿生草本。生于山地沟谷、溪边。贺兰山西坡巴彦浩特和东坡拜寺沟有分布。我国分布于长江以北地区。世界分布于日本、朝鲜、蒙古国、俄罗斯。

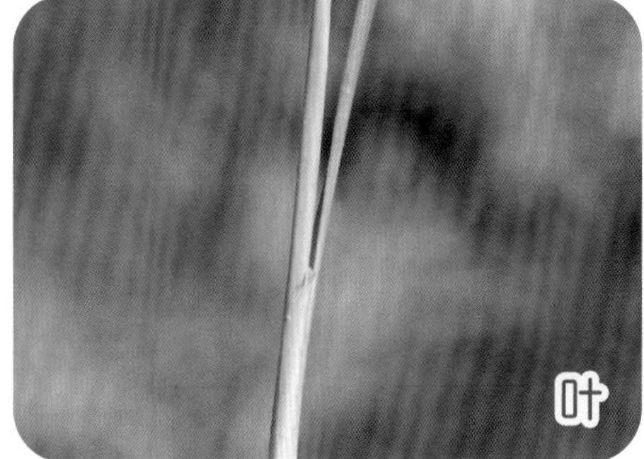

百合科 Liliaceae

顶冰花属 *Gagea* Salisb.

贺兰山顶冰花 *Gagea alashanica* Y. Z. Zhao & L. Q. Zhao 别称 阿拉善顶冰花

形态特征 【植株】高 12 cm，全株无毛。【鳞茎】卵形，鳞茎皮向上延伸。【叶】基生叶 2 枚，半圆筒形，长 10 ～ 14 cm，直径 1 mm；茎生叶 3 枚，互生，条形，基部加宽。【花】单生；花梗稍长于花被片；花被片 6，长圆状披针形，先端急尖；雄蕊长为花被片的 1/2，花药长圆形；花柱柱头头状。【果】蒴果倒卵球形。

生境分布 多年生早春类短命中生草本。生于海拔 2 200 ～ 2 500 m 的山地沟谷、灌丛。贺兰山西坡干树湾、乱柴沟有分布。我国分布于宁夏、内蒙古。

少花顶冰花 *Gagea pauciflora* (Turcz. ex Trautv.) Ledeb.

形态特征 【植株】高 7 ～ 25 cm，全株微被柔毛，下部明显。【鳞茎】球形或卵形，上端延伸呈圆筒状，撕裂，抱茎。【叶】基生叶 1 枚，长 7 ～ 20 cm，宽 1 ～ 3 mm，脉上和边缘疏被微柔毛；茎生叶 1 ～ 3，下部 1 枚长，披针状条形，比基生叶稍宽，上部渐小为苞片状，基部边缘疏被柔毛。【花】1 ～ 3 朵，排列成总状花序；花被片条形，绿黄色，先端锐尖；雄蕊长为花被片的 1/2；子房矩圆形；花柱与子房近等长或略短，柱头 3 深裂，裂片长。【果】蒴果近倒卵形，长为宿存花被片的 1/2 ～ 3/5。【成熟期】花期 5—6 月，果期 7 月。

生境分布 多年生早春类短命中生草本。生于海拔 1 900 ～ 2 400 m 的山麓沟谷、灌丛、山地草甸。贺兰山西坡水磨沟、哈拉乌和东坡苏峪口有分布。我国分布于河北、陕西、甘肃、青海、西藏等地。世界分布于俄罗斯、蒙古国。

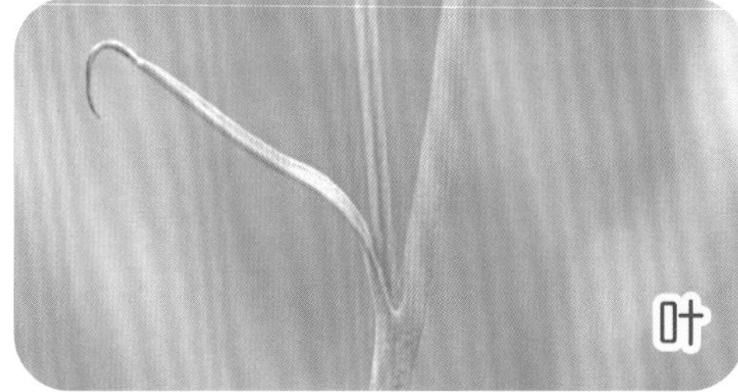

百合属 *Lilium* Linn

山丹 *Lilium pumilum* Redouté 别称 细叶百合、山丹丹

形态特征 【植株】高 20 ~ 50 cm。【鳞茎】卵形或圆锥形；鳞片矩圆形或长卵形，白色。【茎】直立，具小乳头状突起。【叶】散生茎中部，条形，长 3 ~ 9 cm，宽 1.5 ~ 3 mm，边缘具小乳头状突起。【花】1 至数朵，着生茎顶端，鲜红色，无斑点，下垂；花被片反卷，蜜腺两边具乳头状突起；花丝无毛，花药长矩圆形，黄色，具红色花粉粒；子房圆柱形；花柱柱头膨大，3 裂。【果】蒴果矩圆形。【成熟期】花期 7 — 8 月，果期 9 — 10 月。

生境分布 多年生中生草本。生于海拔 2 000 ~ 2 400 m 的山地沟谷、石质山坡、灌丛。贺兰山西坡和东坡均有分布。我国分布于西南、西北、华北、东北及西藏等地。世界分布于欧亚大陆地区、北美洲。

药用价值 鳞茎入药，可除热安神、润肺止咳；也可做蒙药。

洼瓣花属 *Lloydia* Salisb.

洼瓣花 *Lloydia serotina* (L.) Salisb. ex Rchb.

别称 单花萝蒂草、单花萝蒂

形态特征 【植株】高 5 ～ 20 cm。【鳞茎】狭卵形，鳞茎外皮灰褐色，上部开裂。【茎】直立。【叶】基生叶 2 枚，狭条形，宽 1 mm，短于花茎；茎生叶 2 ～ 4 枚。【花】1 ～ 2 朵；内外花被片相似，白色具紫色斑，先端钝圆，内面近基部具 1 凹穴，少例外；雄蕊长为花被片的 1/2 ～ 3/5，花丝无毛；子房近矩圆形或狭椭圆形；花柱与子房近等长，柱头 3 裂，不明显。【果】蒴果近倒卵形，三钝棱，长、宽相等，顶端具宿存花柱。【种子】近三角形，扁平。【成熟期】花期 5—6 月，果期 7—8 月。

生境分布 多年生早春类短命中生草本。生于海拔 2 200 ～ 2 800 m 的高山或亚高山山顶、灌丛、岩石缝。贺兰山西坡哈拉乌、水磨沟有分布。我国分布于东北、华北、西北、西南地区。世界分布于欧洲、北美洲及朝鲜、日本、俄罗斯、锡金、不丹、印度。

植株

花

果

石蒜科 Amaryllidaceae

葱属 *Allium* Linn

薤白 *Allium macrostemon* Bunge

别称 密花小根蒜

形态特征 【鳞茎】近球状，基部具小鳞茎（因其易脱落故在标本上不常见）；鳞茎外皮带黑色，纸质或膜质，不破裂，标本上多因脱落而仅存白色内皮。【叶】3 ～ 5 枚，半圆柱状，或因背部纵棱发达而为三棱状半圆柱形，中空，上面具沟槽，比花葶短。【花】花葶圆柱状，1/4 ～ 1/3 被叶鞘；总苞 2 裂，比花序短；伞形花序，半球状至球状，花多，密集，间具珠芽或全为珠芽；小花梗近等长，比花被片长 3 ～ 5 倍，基部具小苞片；珠芽暗紫色，基部具小苞片；花淡紫色或淡红色；花被片矩圆状卵形至矩圆状披针形，内轮较狭，内轮基部约为外轮基部宽的 1.5 倍；花丝等长，比花被片长 1 倍，基部合生与花被片贴生，分离部分的基部呈狭三角形扩大，向上狭成锥形；子房近球状，腹缝线基部具帘凹陷蜜穴；花柱伸出花被外。【成熟期】花果期 5—7 月。

生境分布 多年生旱中生草本。生于海拔 1 600 ～ 1 800 m 的山地林缘、沟谷、草甸。贺兰山西坡和东坡均有分布。我国广布于各地。世界分布于蒙古国、朝鲜、日本。

贺兰韭 *Allium eduardii* Stearn 别称 贺兰葱

形态特征 【鳞茎】数枚紧密聚生，圆柱状，共同被网状外皮；鳞茎外皮黄褐色，破裂呈纤维状，呈明显网状。【叶】半圆柱状，上面具纵沟，粗 0.5 ～ 1 mm，短于花葶。【花】花葶圆柱状，下部被叶鞘；总苞片单侧开裂，膜质，具长喙，宿存；伞形花序，半球状，疏散；小花梗近等长，基部具白色膜质小苞片；花淡紫红色；花被片矩圆状卵形至矩圆状披针形，外轮短于内轮；花丝等长，长于花被片，基部合生与花被片贴生，外轮锥形，内轮基部扩大，每侧各具 1 细长的锐齿；子房近球状，腹缝线基部无蜜穴；花柱伸出花被外。【成熟期】花果期 7 — 8 月。

生境分布 多年生中生草本。生于海拔 2 100 ～ 2 600 m 的石质山坡、山脊、石缝。贺兰山西坡哈拉乌、南寺和东坡拜寺沟有分布。我国分布于河北、内蒙古、宁夏、新疆等地。世界分布于俄罗斯、哈萨克斯坦、蒙古国。

青甘韭　*Allium przewalskianum* Regel　　别称　青甘野韭

形态特征　【鳞茎】数枚聚生，或基部被外皮，狭卵状圆柱形；鳞茎外皮红色，破裂呈纤维状，紧密包围鳞茎。【叶】半圆柱状至圆柱状，具 4 ～ 5 纵棱，粗 1 ～ 2 mm。【花】花葶圆柱状，高 10 ～ 40 cm，下部被叶鞘；总苞与伞形花序近等长或较短，单侧开裂，喙与裂片等长，宿存；伞形花序球状或半球状，花多，密集；小花梗等长；花淡红色至深紫红色；花被片先端微钝，内轮矩圆形至矩圆状披针形，外轮卵形或狭卵形，略短；花丝等长，基部合生并与花被片贴生，蕾期花丝反折，内轮花丝基部扩大成矩圆形，每侧各具 1 齿，具 2 齿时弯曲交接，外轮锥形；子房球状；3 枚内轮花丝扩大包围花柱，花后伸出，与花丝等长。【成熟期】花果期 6 — 9 月。

生境分布　多年生中生草本。生于海拔 2 300 ～ 2 500 m 的石质山坡、灌丛。贺兰山西坡峡子沟、哈拉乌和东坡甘沟有分布。我国分布于西北、西南地区。世界分布于印度、尼泊尔、巴基斯坦。

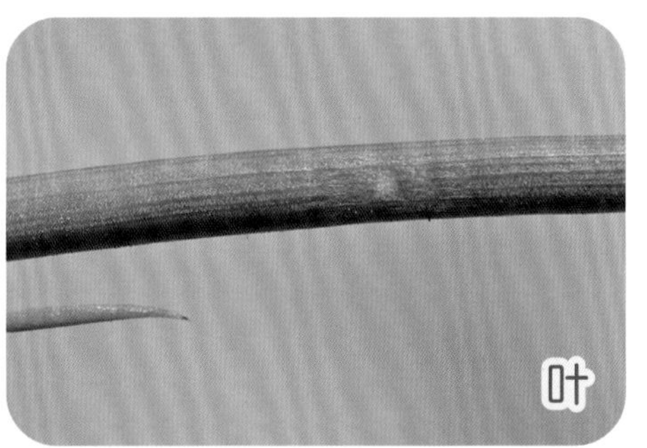

辉韭　*Allium strictum* Schrad.　　别称　辉葱

形态特征　【鳞茎】单生或 2 枚聚生，近圆柱状；鳞茎外皮黄褐色至灰褐色，破裂呈纤维状，呈网状。【叶】狭条形，短于花葶，宽 2 ～ 5 mm。【花】花葶圆柱状，高 36 ～ 60 cm，中下部被叶鞘；总苞片 2 裂，淡黄白色，宿存；伞形花序，球状或半球形，花多，密集；小花梗等长，基部具膜质小苞片；花淡紫色至淡紫红色；花被片具暗紫色中脉，外轮花被片矩圆状卵形，内轮花被片矩圆形至椭圆形；花丝等长，略长于花被片，基部合生并与花被片贴生，外部锥形，内轮基部扩大，扩大部分高于宽，每侧各具 1 短齿，或齿上部具 2 ～ 4 不规则小齿；子房倒卵状球形，基部具凹陷蜜穴；花柱稍伸出花被外。【成熟期】花果期 7 — 8 月。

生境分布　多年生中生草本。生于海拔 1 600 ～ 1 800 m 的山地林下、林缘、沟边、低湿地。贺兰山西坡哈拉乌有分布。我国分布于黑龙江、吉林、宁夏、甘肃、新疆等地。世界分布于亚洲中部地区、欧洲及俄罗斯、蒙古国。

野韭　*Allium ramosum* Linn

形态特征　【根状茎】粗壮，横生，略倾斜；鳞茎近圆柱状，簇生；鳞茎外皮暗黄色至黄褐色，破裂呈纤维状，呈网状。【叶】三棱状条形，背面纵棱隆起呈龙骨状，叶缘及沿纵棱具细糙齿，中空，宽1～4 mm，短于花葶。【花】花葶圆柱状，具纵棱或不明显，高20～55 cm，下部被叶鞘；总苞单侧开裂或2裂，白色、膜质，宿存；伞形花序，半球状或近球状，花多，疏散；小花梗近等长，基部具白色花，稀粉红色；花被片具红色中脉；外轮花被片矩圆状卵形至矩圆状披针形，先端具短尖头，与内轮花被片等长，较狭窄；内轮花被片矩圆状倒卵形或矩圆形，先端具短尖头；花丝等长，长为花被片的1/2～3/4，基部合生并与花被片贴生部位合生，分离部分呈狭三角形，内轮稍宽；子房倒圆锥状球形，具3圆棱，外壁具疣状突起；花柱不伸出花被外。【成熟期】花果期6—8月。

生境分布　多年生旱中生草本。生于海拔2 000 m左右的山地沟谷、灌丛。贺兰山西坡峡子沟有分布。我国分布于东北、西北及山东、山西等地。世界分布于亚洲中部地区及蒙古国、俄罗斯。

碱韭 *Allium polyrhizum* Turcz. ex Regel 别称 紫花韭

形态特征 【鳞茎】多枚紧密簇生，圆柱状；鳞茎外皮黄褐色，撕裂呈纤维状。【叶】半圆柱状，边缘具密的微糙齿，宽 0.3 ～ 1 mm，短于花葶。【花】花葶圆柱状，高 10 ～ 20 cm，近基部被叶鞘；总苞 2 裂，膜质，宿存；伞形花序，半球状，花多，密集；小花梗近等长，基部具膜质小苞片，稀无小苞片；花紫红色至淡紫色，稀粉白色；外轮花被片狭卵形；内轮花被片矩圆形；花丝等长，稍长于花被片，基部合生并与花被片贴生，外轮锥形，内轮基部扩大，扩大部分每侧各具 1 锐齿，极少无齿；子房卵形，不具凹陷的蜜穴；花柱稍伸出花被外。【成熟期】花果期 7 — 8 月。

生境分布 多年生强旱生草本。生于海拔 1 600 ～ 1 800 m 的向阳山坡、草地。贺兰山西坡和东坡均有分布。我国分布于东北、西北及山西等地。世界分布于俄罗斯、哈萨克斯坦、蒙古国。

植株

花

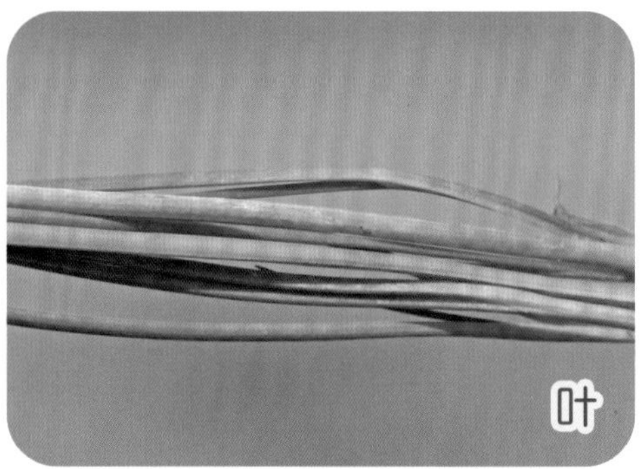
叶

蒙古韭 *Allium mongolicum* Turcz. ex Regel 别称 蒙古葱、沙葱

形态特征 【鳞茎】密丛生，圆柱状；鳞茎外皮黄褐色，破裂呈松散纤维状。【叶】半圆柱状至圆柱状，比花葶短，宽 0.5 ～ 1.5 mm。【花】花葶圆柱状，高 10 ～ 30 cm，下部被叶鞘；总苞单侧开裂，宿存；伞形花序，半球状至球状，花多，密集；小花梗等长，基部无小苞片；花淡红色、淡紫色至紫红色，较大；花被片卵状矩圆形，先端钝圆，内轮比外轮长；花丝等长，为花被片长度的 1/2 ～ 2/3，基部合生与花被片贴生，内轮基部约 1/2 扩大呈卵形，外轮锥形；子房倒卵状球形；花柱比子房长，不伸出花被外。【成熟期】花果期 7 — 9 月。

生境分布 多年生旱生草本。生于海拔 1 600 ～ 1 800 m 的干旱山坡、砂质地、荒漠。贺兰山西坡和东坡均有分布。我国分布于西北及辽宁、山西等地。世界分布于俄罗斯、蒙古国。

药用价值 地上部分入药，可开胃消食、杀虫；也可做蒙药。

砂韭　*Allium bidentatum* Fisch. ex Prokh. & Ikonn. -Gal.　别称　砂葱、双齿葱

形态特征　【鳞茎】紧密聚生，圆柱状，或基部稍扩大，宽 3 ～ 6 mm；鳞茎外皮褐色至灰褐色，薄革质，条状破裂，或顶端破裂呈纤维状。【叶】半圆柱状，比花葶短，为花葶长的 1/2，宽 1 ～ 1.5 mm。【花】花葶圆柱状，高 10 ～ 30 cm，下部被叶鞘；总苞 2 裂，宿存；伞形花序，半球状，花较多，密集；小花梗等长，与花被片等长，基部无小苞片；花红色至淡紫红色；外轮花被片矩圆状卵形至卵形；内轮花被片狭矩圆形至椭圆状矩圆形，先端近平截，具不规则小齿，比外轮长；花丝短于花被片，基部合生并与花被片贴生部位合生，内轮 4/5 扩大呈卵状矩圆形，扩大部分每侧各具 1 钝齿，稀无齿，外轮锥形；子房卵球状，外壁具疣状突起或突起不明显，基部无凹陷蜜穴；花柱略比子房长。【成熟期】花果期 7—9 月。

生境分布　多年生旱生草本。生于海拔 1 700 ～ 2 000 m 的向阳山坡、草原。贺兰山西坡浅山地有分布。我国分布于东北、华北、西北地区。世界分布于俄罗斯、蒙古国、哈萨克斯坦。

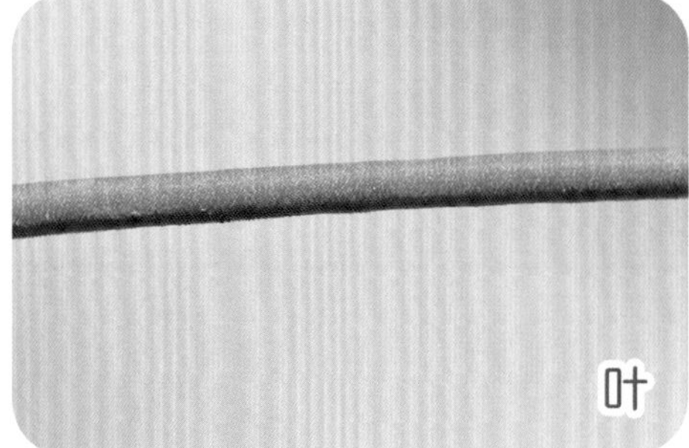

雾灵韭 *Allium stenodon* Nakai & Kitag. 别称 雾灵葱

形态特征 【根】须根紫色。【鳞茎】数枚簇生，为基部增粗的圆柱状；鳞茎外皮黑褐色至黄褐色，破裂，老时呈纤维状，有时略呈网状。【叶】条形，扁平，近与花葶等长，宽 2 ～ 8 mm，先端长渐尖，边缘向下反卷，下面颜色比上面淡，干时能辨别。【花】花葶圆柱状，高 15 ～ 40 mm，下中部被叶鞘；总苞单侧开裂，比伞形花序短，具短喙，宿存或早落；伞形花序，松散；小花梗等长，果期更长，基部无小苞片；花淡紫色至紫色；内轮花被片卵状矩圆形，先端近平截或钝圆，外轮花被片舟状卵形，比内轮短；花丝等长，为花被片长度的 1.5 ～ 2 倍，基部合生与花被片贴生，内轮基部扩大，扩大部分每侧各具 1 枚齿片，齿片顶端具 2 至数枚不规则小齿；子房倒卵状，腹缝线基部具帘的凹陷蜜穴；花柱伸出花被外。【成熟期】花果期 8 — 10 月。

生境分布 多年生中生草本。生于海拔 2 000 ～ 2 500 m 的山地林缘、灌丛。贺兰山西坡水磨沟、哈拉乌和东坡苏峪口有分布。我国分布于河北、山西、河南、宁夏、内蒙古等地。

植株

花

花

矮韭 *Allium anisopodium* Ledeb. 别称 矮葱

形态特征 【根状茎】明显，横生外皮黑褐色。【鳞茎】近圆柱状，数枚聚生；鳞茎外皮紫褐色、黑褐色或灰黑色，膜质，不规则破裂，或顶端几呈纤维状，内部带紫红色。【叶】半圆柱状，或横切面呈新月状狭条形，或因背面中央纵棱隆起而呈三棱状狭条形，光滑，或沿叶缘和纵棱具细糙齿，与花葶近等长，宽 1 ～ 3 mm。【花】花葶圆柱状，具细纵棱，光滑，高 15 ～ 50 cm，下部被叶鞘；总苞单侧开裂，宿存；伞形花序，近扫帚状，松散；小花梗不等长，果期明显，随果实的成熟而逐渐伸长，具纵棱，光滑，稀沿纵棱略具细糙齿，基部无小苞片；花淡紫色至紫红色；外轮花被片卵状矩圆形至阔卵状矩圆形，先端钝圆；内轮花被片倒卵状矩圆形，先端平截或略为钝圆的平截，比外轮稍长；花丝为花被片长度的 2/3，基部合生与花被片贴生，外轮锥形，基部扩大，比内轮短，内轮下部扩大呈卵圆形，扩大部分为花丝长度的 2/3，或扩大部分每侧各具 1 小齿；子房卵球状，基部无凹陷蜜穴；花柱比子房短或近等长，不伸出花被外。【成熟期】花果期 7 — 9 月。

生境分布 多年生旱中生草本。生于海拔 1 800 ～ 2 300 m 的山坡沟谷、草地、灌丛。贺兰山西坡南寺、北寺、峡子沟和东坡黄旗沟有分布。我国分布于东北、华北、西北及山东等地。世界分布于俄罗斯、蒙古国。

黄花葱　*Allium condensatum* Turcz.

形态特征　【鳞茎】近圆柱形，外皮深红褐色，革质，具光泽，条裂。【叶】圆柱状或半圆柱状，具纵沟槽，中空，直径 1 ~ 2 mm，短于花葶。【花】花葶圆柱状，实心，近中下部被脉纹明显的膜质叶鞘；总苞 2 裂，膜质，宿存；伞形花序，球状，花多，密集；小花梗等长，基部具膜质小苞片；花淡黄色至白色；花被片卵状矩圆形，钝头，外轮花被片短；花丝等长，锥形，无齿，比花被片长 1/3 ~ 1/2，基部合生与花被片贴生；子房倒卵形，腹缝线基部具短帘的凹陷蜜穴；花柱伸出花被外。【成熟期】花果期 7—8 月。

生境分布　多年生旱中生草本。生于海拔 1 600 ~ 1 800 m 的山麓草地、山坡。贺兰山西坡哈拉乌有分布。我国分布于黑龙江、吉林、辽宁、河北、山西、山东等地。世界分布于朝鲜、蒙古国、俄罗斯。

山韭 *Allium senescens* Linn 别称 山葱、岩葱

形态特征 【根状茎】粗壮，横生，外皮黑褐色至黑色。【鳞茎】单生或数枚聚生，近狭卵状圆柱形或近圆锥状；鳞茎外皮灰褐色至黑色，膜质，不破裂。【叶】条形，肥厚，基部近半圆柱状，上部扁平，长 5 ～ 25 cm，宽 2 ～ 10 mm，先端钝圆，叶缘和纵脉或具微小糙齿。【花】花葶近圆柱状，具 2 纵棱，近基部被叶鞘；总苞 2 裂，膜质，宿存；伞形花序，半球状至近球状，花多，密集；小花梗近等长，基部具小苞片；花紫红色至淡紫色；花被片先端具微齿，外轮花被片舟状，稍短而狭，内轮花被片矩圆状卵形，长、宽相等；花丝等长，比花被片长 1.5 倍，基部合生与花被片贴生，外轮锥形，内轮披针状狭三角形；子房近球状，基部无凹陷的蜜穴；花柱伸出花被外。【成熟期】花果期 7 — 8 月。

生境分布 多年生旱中生草本。生于海拔 2 000 m 以下的山麓草原、草甸、砾石山坡。贺兰山西坡峡子沟和东坡黄旗沟有分布。我国分布于东北及河北、山西、内蒙古、甘肃、新疆、河南等地。世界分布于欧洲、亚洲中部地区及俄罗斯。

白花葱 *Allium yanchiense* J. M. Xu 别称 白花薤

形态特征 【根状茎】直生。【鳞茎】单生或数枚聚生，狭卵状；鳞茎外皮污灰色，纸质，无光泽，顶端呈纤维状，内皮膜质，淡紫红色。【叶】圆柱状，中空，比花葶短，宽 1 ～ 2 mm，光滑或沿纵棱具细糙齿。【花】花葶圆柱状，光滑，中生，高 20 ～ 40 cm；下部被光滑或具细糙齿叶鞘；总苞 2 裂，具短喙，与伞形花序等长，宿存；伞形花序，球状，花多，密集；小花梗等长，基部具小苞片；花白色至淡红色，或淡绿色，具淡红色中脉；内轮花被片矩圆形或卵状矩圆形，先端钝圆或微凹，或具不规则小齿；外轮花被片矩圆状卵形，比内轮短，先端钝圆；花丝等长，比花被片长 1/5 ～ 1/2，锥形，基部合生与花被片贴生；子房卵球状，腹缝线基部具帘的蜜穴，或帘缘呈舌状伸出；花柱伸出花被外。【成熟期】花果期 7 — 9 月。

生境分布 多年生中生草本。生于海拔 1 600 ～ 2 000 m 的石质山坡、沟谷草原、灌丛。贺兰山西坡南寺有分布。我国分布于河北、山西、陕西、宁夏、甘肃、青海等地。我国特有种。

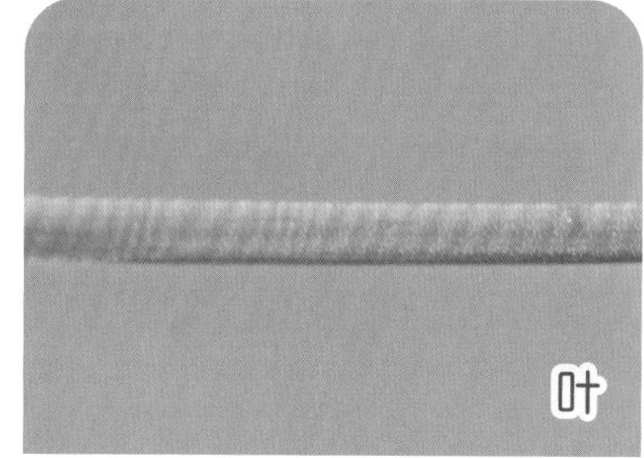

短梗葱 *Allium kansuense* Regel

别称 甘肃葱

形态特征 【根状茎】横走。【鳞茎】圆柱状，细长，数枚簇生；鳞茎外皮暗褐色，破裂呈纤维状，不明显呈网状。【叶】半圆柱形，上面具沟槽，与花葶近等长，宽 1 mm。【花】花葶圆柱状，高 10 ～ 25 cm，下部被叶鞘；总苞单侧裂或 2 裂；伞形花序，半球形，花松散或紧实；小花梗短或近无花梗，近相等，短于花被；花天蓝色或淡蓝紫色；外轮花被片矩圆形，先端渐尖；内轮花被片矩圆状卵形，先端钝圆；花丝等长，长为花被片的 2/3，内轮花丝基部扩大呈卵圆形，无齿，扩大部分长为花丝的 2/3；子房近球形，基部具凹陷的蜜穴；花柱长于子房，不伸出花被外。【成熟期】花果期 6 — 9 月。

生境分布 多年生旱中生草本。生于海拔 2 400 ～ 2 900 m 的石质山坡、林下。贺兰山西坡哈拉乌、南寺和东坡黄旗沟有分布。我国分布于青海、宁夏、甘肃等地。

鄂尔多斯韭 *Allium alaschanicum* Y. Z. Zhao 别称 阿拉善韭

形态特征 【鳞茎】单生或 2 ～ 3 枚聚生，圆柱状；鳞茎外皮黄褐色、褐色或深褐色，纤维状撕裂。【叶】半圆柱状，中空，上面具沟槽，与花葶等长或稍长，宽 2 ～ 4 mm。【花】花葶圆柱状，高 15 ～ 60 cm，中下部被叶鞘；总苞 2 裂，具狭长喙，宿存；伞形花序，球形，花多；小花梗等长，长为花被片的 1.5 ～ 2 倍，基部无小苞片；花白色或淡黄色；花被片矩圆形或卵状矩圆形，外轮花被片短，背面淡紫红色；花丝等长，长为花被片的 1.5 ～ 2 倍，基部合生与花被片贴生，外轮锥形，内轮基部扩大，每侧各具 1 钝齿；子房近球形，基部具凹陷的蜜穴；花柱伸出花被外。【成熟期】花期 8 月，果期 9 月。

生境分布 多年生旱中生草本。生于海拔 2 000 ～ 2 800 m 的荒漠区山麓山坡、石缝。贺兰山西坡赵池沟、哈拉乌、镇木关和东坡苏峪口有分布。我国分布于宁夏、内蒙古。

细叶韭 *Allium tenuissimum* Linn 别称 细叶葱

形态特征 【鳞茎】近圆柱状，数枚聚生，多斜升；鳞茎，外皮紫色至黑褐色，膜质，不规则破裂，内皮膜质紫红色。【叶】半圆柱状至近圆柱状，光滑，宽 0.3 ～ 1 mm，稀沿纵棱具细糙齿，长于或等长于花葶。【花】花葶圆柱状，具细纵棱，光滑，高 9 ～ 35 cm；下部被叶鞘；总苞单侧开裂，宿存；伞形花序，半球状或扫帚状，松散；小花梗等长，果期增长，具纵棱，光滑，罕沿纵棱具细糙齿，基部无小苞片；花白色或淡红色，稀紫红色；外轮花被片卵状矩圆形至阔卵状矩圆形，先端钝圆，内轮倒卵状矩圆形，先端平截或钝圆状平截，稍长；花丝长为花被片的 2/3，基部合生与花被片贴生，外轮锥形，或基部略扩大，比内轮短，内轮下部扩大成卵圆形，扩大部分长为花丝的 2/3；子房卵球状；花柱不伸出花被外。【成熟期】花果期 7—8 月。

生境分布 多年生旱中生草本。生于海拔 2 000 ～ 2 300 m 的浅山山坡、草地、沙丘。贺兰山西坡峡子沟、北寺和东坡小口子、甘沟有分布。我国分布于东北、西北及山东、河北、山西、四川、河南、江苏、浙江等地。世界分布于西伯利亚地区及蒙古国。

天门冬科 Asparagaceae

舞鹤草属 *Maianthemum* Web.

舞鹤草 *Maianthemum bifolium* (L.) F. W. Schmidt

形态特征 【植株】高 9 ~ 20 cm，无毛或散被柔毛。【根状茎】细长，或分叉，节上具少数根，节间长。【叶】基生叶具长叶柄，花期凋萎；茎生叶 2 ~ 3，互生茎上部，三角状卵形，长 2 ~ 6 cm，宽 1 ~ 4 cm，先端急尖至渐尖，基部心形，弯缺张开，下面脉上被柔毛或散被微柔毛，边缘具细小锯齿状乳突或柔毛；叶柄被柔毛。【花】总状花序，直立，具花 10 ~ 25 朵；花序轴被柔毛或具乳头状突起；花白色，单生或成对；花梗细，顶端具关节；花被片矩圆形，具 1 脉；花丝短于花被片，花药卵形，黄白色；子房球形。【果】浆果小。【种子】卵圆形，种皮黄色，具颗粒状皱纹。【成熟期】花期 6 — 7 月，果期 7 — 8 月。

生境分布 多年生中生草本。生于海拔 1 800 ~ 2 200 m 的高山阴坡林。贺兰山西坡哈拉乌有分布。我国分布于东北及河北、山西、青海、甘肃、陕西、四川等地。世界分布于北美洲及朝鲜、日本、俄罗斯。

黄精属 *Polygonatum* Mill.

轮叶黄精 *Polygonatum verticillatum* (L.) All. 别称 红果黄精

形态特征 【植株】高 20 ～ 40 cm，无毛。【根状茎】一头粗、一头细，粗头具短分枝，少连珠状。【茎】具纵棱。【叶】3 叶轮生，或少数对生或互生，少全株对生，矩圆状披针形，长 5 ～ 9 cm，宽 0.5 ～ 1 cm，先端尖至渐尖。【花】单朵或 2 ～ 3 朵组成花序；总花梗长为花梗（指着生花序上的）的 2 ～ 3 倍，俯垂；无苞片或微小而生花梗；花被淡黄色或淡紫色，裂片长为花丝的 3 ～ 4 倍，花药与花柱等长稍短于子房。【果】浆果红色，具种子 6 ～ 12 粒。【成熟期】花期 6 — 7 月，果期 8 — 9 月。

生境分布 多年生中生草本。生于海拔 2 000 ～ 3 000 m 的针叶林下、山坡草地、林缘草甸。贺兰山西坡南寺和东坡大水沟有分布。我国分布于西藏、云南、四川、青海、甘肃、陕西、山西等地。世界分布于蒙古国、日本、尼泊尔、不丹。

药用价值 根状茎入药，可养阴润燥、生津止渴；也可做蒙药。

植株

花

小玉竹 *Polygonatum humile* Fisch. ex Maxim.

形态特征 【植株】高 13 ～ 25 cm。【根状茎】直立，细圆柱形，具纵棱，具 7 ～ 11 小叶。【叶】互生，椭圆形、卵状椭圆形至长椭圆形，长 5 ～ 6 cm，宽 1.5 ～ 2.5 cm，先端尖至略钝，基部圆形，下面淡绿色，被短糙毛。【花】花序腋生，具花 1 朵，花梗长，明显向下弯曲；花被筒状，白色顶端带淡绿色，裂片长为花丝的 1/2，稍扁，粗糙，着生花被筒中部；花药黄色；子房长为花柱的 1/3，不伸出花被外。【果】浆果球形，成熟时蓝黑色，具种子 2 ～ 3 粒。【成熟期】花期 6 月，果期 7 — 8 月。

生境分布 多年生中生草本。生于海拔 1 600 ～ 2 200 m 的林下、林缘、山坡、灌丛。贺兰山西坡哈拉乌、南寺有分布。我国分布于黑龙江、吉林、辽宁、河北、山西等地。世界分布于日本、朝鲜、俄罗斯、蒙古国。

药用价值 根状茎入药，可生津止渴、降压祛暑；也可做蒙药。

玉竹　*Polygonatum odoratum* (Mill.) Druce　　别称　葳蕤

形态特征　【植株】高 0.3 ～ 1 m，具纵棱。【根状茎】粗壮，圆柱形，具节，黄白色，具须根。【叶】7 ～ 10 互生，椭圆形至卵状矩圆形，长 5 ～ 15 cm，宽 2 ～ 5 cm，两面无毛，下面带灰白色或粉白色。【花】花序具花 1 ～ 3 朵，腋生，总花梗长为花梗（包括单花梗）的 2 倍，具条状披针形苞片或无；花被白色带黄绿色，花被筒直；花丝扁平，近平滑至具乳头状突起，着生花被筒中部；花药黄色；子房长；花柱丝状，内藏。【果】浆果球形，熟时蓝黑色，具种子 3 ～ 4 粒。【成熟期】花期 6 月，果期 7 — 8 月。

生境分布　多年生中生草本。生于海拔 1 800 ～ 2 200 m 的山地林缘、林下、灌丛、草地。贺兰山西坡南寺、哈拉乌和东坡插旗沟有分布。我国分布于东北、华北、西北、华东、华中、西南地区。世界分布于欧亚大陆温带地区。

药用价值　根状茎入药，可生津止渴、降压祛暑；也可做蒙药。

热河黄精　*Polygonatum macropodum* Turcz.　别称　多花黄精

形态特征　【植株】高 80 cm。【根状茎】粗壮，圆柱形。【茎】圆柱形。【叶】互生，卵形、卵状椭圆形或卵状矩圆形，长 5 ～ 9 cm，先端尖，下面无毛。【花】花序腋生，具花 8 ～ 10 朵，近伞房状；总花梗粗壮，弧曲形，总花梗长为花梗的 3 ～ 8 倍；苞片膜质或近草质，钻形，微小，位于花梗中下部；花被钟状至筒状，白色或带红点，顶端裂片长；花丝具 3 狭翅，呈皮屑状粗糙，着生花被筒中部，花药黄色；子房长为花柱的 3 ～ 4 倍，不伸出花被外。【果】浆果成熟时深蓝色，具种子 7 ～ 8 粒。【成熟期】花期 5—6 月，果期 7—9 月。

生境分布　多年生中生草本。生于海拔 2 000 ～ 2 500 m 的山地林缘、灌丛、沟谷。贺兰山西坡北寺、南寺和东坡大水沟有分布。我国分布于东北、华北及山东等地。

药用价值　根状茎入药，可降压祛暑、消食暖胃；也可做蒙药。

植株

叶

花

黄精　*Polygonatum sibiricum* Redouté　别称　鸡爪参、鸡头黄精

形态特征　【植株】高 0.3 ～ 1 m，或呈攀缘状。【根状茎】圆柱状，肥厚，横生，由于结节膨大，因此“节间”一头粗、一头细，粗头具短分枝（中药志称这类根状茎所制成的药材为鸡头黄精）。【叶】轮生，每轮 4 ～ 6，条状披针形，长 5 ～ 10 cm，宽 3 ～ 12 mm，先端拳卷或弯曲呈钩形；无叶柄。【花】花序腋生，具花 2 ～ 4 朵，似呈伞状，总花梗长为花梗的 2 ～ 4 倍，俯垂；苞片位于花梗基部，膜质，钻形或条状披针形，具 1 脉；花被乳白色至淡黄色，花被筒中部稍缢缩；裂片短于花丝，花药短或等长于子房；花柱长。【果】浆果，成熟时黑色，具种子 2 ～ 4 粒。【成熟期】花期 5—6 月，果期 8—9 月。

生境分布　多年生中生草本。生于海拔 1 800 ～ 2 400 m 的山坡林缘、灌丛。贺兰山西坡北寺、峡子沟和东坡大水沟、甘沟有分布。我国分布于东北、西北及山东、山西、安徽、浙江等地。世界分布于朝鲜、蒙古国、俄罗斯。

药用价值　根状茎入药，可补气养阴、健脾润肺、益肾；也可做蒙药。

天门冬属 *Asparagus* Linn

龙须菜 *Asparagus schoberioides* Kunth 别称 雉隐天冬

形态特征 【植株】高 0.4 ～ 1 m。【根状茎】粗短，须根细长。【茎】直立，光滑，具纵条纹；分枝斜升，具细条纹，或具狭翅。【叶】叶状枝 2 ～ 6 个，簇生，与分枝形成锐角或直角，窄条形，镰刀状，基部近三棱形，上部扁平，长 1 ～ 2 cm，宽 0.5 ～ 1 mm，具中脉；鳞片状叶近披针形，基部无刺。【花】2 ～ 4 朵，腋生，钟形，黄绿色；花梗短，或无花梗；雄花花被片长 2 ～ 3 mm，花丝不贴生花被片；雌花与雄花近等大。【果】浆果深红色，具种子 1 ～ 2 粒。【成熟期】花期 6 — 7 月，果期 7 — 8 月。

生境分布 多年生中生草本。生于海拔 1 800 ～ 2 300 m 的阴坡林下、林缘灌丛、草甸、山地草原、草坡。贺兰山西坡哈拉乌有分布。我国分布于东北及河南、山东、陕西、甘肃等地。世界分布于日本、朝鲜、蒙古国、俄罗斯。

攀援天门冬　*Asparagus brachyphyllus* Turcz.　　别称　天门冬

形态特征　【植株】长 0.2 ～ 0.9 m。【根】须根膨大，肉质，呈近圆柱状块根。【茎】近平滑，分枝具纵凸纹，具软骨质齿。【叶】叶状枝 4 ～ 10 个，簇生，扁圆柱形，具条棱，伸直或弧曲，长 4 ～ 12 mm，具软骨质齿；鳞片状叶基部具刺状短距。【花】2 ～ 4 朵，腋生，淡紫褐色；花梗较短，长在关节，位于中部；雄花花被片长，花丝中下部贴生花被片；雌花较小，花被片长为雄花花被片的 1/2。【果】浆果成熟时紫红色，具种子 4 ～ 5 粒。【成熟期】花期 6 — 8 月，果期 7 — 9 月。

生境分布　多年生攀缘旱中生草本。生于海拔 1 900 ～ 2 200 m 的山地、山坡、田边、灌丛。贺兰西坡水磨沟和东坡甘沟有分布。我国分布于吉林、辽宁、河北、山西、陕西、宁夏、甘肃、青海等地。世界分布于朝鲜。

西北天门冬　*Asparagus breslerianus* Schult. f.

形态特征　【植株】长 0.2 ～ 0.9 m。【根】较细。【茎】平滑，分枝具条纹或平滑。【叶】叶状枝 4 ～ 8 个，簇生，近圆柱形，具钝棱，长 5 ～ 30 mm，宽 1 ～ 1.5 mm，直伸或弧曲；鳞片状叶基部具刺状距。【花】2 ～ 4 朵，腋生，红紫色或绿白色；花梗长在关节，位于上部或花基；雄花花被片长，花丝下中部贴生花被片，花药顶端具细尖；雌花较小，花被片长为雄花花被片的 1/2。【果】浆果在成熟时红色，具种子 5 ～ 6 粒。【成熟期】花期 6 — 7 月，果期 7 — 8 月。

生境分布　多年生攀缘旱生半灌木。生于海拔 2 900 m 以下的山麓盐碱地、戈壁滩、河岸、荒地。贺兰山西坡哈拉乌、峡子沟和东坡甘沟、苏峪口等沟口有分布。我国分布于陕西、宁夏、甘肃、青海等地。世界分布于伊朗、蒙古国、俄罗斯。

药用价值　全草入药，可清热利尿、止血止咳。

戈壁天门冬　*Asparagus gobicus* Ivanova ex Grubov

形态特征　【植株】近直立，高 15 ～ 45 cm。【根】具根状茎；须根细长。【茎】坚挺，下部直立，黄褐色，上部回折状，具纵向剥离白色薄膜；分枝密集，强烈回折状，疏生软骨质齿。【叶】叶状枝 3 ～ 8 个，簇生，下倾或平展，与分枝组成锐角；近圆柱形，具不明显钝棱，刚直，呈针刺状；鳞片状叶基部具短距。【花】1 ～ 2 朵，腋生；花梗长在关节，位于中上部；雄花花被片长，花丝中下部贴生花被片；雌花略小于雄花。【果】浆果红色，具种子 3 ～ 5 粒。【成熟期】花期 5 — 6 月，果期 6 — 8 月。

生境分布　旱生半灌木。生于海拔 1 600 ～ 2 300 m 的山麓沙地、多沙荒漠。贺兰山西坡小松山、塔尔岭有分布。我国分布于陕西、宁夏、甘肃、青海等地。世界分布于蒙古国。

鸢尾科　Iridaceae

鸢尾属　*Iris* Linn

天山鸢尾　*Iris loczyi* Kanitz

形态特征 【植株】高 25 ～ 40 cm，组成稠密草丛，基部被片状、红褐色宿存叶鞘。【根状茎】细，匍匐；须根多数，绳状，黄褐色，坚韧。【叶】基生叶狭条形，长 25 ～ 40 cm，宽 1 ～ 3 mm，坚韧，光滑，两面具突出纵叶脉。【花】花葶长；苞叶质薄，先端尖锐，具花 1 ～ 2 朵；花淡蓝色或蓝紫色，花梗短，花被管细长；外轮花被片倒披针形，基部狭，上部较宽，淡蓝色，具紫褐色或黄褐色脉纹；内轮花被片较短，较狭，近直立；花柱裂片条形。【果】蒴果球形，具棱，顶端具喙。【成熟期】花期 5 — 6 月，果期 7 月。

生境分布 多年生旱中生草本。生于海拔 1 600 ～ 2 000 m 的石质山坡、山地草原。贺兰山西坡香池子、北寺有分布。我国分布于吉林、辽宁、河北、山西、陕西、宁夏等地。世界分布于亚洲中部地区及俄罗斯。

野鸢尾　*Iris dichotoma* Pall.　　别称　射干鸢尾

形态特征 【植株】高 0.4 ～ 1 m。【根状茎】粗壮，具多数黄褐色须根。【茎】圆柱形，光滑；直立，多分枝，分枝处具 1 枚苞片；苞片披针形，绿色，边缘膜质。【叶】基生，6 ～ 8 ，排列组成平面，呈扇状；叶片剑形，长 20 ～ 30 cm，宽 1.5 ～ 3 cm，绿色，基部套折状，边缘白色膜质，两面光滑，具多数纵脉；总苞干膜质，宽卵形。【花】聚伞花序，具花 3 ～ 15 朵；花梗较长；花白色或淡紫红色，具紫褐色斑纹；外轮花被片矩圆形，薄片状，具紫褐色斑点，爪部边缘具黄褐色纵条纹；内轮花被片短于外轮，矩圆形或椭圆形，具紫色网纹，爪部具沟槽；雄蕊 3，贴生外轮花被片基部，花药着生基底；花柱分枝 3，花瓣状，卵形，基部连合，柱头具 2 齿。【果】蒴果圆柱形，具棱。【种子】暗褐色，椭圆形，两端翅状。【成熟期】花期 7 月，果期 8 — 9 月。

生境分布 多年生旱中生草本。生于海拔 1 800 ～ 2 400 m 的山麓林缘、石质山坡、山脊、石缝。贺兰山西坡北寺和东坡小口子、大水沟有分布。我国分布于东北、华北、西北、西南地区。世界分布于朝鲜、俄罗斯、蒙古国。

大苞鸢尾　*Iris bungei* Maxim.

形态特征　【植株】高 15 ～ 39 cm，组成稠密草丛，基部被稠密纤维状、棕褐色宿存叶鞘。【根状茎】粗短，着生多数黄褐色细绳状须根。【叶】基生叶条形，长 15 ～ 30 cm，宽 2 ～ 4 mm，光滑或粗糙，两面具突出纵脉。【花】花葶短于基生叶；苞叶鞘状膨大，呈纺锤形，先端尖锐，边缘白色膜质，光滑或粗糙，具纵脉无横脉，不形成网状；具花 1 ～ 2 朵，蓝紫色，花被管长；外轮花被片披针形，顶部宽，具紫色脉纹；内轮花被片与外轮等长或稍短，披针形，具紫色脉纹；花柱狭披针形，顶端 2 裂，边缘宽膜质。【果】蒴果矩圆形，顶端具长喙。【成熟期】花期 5 月，果期 7 月。

生境分布　多年生强旱生草本。生于山麓荒漠或半荒漠区砂质草地、沙丘。贺兰山西坡和东坡均有分布。我国分布于东北、华北、西北、西南地区。世界分布于亚洲中部地区及俄罗斯。

药用价值　可做蒙药。

马蔺　*Iris lactea* Pall.　别称　马莲

形态特征　【根状茎】粗壮，木质，斜升，外皮包具大量致密红紫色、折断的老叶残留叶鞘及毛发状纤维。【根】须根粗而长，黄白色，少分枝。【叶】基生，坚韧，灰绿色，条形或狭剑形，长 15 ～ 45 cm，宽 3 ～ 6 mm，顶端渐尖，基部鞘状，带红紫色，无明显中脉。【花】花茎光滑；苞片 3 ～ 5 枚，草质，绿色，边缘白色，披针形，顶端渐尖或长渐尖，具花 2 ～ 4 朵；花蓝色，花梗长，花被管甚短；外轮花被片倒披针形，顶端钝或急尖，爪部楔形；内轮花被片披针形，爪部狭楔形；雄蕊长，花药黄色，花丝白色；子房纺锤形。【果】蒴果长椭圆状柱形，具 6 条明显肋，顶端具短喙。【种子】不规则多面体，棕褐色，具光泽。【成熟期】花期 5—6 月，果期 6—9 月。

生境分布　多年生密丛生中生草本。生于山麓荒地、路旁、山坡草地。贺兰山西坡和东坡均有分布。我国分布于东北、西北、西南及河北、山西、山东、河南、安徽、江苏、浙江、湖北、湖南等地。世界分布于亚洲中部地区及朝鲜、俄罗斯、蒙古国、巴基斯坦、印度。

药用价值　根、花和种子入药，可清热凉血、消肿止血、清热利湿；也可做蒙药。

植株

花

叶

兰科　Orchidaceae

掌裂兰属　*Dactylorhiza* Neck. ex Nevski

凹舌兰　*Dactylorhiza viridis* (L.) R. M. Bateman　别称　凹舌掌裂兰

形态特征　【植株】高 10 ～ 40 cm。【块茎】肉质，前部呈掌状分裂。【茎】直立，基部具 2 ～ 3 枚筒状鞘，鞘具叶，叶具 1 至数枚苞片状小叶。【叶】3 ～ 5，狭倒卵状长圆形或椭圆状披针形，直立，伸展，长 3 ～ 9 cm，宽 1 ～ 3 cm，基部狭收成抱茎的鞘。【花】总状花序，具多数花，花苞片线形或狭披针形，直立，伸展，明显较花长；子房纺锤形，扭转；花梗绿黄色或绿棕色，直立，伸展；萼片基部稍合生，等长；中萼片直立，凹陷呈舟状，卵状椭圆形，先端钝，具 3 脉；侧萼片偏斜，卵状椭圆形，较中萼片长，先端钝，具 4 ～ 5 脉；花瓣直立，线状披针形，较中萼片短，具 1 脉，与中萼片靠合呈兜状；唇瓣下垂，肉质，倒披针形，较萼片长，基部具囊状距，中央具短纵褶片，前部 3 裂，侧裂片较中裂片长；距卵球形。【果】蒴果直立，椭圆形无毛。【成熟期】花期 6—8 月，果期 9—10 月。

生境分布　多年生中生草本。生于海拔 2 200 ～ 3 000 m 的山坡灌丛、林缘、林下。贺兰山西坡哈拉乌有分布。我国分布于东北、西南及河南、山西等地。世界分布于欧洲、美洲及朝鲜、蒙古国。

药用价值　块茎入药，可补气益血、生津止渴、安神增智。

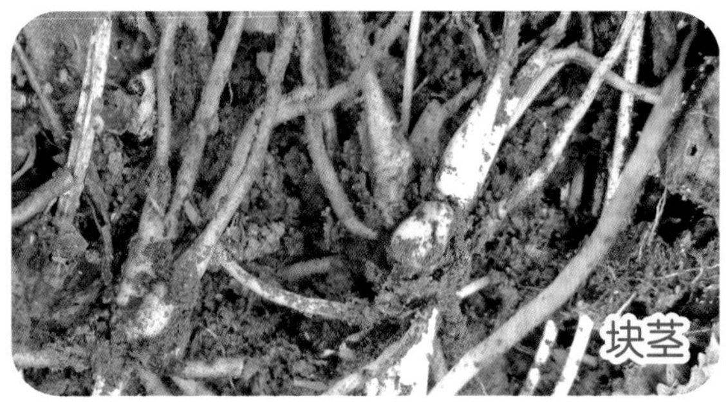

角盘兰属 *Herminium* Linn

角盘兰 *Herminium monorchis* (L.) R. Br. W. T. Aiton 别称 人头七

形态特征 【植株】高 6 ～ 35 cm。【块茎】球形，肉质，顶部生数条细长根。【茎】直立，无毛，基部具 2 枚筒状鞘，下部具叶 2 ～ 3，叶具 1 ～ 2 苞片状小叶。【叶】狭椭圆状披针形，直立，伸展，长 2 ～ 10 cm，宽 8 ～ 25 mm，先端急尖，基部渐狭并抱茎。【花】总状花序，具多数花，圆柱状；苞片线状披针形，先端长渐尖，尾状，直立，伸展；子房圆柱状纺锤形，扭转，顶部钩曲；花小垂头，黄绿色；萼片近等长，具 1 脉；中萼片椭圆形，先端钝；侧萼片长圆状披针形，较中萼片狭，先端尖；花瓣近菱形，上部肉质增厚，较萼片长，先端渐狭，或中部 3 裂，中裂片线形，具 1 脉；唇瓣与花瓣等长，肉质增厚，基部凹陷呈浅囊状，近中部 3 裂，中裂片线形，侧裂片三角形，较中裂片短；蕊柱粗短；药室并行；花粉团近圆球形，具短柄和黏盘，大黏盘卷成角状；蕊喙矮阔；柱头 2，隆起叉开，位于蕊喙下；退化雄蕊 2，近三角形，先端钝，显著。【成熟期】花期 6 — 8 月。

生境分布 多年生陆生中生草本。生于海拔 1 600 ～ 2 500 m 的山地林缘、草甸、林下。贺兰山西坡哈拉乌有分布。我国分布于东北、西北、西南地区。世界分布于欧亚大陆地区及日本、朝鲜、蒙古国、俄罗斯。

裂瓣角盘兰 *Herminium alaschanicum* Maxim.

形态特征 【植株】高 15 ～ 55 cm。【块茎】椭圆形或球形，根颈生数条纤细长根；直立，无毛，基部具棕色膜质叶鞘，下部具叶 2 ～ 4，中上部具 2 ～ 5 苞片状小叶。【叶】条状披针形或椭圆状披针形，长 3 ～ 9 cm，宽 3 ～ 12 mm，先端渐尖，基部渐狭成鞘抱茎，无毛。【花】总状花序，圆柱状，具多数密集花；苞片披针形，先端尾状，下部苞片较子房长；花小，绿色，垂头，钩手状；中萼片卵形，略呈舟状，先端钝或近急尖，具 3 脉；侧萼片卵状披针形，歪斜，与中萼片近等长，较窄，具 1 ～ 3 脉；花瓣较萼片长，卵状披针形，中部骤狭呈尾状且肉质增厚；唇瓣近矩圆形，基部凹陷具短距，近中部 3 裂，侧裂片条形，中裂片条状三角形，较侧裂片稍短而宽；距明显，近卵状矩圆形，基部较狭，向末端加宽，向前弯曲，末端钝；退化雄蕊小，椭圆形；花粉块倒卵形，具短柄和卷曲呈角状的黏盘；蕊喙小；柱头 2，隆起；子房无毛，扭转。【成熟期】花期 6 — 7 月。

生境分布 多年生陆生中生草本。生于海拔 2 200 ～ 2 800 m 的山地云杉林下、林缘、草甸。贺兰山西坡哈拉乌、南寺、雪岭子有分布。我国分布于西北、西南及河北、山西等地。

药用价值 块茎入药，可补肾壮阳。

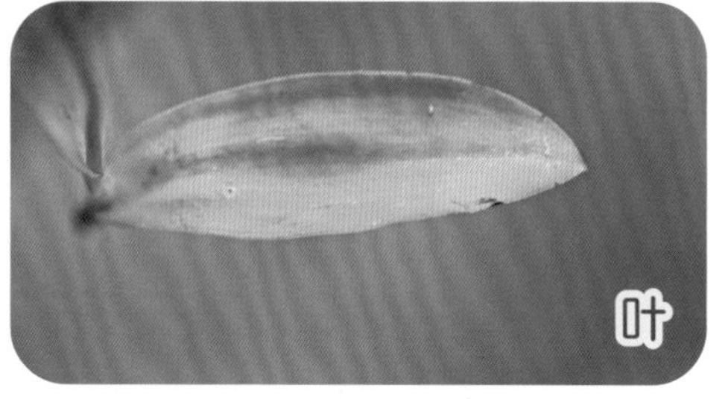

鸟巢兰属 *Neottia* Guett.

北方鸟巢兰 *Neottia camtschatea* (L.) Rchb. f.

别称 勘察加鸟巢兰

形态特征 【植株】高 7 ～ 35 cm。【根状茎】短，具鸟巢状纤维根。【茎】直立，上部疏被乳突状短柔毛，中下部具鞘 2 ～ 4 枚，无绿叶；鞘膜质，下半部抱茎。【花】总状花序，顶生，具花 12 ～ 25 朵；花序轴被乳突状短柔毛；花苞片近狭卵状长圆形，膜质，向上渐短，背面被毛；花梗纤细，被毛；子房椭圆形，被短柔毛；花淡绿色至绿白色；萼片舌状长圆形，先端钝，具 1 脉，背面疏被短柔毛；侧萼片斜歪；花瓣线形，具 1 脉，无毛；唇瓣楔形，上部宽，基部极狭，先端 2 深裂；裂片狭披针形或披针形，叉开，边缘具细缘毛；蕊柱向前弯曲；花药俯倾；柱头凹陷，近半圆形；蕊喙大，卵状长圆形或宽长圆形，近水平伸展或略向下倾斜。【果】蒴果椭圆形。【成熟期】花果期 7 — 8 月。

生境分布 多年生腐生中生草本。生于海拔 2 200 ～ 2 500 m 的山地阴坡、云杉林下。贺兰山西坡哈拉乌和东坡苏峪口、大水沟有分布。我国分布于西北及河北、山西等地。世界分布于亚洲中部地区及蒙古国、俄罗斯。

珊瑚兰属　*Corallorhiza* Chatel.

珊瑚兰　*Corallorhiza trifida* Chatel.

形态特征　【植株】高 10 ～ 20 cm。【根状茎】肉质，呈珊瑚状。【茎】直立，圆柱形，淡棕色，无毛无绿叶，下部具膜质鞘 2 ～ 4 枚，最下面 1 枚长。【花】总状花序，具花 4 ～ 8 朵；花序轴无毛；苞片小，卵状披针形，先端渐尖，短于花梗；花黄绿色，较小；中萼片条状矩圆形，先端急尖或渐尖；侧萼片与中萼片相似，歪斜；均具 1 脉；花瓣椭圆状披针形，较萼片短宽，先端急尖或渐尖，歪斜；唇瓣矩圆形，先端圆形，上表面基部具 2 条纵褶片，中下部两侧各具 1 个小裂片，斜三角状；蕊柱两侧具翅，压扁；花药较小，近肾形；花粉块 4，近圆形；蕊喙直立，短宽；柱头 2，近圆形；子房椭圆形；花梗扭转。【果】蒴果椭圆形，下垂。【成熟期】花期 6 月，果期 7 月。

生境分布　多年生腐生中生草本。生于海拔 3 000 m 左右的云杉林缘、林下、高山灌丛。贺兰山主峰下西侧渠子沟有分布。我国分布于北方及四川、云南等地。世界分布于克什米尔地区及朝鲜、印度、蒙古国、俄罗斯。

火烧兰属 *Epipactis* Zinn

火烧兰 *Epipactis helleborine* (L.) Crantz 别称 小花火烧兰

形态特征 【植株】高 20 ～ 50 cm。【根状茎】短，具多条细长根。【茎】直立，细圆柱状，下部具数枚叶鞘，近无毛，上部被柔毛。【叶】3 ～ 5，互生，叶片卵圆形、卵形至椭圆状披针形，长 3 ～ 6 cm，宽 2 ～ 4 cm，先端渐尖；叶向上渐窄呈披针形或线状披针形。【花】总状花序，具花 3 ～ 40 朵；苞片叶状或线状披针形，下部长于花的 2 ～ 3 倍或更多，向上渐短；花梗和子房具黄褐色茸毛；花绿色或淡紫色，下垂，较小；中萼片卵状披针形，少椭圆形，舟状，先端渐尖；侧萼片斜卵状披针形，先端渐尖；花瓣椭圆形，先端急尖或钝；唇瓣中部明显缢缩，下唇兜状，上唇近三角形或近扁圆形，先端锐尖，基部两侧各具 1 枚半圆形褶片，近先端或脉呈龙骨状。【成熟期】花期 7 月。

生境分布 多年生中生草本。生于海拔 2 200 ～ 3 000 m 的山地云杉林下、林缘。贺兰山西坡哈拉乌有分布。我国分布于辽宁、河北、山西、陕西、甘肃、青海、新疆、安徽、湖北、四川、贵州、云南、西藏等地。世界分布于欧亚大陆地区、北美洲、非洲北部地区。

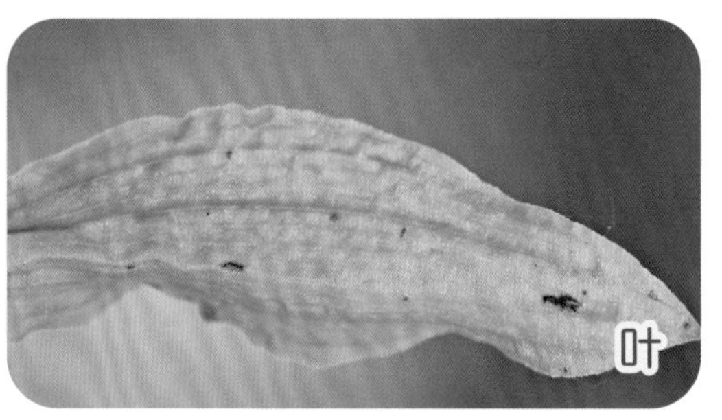

绶草属 *Spiranthes* Rich.

绶草 *Spiranthes sinensis* (Pers.) Ames 别称 盘龙参、扭扭兰

形态特征 【植株】高 15 ～ 40 cm。【根】数条簇生，指状，肉质。【茎】直立，纤细，上部具苞片状小叶，苞片状小叶先端长渐尖；近基部叶 3 ～ 5。【叶】条状披针形或条形，长 2 ～ 12 cm，宽 2 ～ 7 mm，先端钝、急尖或近渐尖。【花】总状花序，具多数密生花，似穗状，螺旋状扭曲，花序轴被腺毛；花苞片卵形；花小，淡红色、紫红色或粉色；中萼片狭椭圆形或卵状披针形，先端钝，具 1 ～ 3 脉；侧萼片披针形，与中萼片近等长，狭，先端尾状，具 3 ～ 5 脉；花瓣狭矩圆形，与中萼片等长，薄窄，先端钝；唇瓣矩圆状卵形，内卷呈舟状，与萼片等长，先端圆形，基部具爪，上部边缘啮齿状，强烈皱波状，中下部全缘，中部缢缩，内面中上部被短柔毛，基部两侧各具 1 个胼胝体；蕊柱长是花药的 2 ～ 3 倍，先端急尖；花粉块较大；蕊喙裂片狭长，渐尖；黏盘长纺锤形；柱头大，呈马蹄形；子房卵形，扭转，被腺毛。【果】蒴果具 3 棱。【成熟期】花期 6 — 8 月。

生境分布 多年生湿生中生草本。生于山坡林下、灌丛、草地、河滩草甸。贺兰山西坡巴彦浩特和东坡龟头沟有分布。我国广布于各地。世界分布于欧洲及朝鲜、印度、澳大利亚、蒙古国、俄罗斯。

植株

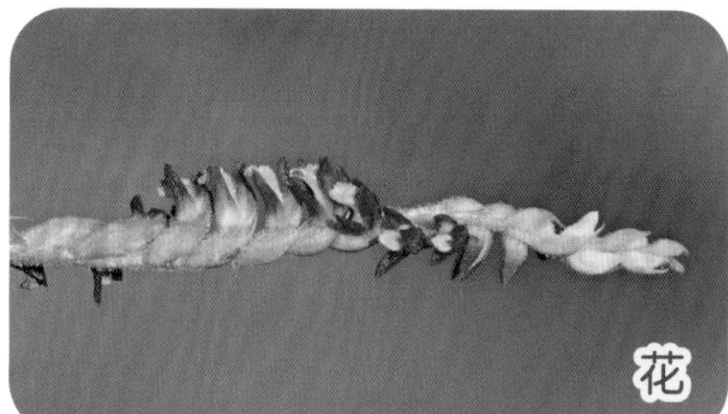
花

叶

参考文献

阿拉嘎，2016. 阿拉善药用植物彩色图谱［M］. 呼和浩特：内蒙古人民出版社.
黄璐琦，李小伟，2017. 贺兰山植物图志［M］. 福州：福建科学技术出版社.
梁存柱，朱宗元，2012. 贺兰山植被［M］. 银川：阳光出版社.
梁存柱，朱宗元，2016. 内蒙古贺兰山国家级自然保护区植物多样性［M］. 银川：宁夏出版社.
刘振生，2015. 内蒙古贺兰山国家级自然保护区综合科学考察［M］. 银川：宁夏出版社.
孟和，武佳元，邱华玉，2010. 内蒙古阿拉善右旗植物图鉴［M］. 呼和浩特：内蒙古人民出版社.
徐杰，闫志坚，高海宁，等，2017. 内蒙古维管植物彩色图谱：蕨类植物、裸子植物和单子叶植物［M］. 北京：科学出版社.
徐杰，闫志坚，高海宁，等，2017. 内蒙古维管植物彩色图谱：双子叶植物［M］. 北京：科学出版社.
燕玲，2010. 阿拉善荒漠区种子植物［M］. 北京：现代教育出版社.
赵一之，赵利清，曹瑞，2020. 内蒙古植物志：1～6卷［M］. 3版. 呼和浩特：内蒙古人民出版社.
朱宗元，梁存柱，李志刚，2011. 贺兰山植物志［M］. 银川：阳光出版社.

附表　贺兰山植物名录

中文名	学名	国家重点保护野生植物保护级别	备注
蕨类植物门	**PTERIDOPHYTA**		
卷柏科	Selaginellaceae		
卷柏属	*Selaginella* P. Beauv.		
红枝卷柏	*Selaginella sanguinolenta* (L.) Spring		
中华卷柏	*Selaginella sinensis* (Desv.) Spring		
木贼科	Equisetaceae		
木贼属	*Equisetum* Linn		
问荆	*Equisetum arvense* Linn		
草问荆	*Equisetum pratense* Ehrh.		
节节草	*Equisetum ramosissimum* Desf.		
凤尾蕨科	Pteridaceae		
粉背蕨属	*Aleuritopteris* Fée		
银粉背蕨	*Aleuritopteris argentea* (S. G. Gmel.) Fée		
冷蕨科	Cystopteridaceae		
冷蕨属	*Cystopteris* Bernh.		
冷蕨	*Cystopteris fragilis* (L.) Bernh.		
欧洲冷蕨	*Cystopteris sudetica* A. Br. & Milde		
高山冷蕨	*Cystopteris montana* (Lam.) Bernh. ex Desv.		
羽节蕨属	*Gymnocarpium* Newm.		
羽节蕨	*Gymnocarpium jessoense* (Koidz.) Koidz.		
铁角蕨科	Aspleniaceae		
铁角蕨属	*Asplenium* Linn		
北京铁角蕨	*Asplenium pekinense* Hance		
西北铁角蕨	*Asplenium nesii* Christ		
水龙骨科	Polypodiaceae		
瓦韦属	*Lepisorus* (J. Sm.) Ching		
小五台瓦韦	*Lepisorus crassipes* Ching & Y X Lin in Act. Bot.		
有边瓦韦	*Lepisorus marginatus* Ching		
裸子植物门	**ANGLOSPERMAE**		
松科	Pinaceae		
云杉属	*Picea* A. Dietr.		
青海云杉	*Picea crassifolia* Kom.		
落叶松属	*Larix* Mill.		
华北落叶松	*Larix gmelinii* var. *principis-rupprechtii* (Mayr) Pilg.		
松属	*Pinus* Linn		
油松	*Pinus tabuliformis* Carrière		

续表

中文名	学名	国家重点保护野生植物保护级别	备注
柏科	Cupressaceae		
刺柏属	*Juniperus* Linn		
圆柏	*Juniperus chinensis* Linn		
叉子圆柏	*Juniperus sabina* Linn		
杜松	*Juniperus rigida* Siebold & Zucc.		
麻黄科	Ephedraceae		
麻黄属	*Ephedra* Linn		
草麻黄	*Ephedra sinica* Stapf		
大麻黄	*Ephedra major* Host		
斑子麻黄	*Ephedra rhytidosperma* Pachom.	Ⅱ级	
中麻黄	*Ephedra intermedia* Schrenk ex C. A. Mey.		
被子植物门	**ANGIOSPERMAE**		
杨柳科	Salicaceae		
杨属	*Populus* Linn		
山杨	*Populus davidiana* Dode		
青杨	*Populus cathayana* Rehder		
青甘杨	*Populus przewalskii* Maxim.		
柳属	*Salix* Linn		
密齿柳	*Salix characta* C. K. Schneid. in Sargent		
山生柳	*Salix takasagoalpina* Koid.		
中国黄花柳	*Salix sinica* (K. S. Hao ex C. F. Fang & A. K. Skvortsov) G. H. Zhu		
小穗柳（变种）	*Salix microstachya* var. *bordensis* (Nakai) C. F. Fang		
皂柳	*Salix wallichiana* Andersson		
狭叶柳	*Salix eriostachya* var. *angustifolia* (C. F. Fang) N. Chao		
乌柳	*Salix cheilophila* C. K. Schneid. in Sargent		
胡桃科	Juglandaceae		
胡桃属	*Juglans* Linn		
胡桃	*Juglans regia* Linn		
桦木科	Betulaceae		
桦木属	*Betula* Linn		
白桦	*Betula platyphylla* Sukaczev		
虎榛子属	*Ostryopsis* Decne.		
虎榛子	*Ostryopsis davidiana* Decne.		
榆科	Ulmaceae		
榆属	*Ulmus* Linn		
榆树	*Ulmus pumila* Linn		
旱榆	*Ulmus glaucescens* Franch.		
大麻科	Cannabaceae		
葎草属	*Humulus* Linn		
葎草	*Humulus scandens* (Lour.) Merr.		
檀香科	Santalaceae		

续表

中文名	学名	国家重点保护野生植物保护级别	备注
百蕊草属	*Thesium* Linn		
急折百蕊草	*Thesium refractum* C. A. Mey.		
桑科	Moraceae		
桑属	*Morus* Linn		
蒙桑	*Morus mongolica* (Bureau) C. K. Schneid. in Sarg.		
荨麻科	Urticaceae		
荨麻属	*Urtica* Linn		
麻叶荨麻	*Urtica cannabina* Linn		
宽叶荨麻	*Urtica laetevirens* Maxim.		
贺兰山荨麻	*Urtica helanshanica* W. Z. Di & W. B. Liao		
墙草属	*Parietaria* Linn		
墙草	*Parietaria micrantha* Ledeb.		
蓼科	Polygonaceae		
大黄属	*Rheum* Linn		
单脉大黄	*Rheum uninerve* Maxim.		
波叶大黄	*Rheum rhabarbarum* Linn		
总序大黄	*Rheum racemiferum* Maxim.		
矮大黄	*Rheum nanum* Siev. ex Pall.		
酸模属	*Rumex* Linn		
刺酸模	*Rumex maritimus* Linn		
皱叶酸模	*Rumex crispus* Linn		
巴天酸模	*Rumex patientia* Linn		
齿果酸模	*Rumex dentatus* Linn		
木蓼属	*Atraphaxis* Linn		
圆叶木蓼	*Atraphaxis tortuosa* A. Los. in Izv.		
锐枝木蓼	*Atraphaxis pungens* (M. Bieb.) Jaub. & Spach		
蓼属	*Persicaria* Linn		
酸模叶蓼	*Persicaria lapathifolia* (L.) S. F. Gray		
尼泊尔蓼	*Persicaria nepalensis* (Meisn.) H. Gross		
西伯利亚蓼属	*Knorringia* (Czukav.) Tzvelev.		
西伯利亚蓼	*Knorringia sibirica* (Laxm.) Tzvelev.		
萹蓄属	*Polygonum* Linn		
萹蓄	*Polygonum aviculare* Linn		
冰岛蓼属	*Koenigia* Linn		
柔毛蓼	*Koenigia pilosa* Maxim.		
拳参属	*Bistorta* (L.) Adans		
拳参	*Bistorta major* S. F. Gray		
珠芽拳参	*Bistorta vivipara* (L.) Delarbre		
圆穗拳参	*Bistorta macrophylla* (D. Don) Soják		
何首乌属	*Fallopia* Adans.		
木藤蓼	*Fallopia aubertii* (L. Henry) Holub		

续表

中文名	学名	国家重点保护野生植物保护级别	备注
蔓首乌	*Fallopia convolvulus* (L.) À. Löve		
苋科	Amaranthaceae		
合头草属	*Sympegma* Bunge		
合头草	*Sympegma regelii* Bunge		
假木贼属	*Anabasis* Linn		
短叶假木贼	*Anabasis brevifolia* C. A. Mey.		
驼绒藜属	*Krascheninnikovia* Gueldenst.		
驼绒藜	*Krascheninnikovia ceratoides* (L.) Gueldenst.		
猪毛菜属	*Salsola* Linn		
珍珠猪毛菜	*Salsola passerina* Bunge		
松叶猪毛菜	*Salsola laricifolia* Turcz. ex Litv.		
刺沙蓬	*Salsola tragus* Linn		
地肤属	*Kochia* Roth		
木地肤	*Kochia prostrata* (L.) C. Schrad.		
地肤	*Kochia scoparia* (L.) Schrad.		
碱地肤	*Kochia sieversiana* (Pall.) C. A. Mey.		
盐爪爪属	*Kalidium* Moq.		
尖叶盐爪爪	*Kalidium cuspidatum* (Ung.-Sternb.) Grubov		
盐爪爪	*Kalidium foliatum* (Pall.) Moq.		
细枝盐爪爪	*Kalidium* gracile Fenzl		
虫实属	*Corispermum* Linn		
蒙古虫实	*Corispermum mongolicum* Iljin		
滨藜属	*Atriplex* Linn		
中亚滨藜	*Atriplex centralasiatica* Iljin		
西伯利亚滨藜	*Atriplex sibirica* Linn		
碱蓬属	*Suaeda* Forsk. ex Scop.		
碱蓬	*Suaeda glauca* (Bunge) Bunge		
角果碱蓬	*Suaeda corniculata* (C. A. Mey.) Bunge		
平卧碱蓬	*Suaeda prostrata* Pall.		
雾冰藜属	*Bassia* All.		沙冰藜属
雾冰藜	*Grubovia dasyphylla* (Fisch. & C. A. Mey.) Freitag & G. Kadereit		
轴藜属	*Axyris* Linn		
杂配轴藜	*Axyris hybrida* Linn		
沙蓬属	*Agriophyllum* Bieb.		
沙蓬	*Agriophyllum squarrosum* (L.) Moq.		
腺毛藜属	*Dysphania* R. Br.		
无刺刺藜	*Dysphania aristatum* Linn		
菊叶香藜	*Dysphania schraderiana* (Roem. & Schult.) Mosyakin & Clemants		
刺藜	*Dysphania aristata* (L.) Mosyakin & Clemants		
藜属	*Chenopodium* Linn		
藜	*Chenopodium album* Linn		

续表

中文名	学名	国家重点保护野生植物保护级别	备注
灰绿藜	*Chenopodium glaucum* Linn		
小白藜	*Chenopodium iljinii* Golosk.		
小藜	*Chenopodium ficifolium* Sm.		
尖头叶藜	*Chenopodium acuminatum* Willd.		
东亚市藜	*Chenopodium urbicum* subsp. *sinicum* H. W. Kung & G. L. Chu		
杂配藜	*Chenopodium hybridum* Linn		
盐生草属	*Halogeton* C. A. Mey.		
白茎盐生草	*Halogeton arachnoideus* Moq.		
苋属	*Amaranthus* Linn		
反枝苋	*Amaranthus retroflexus* Linn		
北美苋	*Amaranthus blitoides* S. Watson		
马齿苋科	Portulacaceae		
马齿苋属	*Portulaca* Linn		
马齿苋	*Portulaca oleracea* Linn		
石竹科	Caryophyllaceae		
漆姑草属	*Sagina* Linn		
漆姑草	*Sagina japonica* (Sw.) Ohwi		
裸果木属	*Gymnocarpos* Forsk.		
裸果木	*Gymnocarpos przewalskii* Bunge ex Maxim.		
孩儿参属	*Pseudostellaria* Pax		
蔓孩儿参	*Pseudostellaria davidii* (Franch.) Pax		
石生孩儿参	*Pseudostellaria rupestris* (Turcz.) Pax		
贺兰山孩儿参	*Pseudostellaria helanshanensis* W. Z. Di et Y Ren		
无心菜属	*Arenaria* Linn		蚤缀属
华北老牛筋	*Arenaria grueningiana* Pax & K. Hoffm.		
毛叶老牛筋	*Arenaria capillaris* Poir.		
繁缕属	*Stellaria* Linn		
叉歧繁缕	*Stellaria dichotma* Linn		
繁缕	*Stellaria media* (L.) Vill.		
二柱繁缕	*Stellaria bistyla* Y. Z. Zhao		
沙地繁缕	*Stellaria gypsophiloides* Fenzl		
伞花繁缕	*Stellaria umbellata* Turcz.		
贺兰山繁缕	*Stellaria alaschanica* Y. Z. Zhao		
禾叶繁缕	*Stellaria graminea* Linn		
薄蒴草属	*Lepyrodiclis* Fenzl		
薄蒴草	*Lepyrodiclis holosteoides* (C. A. Mey.) Fenzl ex Fisch. & C. A. Mey.		
卷耳属	*Cerastium* Linn		
卷耳	*Cerastium arvense* subsp. *strictum* Gaudin		
山卷耳	*Cerastium pusillum* Ser.		
簇生卷耳	*Cerastium fontanum* subsp. *vulgare* (Hartm.) Greuter et Burdet		
石竹属	*Dianthus* Linn		

续表

中文名	学名	国家重点保护野生植物保护级别	备注
瞿麦	*Dianthus superbus* Linn		
蝇子草属	*Silene* Linn		
山蚂蚱草	*Silene jenisseensis* Willdenow		
宁夏蝇子草	*Silene ningxiaensis* C. L. Tang		
耳瓣女娄菜	*Melandrium auritipetalum* Y. Z. Zhao et Ma f. in Aeta phytotax. Sin		
女娄菜	*Silene aprica* Turcz. ex Fisch. & C. A. Mey.		
贺兰山蝇子草	*Silene alaschanica* (Maxim.) Bocquet		
蔓茎蝇子草	*Silene repens* Patrin in Persoon		
石头花属	*Gypsophila* Linn		
细叶石头花	*Gypsophila licentiana* Hand. -Mazz.		
头状石头花	*Gypsophila capituliflora* Rupr.		
麦蓝菜属	*Vaccaria* Medic		
麦蓝菜	*Vaccaria hispanica* (Miller) Rauschert		
毛茛科	Ranunculaceae		
类叶升麻属	*Actaea* Linn		
类叶升麻	*Actaea asiatica* H. Hara		
耧斗菜属	*Aquilegia* Linn		
耧斗菜	*Aquilegia viridiflora* Pall.		
紫花耧斗菜	*Aquilegia viridiflora* var. *atropurpurea* (Willd.) Finet & Gagnep.		
拟耧斗菜属	*Paraquilegia* Drumm. et Hutch.		
乳突拟耧斗菜	*Paraquilegia anemonoides* (Willd.) O. E. Ulbr.		
蓝堇草属	*Leptopyrum* Reichb.		
蓝堇草	*Leptopyrum fumarioides* (L.) Rchb.		
唐松草属	*Thalictrum* Linn		
高山唐松草	*Thalictrum alpinum* Linn		
腺毛唐松草	*Thalictrum foetidum* Linn		
亚欧唐松草	*Thalictrum minus* Linn		
银莲花属	*Anemone* Linn		
阿拉善银莲花	*Anemone alaschanica* (Schipcz.) Grabovsk.		
展毛银莲花	*Anemone demissa* Hook. f. & Thomson		
伏毛银莲花	*Anemone narcissiflora* subsp. *protracta* (Ulbr.) Ziman & Fedor.		
长毛银莲花	*Anemone narcissiflora* subsp. *crinita* (Juz.) Kitag.		
疏齿银莲花	*Anemone geum* subsp. *ovalifolia* (Brühl) R. P. Chaudhary		
碱毛茛属	*Halerpestes* E. L. Green		
碱毛茛	*Halerpestes sarmentosa* (Adams) Kom.		
长叶碱毛茛	*Halerpestes ruthenica* (Jacq.) Ovcz.		
毛茛属	*Ranunculus* Turcz		
掌裂毛茛	*Ranunculus rigescens* Turcz. ex Ovcz.		
棉毛茛	*Ranunculus membranaceus* Royle		
高原毛茛	*Ranunculus tanguticus* (Maxim.) Ovcz.		
深齿毛茛（变种）	*Ranunculus popovii* var. *stracheyanus* (Maxim.) W. T. Wang		

续表

中文名	学名	国家重点保护野生植物保护级别	备注
裂萼细叶白头翁	*Ranunculus turczaninovii* var. *fissasepalum* J. H. Yu		
水毛茛属	*Batrachium* (DC.) Gray		
小水毛茛	*Batrachium eradicatum* (Laest.) Fr.		
铁线莲属	*Clematis* Linn		
毛灌木铁线莲	*Clematis fruticosa* var. *canescens* Turcz.		
短尾铁线莲	*Clematis brevicaudata* DC.		
长瓣铁线莲	*Clematis macropetala* Ledeb.		
白花长瓣铁线莲	*Clematis macropetala* var. *albiflora* (Maxim. ex Kuntze) Hand. -Mazz.		
甘川铁线莲	*Clematis akebioides* (Maxim.) H. J. Veitch		
芹叶铁线莲	*Clematis aethusifolia* Turcz.		
宽芹叶铁线莲	*Clematis aethusifolia* var. *latisecta* Maxim.		
黄花铁线莲	*Clematis intricata* Bunge		
甘青铁线莲	*Clematis tangutica* (Maxim.) Korsh.		
西伯利亚铁线莲	*Clematis sibirica* (L.) Mill.		
半钟铁线莲	*Clematis sibirica* var. *ochotensis* (Pall.) S. H. Li & Y. Hui Huang		
翠雀属	*Delphinium* Linn		
白蓝翠雀花	*Delphinium albocoeruleum* Maxim.		
翠雀	*Delphinium grandiflorum* Linn		
软毛翠雀花	*Delphinium mollipilum* W. T. Wang		
小檗科	Berberidaceae		
小檗属	*Berberis* Linn		
黄芦木	*Berberis amurensis* Rupr.		
置疑小檗	*Berberis dubia* C. K. Schneid.		
西伯利亚小檗	*Berberis sibirica* Pall.		
细叶小檗	*Berberis poiretii* C. K. Schneid.		
卡罗尔小檗	*Berberis carolii* Schneid.		
防己科	Menispermaceae		
蝙蝠葛属	*Menispermum* Linn		
蝙蝠葛	*Menispermum dauricum* DC.		
罂粟科	Papaveraceae		
白屈菜属	*Chelidonium* Linn		
白屈菜	*Chelidonium majus* Linn		
角茴香属	*Hypecoum* Linn		
角茴香	*Hypecoum erectum* Linn		
细果角茴香	*Hypecoum leptocarpum* Hook. f. & Thomson		
紫堇属	*Corydalis* DC.		
贺兰山延胡索	*Corydalis alaschanica* (Maxim.) Peshkova		
灰绿黄堇	*Corydalis adunca* Maxim.		
蛇果黄堇	*Corydalis ophiocarpa* Hook. f. & Thomson		
地丁草	*Corydalis bungeana* Turcz.		
十字花科	Cruciferae		

续表

中文名	学名	国家重点保护野生植物保护级别	备注
菥蓂属（遏蓝菜属）	*Thlaspi* Linn		遏蓝菜属
菥蓂	*Thlaspi arvense* Linn		
焯菜属	*Rorippa* Scop.		
焯菜	*Rorippa indica* (L.) Hiern		
独行菜属	*Lepidium* Linn		
阿拉善独行菜	*Lepidium alashanicum* H. L. Yang		
宽叶独行菜	*Lepidium latifolium* Linn		
独行菜	*Lepidium apetalum* Willd.		
心叶独行菜	*Lepidium cordatum* Willd. ex Steven		
葶苈属	*Draba* Linn		
喜山葶苈	*Draba oreades* Schrenk in Fisch. & C. A. Mey.		
葶苈	*Draba nemorosa* Linn		
蒙古葶苈	*Draba mongolica* Turcz.		
荠属	*Capsella* Medic.		
荠	*Capsella bursa-pastoris* (L.) Medik.		
爪花芥属	*Oreoloma* Botsch.		
紫花爪花芥	*Oreoloma matthioloides* (Franch.) Botsch.		
大蒜芥属	*Sisymbrium* Linn		
垂果大蒜芥	*Sisymbrium heteromallum* C. A. Mey.		
庭荠属	*Alyssum* Linn		
细叶庭荠	*Alyssum tenuifolium* Stephan ex Willd.		
灰毛庭荠	*Alyssum canescens* DC.		
花旗杆属	*Dontostemon* Andrz. ex C. A. Mey.		
白毛花旗杆	*Dontostemon senilis* Maxim.		
小花花旗杆	*Dontostemon micranthus* C. A. Mey.		
腺异蕊芥	*Dontostemon glandulosus* (Kar. & Kir.) O. E. Schulz		
异蕊芥	*Dontostemon pinnatifidus* (Willd.) Al-Shehbaz et H. Ohba		
播娘蒿属	*Descurainia* Webb et Berth.		
播娘蒿	*Descurainia sophia* (L.) Webb ex Prantl		
糖芥属	*Erysimum* Linn		
蒙古糖芥	*Erysimum flavum* (Georgi) Bobrov		
小花糖芥	*Erysimum cheiranthoides* Linn		
肉叶荠属	*Braya* Stetnb. et Hoppe		
蚓果芥	*Braya humilis* (C. A. Mey.) B. L. Rob.		
曙南芥属	*Stevenia* Adams et Fisch.		
曙南芥	*Stevenia cheiranthoides* DC.		
南芥属	*Arabis* Linn		
硬毛南芥	*Arabis hirsuta* (L.) Scop.		
贺兰山南芥	*Arabis alaschanica* Maxim.		
垂果南芥	*Arabis pendula* Linn		
盐芥属	*Thellungiella* O. E. Schulz		

续表

中文名	学名	国家重点保护野生植物保护级别	备注
盐芥	*Thellungiella salsuginea* (Pall.) O. E. Schulz in Engler		
景天科	Crassulaceae		
瓦松属	*Orostachys* Fisch.		
瓦松	*Orostachys fimbriata* (Turcz.) A. Berger		
黄花瓦松	*Orostachys spinosa* (L.) Sweet		
狼爪瓦松	*Orostachys cartilaginea* Boriss.		
红景天属	*Rhodiola* Linn		
小丛红景天	*Rhodiola dumulosa* (Franch.) S. H. Fu		
景天属	*Sedum* Linn		
阔叶景天	*Sedum roborowskii* Maxim.		
费菜属	*Phedimus* Rafin.		
费菜	*Phedimus aizoon* (L.)'t Hart		
虎耳草科	Saxifragaceae		
虎耳草属	*Saxifraga* Linn		
爪瓣虎耳草	*Saxifraga unguiculata* Engl.		
零余虎耳草	*Saxifraga cernua* Linn		
茶藨子科	Grossulariaceae		
茶藨子属	*Ribes* Linn		
美丽茶藨子	*Ribes pulchellum* Turcz.		
糖茶藨子	*Ribes himalense* Royle ex Decne.		
英吉里茶藨子	*Ribes palczewskii* (Jancz.) Pojark.		
蔷薇科	Rosaceae		
绣线菊属	*Spiraea* Linn		
耧斗菜叶绣线菊	*Spiraea aquilegiifolia* Pall.		
三裂绣线菊	*Spiraea trilobata* Linn		
蒙古绣线菊	*Spiraea lasiocarpa* Kar. & Kir.		
蒙古绣线菊（原变种）	*Spiraea lasiocarpa* var. *lasiocarpa*		
毛枝蒙古绣线菊	*Spiraea mongolica* Maxim. var. *tomentulosa* Yu.		
阿拉善绣线菊	*Spiraea chanicioraea* Y. Z. Zhao & T. J. Wang		
曲萼绣线菊	*Spiraea flexuosa* Fisch. ex Cambess.		
栒子属	*Cotoneaster* Medikus		
水栒子	*Cotoneaster multiflorus* Bunge in Ledeb.		
蒙古栒子	*Cotoneaster mongolicus* Pojark.		
准噶尔栒子	*Cotoneaster soongoricus* (Regel & Herder) Popov		
黑果栒子	*Cotoneaster melanocarpus* Lodd. G. Lodd. & W. Lodd.		
西北栒子	*Cotoneaster zabelii* C. K. Schneid.		
灰栒子	*Cotoneaster acutifolius* Turcz.		
全缘栒子	*Cotoneaster integerrimus* Medik.		
山楂属	*Crataegus* Linn		
毛山楂	*Crataegus maximowiczii* C. K. Schneid.		

续表

中文名	学名	国家重点保护野生植物保护级别	备注
苹果属	*Malus* Mill.		
花叶海棠	*Malus transitoria* (Batalin) C. K. Schneid.		
蔷薇属	*Rosa* Linn		
美蔷薇	*Rosa bella* Rehd. et Wils.		
黄刺玫	*Rosa xanthina* Lindl.		
单瓣黄刺玫	*Rosa xanthina* Lindl. f. *normalis* Rehd et Wils		
刺蔷薇	*Rosa acicularis* Lindl.		
山刺玫	*Rosa davurica* Pall.		
地榆属	*Sanguisorba* Linn		
高山地榆	*Sanguisorba alpina* Bunge in Ledeb.		
悬钩子属	*Rubus* Linn		
库页悬钩子	*Rubus sachalinensis* Levl.		
委陵菜属	*Potentilla* Linn		
金露梅	*Potentilla fruticosa* Linn		
小叶金露梅	*Potentilla parvifolia* Fisch. ex Lehm.		
银露梅	*Potentilla glabra* Lodd.		
白毛银露梅	*Potentilla glabra* var. *mandshurica* (Maxim.) Hand. -Mazz.		
雪白委陵菜	*Potentilla nivea* Linn		
二裂委陵菜	*Potentilla bifurca* Linn		
长叶二裂委陵菜	*Potentilla bifurca* var. *major* Ledeb.		
菊叶委陵菜	*Potentilla tanacetifolia* D. F. K. Schltdl.		
星毛委陵菜	*Potentilla acaulis* Linn		
匍匐委陵菜	*Potentilla reptans* Linn		
朝天委陵菜	*Potentilla supina* Linn		
腺毛委陵菜	*Potentilla longifolia* D. F. K. Schltdl.		
华西委陵菜	*Potentilla potaninii* Th. Wolf		
绢毛委陵菜	*Potentilla sericea* Linn		
西山委陵菜	*Potentilla sischanensis* Bunge ex Lehm.		
大萼委陵菜	*Potentilla conferta* Bunge in Ledeb.		
多茎委陵菜	*Potentilla multicaulis* Bunge		
多裂委陵菜	*Potentilla multifida* Linn		
掌叶多裂委陵菜	*Potentilla multifida* var. *ornithopoda* (Tausch) Th. Wolf		
丛生钉柱委陵菜	*Potentilla saundersiana* var. *caespitosa* (Lehm.) Th. Wolf		
蕨麻属	*Argentina* Hill		
蕨麻	*Argentina anserina* (L.) Rydb.		
山莓草属	*Sibbaldia* Linn		
伏毛山莓草	*Sibbaldia adpressa* Bunge in Ledeb.		
沼委陵菜属	*Comarum* Linn		
西北沼委陵菜	*Comarum salesovianum* (Stephan) Asch. & Graebn.		
地蔷薇属	*Chamaerhodos* Bunge		
地蔷薇	*Chamaerhodos erecta* (L.) Bunge in Ledeb.		

续表

中文名	学名	国家重点保护野生植物保护级别	备注
砂生地蔷薇	*Chamaerhodos sabulosa* Bunge in Ledeb.		
李属	*Prunus* Linn		
稠李	*Prunus padus* Linn		
山杏	*Prunus sibirica* Linn		
新疆野杏	*Prunus armeniaca* var. *ansu* Maxim.	Ⅱ级	野杏
蒙古扁桃	*Prunus mongolica* Maxim.	Ⅱ级	
长梗扁桃	*Prunus pedunculata* (Pall.) Maxim.		
毛樱桃	*Prunus tomentosa* Thunb.		
豆科	Leguminosae		
苦参属	*Sophora* Linn		
苦豆子	*Sophora alopecuroides* Linn		
沙冬青属	*Ammopiptanthus* S. H. Cheng		
沙冬青	*Ammopiptanthus mongolicus* (Maxim. ex Kom.) S. H. Cheng	Ⅱ级	
苦马豆属	*Sphaerophysa* DC.		
苦马豆	*Sphaerophysa salsula* (Pall.) DC.		
野决明属	*Thermopsis* R. Br.		
披针叶野决明	*Thermopsis lanceolata* R. Br.		
苜蓿属	*Medicago* Linn		
紫苜蓿	*Medicago sativa* Linn		
花苜蓿	*Medicago ruthenica* (L.) Trautv.		
野苜蓿	*Medicago falcata* Linn		
天蓝苜蓿	*Medicago lupulina* Linn		
草木樨属	*Melilotus* (L.) Mill.		
白花草木樨	*Melilotus albus* Medik.		
草木樨	*Melilotus officinalis* (L.) Pall.		
百脉根属	*Lotus* Linn		
百脉根	*Lotus corniculatus* Linn		
锦鸡儿属	*Caragana* Fabr.		
荒漠锦鸡儿	*Caragana roborovskyi* Kom.		
狭叶锦鸡儿	*Caragana stenophylla* Pojark.		
矮脚锦鸡儿	*Caragana brachypoda* Pojark.		
柠条锦鸡儿	*Caragana korshinskii* Kom.		
毛刺锦鸡儿	*Caragana tibetica* Kom.		
甘蒙锦鸡儿	*Caragana opulens* Kom.		
鬼箭锦鸡儿	*Caragana jubata* (Pall.) Poir.		
雀儿豆属	*Chesneya* Lindl. ex Endl.		
大花雀儿豆	*Chesneya macrantha* S. H. Cheng ex H. C. Fu		
米口袋属	*Gueldenstaedtia* Fisch.		
米口袋	*Gueldenstaedtia verna* (Georgi) Boriss.		
甘草属	*Glycyrrhiza* Linn	Ⅱ级	
甘草	*Glycyrrhiza uralensis* Fisch. ex DC.		

续表

中文名	学名	国家重点保护野生植物保护级别	备注
黄芪属	*Astragalus* Linn		
哈拉乌黄芪	*Astragalus halawuensis* Y. Z. Zhao		
草木樨状黄芪	*Astragalus melilotoides* Pall.		
阿拉善黄芪	*Astragalus alaschanus* Bunge ex Maxim.		
乌拉特黄芪	*Astragalus hoantchy* Franch.		
长齿狭荚黄芪	*Astragalus stenoceras* var. *longidentatus* S. B. Ho		
斜茎黄芪	*Astragalus laxmannii* Jacq.		
变异黄芪	*Astragalus variabilis* Bunge ex Maxim.		
白花黄芪	*Astragalus galactites* Pall.		
胀萼黄芪	*Astragalus ellipsoideus* Ledeb.		
糙叶黄芪	*Astragalus scaberrimus* Bunge		
小果黄芪	*Astragalus tataricus* Franch.		
灰叶黄芪	*Astragalus discolor* Bunge ex Maxim.		
多枝黄芪	*Astragalus polycladus* Bureau & Franch.		
短龙骨黄芪	*Astragalus parvicarinatus* S. B. Ho		
圆果黄芪	*Astragalus junatovii* Sanchir		
中宁黄芪	*Astragalus ochrias* Bunge ex Maxim.		
莲山黄芪	*Astragalus leansanicus* Ulbr.		
淡黄芪	*Astragalus bihutus* Bunge		
棘豆属	*Oxytropis* DC.		
猫头刺	*Oxytropis aciphylla* Ledeb.		
急弯棘豆	*Oxytropis deflexa* (Pall.) DC.		
胶黄芪状棘豆	*Oxytropis tragacanthoides* Fisch. ex DC.		
内蒙古棘豆	*Oxytropis neimonggolica* C. W. Chang & Y. Z. Zhao		
贺兰山棘豆	*Oxytropis holanshanensis* H. C. Fu		
黄毛棘豆	*Oxytropis ochrantha* Turcz.		
砂珍棘豆	*Oxytropis racemosa* Turcz.		
宽苞棘豆	*Oxytropis latibracteata* Jurtzev		
祁连山棘豆	*Oxytropis qilianshanica* C. W. Chang & C. L. Zhang ex X. Y. Zhu & H. Ohashi		
小花棘豆	*Oxytropis glabra* (Lam.) DC.		
岩黄芪属	*Hedysarum* Linn		
短翼岩黄芪	*Hedysarum brachypterum* Bunge		
贺兰山岩黄芪	*Hedysarum petrovii* Yakovlev		
宽叶岩黄芪	*Hedysarum polybotrys* var. *alaschanicum* (B. Fedtsch.) H. C. Fu et Z. Y. Chu		
羊柴属	*Corethrodendron* Fisch. et Basin		
细枝羊柴	*Corethrodendron scoparium* (Fisch. & C. A. Mey.) Fisch. & Basiner		
胡枝子属	*Lespedeza* Michx.		
牛枝子	*Lespedeza potaninii* Vassilcz		
尖叶铁扫帚	*Lespedeza juncea* (L. f.) Pers.		
大豆属	*Glycine* Willd.		

续表

中文名	学名	国家重点保护野生植物保护级别	备注
野大豆	*Glycine soja* Siebold & Zucc.	Ⅱ级	
野豌豆属	*Vicia* Linn		
新疆野豌豆	*Vicia costata* Ledeb.		
救荒野豌豆	*Vicia sativa* Linn		
车轴草属	*Trifolium* Linn		
白车轴草	*Trifolium repens* Linn		
牻牛儿苗科	Geraniaceae		
牻牛儿苗属	*Erodium* L' Herit.		
牻牛儿苗	*Erodium stephanianum* Willd.		
老鹳草属	*Geranium* Linn		
尼泊尔老鹳草	*Geranium nepalense* Sweet		
鼠掌老鹳草	*Geranium sibiricum* Linn		
亚麻科	Linaceae		
亚麻属	*Linum* Linn		
宿根亚麻	*Linum perenne* Linn		
白刺科	Nitrariaceae		
白刺属	*Nitraria* Linn		
白刺	*Nitraria tangutorum* Bobrov		
小果白刺	*Nitraria sibirica* Pall.		
骆驼蓬属	*Peganum* Linn		
多裂骆驼蓬	*Peganum multisectum* (Maxim.) Bobrov in Schischk. & Bobrov		
骆驼蒿	*Peganum nigellastrum* Bunge		
骆驼蓬	*Peganum harmala* Linn		
蒺藜科	Zygophyllaceae		
四合木属	*Tetraena* Maxim.		
四合木	*Tetraena mongolica* Maxim.	Ⅱ级	
驼蹄瓣属	*Zygopyllum* Linn		
蝎虎驼蹄瓣	*Zygophyllum mucronatum* Maxim.		
霸王属	*Sarcozygium*		
霸王	*Sarcozygium xanthoxylon* Bunge		
蒺藜属	*Tribulus* Linn		
蒺藜	*Tribulus terrestris* Linn		
芸香科	Rutaceae		
拟芸香属	*Haplophyllum* Juss.		
针枝芸香	*Haplophyllum tragacanthoides* Diels		
苦木科	Simaroubaceae		
臭椿属	*Ailanthus* Desf.		
臭椿	*Ailanthus altissima* (Mill.) Swingle		
远志科	Polygalaceae		
远志属	*Polygala* Linn		
西伯利亚远志	*Polygala sibirica* Linn		

续表

中文名	学名	国家重点保护野生植物保护级别	备注
远志	*Polygala tenuifolia* Willd.		
大戟科	Euphorbiaceae		
地构叶属	*Speranskia* Baill.		
地构叶	*Speranskia tuberculata* (Bunge) Baill.		
大戟属	*Euphorbia* Linn		
地锦草	*Euphorbia humifusa* Willd. ex Schltdl		
乳浆大戟	*Euphorbia esula* Linn		
沙生大戟	*Euphorbia kozlovii* Prokh.		
大戟	*Euphorbia pekinensis* Rupr.		
刘氏大戟	*Euphorbia lioui* C. Y. Wu & J. S. Ma		
叶下珠科	Phyllanthaceae		
白饭树属	*Flueggea* Willd.		
一叶萩	*Flueggea suffruticosa* (Pall.) Baill.		
卫矛科	Celastraceae		
卫矛属	*Euonymus* Linn		
矮卫矛	*Euonymus nanus* M. Bieb.		
无患子科	Sapindaceae		
槭属	*Acer* Linn		
细裂槭	*Acer pilosum* var. *stenolobum* (Rehder) W. P. Fang		
文冠果属	*Xanthoceras* Bunge		
文冠果	*Xanthoceras sorbifolium* Bunge		
鼠李科	Rhamnaceae		
枣属	*Ziziphus* Mill.		
酸枣	*Ziziphus jujuba* var. *spinosa* (Bunge) Hu ex H. F. Chow		
鼠李属	*Rhamnus* Linn		
小叶鼠李	*Rhamnus parvifolia* Bunge		
黑桦树	*Rhamnus maximovicziana* J. J. Vassil.		
柳叶鼠李	*Rhamnus erythroxylon* Pall.		
葡萄科	Vitaceae		
蛇葡萄属	*Ampelopsis* Michaux.		
乌头叶蛇葡萄	*Ampelopsis aconitifolia* Bunge		
锦葵科	Malvaceae		
木槿属	*Hibiscus* Linn		
野西瓜苗	*Hibiscus trionum* Linn		
锦葵属	*Malva* Linn		
野葵	*Malva verticillata* Linn		
柽柳科	Tamaricaceae		
柽柳属	*Tamarix* Linn		
多枝柽柳	*Tamarix ramosissima* Ledeb.		
红砂属	*Reaumuria* Linn		
黄花红砂	*Reaumuria trigyna* Maxim.		

续表

中文名	学名	国家重点保护野生植物保护级别	备注
红砂	*Reaumuria soongarica* (Pall.) Maxim.		
水柏枝属	*Myricaria* Desv.		
宽苞水柏枝	*Myricaria bracteata* Royle		
宽叶水柏枝	*Myricaria platyphylla* Maxim.		
半日花科	Cistaceae		
半日花属	*Helianthemum* Mill.		
半日花	*Helianthemum songaricum* Schrenk ex Fisch. & C. A. Mey.	Ⅱ级	
堇菜科	Violaceae		
堇菜属	*Viola* Linn		
菊叶堇菜	*Viola albida* var. *takahashii* (Nakai) Nakai		
茜堇菜	*Viola phalacrocarpa* Maxim.		
双花堇菜	*Viola biflora* Linn		
库页堇菜	*Viola sacchalinensis* H. Boissieu		
裂叶堇菜	*Viola dissecta* Ledeb.		
紫花地丁	*Viola philippica* Cav.		
阴地堇菜	*Viola yezoensis* Maxim. in Bull.		
早开堇菜	*Viola prionantha* Bunge		
瑞香科	Thymelaeaceae		
草瑞香属	*Diarthron* Turcz.		
草瑞香	*Diarthron linifolium* Turcz.		
狼毒属	*Stellera* Linn		
狼毒	*Stellera chamaejasme* Linn		
柳叶菜科	Onagraceae		
柳兰属	*Chamerion* (Raf.) Raf. ex Holub		
柳兰	*Chamaenerion* angustifolium (L.) Holub		
柳叶菜属	*Epilobium* Linn		
细籽柳叶菜	*Epilobium minutiflorum* Hausskn.		
沼生柳叶菜	*Epilobium palustre* Linn		
锁阳科	Cynomoriaceae		
锁阳属	*Cynomorium* Linn		
锁阳	*Cynomorium songaricum* Rupr.		
通泉草科	Mazaceae		
野胡麻属	*Dodartia* Linn		
野胡麻	*Dodartia orientalis* Linn		
伞形科	Apiaceae		
迷果芹属	*Sphallerocarpus* Bess. ex DC.		
迷果芹	*Sphallerocarpus gracilis* (Besser ex Trevir.) Koso-Pol.		
柴胡属	*Bupleurum* Linn		
红柴胡	*Bupleurum scorzonerifolium* Willd.		
小叶黑柴胡	*Bupleurum smithii* var. *parvifolium* Shan & Yin Li		
兴安柴胡	*Bupleurum sibiricum* Vest ex Roem. & Schult.		

续表

中文名	学名	国家重点保护野生植物保护级别	备注
短茎柴胡	*Bupleurum pusillum* Krylov		
葛缕子属	*Carum* Linn		
葛缕子	*Carum carvi* Linn		
水芹属	*Oenanthe* Linn		
水芹	*Oenanthe javanica* (Blume) DC.		
阿魏属	*Ferula* Linn		
硬阿魏	*Ferula bungeana* Kitag.		
蛇床属	*Cnidium* Cuss.		
碱蛇床	*Cnidium salinum* Turcz.		
前胡属	*Peucedanum* Linn		
华北前胡	*Peucedanum harry-smithii* Fedde ex H. Wolff		
西风芹属	*Seseli* Linn		
内蒙西风芹	*Seseli intramongolicum* Y. C. Ma		
贺兰芹属	*Helania* L. Q. Zhao et Y. Z. Zhao		
贺兰芹	*Helania radialipetala* L. Q. Zhao et Y. Zhao sp.		
山茱萸科	Cornaceae		
山茱萸属	*Cornus* Linn		
沙梾	*Cornus bretschneideri* (L. Henry) Sojak in Novit. & Del.		
杜鹃花科	Ericaceae		
鹿蹄草属	*Pyrola* Linn		
肾叶鹿蹄草	*Pyrola renifolia* Maxim.		
红花鹿蹄草	*Pyrola asarifolia* subsp. *incarnata* (DC.) E. Haber & H. Takahashi		
兴安鹿蹄草	*Pyrola dahurica* (Andres) Kom.		
鹿蹄草	*Pyrola calliantha* Andres		
单侧花属	*Orthilia* Rafin.		
钝叶单侧花	*Orthilia obtusata* (Turcz.) H. Hara		
越橘属	*Vaccinium* Linn		
越橘	*Vaccinium vitis-idaea* Linn		
独丽花属	*Moneses* Salisb. ex Gray		
独丽花	*Moneses uniflora* (L.) A. Gray		
北极果属	*Arctous* (A. Gray) Nied.		
红北极果	*Arctous ruber* (Rehder & E. H. Wilson) Nakai		
报春花科	Primulaceae		
报春花属	*Primula* Linn		
寒地报春	*Primula algida* Adam		
粉报春	*Primula farinosa* Linn		
天山报春	*Primula nutans* Georgi		
樱草	*Primula sieboldii* E. Morren		
点地梅属	*Androsace* Linn		
大苞点地梅	*Androsace maxima* Linn		
北点地梅	*Androsace septentrionalis* Linn		

续表

中文名	学名	国家重点保护野生植物保护级别	备注
西藏点地梅	*Androsace mariae* Kanitz		
长叶点地梅	*Androsace longifolia* Turcz.		
阿拉善点地梅	*Androsace alashanica* Maxim.		
海乳草属	*Glaux* Linn		
海乳草	*Glaux maritima* Linn		
白花丹科	Plumbaginaceae		
补血草属	*Limonium* Mill.		
黄花补血草	*Limonium aureum* (L.) Hill		
细枝补血草	*Limonium tenellum* (Turcz.) Kuntze		
二色补血草	*Limonium bicolor* (Bunge) Kuntze		
鸡娃草属	*Plumbagella* Spach		
鸡娃草	*Plumbagella micrantha* (Ledeb.) Spach		
木樨科	Oleaceae		
丁香属	*Syringa* Linn		
紫丁香	*Syringa oblata* Lindl.		
羽叶丁香	*Syringa pinnatifolia* Hemsl.		
马钱科	Loganiaceae		
醉鱼草属	*Buddleja* Linn		
互叶醉鱼草	*Buddleja alternifolia* Maxim.		
龙胆科	Gentianaceae		
百金花属	*Centaurium* Hill		
百金花	*Centaurium pulchellum* var. *altaicum* (Griseb.) Kitag. & H. Hara		
龙胆属	*Gentiana* (Tourn.) Linn		
鳞叶龙胆	*Gentiana squarrosa* Ledeb.		
假水生龙胆	*Gentiana pseudoaquatica* Kusn.		
达乌里秦艽	*Gentiana dahurica* Fischer		
秦艽	*Gentiana macrophylla* Pall.		
扁蕾属	*Gentianopsis* Y. C. Ma		
湿生扁蕾	*Gentianopsis paludosa* (Munro ex Hook. f.) Ma		
卵叶扁蕾	*Gentianopsis paludosa* var. *ovatodeltoidea* (Burkill) Ma		
扁蕾	*Gentianopsis barbata* (Froel.) Ma		
假龙胆属	*Gentianella* Moench		
黑边假龙胆	*Gentianella azurea* (Bunge) Holub		
尖叶假龙胆	*Gentianella acuta* (Michx.) Hultén		
喉毛花属	*Comastoma* (Wettstein) Yoyokuni		
柔弱喉毛花	*Comastoma tenellum* (Rottb.) Toyok.		
镰萼喉毛花	*Comastoma falcatum* (Turcz. ex Kar. & Kir.) Toyok.		
皱边喉毛花	*Comastoma polyclachm* (Diels ex Gilg) T. N. Ho.		
花锚属	*Halenia* Borkh		
卵萼花锚	*Halenia elliptica* D. Don		
獐牙菜属	*Swertia* Linn		

续表

中文名	学名	国家重点保护野生植物保护级别	备注
歧伞獐牙菜	*Swertia dichotoma* Linn		
四数獐牙菜	*Swertia tetraptera* Maxim.		
夹竹桃科	Apocynaceae		
罗布麻属	*Apcoynum* Linn		
罗布麻	*Apocynum venetum* Linn		
鹅绒藤属	*Cynanchum* Linn		
白首乌	*Cynanchum bungei* Decne. in A. DC.		
华北白前	*Cynanchum mongolicum* (Maxim.) Hemsl.		
戟叶鹅绒藤	*Cynanchum acutum* subsp. *sibiricum* (Willd.) Rech. f.		
地梢瓜	*Cynanchum thesioides* (Freyn) K. Schum. in Engler & Prantl		
鹅绒藤	*Cynanchum chinense* R. Br.		
旋花科	Convolvulaceae		
旋花属	*Convolvulus* Linn		
田旋花	*Convolvulus arvensis* Linn		
银灰旋花	*Convolvulus ammannii* Desr. in Lam.		
刺旋花	*Convolvulus tragacanthoides* Turcz.		
打碗花属	*Calystegia* R. Br.		
藤长苗	*Calystegia pellita* (Ledeb.) G. Don		
打碗花	*Calystegia hederacea* Wall. in Roxb.		
菟丝子属	*Cuscuta* Linn		
菟丝子	*Cuscuta chinensis* Lam.		
金灯藤	*Cuscuta japonica* Choisy in Zoll.		
紫草科	Boraginaceae		
紫丹属	*Tournefortia* Linn		
砂引草	*Tournefortia sibirica* Linn		
软紫草属	*Arnebia* Forsk.		
黄花软紫草	*Arnebia guttata* Bunge		
疏花软紫草	*Arnebia szechenyi* Kanitz		
灰毛软紫草	*Arnebia fimbriata* Maxim.		
紫筒草属	*Stenosolenium* Turcz.		
紫筒草	*Stenosolenium saxatile* (Pall.) Turcz.		
糙草属	*Asperugo* Linn		
糙草	*Asperugo procumbens* Linn		
牛舌草属	*Anchusa* Linn		
狼紫草	*Anchusa ovata* Lehm.		
琉璃草属	*Cynoglossum* Linn		
大果琉璃草	*Cynoglossum divaricatum* Stephan ex Lehm.		
鹤虱属	*Lappula* Moench		
蒙古鹤虱	*Lappula intermedia* (Ledeb.) Popov in Schischk.		
劲直鹤虱	*Lappula stricta* (Ledeb.) Gürke in Engler & Prantl		
蓝刺鹤虱	*Lappula consanguinea* (Fisch. & C. A. Mey.) Gürke in Engler & Prantl		

续表

中文名	学名	国家重点保护野生植物保护级别	备注
异刺鹤虱	*Lappula heteracantha* (Ledeb.) Gürke in Engler & Prantl		
鹤虱	*Lappula myosotis* Moench		
齿缘草属	*Eritrichium* Schrad. ex Gaudin		
少花齿缘草	*Eritrichium pauciflorum* (Ledeb.) DC.		
反折齿缘草	*Eritrichium deflexum* (Wahl.) Lian		
斑种草属	*Bothriospermum* Bunge		
狭苞斑种草	*Bothriospermum kusnezowii* Bunge ex DC.		
附地菜属	*Trigonotis* Stev.		
附地菜	*Trigonotis peduncularis* (Trevis.) Benth. ex Baker & S. Moore		
唇形科	Lamiaceae		
牡荆属	*Vitex* Linn		
荆条	*Vitex negundo* var. *heterophylla* (Franch.) Rehder		
莸属	*Caryopteris* Bunge		
蒙古莸	*Caryopteris mongholica* Bunge		
黄芩属	*Scutellaria* Linn		
黄芩	*Scutellaria baicalensis* Georgi		
甘肃黄芩	*Scutellaria rehderiana* Diels		
粘毛黄芩	*Scutellaria viscidula* Bunge		
并头黄芩	*Scutellaria scordifolia* Fisch. ex Schrank		
夏至草属	*Lagopsis* (Bunge ex Benth.) Bunge		
夏至草	*Lagopsis supina* (Stephan ex Willd.) Ikonn. -Gal. ex Knorring		
荆芥属	*Nepeta* Linn		
多裂叶荆芥	*Nepeta multifida* Linn		
小裂叶荆芥	*Nepeta annua* Pall.		
大花荆芥	*Nepeta sibirica* Linn		
青兰属	*Dracocephalum* Linn		
香青兰	*Dracocephalum moldavica* Linn		
白花枝子花	*Dracocephalum heterophyllum* Benth.		
沙地青兰	*Dracocephalum psammophilum* C. Y. Wu & W. T. Wang		
糙苏属	*Phlomoides* Moench		
尖齿糙苏	*Phlomoides dentosa* (Franch.) Kamelin & Makhm.		
益母草属	*Leonurus* Linn		
益母草	*Leonurus japonicus* Houtt.		
细叶益母草	*Leonurus sibiricus* Linn		
脓疮草属	*Panzerina* Moench		
脓疮草	*Panzerina lanata* var. *alashanica* (Kuprian.) H. W. Li		
兔唇花属	*Lagochilus* Bunge		
冬青叶兔唇花	*Lagochilus ilicifolius* Bunge		
百里香属	*Thymus* Linn		
百里香	*Thymus mongolicus* (Ronniger) Ronniger.		
薄荷属	*Mentha* Linn		

续表

中文名	学名	国家重点保护野生植物保护级别	备注
薄荷	*Mentha canadensis* Linn		
香薷属	*Elsholtzia* Willd.		
细穗香薷	*Elsholtzis densa* Benth		
茄科	Solanaceae		
曼陀罗属	*Datura* Linn		
曼陀罗	*Datura stramonium* Linn		
枸杞属	*Lycium* Linn		
黑果枸杞	*Lycium ruthenicum* Murray		
枸杞	*Lycium chinense* Mill.		
天仙子属	*Hyoscyamus* Linn		
天仙子	*Hyoscyamus niger* Linn		
茄属	*Solanum* Linn		
青杞	*Solanum septemlobum* Bunge		
龙葵	*Solanum nigrum* Linn		
玄参科	Scrophulariaceae		
玄参属	*Scrophularia* Linn		
砾玄参	*Scrophularia incisa* Weinm.		
贺兰山玄参	*Scrophularia alaschanica* Batalin		
紫葳科	Bignoniaceae		
角蒿属	*Incarvillea* Juss.		
角蒿	*Incarvillea sinensis* Lam.		
车前科	Plantaginaceae		
杉叶藻属	*Hippuris* Linn		
杉叶藻	*Hippuris vulgaris* Linn		
婆婆纳属	*Veronica* Linn		
婆婆纳	*Veronica polita* Fries		
长果婆婆纳	*Veronica ciliata* Fisch.		
光果婆婆纳	*Veronica rockii* H. L. Li		
北水苦荬	*Veronica anagallis-aquatica* Linn		
水苦荬	*Veronica undulata* Wall. ex Jack in Roxb.		
车前属	*Plantago* Linn		
湿车前	*Plantago cornuti* Guebhard ex Decne.		
小车前	*Plantago minuta* Pall.		
平车前	*Plantago depressa* Willd.		
车前	*Plantago asiatica* Linn		
列当科	Orobanchaceae		
马先蒿属	*Pedicularis* Linn		
粗野马先蒿	*Pedicularis rudis* Maxim.		
藓生马先蒿	*Pedicularis muscicola* Maxim.		
三叶马先蒿	*Pedicularis ternata* Maxim.		
阿拉善马先蒿	*Pedicularis alaschanica* Maxim.		

续表

中文名	学名	国家重点保护野生植物保护级别	备注
红纹马先蒿	*Pedicularis striata* Pall.		
地黄属	*Rehmannia* Libosch. ex Fisch. et Mey.		
地黄	*Rehmannia glutinosa* (Gaetn.) Libosch. ex Fisch. & C. A. Mey		
疗齿草属	*Odontites* Ludwig		
疗齿草	*Odontites vulgaris* Moench		
大黄花属	*Cymbaria* Linn		
蒙古芯芭	*Cymbaria mongolica* Maxim.		
小米草属	*Euphrasia* Linn		
小米草	*Euphrasia pectinata* Ten.		
肉苁蓉属	*Cistanche* Hoffmg. et Link		
沙苁蓉	*Cistanche sinensis* Beck		
列当属	*Orobanche* Linn		
弯管列当	*Orobanche cernua* Loefl.		
列当	*Orobanche coerulescens* Stephan		
茜草科	Rubiaceae		
拉拉藤属	*Galium* Linn		
细毛拉拉藤	*Galium pusillosetosum* H. Hara		
四叶葎	*Galium bungei* Steud.		
北方拉拉藤	*Galium boreale* Linn		
蓬子菜	*Galium verum* Linn		
毛果蓬子菜	*Galium verum* var. *trachycarpum* DC.		
茜草属	*Rubia* Linn		
茜草	*Rubia cordifolia* Linn		
野丁香属	*Leptodermis* Wall.		
内蒙野丁香	*Leptodermis ordosica* H. C. Fu & E. W. Ma		
忍冬科	Caprifoliaceae		
忍冬属	*Lonicera* Linn		
小叶忍冬	*Lonicera microphylla* Willd. ex Schult.		
葱皮忍冬	*Lonicera ferdinandi* Franch.		
金花忍冬	*Lonicera chrysantha* Turcz. ex Ledeb.		
蓝果忍冬	*Lonicera caerulea* Linn		
缬草属	*Valeriana* Linn		
小缬草	*Valeriana tangutica* Batalin		
五福花科	Adoxaceae		
荚蒾属	*Viburnum* Linn		
蒙古荚蒾	*Viburnum mongolicum* (Pall.) Rehder in Sarg.		
葫芦科	Cucurbitaceae		
赤瓟属	*Thladiantha* Bunge		
赤瓟	*Thladiantha dubia* Bunge		
桔梗科	Campanulaceae		
沙参属	*Adenophora* Fisch.		

续表

中文名	学名	国家重点保护野生植物保护级别	备注
石沙参	*Adenophora polyantha* Nakai		
宁夏沙参	*Adenophora ningxianica* D. Y. Hong		
细叶沙参	*Adenophora capillaris* subsp. *paniculata* (Nannf.) D. Y. Hong & S. Ge		
长柱沙参	*Adenophora stenanthina* (Ledeb.) Kitag.		
长柱沙参（变种）	*Adenophora stenanthina* subsp. *stenanthina*		
菊科	Asteraceae		
联毛紫菀属	*Symphyotrichum* Nees		
短星菊	*Symphyotrichum ciliatum* (Ledeb.) G. L. Nesom		
紫菀属	*Aster* Linn		
阿尔泰狗娃花	*Aster altaicus* Willd.		
狗娃花	*Aster hispidus* Thunb.		
三脉紫菀	*Aster ageratoides* Turcz.		
紫菀木属	*Asterothamnus* Novopokr.		
中亚紫菀木	*Asterothamnus centraliasiaticus* Novopokr.		
飞蓬属	*Erigeron* Linn		
假泽山飞蓬	*Erigeron pseudoseravschanicus* Botsch.		
飞蓬	*Erigeron acer* Linn		
长茎飞蓬	*Erigeron acris* subsp. *politus* (Fr.) H. Lindb.		
棉苞飞蓬	*Erigeron eriocalyx* (Ledeb.) Vierh.		
堪察加飞蓬	*Erigeron acris* subsp. *kamtschaticus* (DC.) H. Hara		
小蓬草	*Erigeron canadensis* Linn		
短舌菊属	*Brachanthemum* DC.		
星毛短舌菊	*Brachanthemum pulvinatum* (Hand. -Mazz.) C. Shih		
花花柴属	*Karelinia* Less.		
花花柴	*Karelinia caspia* (Pall.) Less.		
火绒草属	*Leontopodium* R. Br.		
矮火绒草	*Leontopodium nanum* (Hook. f. & Thomson ex C. B. Clarke) Hand. -Mazz.		
绢茸火绒草	*Leontopodium smithianum* Hand. -Mazz.		
火绒草	*Leontopodium leontopodioides* (Willd.) Beauv.		
香青属	*Anaphalis* DC.		
乳白香青	*Anaphalis lactea* Maxim.		
旋覆花属	*Inula* Linn		
旋覆花	*Inula japonica* Thunb.		
蓼子朴	*Inula salsoloides* (Turcz.) Ostenf.		
苍耳属	*Xanthium* Linn		
苍耳	*Xanthium strumarium* Linn		
鬼针草属	*Bidens* Linn		
狼杷草	*Bidens tripartita* Linn		
菊属	*Chrysanthemum* Linn		
蒙菊	*Chrysanthemum mongolicum* Y. Ling		
小红菊	*Chrysanthemum chanetii* H. Lév.		

续表

中文名	学名	国家重点保护野生植物保护级别	备注
楔叶菊	*Chrysanthemum naktongense* Nakai		
女蒿属	*Hippolytia* Poljakov		
贺兰山女蒿	*Hippolytia kaschgarica* (Krasch.) Poljakov		
岩参属	*Cicerbita* Wallr.		
川甘岩参	*Cicerbita roborowskii* (Maxim.) Beauverd		
小甘菊属	*Cancrinia* Kar. & Kir.		
小甘菊	*Cancrinia discoidea* (Ledeb.) Poljakov ex Tzvelev.		
亚菊属	*Ajania* Poljakov		
束伞亚菊	*Ajania parviflora* (Grüning.) Y. Ling		
蓍状亚菊	*Ajania achilleoides* (Turcz.) Poljakov ex Grubov		
灌木亚菊	*Ajania fruticulosa* (Ledeb.) Poljakov		
铺散亚菊	*Ajania khartensis* (Dunn) C. Shih		
蒿属	*Artemisia* Linn		
大籽蒿	*Artemisia sieversiana* Ehrhart ex Willd.		
莳萝蒿	*Artemisia anethoides* Mattf.		
冷蒿	*Artemisia frigida* Willd.		
紫花冷蒿	*Artemisia frigida* var. *atropurpurea* Pamp.		
黄花蒿	*Artemisia annua* Linn		
细裂叶莲蒿	*Artemisia gmelinii* Weber ex Stechm.		
密毛细裂叶莲蒿	*Artemisia gmelinii* var. *messerschmidiana* (Besser) Poljakov		
艾	*Artemisia argyi* H. Lév. & Vaniot		
线叶蒿	*Artemisia subulata* Nakai in Bot.		
蒙古蒿	*Artemisia mongolica* (Fisch. ex Besser) Nakai		
龙蒿	*Artemisia dracunculus* Linn		
白莲蒿	*Artemisia stechmanniana* Besser		
阿克塞蒿	*Artemisia aksaiensis* Y. R. Ling		
白莎蒿	*Artemisia blepharolepis* Bunge		
碱蒿	*Artemisia anethifolia* Weber ex Stechm.		
黑沙蒿	*Artemisia ordosica* Krasch.		
米蒿	*Artemisia dalai-lamae* Krasch.		
南牡蒿	*Artemisia eriopoda* Bunge		
牛尾蒿	*Artemisia dubia* Wall. ex Besser		
内蒙古旱蒿	*Artemisia xerphytica* Krasch.		
华北米蒿	*Artemisia giraldii* Pamp.		
猪毛蒿	*Artemisia scoparia* Waldst. & Kit.		
栉叶蒿属	*Neopallasia* Poljakov		
栉叶蒿	*Neopallasia pectinata* (Pall.) Poljakov		
革苞菊属	*Tugarinovia* Iljin		
革苞菊	*Tugarinovia mongolica* Iljin		
苓菊属	*Jurinea* Cass.		

续表

中文名	学名	国家重点保护 野生植物保护级别	备注
蒙疆苓菊	*Jurinea mongolica* Maxim.		
合耳菊属	*Synotis* (C. B. Clarke) C. Jeffrey & Y. L. Chen		
术叶合耳菊	*Synotis atractylidifolia* (Y. Ling) C. Jeffrey & Y. L. Chen		
橐吾属	*Ligularia* Cass.		
掌叶橐吾	*Ligularia przewalskii* (Maxim.) Diels		
蓝刺头属	*Echinops* Linn		
火烙草	*Echinops przewalskii* Iljin		
砂蓝刺头	*Echinops gmelin* Turcz.		
风毛菊属	*Saussurea* DC.		
禾叶风毛菊	*Saussurea graminea* Dunn		
翼茎风毛菊	*Saussurea japonica* var. *pteroclada* (Nakai & Kitag.) Raab-Straube		
碱地风毛菊	*Saussurea runcinata* DC.		
裂叶风毛菊	*Saussurea laciniata* Ledeb.		
盐地风毛菊	*Saussurea salsa* (Pall.) Spreng.		
西北风毛菊	*Saussurea petrovii* Lipsch.		
阿拉善风毛菊	*Saussurea alaschanica* Maxim.		
羽裂风毛菊	*Saussurea pinnatidentata* Lipsch.		
小花风毛菊	*Saussurea parviflora* (Poir.) DC.		
达乌里风毛菊	*Saussurea davurica* Adams in Nouv.		
阿右风毛菊	*Saussurea jurineoides* H. C. Fu in Ma		
草地风毛菊	*Saussurea amara* (L.) DC.		
牛蒡属	*Arctium* Linn		
牛蒡	*Arctium lappa* Linn		
猬菊属	*Olgaea* Iljin		
蝟菊	*Olgaea lomonosowii* (Trautv.) Iljin		
火媒草	*Olgaea leucophylla* (Turcz.) Iljin		
蓟属	*Cirsium* Mill.		
莲座蓟	*Cirsium esculentum* (Sievers) C. A. Meyer		
刺儿菜	*Cirsium arvense* var. *integrifolium* Wimmer & Grab.		
绒背蓟	*Cirsium vlassovianum* Fisch. ex DC.		
丝路蓟	*Cirsium arvense* (L.) Scop.		
牛口刺	*Cirsium shansiense* Petrak.		
飞廉属	*Carduus* Linn		
飞廉	*Carduus nutans* Linn		
麻花头属	*Klasea* Cass.		
麻花头	*Klasea centauroides* (L.) Cass. ex Kitag.		
缢苞麻花头	*Klasea centauroides* subsp. *strangulata* (Iljin) L. Martins		
漏芦属	*Rhaponticum* Vaill		
漏芦	*Rhaponticum uniflorum* (L.) DC.		
顶羽菊	*Rhaponticum repens* (L.) Hidalgo		
鸦葱属	*Scorzonera* Linn		

续表

中文名	学名	国家重点保护野生植物保护级别	备注
拐轴鸦葱	*Scorzonera divaricata* Turcz.		
帚状鸦葱	*Scorzonera pseudodivaricata* Lipsch.		
蒙古鸦葱	*Scorzonera mongolica* Maxim.		
绵毛鸦葱	*Scorzonera capito* Maxim.		
鸦葱	*Scorzonera austriaca* Willd.		
千里光属	*Senecio* Linn		
北千里光	*Senecio dubitabilis* C. Jeffrey & Y. L. Chen.		
欧洲千里光	*Senecio vulgaris* Linn		
蒲公英属	*Taraxacum* F. H. Wigg.		
斑叶蒲公英	*Taraxacum variegatum* Kitag.		
光苞蒲公英	*Taraxacum lamprolepis* Kitag.		
华蒲公英	*Taraxacum sinicum* Kitag.		
多裂蒲公英	*Taraxacum dissectum* (Ledeb.) Ledeb.		
亚洲蒲公英	*Taraxacum asiaticum* Dahlst.		
东北蒲公英	*Taraxacum ohwianum* Kitam.		
白缘蒲公英	*Taraxacum platypecidum* Diels		
粉绿蒲公英	*Taraxacum dealbatum* Hand. -Mazz.		
蒲公英	*Taraxacum mongolicum* Hand. -Mazz.		
苦苣菜属	*Sonchus* Linn		
花叶滇苦菜	*Sonchus asper* (L.) Hill		
苣荬菜	*Sonchus wightianus* DC.		
苦苣菜	*Sonchus oleraceus* Linn		
百花蒿属	*Stilpnolepis* Krasch.		
百花蒿	*Stilpnolepis centiflora* (Maxim.) Krasch.		
紊蒿	*Stilpnolepis intricata* (Franch.) C. Shih		
莴苣属	*Lactuca* Linn		
乳苣	*Lactuca tatarica* (L.) C. A. Meyer		
还阳参属	*Crepis* Linn		
还阳参	*Crepis rigescens* Diels		
苦荬菜属	*Ixeris* (Cass.) Cass.		
中华小苦荬	*Ixeris chinensis* (Thunb.) Kitag.		
苦荬菜	*Ixeris polycephala* Cass. ex DC.		
假还阳参属	*Crepidiastrum* Nakai		
叉枝假还阳参	*Crepidiastrum akagizz* (Kitag.) J. Zhang & N. Kilian		
尖裂假还阳参	*Crepidiastrum sonchifolium* (Maxim.) Pak & Kawano.		
细叶假还阳参	*Crepidiastrum tenuifolium* (Willd.) Sennikov		
大丁草属	*Leibnitzia* Cass.		
大丁草	*Leibnitzia anandria* (L.) Turcz.		
香蒲科	Typhaceae		
香蒲属	*Typha* Linn		
无苞香蒲	*Typha laxmannii* Lepech.		

续表

中文名	学名	国家重点保护野生植物保护级别	备注
小香蒲草	*Typha minima* Funk. ex Hoppe		
长苞香蒲	*Typha angustata* Bory et Chaubard.		
泽泻科	Alismataceae		
慈姑属	*Sagittaria* Linn		
野慈菇	*Sagittaria trifolia* Linn		
眼子菜科	Potamogetonaceae		
篦齿眼子菜属	*Stuckenia* Borner		
篦齿眼子菜	*Stuckenia pectinatus* (L.) Börner		
眼子菜属	*Potamogeton* Linn		
穿叶眼子菜	*Potamogeton perfoliatus* Linn		
菹草	*Potamogeton crispus* Linn		
水麦冬科	Juncaginaceae		
水麦冬属	*Triglochin* Linn		
海韭菜	*Triglochin maritima* Linn		
水麦冬	*Triglochin palustris* Linn		
禾本科	Gramineae		
芦苇属	*Phragmites* Adans.		
芦苇	*Phragmites australis* (Cav.) Trin. ex Steud.		
臭草属	*Melica* Linn		
臭草	*Melica scabrosa* Trin.		
抱草	*Melica virgata* Turcz. ex Trin.		
细叶臭草	*Melica radula* Franch.		
三芒草属	*Aristida* Linn		
三芒草	*Aristida adscensionis* Linn		
早熟禾属	*Poa* Linn		
垂枝早熟禾	*Poa szechuensis* var. *debilior* (Hitchc.) Soreng & G. H. Zhu		
草地早熟禾	*Poa pratensis* Linn		
粉绿早熟禾	*Poa pratensis* subsp. *pruinosa* (Korotky) W. B. Dickoré		
喜马早熟禾	*Poa hylobates* Bor		
堇色早熟禾	*Poa araratica* subsp. *lanthina* (Keng ex Shan Chen) Olonova & G. H. Zhu		
贫叶早熟禾	*Poa araratica* subsp. *oligophylla* (Keng) Olonova & G. H. Zhu		
渐尖早熟禾	*Poa attenuata* Trin.		
法氏早熟禾	*Poa faberi* Rendle		
碱茅属	*Puccinellia* Parl.		
星星草	*Puccinellia tenuiflora* (Griseb.) Scribn. & Merr.		
雀麦属	*Bromus* Linn		
加拿大雀麦	*Bromus ciliatus* Linn		
无芒雀麦	*Bromus inermis* Leyss.		
披碱草属	*Elymus* Linn		
老芒麦	*Elymus sibiricus* Linn		
缘毛鹅观草	*Elymus pendulinus* (Nevski) Tzvelev		

续表

中文名	学名	国家重点保护野生植物保护级别	备注
阿拉善披碱草	*Elymus alashanicus* (Keng ex Keng & S. L. Chen) S. L. Chen	Ⅱ级	阿拉善鹅观草
短颖鹅观草	*Elymus burchan-buddae* (Nevski) Tzvelev		
黑紫披碱草	*Elymus atratus* (Nevski) Hand. -Mazz.	Ⅱ级	
垂穗披碱草	*Elymus nutans* Griseb.		
冰草属	*Agropyron* Gaertn.		
冰草	*Agropyron cristatum* (L.) Gaertn.		
沙芦草	*Agropyron mongolicum* Keng	Ⅱ级	
赖草属	*Leymus* Hochst.		
赖草	*Leymus secalinus* (Georgi) Tzvelev		
毛穗赖草	*Leymus paboanus* (Claus) Pilger		
大麦属	*Hordeum* Linn		
紫大麦草	*Hordeum roshevitzii* Bowden		
涪草属	*Koeleria* Pers.		
芒涪草	*Koeleria iitvinowii* Domin		
涪草	*Koeleria macrautha* (Ledeb.) Schult.		
阿尔泰涪草	*Koeleria altaica* (Domin.) Krylov		
三毛草属	*Trisetum* Pers.		
三毛草	*Trisetum bifidum* (Thunb.) Ohwi		
异燕麦属	*Helictotrichon* Bess. ex Schult. et J. H. Schult.		
蒙古异燕麦	*Helictotrichon mongolicum* (Roshev.) Henrard		
天山异燕麦	*Helictotrichon tianschanicum* (Roshev.) Henrard		
燕麦属	*Avena* Linn		
野燕麦	*Avena fatua* Linn		
黄花茅属	*Anthoxanthum* Linn		
光稃茅香	*Anthoxanthum glabrum* (Trin.) Veldkamp		
看麦娘属	*Alopecurus* Linn		
苇状看麦娘	*Alopecurus arundinaceus* Poir.		
拂子茅属	*Calamagrostis* Adans.		
拂子茅	*Calamagrostis epigeios* (L.) Roth		
假苇拂子茅	*Calamagrostis pseudophragmites* (Haller f.) Koeler		
野青茅属	*Deyeuxia* Clarion ex P. Beauv.		
野青茅	*Deyeuxia pyramidalis* (Host) Veldkamp		
剪股颖属	*Agrostis* Linn		
巨序剪股颖	*Agrostis gigantea* Roth		
棒头草属	*Polypogon* Desf.		
长芒棒头草	*Polypogon monspeliensis* (L.) Desf.		
菵草属	*Beckmannia* Host		
菵草	*Beckmannia syzigachne* (Steud.) Fernald		
针茅属	*Stipa* Linn		
大针茅	*Stipa grandis* P. A. Smirn.		

续表

中文名	学名	国家重点保护野生植物保护级别	备注
狼针草	*Stipa baicalensis* Roshev.		
沙生针茅	*Stipa caucasica* subsp. *glareosa* (P. A. Smirn.) Tzvelev		
紫花针茅	*Stipa purpurea* Griseb.		
短花针茅	*Stipa breviflora* Griseb.		
石生针茅	*Stipa tianschanica* var. *klemenzii* (Roshev.) Norl.		
戈壁针茅	*Stipa tianschanica* var. *gobica* (Roshev.) P. C. Kuo & Y. H. Sun		
稗属	*Echinochloa* P. Beauv.		
稗	*Echinochloa crusgalli* (L.) P. Beauv.		
芨芨草属	*Achnatherum* P. Beauv.		
芨芨草	*Achnatherum splendens* (Trin.) Nevski		
京芒草	*Achnatherum pekinense* (Hance) Ohwi		
醉马草	*Achnatherum inebrians* (Hance) Keng ex Tzvelev		
羽茅	*Achnatherum sibiricum* (L.) Keng ex Tzvelev		
钝基草	*Achnatherum saposhnikovii* (Roshev.) Nevski		
细柄茅属	*Ptilagrostis* Griseb.		
双叉细柄茅	*Ptilagrostis dichotoma* Keng ex Tzvelev		
中亚细柄茅	*Ptilagrostis pelliotii* (Danguy) Grubov		
沙鞭属	*Psammochloa* Hitchc.		
沙鞭	*Psammochloa villosa* (Trin.) Bor		
九顶草属	*Enneapogon* Desv. ex P. Beauv.		
九顶草	*Enneapogon desvauxii* P. Beauv.		
獐毛属	*Aeluropus* Trin.		
獐毛	*Aeluropus sinensis* (Debeaux) Tzvelev		
画眉草属	*Eragrostis* Wolf		
小画眉草	*Eragrostis minor* Host		
大画眉草	*Eragrostis cilianensis* (All.) Vignolo-Lutati ex Janch.		
画眉草	*Eragrostis pilosa* (L.) P. Beauv.		
隐子草属	*Cleistogenes* Keng		
无芒隐子草	*Cleistogenes songorica* (Roshev.) Ohwi		
糙隐子草	*Cleistogenes squarrosa* (Trin.) Keng		
草沙蚕属	*Tripogon* Roem. et Schult.		
中华草沙蚕	*Tripogon chinensis* (Franch.) Hack.		
虎尾草属	*Chloris* Sw.		
虎尾草	*Chloris virgata* Sw.		
隐花草属	*Crypsis* Aiton		
隐花草	*Crypsis aculeata* (L.) Aiton		
锋芒草属	*Tragus* Haller		
锋芒草	*Tragus mongolorum* Ohwi		
马唐属	*Digitaria* Haller		
止血马唐	*Digitaria ischaemum* (Schreb.) Muhl.		
狗尾草属	*Setaria* P. Beauv.		

续表

中文名	学名	国家重点保护野生植物保护级别	备注
金色狗尾草	*Setaria pumila* (Poir.) Roem. & Schult.		
狗尾草	*Setaria viridis* (L.) P. Beauv.		
狼尾草属	*Pennisetum* Rich.		
白草	*Pennisetum flaccidum* Griseb.		
荩草属	*Arthraxon* P. Beauv.		
荩草	*Arthraxon hispidus* (Thunb.) Makino		
孔颖草属	*Bothriochloa* Kuntze		
白羊草	*Bothriochloa ischaemum* (L.) Keng		
羊茅属	*Festuca* Linn		
远东羊茅	*Festuca extremiorientalis* Ohwi		
莎草科	Cyperaceae		
荸荠属	*Eleocharis* R. Br.		
槽秆荸荠	*Eleocharis mitracarpa* Steud.		
三棱草属	*Bolboschoenus* (Asch.) Palla		
扁秆荆三棱	*Bolboschoenus planiculmis* (F. Schmidt) T. V. Egorova		
扁穗草属	*Blysmus* Panz. ex Schult.		
华扁穗草	*Blysmus sinocompressus* Tang & F. T. Wang		
水葱属	*Schoenoplectus* (Rchb.) Palla		
水葱	*Schoenoplectus tabernaemontani* (C. C. Gmel.) Palla		
莎草属	*Cyperus* Linn		
密穗莎草	*Cyperus fuscus* Linn		
花穗水莎草	*Cyperus pannonicus* Jacq.		
褐穗扁莎	*Cyperus fuscus* Linn		
扁莎属	*Pycreus* P. Beauv.		
球穗扁莎	*Pycreus flavidus* (Retz.) T. Koyama		
薹草属	*Carex* Linn		
嵩草	*Carex myosuroides* Vill.		
高山嵩草	*Carex parvula* O. Yano		
矮生嵩草	*Carex alatauensis* S. R. Zhang		
高原嵩草	*Carex coninux* (F. T. Wang & Tang) S. R. Zhang		
细叶薹草	*Carex duriuscula* subsp. *stenophylloides* (V. I. Krecz.) S. Yun Liang & Y. C. Tang		
干生薹草	*Carex aridula* V. I. Krecz.		
灰脉薹草	*Carex appendiculata* (Trautv.) Kük.		
无脉薹草	*Carex enervis* C. A. Mey. in Ledebour		
双辽薹草	*Carex platysperma* Y. L. Chang & Y. L. Yang		
大披针薹草	*Carex lanceolata* Boott		
黄囊薹草	*Carex korshinskii* Kom.		
紫喙薹草	*Carex serreana* Hand. -Mazz.		
楔囊薹草	*Carex reventa* V. Krecz		
麻根薹草	*Carex arnellii* Christ in Scheutz		

续表

中文名	学名	国家重点保护野生植物保护级别	备注
圆囊薹草	*Carex orbicularis* Boott		
无穗柄薹草	*Carex ivanoviae* T. V. Egorova		
异鳞薹草	*Carex heterolepis* Bunge		
尖叶薹草	*Carex oxyphylla* Franch.		
糙喙薹草	*Carex scabrirostris* Kük.		
短鳞薹草	*Carex augustinowiczii* Meinsh. ex Korsh.		
柄状薹草	*Carex pediformis* C. A. Mey.		
天南星科	Araceae		
浮萍属	*Lemna* Linn		
浮萍	*Lemna minor* Linn		
灯心草科	Juncaceae		
灯心草属	*Juncus* Linn		
小灯心草	*Juncus bufonius* Linn		
栗花灯心草	*Juncus castaneus* Sm.		
细灯心草	*Juneus gracillimus* A. Camus		
百合科	Liliaceae		
顶冰花属	*Gagea* Salisb.		
贺兰山顶冰花	*Gagea alashanica* Y. Z. Zhao & L. Q. Zhao		
少花顶冰花	*Gagea pauciflora* (Turcz. ex Trautv.) Ledeb.		
百合属	*Lilium* Linn		
山丹	*Lilium pumilum* Redouté		
洼瓣花属	*Lloydia* Salisb.		
洼瓣花	*Lloydia serotina* (L.) Salisb. ex Rchb.		
石蒜科	Amaryllidaceae		
葱属	*Allium* Linn		
薤白	*Allium macrostemon* Bunge		
贺兰韭	*Allium eduardii* Stearn		
青甘韭	*Allium przewalskianum* Regel		
辉韭	*Allium strictum* Schrad.		
野韭	*Allium ramosum* Linn		
碱韭	*Allium polyrhizum* Turcz. ex Regel		
蒙古韭	*Allium mongolicum* Turcz. ex Regel		
砂韭	*Allium bidentatum* Fisch. ex Prokh. & Ikonn. -Gal.		
雾灵韭	*Allium stenodon* Nakai & Kitag.		
矮韭	*Allium anisopodium* Ledeb.		
黄花葱	*Allium condensatum* Turcz.		
山韭	*Allium senescens* Linn		
白花葱	*Allium yanchiense* J. M. Xu		
短梗葱	*Allium kansuense* Regel		
鄂尔多斯韭	*Allium alaschanicum* Y. Z. Zhao		
细叶韭	*Allium tenuissimum* Linn		

续表

中文名	学名	国家重点保护野生植物保护级别	备注
天门冬科	Asparagaceae		
舞鹤草属	*Maianthemum* Web.		
舞鹤草	*Maianthemum bifolium* (L.) F. W. Schmidt		
黄精属	*Polygonatum* Mill.		
轮叶黄精	*Polygonatum verticillatum* (L.) All.		
小玉竹	*Polygonatum humile* Fisch. ex Maxim.		
玉竹	*Polygonatum odoratum* (Mill.) Druce		
热河黄精	*Polygonatum macropodum* Turcz.		
黄精	*Polygonatum sibiricum* Redouté		
天门冬属	*Asparagus* Linn		
龙须菜	*Asparagus schoberioides* Kunth		
攀援天门冬	*Asparagus brachyphyllus* Turcz.		
西北天门冬	*Asparagus breslerianus* Schult. f.		
戈壁天门冬	*Asparagus gobicus* Ivanova ex Grubov		
鸢尾科	Iridaceae		
鸢尾属	*Iris* Linn		
天山鸢尾	*Iris loczyi* Kanitz		
野鸢尾	*Iris dichotoma* Pall.		
大苞鸢尾	*Iris bungei* Maxim.		
马蔺	*Iris lactea* Pall.		
兰科	Orchidaceae		
掌裂兰属	*Dactylorhiza* Neck. ex Nevski		
凹舌兰	*Dactylorhiza viridis* (L.) R. M. Bateman		
角盘兰属	*Herminium* Linn		
角盘兰	*Herminium monorchis* (L.) R. Br. W. T. Aiton		
裂瓣角盘兰	*Herminium alaschanicum* Maxim.		
鸟巢兰属	*Neottia* Guett.		
北方鸟巢兰	*Neottia camtschatea* (L.) Rchb. f.		
珊瑚兰属	*Corallorhiza* Chatel.		
珊瑚兰	*Corallorhiza trifida* Chatel.		
火烧兰属	*Epipactis* Zinn		
火烧兰	*Epipactis helleborine* (L.) Crantz		
绶草属	*Spiranthes* Rich.		
绶草	*Spiranthes sinensis* (Pers.) Ames		

中文名索引
Index to Chinese Names

学名（拉丁名）索引
Index to Scientific Names

A

B

D

E

F

G

H

I

J

K

L

M

N

O

P

R

S

T

U

V

X

Z